Python

数据科学应用

从入门到精通

张 甜　杨维忠 / 编著

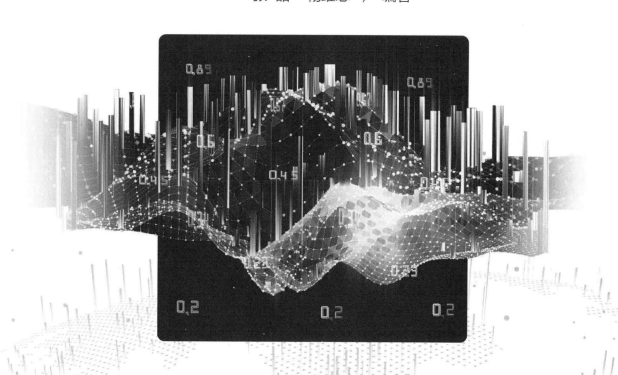

清华大学出版社

北京

内 容 简 介

随着数据存储、数据处理等大数据技术的快速发展，数据科学在各行各业得到广泛的应用。数据清洗、特征工程、数据可视化、数据挖掘与建模等已成为高校师生和职场人士迎接数字化浪潮、与时俱进提升专业技能的必修课程。本书将"Python 课程学习"与"数据科学应用"有机结合，为数字化人才的培养助力。

全书共分 13 章，内容包括：第 1 章数据科学应用概述；第 2 章 Python 的入门基础知识；第 3 章数据清洗；第 4~6 章特征工程介绍，包括特征选择、特征处理和特征提取；第 7 章数据可视化应用；第 8~13 章介绍 6 种数据挖掘与建模的方法，分别为线性回归、Logistic 回归、决策树、随机森林、神经网络、RFM 分析。

本书既适合作为经济学、管理学、统计学、金融学、社会学、医学、电子商务等相关专业的学生学习 Python 数据科学应用的专业教材或参考书，也适合作为企事业单位数字化人才培养的教科书与工具书。此外，还可以作为职场人士提升数据处理与分析挖掘能力，提高工作效能和绩效水平的自学 Python 数据科学应用的工具书。

图书在版编目（CIP）数据

Python 数据科学应用从入门到精通/张甜，杨维忠编著. —北京：清华大学出版社，2023.9
ISBN 978-7-302-64685-3

Ⅰ. ①P… Ⅱ. ①张…②杨… Ⅲ. ①软件工具—程序设计 Ⅳ. ①TP311.561

中国国家版本馆 CIP 数据核字（2023）第 185481 号

责任编辑：赵　军
封面设计：王　翔
责任校对：闫秀华
责任印制：杨　艳

出版发行：清华大学出版社
　　　　　网　　　址：http://www.tup.com.cn，http://www.wqbook.com
　　　　　地　　　址：北京清华大学学研大厦 A 座　　　　邮　　编：100084
　　　　　社 总 机：010-83470000　　　　　　　　　　邮　　购：010-62786544
　　　　　投稿与读者服务：010-62776969，c-service@tup.tsinghua.edu.cn
　　　　　质 量 反 馈：010-62772015，zhiliang@tup.tsinghua.edu.cn
印 装 者：大厂回族自治县彩虹印刷有限公司
经　　销：全国新华书店
开　　本：190mm×260mm　　　　　印　　张：30.25　　　　字　　数：816 千字
版　　次：2023 年 11 月第 1 版　　　　　印　　次：2023 年 11 月第 1 次印刷
定　　价：129.00 元

产品编号：103292-01

推荐序 1

百年未有之大变局下，全球政治、经济、科技和社会均面临着巨大的变化。我国作为发展中大国，在实现中国式现代化的征程中，面临着地缘政治、经济增长、气候变化和科技进步等诸多现实课题。在这一系列课题中，科技进步尤为关键，它不仅是新的增长动能，更是国际竞争中的关键要素。而在众多的科技领域中，信息技术以其广泛且深入的影响在经济社会的各个领域持续不断地发挥着不可替代的作用。步入 2023 年，以 ChatGPT 为代表的多模态通用生成式人工智能将信息技术推向了新的高度，让诸多行业切身感受到了人工智能带来的影响，也深刻感知到了未来可能对就业产生的巨大冲击。可以预见，在人类与人工智能紧密融合的新时代，缺少必要的数字化技能将面临不可避免的就业劣势。因此，掌握一门应用广泛且易于上手的编程语言，已经不再是对软件工程师或者特殊行业从业者的要求，而是未来所有技能人才的必备技能。

本书的出版恰逢其时，在人工智能和数字化对就业提出新要求的背景下，能够为当前一段时期内有相关学习需求的人士提供兼具理论性和操作性的重要参考。作为计算机出身、转学经济学后又长期跟踪数字经济领域的研究人员，我深谙一本好的编程语言教材不仅要有计算机科学逻辑性所需的深度，同时还需配备在诸多应用领域的具体案例来保证广度，才能深入浅出地将缜密的逻辑思维融入经济管理等学科的应用之中，本书很大程度上符合了好教材的上述要求。本书的作者之一张甜博士，在读书期间就对 Stata 等软件的应用开始了长期研究和实践，积累了大量的写作经验，其编写的相关书籍受到了经济学本、硕、博各阶段学生的青睐。本书的另一位作者杨维忠是我高中与硕士的师弟，虽然他长期深耕金融领域，但母校一脉相承的理科教育和大学一年级的工科学习仍在其身上留下了鲜明的理工印记，使他在写作本书时能够在细致入微的编程语言与案例解析中游刃有余。本书继承了两位作者长期以来的风格，通篇定义清晰、论述严谨、案例生动、图片翔实，尤其注重应用和可操作性，将学习编程语言的相对枯燥的过程融入生动化的"数据清洗""机器学习"等场景中，有效增加了学习的趣味性。因此，本书适合编程基础相对薄弱的非计算机专业学生、具有快速应用需求的职业人士和具有 Python 应用需求的本科、研究生等阅读。

数字经济的大潮不可阻挡，数字技能的普遍化也是必然趋势。工欲善其事，必先利其器，愿本书的读者们都能够在数字化时代快速变化的格局中，真正掌握 Python 这门极其有用的语言，在日新月异的职场竞争中抢占优势，走向更加光明的未来。

杨超 国务院发展研究中心创新发展研究部第二研究室主任

2023.9.16 于北京

推荐序 2

2010 年我有幸成为山东大学陈强教授的硕士研究生，经过继续深造，2016 年博士毕业后，留任山东大学经济学院。作为一名奋战在教学和科研一线的高校教师，近几年最大的感受便是我们如今正处于数据大爆炸的时代，数据量正以指数级的速度增长，而且还在不断提速。随着数字经济时代的到来，数据已经成为重要战略资源和关键生产要素。因此，对数据分析能力的要求也越来越高。

数据分析与实证研究历来是经管社科类学生学习的重点课程，熟练掌握各种分析方法及其软件或编程语言实现更是完成规范学术研究的必需基础。传统的课程一般为统计学或计量经济学，实现工具一般为 Stata 或 SPSS 等统计分析软件。近年来，机器学习、数据挖掘与分析等逐渐开始流行起来并引入高校课程体系，深受学子们的欢迎，成为与统计学或计量经济学并驾齐驱的课程，其实现工具一般为 Python 或 R 等编程语言。一方面，数据科学应用与传统的统计学、计量经济学等课程多有交集，Python 编程语言与 Stata、SPSS 等统计分析软件也可以形成较好的补充，共同用于学术研究实践；另一方面，对于有志于毕业后直接走向社会、踏入职场的学生来说，Python 数据科学类课程其实更加贴近工作实际，而且由于 Python 编程语言开源、免费的特点，职场中使用 Python 的场景也相较于 Stata、SPSS 等统计分析软件更加普遍。

本书作者张甜和杨维忠是陈强老师 2008 年回国后在山东大学经济学院执教后所带的第一批学生。两人毕业之后，先后著写了《Python 机器学原理与算法实现》《Stata 统计分析从入门到精通》《SPSS 统计分析入门与应用精解（视频教学版）》等多本畅销书，广受好评。本次编著的《Python 数据科学应用从入门到精通》更是贴合了当前大数据时代的数据分析特点。

阅读了两位师姐、师兄的新书书稿后，感受颇深。一是内容全，书中包括 Python 入门、数据清洗、特征工程、数据可视化、数据挖掘与建模五大主题，每个主题都干货满满，涵盖了数据科学应用的全流程，使得该书既可以作为学习 Python 的入门书，也可以作为学习各类数据科学应用的参考书；二是好入门，书中较少涉及复杂的数学推导，而更多采用通俗易懂的语言，深入浅出地讲解各种数据处理与分析方法的原理与基本思想，而且写作语言风格非常适合经管社科类学子，使得基础薄弱的学生、空余时间较少的职场人士也能较好、较快地入门上手；三是很实用，书中列举了很多案例，这些案例非常贴近实际应用，配套提供的全书代码、讲解视频、PPT 等学习资料也非常丰富，可以一边看书、一边上手操作，学习效果较好。

最后，祝愿大家都能学有所获、学有所成！数字化浪潮下，无论是在学术研究领域还是在商业实践领域，或是涉及数字化转型的各行各业，数据分析与实证研究都是核心专业技能，虽然学习之路多有坎坷，但仍需要下一番功夫好好掌握。让我们以陈强老师的一句话共勉："在一定意义上，或许可以说，理论是灰色的，而实证之树长青"。

——山东大学经济学院金融系党支部书记、副主任、副教授、硕士生导师 张博

前　言

Python 作为一门简单、易学、易读、易维护、用途广泛、速度快、免费、开源的主流编程语言，广泛应用于 Web 开发、大数据处理、人工智能、云计算、爬虫、游戏开发、自动化运维开发等各个领域。它是众多高等院校学生的必修基础课程，也是堪与 Office 办公软件比肩的职场人士必备技能。然而，不少学生或职场人士常常面临一个困境：在数字化转型的大背景和大趋势下，他们认识到学习 Python 等分析工具的重要性，但在真正学习 Python 的各种语言规则时，往往体验不到知识的乐趣，只是匆匆翻看几章后就将书束之高阁。造成这种情况的根因在于没有将学习与自身的研究或工作需求结合，没有以解决问题为目标和导向进行学习。对于很多读者来说，学以致用的最佳途径是使用 Python 进行数据科学应用。在数字化转型浪潮下，数据科学应用已经不再局限于概念普及和理念推广的层面，而是真真切切地广泛应用于各类企事业单位的各个领域。从客户分层管理到目标客户选择，从客户满意度分析到客户流失预警，从信用风险防控到精准推荐……数据科学应用对于企业全要素生产率的边际提升起到了至关重要的作用。基于上述原因，笔者致力于编写这本 Python 数据科学应用从入门到精通的教学和参考书，将 Python 与数据科学应用相结合，通过"深入浅出讲解数据科学原理-贴近实际精选操作案例-详细演示 Python 操作及代码含义-准确完整解读分析结果"的一站式服务，为读者编写一本"能看得懂、学得进去、真用得上"的数据科学应用书籍。我将这本书献给新时代的莘莘学子和职场奋斗者。

本书共分为 13 章。第 1 章为数据科学应用概述，介绍数据清洗、特征工程、数据可视化、数据挖掘与建模的概念、重要性、主要内容、应用场景、注意事项等，并解释为何选择 Python 作为实现工具。第 2 章为 Python 入门基础，内容包括 Python 概述，Anaconda 平台的下载与安装，Python 的注释，基本输出与输入函数，Python 的保留字与标识符，Python 的变量和数据类型，Python 的数据运算符，Python 序列的概念及通用操作，Python 列表，Python 元组，Python 字典，Python 集合，Python 字符串等。第 3 章为数据清洗，介绍 Python 函数与模块、Numpy 模块数组、Pandas 模块序列、Pandas 模块数据框、Python 的流程控制语句，以及常见类型数据在 Python 中的读取、合并、写入，数据检索，数据行列处理，数据缺失值、重复值和异常值处理，制作数据透视表，进行描述性分析和交叉表分析等。第 4 章为特征选择，介绍特征选择的概念、原则与方法，以及过滤法、嵌入法和包裹法等特征选择方法在 Python 中的实现。第 5 章为特征处理，介绍常用的特征处理方式，包括特征归一化、特征标准化、样本归一化等，同时介绍了等宽分箱、等频分箱、决策树分箱、卡方分箱等分箱方法，并讲解了 WOE 和 IV 及其在 Python 中的实现。第 6 章为特征提取，介绍无监督降维技术主成分分析（PCA）和有监督降维技术线性判别分析（LDA）。第 7 章为数据可视化，介绍常用的数据可视化涉及图形的绘制，包括四象限图、热力图、直方图、条形图、核密度图、正态 QQ 图、散点图、线图（含时间序列趋势图）、双纵轴线图、回归拟合图、箱图、小提琴图、联合分布图、雷达图、饼图等。第 8 章为数据挖掘与建模 1——线性回归，主要介绍线性回归算法的基本原理及其在 Python 中的实现。第 9 章为数据挖掘与建模 2——Logistic 回归，主要介绍二元 Logistic 回归的基本原理，并结合具体实例讲解算法在 Python 中的实现与应用。第 10 章为数据挖掘与建模 3——决策树，讲解决策树算法的概念与原理、特征变量选择及其临界值确定方法、决策树的剪枝、包含剪枝决策树的损失函数、变量重要性，以及算法解决分类问题和回归问题的 Python 实现与应用。第 11 章为数据挖掘与建模 4——随机森林，讲解模型融合的基本思想、集成学习的概念与分类、装袋法的概念与原理、随机森林算法的概念与原理、随机森林算法特征变量重要性度量、部分依赖图与个体条件期望图，以及算法解决分类问题和回归问题的 Python 实现与应用。第 12 章为数据挖掘与建模 5——神经网络，讲解神经网络算法的基本思想、感知机、多层感知机、神经元激活函数、误差反向传播算法、万能近似定理及多隐藏层优势、BP 算法过拟合问题的解决，以及算法解决分类问题和回归问题的 Python 实现与应用。第 13 章为数据挖掘与建模 6——RFM 分析，讲解 RFM 分析的基本思想、RFM 分类组合与客户类型对应情况、不同类型客户的特点及市场营销策略，并结合具体实例讲解该分析方法在 Python 中的实现与应用。

　　本书的特色在于：**一是采用了"入门-进阶-应用"的循序渐进方式来讲解 Python 与数据科学应用。**前两章分别介绍了数据科学应用概述和 Python 入门基础，使读者能够基本掌握 Python 与数据科学应用的基础。随后的章节中详细讲解了各类数据科学应用中用到的 Python 代码，并为每行代码提供了恰当的注释，以帮助读者真正理解代码的含义，并能够灵活应用于自身的科研或应用研究。**二是采用了"复杂算法模型简单化、抽象理论概念具象化"的方法来讲解数据科学。**通过图像化和案例化的方式，剖析了各种数据科学应用的基本原理和适用条件，使读者能够看得明白、学得进去，避免在复杂的数学公式推导面前耗尽了所有的学习热情，最终望洋兴叹，苦技能虽好却不能为己所用矣。同时，本书也做到了不失专业深度，使读者能够掌握各种数据科学应用方法的精髓，根据自身需要选取方法、优化代码和进行科学调参。**三是实现了 Python 与数据科学应用的深度融合。**以学以致用为桥梁实现了 Python 与数据科学应用之间的高效联动协同，使读者通过学习本书能够同时掌握 Python 语言和数据科学应用这两大专业利器，达到"一箭双雕"的学习效果，有效提升科研与应用水平。

　　本书提供了丰富的资源，除了可以在正文中扫描二维码观看教学视频外，还可以扫描下方二维码下载源代码、数据文件、PPT、思维导图和习题答案。

源代码　　　　　数据文件　　　　　PPT　　　　　思维导图　　　　　习题答案

　　如果下载有问题，请联系 booksaga@126.com，邮件主题为"Python 数据科学应用从入门到精通"。

　　本书在编写过程中也借鉴了前人的研究成果。此外，本书作者张甜博士于 2020 年 1 月师从山东大学陈强教授，在陈教授的指导下系统学习了机器学习课程。

　　由于作者水平有限，书中难免存在疏漏之处，诚恳地欢迎各位同行专家和广大读者批评指正，并提出宝贵的意见。

作　者
2023 年 7 月

目 录

第 1 章

数据科学应用概述

数据科学应用的全流程包括获取数据、数据清洗、特征工程、数据可视化、数据挖掘与建模等。本章介绍数据清洗、特征工程、数据可视化、数据挖掘与建模的概念，数据清洗、特征工程、数据可视化、数据挖掘与建模的重要性，为什么要使用 Python 作为实现工具，数据清洗、特征工程、数据可视化、数据挖掘与建模的主要内容，数据清洗、特征工程、数据可视化、数据挖掘与建模的应用场景，以及数据清洗、特征工程、数据可视化、数据挖掘与建模的注意事项等。

1.1 什么是数据清洗、特征工程、数据可视化、数据挖掘与建模

 下载资源：可扫描旁边二维码观看或下载教学视频

1.1.1 数据清洗的概念

数据清洗就是对收集整理的原始数据进行必要的审查、校验和加工处理，把"脏"的数据"清洗掉"，发现并纠正数据文件中的可识别错误，提高数据质量，以便数据可以更好地用于后续分析过程。数据清洗是数据统计分析或开展机器学习项目整个过程中不可缺少的一个环节，其结果质量直接关系到分析效果和最终结论。数据清洗概念示意图如图 1.1 所示。

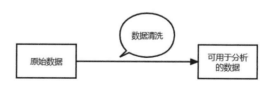

图 1.1 数据清洗概念示意图

1.1.2　特征工程的概念

特征工程是机器学习中的重要概念之一。在介绍特征工程之前，我们需要首先介绍机器学习、响应变量、特征、监督式学习、非监督式学习等基础概念。

机器学习：机器学习是通过一系列计算方法（简称"算法"）使计算机具备从大数据中进行学习的能力，主要作用是可以进行预测、降维或者聚类。机器学习的实现过程是，用户将既有数据提供给计算机，计算机基于既有数据使用机器学习算法构建模型，然后将模型推广泛化到新的样本观测值中进行应用。

响应变量：机器学习中被解释、被影响的目标变量，也被称为"目标"，可以理解成统计学或计量经济学中的"因变量""被解释变量"，在数学公式中常用 y 来表示。针对大多数机器学习项目，响应变量只有 1 个，所以此处用的是小写的 y。

特征：用来解释、影响响应变量的变量，也被称为"预测变量""属性"等，可以理解成统计学或计量经济学中的"因子（离散型变量）""协变量（连续性变量）""解释变量"，在数学公式中常用 X 来表示。针对大多数机器学习项目，特征会有很多个，所以此处用的是大写的 X。

根据输入数据是否具有"响应变量"信息，机器学习又进一步被分为"监督式学习"和"非监督式学习"。

监督式学习：输入数据中即有 X 变量，也有 y 变量，特色在于使用"特征（X 变量）"来预测"响应变量（y 变量）"。

非监督式学习：算法在训练模型时期不对结果进行标记，而是直接在数据点之间找有意义的关系，或者说输入数据中仅有 X 变量而没有 y 变量，特色在于针对 X 变量进行降维或者聚类，以挖掘特征变量的自身规律和特点。

注　意

监督式学习和非监督式学习只是常见的机器学习分类，除了这两种之外，还有半监督式学习、强化学习等学习方式。

监督式学习的模型优劣及应用场景很好理解。模型优劣评价方面，输入 X 变量值后，通过机器学习算法构建模型得到 y 变量拟合值，将它与 y 变量实际值进行对比，即可检验模型的优劣。应用场景方面，比如根据目标客户的基本信息、交易信息等特征，预测客户是否会购买新产品，进而制定有针对性的市场营销策略；又比如根据目标客户的基本信息、财务信息、负债及对外担保信息等进行信用评级，进而制定有针对性的风险防控策略等。

非监督式学习由于目标不明确，因此其效果很难评估，它的价值在于发现模式以及相关性。从特征（变量）的角度来看，价值体现在对变量进行降维，从而有助于解释变量之间的关系或降低模型的复杂程度；从样本的角度来看，价值体现在对样本进行分类，可以研究个体之间的关系，将相近的个体划分在一起。比如可以用于商业银行的反洗钱领域或员工行为管理，通过非监督式学习把行为或个体快速进行分类，即使我们可能无法清楚地知晓分类意味着什么，但是也能快速区分出正常或异常的行为或个体，从而为深入分析做好准备，显著提升分析效率。又比如在搜索引擎中，我们基于用户特征把用户快速聚类，可精准实施广告投放或偏好信息推送。再比如在电商平台中，系统针对具有相似购买行为的用户推荐合适的产品，A 用户和 B 用户为同一类，若 A 用户购买了某产品，则 B 用户大概率也会购买该产品，可将该产品推送给 B 用户，实现精准推荐等。

由此可见，特征是所有机器学习项目中是必不可少的组成部分，没有特征就无法开展机器学习，特征的质量对于机器学习的效果与效率也起着决定性作用。在开展机器学习项目时，为获得最佳模型预测效果，我们在符合成本效益的原则下倾向于搜集尽可能多的、预期对预测响应变量有效果的特征变量，但这些原始特征往往需要经过筛选、加工处理或提取后才能进入最终的算法模型。由此引出特征工程的概念。

特征工程： 是指基于业务经验并使用数学、统计学等领域知识，对原始特征变量进行加工处理，从原始数据中获取有用特征，以提升模型预测精度或性能的一系列过程，包括特征选择、特征处理、特征提取等。特征工程概念示意图如图 1.2 所示。

图 1.2 特征工程概念示意图

注 意

数据清洗和特征工程的关系是什么？有什么区别？

数据清洗是独立于特征工程的：一方面，数据清洗不仅适用于机器学习项目，也适用于一般的数据统计分析过程，而特征工程仅适用于机器学习项目；另一方面，针对机器学习项目，数据清洗不仅适用于特征变量，也适用于响应变量，而特征工程仅适用于特征变量。

一般的数据统计分析过程不会涉及机器学习，因此就不会涉及特征工程，但是会涉及数据清洗。比如某银行分析其个人客户持有的产品数量分布情况，某公司分析其电商平台客户的年度交易次数等，其中很可能涉及处理数据缺失值、重复值和异常值等数据清洗过程。

机器学习项目既涉及数据清洗，也涉及特征工程。比如上述某银行分析其个人客户持有的产品数量分布情况对客户黏性（流失率）的影响，某公司分析其电商平台客户的年度交易次数对客户是否愿意转推介（推荐他人购买）的影响等，同样涉及处理数据缺失值、重复值和异常值等数据清洗过程，但除此之外，可能还涉及特征选择、特征处理、特征提取等特征工程内容。

有一种观点认为：数据清洗是特征工程的一个组成部分，特征工程涵盖数据清洗在内的特征预处理环节。该观点其实是从机器学习操作层面进行的概念界定，该观点所指的数据清洗实质上是狭义的"对机器学习特征变量的数据清洗"，而非通用意义上的数据清洗。

1.1.3   数据可视化的概念

数据可视化是指将数据内部结构或数据分析结果以图形化的形式直观地表达出来，从不同的维度观察数据，从而对数据进行更深入的观察和分析。通过数据可视化，可以让使用者更容易理解和传达分析结果，并据此做出相应的决策。

1.1.4   数据挖掘与建模的概念

数据挖掘与建模是指通过算法从大量的数据中挖掘出隐藏的信息与规律的过程。

数据挖掘与建模的前提条件是，数据不是随机产生的，不符合随机游走、布朗运动等随机特征，而是有一定的规律，变量之间存在着一定的关联。

数据挖掘与建模的目的就是发现变量之间相互联系和联动变化的运行规律，并充分运用这些规律开展预测。

数据挖掘与建模的实现途径就是通过一系列数据分析或机器学习过程，使数据之间的规律关系通过模型算法表达出来。

1.2   为什么要开展数据清洗、特征工程、数据可视化和数据挖掘与建模

 下载资源：可扫描旁边二维码观看或下载教学视频

1.2.1   数据清洗、特征工程的重要性

数据是分析的基础。无论是进行数据统计分析、机器学习项目的数据挖掘与建模，还是实现数据可视化，都离不开数据。特征是所有机器学习项目中必不可少的组成部分，是机器学习项目的基础。当给定数据和特征时，数据统计分析的效能或机器学习项目所能达到的泛化能力的上限就确定了，所能解决的问题范围也就确定了。业界流传的一种观点是，用于分析的数据和特征决定了数据统计分析或机器学习效能的上限，各种统计分析方法、各种模型和算法的优化改进只是逼近这个上限而已。因此，提升数据、特征的质量至关重要。

数据清洗和特征工程就是提升数据和特征质量的过程。在实务中，数据清洗与特征工程是开展数据统计分析或机器学习建模的重要环节，也是进行各种数据统计分析或构建各种算法模型的前序环节。在真实的商业运营实践环境中，我们在进行数据统计分析或开展机器学习项目时，通常需要先收集相关的数据，只有收集到足够的数据，才能将之用于分析过程。对于企事业单位来说，数据的来源是多方面的，既有从外部获取的数据，比如政府机构公布的数据、行业协会公布的数据、第三方机构搜集整理的数据等，也有从内部获取的数据，比如积累的客户资料信息、客户交易流水信息、客户行为信息等。在很多情况下，这些直接从内、外部获取的信息、自然收集或生产系统自然生成的数据，在未进行必要的加工整理之前存在着较多的瑕疵，并不能够满足直

接分析或建模的需求。比如有的变量数据存在着较多的重复值、缺失值、离群值，有的连续型变量数据需要进行离散化、标准化，有的时候特征变量个数过多造成"维度灾难"而需要进行特征筛选等。如果不开展数据清洗与特征工程，直接将收集的数据用于数据统计分析或机器学习项目，将显著影响最终分析或建模的效果和效率，而且这种影响是无法通过后续数据处理技术或机器学习算法的改进提升来弥补的。用一个通俗的比喻来讲，数据好比是食材，数据统计分析或开展机器学习项目好比是做菜，进行数据清洗、特征工程好比是处理食材，未处理食材导致的食材质量不高是无法通过烹饪技术的提升或厨艺的多样化来改进的。

良好的数据清洗、特征工程能够使得数据统计分析的质量或机器学习算法的效果和性能得到显著提高。当前，数据统计分析人员或开展机器学习项目人员的一个基本共识就是：数据清洗是整个数据统计分析或机器学习流程中非常关键、非常重要的一个环节，在很大程度上能够决定数据统计分析或机器学习模型算法的预测效能，因此虽然数据清洗、特征工程耗时耗力，但也非常值得为它花费更多的时间、资源与成本。

1.2.2　数据可视化的重要性

大数据时代使得数据的积累和存储可以非常便利、高效和低成本地实现。这一改变不仅大大拓展了数据的应用边界，使得数据成为一种真正的资源，可以有效服务于人们的工作和生活实践，也同时带来了数据内容繁杂、数据噪声等问题。如何从海量数据中挖掘出有效信息，并且以人们更容易理解、更高效理解的方式去展现，成为急待解决的重要问题。从海量数据中挖掘出相关的、有效的信息更多的是数据处理和数据挖掘的范畴，而如何让数据转化成人们更容易理解、更高效理解的知识就需要用到数据可视化。

有效的数据可视化往往被认为是数据分析或机器学习结果呈现的关键一步。在很多情况下，数据可视化不再是锦上添花的"外衣"，而是挖掘和利用数据、讲好故事的关键，其本质就是让人们快速理解数据背后反映的故事，从而快速找到数据背后隐藏的现实问题，然后有针对性地去解决问题。相比单纯的数据形式信息展示，图形形式可以让人更容易洞察到数据的分布、趋势、关系以及异常点，从而可以帮助决策者快速依据信息进行决策。对于数据提供者来说，也可以更好地消除对于自己的数据被低估、误解或歪曲的顾虑，从而推动更多更好的数据开发。

1.2.3　数据挖掘与建模的重要性

从本质上讲，数据挖掘与建模是一种工具，也是一种过程，这一过程用来解决实际中遇到的问题，这一问题可以是理论学术研究，比如研究区域经济增长和产业升级、知识转移之间的影响关系，也可以是商业领域应用，比如研究手机游戏玩家体验评价影响因素，研究客户的满意度水平。大数据时代，数据的收集、存储变得更加高效和便利，很多行业的商业模式也发生了变革，有越来越多的商家、厂家致力于将基于大数据的定量分析有效应用于商业实践，通过更加精细化的分析来经营管理，提升商业市场表现，创造更多的效益和价值。在进行定量分析时，大概率需要用到数据挖掘与建模——基于历史数据和公开数据建立恰当的模型，通过模型对存量信息进行充分有效的拟合，在此基础上结合未来商业趋势的变化较为准确地预测未来。

1.3　为什么要将 Python 作为实现工具

 下载资源：可扫描旁边二维码观看或下载教学视频

　　Python 作为一门简单、易学、易读、易维护、用途广泛、速度快、免费、开源的主流编程语言，广泛应用于 Web 开发、大数据处理、人工智能、云计算、爬虫、游戏开发、自动化运维开发等各个领域，是众多高等院校的必修基础课程，也是堪与 Office 办公软件比肩的职场人士必备技能。Python 可以很好地完成数据分析以及机器学习中的数据清洗、特征工程、算法执行、数据可视化等任务，在实务中也得到了非常广泛的应用。因此将 Python 作为实现工具。

　　鉴于数据清洗、特征工程与数据可视化在开展数据统计分析和机器学习建模中的重要性，以及 Python 语言具备的种种优势，因此非常有必要创作《Python 数据科学应用从入门到精通》。本书既可以单独使用，使读者能够掌握数据清洗、特征工程、数据可视化、数据挖掘与建模的相关知识与 Python 的常用操作，也可以作为《**Python 机器学习原理与算法实现**》（**杨维忠、张甜著，清华大学出版社，2023 年**）的姊妹篇，使读者能够掌握更加完整的机器学习应用技能，开展数据统计分析。

　　需要说明的是，Python 是一门应用广泛的编程语言，在不同的应用领域需要掌握的侧重点也不尽相同，因为本书的主题是"Python 数据科学应用从入门到精通"，目的在于使读者通过学习本书就能掌握数据清洗、特征工程、数据可视化、数据挖掘与建模的相关技能，所以本书针对 Python 的介绍，一方面是通用的 Python 入门基础，包括 Python 概述，Anaconda 平台的下载与安装，Python 注释、基本输出与输入，Python 变量和数据类型，Python 数据运算符，Python 序列的概念及通用操作，Python 列表，Python 元组，Python 字典，Python 集合，Python 字符串等基本概念与语法知识；另一方面是与数据清洗、特征工程、数据可视化、数据挖掘与建模最为紧密相关的一些内容，相关知识有机融合于各个章节。

1.4　数据清洗、特征工程、数据可视化和数据挖掘与建模的主要内容

 下载资源：可扫描旁边二维码观看或下载教学视频

1.4.1　数据清洗的主要内容

　　数据清洗的主要内容包括数据读取、合并、写入，数据检索，数据行列处理，处理数据缺失值、重复值和异常值，制作数据透视表，开展描述性分析和交叉表分析等。

　　在进行数据清洗之前，我们首先要获得数据，并且将之读取到 Spyder（在第 2 章中详细讲解）或其他 Python 环境中，然后才能进行数据的加工处理，而获取的数据也可能是多方面的，需要进

行必要的合并，加工完成后还需要将新数据导出，这些需求就需要用到对数据的读取、合并、写入等操作。在此基础上，不同应用目标导向下的数据清洗重点会有所差别，针对应用目标为数据统计分析或机器学习而言，数据清洗主要体现在数据检索、对数据进行行列处理以及处理数据的缺失值、重复值和异常值。此外，数据清洗过程通常还涵盖制作数据透视表、开展描述性分析和交叉表分析等内容，以获得数据整体信息，观察数据整体情况。

因为本书介绍的是使用 Python（Anaconda 平台）开展数据清洗，所以在第 3 章数据清洗中首先介绍 Python 数据清洗基础，包括 Python 函数与模块、numpy 模块数组、pandas 模块序列、pandas 模块数据框、Python 的流程控制语句等，然后讲解常见类型数据在 Python 中的读取、合并、写入，再讲解数据检索、数据行列处理在 Python 中的实现，接着讲解如何使用 Python 处理数据缺失值、重复值和异常值，最后讲解如何使用 Python 制作数据透视表、开展描述性分析和交叉表分析。

1.4.2　特征工程的主要内容

特征工程的主要内容包括特征选择、特征处理、特征提取等。针对这些概念，具体说明如下：

1. 特征选择

特征选择是指从搜集的众多原始特征中选择强相关特征、排除弱相关特征及冗余特征的过程。针对具体业务问题，我们通常由相关业务领域的业务专家基于业务经验给出与预测目标相关的一系列特征，构成备选特征集，然后通过特征选择筛选出构建模型所需要的特征。特征选择的方法包括过滤式方法（Filter）、嵌入式方法（Embedded）和包裹式方法（Wrapper），本书将在第 4 章中详细讲解。

2. 特征处理

特征处理是指对搜集整理的原始特征变量数据进行必要加工处理的过程，使得特征变量的数据能够更好地满足统计分析或机器学习需求，能够更好地契合统计分析方法或机器学习算法的适用条件或假设条件。特征处理包括特征归一化、特征标准化、特征分箱（离散化）等，本书将在第 5 章中详细讲解。

3. 特征提取

特征提取也称降维，其基本思想是将原始的特征变量映射到维度更低的特征空间中，是有别于特征选择的另外一种实现特征变量数量减少的有效方式。常用的特征提取方式有两种：一种是主成分分析（PCA），属于无监督降维技术；另一种是线性判别分析（LDA），属于有监督降维技术，本书将在第 6 章中详细讲解。

1.4.3　数据可视化的主要内容

数据可视化的范围非常广泛，已经面世的可视化图表有成百上千种，但我们不太可能也没有必要精通全部可视化图表。事实上，数据可视化应该站在受众者的角度，用尽可能简单、高效、直观的方式进行展示，目的是让人们快速理解数据背后反映的故事，从而快速找到数据背后隐藏的现实问题，帮助决策者快速依据信息进行决策，而非一味地追求制作过程之复杂或展示结果之华丽。

本书主要介绍常用的数据可视化，涉及图形的绘制，包括四象限图、热力图、直方图、条形图、核密度图、正态 QQ 图、散点图、线图（含时间序列趋势图）、双纵轴线图、回归拟合图、箱图、小提琴图、联合分布图、雷达图等，具体将在第 7 章详细介绍。

1.4.4　数据挖掘与建模的主要内容

数据挖掘与建模的算法可分为相对简单的监督式学习方法、相对复杂的监督式学习算法、高级监督式学习算法、非监督式学习算法等。其中相对简单的监督式学习方法包括线性回归算法、二元 Logistic 回归算法、多元 Logistic 回归算法、判别分析算法、朴素贝叶斯算法、高维数据惩罚回归算法、K 近邻算法等；相对复杂的监督式学习算法包括决策树算法、随机森林算法、提升法等；高级监督式学习算法包括支持向量机算法、神经网络算法等；非监督式学习算法包括主成分分析算法、聚类分析算法等。以上算法均在《Python 机器学习原理与算法实现》（杨维忠、张甜著，清华大学出版社，2023 年）一书中有详细讲解。本书也选择了一些常用的经典算法进行讲解，具体来说，第 8 章讲解数据挖掘与建模 1——线性回归，第 9 章讲解数据挖掘与建模 2——Logistic 回归，第 10 章讲解数据挖掘与建模 3——决策树，第 11 章讲解数据挖掘与建模 4——随机森林，第 12 章讲解数据挖掘与建模 5——神经网络。

1.5　数据清洗、特征工程、数据可视化和数据挖掘与建模的应用场景

　下载资源：可扫描旁边二维码观看或下载教学视频

1.5.1　数据清洗、特征工程的应用场景

数字化转型浪潮下，数据统计分析的各种方法、机器学习的各种算法早已不再局限于概念普及和理念推广层面，而是真真切切地广泛应用在各类企事业单位的各个领域，从客户分层管理到目标客户选择，从客户满意度分析到客户流失预警，从信用风险防控到精准推荐……各种统计分析方法和数据挖掘算法的应用对于企业全要素生产率的边际提升起到了至关重要的作用。而数据清洗、特征工程作为进行各种数据统计分析或构建各种算法模型的前序环节，也广泛应用于真实的商业应用实践。

数据清洗的必要性在于原始数据存在着较多的瑕疵，那些直接从内外部获取的信息、自然收集或生产系统自然生成的数据，在未进行必要的加工整理之前，并不能够满足直接分析或建模的需求。特征工程的必要性在于很难直接找到、找准、找全用于预测响应变量的特征，而且这些特征需要通过特征工程不断选择、尝试、优化。

比如某电商平台商家想分析高价值客户（交易金额高、交易次数多）的特征，可能就需要从历史订单中筛选出有效订单（因为退换货订单不能反映客户的真实贡献度），然后从有效订单中再进一步筛选出客户满意度较好的订单（因为客户满意度较差的订单同样不能反映客户的真实贡

献度），并选择、处理、提取客户的特征（性别、年龄区间、收货地址所在小区房价、登录平台次数、浏览商品到发生交易所用时间等），而选择、处理、提取出的特征变量对应的数据可能有重复值、缺失值、异常值等，这些就会用到数据清洗，从选择、处理、提取的一系列特征中选择出对于预测高价值真正有用、有效的特征，这些就会用到特征工程。

1.5.2　数据可视化的应用场景

数据可视化的应用场景是多方面的，常用的应用场景主要包括直观展示、识别频率、观察变化、寻找关联等。

1. 直观展示

数据可视化将数据内部结构或数据分析结果以图形化的形式直观地表达出来，让使用者一目了然地观察到数据的基本情况。目前很多企事业单位都开展了数字化大屏建设，即将单位的主要经营管理指标以大屏的形式展现出来，实时观察经营管理现状。以商业银行为例，在数字化大屏中可以展示全行公司存款、机构存款、同业存款、零售存款、对公贷款、零售贷款、信用卡客户数、手机银行客户数、对公客户规模、零售客户规模等一系列信息，银行的高级管理人员可以一目了然地看到全行的经营管理情况，从而节约信息与沟通成本，更加方便快捷地做出经营管理决策。

2. 识别频率

变量之所以被称为"变量"，是因为其中存在着变化，针对变量进行数据统计分析或开展机器学习，也是为了识别变量本身的变化规律或多个变量之间的联动变化规律，然后充分利用这种变化规律做出有针对性的对策安排，其中一个很重要的应用场景就是识别频率。比如在商业银行个人信贷风险防控领域，如果某种类型的客户发生逾期风险的频率特别高，则意味着该类客户可能是高风险客户群体，商业银行需要针对该类客户实施更加严苛的准入门槛，增加额外的调查审查，需要客户提供更多的风险缓释措施（追加担保人、提供抵质押品等）；又比如在商业银行个人理财产品营销领域，如果某种类型的客户发生新产品购买行为的频率特别高，推介成果特别有效，则意味着该类客户可能是优质客户群体，商业银行需要针对该类客户实施必要的促销措施，在营销资源投放与支持方面给予更多的倾斜等。

3. 观察变化

很多变量会随着时间走势呈现出一定的规律性特点，通过绘制时间序列趋势图等数据可视化方法，可以很好地让使用者感受、洞察并利用这些规律。比如某些产品的销量可能会呈现出一定的季节性变化，保暖性产品在深秋时节最为畅销，空调产品在四五月份时最为畅销等，此时以月度数据作为时间变量，绘制产品销量的时间序列趋势图可以很好地观察到这一规律，厂家就可以据此做出有针对性的生产、存货、促销安排；又比如某些产品的销量可能会呈现出一定的日期性变化，比如靠近写字楼的一些奶茶店在周一时销量较少，而在周五时销量较大等，此时以每日销售数据作为时间变量绘制产品销量的时间序列趋势图，便可以很好地观察到这一规律，商家就可以据此有针对性地安排服务人员的工作时间与休息时间，有前瞻性地做好原材料库存与外卖配送安排等。

4. 寻找关联

多个变量之间可能存在一定的关联。在很多情况下，单纯使用计算相关性系数等数据统计分析指标的方法，可能难以发现其中的具体规律，而使用数据可视化的方法可能就能够很好地捕捉到这一点。如图 1.3 所示，如果单纯计算 X 与 Y 之间的相关系数，那么 X 与 Y 的相关关系是很不明确的，而如果绘制成 X 与 Y 的散点图的方式去观察，则可以非常直观地看出两者之间的关系。在图中，横轴为 X 的数值，纵轴为 Y 的数值，当 X 小于一定临界值时，X 与 Y 之间呈现的是一种完全线性正相关关系；而当 X 大于一定临界值时，X 与 Y 之间呈现的是一种完全线性负相关关系。

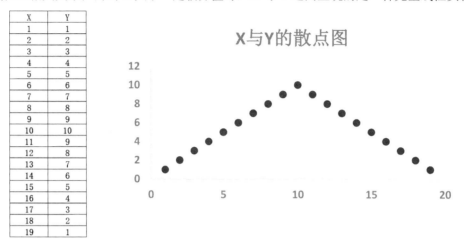

图 1.3   X 与 Y 的数值及散点图

通过绘制变量的散点图，我们可以非常直观地看出变量之间的关系。

1.5.3   数据挖掘与建模的应用场景

近年来，得益于信息技术的持续进步，数据的存储和积累可以非常便利而低成本地实现，同时大数据时代各类企事业单位的数据治理意识得到显著提升。大到大型的商业银行、电商平台，小到大街小巷采取会员制的餐饮、商店，都积累了大量的客户交易数据、消费数据和基础数据，如何实现对这些数据的开发利用呢？建立恰当的模型，从数据中挖掘出客户的行为习惯，从而更好地、更有针对性和更高效地开展市场营销、产品推广、客户关系分类维护或风险控制，进而改善经营效益、效率和效果，对各类市场经济主体都尤为重要。可以合理预期的是，大数据时代各类市场经济主体的竞争模式将会发生很大的变化，在信息不对称因素逐步得到消除、市场信息越来越透明的趋势下，谁的工作做得越精细，越具备针对性，越能抓住客户的痛点，就越能取得领先的市场竞争优势。在这种大趋势下，数据挖掘与建模大有可为。常见的应用场景举例如下：

1. 商业银行授信客户信用风险评估

在我国，商业银行利润的主要来源是净息差收入，也就是贷款利息收入减去存款利息支出。可以说，贷款本金及利息能否顺利收回，关系着一家商业银行的经营成败。而贷款本息是否安全的问题实质上反映的是授信客户的资产质量问题，因此，各家商业银行在授信客户信用风险的识别、评估、防范和控制方面一直持续努力。在大数据技术兴起之前，商业银行一般通过人工现场或非现场调查与授信个体分析相结合的模式开展信用风险评估，这种方式在银行客户较少、数据积累不足的情况下是一种不错的选择。但是经过这么多年的发展，大多数银行发展到现在，已经积累了大量的存量客户数据或已结清授信客户数据，包括客户的基本情况、生产经营情况、财务状况、征信情况、对外担保情况、与本行的业务往来尤其是授信是否曾产生违约等，这些宝贵的数据对于商业银行在新形势下高效率做好信用风险评估工作至关重要。商业银行积极开展数据挖掘与建模，对历史数据进行分析，可以对授信客户的信用风险进行预测，从而显著提高信用风险防控效果。

2. 在电子商务平台商户营销中的应用

近年来，我国的电子商务行业实现了快速发展，批发零售行业众多商户的营销模式也实现了由线下营销为主向线上营销为主或线上线下联动营销的转变。淘宝、苏宁易购、京东、拼多多、微信等众多线上平台为商户开展线上营销提供了非常便利的条件，商户开店准入的门槛也相对较低。现在几乎大多数的商户都有自己的网店，可以通过网店开展线上销售。线上销售除了具有节省实体店面费用、扩大销售范围、节约推广费用等种种优势之外，另外一个得天独厚的优势就是在销售的过程中可以非常方便和低成本地积累大量的用户数据。这些用户数据其实是非常宝贵的信息，商家可以通过恰当的数据挖掘与建模方法，从积累的海量数据中有效探索出顾客的行为习惯，从而为开展下一阶段的营销或者上线新产品营销提供更多的技术支持，进而可以更具针对性也更节省成本和资源地达成市场目标。比如：

（1）将目标客户进行分层，分为多个集群。通过数据挖掘与建模帮助电商平台商家根据每个客户的具体特征（既包括客户的性别、地区、婚姻状况、学历水平等基本特征，也包括客户的交易次数、交易金额等交易行为习惯特征，按照一定的统计学分析规则），将现有的所有客户划分为几个或者更多的群组，进而按照群组分类施策，差异化配置营销资源，制定营销方案。

（2）研究针对某一特定产品，客户是否产生购买行为和客户特征之间的关系。模型中响应变量为客户是否产生购买行为，特征变量为每个客户的具体特征，既包括客户的性别、地区、婚姻状况、学历水平等基本特征，也包括客户的交易次数、交易金额等交易行为习惯特征。

（3）选择最有可能进行采购的联系人。通过数据挖掘与建模帮助电商平台商家研究客户的潜在购买倾向。构建并应用预测模型的过程包含两个基本步骤。第一步是使用已有的数据集（客户的购买行为和行为特征均已确定）构建模型并保存模型文件，模型中响应变量为客户是否产生购买行为，特征变量同样为每个客户的具体特征，既包括客户的性别、地区、婚姻状况、学历水平等基本特征，也包括客户的交易次数、交易金额等交易行为习惯特征。第二步是将该模型应用到其他数据集（客户的行为特征已经确定，但是购买行为未知）以获取预测结果。有了结果后就可以从现有客户群中选择出那些最有可能对新产品做出响应的客户，进而开展具有针对性的营销活动。

3. 服务行业对客户群体进行细分

在现实生活中我们经常会注意到，服务行业的企业大多都会对其客户群体进行细分，并在细分的基础上分门别类地提供相应的服务。比如商业银行将其客户分为基础客户、有效客户、理财客户、财富客户、私人银行客户，保险公司将其客户分为基础客户、VIP 客户、高级 VIP 客户、专属 VIP 客户，在线旅游服务供应商将其客户分为白银会员、黄金会员、白金会员、黑金会员、钻石会员，等等。企业针对不同类别的客户提供不同种类、不同范围、不同品质、不同程度的增值服务。服务行业企业对客户进行分类的意义在于，由于营销资源和客户维护成本是既定和有限的，因此企业必须按照二八法则，依据客户的价值贡献，将有限的资源进行合理的分配，以实现经营效益的最大化。数据挖掘与建模可以帮助企业研究基础客户、有效客户、理财客户、财富客户、私人银行客户等各类客户所具有的基本特征，建立相应的模型进行预测，从而可以针对具体特征的客户开展精准营销。

此外，企业在对客户进行分类时，依据的是客户的已有价值贡献，这些是比较明确的，但是为了拓展业务的需要，很多时候企业还需要挖掘潜在价值客户，这时候就需要建立相应的大数据模型，分析客户的基本特征（比如年龄、性别、学历、收入水平、婚姻状况、职业种类、子女个数等）与目前依据价值贡献判断的等级之间的关系。比如某家商业银行目前的私人银行客户多为35~50 岁的中等收入水平的已婚女性，那么就可以在私人银行客户的下一品级（财富客户）中找到具有相应特征的群体（35~50 岁的中等收入水平的已婚女性）加以重点营销，就可以事半功倍地提升营销效率，提升成功概率，进而提升经营业绩。

4. 小额快贷大数据审批

近年来，得益于大数据相关技术的快速发展，小额快贷类业务产品开始逐渐流行起来。大型国有商业银行、全国性股份制商业银行，以及支付宝、微信等互联网公司，都推出了该类业务产品。与传统的线下信贷产品不同，小额快贷类业务产品具有在线申请、手续简便、容易操作，同时额度较小、凭信用放款、审批速度较快的特点。小额快贷类业务产品在审批时依据的往往是审批策略模型，即银行或互联网金融企业运用经营管理中积累的用户数据，基于大数据技术建立相应的策略模型，然后根据用户提供的个人申请信息和授权查询的相关信息，通过模型计算判断客户的资质，然后做出是否为该客户审批贷款以及审批多少额度的决策。可以说，审批策略模型是小额快贷类业务产品的核心，如果策略模型失效，那么注定会降低该业务的经营效率和效果。如果策略模型设置得过于宽松，那么很有可能就会使得本不适合作为放贷对象的客户得到贷款，造成信贷资产损失；而如果策略模型设置得过于谨慎，那么就有可能将很多本适合作为放贷对象的客户拒之门外，造成经营效率降低。因此，在小额快贷类业务产品中，数据挖掘与建模技术至关重要。

5. 汽车消费市场调研

随着经济的不断发展进步，目前汽车市场已经变得非常繁荣，汽车不再是"奢侈品"的概念，而更像是一种普通的交通出行工具，很多家庭甚至拥有 3 辆及以上的汽车。与此同时，汽车生产销售商之间的竞争也变得更加激烈，甚至白热化。能否适时推出迎合最广大消费者偏好、满足最广大消费者需求的"爆款"产品，成为在竞争中获胜的关键。对于绝大多数企业而言，新汽车在推向市场之前往往都需要通过技术层面的测试检验，在功能使用性方面大多不存在重要缺陷，但是一个重要事实是，有相当多的新汽车都推广失败了，或者没有实现预期的盈利目标。这一现象的根本原因在于新汽车没有得到市场的有效认可，或没有实现成功的市场营销。因此，在很多情况下，市场推广测试与技术层面测试同等重要，甚至更加重要。实现成功市场营销的前提条件就是进行充分且恰当的市场调查研究。只有在将一种新汽车正式推向市场之前进行了相应的市场调查研究，才能降低贸然进入市场而遭受无谓损失的风险。

因此，对于汽车生产销售商来说，市场调研变得非常重要。通过数据挖掘与建模对不同的消费群体进行市场调查研究，一方面可以挖掘出消费者的潜在购买欲望，从而可以大致了解整个市场的容量；另一方面可以找出相应消费群体对本产品感兴趣的元素，从而在市场开拓的过程中加以显著突出，并且在后续产品的设计中针对这些特点加以强化。通过广泛的市场调研，可以统计分析目标消费群体的消费偏好、关注特征，从而集中有限的产品研发和市场拓展资源到最能打动消费者的领域中去。比如市场调研发现消费者对于汽车的多媒体性能配置特别感兴趣，对比其他配置可以给出一个相对较高的溢价，那么汽车生产销售商在生产时就应该尽可能地在多媒体配置方面予以倾斜，给予更高的考虑权重，同时在销售时着重介绍多媒体配置方面的创新类型和竞争优势，从而能够更加高效和精准地响应消费者的消费痛点，增加成交率。

6. 手机游戏玩家体验评价影响因素分析

随着智能手机的广泛普及，4G 乃至 5G 网络的逐步全面覆盖，各类手机游戏在公众中逐渐流行起来，成为大众娱乐的重要组成部分。手机游戏产业也作为一种新兴产业如雨后春笋般崛起，成为第三产业的重要组成部分。手机游戏作为一种娱乐消费品，在市场上能够推广成功的关键就在于探知游戏消费者的真实需求，找到消费者的关键感知点、兴趣点，然后有针对性地加以提高、改进，达到优化游戏产品、拓展新增用户或者提高存量客户黏性的目的。理论上，有很多因素可以影响手机游戏玩家的用户体验，比如游戏是否足够流行，是否有着广泛的受众群体，玩家数量是否众多；又比如游戏对于手机硬件、网速和流量的要求是否很高；再比如手机游戏内容是否有趣，界面是否优美，是否便于操控；等等。那么究竟哪些因素是更为关键的考虑因素，或者说在消费者心目中的考量权重更高，这时候就需要手机游戏运营推广商进行相应的市场调研，开展数据挖掘与建模，通过建立恰当的模型来探究影响手机游戏玩家体验评价的关键因素。

7. 美容连锁企业按门店特征分类分析

现实生活中，有很多连锁经营的服务行业，比如酒店行业、餐饮行业、美容行业、健身行业、家电销售行业等，相对于门店单独经营模式，连锁门店经营通过统一品牌形象、统一广告宣传、统一集中采购、统一会计核算、统一售后服务、统一经营管理等方式实现了更大范围的规模经济和范围经济，进而推进了企业经营效率和效益的提升。但是，连锁经营模式不是绝对的统一经营模式，各个门店会根据自己所在地域的周边环境，包括是否处于热门商圈、所在地域客流量、消费群体消费水平、消费风格等因素，因地制宜、因时制宜地开展特色化、差异化经营。因此，对连锁企业的总部管理机构来讲，开展数据挖掘与建模，准确探知各个门店的实际特征，并有针对性地按照关键因素对全辖的门店进行有效分类，然后在充分调研的基础上实现资源的差异化配置，就会在整体上进一步提升经营效益。比如一家零食餐饮企业通过分析发现，一家门店在坚果销售方面经常供不应求造成脱销，而另一家门店在坚果销售方面经营惨淡，产品积压严重，那么就可以在货物分发、物流配送等方面做出有针对性的改进。

8. 家政行业客户消费满意度调研

家政行业是一个提供各种家庭服务的行业，包括室内外清洁、地板打蜡、房屋开荒、月嫂、育婴、催乳、老年护理员、护工、钟点工、涉外家政、别墅管家等服务。对于家政行业来说，它属于典型的服务行业，与普通的生产制造业在企业组织和经营模式方面存在很多的差异。其中最典型的差异之一就是，客户消费满意度对家政行业来说是非常重要的。一个显而易见的事实就是，如果一家家政公司的客户消费满意度非常高，那么就会增加客户黏性，不仅客户本身的消费金额和消费次数会增加，而且还会向周边的亲朋好友推荐，为公司介绍更多的客户，直接增加公司的经营效益。家政公司的客户消费满意度高了，品牌口碑和声誉形象也会提升，这些无形的资产对致力于长久持续经营的企业来说也是一种宝贵的财富，在公司扩大经营范围或者拓展新的服务领域时这些优势都会有所显现。因此，家政行业要多进行客户消费满意度调研，并根据调研结果开展数据挖掘与建模，探索客户消费满意度影响因素，在服务质量、服务效率、服务价格、服务流程、服务范围、服务态度和服务形象方面做出有针对性的改进，为后续提升经营管理水平、优化客户体验提供必要的决策参考和智力支持。

1.6　数据清洗、特征工程和数据可视化的注意事项

　下载资源：可扫描旁边二维码观看或下载教学视频

1.6.1　数据清洗、特征工程的注意事项

1. 要服务于数据统计分析或机器学习项目

开展数据清洗、特征工程的根本目的是提升数据和特征的质量，提升数据统计分析或机器学习项目的效率和效果。因此，开展数据清洗、特征工程应用时也要注意紧密结合相应的数据统计分析或机器学习项目，而不应机械割裂地操作，尤其是要注意对于每个过滤规则都要认真进行验证，不要将有用的数据或特征过滤掉（类似于在给婴儿洗了澡后，不能把婴儿和脏水一块泼到门外）。

比如数据清洗中的一个重要步骤是检测并处理异常值，这时候就需要考虑相应的数据统计分析或机器学习项目的具体要求，如果异常值的存在是合理的，而且有着较高的分析价值，甚至很多数据统计分析或机器学习算法应用场景本身就是为了发现异常值，并针对异常值进行分析，探究出现的根因，那么就不需要处理异常值，将之作为样本示例全集的重要组成部分即可；如果认为异常值的存在是不合理的，甚至异常值是错误值，比如客户年龄为负值等，那么就需要考虑删除异常值。

2. 要考虑业务目标，具备一定的业务经验

Wolpert 等提出了"没有免费的午餐定理（No Free Lunch Theorem）"，该理论的数学证明非常复杂，核心思想是当所有问题同等重要时，无论算法是复杂还是简单，也无论算法是前沿还是传统，各种算法的期望性能都相同。基于该理论，人工神经网络等各种复杂的机器学习算法的期望性能并不优于随机预测。这充分强调了建模人员自身在相关领域具有业务经验的重要性，清晰理解业务目标是开展机器学习的重要前提，当然也是数据清洗、特征工程的重要前提。

比如商业银行个人授信业务中，如果响应变量为授信业务是否违约，那么可能需要选择客户的性别、职业、年收入水平、历史征信记录等系列变量作为模型的特征变量，而客户的爱好、身高、体重等变量可能不是很好的特征变量，因为这些对于客户是否违约的影响预期不够显著。因此，数据清洗和特征工程是基于对业务与解决问题的深刻理解和洞察。换句话说，机器学习的成功很大程度上并不在于技术人员或数据分析，更多的在于实施机器学习的相关业务领域专家的高能力、高水平和丰富的经验。

1.6.2　数据可视化的注意事项

数据可视化图表是多种多样的，那什么是合适的数据可视化图表呢？数据可视化的作用和价

值在于能够方便受众者快速理解数据背后反映的故事，从而快速找到数据背后隐藏的现实问题，然后在针对性地去解决问题，因此其成功实施的关键在于充分考虑分析需求、充分考虑数据特点、充分考虑受众的特点和感受，具体来说：

1. 充分考虑分析需求

绘制合适的数据可视化图表，首先考虑的就是分析需求，需要搞清楚受众者想要看到什么，得到什么样的信息，而且需要注意的是，受众者的需求不是一成不变的，而是要因时制宜、因地制宜地进行调整。比如某家商业银行总行对各分行实施存款规模增长情况考核，那么某分行行长可能就很想看到其所在分行存款逐日增长情况，展示的可视化报表就应该包括分行存款整体情况的逐日变动时间序列趋势图；如果该分行行长还想要对辖内客户进行分类，就可以绘制四象限图，把客户分为"高存款规模-低增长潜力""低存款规模-高增长潜力""高存款规模-高增长潜力""低存款规模-低增长潜力"4 类，针对不同类型的客户，采取不同的营销维护策略等。

2. 充分考虑数据特点

每种图表都有自己的适用条件，面向的数据类型也不同。要绘制合适的数据可视化图表，在充分考虑分析需求的基础上，还要充分考虑数据特点。比如时间序列趋势图反映的是变量随着时间的变化趋势，如果数据集中不含时间变量，就无法绘制时间序列趋势图；又比如散点图主要用于观察某变量随另一变量变化的大致趋势，据此可以探索数据之间的关联关系，甚至选择合适的函数对数据点进行拟合，如果数据集中有多个变量，则散点图主要用于考察因变量和各个自变量之间的关系，此时如果绘制自变量之间的散点图就很可能是没有意义的；再比如双纵轴线图用来展示两个因变量和一个自变量的关系，以及两个因变量的数值单位不同时的情形，如果数据集本身就只有一个变量或两个变量，那么就无法实现双纵轴线图的绘制。

3. 充分考虑受众的特点和感受

除了充分考虑分析需求、充分考虑数据特点之外，绘制合适的数据可视化图表，还要充分考虑受众的特点和感受。需要搞清楚受众者喜欢什么样的可视化图表风格，是偏好常用的直方图、条形图，还是更偏好具有一定统计学意义的箱图、小提琴图？是喜欢颜色较深的可视化图表，还是喜欢颜色较浅的可视化图表？是乐意看到简洁明了、主体明确的可视化图表，还是乐意看到缤纷炫酷、信息全面的可视化图表？在清楚受众者偏好特点和感受的基础上，绘制出相应的可视化图表。

1.7　数据挖掘与建模的注意事项

　下载资源：可扫描旁边二维码观看或下载教学视频

数据挖掘与建模过程中，有以下 7 点注意事项。

1. 数据挖掘与建模是为了解决具体的问题

数据挖掘与建模是为了解决具体的问题。这一问题既可以是理论学术研究，也可以是具体的商业应用。大到研究商业银行经营效率与股权集中度之间的关系，小到研究美容行业小型企业对目标客户的选择与营销策略的制定，进行数据挖掘与建模、开展定量分析都是为了研究并解决企业生产经营过程中遇到的市场营销、产品调研、客户选择与维护策略制度等方方面面的问题，进而据此提高经营的效率和效果。

因此，虽然我们提到的概念是数据挖掘与建模技术，但是从解决问题的角度来说，数据挖掘与建模并不仅仅是一种技术，而是一种过程，一种面向具体业务目标解决问题的过程。我们在选择并应用数据挖掘与建模过程时也必须坚持这一点，要以解决实际问题为导向选择恰当的数据挖掘与建模技术，合适的模型并不一定是复杂的，而是能够解释和预测相关问题的，所以一定不能以模型统计分析方法的复杂性来评判模型的优劣，而是要以模型解决问题的能力来进行评判。比如在预测客户违约行为时，我们可以选择神经网络、决策树等更复杂、更前沿和更流行的数据挖掘与建模技术，也可以选择 Logistic 回归、线性回归等传统的数据挖掘与建模技术，但是不能笼统地说神经网络、决策树等前沿数据挖掘与建模技术就一定比 Logistic 回归、线性回归等传统数据挖掘与建模技术好，而是要看它们解决问题的效率和效果，如果我们使用 Logistic 回归建立的模型预测的准确性更高，那么显然 Logistic 回归在解决这一具体问题方面是要优于其他建模技术的。

2. 数据挖掘与建模有效的前提是具备问题领域的专业知识

数据挖掘与建模有效的前提是具备问题领域的专业知识。数据挖掘与建模的本质是用一系列数据挖掘算法来创建模型，同时解释模型和业务目标的特点。

我们在建模时有时候考虑的是因果关系，比如研究客户行为特征对他产生购买行为的影响，我们把响应变量设定为客户的购买行为，把特征变量设定为客户的性别、年龄、学历、年收入水平、可支配收入、边际消费倾向等。之所以选取这些特征变量，是基于我们在问题领域的专业知识，或者说是基于我们的经济学理论或者商业运营经验，可以相对比较清晰地知道哪些因素可能会影响消费者的购买行为，所以才能够顺利地建立一个合适的模型。

我们在建模的时候有时考虑的是相关关系，比如某商业银行发现做完住房按揭贷款的客户在业务办理后半年到一年时间里大概率会有办理小额消费贷款的需求，那么做完住房按揭贷款和办理小额消费贷款需求之间有没有因果关系呢，如果有因果关系又是怎么具体传导的？有的银行客户经理解释为客户做完住房按揭贷款之后通常有装修的需求；有的解释为客户有购买家电家具的需求；有的解释为住房按揭贷款的按月还款会在一定程度上使得消费者原来的收入无法支持现有消费；需要借助银行消费贷款来维持，那么究竟哪种解释、哪种传导机制是真实的、正确的？这时候我们通常很难而且也没有必要去深入分析研究，只需要知道做完住房按揭贷款和办理小额消费贷款需求之间具有强烈的相关关系就可以了。我们可以据此制定有针对性的营销策略，开展相应的客户营销，精准地满足客户需求。在这一过程中，我们依据的就是商业运营经验，通过数据的积累和经营的分析找到了这两者之间的关联关系，从而才可以有针对性地进行建模。

因此，数据和实践之间是有差距的，数据只是实践的一部分反映，关于实践的更多信息则需要我们通过问题领域的专业知识来弥补，只有将数据和专业知识充分融合，才能够更加全面完整地解释商业历史行为，更加准确有效地预测商业未来表现。

3. 数据挖掘与建模之前必须进行数据的准备

数据挖掘与建模之前必须进行数据的准备。获得足够的、高质量的数据是模型建立的根本前提。如果没有数据，就不可能完成建模过程；如果数据的质量不高或者样本量明显不足，那么大概率就形成不了真正有效的能够解释和指导商业实践行为的模型。数据准备包括搜集数据、整理数据、设定变量。

（1）搜集数据。为了达到研究目的，必须收集相应的数据信息或者说是有价值的研究结论，这些必须建立在真实丰富的数据事实基础之上。有些企业可能已经具备了研究所需要的数据信息，可以直接使用，但是在很多情况下，企业需要通过社会调查或者统计整理等方式去获取所需要的数据信息。

（2）整理数据。数据搜集完后，这些数据可能是没法直接使用的，或者说是相对粗糙的，尤其是当搜集得到的数据集包含成百上千的字段，那么浏览分析这些数据将是一件非常耗时的事情。在这时，我们非常有必要选择一个具有好的界面和强大功能的工具软件，使用合适的编程语言或统计分析软件（如 Python 编程语言、SPSS 软件、Stata 软件等）对获取的数据信息进行必要的整理，让粗糙的数据信息转化为标准化的数据信息，使得数据分析环境或数据分析软件能够有效识别、存储和运行这些数据。

（3）设定变量。在数据挖掘过程中，最终研究结论的形成往往是通过设定模型、求解模型、分析预测来实现的，而所有的模型都是通过变量来实现，或者说模型本身就是变量之间关系的反映。而从数据端出发，由于数据信息是纷繁芜杂的，因此为了提炼出共同性的、系统性的、规律性的信息，数据信息必须通过变量来进行承载。设定变量的常见操作包括直接选择变量、创建全新变量、对变量进行计算转换等。

4. 最终模型的生成在多数情况下并不是一步到位的

最终模型的生成在多数情况下并不是一步到位的。在构建的最终模型中，我们需要确定响应变量、特征变量以及所使用的数据集。但是在实践中，我们很难在研究的一开始就能够非常精准地确定所有合适的响应变量和特征变量，也无法保证搜集整理的数据都是正确、完整和充分的。事实上，如果我们一开始就很完美地确定好这些内容，那么从另外一个角度来讲，也就局限住了思路，放弃了通过模型过程可能获得的新认知。

需要说明和强调的是，虽然在前面提出数据建模要服务于业务目标，但是此处所提及的业务目标是一个大范围的概念，更加具体和精细的业务目标也有可能是在建模过程中增加或完善的。比如我们一开始制定的业务目标是研究客户满意度，结果发现具有部分客户行为特征的客户满意度往往比较低，那么从对企业价值贡献的角度来讲，这些客户的价值贡献是否也相对较低甚至没有贡献？如果是这样，我们的业务目标是不是改为研究高价值贡献客户的满意度更为合适？也许我们就需要修改一些业务目标，然后重新建立恰当的模型，重新界定数据收集整理的范围，重新开展分析研究。

在具体建模方法的选择上，很多时候也需要进行对比和优化。比如针对同一个商业问题，可能有多种建模解决方案，例如构建神经网络径向基函数模型或者决策树模型可能都能达到目的，但是究竟哪种质量更好、效率更高，我们可能需要进行多种尝试，并且将基于不同建模技术得到的结果进行比较，然后得出最优选择，找到最为合适的解决方案。

针对具体的特征变量，在模型中也是需要持续完善优化的。比如有的特征变量在模型中的显著性水平非常低，说明特征变量与响应变量之间的关联程度可能不高，对于解释和预测响应变量的贡献比较低，我们可以考虑去掉这些特征变量。再比如模型整体的拟合优度、可决系数偏低，或者说模型的解释能力不够，那么可能是因为遗漏了对于响应变量有重要影响的关键特征变量，需要我们根据实际情况选择加入特征变量进行完善。

此外，在很多时候还要根据数据的变化对模型进行优化，比如对某集团公司的客户满意度影响因素进行调研，发现不同区域的客户或者不同类型客户在评价满意度方面考虑的变量是不一样的，普通客户可能对产品价格考虑更多，VIP 客户可能对增值服务考虑更多，那么我们最好是针对不同区域、不同类型的客户分别建立模型，进行拟合和预测。

5. 模型要能够用来预测，但预测并不仅含直接预测

模型要能够用来预测，但预测并不仅含直接预测。我们建立的各种模型，包括神经网络径向基函数、神经网络多层感知器、决策树、时间序列预测、回归分析预测等，都能在一定程度上对生产经营行为进行预测，比如预测贷款申请客户的违约概率，预测具有什么行为特征的客户群体能够大概率发生购买行为，预测特定市场明年的销售量，等等，这些都是直接预测。

还有一些建模技术，虽然并不能直接预测，但是它能够帮助用户更加深刻地理解市场需求和客户行为特征，从而可以为下一步的生产经营管理提供重要的智力成果和决策参考，有助于未来商业价值的提升，因此这些模型事实上也具有广义上的预测的价值。比如我们研究手机游戏玩家体验的重要关注因素，研究不同学历、不同收入水平的网购消费者对于网购的整体信任度是否不同，进行新产品上市之前的调查研究，把具有相似行为特征的样本进行归类，归纳绩效考核的关键影响因子等，都可以通过数据建模来实现数据挖掘，进而获得有价值的信息并用于商业实践。

此外，还有一类预测是以打分的方式实现的。比如银行与通信公司进行业务合作为客户提供信用贷款，通信公司基于对客户信息隐私保护的考虑，不可能直接为银行提供客户的具体个人信息，但是可以出具一个对于客户综合信用评价的打分提供给商业银行作为参考。这个打分其实也是一种广义上的预测，银行可以据此设定相应的准入门槛，比如 50 分以下的客户不予准入，60 分以下的客户贷款额度不得超过 10 万元，等等。

需要特别强调的是，预测仅仅是一种概率，而且这种概率有可能是基于不完全信息产生的结果，所以预测大概率产生违约的客户最后也有可能不产生违约，预测小概率违约的客户最后也有可能产生违约。

因此，在实际商业经营实践中，通常采用"模型+人工"组合的方式进行决策，针对模型通过或者不通过的情形，再增加一道必要的人工复核环节，减少犯两类错误的风险（H0 为真但判别为拒绝，此类错误被称为"弃真"错误，即将真的当成假的，也称为第一类错误；H0 为假并被接受，此类错误被称为"取伪"错误，即将假的当成真的，也称为第二类错误）。

6. 对模型的评价方面要坚持结果导向和价值导向

在对模型的评价方面要坚持结果导向和价值导向。传统意义上对于模型质量的评价通常是模型的准确性和稳定性。准确性指的是模型对于历史数据的拟合效果，以及对未来数据的预测情况，如果模型尽可能多地拟合了历史数据信息，拟合优度很高，损失的信息量很小，而且对于未来的预测都很接近真实的实际发生值，那么该模型一般被认为是质量较高的。稳定性指的是模型的敏感度，当数据样本被改变时，模型的预测效果不应出现较大波动。比如一个集团公司基于 A 分公司建立的客户分级营销策略模型能够稳定无偏地用于 B 分公司，而不会导致基于 A 分公司建立的模型对 B 公司应用的预测结果与 B 公司的实际结果之间有着较大的差距。

然而，上述传统的认知是存在不足的。一个简单的例子是基于客户行为画像建立一个客户流失度模型，该模型的预测准确度比较高，如果我们的业务目标导向是要尽可能留住老客户，那么该模型的质量还是不错的，通过预测可以做出有前瞻性的安排，比如提供优惠政策、增值服务等；但是如果我们的业务目标是要获取更多的利润，而这些流失的客户在很大程度上对于公司的利润贡献很低甚至是负值（获取收入不能弥补维系成本），那么构建的模型可能是价值比较低的，我们更应该构建一个包括客户流失度和客户利润贡献度双目标变量的预测模型。

因此，从商业经营实践的维度去看，我们更应该关注模型的价值增值导向，要紧密围绕业务目标、改善商业表现去关注模型的准确度和稳定性，或者说，我们要通过建模过程来达成业务目标，进一步优化商业行为，提升经营的效率和效果，而不应该仅停留在对目前经营现状的解释上，固步自封地制定计划。

具体来说，模型的价值增值方式有两个渠道：一是引用模型的预测结果，针对预测结果前瞻性地做出部署和有针对性的安排，体现出远见卓识；二是通过模型获得新知识，改变传统的认知。例如在小额快贷的大数据审批过程中，我们在模型中引入的特征变量通常包括客户的收入状况、信用状况、学历状况、家庭情况等传统认识中与客户履约情况具有强相关关系的变量，但是如果我们在特征变量中加入一个用户申请贷款时间的变量，可能会发现它与客户的履约情况也是一种强相关关系，比如深夜凌晨申请贷款的违约率要显著高于白天工作时间申请贷款的违约率，那么我们在下一步的审批策略和产品开发时就要予以高度关注，这一信息就是我们通过模型学到的新知识，也是我们建模的重要价值。

7. 建立的模型应该是持续动态优化完善的

建立的模型应该是持续动态优化完善的，而非静态一成不变。我们建立的模型都是基于历史数据和对当前商业模式、经营模式的考虑，但是一个令人不容忽视的事实就是，外面的世界一直在发展变化，例如客户消费习惯在变化、市场容量和特征在变化、竞争对手行为在变化以及整个经济形势在变化，等等。创新层出不穷，技术的进步、商业模式的变革都会对现有商业模式形成冲击甚至是颠覆性的改变，如果我们一直基于历史和当前的信息去预测未来的世界，而不是根据形势变化做出应有的改变，那么几乎可以确定，我们建立的模型大概率不能够适应新商业模式的要求，所有预测得到的结论可能跟现实之间有着较大的差距。

举一个简单的例子，一个住宅小区的订奶量一直保持较为匀速的合理增长，然后牛奶生产销售配送商对小区的订单量进行合理预测并做出有针对性的生产、销售、配送安排，但是在某一年该小区突然进驻了多家其他牛奶经营商，而且奶的质量更高，价格更为便宜，折扣力度更大，配套服务更到位，那么这显然会对该牛奶生产销售配送商的经营形成巨大冲击，原先建立的模型、依据模型建立的预测很可能就不再适用了。

再比如，商业银行作为一种经营风险较高的行业，通常都会采取措施监控员工异常行为，监控方式往往是建立相应的模型观察员工账户的资金流出，比如是否与供应商发生不合理的资金往来、与授信客户发生不恰当的资金往来、参与民间借贷、实施银行卡大额套现等。但是当模型执行一段时间后，银行内部员工往往就会掌握或者推断出模型规则，然后在行为中针对这些规则展开一定的规避，从而导致模型不再如先前一样有效，不再能够有效监控员工异常行为。

因此，只要商业模式是持续的，我们建立的模型就应该随着商业环境的不断变化而定期进行更新，这样才能保持模型的长期有效性。

1.8　习　　题

1. 简述数据清洗的基本概念。
2. 简述特征工程的基本概念。

3. 简述数据可视化的基本概念。

4. 简述数据挖掘与建模的基本概念。

5. 简述数据清洗的主要内容。

6. 简述特征工程的主要内容。

7. 简述数据挖掘与建模的主要内容。

8. 简述数据清洗、特征工程的注意事项。

9. 简述数据可视化的注意事项。

10. 简述数据挖掘与建模的注意事项。

第 **2** 章

Python 入门基础

本章介绍 Python 入门基础知识，具体包括 Python 概述，Anaconda 平台的下载与安装，Python 的注释，基本输出与输入函数，Python 的保留字与标识符，Python 的变量和数据类型，Python 的数据运算符，Python 序列的概念及通用操作，Python 的列表、元组、字典、集合、字符串等。

2.1　Python 概述

 下载资源：可扫描旁边二维码观看或下载教学视频

根据百度百科上的介绍，Python 起源于一门叫作 ABC 的语言，由荷兰数学和计算机科学研究学会的吉多·范罗苏姆（Guido van Rossum）于 1990 年代初设计。Guido 参加设计 ABC 时认为 ABC 这种语言非常优美和强大，是专门为非专业程序员设计的。但 ABC 语言推出后并未获得预期的成功，也未得到广泛推广，究其原因，Guido 认为是其非开放造成的。于是 Guido 在 1989 年圣诞节期间开发了一个新的脚本解释程序，将它作为 ABC 语言的一种继承，这就是 Python。Python（大蟒蛇的意思）这一名字是取自 20 世纪 70 年代在英国首播的电视喜剧《蒙提·派森的飞行马戏团》（*Monty Python's Flying Circus*）。

Python 面世以来，果然大放异彩，成为一种功能强大、简单易学、开放兼容的主流编程语言，并广泛应用于 Web 开发、大数据清洗、人工智能、云计算、爬虫、游戏开发、自动化运维开发等各个领域，深受学习者、使用者的好评。随着用户的不断增加，各种开放共享的配套支持资源也越来越丰富，从而又吸引了更多的用户参与 Python 的学习与使用，形成良好的正反馈循环，相辅相成，共同造就了 Python 的兴起与繁荣。

迄今为止，Python 经历了 3 个大的版本变化，分别是 1994 年发布的 Python 1.0 版本，2000 年发布的 Python 2.0 版本，2008 年发布的 Python 3.0 版本。目前最新的仍为 Python 3 系列版本，Python 3 系列版本也是目前最为流行、使用人群占比最高、配套资源支持力度最强的主流版本。

本书也是基于 Python 3 系列版本进行编写的，主要内容为应用 Python 开展数据清洗、特征工程与数据可视化。

2.2　Anaconda 平台的下载与安装

　下载资源：可扫描旁边二维码观看或下载教学视频

2.2.1　Anaconda 平台的下载

Python 的安装方式有很多种，其中一种就是通过官网的 Downloads 菜单进行下载（网址为 https://www.python.org/downloads/）。如果用户的操作系统为 Windows，那么就可以把鼠标光标放在 Downloads 菜单下面的 Windows 菜单上，网页会自动弹出 Downloads for Windows 窗口，窗口右侧有"Python 3.11.1"推荐版本按钮（截至本书写作时推荐的版本号是 3.11.1，但因网站会定期更新，所以读者再访问此网站时可能会有新的版本），如图 2.1 所示。如果用户的 Windows 操作系统版本满足要求，比如是 Windows 10，则可直接单击该按钮进行下载；但如果 Windows 系统版本较低，比如是 Windows 7 系统或更旧的系统，将无法支持 3.9 以上的 Python 版本（Note that Python 3.9+ cannot be used on Windows 7 or earlier）。

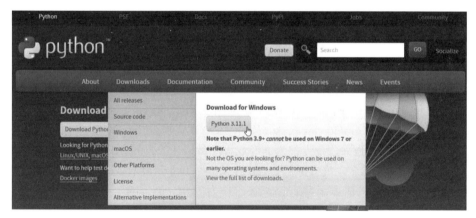

图 2.1　Python 官网下载界面 1

如果用户的操作系统为 Windows 但系统版本不满足 Python 推荐版本对应的要求，则可单击图 2.1 中弹出窗口左侧的 Windows 菜单选项，将弹出如图 2.2 所示的下载选择列表。用户可以根据自己计算机上的操作系统版本单击对应的版本选项下载即可。

上述操作固然可以实现 Python 的下载，但是我们在应用 Python 时，大多情况下都不是自己直接运用 Python 语言来逐一编写代码来定义函数，而是通过调用一些标准库或第三方库、加载相应模块以事半功倍的方式去实现。基于这种考虑，强烈推荐从 Anaconda 平台（网址：https://www.anaconda.com/products/distribution）上下载这些库或模块。Anaconda 平台不仅集成了大部分常用的 Python 标准库，也集成了 Spyder、PyCharm 以及 Jupyter 等常用开发环境，大大提

升了用户的操作效率。本书也以从 Anaconda 平台下载并安装的方式进行讲解。从 Anaconda 平台
下载的步骤如下：

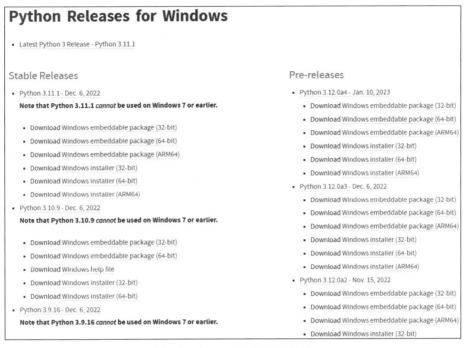

图 2.2　Python 官网下载界面 2

步骤01 登录 Anaconda 平台官网，打开如图 2.3 所示的界面。

图 2.3　Anaconda 平台官网下载界面 1

步骤02 如果用户的操作系统恰好为 Windows 64 位，则可直接单击 Download 按钮进行下载；
如果是其他操作系统，则单击 Get Additional Installers 链接，弹出如图 2.4 所示的下载选择列表。

步骤03 图 2.4 中展示了 Anaconda 平台当前支持的操作系统。用户可以根据自己计算机上操
作系统的具体类型和版本选择下载对应的 Anaconda 版本。

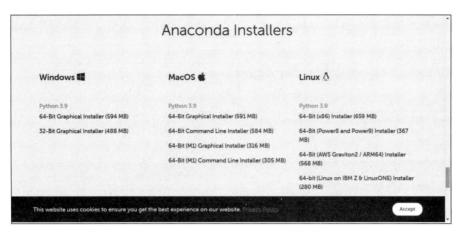

图 2.4　Anaconda 平台官网下载界面 2

2.2.2　Anaconda 平台的安装

Anaconda 平台的安装步骤如下：

步骤 01 在计算机上双击已下载的 Anaconda 平台安装包，安装包将自动进行解压缩操作，并弹出如图 2.5 所示的欢迎安装对话框。

步骤 02 在图 2.5 中单击 Next 按钮，即可弹出如图 2.6 所示的同意协议对话框，在其中单击 I Agree 按钮后再单击 Next 按钮，将弹出如图 2.7 所示的用户选择对话框，建议在其中单击 All Users 单选按钮后单击 Next 按钮，将弹出如图 2.8 所示的安装位置对话框，我们需要在其中设置好安装软件的目标文件夹位置。

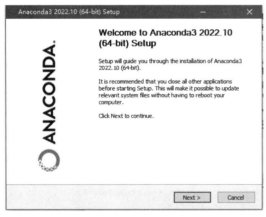

图 2.5　欢迎安装对话框

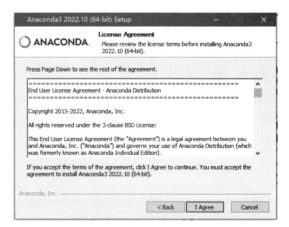

图 2.6　同意协议对话框

步骤 03 设置完成后，单击 Next 按钮随即弹出如图 2.9 所示的安装选项对话框。如果计算机上之前已经安装了 Python，那么第一个复选框将默认为无须设置。如果第一个复选框是可选的，那么对于新手，建议将对话框中的两个复选框全部勾选，若不勾选，软件可能无法正常运行；而对于较为熟练的技术人员，则可根据实际情况灵活选择。设置完成后单击 Install 按钮即可让系统自动完成安装。

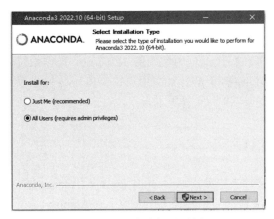

图 2.7　用户选择对话框

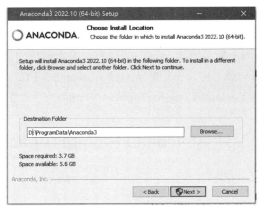

图 2.8　安装位置对话框

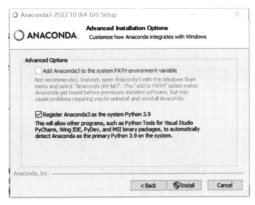

图 2.9　安装选项对话框

安装完成后，计算机的开始菜单中会出现与 Anaconda 平台相关的 6 个快捷方式，包括 Spyder (Anaconda3)、Anaconda Powershell Prompt (Anaconda3)、Reset Spyder Settings (Anaconda3)、Anaconda Navigator (Anaconda3)、Anaconda Prompt (Anaconda3)、Jupyter Notebook (Anaconda3)，如图 2.10 所示。对于开展数据分析或机器学习工作人员来说，其中最为常用的是 Anaconda Prompt (Anaconda3) 与 Spyder (Anaconda3)。

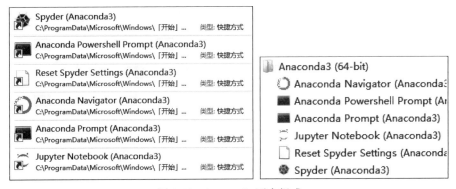

图 2.10　Anaconda 平台组成

如果是 Windows 操作系统，但严格按照上述步骤操作仍未安装成功，则大概率是 Windows 操作系统版本与 Anaconda 平台版本不匹配造成的，解决方式有两个：一是升级 Windows 操作系统版本, 比如由 Windows 7 升级至 Windows 10; 二是降低所使用的 Anaconda 平台版本（官网推荐安装的一般为最新版本, 但事实上较低一些的版本仍能完成应用需求且兼容性更好）, 可从互联网上搜索旧的 Anaconda 平台版本进行安装。本书在写作过程中使用的 Windows 操作系统为 Windows 10, 安装的版本是 Anaconda3-2022.10-Windows-x86_64; 如果用户的 Windows 操作系统为 Windows 7, 则推荐安装 Anaconda3-2022.05-Windows-x86_64 等版本。

2.2.3 Anaconda Prompt (Anaconda3)

安装成功后, 在开始菜单的 Anaconda3 (64-bit)文件夹中单击 Anaconda Prompt (Anaconda3), 即可弹出如图 2.11 所示的命令行窗口。该窗口首先会自动给出路径(base)C:\Users\Administrator, 然后我们在命令提示符后面输入 Python, 即可出现已经安装的 Python 系统的版本信息（本书写作时安装的版本为 Python 3.9.13）以及提示符 ">>>", 在提示符的后面输入 Python 程序代码并按 Enter 键, 即可执行这些程序代码。比如输入程序语句 "print('对酒当歌, 人生几何')" 后再按 Enter 键, 该程序语句执行后的输出为 "对酒当歌, 人生几何"。

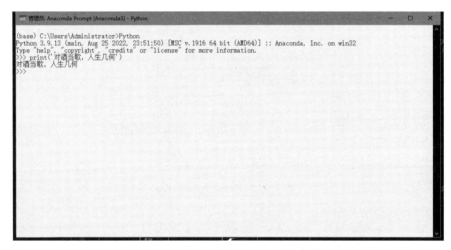

图 2.11   Anaconda Prompt (Anaconda3)命令提示符窗口

Anaconda Prompt 只能以命令行交互方式执行 Python 程序代码, 每输入一行代码均需按 Enter 键才能执行, 无法连续执行程序, 因此在编写程序时很少采用这种方式。以命令行交互方式执行程序代码的优势在于可以立刻获得系统的响应, 因此这种方式常用于管理与 Python 相关的库, 比如需要安装某个第三方库, Anaconda Prompt 提供的命令行交互方式相对于其他方式更为快捷。在编写程序代码方面, 使用最多的是 Spyder(Anaconda3)。

2.2.4 Spyder (Anaconda3)的介绍及偏好设置

Spyder（前身是 Pydee）是一个强大的交互式 Python 语言开发环境, 提供高级的代码编辑、交互测试、调试等特性。在开始菜单的 Anaconda3 (64-bit)文件夹中单击 Spyder (Anaconda3)即可弹出其窗口, 如图 2.12 所示。Spyder (Anaconda3)是我们最为常用的环境, 强烈建议将其快捷方式发送到桌面, 方便以后使用。

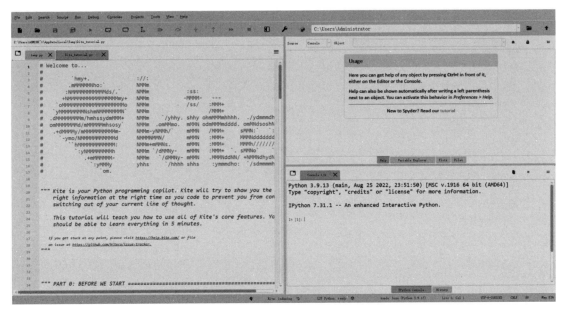

图 2.12　Spyder 窗口

　　Spyder 的界面为纯英文，而且为暗黑色，对于大多数国内用户来说，可能并不适应这种风格。我们可以采取以下方式调整界面（当然，这取决于用户偏好，如果用户认为当前界面风格是可以接受的，也可不进行下述调整）：

　　步骤 01 依次单击菜单栏中的 Tools→Preferences 选项，如图 2.13 所示，打开 Preferences 对话框。

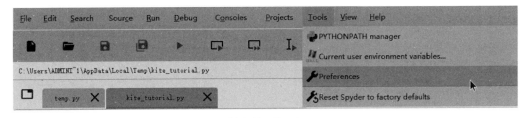

图 2.13　Spyder

　　步骤 02 在 Preferences 对话框中单击 Application 选项，切换到 Advanced settings 选项卡，然后在 Language 下拉列表中选择"简体中文"，再单击对话框右下角的 Apply 按钮，如图 2.14 所示。

　　步骤 03 弹出如图 2.15 所示的 Information 对话框，单击其中的 Yes 按钮即可重启 Spyder，重启后界面语言就变成了简体中文。

　　步骤 04 依次单击菜单栏中的"工具"→"偏好"选项（见图 2.16），打开"偏好"对话框。

　　步骤 05 在"偏好"对话框中单击"外观"选项，在"主界面"的"界面主题"下拉列表中选择 Light，在"语法高亮主题"的下拉列表中选择 Spyder，再单击对话框右下角的 Apply 按钮，如图 2.17 所示。

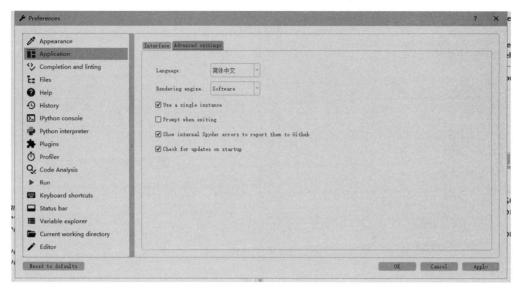

图 2.14　Preferences 对话框

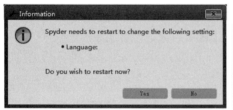

图 2.15　Information 对话框

图 2.16　选择"偏好设置"菜单选项

图 2.17　"偏好"对话框

步骤 06 弹出如图 2.18 所示的"信息"对话框，在其中单击 Yes 按钮即可重启 Spyder，重启后界面变得更加明亮。

图 2.18　"信息"对话框

2.2.5　Spyder (Anaconda3)窗口介绍

Spyder (Anaconda3)窗口如图 2.19 所示。

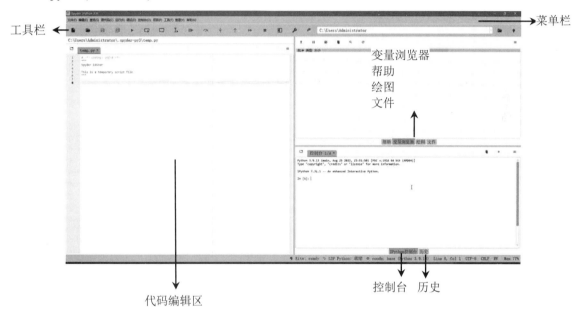

图 2.19　Spyder (Anaconda3)窗口

1. 菜单栏

菜单栏（Menu bar）包括文件、编辑、查找、源代码、运行、调试、控制台、项目、工具、查看、帮助等菜单，如图 2.20 所示。通过菜单可以使用 Spyder 的各项功能。

文件(F) 编辑(E) 查找(S) 源代码(C) 运行(R) 调试(D) 控制台(O) 项目(P) 工具(I) 查看(V) 帮助(H)

图 2.20　菜单栏

2. 工具栏

工具栏（Tools bar）提供了 Spyder 中常用功能的快捷操作按钮（图标按钮），如图 2.21 所示。用户单击图标按钮即可执行相应的功能，将鼠标光标悬停在某个图标按钮上可以获取相应的功能说明。工具栏中各个图标按钮及其功能说明如表 2.1 所示。

图 2.21　工具栏

表 2.1　工具栏图标按钮及其功能说明

图标按钮	功能说明	图标按钮	功能说明	图标按钮	功能说明
	新建文件		运行当前单元格，并转到下一个单元格		继续运行直到下一个断点
	打开文件		运行选定的代码或当前行		停止调试
	保存文件		调试文件		最大化当前窗格
	保存所有文件		运行当前行		偏好设置
	运行文件		步入当前行显示的函数或方法		Python path 管理器
	运行当前单元格		执行直到当前函数或方法返回		

其中最为常用的是 ▶（运行文件）以及 Ⅰ▶（运行选定的代码或当前行）。两者的区别在于，"运行文件"是运行整个代码编辑区内的所有代码，而"运行选定的代码或当前行"是运行选中的一行或多行代码。

3. 路径窗口

路径窗口（Python path）显示文件当前所在的路径，通过其下拉列表以及后面的两个图标 📂（浏览工作目录）和 ⬆（切换到上级目录）可以选择文件路径，如图 2.22 所示。

图 2.22　路径窗口

4. 代码编辑区

代码编辑区（Editor）如图 2.23 所示，这是最为重要的窗口，是编写 Python 代码的地方，左边的行号区域显示代码所在的行。

```
temp.py
1    # -*- coding: utf-8 -*-
2    """
3    Spyder Editor
4
5    This is a temporary script file.
6    """
7
8
```

图 2.23　代码编辑区窗口

5. 变量浏览器

变量浏览器（Variable explorer）如图 2.24 所示，可以在此查看代码运行后载入或计算生成的变量，包括变量的名称、类型、大小、值等。

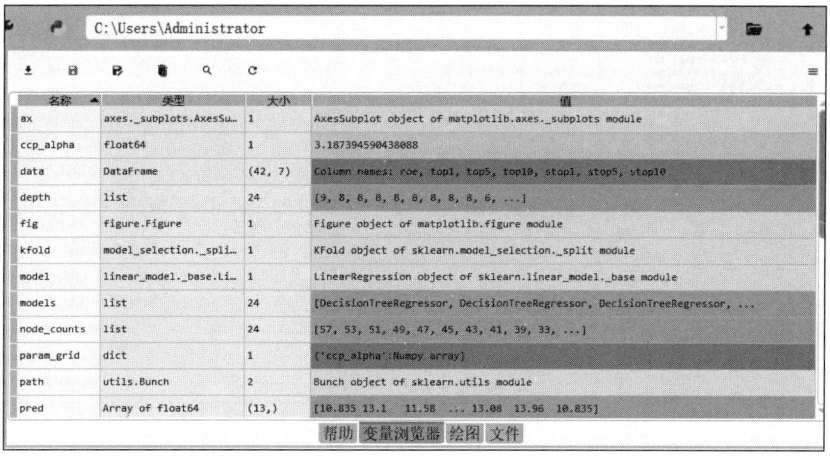

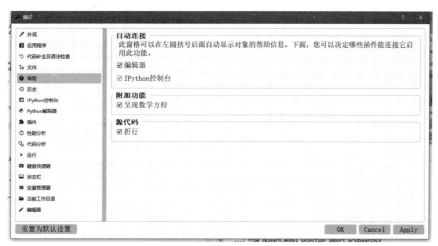

图 2.24　变量浏览器窗口

变量浏览器、帮助、绘图、文件共用一个窗口，可以通过选项卡进行切换。

6. 帮助

帮助（Help）功能是非常重要的，当用户不了解某代码的含义或者需要深度了解其具体用法及参数选择信息时，就需要查看相应代码的帮助信息，对于初学者来说更是如此。帮助信息会在代码编辑区的一个对象之后自动显示出来。实现方法是：在菜单栏依次单击"工具"→"偏好"→"帮助"选项，勾选其中的全部复选框，然后依次单击 Apply→OK 按钮，如图 2.25 所示，就能激活自动显示帮助信息的功能。

图 2.25　激活自动显示帮助信息的功能

设置完成后，如果用户想要了解 LinearRegression 的用法，可以把鼠标光标放到代码编辑区中的代码"LinearRegression"上面，就会自动出现有关它的帮助信息，如图 2.26 所示。用户可通过阅读这些信息来掌握 LinearRegression 的具体用法、参数选择等。

用户还可以通过在代码编辑区中按 Ctrl 键+选中对象来获得该对象的帮助信息。例如在图 2.26 中，用户可先按住键盘上的 Ctrl 键，然后将鼠标光标移至代码"LinearRegression"处，待出现手型鼠标指针后单击该代码，即可出现如图 2.27 所示的帮助信息。

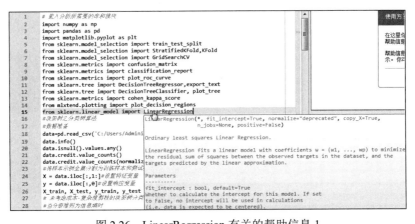

图 2.26   LinearRegression 有关的帮助信息 1

```
528
529    class LinearRegression(MultiOutputMixin, RegressorMixin, LinearModel):
530    """
531    Ordinary least squares Linear Regression.
532
533    LinearRegression fits a linear model with coefficients w = (w1, ..., wp)
534    to minimize the residual sum of squares between the observed targets in
535    the dataset, and the targets predicted by the linear approximation.
536
537    Parameters
538    ----------
539    fit_intercept : bool, default=True
540        Whether to calculate the intercept for this model. If set
541        to False, no intercept will be used in calculations
542        (i.e. data is expected to be centered).
543
544    normalize : bool, default=False
545        This parameter is ignored when ``fit_intercept`` is set to False.
546        If True, the regressors X will be normalized before regression by
547        subtracting the mean and dividing by the l2-norm.
548        If you wish to standardize, please use
549        :class:`~sklearn.preprocessing.StandardScaler` before calling ``fit``
550        on an estimator with ``normalize=False``.
```

图 2.27   LinearRegression 有关的帮助信息 2

7. 绘图

绘图窗口展示代码运行后产生的图形。"绘图"窗口如图 2.28 所示。

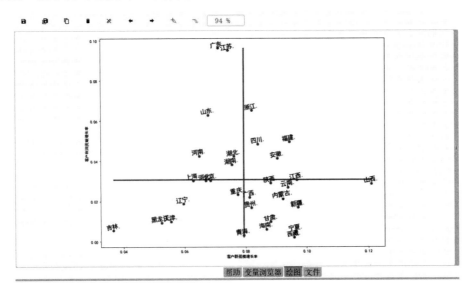

图 2.28   "绘图"窗口

最上面的 ▯ ▯ ▯ ▯ ✕ ← → ⊕ ⊖ 是绘图常用的快捷操作对应的图标按钮，用户单击图标按钮即可执行相应绘图操作，将鼠标光标悬停在某个图标按钮上时可以获取该图标按钮的功能说明。"绘图"窗口中各图标按钮及功能说明如表 2.2 所示。

表 2.2　"绘图"窗口图标按钮及功能说明

图标按钮	功能说明	图标按钮	功能说明	图标按钮	功能说明
▯	将图形另存为	▯	保存所有图形	▯	将图形作为图像复制到粘贴板
▯	移除图形	✕	移除所有图形	←	上一幅图
→	下一幅图	⊕	图形放大	⊖	图形缩小

8. 文件查看器

文件查看器（File explorer）可以方便地查看当前文件路径下的文件。文件查看器中"文件"窗口如图 2.29 所示。

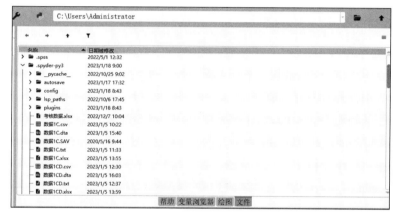

图 2.29　"文件"窗口

9. IPython 控制台

IPython 控制台（IPython console）类似于 Stata 中的命令行窗格，可以一行一行地交互执行。如图 2.30 所示，当用户选中代码编辑区的代码来执行时，控制台中就会将这些被执行的代码以 In[ ]展示，执行结果以 out[ ]展示。

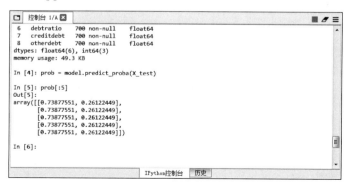

图 2.30　IPython 控制台

IPython 控制台和代码的执行历史共用同一个窗格，可以通过选项卡进行切换。

10. 历史

历史（History）本质上是一种日志，按时间顺序记录输入 Spyder 控制台的每个命令，如图 2.31 所示。

图 2.31　　历史窗格记录日志

在实际应用中，大多数情形下都是首先在代码编辑区逐行输入代码，完成代码编写；然后针对需要执行的代码，单击 ▶ 图标按钮来运行这些选定的代码；最后在 IPython 控制台中查看代码执行结果，其中属于绘制图形的代码运行结果将在"绘图"窗口进行展示。在 IPython 控制台中右击鼠标，即可弹出如图 2.32 所示的快捷菜单，通过选择菜单选项，可以复制（Copy）、粘贴（Paste）运行结果，也可将运行结果导出为 HTML/XML（Save as HTML/XML）或打印（Print）输出，以便将结果应用到论文写作中或作为工作成果等。

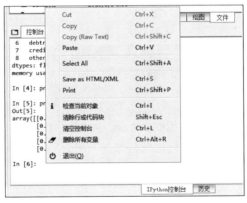

图 2.32　　右击 IPython 控制台后弹出的快捷菜单

2.3　Python 的注释

下载资源：可扫描旁边二维码观看或下载教学视频

下载资源:\源代码\第 2 章 Python 入门基础.py

接下来介绍 Python 语言的一系列规则，内容可能会略显枯燥，但这是实现"读懂别人编写的代码—根据实际需求对已有代码进行调参—实现自主编写代码"层层进阶的必备基础，需要下功夫练好这一基本功。本节讲解最为常用的注释。

在 Python 中，注释是对代码的解释，以增加代码的可读性，让将来的自己、合作人员或将来的程序维护人员能够更好地理解这些代码的含义。在代码行的后面加上"#"符号，后续文字即为注释。比如以下代码：

```
data.describe()      # 对数据集进行描述性分析
```

其中 data.describe()为要执行的代码，而"#"及后面的内容则为对 data.describe()这一执行代码的注释。注释的作用仅在于告知阅读该代码的人该段代码的具体含义或其他相关信息，因此"#"及后面的内容将被 Python 解释器忽略掉，不会被执行。注释可以放在代码的后面，也可以放到代码前面作为单独的一行。上述代码及注释也可写为：

```
# 对数据集进行描述性分析
data.describe()
```

注释可以为一行，也可以为多行。需要注意的是，如果为多行，就需要在每一行的行首都加上"#"。上述代码及注释也可写为：

```
# 对数据集进行分析
# 对数据集进行描述性分析
# 使用 data.describe()对数据集进行描述性分析
data.describe()
```

2.4　基本输出函数——print()函数

下载资源：可扫描旁边二维码观看或下载教学视频
下载资源:\源代码\第 2 章 Python 入门基础.py

print()函数用于标准输出，调用 print()函数输出括号内的指定内容。具体来说，调用 print()函数时，在括号中有不带引号、搭配单引号、搭配双引号、搭配三引号 4 种情形。不带引号通常用于数字内容或者数学表达式的情况，如果括号内容为字符串，则需要搭配单引号、双引号或三引号。

1. 不带引号

```
print(3+3-4)                # 输出结果为：2
```

2. 搭配单引号

```
print('对酒当歌，人生几何')        # 输出结果为：对酒当歌，人生几何
```

3. 搭配双引号

```
print("何以解忧，唯有杜康")        # 运行结果为：何以解忧，唯有杜康
```

4. 搭配三引号（注意以下代码需全部选中并单击 ▶ 按钮来整体运行）

```
print("""
对酒当歌，
人生几何，
……
何以解忧，
唯有杜康
```

```
""")
# 运行结果为:
            对酒当歌,
            人生几何,
            ……
            何以解忧,
            唯有杜康
```

注　意

单引号、双引号都必须为半角符号（不能是中文的全角单引号和双引号），另外双引号不可用两个单引号来表示。

2.5　基本输入函数——input()函数

 下载资源：可扫描旁边二维码观看或下载教学视频

下载资源:\源代码\第 2 章 Python 入门基础.py

input()函数用于标准输入，该函数用来获取用户的输入，输入的内容会以值的形式返回。Python 3.x 版本中，用户输入的任何内容，其返回值均为字符串类型，如果涉及计算，就需要将字符串类型转换为数值型的整数型或浮点型（关于数据类型，将在 2.8 节中详解）。基本语法格式为：

```
variable=input("提示文字")
```

其中 variable 为保存用户输入结果的变量，双引号内的文字用于提示要输入的内容。在 Spyder 代码编辑区内输入以下代码：

```
a=input("请输入正方形的边长: ")        # 输入正方形的边长
a= float(a)                          # 由于返回值为字符串类型，因此需要转换为可计算的浮点数值型
s=a*a                               # 计算正方形的面积 s
print("正方形的面积为: ",format(s,'.2f'))  # 输出正方形的面积 s
```

选中上述所有代码并整体运行，在 IPython 控制台中就会提示我们输入正方形的边长，如图 2.33 所示。

```
In [23]: a=input("请输入正方形的边长: ")#输入正方形的边长
    ...: a= float(a)#由于返回值为字符串类型，因此需要转化为可计算的浮点数值型
    ...: s=a*a#计算正方形的面积s
    ...: print("正方形的面积为: ",format(s,'.2f'))#输出正方形的面积s

请输入正方形的边长:
```

图 2.33　提示输入正方形的边长

然后，在 IPython 控制台显示的"请输入正方形的边长："后面输入 4.35 并按 Enter 键，即可得到如图 2.34 所示的结果。

```
In [23]: a=input("请输入正方形的边长: ")#输入正方形的边长
   ...: a= float(a)#由于返回值为字符串类型，因此需要转化为可计算的浮点数值型
   ...: s=a*a#计算正方形的面积s
   ...: print("正方形的面积为: ",format(s,'.2f'))#输出正方形的面积s

请输入正方形的边长: 4.35
正方形的面积为:  18.92
```

图 2.34　运行结果

2.6　Python 的保留字与标识符

 下载资源：可扫描旁边二维码观看或下载教学视频

下载资源:\源代码\第 2 章 Python 入门基础.py

2.6.1　Python 中的保留字

Python 中的保留字也叫关键字，这些保留字都被赋予了特殊含义，不能把保留字作为函数、模块、变量、类和其他对象的名称来使用。Python 共有 33 个保留字，这些保留字区分字母大小写，比如 and 为保留字，但 AND 就不是保留字，可以用作变量等对象的名称。Python 中的 33 个保留字如表 2.3 所示。

表 2.3　Python 中的保留字

and	as	assert	break	class
def	del	elif	else	except
or	from	False	global	if
in	is	lambda	nonlocal	not
or	pass	raise	return	try
continue	finally	import	None	True
while	with	yield	while	

可以在 Spyder 代码编辑区内输入以下代码来查看上述保留字：

```
import keyword      # 调用 keyword 模块
keyword.kwlist      # 输出 Python 保留字
```

运行结果为：['False','None','True','and','as','assert','async','await','break','class','continue','def','del','elif','else','except','finally','for','from','global','if','import','in','is','lambda','nonlocal','not','or','pass','raise','return','try','while','with','yield']。

2.6.2　Python 的标识符

标识符是函数、模块、变量、类和其他对象的名称，上面介绍的保留字可以理解为系统预定义的保留标识符。所谓不能使用保留字来作为对象名称，其实质就是避免使用 Python 预定义标识符作为用户自定义标识符。除了不能使用保留字外，Python 自定义标识符还需满足以下条件：

- 标识符由字母、数字、下画线组成，但不能以数字开头。
- 标识符区分字母大小写。
- 以下画线开头的标识符有特殊意义：
  - 以单下画线开头的标识符（如_value）表示不能直接访问的类属性，也不能通过 from XX import*导入。
  - 以双下画线开头的标识符（如__value）代表类的私有成员，不能直接从外部调用，需通过类里的其他方法调用。
  - 以双下画线开头和结尾的标识符（如__import__）代表 Python 中特殊方法专用的标识符，如__import__()用于动态加载类和函数。

2.7 Python 的变量

 下载资源：可扫描旁边二维码观看或下载教学视频

下载资源:\源代码\第 2 章 Python 入门基础.py

在 Python 中，变量是存放数据值的容器。与其他编程语言不同，Python 没有声明变量的命令，不需要事先声明变量名及类型，直接赋值即可创建各种类型的变量。

变量名称可以使用短名称（如 m 和 n），也可以使用更具描述性的名称（如 gender、debt、max_value），变量标识符需要符合 2.6.2 节中讲到的通用规则。

给变量赋值要使用赋值符号（=）。例如，在 Spyder 代码编辑区内输入以下代码，**然后全部选中这些代码并整体运行**（即同时选中这些代码并单击 按钮以运行之）：

```
a, b, c = "blue", "red", "green"   # 定义变量 a、b 和 c，并把"blue", "red"和"green"分别赋值给它们
print(a)                           # 输出变量 a 的值
print(b)                           # 输出变量 b 的值
print(c)                           # 输出变量 c 的值
```

可在 IPython 控制台看到如图 2.35 所示的运行结果。

```
In [25]: a, b, c = "blue", "red", "green"
    ...: print(a)
    ...: print(b)
    ...: print(c)
blue
red
green
```

图 2.35 运行结果

又如在 Spyder 代码编辑区内输入以下代码，**然后全部选中这些代码并整体运行**：

```
a=b=c="blue"    # 定义变量 a，b 和 c，并把"blue"赋值给它们
print(a)        # 输出变量 a 的值
print(b)        # 输出变量 b 的值
print(c)        # 输出变量 c 的值
```

可在 IPython 控制台看到如图 2.36 所示的运行结果。

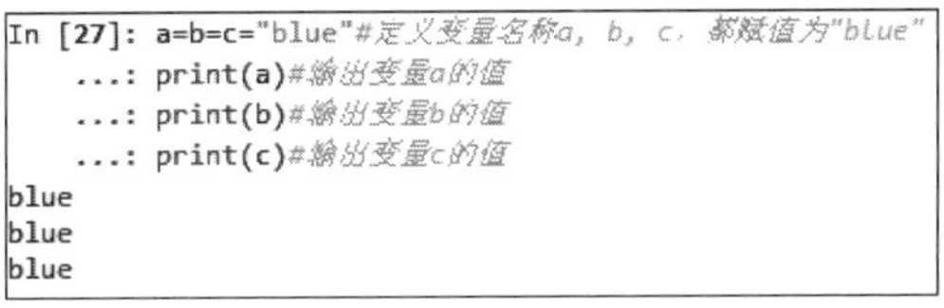

```
In [27]: a=b=c="blue"#定义变量名称a, b, c, 都赋值为"blue"
   ...: print(a)#输出变量a的值
   ...: print(b)#输出变量b的值
   ...: print(c)#输出变量c的值
blue
blue
blue
```

图 2.36　运行结果

变量的类型可以根据数据赋值的具体情况动态变化，例如在 Spyder 代码编辑区内输入以下代码并逐行运行（即以逐行单击 ➡ 按钮的方式运行）：

```
a="100"        # 定义变量 a，并把字符串"100"赋值给它
type(a)        # 调用 type()函数查看变量 a 的类型，运行结果为：str，即字符串类型
a=100          # 定义变量 a，并把数值 100 赋值给它
type(a)        # 调用 type()函数来查看变量 a 的类型，运行结果为 int，即整数类型
```

注　意

Python 允许将同一个值赋给多个变量。

2.8　Python 的基本数据类型

	下载资源：可扫描旁边二维码观看或下载教学视频
	下载资源:\源代码\第 2 章 Python 入门基础.py

Python 的基本数据类型包括 Numbers（数字）、String（字符串）、Boolean（布尔型），如图 2.37 所示。

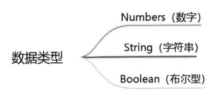

图 2.37　Python 的数据类型

1. 数字

数字就是数值，Python 3 中常用的数字数据类型包括整型（int）、浮点型（float）、复数（complex）。其中，int 表示数据为整数数值，包括 0 和正负整数，没有小数部分，如果某数据中仅有整数部分，则应设置为 int；float 表示数据为浮点数，浮点数包括整数部分和小数部分，如果某数据中含有小数部分，则应设置为 float；complex 为复数，由实部和虚部组成，用 j 表示虚部。具体来说：

（1）整型（int）：在 Python 中整数的位数可以扩展到可用内存的限制位数。针对非整数，用户可调用 int(x)函数将 x 转换为整数。比如：

```
int(3.1415926)          # 对 3.1415926 取整
```

运行结果为：3。

（2）浮点型（float）：浮点型数字包括整数部分和小数部分，也可以用科学记数法来表示，用户可调用 float()函数将整数和字符串转换成浮点数。比如：

```
float(3)                # 将数字 3 转换成浮点数
```

运行结果为：3.0。

```
float('3.1415926')      # 将字符串'3.1415926'转换成浮点数
```

运行结果为：3.1415926。

（3）复数（complex）：由实部和虚部组成，用 j 表示虚部。比如：

```
complex(1,3)            # 输出复数(1+3j)，函数括号内第 1 个数字 1 表示实部，第 2 个数字 3 表示虚部
```

运行结果为：(1+3j)。

2. 字符串

字符串就是连续的字符序列。在 Python 中，字符串通常使用单引号、双引号、三引号作为起止符（即引起来），其中单引号、双引号的字符串必须在同一行，而三引号的字符串可以分布在多行，可参见 2.4 节 print 函数中的相应介绍。在 Python 中，还有一些搭配字符串使用的转义字符。转义字符就是那些以反斜杠（\）开头的字符。Python 中的转义字符及其作用如表 2.4 所示。

表 2.4　Python 中的转义字符及其作用

转义字符	转义字符的作用
\n	换行符，将光标移到下一行开头
\r	回车符，删掉本行之前的内容，将光标移到本行开头
\t	水平制表符，即 Tab 键，一般相当于四个空格
\b	退格符（Backspace），将光标移到前一位
\\	用两个连续的反斜杠表示反斜杠本身，而不作为转义字符
\'	单引号
\"	双引号
\	续行符，在字符串行尾，即一行未写完而转到下一行续写

如果用户不希望字符串中的转义字符发挥作用，也就是说期望使用的就是原字符，则在字符串之前加上字母 r 或者 R 即可，字符串中的反斜杠（\）也将不被视作转义符。

例如，在 Spyder 代码编辑区内输入以下代码**并逐行运行**：

```
print('对酒当歌\n 人生几何')          # \n 换行符，实现换行
print('对酒当歌\r 人生几何')          # \r 回车符，删掉本行之前的内容，将光标移到本行开头
print('对酒当歌\t 人生几何')          # \t 制表符，即 Tab 键，一般相当于 4 个空格
print('对酒当歌\b 人生几何')          # \b 退格符，将光标位置移到前一位
print('对酒当歌\\人生几何')           # \\ 反斜杠，两个连续的反斜杠表示反斜杠本身
print('对酒当歌\'人生几何')           # \' 单引号
print('对酒当歌\"人生几何')           # \" 双引号
print('对酒当歌\人生几何')            # \ 续行符
print(r"对酒当歌\n 人生几何")         # 原字符
```

可在 IPython 控制台看到如图 2.38 所示的运行结果。

```
In [1]: print('对酒当歌\n人生几何')# \n 换行符, 实现换行
对酒当歌
人生几何

In [2]: print('对酒当歌\r人生几何')# \r 回车符, 删掉本行之前的内容, 将光标移到本行开头
人生几何

In [3]: print('对酒当歌\t人生几何')# \t 制表符, 即Tab键, 一般相当于四个空格
对酒当歌	人生几何

In [4]: print('对酒当歌\b人生几何')# \b 退格符, 将光标位置移到前一位
对酒当人生几何

In [5]: print('对酒当歌\\人生几何')# \\ 反斜杠, 两个连续的反斜杠表示反斜杠本身
对酒当歌\人生几何

In [6]: print('对酒当歌\'人生几何')# \' 单引号
对酒当歌'人生几何

In [7]: print('对酒当歌\"人生几何')# \" 双引号
对酒当歌"人生几何

In [8]: print('对酒当歌\人生几何')# \ 续行符
对酒当歌\人生几何

In [9]: print(r"对酒当歌\n人生几何")# 原字符
对酒当歌\n人生几何
```

图 2.38　运行结果

3. 布尔型

布尔型就是在逻辑判断中表示真或假的值。在 Python 中，布尔型变量有且仅有两个取值，为 True 和 False，这两个值也是保留字。布尔值也可以转换为数值，True 对应数值 1，False 对应数值 0。Python 把 False、None、数值中的 0（包括 0、0.0、虚数 0）、空字符串、空元组、空列表、空字典都看作 False，其他数值和非空字符串都看作 True。例如，在 Spyder 代码编辑区内输入以下代码**并逐行运行**：

```
type(True)          # 观察 True 的类型
type(False)         # 观察 False 的类型
True and True       # 逻辑运算中的"和"计算, True and True
True and False      # 逻辑运算中的"和"计算, True and False
False and True      # 逻辑运算中的"和"计算, False and True
False and False     # 逻辑运算中的"和"计算, False and False
True or True        # 逻辑运算中的"或"计算, True or True
True or False       # 逻辑运算中的"或"计算, True or False
False or True       # 逻辑运算中的"或"计算, False or True
False or False      # 逻辑运算中的"或"计算, False or False
not True            # 逻辑运算中的"非"计算, not True
not False           # 逻辑运算中的"非"计算, not False
6>=3                # 开展逻辑表达式运算
type(6>=3)          # 观察逻辑表达式运算的数据类型
```

可在 IPython 控制台看到如图 2.39 所示的运行结果。

```
In [10]: type(True)#观察True的类型
Out[10]: bool

In [11]: type(False)#观察False的类型
Out[11]: bool

In [12]: True and True#逻辑运算中的"和"计算, True and True
Out[12]: True

In [13]: True and False#逻辑运算中的"和"计算, True and False
Out[13]: False

In [14]: False and True#逻辑运算中的"和"计算, False and True
Out[14]: False

In [15]: False and False#逻辑运算中的"和"计算, False and False
Out[15]: False

In [16]: True or True#逻辑运算中的"或"计算, True or True
Out[16]: True

In [17]: True or False#逻辑运算中的"或"计算, True or False
Out[17]: True

In [18]: False or True#逻辑运算中的"或"计算, False or True
Out[18]: True

In [19]: False or False#逻辑运算中的"或"计算, False or False
Out[19]: False

In [20]: not True#逻辑运算中的"非"计算, not True
Out[20]: False

In [21]: not False#逻辑运算中的"非"计算, not False
Out[21]: True

In [22]: 6>=3#开展逻辑表达式运算
Out[22]: True

In [23]: type(6>=3)#观察逻辑表达式运算的数据类型
Out[23]: bool
```

图 2.39　运行结果

4. 数据类型转换

在很多情况下，我们需要对数据类型进行转换以满足特定函数的要求，比如将字符串类型的数据转换成数字类型的数据，以便参与数学运算等。常用的数据类型转换函数及其作用如表 2.5 所示。

表 2.5　常用的数据类型转换函数及其作用

基本数据类型转换函数	函数的作用
int(x [,base])	将 x 按照 base 进制转换成整数，base 默认为 10
float(x)	将 x 转换为浮点型
complex(real[,imag])	创建一个复数
str(x)	将 x 转换为字符串
repr(x)	将 x 转换为表达式字符串
eval(str)	用来计算字符串中有效的 Python 表达式，并返回一个对象
chr(x)	将整数 x 转换为 ASCII 编码字符
ord(x)	将 ASCII 编码字符 x 转换为整数
hex(x)	将整数 x 转换为十六进制字符串
oct(x)	将整数 x 转换为八进制字符串
bin(x)	将整数 x 转换为二进制字符串

2.9　Python 的数据运算符

下载资源：可扫描旁边二维码观看或下载教学视频
下载资源：\源代码\第 2 章 Python 入门基础.py

常用的 Python 数据运算符包括算术运算符、赋值运算符、关系运算符、逻辑运算符、成员运算符、身份运算符。

1. 算术运算符

算术运算符是对两个对象进行算术运算的符号，常用的算术运算符及其作用如表 2.6 所示。

表 2.6　常用的算术运算符及其作用

算术运算符	运算符的作用
+	四则运算中的加法
−	四则运算中的减法
*	四则运算中的乘法
/	四则运算中的除法（注意/、%、//运算中除数不能为 0）
%	求余数，返回除法的余数（若除数为负值，余数结果也为负值）
//	取整除，返回商的整数部分
**	幂运算，返回 x 的 y 次幂

2. 赋值运算符

赋值运算符是编程中最常用的运算符之一，其作用在于对一个对象进行赋值，将赋值运算符右侧的值赋给赋值运算符左侧的变量。常用的赋值运算符及其作用如表 2.7 所示。

表 2.7　常用的赋值运算符及其作用

赋值运算符	运算符的作用
=	简单赋值，形式为 m=n，结果为 m=n
+=	加法赋值，形式为 m+=n，结果为 m=m+n
−=	减法赋值，形式为 m−=n，结果为 m=m−n
*=	乘法赋值，形式为 m*=n，结果为 m=m*n
/=	除法赋值，形式为 m/=n，结果为 m=m/n
%=	求余数赋值，形式为 m%=n，结果为 m=m%n
//=	取整除赋值，形式为 m//=n，结果为 m=m//n
**=	幂运算赋值，形式为 m**=n，结果为 m=m**n

3. 关系运算符

关系运算符也称比较运算符，用于比较两个变量或表达式之间的大小、真假关系，如果比较结果为真，则返回值为 True，如果比较结果为假，则返回值为 False。常用的关系运算符及其作用如表 2.8 所示。

表2.8　常用的关系运算符及其作用

关系运算符	运算符的作用	示例
>	大于（返回 m 是否大于 n）	(m>n)返回 True
<	小于（返回 m 是否小于 n）	(m<n)返回 True
==	等于（比较 m、n 两个对象是否相等）	(m== n) 返回 True
!=	不等于（比较 m、n 两个对象是否不等）	(m != n) 返回 True
>=	大于或等于（返回 m 是否大于或等于 n）	(m>=n)返回 True
<=	小于或等于（返回 m 是否小于或等于 n）	(m <= n) 返回 True

注　意

（1）"="表示赋值，"=="表示判断两个对象是否相等。
（2）关系运算符可以连用。

4. 逻辑运算符

Python 中有 3 种逻辑运算符：and、or、not，分别对应逻辑运算中的"与""或""非"。

（1）使用逻辑运算符 and 可以同时检查两个或者更多的条件。连接的两个布尔表达式的值必须都为 True，返回值才为 True；只要条件中一个布尔表达式的值为 False，返回值就为 False。

（2）逻辑运算符 or 也可以同时检查两个甚至更多的条件，但与 and 不同的是，只要条件中有一个布尔表达式的值为 True，返回值就为 True。

（3）逻辑运算符 not 的作用是对一个布尔表达式取反，即原本返回值为 True 的表达式，使用 not 运算符后返回值为 False；而原本返回值为 False 的表达式，使用 not 运算符后返回值为 True。

5. 成员运算符

成员运算符用于判断值是否属于指定的序列。成员运算符及其作用如表 2.9 所示。

表 2.9　成员运算符及其作用

成员运算符	运算符的作用
in	如果在指定序列中能找到值则返回 True，否则返回 False
not in	如果在指定序列中不能找到值则返回 True，否则返回 False

6. 身份运算符

身份运算符用于比较两个对象的存储单元。身份运算符及其作用如表 2.10 所示。

表 2.10　身份运算符及其作用

身份运算符	运算符的作用
is	判断两个标识符是不是引用自相同的对象，如果引用的是相同的对象，则返回 True，否则返回 False
is not	判断两个标识符是不是引用自不同的对象，如果引用的不是相同的对象，则返回 True，否则返回 False

除了上述 6 种运算符外，还有 Python 位运算符，Python 位运算符是把数字看作二进制米进

行计算的，本书不涉及，因此不再详述。

7. 运算符的优先级

运算符的优先级是指在一个含有多个运算符的表达式中，优先级高的运算符将优先得到执行，同等优先级的运算符按照从左到右的顺序进行。运算符的优先级从高到低排序如表 2.11 所示。

表 2.11　运算符优先级

运算符	说明
**	指数（最高优先级）
~、+、-	取反、正号和负号
*、/、%、//	乘、除、求余数、取整除
+、-	加、减
<、<=、>、>=、!=、==	比较运算符
=、%=、/=、//=、-=、+=、*=、**=	赋值运算符和复合赋值运算符
is、is not	身份运算符
in、not in	成员运算符
not、and、or	逻辑运算符

2.10　Python 序列的概念及通用操作

下载资源：可扫描旁边二维码观看或下载教学视频
下载资源：\源代码\第 2 章 Python 入门基础.py

Python 序列是最基本的数据结构，是一种数据存储方式，用来存储一系列的数据。在内存中，序列就是一块用来存放多个值（元素）的连续空间，每个值（元素）在连续空间中都有相应的索引（位置值）。Python 3 常用的序列对象有列表、元组、字典、集合、字符串，如图 2.40 所示。

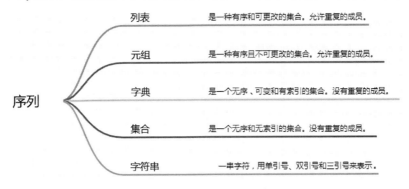

图 2.40　常用的序列对象

针对这些序列对象，有以下通用操作。

2.10.1　索引

索引（Indexing）就是序列中的每个元素所在的位置，可以是从左往右的正整数索引，也可以是从右往左的负整数索引。

● 从左往右的正整数索引：在 Python 序列中，第一个元素的索引值为 0，第二个元素的索引值为 1，以此类推。假设序列中共有 n 个元素，那么最后一个元素的索引值为 n-1。

● 从右往左的负整数索引：在 Python 序列中，最后一个元素的索引值为-1，倒数第二个元素的索引值为-2，以此类推。假设序列中共有 n 个元素，那么第一个元素的索引值为-n。

例如，在 Spyder 代码编辑区内输入以下代码**并逐行运行**：

```
list = [1,3,5,7,9]                  # 创建列表 list，包括 5 个元素，值分别为 1、3、5、7、9
print('列表第一个元素',list[0])        # 访问列表第一个元素（元素值为 1），索引值为 0
print('列表第二个元素',list[1],list[-4])# 访问列表第二个元素（元素值为 3），正索引值为 1，负索引值为-4
print('列表最后一个元素',list[4],list[-1])   # 访问列表最后一个元素（元素值为 7），正索引值为 4，负索引
值为-1
```

可在 IPython 控制台看到如图 2.41 所示的运行结果。

```
In [53]: list = [1,3,5,7,9]

In [54]: print('列表第一个元素',list[0])#访问列表第一个元素，索引值为0
列表第一个元素 1

In [55]: print('列表第二个元素',list[1],list[-4])#访问列表第二个元素，正索引值为
1，负索引值为-4
列表第二个元素 3 3

In [56]: print('列表最后一个元素',list[4],list[-1])#访问列表最后一个元素，正索引
值为4，负索引值为-1
列表最后一个元素 9 9
```

图 2.41　运行结果

在输出单个列表元素时，不包括中括号；如果列表中的元素是字符串，还不包括左右的引号。比如下列代码：

```
list = ['对酒当歌','人生几何']      # 创建列表 list，包括 2 个元素，均为字符串
print('列表第一个元素:',list[0])     # 访问列表第一个元素，索引值为 0
```

运行结果为"对酒当歌"而不是"人生几何"。

2.10.2　切片

序列的切片（Slicing）就是将序列切成小的子序列，通过切片操作可以访问一定范围内的元素或者生成一个新的子序列。切片操作的基本语法格式为：

```
sname[start : end : step]
```

其中，sname 表示序列的名称；start 表示切片的开始索引位置（包含该位置），也可不指定，默认为 0，表示从序列的起始索引位置开始；end 表示切片的结束索引位置（不包括结束位置的元素），如果不指定，则默认为序列的长度；step 表示切片的步长，每隔几个位置（包含当前位

置）取一次元素，如果省略 step 的值，则默认步长为 1，且最后一个冒号可以省略。

例如，在 Spyder 代码编辑区内输入以下代码**并逐行运行**：

```
list = [1,3,5,7,9,11,13,15,17,19]
print('查看列表前 5 项：',list[0:5])        # 此处的 0 也可省略，即 list[:5]
print('查看列表第 2-4 项：',list[1:4])      # 注意索引值 4 是列表的第 5 项，但是在这里是不包含索引值为 4 的元
素，所以输出不会包含第 5 项，是列表第 2,3,4 项，输出应该是[3,5,7]
print('查看列表所有项，设置步长为 2：',list[::2])    # 设置步长为 2
print('查看逆序排列的列表：',list[::-1]) # 设置步长为-1，即可实现逆序输出列表
```

可在 IPython 控制台看到如图 2.42 所示的运行结果。

```
In [63]: list = [1,3,5,7,9,11,13,15,17,19]

In [64]: print('查看列表前5项：',list[0:5])#此处的0也可省略，即 list[:5]
查看列表前5项： [1, 3, 5, 7, 9]

In [65]: print('查看列表第2-4项：',list[1:4])#注意4是列表的第五项，但是在这里是不
包含4的，所以没有第五项
查看列表第2-4项： [3, 5, 7]

In [66]: print('查看列表所有项，设置步长为2：',list[::2])#设置步长为2
查看列表所有项，设置步长为2： [1, 5, 9, 13, 17]

In [67]: print('查看逆序排列的列表：',list[::-1])#设置步长为-1，即可实现逆序输出
列表
查看逆序排列的列表： [19, 17, 15, 13, 11, 9, 7, 5, 3, 1]
```

图 2.42　运行结果

2.10.3　相加

如果两个序列的类型相同（同为字符串、同为列表、同为元组、同为集合），则可以使用"+"运算符执行相加（Adding）操作，将两个序列连接起来，但不会去除重复的元素。

注　意
此处要求的是序列的类型相同，而序列中元素的类型可以不同。

例如，在 Spyder 代码编辑区内输入以下代码**并逐行运行**：

```
list1 = [1,3,5,7,9]         # 生成列表 list1，其中的元素均为数字
list2 = [2,4,6,8,10]        # 生成列表 list2，其中的元素均为数字
list=list1 + list2          # 将 list1 与 list2 相加，生成 list
list # 查看生成的序列 list
list3=['对酒当歌','人生几何']  # 生成列表 list3，其中的元素为字符串
list=list1+list2+list3       # 将 list1、list2 和 list3 相加，再赋值给 list
list # 查看新的序列 list
```

可在 IPython 控制台看到如图 2.43 所示的运行结果。

```
In [73]: list1 = [1,3,5,7,9]#生成列表list1，其中的元素均为数字

In [74]: list2 = [2,4,6,8,10]#生成列表list2，其中的元素均为数字

In [75]: list=list1 + list2#将list1与list2 相加，生成list

In [76]: list#查看生成的序列list
Out[76]: [1, 3, 5, 7, 9, 2, 4, 6, 8, 10]

In [77]: list3=['对酒当歌','人生几何']#生成列表list3，其中的元素为字符串

In [78]: list=list1+list2+list3#将list1与list2、list3相加，更新list

In [79]: list#查看新的序列list
Out[79]: [1, 3, 5, 7, 9, 2, 4, 6, 8, 10, '对酒当歌', '人生几何']
```

图 2.43　运行结果

2.10.4　相乘

数字 n 与一个序列相乘（Multiplying）会生成新的序列，内容为原来序列被重复 n 次的结果。例如，在 Spyder 代码编辑区内输入以下代码**并逐行运行**：

```
list1 = [1,3,5,7,9]      # 生成列表 list1，其中的元素均为数字
list=list1*3             # 将 list1 中的元素重复 3 次，生成新的序列 list
list                     # 观察新生成的序列 list
```

运行结果为：$[1, 3, 5, 7, 9, 1, 3, 5, 7, 9, 1, 3, 5, 7, 9]$。

2.10.5　元素检查

通过使用 in 或 not in 保留字来检查某个元素是否为序列的成员，基本语法为：

```
value in sequence
value not in sequence
```

其中，value 表示被检查的元素，sequence 表示相应的序列。

例如，在 Spyder 代码编辑区内输入以下代码**并逐行运行**：

```
list1 = [1,3,5,7,9]      # 生成列表 list1，其中的元素均为数字
print(3 in list1)        # 检查列表 list1 中是否包含数字 3
print(4 not in list1)    # 检查列表 list1 中是否不包含数字 4
```

可在 IPython 控制台看到如图 2.44 所示的运行结果。

```
In [83]: list1 = [1,3,5,7,9]#生成列表list1，其中的元素均为数字

In [84]: print(3 in list1)#检查列表list1中是否包含数字3
True

In [85]: print(4 not in list1)#检查列表list1中是否不包含数字4
True
```

图 2.44　运行结果

2.10.6　与序列相关的内置函数

与序列相关的内置函数如表 2.12 所示。

表 2.12　与序列相关的内置函数及其作用

与序列相关的内置函数	函数的作用
len(seq)	计算序列的长度（包含多少个元素）
max(seq)	查找序列中的最大元素
min(seq)	查找序列中的最小元素
list(seq)	将序列转换为列表，注意不能转换字典
str(seq)	将序列转换为字符串
sum(seq)	计算序列中的元素和，元素只能是数字
sorted(seq)	对元素排序，默认为升序，括号内增加参数 reverse=True，则为降序
reversed(seq)	反向排列序列中的元素
enumerate()	将序列组合为一个索引序列，多用于 for 循环
tuple(seq)	将序列 seq 转换为元组对象
dict(d)	创建一个字典对象，d 必须是一个序列(key, value)的元组
set(seq)	将序列 seq 转换为可变集合对象
frozenset(seq)	将序列 seq 转换为不可变集合对象

例如，在 Spyder 代码编辑区内输入以下代码**并逐行运行**：

```
list1 = [1,3,5,9,7]              # 生成列表 list1，其中的元素均为数字
len(list1)                      # 计算列表 list 的长度
max(list1)                      # 查找序列中的最大元素
min(list1)                      # 查找序列中的最小元素
str(list1)                      # 将序列转换为字符串
sum(list1)                      # 计算序列中的元素和，元素只能是数字
sorted(list1)                   # 对元素进行排序，排序方式为升序
sorted(list1,reverse=True)      # 对元素进行排序，排序方式为降序
```

可在 IPython 控制台看到如图 2.45 所示的运行结果。

```
In [17]: list1 = [1,3,5,9,7]#生成列表list1，其中的元素均为数字

In [18]: len(list1)#计算列表list的长度
Out[18]: 5

In [19]: max(list1)#查找序列中的最大元素
Out[19]: 9

In [20]: min(list1)#查找序列中的最小元素
Out[20]: 1

In [21]: str(list1)#将序列转化为字符串
Out[21]: '[1, 3, 5, 9, 7]'

In [22]: sum(list1)#计算序列中的元素和，元素只能是数字
Out[22]: 25

In [23]: sorted(list1)#对元素进行排序，排序方式为升序
Out[23]: [1, 3, 5, 7, 9]

In [24]: sorted(list1,reverse=True)#对元素进行排序，排序方式为降序
Out[24]: [9, 7, 5, 3, 1]
```

图 2.45　运行结果

2.11　Python 列表

| 下载资源：可扫描旁边二维码观看或下载教学视频 |
| 下载资源：\源代码\第 2 章 Python 入门基础.py |

　　Python 列表是用于存储任意数目、任意类型的数据集合，包含多个元素的有序连续的内存空间，是 Python 语言内置的可变序列，即为可修改的序列。在 Python 中，列表以方括号（[ ]）形式编写，列表的标准形式为：

```
list=[a,b,c,d]
```

　　其中，list 为列表名，a、b、c、d 为列表中的元素，元素之间用英文逗号（,）分隔。列表中的元素可以为整数、浮点数、字符串、元组、列表等任意类型，列表中的元素可以相同（即元素可以重复），也可以不同，甚至可以是不同的类型，比如 list1=[a,666,c,'666',True]。

2.11.1　列表的基本操作

　　列表的基本操作包括创建列表、删除列表、查看列表元素、遍历列表等。

1．创建列表

　　创建列表通过变量赋值的方式进行，比如前面展示的代码：

```
list1 = [1,3,5,9,7]
```

　　如果要创建空列表，则使用代码：

```
emptylist=[ ]
```

　　前面在 2.10.6 节"与序列相关的内置函数"中提到了 list(seq)函数，该函数不仅可以将序列转换为列表，还可以通过 range 对象创建列表。例如，在 Spyder 代码编辑区输入以下代码**并逐行运行**：

```
list1=list(range(1,10,1))     # 创建数值列表 list1，数值为1~10、步长为1
list1                         # 查看数值列表 list1
```

　　运行结果为：[1, 2, 3, 4, 5, 6, 7, 8, 9]。
　　本例中的 range()函数是 Python 内置函数，用于生成一系列的整数，基本语法格式为：

```
range(start, end, step)
```

　　其中，start 用于设置生成数值的起始位置，如果不设置则默认从 0 开始；end 用于设置生成数值的结束位置（生成的系列整数中不包括该位置），不可缺少这项参数；step 用于指定步长，即相邻的两个数之间的间隔，如果不设置则默认步长为 1。
　　如果 range 函数中只有 1 个数值，则该数值表示结束位置 end，默认起始位置 start 从 0 开始，步长 step 为 1；如果 range 函数中有两个数值，则这两个数值分别表示起始位置 start 和结束位置 end，默认步长 step 为 1；如果 range 函数中有 3 个数值，则这 3 个数值分别表示起始位置 start、结束位置 end 和步长 step。

2. 删除列表

如果要删除列表，可以使用如下代码：

```
del listname
```

其中 listname 为待删除的列表名。

3. 查看列表元素

用户可以查看列表中的某个元素，在 2.10.1 节“索引”和 2.10.2 节“切片”中已讲解过。

4. 遍历列表

用户还可以遍历整个列表，查找、处理指定的元素。遍历方式有“for 循环”和“for 循环+enumerate()函数”两种方式。

（1）“for 循环”仅能输出元素的值，语法格式为：

```
for item in listname
     print(item)
```

其中，item 用于保存获取的元素值，而 listname 为列表名。

例如，在 Spyder 代码编辑区内输入以下代码，**然后全部选中这些代码并整体运行**：

```
print('2022 年重要新能源上市公司名单')      # 输出内容'2022 年重要新能源上市公司名单'
company=('宁德时代 300750','比亚迪 002594','国轩高科 002074','亿纬锂能 300014',
'赣锋锂业 002460')                           # 创建列表 company
for company in company:
    print(company)                           # 输出列表 company 中各个元素的值
```

可在 IPython 控制台看到如图 2.46 所示的运行结果。

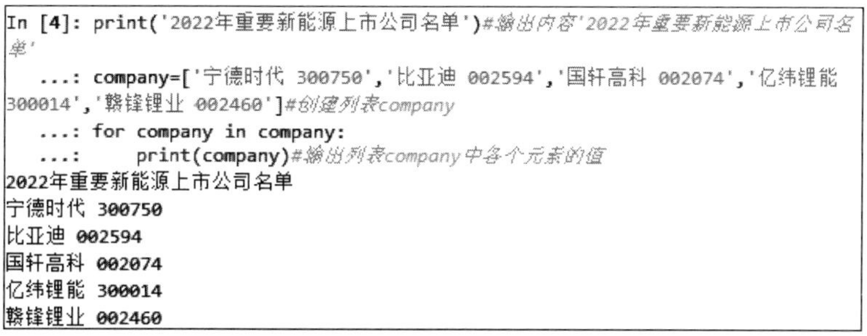

```
In [4]: print('2022年重要新能源上市公司名单')#输出内容'2022年重要新能源上市公司名
单'
   ...: company=['宁德时代 300750','比亚迪 002594','国轩高科 002074','亿纬锂能
300014','赣锋锂业 002460']#创建列表company
   ...: for company in company:
   ...:     print(company)#输出列表company中各个元素的值
2022年重要新能源上市公司名单
宁德时代 300750
比亚迪 002594
国轩高科 002074
亿纬锂能 300014
赣锋锂业 002460
```

图 2.46　运行结果

（2）“for 循环+enumerate()函数”可以同时输出元素值和对应的索引，语法格式为：

```
for index,item in enumerate(listname)
print(index+1,item)
```

其中，index 为元素的索引，item 用于保存获取的元素值，而 listname 为列表名。

例如，在 Spyder 代码编辑区内输入以下代码，**然后全部选中并整体运行**：

```
print('2022 年重要新能源上市公司名单')      # 输出内容'2022 年重要新能源上市公司名单'
company=('宁德时代 300750','比亚迪 002594','国轩高科 002074','亿纬锂能 300014',
'赣锋锂业 002460')                           # 创建列表 company
for index,item in enumerate(company):
```

```
print(index+1,item)                    # 输出列表 company 中各个元素的值
```

可在 IPython 控制台看到如图 2.47 所示的运行结果。

```
In [5]: print('2022年重要新能源上市公司名单')#输出内容'2022年重要新能源上市公司名
单'
   ...: company=['宁德时代 300750','比亚迪 002594','国轩高科 002074','亿纬锂能
300014','赣锋锂业 002460']#创建列表company
   ...: for index,item in enumerate(company):
   ...:     print(index+1,item)#输出列表company中各个元素的值
2022年重要新能源上市公司名单
1 宁德时代 300750
2 比亚迪 002594
3 国轩高科 002074
4 亿纬锂能 300014
5 赣锋锂业 002460
```

图 2.47   运行结果

2.11.2   列表元素的基本操作

列表元素的基本操作主要包括添加元素、删除元素、修改元素，以及针对元素进行统计计算、排序等。Python 提供了内置函数，可以完成列表元素的基本操作，如表 2.13 所示。

表 2.13   与列表元素相关的内置函数

内置函数	函数的作用
append()	在列表的末尾添加一个元素
extend()	将另一个列表中的全部元素添加到当前列表的末尾
insert()	在列表的指定位置添加元素
del()	删除指定位置的元素
remove()	删除具有指定值的元素
clear()	删除列表中的所有元素
count()	获取指定元素在列表中出现的次数
index()	获取指定元素在列表中首先出现的索引
copy()	返回列表的副本

例如，在 Spyder 代码编辑区内输入以下代码**并逐行运行**：

```
corporation=['宁德时代 300750','比亚迪 002594','国轩高科 002074',
'亿纬锂能 300014','赣锋锂业 002460']              # 创建列表 corporation
len(corporation)    # 计算列表 corporation 的长度
corporation.append('欣旺达 300207')              # 在列表 corporation 的末尾添加元素'欣旺达 300207'
len(corporation)    # 计算列表 corporation 的长度
print(corporation) # 查看增加元素后的列表 corporation
corporation[0]='宁德时代新能源科技股份有限公司'    # 将第一个元素修改为'宁德时代新能源科技股份有限公司'
print(corporation) # 查看修改元素后的列表 corporation
del corporation[0] # 按照元素索引删除元素，删除列表 corporation 中的第一个元素
print(corporation) # 查看删除元素后的列表 corporation
corporation.remove('国轩高科 002074')# 按照元素值删除元素，删除列表 corporation 中值为'国轩高科
002074'的元素
print(corporation)# 查看删除元素后的列表 corporation
print(corporation.count('亿纬锂能 300014')) # 统计元素'亿纬锂能 300014'出现的次数
print(corporation.index('亿纬锂能 300014')) # 获取元素'亿纬锂能 300014'首先出现的索引
```

可在 IPython 控制台看到如图 2.48 所示的运行结果。

```
In [6]: corporation=['宁德时代 300750','比亚迪 002594','国轩高科 002074','亿纬锂能 300014','赣锋锂业 002460']#创建列表corporation

In [7]: len(corporation)#计算列表corporation的长度
Out[7]: 5

In [8]: corporation.append('欣旺达 300207')

In [9]: len(corporation)#计算列表corporation的长度
Out[9]: 6

In [10]: print(corporation)#查看增加元素后的列表corporation
['宁德时代 300750','比亚迪 002594','国轩高科 002074','亿纬锂能 300014','赣锋锂业 002460','欣旺达 300207']

In [11]: corporation[0]='宁德时代新能源科技股份有限公司'#将第一个元素修改为'宁德时代新能源科技股份有限公司'

In [12]: print(corporation)#查看修改后的列表corporation
['宁德时代新能源科技股份有限公司','比亚迪 002594','国轩高科 002074','亿纬锂能 300014','赣锋锂业 002460','欣旺达 300207']

In [13]: del corporation[0]#按照元素索引删除元素，删除列表corporation中的第一个元素

In [14]: print(corporation)#查看删除元素后的列表corporation
['比亚迪 002594','国轩高科 002074','亿纬锂能 300014','赣锋锂业 002460','欣旺达 300207']

In [15]: corporation.remove('国轩高科 002074')#按照元素值删除元素，删除列表corporation中值为'国轩高科 002074'的元素

In [16]: print(corporation)#查看删除元素后的列表corporation
['比亚迪 002594','亿纬锂能 300014','赣锋锂业 002460','欣旺达 300207']

In [17]: print(corporation.count('亿纬锂能 300014'))#统计元素'亿纬锂能 300014'出现的次数
1

In [18]: print(corporation.index('亿纬锂能 300014'))#获取元素'亿纬锂能 300014'首先出现的索引
1
```

图 2.48　运行结果

2.12　Python 元组

	下载资源：可扫描旁边二维码观看或下载教学视频
	下载资源:\源代码\第 2 章 Python 入门基础.py

Python 元组与 Python 列表类似，同样为有序序列，但与列表不同的是，元组为不可变序列，元组中的元素不可以单独修改，元组用于保存程序中不可修改的内容。在 Python 中，元组以小括号（()）来表示，元组的标准形式为：

```
tuple=(a,b,c,d)
```

其中，tuple 为元组名，a、b、c、d 为元组中的元素，元素之间用英文逗号（,）分隔。元组中的元素可以为整数、浮点数、字符串、元组、列表等任意类型，元组中的元素可以相同（即元素可以重复），也可以不同，甚至可以是不同的类型，比如 tuple1=(a, 666, c, '666', True)。

此外，元组还可作为字典（第 2.13 节详解）的键，而列表就不可以。

2.12.1　元组的基本操作

元组的基本操作包括创建元组、删除元组、查看元组元素、遍历元组元素等。

1. 创建元组

创建元组通过变量赋值的方式进行，比如：

```
tuple1 = (1,3,5,9,7)
tuple2 =('宁德时代 300750','比亚迪 002594','国轩高科 002074','赣锋锂业 002460')
tuple3 =(1,3,5,7,'赣锋锂业 002460')
```

不难发现元组与列表在形式上的差别就是：元组使用的是小括号，而列表使用的是方括号。

虽然元组使用的是小括号，但小括号也不是必要的，如果没有小括号，元素之间仅用英文逗号（,）分隔，Python 也会将它视作元组。例如，在 Spyder 代码编辑区内输入以下代码**并逐行运行**：

```
tuple2 ='宁德时代 300750','比亚迪 002594','国轩高科 002074','赣锋锂业 002460'   # 创建元组 tuple2
（未使用小括号）
type(tuple2)   # 观察 tuple2 的类型
```

运行结果为：tuple。

需要注意的是，如果元组中只有一个元素，则需要在该元组后面加上英文逗号（,），避免与字符串混淆。例如，在 Spyder 代码编辑区内输入以下代码**并逐行运行**：

```
tuple2 ='宁德时代 300750',      # 创建元组 tuple2
type(tuple2)                   # 观察 tuple2 的类型
tuple3 ='宁德时代 300750''      # 创建字符串 tuple3
type(tuple3)                   # 观察 tuple3 的类型
```

可在 IPython 控制台看到如图 2.49 所示的运行结果。

如果要创建空元组，可以使用如下代码：

```
emptytuple=()
```

在 2.10.6 节"与序列相关的内置函数"中提到了 tuple(seq)函数，该函数不仅可以将序列转换为元组，还可以通过 range 对象创建元组。例如在 Spyder 代码编辑区内输入以下代码：

```
In [32]: tuple2 ='宁德时代 300750',

In [33]: type(tuple2)
Out[33]: tuple

In [34]: tuple3 ='宁德时代 300750'

In [35]: type(tuple3)
Out[35]: str
```

图 2.49　运行结果

```
tuple1=tuple(range(1,10,1))      # 创建数值元组 tuple1，数值为 1~10，步长为 1
tuple1                           # 查看数值元组 tuple1
```

运行结果为：(1, 2, 3, 4, 5, 6, 7, 8, 9)。

2. 删除元组

如果要删除元组，可以使用代码：

```
del tuplename
```

其中 tuplename 为待删除的元组。

3. 查看元组元素

用户可以查看元组中的某个元素，在 2.10.1 节"索引"和 2.10.2 节"切片"中已讲解过，将其中的列表换成元组即可。

4. 遍历元组元素

用户可以使用 for 循环遍历元组，与列表操作类似，将其中的列表换成元组即可。

2.12.2 元组元素的基本操作

由于元组是不可变序列，因此其元素的操作灵活性明显弱于列表。元组元素的常用基本操作包括重新赋值和连接组合。通过重新赋值和连接组合两种方式实现元组元素的更新。例如，在 Spyder 代码编辑区内输入以下代码**并逐行运行**：

```
tuple2 =('宁德时代 300750','比亚迪 002594')                          # 创建元组 tuple2
print(tuple2)                                                          # 查看元组 tuple2 中的元素
tuple2 =('宁德时代 300750','比亚迪 002594','国轩高科 002074')        # 对元组 tuple2 重新赋值
print(tuple2)                                                          # 查看更新后的元组 tuple2 的元素
tuple2=tuple2+('赣锋锂业 002460',)# 对元组 tuple2 进行组合连接
print(tuple2)                                                          # 查看更新后的元组 tuple2 的元素
```

可在 IPython 控制台看到如图 2.50 所示的运行结果。

```
In [46]: tuple2 =('宁德时代 300750','比亚迪 002594')#创建元组tuple2

In [47]: print(tuple2)#查看元组tuple2中的元素
('宁德时代 300750', '比亚迪 002594')

In [48]: tuple2 =('宁德时代 300750','比亚迪 002594','国轩高科 002074')#对元组tuple2重新赋值

In [49]: print(tuple2)#查看更新后的元组tuple2的元素
('宁德时代 300750', '比亚迪 002594', '国轩高科 002074')

In [50]: tuple2=tuple2+('赣锋锂业 002460',)#对元组tuple2进行组合连接

In [51]: print(tuple2)#查看更新后的元组tuple2的元素
('宁德时代 300750', '比亚迪 002594', '国轩高科 002074', '赣锋锂业 002460')
```

图 2.50 运行结果

2.13 Python 字典

 下载资源：可扫描旁边二维码观看或下载教学视频

下载资源:\源代码\第 2 章 Python 入门基础.py

字典（Dictionary）是 Python 中的一种常用数据结构，也被称作关联数组或哈希表，由键（key）和值（value）成对组成，本质上是键和值的映射，键和值之间以冒号（:）隔开，每个键-值对（key-value pair）之间用逗号隔开，整个字典由大括号（{}）括起来。语法格式为：

```
dict = {key1 : value1, key2 : value2 }
```

其中，dict 表示字典名；key : value 为字典中的键-值对，key 为字典中的键，value 为字典中的值。

字典的主要特征如下：

（1）字典通过键而不是通过索引来读取元素。

（2）字典是任意对象的无序集合，即各个键-值对之间没有特定顺序。

（3）字典是可变对象，而且可以支持任意深度的嵌套，即字典可以像列表一样单独实现部分键-值对的增加、删除，也可以实现部分键-值对中值的修改；字典中的值可以取任何数据类型且不需要唯一，也可以是列表或其他字典。

（4）在字典中，键必须是不可变的，可以是字符串、数字或元组，但不能是可变的列表或字典，而且键一般是唯一的，如果出现两次，则后一个键才会被记住。

2.13.1 字典的基本操作

字典的基本操作包括创建字典、删除字典、查看字典元素、遍历字典元素等。

1. 创建字典

字典的创建方法有很多种，比较常见的有：

（1）通过给定的键-值对以直接赋值的方式创建字典。例如，在 Spyder 代码编辑区内输入以下代码**并逐行运行**：

```
dict1={'x':1,'y':2,'z':3}    # 通过给定键-值对以直接赋值的方式创建字典 dict1
print(dict1)                 # 查看字典 dict1
```

运行结果为：{'x': 1, 'y': 2, 'z': 3}。

又如：

```
dict={ }            # 生成空字典 dict
print(dict)         # 查看空字典 dict
```

运行结果为：{}。

（2）通过映射函数的方式创建字典。例如，在 Spyder 代码编辑区内输入以下代码**并逐行运行**：

```
list1 = ['x', 'y', 'z']        # 创建列表 list1
list2 = [1, 2, 3]              # 创建列表 list2
dict2 = dict(zip(list1, list2)) # zip 函数的作用是将多个列表或元组对应位置的元素组合为元组，并返回包
含这些内容的 zip 对象，本例中先通过 zip()函数将列表 list1 和 list2 组合为元组，再调用 dict()函数生成字典 dict2
print(dict2)                   # 查看字典 dict2
```

运行结果为：{'x': 1, 'y': 2, 'z': 3}。

（3）将列表序列转换为字典。例如，在 Spyder 代码编辑区内输入以下代码**并逐行运行**：

```
list1=[('x',1), ('y',2), ('z',3)]    # 创建列表 list1
dict3=dict(list1)                    # 将列表 list1 转换为字典 dict3
print(dict3)                         # 查看字典 dict3
```

运行结果为：{'x': 1, 'y': 2, 'z': 3}。

（4）通过已经存在的元组和列表创建字典。例如，在 Spyder 代码编辑区内输入以下代码**并逐行运行**：

```
tuple1 = ('x', 'y', 'z')            # 创建元组 tuple1
list1 = [1, 2, 3]                   # 创建列表 list1
dict4 = {tuple1:list1}              # 生成字典 dict4，键为 tuple1，值为 list1
print(dict4)                        # 查看字典 dict4
```

运行结果为：{('x', 'y', 'z'): [1, 2, 3]}。

（5）定义字典。例如，在 Spyder 代码编辑区内输入以下代码**并逐行运行**：

```
dict5=dict(x=1,y=2,z=3)             # 创建字典 dict5
print(dict5)                        # 查看字典 dict5
```

运行结果为：{'x': 1, 'y': 2, 'z': 3}。

2. 删除字典

删除字典可以用 del dict、dict.clear()、dict.pop()、dict.popitem() 来实现。

1）del dict

del dict 用于删除整个字典，比如输入以下代码**并逐行运行**：

```
dict1={'x':1,'y':2,'z':3}          # 创建字典 dict1
del dict1                          # 删除字典 dict1
dict1                              # 查看字典 dict1 是否存在
```

系统会提示错误，因为字典 dict1 不存在。

2）dict.clear()

dict.clear() 用于清除字典内的所有元素（所有的键-值对），如果针对某字典执行该函数，那么被执行的字典将会变成空字典。例如，输入以下代码**并逐行运行**：

```
dict1={'x':1,'y':2,'z':3}   # 创建字典 dict1
dict2.clear()               # 清除字典 dict1 内的所有元素
dict1                       # 查看字典 dict1
```

运行结果为：{}。

3）dict.pop()

dict.pop() 函数返回指定键对应的值，并在原字典中删除这个键-值对。例如，输入以下代码**并逐行运行**：

```
dict1={'x':1,'y':2,'z':3}   # 创建字典 dict1
x=dict2.pop('x')            # 返回指定键'x'对应的值，并在原字典中删除这个键-值对
print(x)                    # 查看指定键'x'对应的值,运行结果为 1
print(dict1)                # 查看字典 dict1
```

运行结果为：{'y': 2, 'z': 3}。

4）dict.popitem()

dict.popitem() 函数删除字典中的最后一个键-值对，并返回该键-值对。例如，输入以下代码**并逐行运行**：

```
dict1={'x':1,'y':2,'z':3}   # 创建字典 dict1
dict2.popitem()             # 删除字典 dict1 中的最后一个键-值对，并返回该键-值对,运行结果为('z', 3)
print(dict1)                # 查看字典 dict1
```

运行结果为：{'x': 1, 'y': 2}。

3. 查看字典元素

查看字典元素有以下两种方法：

1）通过键-值对查看字典元素

字典通过键而不是索引来读取元素。我们可以通过键-值对来查看字典元素。例如，输入以下代码**并逐行运行**：

```
dict1={'x':1,'y':2,'z':3}        # 创建字典 dict1
print(dict1['y'])                # 查看字典 dict1 中键'y'对应的值
```

运行结果为：2。

2）dict.get()

dict.get()函数用于返回指定键的值，如果键不在字典中，则不会返回值；也可以为键指定值，在指定值的情况下，返回的是指定值。例如，输入以下代码**并逐行运行：**

```
dict1={'x':1,'y':2,'z':3}        # 创建字典 dict1
x= dict2.get('x')                # 将字典 dict1 中键'x'对应的值赋值给变量 x
x                                # 输出 x 的值，运行结果为 1
w= dict2.get('w')                # 将字典 dict1 中键'w'对应的值赋值给 w
w                                # 输出 w 的值，运行结果为无输出，因为字典 dict1 中没有键'w'
w= dict2.get('w',4)              # 将字典 dict1 中键'w'对应的值设置为 4，并把该值赋值给变量 w
w                                # 输出 w 的值，运行结果为 4
```

4. 遍历字典元素

遍历字典元素可以使用以下 3 个函数来实现。

1）dict.items()

dict.items()函数以列表形式返回可遍历的（键，值）元组数组，或者说获取字典中的所有键-值对。例如，输入以下代码**并逐行运行：**

```
dict1={'x':1,'y':2,'z':3}        # 创建字典 dict1
print(dict2.items())             # 获取并输出字典 dict1 中的所有键-值对
```

运行结果为：dict_items([('x', 1), ('y', 2), ('z', 3)])。

2）dict.keys()

dict.keys()函数以列表形式返回字典中所有的键。例如，输入以下代码**并逐行运行：**

```
dict1={'x':1,'y':2,'z':3}        # 创建字典 dict1
print(dict2.keys())              # 以列表形式返回字典 dict1 中所有的键
```

运行结果为：dict_keys(['x', 'y', 'z'])。

3）dict.values()

dict.values()以列表形式返回字典中的所有值。例如，输入以下代码**并逐行运行：**

```
dict1={'x':1,'y':2,'z':3}        # 创建字典 dict1
print(dict2.values())            # 以列表形式返回字典 dict1 中所有的值
```

运行结果为：dict_values([1, 2, 3])。

2.13.2　字典元素的基本操作

字典属于可变序列，因此我们可以在字典中增加、更新或删除键-值对。

1. 增加键-值对

例如，输入以下代码**并逐行运行：**

```
dict1={'x':1,'y':2,'z':3}        # 创建字典 dict1
dict1['m']=4                      # 往字典 dict1 中增加一个元素
print(dict1)                      # 查看更新后的字典 dict1
```

运行结果为：{'x': 1, 'y': 2, 'z': 3, 'm': 4}。

2. 更新键-值对

例如，输入以下代码**并逐行运行**：

```
dict1={'x':1,'y':2,'z':3}        # 创建字典 dict1
dict1['x']=4                     # 更新字典 dict1 中 'x' 键对应的值
print(dict1)                     # 查看更新后的字典 dict1
```

运行结果为：{'x': 4, 'y': 2, 'z': 3}。

3. 删除键-值对

例如，输入以下代码并逐行运行：

```
dict1={'x':1,'y':2,'z':3}        # 创建字典 dict1
del dict1['x']                   # 删除字典 dict1 中 'x' 键对应的键-值对
print(dict1)                     # 查看更新后的字典 dict1
```

运行结果为：{'y': 2, 'z': 3}。

4. dict.update(dict1)

dict.update(dict1)函数用于字典更新，将字典 dict1 中的键-值对更新到 dict 里，如果被更新的字典中已包含对应的键-值对，那么原键-值对会被覆盖；如果被更新的字典中不包含对应的键-值对，则将添加该键-值对。例如，输入以下代码**并逐行运行**：

```
dict1={'x':1,'y':2,'z':3}        # 创建字典 dict1
dict2={'x':4,'u':5,'n':7}        # 创建字典 dict2
dict2.update(dict2)              # 将字典 dict2 中的键-值对更新到 dict1 里
print(dict1)                     # 查看更新后的字典 dict1
```

运行结果为：{'x': 4, 'y': 2, 'z': 3, 'u': 5, 'n': 7}。

5. dict.fromkeys()

dict.fromkeys()函数可以创建一个新字典，以列表 list 中的元素作为字典的键，值默认都是 None，也可以传入一个参数作为字典中所有键对应的初始值。例如，输入以下代码**并逐行运行**：

```
list1 = ['x', 'y', 'z']              # 创建列表 list1
dict1 = dict.fromkeys(list1)         # 创建字典 dict1，以列表 list1 中的元素作为字典 dict1 的键
dict2 = dict.fromkeys(list1, '6')    # 创建字典 dict2，以 6 作为字典中所有键对应的初始值
print(dict1)   # 查看更新后的字典 dict1。
```

运行结果为{'x': None, 'y': None, 'z': None}。

```
print(dict2)   # 查看更新后的字典 dict2。
```

运行结果为 {'x': '6', 'y': '6', 'z': '6'}。

2.14　Python 集合

下载资源：可扫描旁边二维码观看或下载教学视频
下载资源:\源代码\第 2 章 Python 入门基础.py

Python 集合是任意不重复对象的整体，也是无序和无索引的集合，集合中的元素无法单独改变。在 Python 中，集合也以大括号（{}）的形式编写，但与字典不同的是，其元素可以为任意对象，而不一定为键-值对。

创建集合通过变量赋值的方式进行，集合可以执行交集与并集运算。例如，输入以下代码**并逐行运行**：

```
set1 ={'宁德时代 300750','比亚迪 002594','赣锋锂业 002460'} # 生成集合 set1
set2 ={'国轩高科 002074','赣锋锂业 002460'}  # 生成集合 set2
set3=set1|set2                              # 生成 set1 与 set2 的并集 set3
set3                                        # 查看集合 set3
set4=set1&set2                              # 生成 set1 与 set2 的交集 set4
set4                                        # 查看集合 set4
```

可在 IPython 控制台看到如图 2.51 所示的运行结果。

```
In [67]: set1 ={'宁德时代 300750','比亚迪 002594','赣锋锂业 002460'}#生成集合
set1

In [68]: set2 ={'国轩高科 002074','赣锋锂业 002460'}#生成集合set2

In [69]: set3=set1|set2#生成set1与set2的并集set3

In [70]: set3
Out[70]: {'国轩高科 002074', '宁德时代 300750', '比亚迪 002594', '赣锋锂业
002460'}

In [71]: set4=set1&set2#生成set1与set2的交集set4

In [72]: set4
Out[72]: {'赣锋锂业 002460'}
```

图 2.51　运行结果

此外，我们还可以调用 2.10.6 节"与序列相关的内置函数"中介绍的 set(seq)函数，将序列 seq 转换为可变集合对象。但需要注意的是，如果序列是带有重复元素的列表，则多余的重复元素将被删除，以确保集合是任意不重复对象的整体。示例如下，输入以下代码**并逐行运行**：

```
list1 =['宁德时代 300750','比亚迪 002594','赣锋锂业 002460','赣锋锂业 002460']  # 生成列表 list1
type(list1)             # 查看 list1 的类型
set1=set(list1)         # 将列表 list1 转换为集合 set1
type(set1)              # 查看 set1 的类型
set1                    # 查看集合 set1
```

可在 IPython 控制台看到如图 2.52 所示的运行结果。

```
In [82]: list1 =['宁德时代 300750','比亚迪 002594','赣锋锂业 002460','赣锋锂业 002460']#生成列表list1

In [83]: type(list1)#查看list1的类型
Out[83]: list

In [84]: set1=set(list1)#将列表list1转化为集合set1

In [85]: type(set1)#查看set1的类型
Out[85]: set

In [86]: set1#查看集合set1
Out[86]: {'宁德时代 300750', '比亚迪 002594', '赣锋锂业 002460'}
```

图 2.52　运行结果

2.15　Python 字符串

| 下载资源：可扫描旁边二维码观看或下载教学视频 |
| 下载资源:\源代码\第 2 章 Python 入门基础.py |

本节主要介绍 Python 的字符串，在编写代码的过程中，可能经常需要对字符串进行处理，包括拼接字符串、计算字符串长度、截取字符串、分隔字符串、检索子字符串、字母大小写转换、去除空格或特殊字符、格式化等。

1. 拼接字符串

拼接字符串通过"+"来实现。例如，输入以下代码**并逐行运行**：

```
str1='对酒当歌，'          # 生成字符串 str1
str2='人生几何'            # 生成字符串 str2
str3=str1+str2            # 将字符串 str1 和字符串 str2 拼接，生成字符串 str3
str3                      # 查看字符串 str3
```

运行结果为：'对酒当歌，人生几何'。

2. 计算字符串长度

计算字符串长度可调用 len()函数。在 Python 中，数字、英文、小数点、下画线、空格占 1 个字符，1 个中文字符可能占 2~4 字节（取决于编码格式）。例如，输入以下代码并运行：

```
len(str3)                 # 计算字符串 str3 的长度
```

运行结果为：9。

3. 截取字符串

截取字符串的语法格式为：

```
stringname[start:end:step]
```

其中，stringname 表示被截取的字符串，start 表示截取的第一个字符的索引（包括该字符，如果不指定则默认为 0），end 表示截取的最后一个字符的索引（不包括该字符，如果不指定则默认为字符串的长度），step 表示切片的步长（如果不指定则默认为 1，而且可以省略最后一个冒号）。例如，输入以下代码**并逐行运行**：

```
str4=str3[2:7:2]          # 从字符串 str3 截取生成字符串 str4
str4                      # 查看字符串 str4
```

运行结果为：'当，生'。

4．分隔字符串

分隔字符串的语法格式为：

```
stringname.split(sep,maxsplit)
```

其中，stringname 表示被分隔的字符串对象；sep 用于设置分隔符（可以包含多个字符，如果不设置则默认为所有空字符，包括空格、换行符\n、制表符\t 等）；maxsplit 用于指定分隔的最大次数，返回结果列表的元素个数最多为"maxsplit+1"，如果不设置或指定为-1，则分隔次数没有限制。例如，输入以下代码并逐行运行：

```
str5='对酒当歌 人生几何 譬如朝露 去日苦多'     # 生成字符串 str5
str5.split()                                 # 对字符串 str5 采用默认设置进行分隔
```

运行结果为：['对酒当歌', '人生几何', '譬如朝露', '去日苦多']。

5．检索字符串

检索字符串的方法包括 count()、find()、index()、startswith()、endswith()等。

（1）count()用来检索指定子字符串在另一个字符串中出现的次数（包括 0 次）。find()用来检索指定子字符串在另一个字符串中是否存在，如果存在则返回首次出现该字符串的索引，如果不存在则返回-1。index()与 find()的作用相同，也是检索指定子字符串在另一个字符串中是否存在，如果存在则返回首次出现该字符串的索引，但如果不存在则会直接报错"substring not found"而不是返回-1。它们的基本语法格式分别为：

```
stringname.count(sub[,start[,end]])
stringname.find(sub[,start[,end]])
stringname.index(sub[,start[,end]])
```

其中，stringname 表示被检索的字符串，sub 表示需要检索的子字符串，start 为检索的起始位置的索引（也可不指定，默认从头开始检索），end 为检索的结束始位置的索引（也可不指定，默认一直检索到字符串末尾）。

（2）startswith()和 endswith()分别用于检索字符串是否以指定的子字符串开头或结尾，如果是则返回 True，如果不是则返回 False。它们的基本语法格式分别为：

```
stringname.startswith(sub[,start[,end]])
stringname.endswith(sub[,start[,end]])
```

其中，stringname 表示被检索的字符串，sub 表示需要检索的子字符串，start 为检索的起始位置的索引（也可不指定，默认从头开始检索），end 为检索的结束始位置的索引（也可不指定，默认一直检索到末尾）。例如，输入以下代码并逐行运行：

```
str5='对酒当歌 人生几何 …… 何以解忧 唯有杜康'  # 生成字符串 str5
str5.count('何')                             # 检索字符串 str5 中出现子字符串'何'的次数
str5.find('何')                              # 检索字符串 str5 中是否存在子字符串'何'
str5.find('短歌行')                          # 检索字符串 str5 中是否存在子字符串'短歌行'
str5.index('何')                             # 检索字符串 str5 中是否存在子字符串'何'
str5.index('短歌行')                         # 检索字符串 str5 中是否存在子字符串'短歌行'
```

```
str5.startswith('对')                    # 检索字符串 str5 是否以指定的子字符串'对'开头
str5.startswith('康')                    # 检索字符串 str5 是否以指定的子字符串'康'开头
str5.endswith('对')                      # 检索字符串 str5 是否以指定的子字符串'对'结尾
str5.endswith('康')                      # 检索字符串 str5 是否以指定的子字符串'康'结尾
```

运行结果如图 2.53 所示。

```
In [120]: str5='对酒当歌 人生几何 …… 何以解忧 唯有杜康'#生成字符串str5

In [121]: str5.count('何')#检索字符串str5中出现子字符串'何'的次数
Out[121]: 2

In [122]: str5.find('何')#检索字符串str5是否存在子字符串'何'
Out[122]: 8

In [123]: str5.find('短歌行')#检索字符串str5是否存在子字符串'短歌行'
Out[123]: -1

In [124]: str5.index('何')#检索字符串str5是否存在子字符串'何'
Out[124]: 8

In [125]: str5.index('短歌行')#检索字符串str5是否存在子字符串'短歌行'
Traceback (most recent call last):

  File "<ipython-input-125-db62be775ae7>", line 1, in <module>
    str5.index('短歌行')#检索字符串str5是否存在子字符串'短歌行'

ValueError: substring not found

In [126]: str5.startswith('对')#检索字符串str5是否以指定的子字符串'对'开头
Out[126]: True

In [127]: str5.startswith('康')#检索字符串str5是否以指定的子字符串'康'开头
Out[127]: False

In [128]: str5.endswith('对')#检索字符串str5是否以指定的子字符串'对'结尾
Out[128]: False

In [129]: str5.endswith('康')#检索字符串str5是否以指定的子字符串'康'结尾
Out[129]: True
```

图 2.53　运行结果

6. 字母大小写转换

就是将大写字母转换为小写字母或将小写字母转换为大写字母，方法包括 lower()和 upper()。它们的基本语法格式分别为：

```
stringname.lower( )
stringname.upper( )
```

其中 stringname 为字符串对象。例如，输入以下代码**并逐行运行：**

```
str6='ABCdefg'          # 生成字符串 str6
str6.lower()            # 将字符串 str6 中的所有字母都降为小写
str6.upper()            # 将字符串 str6 中的所有字母都升为大写
```

运行结果如图 2.54 所示。

```
In [130]: str6='ABCdefg'#生成字符串str6

In [131]: str6.lower()#将字符串str6中的所有字母都降为小写
Out[131]: 'abcdefg'

In [132]: str6.upper()#将字符串str6中的所有字母都升为大写
Out[132]: 'ABCDEFG'
```

图 2.54　运行结果

7. 去除空格或特殊字符

在很多情况下，Python 不允许字符串的前后出现空格或特殊字符，这时可以调用 strip()、

lstrip()和 rstrip()来去除这类字符。其中，strip()可以去除字符串左右两侧的空格或特殊字符，lstrip()可以去除字符串左侧的空格或特殊字符，rstrip()可以去除字符串右侧的空格或特殊字符。它们的基本语法格式分别为：

```
stringname.strip([chars])
stringname.lstrip([chars])
stringname.rstrip([chars])
```

其中，stringname 为字符串对象；chars 用于设置需去除的空格或特殊字符（可以包含多个字符，如果不设置则默认为所有空字符，包括空格、换行符（\n）、回车符（\r）、制表符（\t）等）。例如，输入以下代码**并逐行运行**：

```
str7=' ABCdefg '    # 生成字符串 str7
str7.strip()        # 去除字符串 str7 左右两侧的空格或特殊字符
str7.lstrip()       # 去除字符串 str7 左侧的空格或特殊字符
str7.rstrip()       # 去除字符串 str7 右侧的空格或特殊字符
```

运行结果如图 2.55 所示。

```
In [133]: str7=' ABCdefg '#生成字符串str7

In [134]: str7.strip()#去除字符串str7左右两侧的空格或特殊字符
Out[134]: 'ABCdefg'

In [135]: str7.lstrip()#去除字符串str7左侧的空格或特殊字符
Out[135]: 'ABCdefg '

In [136]: str7.rstrip()#去除字符串str7右侧的空格或特殊字符
Out[136]: ' ABCdefg'
```

图 2.55 运行结果

8. 格式化字符串

格式化字符串首先要制定一个模板，在模板中预留出位置，然后根据需要进行填充。格式化字符串调用的是 format()方法，它的基本语法格式为：

```
stringname.format(args)
```

其中，stringname 为格式化字符串对象，format 用于指定字符串的显示样式，args 用于指定需要转换的项，如果项数为多个，则项之间用逗号分隔。

格式化字符串需要创建模板，要用到"："和"{}"来控制字符串的操作，基本语法格式为：

```
{[index][:[[fill]align][sign][# ][width][.precision][type]]}
```

其中，index 为可选参数，用于指定要设置的对象格式在参数列表中的索引位置，索引从 0 开始，如不指定则按照值的先后顺序自动分配，当模板中出现多个占位符时，需要全部采用手动指定或全部采用自动指定；fill 为可选参数，用于指定空白处填充的字符；align 为可选参数，用于指定对齐方式，需要配合 width 一起使用，值为"<"表示内容左对齐，值为">"表示内容右对齐，值为"="表示内容右对齐并且把符号放在填充内容的最左侧（只对数字类型有效），值为"^"表示内容居中；sign 为可选参数，用于指定有无符号数，值为"+"表示正数加正号、负数加负号，值为"–"表示正数不变、负数加负号，值为空格表示正数加空格、负数加符号；#为可选参数，对于二进制、八进制和十六进制，如果加上"#"表示前面会显示"0b/0o/0x"前缀，否则不显示前缀；width 为可选参数，用于指定宽度；precision 为可选参数，用于指定保留的小数位数；type 为可选参数，用于指定类型，type 的取值说明如表 2.14 所示。

表 2.14　type 的取值说明

格式化字符	作用
s	对字符串类型进行格式化
d	十进制整数
c	将十进制整数自动转换为对应的 Unicode 字符
e or E	转换为科学记数法，再格式化
g or G	自动在 e 和 f（或 E 和 F）之间切换
b	将十进制整数自动转换为二进制表示，再格式化
o	将十进制整数自动转换为八进制表示，再格式化
x or X	将十进制整数自动转换为十六进制表示，再格式化
f or F	转换为浮点数（默认小数点后保留 6 位），再格式化
%	显示百分比（默认小数点后 6 位）

例如，输入以下代码**并逐行运行**：

```
company = '上市公司:{:s}\t 股票代码: {:d} \t'       # 制定模板
company1 = company.format('宁德时代',300750)        # 按照模板格式化字符串 company1
company2 = company.format('派能科技',688063)        # 按照模板格式化字符串 company2
print(company1)                                   # 查看字符串 company1
print(company2)                                   # 查看字符串 company2
```

运行结果如图 2.56 所示。

```
In [137]: company = '上市公司:{:s}\t 股票代码: {:d} \t'#制定模板

In [138]: company1 = company.format('宁德时代',300750)#按照模板格式化字符串
company1

In [139]: company2 = company.format('派能科技',688063)#按照模板格式化字符串
company2

In [140]: print(company1)#查看字符串company1
上市公司:宁德时代 股票代码: 300750

In [141]: print(company2)#查看字符串company2
上市公司:派能科技 股票代码: 688063
```

图 2.56　运行结果

2.16　习　　题

1. 正确下载 Anaconda 平台或 Python 安装包并成功安装。

2. 掌握 Python 注释与 print()和 input()两个函数的用法，并作答以下选择题（不定项选择，正确答案为 1 个或多个）。

（1）print 函数使用时，如果括号内容为字符串，则可以使用以下哪些情形（　　）？

A. 不带引号　　B. 搭配单引号　　C. 搭配双引号　　D. 搭配三引号

（2）print 函数使用时，如果括号内容为数字，则可以使用以下哪些情形（　　）？

A. 不带引号　　B. 搭配单引号　　C. 搭配双引号　　D. 搭配三引号

3. 简述 Python 中的保留字、标识符、基本数据类型与数据运算符。

4. 简述列表、元组、字典和集合的概念，并填写下表。

序列	元素是否单独可变	元素是否有序
列表		
元组		
字典		
集合		

5. 请作答以下选择题（不定项选择，正确答案为 1 个或多个）。

（1）在 Python 中，列表以（　　）形式编写。

　　A. 大括号{ }　　　　　B. 方括号[ ]　　　　C. 小括号（）　　　D. 以上均可

（2）在 Python 中，元组以（　　）形式编写。

　　A. 大括号{ }　　　　　B. 方括号[ ]　　　　C. 小括号（）　　　D. 以上均可

（3）在 Python 中，字典以（　　）形式编写。

　　A. 大括号{ }　　　　　B. 方括号[ ]　　　　C. 小括号（）　　　D. 以上均可

6. 请作答以下选择题（不定项选择，正确答案为 1 个或多个）。

（1）在 Python 序列中，如果按照从左往右的正数索引，第一个元素的索引值为（　　）。

　　A. 0　　　　　　　B. 1　　　　　C. n　　　　　D. -1

（2）在 Python 序列中，如果按照从右往左的负数索引，序列中最后一个元素（位置在最右的元素）的索引值为（　　）。

　　A. 0　　　　　　　B. 1　　　　　C. n　　　　　D. -1

7. 简述列表、元组、字典和集合的基本操作。

8. 作答以下判断题（在"是否正确"一列填写"Y"或"N"，填写"Y"表示认为题干正确，"N"表示认为题干错误）：

（1）Python 中的索引就是序列中的每个元素所在的位置，可以是从左往右的正整数索引，也可以是从右往左的负整数索引。（　　）

（2）Python 中使用数字 n 乘以一个序列（非 numpy 模块中的数组，非 pandas 模块中的序列，只是普通的序列）会生成新的序列，内容为原来序列被重复 n 次的结果。（　　）

（3）input 函数用来实现基本的输入。（　　）

（4）Python 的保留字不区分字母大小写。（　　）

（5）序列的切片就是将序列切成小的子序列，通过切片操作可以访问一定范围内的元素或者生成一个新的子序列。（　　）

（6）列表中的元素可以为整数、实数、字符串、元组、列表等任意类型。（　　）

（7）元组为可变序列，元组中的元素可以单独修改。（　　）

（8）元组中的元素可以为整数、实数、字符串、元组、列表等任意类型，可以相同（重复），也可以不同，甚至相互为不同的类型。（　　）

（9）字典由键（key）和值（value）成对组成，本质上是键和值的映射。（　　）

第 **3** 章

数 据 清 洗

数据清洗是提升数据质量的重要坏节，在很大程度上影响了后续数据分析或机器学习的最终
效果，是整个机器学习流程中非常关键的一步。本章首先介绍 Python 数据清洗基础，包括 Python
函数与模块、numpy 模块数组、pandas 模块序列、pandas 模块数据框、Python 流程控制语句等；
然后讲解常见类型数据在 Python 中的读取、合并、写入；再后讲解数据检索、数据行列处理在
Python 中的实现，讲解如何使用 Python 处理数据缺失值、重复值和异常值；最后讲解如何使用
Python 制作数据透视表，开展描述性分析和交叉表分析。

3.1　Python 数据清洗基础

下载资源：可扫描旁边二维码观看或下载教学视频
下载资源:\源代码\第 3 章 数据清洗.py

3.1.1　Python 函数与模块

Python 本质上是一种编程语言，通过编写运行代码的方式来实现工作目标。读者可以想象，
如果针对数据统计分析或机器学习的每种方法或统计量计算都要用户自行编写代码，那么显然在
很多情况下是无法满足用户便捷开展分析的要求的，用户体验也会远远不如 Stata、SPSS 等专业
集成统计软件。因此，Python 提供了函数与模块以方便用户操作。本书介绍的数据清洗、特征处
理和数据可视化等内容的 Python 操作实现，也是通过函数与模块来完成的。

1. Python 函数的创建与调用

Python 函数是为完成某项工作而编写的标准化代码块，可以达到标准化编写后反复调用、增
加标准代码复用性、减少代码冗余、提升工作效率的目的。

1）函数的创建

函数的创建通过 def() 来完成，基本语法格式为：

```
def functionname([parameterlist]):
    ["""comments"""]
    [functionbody]
```

其中，functionname 为函数名；parameterlist 为可选参数，用于指定需要向函数中传递的参数，参数可以为一个或多个，多个参数之间使用英文逗号（,）分隔，也可以没有参数，但要保留 def 后面的一对空的小括号（()）；comments 为可选参数，用来为函数指定注释，说明该函数的功能、要传递的参数作用等；functionbody 为可选参数，用于指定函数体，即该函数被调用后要执行的功能代码。如果函数有返回值，则要通过 return 语句返回。["""comments"""]和[functionbody]相对于 def 关键字需要保持一定程度的缩进。

例如要创建一个计算长方形面积的函数，代码如下：

```
def area(width, length):        # 定义长方形面积函数 area，参数为宽 width 和长 length
return width * length           # 返回宽 width 乘以长 length 的积
```

2）函数的调用

函数的调用通过执行该函数来完成，基本语法格式为：

```
functionname([parametervalue])
```

其中，functionname 为函数名；parametervalue 为可选参数，用于指定向函数中传递的参数，参数可以为一个或多个，多个参数之间使用英文逗号（,）分隔，也可以没有参数，但要保留函数名后面的一对空的小括号（()）。

例如，输入以下代码并运行：

```
area(4,6)        # 调用长方形面积函数 area，参数为 4 和 6
```

运行结果为：24。

2. 参数的相关概念与操作

函数参数的作用是将数据传递给函数，使得函数能够使用传入的数据进行运算或处理。

1）形式参数和实际参数

函数参数包括形式参数和实际参数，简称形参和实参。其中形式参数就是在定义函数时函数后面括号中的参数列表（parameterlist），比如第 3.1.1 节的示例中的 **width, length**；实际参数则是调用函数时函数后面括号中的参数值（parametervalue），比如第 3.1.1 节的示例中的 **4,6**。因此，调用函数时需要把实际参数传递给形式参数，才能使函数对这些参数进行运算或处理。

这一传参过程又可细分为"把实际参数的值传递给形式参数"和"把实际参数的引用传递给形式参数"两种。"把实际参数的值传递给形式参数"是一种值传递的概念，针对的实际参数为不可变对象，常见于 int、str、tuple、float、bool 类型的数据，当函数参数进行值传递时，即使形参发生变化，也不会影响到实参的值；"把实际参数引用传递给形式参数"则是一种引用传递的概念，针对的实际参数为可变对象，常见于 list、dict、set 等类型，引用传递不是将值复制（或赋值）的传递方式，而是将实际参数的内存地址进行传递，改变形参的值，则实参的值也会一起改变。

例如，输入以下代码并运行：

```
# 定义函数 param_test，它的作用为将其中的对象复制为原来的两倍
def param_test(obj):
    obj += obj
    print('形参值为:', obj)
# 调用函数 param_test，以字符串 x 为例演示值传递
print('===值传递===')
x = '对酒当歌'
print('x 值为: ', x)
param_test(x)
print('实参值为:', x)
# 调用函数 param_test，以列表 y 为例演示引用传递
print('===引用传递===')
y = [1, 3, 5]
print('y 值为: ', y)
param_test(y)
print('实参值为: ', y)
```

运行结果如图 3.1 所示。

```
===值传递===
x值为:  对酒当歌
形参值为: 对酒当歌对酒当歌
实参值为: 对酒当歌
===引用传递===
y值为:  [1, 3, 5]
形参值为: [1, 3, 5, 1, 3, 5]
实参值为: [1, 3, 5, 1, 3, 5]
```

图 3.1　值传递和引用传递结果

2）位置参数

位置参数是指按照正确的数量、位置和数据类型进行传参。在调用函数时，实际参数需要提供和形式参数对应的数量、位置和数据类型。如果形式参数有 4 个，那么实际参数也要提供 4 个，并且两者的顺序一一对应，数据类型一一对应。

3）关键字参数

如果用户想不按顺序提供实际参数，那么可以按照关键字参数的方式进行参数传递。关键字参数是指用形式参数的名称来确定输入的参数值。通过该方式指定实际参数时，只需将参数名称写正确，而无须确保实际参数与形式参数的位置完全一致。

例如，输入以下代码并运行：

```
def aweights(width, length):        # 定义 width 和 length 的加权值
    return 0.3*width+0.7*length     # 返回 0.3*width+0.7*length 的结果
aweights(length=10,width=6)         # 指定关键字参数
```

运行结果为：8.8。

此外，如该示例函数所示，在函数体内，我们可以使用 return 语句为函数指定任意类型的返回值，无论 return 语句出现在函数的什么位置，只要执行了就会结束当前函数的运行并返回给函数的调用者。return 语句可以返回一个值或者多个值，如果返回的是一个值，则可保存为值；如果返回的是多个值，则可保存为元组。

4）设置参数默认值

在很多情况下有必要设置参数的默认值。事实上，大多数机器学习中所使用的函数都设置了参数默认值。定义带有参数默认值的函数的基本语法格式为：

```
def functionname([parameter1=defaultvalue1,parameter2=defaultvalue2……]):
[functionbody]
```

其中，functionname 为函数名；parameter#=defaultvalue#用于向函数传递参数 parameter#，并且将参数的默认值设置为 defaultvalue#；functionbody 为函数主体，即函数被调用后需要执行的程序语句。

针对已有函数，可以使用"函数名._defaults_"查看函数参数的默认值。

在设置形式参数的默认值时，默认值应为不可变对象。

5）可变参数

可变参数即传入函数中的实际参数的个数是不确定的，可以为 0、1 或者更多，通过 *parameter 或者 **parameter 来实现。

● *parameter

*parameter 表示接收任意多个实际参数，并将它们放入一个元组中一起传递给函数。例如，输入以下代码并运行：

```
# 定义 printcompany() 函数，它的作用为输出上市公司名称
def printcompany(*company):
    print('\n2022 年新能源上市公司：')
    for item in company:
        print(item)
printcompany('宁德时代 300750')                                      # 指定实际参数
printcompany('宁德时代 300750','比亚迪 002594','国轩高科 002074')      # 重新指定实际参数
printcompany('宁德时代 300750','国轩高科 002074')                      # 再次指定实际参数
```

运行结果如图 3.2 所示。

```
2022年新能源上市公司：
宁德时代 300750

2022年新能源上市公司：
宁德时代 300750
比亚迪 002594
国轩高科 002074

2022年新能源上市公司：
宁德时代 300750
国轩高科 002074
```

图 3.2 *parameter 示例结果

用户也可以使用列表对象作为函数的可变参数，通过在列表对象的前面加"*"来实现。例如，输入以下代码并运行：

```
list1=['宁德时代 300750','比亚迪 002594','国轩高科 002074'] # 创建列表 list1
printcompany(*list1)    # 将列表 list1 作为参数传递给 printcompany() 函数
```

运行结果如图 3.3 所示。

```
2022年新能源上市公司：
宁德时代 300750
比亚迪 002594
国轩高科 002074
```

图 3.3　列表对象作为可变参数的运行结果

- **parameter

**parameter 表示接收任意多个类似关键字参数那样进行参数赋值的实际参数，并将它们放到一个字典中一起传递给函数。例如，输入以下代码并运行：

```
# 定义 printcompany()函数，它的作用为输出上市公司名称
def printcompany(**company):                              # 定义 printcompany()函数
    print('\n2022 年新能源上市公司：')                    # 打印'\n2022 年新能源上市公司：'
    for key,value in company.items():                     # 遍历字典 company
        print("[" + key + "] 的股票代码是："+value)       # 输出函数的运行结果
printcompany(宁德时代='300750')                           # 指定实际参数
printcompany(宁德时代='300750',比亚迪='002594',国轩高科='002074')      # 重新指定实际参数
```

运行结果如图 3.4 所示。

```
2022年新能源上市公司：
[宁德时代] 的股票代码是：300750

2022年新能源上市公司：
[宁德时代] 的股票代码是：300750
[比亚迪] 的股票代码是：002594
[国轩高科] 的股票代码是：002074
```

图 3.4　**parameter 运行结果

用户也可以使用字典对象作为函数的可变参数，通过在字典对象的前面加“**”来实现。例如，输入以下代码并运行：

```
dict1={'宁德时代':'300750','比亚迪':'002594','国轩高科':'002074'}      # 创建字典 dict1
printcompany(**dict1)    # 将字典 dict1 作为参数传递给 printcompany()函数
```

运行结果如图 3.5 所示。

```
2022年新能源上市公司：
[宁德时代] 的股票代码是：300750
[比亚迪] 的股票代码是：002594
[国轩高科] 的股票代码是：002074
```

图 3.5　使用字典对象作为可变参数的运行结果

3. 变量的作用域

变量的作用域就是变量能够发挥作用的区域，超出既定区域后就无法发挥作用。根据变量的作用域可以将变量分为局部变量和全局变量。

1）局部变量

局部变量是在函数内部定义并使用的变量，也就是说只有在函数内部，在函数运行时才会有效，函数运行之前或运行结束之后这类变量都无法被使用。例如，输入以下代码并运行：

```
def area(width, length):            # 定义长方形面积函数 area，参数为宽 width 和长 height
    areameasure=width*length        # 生成变量 areameasure，为宽 width 乘以长 height
    print(areameasure)              # 输出 areameasure 的结果
```

然后输入以下代码并运行（注意以下代码不要缩进）：

```
print(areameasure)          # 输出 areameasure 的结果
```

本例中我们在 area()函数内部定义了一个局部变量 areameasure，可以发现函数内部的第一个"**print(areameasure)**"是可以正常运行的，因为它在函数内部（编写时缩进到函数里面了，算函数主体中的程序语句），而第二个"**print(areameasure)**"在运行时则会提示错误"**name 'areameasure' is not defined**"，因为该语句已经超出了函数的范围，局部变量 areameasure 超出了它自己的作用域。

2）全局变量

全局变量是可以作用于全局的变量，而不局限于函数内部。全局变量可以通过两种方法获得。

第一种方法：变量在函数体外创建或定义，不受函数内部的限制，可以在全局范围内发挥作用。在这种情况下，如果函数体内的局部变量名和全局变量名相同，那么对函数体内局部变量的修改不会影响到函数体外的全局变量。但我们在编写代码时，应尽量避免名称相同的情况，以免产生混乱。例如，输入以下代码并运行：

```
poetry='对酒当歌，人生几何'     # 生成全局变量 poetry
def poetryprint():              # 定义函数 poetryprint()
    print(poetry)               # 输出 poetry 的结果
poetryprint()
print(poetry)                   # 输出 poetry 的结果
```

运行结果如图 3.6 所示。

```
In [233]: poetry='对酒当歌，人生几何'#生成全局变量poetry
     ...: def poetryprint():#定义函数poetryprint()
     ...:     print(poetry)#输出poetry的结果
     ...: poetryprint()
     ...: print(poetry)#输出poetry的结果
对酒当歌，人生几何
对酒当歌，人生几何
```

图 3.6   全局变量在函数体外创建或定义的示例代码的运行结果

在本例中，poetry 为全局变量，两次执行 print(poetry)都成功了，第一次在函数体内，第二次在函数体外。

第二种方法：变量在函数体内创建或定义，且使用 global 关键字进行修饰，该变量就成为全局变量，因而既可以在函数体外访问该变量，也可以在函数体内访问该变量，在程序任何一处修改该变量，都会让这种修改在全局范围内发挥作用。例如，输入以下代码，**然后全部选中并整体运行：**

```
def poetryprint():              # 定义函数 poetryprint()
    global poetry               # 将 poetry 声明为全局变量
    poetry='对酒当歌，人生几何'  # 生成全局变量 poetry
    print(poetry)               # 输出 poetry 的结果
poetryprint()
print(poetry)                   # 输出 poetry 的结果
```

运行结果如图 3.7 所示。

在本例中，通过 global 关键字的修饰将 poetry 升级为全局变量，两次执行 print(poetry)都成功了，第一次在函数体内，第二次在函数体外。

```
In [235]: def poetryprint():#定义函数poetryprint()
     ...:     global poetry#将poetry声明为全局变量
     ...:     poetry='对酒当歌，人生几何'#生成全局变量poetry
     ...:     print(poetry)#输出poetry的结果
     ...: poetryprint()
     ...: print(poetry)#输出poetry的结果
对酒当歌，人生几何
对酒当歌，人生几何
```

图 3.7 全局变量在函数体内创建或定义的示例代码的运行结果

4. Python 模块的导入

在很多情况下，用户需要使用多个函数共同完成一项数据分析或学习任务，对此 Python 提供了模块。所谓模块，是一种以".py"为文件扩展名的 Python 文件，里面包含着很多集成的函数，可以很方便地被其他程序和脚本导入并使用。我们可以将模块理解为一辆汽车，代码就是一个个细小的汽车零部件，函数就是由一个个零部件组成的标准化的发动机、轮胎等。上一节我们提到，使用函数这一标准化代码块可以大大便利用户的操作，但是 Python 内置的函数并不多。所幸的是，Python 提供了很多开放的、可以快速调用的模块，这些模块中包含着可供分析的函数，完全可以达到便捷开展机器学习或数据统计分析的效果。不仅在 Python 的标准库中有很多标准模块，还有很多第三方模块。截至目前，Python 提供了大约 200 多个内置的标准模块，涉及数学计算、运行保障、文字模式匹配、操作系统接口、对象永久保存、网络和 Internet 脚本、GUI 建构等各个方面。

1）使用 import 语句导入模块

我们可以使用 import 语句导入模块，它的基本语法格式为：

```
import modulename [as subname]
```

其中，modulename 为模块名；as subname 为可选参数，用于设置模块名的简称（即别名），因为如果模块名较为复杂，则反复调用时可能不太方便，使用简称便于操作。例如，输入以下代码导入 pandas 模块：

```
import pandas as pd     # 导入 pandas 模块，并简称为 pd
```

用户还可以一次性导入多个模块，多个模块之间用英文逗号（,）分隔。例如，输入以下代码可一次性导入 pandas 和 numpy 模块：

```
import pandas,numpy     # 一次性导入 pandas 和 numpy 模块
```

在使用 import 语句导入模块时，每执行一行 import 语句就会创建一个新的命名空间，然后在该命名空间内执行与该模块相关的所有语句。各个命名空间是相对独立的，因此在调用模块中的变量、函数时，需要在变量名、函数名的前面加上"模块名."作为前缀，以便在命名空间内搜索。

当使用 import 语句导入模块时，Python 会按照以下顺序搜索模块：

（1）在当前执行 Python 脚本文件所在的目录下查找。

（2）在 Python 的 Path 环境变量下的每个目录中查找。

（3）在 Python 的默认安装目录下查找。

上述目录可通过以下代码查看：

```
import sys          # 调用模块 sys
print(sys.path)     # 输出 sys.path
```

运行结果如图 3.8 所示。（视具体安装的情况而定，以下结果为在笔者所用的计算机中执行的结果）

```
['D:\\ProgramData\\Anaconda3\\python38.zip', 'D:\\ProgramData\\Anaconda3\
\DLLs', 'D:\\ProgramData\\Anaconda3\\lib', 'D:\\ProgramData\\Anaconda3', '',
'D:\\ProgramData\\Anaconda3\\lib\\site-packages', 'D:\\ProgramData\\Anaconda3\
\lib\\site-packages\\locket-0.2.1-py3.8.egg', 'D:\\ProgramData\\Anaconda3\\lib
\\site-packages\\win32', 'D:\\ProgramData\\Anaconda3\\lib\\site-packages\
\win32\\lib', 'D:\\ProgramData\\Anaconda3\\lib\\site-packages\\Pythonwin', 'D:
\ProgramData\\Anaconda3\\lib\\site-packages\\IPython\\extensions', 'C:\\Users
\\Administrator\\.ipython', 'C:\\Users\\Administrator\\.spyder-py3', 'C:\
\Users\\Administrator\\.spyder-py3']
```

图 3.8　目录

如果要导入的模块并未被搜索到（未出现在上述目录中），将无法成功导入模块。

2）使用 from…import 语句导入模块

如果用户不想每次导入模块时都创建一个与模块相匹配的命名空间，而是希望能直接将想要的变量、函数或类统一导入当前的命名空间中，则可以使用 from…import 语句导入模块。通过该方法导入的模块都集成到了当前的一个命名空间中，用户不用在变量名、函数名或者类名的前面加上"模块名."作为前缀，直接使用变量名、函数名或者类名即可。当然这同样要求在使用 from…import 语句导入模块时，一定要保证所导入的变量名、函数名或者类名在当前命名空间内是唯一的，否则就会无法区分而造成冲突。该语句的基本语法格式为：

```
from modulename import member
```

其中，modulename 为模块名；member 为所需的变量、函数或类，可同时导入多个 member，多个 member 之间用英文逗号（,）分隔。例如，在 K 近邻算法中，需要一次性导入模块 sklearn.neighbors 中的函数 KNeighborsClassifier 和 RadiusNeighborsClassifier，代码为：

```
from sklearn.neighbors import KNeighborsClassifier, RadiusNeighborsClassifier
```

如果需要导入模块中的全部内容，则可使用星号通配符（*）。例如，在 K 近邻算法中，需要一次性导入模块 sklearn.neighbors 中的全部内容，代码为：

```
from sklearn.neighbors import *   # 导入模块 sklearn.neighbors 中的全部内容
```

可调用 dir()函数来查看模块 sklearn.neighbors 中的全部内容。例如，输入代码 **print(dir())**运行结果如图 3.9 所示。

```
['BallTree', 'DistanceMetric', 'In', 'KDTree', 'KNeighborsClassifier', 'KNeighborsRegressor', 'KNeighborsTransformer', 'KernelDensity', 'LocalOutlierFactor', 'NearestCentroid',
'NearestNeighbors', 'NeighborhoodComponentsAnalysis', 'Out', 'RadiusNeighborsClassifier', 'RadiusNeighborsRegressor', 'RadiusNeighborsTransformer', 'VALID_METRICS',
'VALID_METRICS_SPARSE', '_', '_101', '_102', '_104', '_105', '_106', '_114', '_115', '_117', '_119', '_121', '_122', '_123', '_124', '_126', '_127', '_128', '_129', '_131', '_132',
'_134', '_135', '_136', '_14', '_142', '_21', '_27', '_31', '_70', '_72', '_75', '_79', '_80', '_85', '_87', '_88', '_90', '_91', '_92', '_93', '_96', '_97', '_98', '_99', '_',
'__builtin__', '__builtins__', '__doc__', '__loader__', '__name__', '__package__', '__spec__', '_dh', '_i', '_i1', '_i10', '_i100', '_i101', '_i102', '_i103', '_i104',
'_i105', '_i106', '_i107', '_i108', '_i109', '_i11', '_i110', '_i111', '_i112', '_i113', '_i114', '_i115', '_i116', '_i117', '_i118', '_i119', '_i12', '_i120', '_i121', '_i122',
'_i123', '_i124', '_i125', '_i126', '_i127', '_i128', '_i129', '_i13', '_i130', '_i131', '_i132', '_i133', '_i134', '_i135', '_i136', '_i137', '_i138', '_i139', '_i14', '_i140',
'_i141', '_i142', '_i143', '_i144', '_i145', '_i146', '_i147', '_i148', '_i149', '_i15', '_i150', '_i151', '_i152', '_i153', '_i154', '_i155', '_i156', '_i157', '_i158', '_i159',
'_i16', '_i160', '_i161', '_i162', '_i163', '_i164', '_i165', '_i166', '_i167', '_i168', '_i169', '_i17', '_i18', '_i19', '_i2', '_i20', '_i21', '_i22', '_i23', '_i24', '_i25', '_i26', '_i27',
'_i28', '_i29', '_i3', '_i30', '_i31', '_i32', '_i33', '_i34', '_i35', '_i36', '_i37', '_i38', '_i39', '_i4', '_i40', '_i41', '_i42', '_i43', '_i44', '_i45', '_i46', '_i47', '_i48',
'_i49', '_i5', '_i50', '_i51', '_i52', '_i53', '_i55', '_i56', '_i57', '_i58', '_i59', '_i6', '_i60', '_i61', '_i62', '_i63', '_i64', '_i65', '_i66', '_i67', '_i68', '_i69',
'_i7', '_i70', '_i71', '_i72', '_i73', '_i74', '_i75', '_i76', '_i77', '_i78', '_i79', '_i8', '_i80', '_i81', '_i82', '_i83', '_i84', '_i85', '_i86', '_i87', '_i88', '_i89', '_i9',
'_i90', '_i91', '_i92', '_i93', '_i94', '_i95', '_i96', '_i97', '_i98', '_i99', '_ih', '_ii', '_iii', '_oh', 'company', 'company1', 'company2', 'data', 'dict1', 'dict2', 'dict3',
'dict4', 'dict5', 'exit', 'get_ipython', 'items', 'kneighbors_graph', 'list1', 'list2', 'normality_check', 'normcheck', 'numpy', 'pandas', 'pd', 'quit', 'radius_neighbors_graph',
'random', 'set1', 'set2', 'set3', 'set4', 'str1', 'str2', 'str3', 'str4', 'str5', 'str6', 'str7', 'sys', 'tuple1', 'w', 'x']
```

图 3.9　sklearn.neighbors 中的全部内容

3.1.2　numpy 模块数组

在机器学习或数据分析中，我们经常会用到一维向量、二维矩阵等数学计算。Python 作为一种编程语言，并没有内置数学上常用的一维向量、二维矩阵等对象，但是可以使用 numpy 模块的数组（Array）。数组使用连续的存储空间存储一组相同类型的值，其中的每一个元素即为值本身。

1. 数组的创建

创建数组首先需要导入 numpy，然后通过 np.arange()函数进行创建。创建数组后，可以通过"type()函数"".ndim"".shape"分别查看数组的类型、维度和形状。例如，输入以下代码并**逐行运行**：

```
import numpy as np        # 导入 numpy 模块并简称为 np
array0= np.arange(10)     # 使用 arange()函数定义一个一维数组 array0
array0                    # 查看数组 array0
type(array0)             # 观察数组 array0 的类型
array0.ndim              # 观察数组 array0 的维度
array0.shape             # 观察数组 array0 的形状
```

运行结果如图 3.10 所示。

```
In [75]: import numpy as np#导入numpy模块并简称为np

In [76]: array0= np.arange(10)#使用arange()函数定义一个一维数组array0

In [77]: array0#查看数组array0
Out[77]: array([0, 1, 2, 3, 4, 5, 6, 7, 8, 9])

In [78]: type(array0)#观察数组array0的类型
Out[78]: numpy.ndarray

In [79]: array0.ndim#观察数组array0的维度
Out[79]: 1

In [80]: array0.shape#观察数组array0的形状
Out[80]: (10,)
```

图 3.10　数组的创建运行结果 1

还可以调用 np.zeros()函数创建元素值全部为 0 的数组，调用 np.ones()函数创建元素值全部为 1 的数组。例如，输入以下代码**并逐行运行**：

```
np.zeros(9)          # 创建元素值全部为 0 的一维数组，元素个数为 9
np.zeros((3, 3))     # 创建二维数组，3×3 零矩阵
np.ones((3, 3))      # 创建二维数组，3×3 矩阵，元素值全部为 1
np.ones((3, 3, 3))   # 创建三维数组，形状为 3×3×3，元素值全部为 1
```

运行结果如图 3.11 所示。

```
In [81]: np.zeros(9)#创建元素值全部为0的一维数组，元素数为9
Out[81]: array([0., 0., 0., 0., 0., 0., 0., 0., 0.])

In [82]: np.zeros((3, 3))#创建二维数组，3x3零矩阵
Out[82]:
array([[0., 0., 0.],
       [0., 0., 0.],
       [0., 0., 0.]])

In [83]: np.ones((3, 3))#创建二维数组，3x3矩阵，元素值全部为1
Out[83]:
array([[1., 1., 1.],
       [1., 1., 1.],
       [1., 1., 1.]])

In [84]: np.ones((3, 3, 3))#创建三维数组，形状为3x3x3，元素值全部为1
Out[84]:
array([[[1., 1., 1.],
        [1., 1., 1.],
        [1., 1., 1.]],

       [[1., 1., 1.],
        [1., 1., 1.],
        [1., 1., 1.]],

       [[1., 1., 1.],
        [1., 1., 1.],
        [1., 1., 1.]]])
```

图 3.11　数组的创建运行结果 2

还可以将列表转换为数组，例如，输入以下代码**并逐行运行**：

```
list1 = [0,1,2,3,4,5,6,7,8,9]      # 创建列表 list1
array1 = np.array(list1)           # 将列表 list1 转换为数组形式，得到 array1
array1                             # 查看数组 array1
```

运行结果为：array([0, 1, 2, 3, 4, 5, 6, 7, 8, 9])。

将一维数组转换为二维数组：

```
array1 = array1.reshape(5, 2)      # 将一维数组 array1 转换为二维数组
array1                             # 查看更新后的数组 array1
```

运行结果如图 3.12 所示。

```
array([[0, 1],
       [2, 3],
       [4, 5],
       [6, 7],
       [8, 9]])
```

图 3.12   数组的创建运行结果 3

观察数组的维度：

```
array1.ndim    # 观察数组 array1 的维度，运行结果为：2，即维度为 2
```

需要说明的是，数组的维数不同于行数和列数，而是看 reshape()括号内值的个数，比如 reshape(1, 2, 3)括号内有 3 个数，就是三维数组了。

观察数组的形状：

```
array1.shape                       # 观察数组 array1 的形状
```

运行结果为：(5, 2)，即为 5 行 2 列。

又如：

```
list2 = [[0,1,2,3,4], [5,6,7,8,9]]  # 创建列表 list2
array2= np.array(list2)             # 将列表 list2 转换为数组形式，得到 array2
array2                              # 查看数组 array2
```

运行结果如图 3.13 所示。

```
array([[0, 1, 2, 3, 4],
       [5, 6, 7, 8, 9]])
```

图 3.13   数组的创建运行结果 4

观察数组的维度和形状：

```
array2.ndim                        # 观察数组 array2 的维数，运行结果为：2，即维数为 2
array2.shape                       # 观察数组 array2 的形状，运行结果为：(2, 5)，即为 2 行 5 列
array2 = array2.reshape(5, 2)      # 将数组 array2 的形状改变成(5, 2)
array2                             # 查看改变形状后的数组 array2
```

运行结果如图 3.14 所示。

```
array([[0, 1],
       [2, 3],
       [4, 5],
       [6, 7],
       [8, 9]])
```

图 3.14   数组的创建运行结果 5

2. 数组的计算

数组可参与计算。计算不仅包括加、减、乘、除等四则运算，也包括调用 np.sqrt()进行开平方的计算、调用 np.exp()进行指数的计算、调用 np.sum()进行求和的计算、调用 np.mean()进行求均值的计算等。这种可按元素进行计算的函数称为通用函数，类型为"numpy.ufunc"，简称为"ufunc"。例如，输入以下代码**并逐行运行**：

```
list1 = [0,1,2,3,4,5,6,7,8,9]   # 创建列表 list1
array1 = np.array(list1)        # 将列表 list1 转换为数组形式，得到 array1
array1*3+1    # 将数据 array1 中的每个元素的值都乘以 3 再加 1
```

运行结果为：array([1,　4,　7, 10, 13, 16, 19, 22, 25, 28])。

```
np.sqrt(array1)                 # 将数据 array1 中的每个元素的值都开平方
```

运行结果如图 3.15 所示。

```
array([0.        , 1.        , 1.41421356, 1.73205081, 2.        ,
       2.23606798, 2.44948974, 2.64575131, 2.82842712, 3.        ])
```

图 3.15　数组的计算运行结果 1

```
np.exp(array1)          # 将数据 array1 中的每个元素的值都进行指数运算
```

运行结果如图 3.16 所示。

```
array([1.00000000e+00, 2.71828183e+00, 7.38905610e+00, 2.00855369e+01,
       5.45981500e+01, 1.48413159e+02, 4.03428793e+02, 1.09663316e+03,
       2.98095799e+03, 8.10308393e+03])
```

图 3.16　数组的计算运行结果 2

```
np.set_printoptions(suppress=True)    # 不以科学记数法显示，而是直接显示数字
np.exp(array1)                        # 将数据 array1 中的每个元素的值都进行指数运算
```

运行结果如图 3.17 所示。

```
array([   1.        ,    2.71828183,    7.3890561 ,   20.08553692,
         54.59815003,  148.4131591 ,  403.42879349, 1096.63315843,
       2980.95798704, 8103.08392758])
```

图 3.17　数组的计算运行结果 3

```
type(np.exp)                # 观察函数 np.exp()的类型
```

运行结果为：numpy.ufunc。

```
array1=array1**2+array1+1    # 对 array1 使用公式进行数学运算，并更新 array1
array1    # 查看更新后的数组 array1
```

运行结果为：array([1,　3,　7, 13, 21, 31, 43, 57, 73, 91])。

```
list2 = [[0,1,2,3,4], [5,6,7,8,9]]    # 创建列表 list2
array2= np.array(list2)               # 将列表 list2 转换为数组形式，得到 array2
array2                                # 查看数组 array2
```

运行结果如图 3.18 所示。

```
array([[0, 1, 2, 3, 4],
       [5, 6, 7, 8, 9]])
```

图 3.18　数组的计算运行结果 4

```
np.sum(array2)              # 对数组 array2 的所有元素进行求和
```

运行结果为：45。

```
np.mean(array2)            # 对数组 array2 的所有元素进行求均值
```

运行结果为：4.5。

```
array2.mean(axis=0)        # 对数组 array2 的所有元素按列求均值
```

运行结果为：array([3.5, 3.5, 4.5, 5.5, 6.5])。

```
array2.mean(axis=1)        # 对数组 array2 的所有元素按行求均值
```

运行结果为：array([3., 7.])。

```
array2.cumsum()            # 对数组 array2 的所有元素求累加总值
```

运行结果为：array([0,   1,   3,   6, 10, 15, 21, 28, 36, 45], dtype=int32)。

3. 数组的排序、索引和切片

同列表一样，我们也可以针对数组中的元素进行排序、索引和切片。例如，输入以下代码并逐行运行：

```
array4 = np.array([6, 5, 2, 3, 7, 5,1])    # 生成一维数组 array4
array4.sort()              # 对数组 array4 进行排序
array4                     # 查看排序后的数组 array4
```

运行结果为：array([1, 2, 3, 5, 5, 6, 7])。

```
np.unique(array4)          # 查看数组 array4 中的非重复值
```

运行结果为：array([1, 2, 3, 5, 6, 7])。

```
list1 = [0,1,2,3,4,5,6,7,8,9]              # 创建列表 list1
array1 = np.array(list1)                   # 将列表 list1 转换为数组形式，得到 array1
array1[3]        # 用索引值存取数组 array1 中的第 4 个值
```

运行结果为：3。

```
array1[3:7]      # 通过切片操作获取数组 array1 中的第 4、5、6、7 个值
```

运行结果为：array([3, 4, 5, 6])。

```
array1[array1 >= 5]        # 查看数组 array1 中大于或等于 5 的元素
```

运行结果为：array([5, 6, 7, 8, 9])。

```
np.where(array1 >=5, 1, 0)  # 将数组 array1 中大于或等于 5 的元素设置为 1，其他为 0
```

运行结果为：array([0, 0, 0, 0, 0, 1, 1, 1, 1, 1])。

```
array1[3:7] = 3            # 将数组 array1 中的第 4、5、6、7 个值统一设置为 3
array1                     # 查看数组 array1
```

运行结果为：array([0, 1, 2, 3, 3, 3, 3, 7, 8, 9])。

3.1.3 pandas 模块序列

我们在实际工作中开展机器学习时，面对的通常是各种数据表，且多以".csv"数据文件的形式（Excel 可打开）存储。在数据表中，通常用每一行来表示一个样本（数据），每一列表示一个变量。比如一个 30 行 3 列的数据表，其中包括 30 个样本，每个样本都有 3 个变量。上一小节介绍的数组虽然也可以通过生成二维数组（矩阵）的方式对数据予以展现，但其最大的缺点是无法展现出变量（列）的名称，这时候就可以使用 pandas 模块中的序列（Series）与数据框（DataFrame），其中序列为一维数据（注意此处讲的序列是 pandas 模块中的序列，不同于第 1 章中讲的序列），而且每个元素都有相应的标签（index，也称行编号、索引）；数据框则为多维数据，针对数据中包含多个变量的情况，每个样本不仅可以展示行编号，也可以设置各个列变量的名称。

1. 创建序列

创建 pandas 模块中的序列，首先需要导入 pandas 模块，然后调用 pd.Series()直接创建序列。例如，输入以下代码**并逐行运行**：

```
import pandas as pd            # 导入 pandas 模块，并简称为 pd
Series1 = pd.Series([1,3,5,6,7,6,7]) # 调用 pd.Series()直接创建序列 Series1
Series1                        # 查看序列 Series1
```

运行结果如图 3.19 所示。

图 3.19　创建序列运行结果

```
type(Series1) # 查看序列 Series1 的类型
```

运行结果为：pandas.core.series.Series。说明 Series1 类型为 pandas 模块中的序列。

2. 序列中元素的索引和值

在 pandas 序列中，可以查看序列中元素的全部索引（index）和值（value），也可以通过索引或者切片查看序列元素的值；索引可以被修改或编辑。例如，输入以下代码**并逐行运行**：

```
Series1.index      # 查看序列 Series1 元素的索引
```

运行结果为：RangeIndex(start=0, stop=7, step=1)，即索引从 0 开始，到 7 结束（不包含 7），步长为 1。

```
Series1.values     # 查看序列 Series1 元素的值
```

运行结果为：array([1, 3, 5, 6, 7, 6, 7])。

```
Series1[0]         # 查看序列 Series1 第 1 个元素（索引为 0）的值
```

运行结果为：1。

```
Series1[1]              # 查看序列 Series1 第 2 个元素（索引为 1）的值
```

运行结果为：3。

```
Series1[[0,2]]          # 查看序列 Series1 索引为 0 和 2 的元素的值
```

运行结果如图 3.20 所示。

```
0    1
2    5
dtype: int32
```

图 3.20   序列中元素的索引和值运行结果 1

```
Series1.index = ['a', 'b', 'c', 'd', 'e', 'f', 'g']        # 修改序列 Series1 中元素的索引
Series1    # 查看更新索引后的序列 Series1
```

运行结果如图 3.21 所示。

```
a    1
b    3
c    5
d    6
e    7
f    6
g    7
dtype: int32
```

图 3.21   序列中元素的索引和值运行结果 2

```
Series1['b']            # 查看更新索引后的序列 Series1 中的元素'b'
```

运行结果为：3。

```
Series1[['a', 'e']]     # 查看更新索引后的序列 Series1 中的元素'a', 'e'
```

运行结果如图 3.22 所示。

```
a    1
e    7
dtype: int32
```

图 3.22   序列中元素的索引和值运行结果 3

3. 序列中元素值的基本统计

我们可以对序列中元素的值进行基本统计，包括按值的大小对元素进行排序、查看序列中的非重复值、对序列中的值进行计数统计等。例如，输入以下代码并**逐行运行**：

```
Series1 = Series1.sort_values()  # 将序列 Series1 的元素按值大小进行排序
Series1                          # 查看序列 Series1
```

运行结果如图 3.23 所示。

```
a    1
b    3
c    5
d    6
f    6
e    7
g    7
dtype: int32
```

图 3.23   序列中元素值的基本统计运行结果 1

```
Series1.unique()        # 查看序列 Series1 中的非重复值
```

运行结果为：array([1, 3, 5, 6, 7])。

```
Series1.value_counts()  # 对序列 Series1 中的值进行计数统计
```

运行结果如图 3.24 所示。

```
6    2
7    2
1    1
3    1
5    1
dtype: int64
```

图 3.24　序列中元素值的基本统计运行结果 2

3.1.4　pandas 模块数据框

数据框针对的是多维数据，其特色在于对每个样本不仅可以展示行编号，还可以设置各个列变量的名称，非常契合商业运营实践中的实际数据存储方式，所以应用非常广泛。相关操作包括创建数据框，查看数据框索引、列和值，提取数据框中的变量列，从数据框中提取子数据框，数据框中变量列的编辑操作等。

1. 创建数据框

如表 3.1 所示为一个常见的商业运营实践中的数据示例。从行的角度看，第一行为变量名，下面的每一行均为一个样本；从列的角度看，每一列均为一个变量，从左至右分别为 credit、age、education、workyears。

表 3.1　商业运营实践中的数据示例

credit	age	education	workyears
1	55	2	7.8
1	30	4	2.6
1	39	3	6.5
1	37	2	10.9

要将该数据设置为数据框形式，有以下两种方法：

（1）通过创建字典并调用 pd.DataFrame()进行转换：

```
Dict1 = {'credit': [1, 1, 1, 1], 'age': [55, 55, 39, 37],'education': [2,4,3,2],
'workyears': [7.8, 2.6, 6.5, 10.9]}  # 创建字典 Dict1
DataFrame1= pd.DataFrame(Dict1)  # 将字典 Dict1 转换为数据框形式
DataFrame1                        # 查看数据框 DataFrame1
```

运行结果如图 3.25 所示。

```
   credit  age  education  workyears
0       1   55          2        7.8
1       1   55          4        2.6
2       1   39          3        6.5
3       1   37          2       10.9
```

图 3.25　创建数据框运行结果 1

```
type(DataFrame1)    # 查看数据框 DataFrame1 的类型
```

运行结果为：pandas.core.frame.DataFrame。说明 DataFrame1 类型为 pandas 模块中的数据框。

（2）通过创建列表或数组并调用 pd.DataFrame()进行转换：

```
list1 = [[1, 55, 2, 7.8], [1, 55, 4, 2.6],[1, 39, 3, 6.5],[1, 37, 2, 10.9]]# 创建列表 list1
array1= np.array(list1)       # 将列表 list1 转换为数组形式，得到 array1
array1                         # 查看数组 array1
```

运行结果如图 3.26 所示。

```
array([[ 1. , 55. ,  2. ,  7.8],
       [ 1. , 55. ,  4. ,  2.6],
       [ 1. , 39. ,  3. ,  6.5],
       [ 1. , 37. ,  2. , 10.9]])
```

图 3.26   创建数据框运行结果 2

```
DataFrame1= pd.DataFrame(array1, columns=['credit', 'age', 'education', 'workyears'])
# 将数组 array1 转换为数据框形式
DataFrame1    # 查看数据框 DataFrame1
```

运行结果如图 3.27 所示。

```
   credit   age  education  workyears
0     1.0  55.0       2.0        7.8
1     1.0  55.0       4.0        2.6
2     1.0  39.0       3.0        6.5
3     1.0  37.0       2.0       10.9
```

图 3.27   创建数据框运行结果 3

```
DataFrame1= pd.DataFrame(list1, columns=['credit', 'age', 'education', 'workyears'])
# 将列表 list1 转换为数据框形式
DataFrame1    # 查看数据框 DataFrame1
```

运行结果如图 3.28 所示。

```
   credit  age  education  workyears
0       1   55         2        7.8
1       1   55         4        2.6
2       1   39         3        6.5
3       1   37         2       10.9
```

图 3.28   创建数据框运行结果 4

可以发现通过创建字典并调用 pd.DataFrame()进行转换得到的结果和通过创建列表或数组并调用 pd.DataFrame()进行转换得到的结果是一样的。

2. 查看数据框索引、列和值

数据框类型的特色在于数据有索引和列，我们可以查看数据框中的索引、列和值。例如，输入以下代码**并逐行运行**：

```
DataFrame1.index   # 查看数据框 DataFrame1 的索引
```

运行结果为：RangeIndex(start=0, stop=4, step=1)，即索引从 0 开始，到 4 结束（不包含 4），步长为 1。

```
DataFrame1.columns # 查看数据框 DataFrame1 的列
```

运行结果为：Index(['credit', 'age', 'education', 'workyears'], dtype='object')。

```
DataFrame1.values # 查看数据框 DataFrame1 的值
```

运行结果如图 3.29 所示。

```
array([[ 1. , 55. ,  2. ,  7.8],
       [ 1. , 55. ,  4. ,  2.6],
       [ 1. , 39. ,  3. ,  6.5],
       [ 1. , 37. ,  2. , 10.9]])
```

图 3.29　查看数据框索引、列和值运行结果 1

结果为 array 数组，所以数据框本质上就是带有行编号（索引，index）和列名（变量，columns）的二维数组。

```
DataFrame1 = DataFrame1.sort_values(by='workyears')     # 将数据框 DataFrame1 按照'workyears'
列变量排序
DataFrame1        # 查看排序后的数据框 DataFrame1
```

运行结果如图 3.30 所示。

```
  credit  age  education  workyears
1      1   55          4        2.6
2      1   39          3        6.5
0      1   55          2        7.8
3      1   37          2       10.9
```

图 3.30　查看数据框索引、列和值运行结果 2

3. 提取数据框中的变量列

很多时候我们需要从现有数据集中提取一列或几列，分别用于响应变量和特征变量，而有时候需要检查特定样本的变量值，这就涉及提取数据框中的变量列，以前面新建的 DataFrame1 为例，提取变量列的代码如下：

```
DataFrame1['workyears']        # 提取数据框 DataFrame1 中的'workyears'列
```

运行结果如图 3.31 所示。

```
1     2.6
2     6.5
0     7.8
3    10.9
Name: workyears, dtype: float64
```

图 3.31　提取数据框中的变量列运行结果 1

```
type(DataFrame1['workyears'])        # 观察数据框中'workyears'列的类型
```

运行结果为：pandas.core.series.Series。数据框中单独提取的变量列就是上一小节中介绍的序列。

```
DataFrame1.workyears        # 提取数据框 DataFrame1 中的'workyears'列，这是另一种提取方法
```

运行结果如图 3.32 所示。

```
1     2.6
2     6.5
0     7.8
3    10.9
Name: workyears, dtype: float64
```

图 3.32　提取数据框中的变量列运行结果 2

在具体工作中，我们更多的是使用 loc 和 iloc 来提取数据。

● loc（location）：使用行编号（索引，index）和列名（变量，columns）进行索引。

● iloc（integer location）：用类似于 numpy 模块中 array 数组的方法进行索引。

例如，输入以下代码**并逐行运行**：

```
DataFrame1.loc[:,['education', 'workyears']]    # 提取数据框 DataFrame1 中的所有行、'education'
列、'workyears'列
```

运行结果如图 3.33 所示。

```
  education  workyears
1         4        2.6
2         3        6.5
0         2        7.8
3         2       10.9
```

图 3.33　提取数据框中的变量列运行结果 3

```
DataFrame1.loc[0,'workyears']    # 提取数据框 DataFrame1 中第一行（第一个样本）、'workyears'列的值
```

运行结果为：7.8。

```
DataFrame1.loc[DataFrame1.workyears>6, :] # 提取数据框 DataFrame1 中所有 workyears>6 的样本、所
有列
```

运行结果如图 3.34 所示。

```
  credit  age  education  workyears
2      1   39          3        6.5
0      1   55          2        7.8
3      1   37          2       10.9
```

图 3.34　提取数据框中的变量列运行结果 4

```
DataFrame1.iloc[0, 1]    # 提取数据框 DataFrame1 中第一行（第一个样本）、第二个变量的值
```

运行结果为：55。

```
DataFrame1.iloc[1, 2:]  # 提取数据框 DataFrame1 中第二行（第二个样本）、第三个（含）及以后变量的值
```

运行结果如图 3.35 所示。

```
education   3.0
workyears   6.5
Name: 2, dtype: float64
```

图 3.35　提取数据框中的变量列运行结果 5

```
DataFrame1.iloc[:, 2:]  # 提取数据框 DataFrame1 中所有行、第三个（含）及以后变量列的值
```

运行结果如图 3.36 所示。

```
  education  workyears
1         4        2.6
2         3        6.5
0         2        7.8
3         2       10.9
```

图 3.36　提取数据框中的变量列运行结果 6

4. 从数据框中提取子数据框

可以基于现有的数据框提取子数据框，也可以从中提取变量进行统计分析。例如，输入以下

代码**并逐行运行**：

```
DataFrame1[['education', 'workyears']]  # 提取数据框 DataFrame1 中的'education'、'workyears'列，形成
子数据框
```

运行结果如图 3.37 所示。

```
   education   workyears
1          4         2.6
2          3         6.5
0          2         7.8
3          2        10.9
```

图 3.37　从数据框中提取子数据框运行结果 1

```
type(DataFrame1[['education', 'workyears']])   # 观察子数据框的类型
```

运行结果为：pandas.core.frame. DataFrame。

```
DataFrame1.education.value_counts()  # 观察数据框 DataFrame1 中 education 变量的取值计数情况
```

运行结果如图 3.38 所示。

```
2    2
4    1
3    1
Name: education, dtype: int64
```

图 3.38　从数据框中提取子数据框运行结果 2

```
DataFrame1.age.value_counts()   # 观察数据框 DataFrame1 中 age 变量的取值计数情况
```

运行结果如图 3.39 所示。

```
55    2
37    1
39    1
Name: age, dtype: int64
```

图 3.39　从数据框中提取子数据框运行结果 3

5. 数据框中变量列的编辑操作

可以对数据框中的变量列进行编辑操作，包括但不限于更新变量列的名称、增加新的列、删除列等。例如，输入以下代码**并逐行运行**：

```
DataFrame1.columns = ['y', 'x1', 'x2', 'x3']   # 修改数据框 DataFrame1 中的列名
DataFrame1   # 查看更改列名后的数据框 DataFrame1
```

运行结果如图 3.40 所示。

```
   y  x1  x2    x3
1  1  55   4   2.6
2  1  39   3   6.5
0  1  55   2   7.8
3  1  37   2  10.9
```

图 3.40　数据框中变量列的编辑操作运行结果 1

```
DataFrame1['x4'] = [6.6,2.6,7.8,10.4]   # 在数据框 DataFrame1 中增加 1 列'x4'
DataFrame1   # 查看更新后的数据框 DataFrame1
```

运行结果如图 3.41 所示。

```
   y  x1  x2    x3    x4
1  1  55   4   2.6   6.6
2  1  39   3   6.5   3.6
0  1  55   2   7.8   7.8
3  1  37   2  10.9  10.4
```

图 3.41　数据框中变量列的编辑操作运行结果 2

```
DataFrame1['x5'] = np.array([6.6,2.6,7.8,10.4])  # 在数据框 DataFrame1 中增加一个数组作为列'x5'
DataFrame1     # 查看更新后的数据框 DataFrame1
```

运行结果如图 3.42 所示。

```
   y  x1  x2    x3    x4    x5
1  1  55   4   2.6   6.6   6.6
2  1  39   3   6.5   3.6   3.6
0  1  55   2   7.8   7.8   7.8
3  1  37   2  10.9  10.4  10.4
```

图 3.42　数据框中变量列的编辑操作运行结果 3

```
DataFrame1 = DataFrame1.drop('x5', axis=1)      # 在数据框 DataFrame1 中删除列'x5'，axis=1 表示删
除列
DataFrame1     # 查看更新后的数据框 DataFrame1
```

运行结果如图 3.43 所示。

```
   y  x1  x2    x3    x4
1  1  55   4   2.6   6.6
2  1  39   3   6.5   3.6
0  1  55   2   7.8   7.8
3  1  37   2  10.9  10.4
```

图 3.43　数据框中变量列的编辑操作运行结果 4

```
DataFrame1 = DataFrame1.drop('x4', axis='columns')  # 在数据框 DataFrame1 中删除列'x4'，是另一种
删除列的方式
DataFrame1     # 查看更新后的数据框 DataFrame1
```

运行结果如图 3.44 所示。

```
   y  x1  x2    x3
1  1  55   4   2.6
2  1  39   3   6.5
0  1  55   2   7.8
3  1  37   2  10.9
```

图 3.44　数据框中变量列的编辑操作运行结果 5

3.1.5　Python 流程控制语句

流程控制就是控制程序如何执行的方法，它适用于任何一门编程语言，其作用在于可以根据用户的需求决定程序执行的顺序。计算机在运行程序时有三种执行方法：第一种是顺序执行，自上而下顺序执行所有的语句，对应程序设计中的顺序结构；第二种是选择执行，程序中含有条件语句，根据条件语句的结果选择执行部分语句，对应程序设计中的选择结构；第三种是循环执行，在一定条件下反复执行某段程序，对应程序设计中的循环结构，其中被反复执行的语句为"循环体"，决定循环是否中止的判断条件为"循环条件"。

1. 选择语句

选择语句对应选择执行。选择语句包括三种：if 语句，if…else 语句和 if…elif…else 语句。这

三种选择语句之间也可以相互嵌套。

1）if 语句

if 语句相当于"如果……就……"，基本语法格式为：

```
if 表达式:
        代码块
```

表达式可以为一个布尔值或者变量，也可以是比较表达式或者逻辑表达式，如果表达式的值为真（True），则执行下面的代码块；如果表达式的值为假（False），则跳过下面的代码块，执行代码块后面的语句。需要注意的是，当表达式的值为非零的数字或者非空的字符串时，if 语句也会认为是条件成立。

2）if…else 语句

if…else 语句相当于"如果……就……，否则……"，基本语法格式为：

```
if 表达式:
    代码块 1
else:
    代码块 2
```

表达式可以为一个布尔值或者变量，也可以是比较表达式或者逻辑表达式。如果表达式的值为真（True），则执行代码块 1；如果表达式的值为假（False），则执行代码块 2。

if…else 语句也可以简化为条件表达式，比如在输入年份时，如果想要把 2022 年以前的年份统一设置为 2022 年，则输入以下代码：

```
x=2028                    # 为 x 赋值
if x>2022:                # 如果 x 大于 2022，则 y=x，否则 y=2022
    y=x
else:
    y=2022
print(y)                  # 输出 y 的值
```

上述代码也可以简化为条件表达式：

```
x=2028                    # 为 x 赋值
y=x if x>2022 else 2022   # 通过条件表达式得到 y 值
print(y)                  # 输出 y 的值
```

3）if…elif…else 语句

if…elif…else 语句相当于"如果……则……，否则如果满足某种条件则……，不满足某种条件则……"，基本语法格式为：

```
 if 表达式 1:
    代码块 1
elif 表达式 2:
    代码块 2
elif 表达式 3:
    代码块 3
...
else:
    代码块 n
```

表达式可以为一个布尔值或者变量，也可以是比较表达式或者逻辑表达式。如果表达式 1 的值为真（True），则执行代码块 1，否则判断表达式 2；如果表达式 2 的值为真（True）则执行代码块 2；如果表达式 2 的值不为真，则继续向下判断表达式 3……最后如果所有的表达式均不为真，则执行代码块 n。

注　意

在 Python 中，流程控制语句的代码之间需要区分层次，采取的方式是使用代码缩进和冒号（:）。行尾的冒号和下一行的缩进表示一个代码块的开始，而缩进结束则代码块也就结束。同一层次代码块的缩进量必须相同，一般情况下以 4 个空格作为一个缩进量，如果同一层次代码块的缩进量不同或输入的空格数不同，系统就会提示错误。

---

2. 循环语句

循环语句对应循环执行，循环语句包括两种：while 语句和 for 语句。这两种循环语句之间也可以相互嵌套。

1）while 循环语句

while 循环语句通过设定条件语句来控制是否循环执行循环体代码块中的语句，只要条件语句为真，循环就会一直执行下去，直到条件语句不再为真为止。基本语法格式为：

```
while 表达式:
    循环体代码块
```

2）for 循环语句

for 循环语句为重复一定次数的循环，适用于遍历或迭代对象中的元素。基本语法格式为：

```
for 迭代变量 in 对象:
    循环体代码块
```

其中迭代变量用于保存读取的值，对象就是要遍历或迭代的对象（字符串、列表和元组等任何有序序列对象），循环体代码块就是需要被循环执行的代码。例如，输入以下代码并运行：

```
# 遍历字符串
strname='对酒当歌,人生几何'        # 创建字符串 strname
print(strname)                    # 显示字符串 strname 的内容
for ch in strname:                # 通过 for 循环遍历字符串 strname 中的字符
    print(ch)                     # 输出字符
```

运行结果如图 3.45 所示。

图 3.45　循环语句运行结果 1

　　其中第一行为字符串 strname 的内容，接下来的各行为字符串 strname 的遍历结果。再输入以下代码并运行：

```
# 进行数值循环计算
for x in range(1,5,1):    # 针对 range(1,5,1) 中的值开展一下 for 循环计算
    x=x*2                 # 将 range(1,5,1) 中的原值乘以 2 得到新值
    print(x,end='/')      # 输出新值，其中参数 ",end='/'" 表示将结果显示为 1 行，本例中分隔符为 "/"
```

运行结果为：2/4/6/8/。

3. 跳转语句

　　跳转语句依托于循环语句，适用于从循环体中提前离开的情况，比如在 while 循环达到结束条件之前离开，或者在 for 循环完成之前离开。跳转语句包括两种：break 语句和 continue 语句。

　　1）break 语句

　　break 语句可以完全中止当前循环，如果是循环嵌套，那么将跳出最内层的循环。break 语句常与 if 选择语句配合使用，基本语法格式如下：

　　①while 循环中的 break：

```
while 表达式 1:
    代码块：
    if 表达式 2:
        break
```

　　其中的表达式 2 为跳出循环的条件，当满足条件时，从当前循环体跳离。

　　②for 循环中的 break：

```
for 迭代变量 in 对象:
        if 表达式:
        break
```

　　其中的表达式为跳出循环的条件，当满足条件时，从当前循环体跳离。

　　2）continue 语句

　　continue 语句只能中止本轮次的循环，或者说跳过当前轮次循环体中剩余的语句，提前进入下一轮次的循环，而并不是从当前循环体中跳离；如果是循环嵌套，那么跳过的也只是最内层循环体当前轮次的剩余语句。continue 也常与 if 选择语句配合使用，基本语法格式如下：

　　①while 循环中的 break：

```
while 表达式 1:
    代码块：
    if 表达式 2:
        continue
```

　　其中的表达式 2 为跳过本轮次循环的条件，当满足条件时，中止本轮次的循环。

　　②for 循环中的 continue：

```
for 迭代变量 in 对象:
        if 表达式:
    continue
```

其中的表达式为跳过本轮次循环的条件，当满足条件时，中止本轮次的循环。

3.2 Python 数据读取、合并、写入

下载资源：可扫描旁边二维码观看或下载教学视频
下载资源:\源代码\第 3 章 数据清洗.py
下载资源:\sample\第 3 章\数据 4.1.csv、数据 4.1.txt、数据 4.1.xlsx、数据 7.1.sav、数据 8.dta、数据 1C.csv、数据 1C.txt、数据 1C.xlsx、数据 1C.dta、数据 1C.sav、数据 1D.csv、数据 1D.txt、数据 1D.xlsx、数据 1D.dta、数据 1D.sav、数据 1CD.csv、数据 1CD.txt、数据 1CD.xlsx、数据 1CD.dta、数据 1CD.zip

要开展数据清洗与特征工程，首先需要读取数据，常见的数据类型包括文本文件（CSV 或者 TXT）、Excel 文件、Stata 文件、SPSS 文件等。下面我们一一进行讲解。

3.2.1 读取、合并、写入文本文件（CSV 或者 TXT）

1. 读取文本文件（CSV 或者 TXT）

读取 CSV 或者 TXT 文件需要用到 pandas 模块中的 pd.read_csv()函数或者 pd.read_table()函数，其中 pd.read_csv()函数主要用来读取 CSV 文件，而 pd.read_table()函数主要用来读取 TXT 文件。

（1）pd.read_csv()函数的基本语法格式如下：

```
pd.read_csv('文件.csv',sep=',')
```

其中的参数 sep 用于指定分隔符，一定要与拟读取的 CSV 文件中实际的分隔符完全一致，若不设置则默认的分隔符为英文状态下的逗号（即半角逗号）。

常用的分隔符如表 3.2 所示。

表 3.2   常用的分隔符及含义

分隔符	含义	分隔符	含义
,	逗号	\s+	多个空白字符
\s	空白字符	\n	换行符
\r	回车符	\v	垂直制表符
\t	水平制表符		

（2）pd.read_table()函数的基本语法格式如下：

```
pd.read_table('文件.txt',sep='\t')
```

其中的参数 sep 用于指定分隔符，一定要与拟读取的 TXT 文件中实际的分隔符完全一致，若不设置则默认的分隔符为水平制表符（\t）。

下面以示例的方式讲解如何读取 CSV 文件和 TXT 文件，输入以下代码**并逐行运行**：

```
import pandas as pd          # 导入 pandas 模块并简称为 pd
```

```
data=pd.read_csv('C:/Users/Administrator/.spyder-py3/数据 4.1.csv')    # 从设置路径中读取"数
据 4.1.csv"文件
```

注意，因用户的具体安装路径不同，代码会有所差异。成功载入后，可在 Spyder 的"变量浏览器"窗口找到载入的 data 数据文件（见图 3.46），双击数据文件名即可打开数据文件，如图 3.47 所示。

名称	类型	大小	值
data	DataFrame	(25, 4)	Column names: profit, invest, labor, rd

图 3.46　在 Spyder 的"变量浏览器"窗口找到载入的 data 数据文件

调用 pd.read_csv()函数可以直接读取 CSV 文件。下面我们尝试调用 pd.read_csv()函数直接读取 TXT 文件。

```
data=pd.read_csv('C:/Users/Administrator/.spyder-py3/数据 4.1.txt')    # 从设置路径中读取"数
据 4.1.txt"
```

运行结果如图 3.48 所示。从图中可以发现由于没有正确指定分隔符，因此数据没能够被正确读取。

图 3.47　data 数据文件展示 1

图 3.48　data 数据文件展示 2

```
data=pd.read_csv('C:/Users/Administrator/.spyder-py3/数据 4.1.txt',sep='\t')    # 从设
置路径中读取"数据 4.1.txt"文件
```

将分隔符设置为'\t'后，数据就能够被正确读取了，限于篇幅此处不展示运行结果的截图。

```
data=pd.read_csv('C:/Users/Administrator/.spyder-py3/数据 4.1.txt',sep='\s+')    # 从设置路径
中读取"数据 4.1.txt"文件
```

将分隔符设置为'\s+'后，数据同样被正确读取，限于篇幅此处不展示运行结果的截图。

```
data=pd.read_table('C:/Users/Administrator/.spyder-py3/数据 4.1.txt')    # 从设置路径中读取"数
据 4.1.txt"文件
```

调用 pd.read_table()函数，不设置分隔符也可以正确读取 TXT 数据文件，限于篇幅此处不展示运行结果的截图。

```
data=pd.read_csv('C:/Users/Administrator/.spyder-py3/数据 4.1.csv', header=None) # 从设置路径
中读取"数据 4.1.csv"文件，但不把第一行作为表头
```

运行结果如图 3.49 所示。可以发现原本数据集中的变量名也被当作了样本数据。

图 3.49　data 数据文件展示 3

此外，很多时候我们需要摒弃数据集原来的变量名（可能是因为原来的变量名设置不合理、有错误、过长等），这时就需要设置新的变量名。

```
data=pd.read_csv('C:/Users/Administrator/.spyder-py3/数据 4.1.csv',names = ['V1', 'V2',
'V3', 'V4'])  # 从设置路径中读取"数据 4.1.csv"文件，把变量名分别设置为'V1', 'V2', 'V3', 'V4'
```

运行结果如图 3.50 所示。可以发现上述设置并没有达到想要的效果，代码应该为：

```
data=pd.read_csv('C:/Users/Administrator/.spyder-py3/数据 4.1.csv', skiprows=[0],names =
['V1', 'V2', 'V3', 'V4']))  # 从设置路径中读取"数据 4.1.csv"文件，跳过第一行不读取，并且把变量名分别设置
为'V1', 'V2', 'V3', 'V4'
```

运行结果如图 3.51 所示。

图 3.50　data 数据文件展示 4

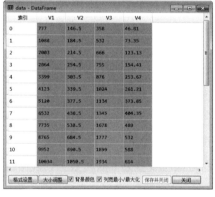

图 3.51　data 数据文件展示 5

2. 合并、写入文本文件（CSV 或者 TXT）

在 Python 环境中，合并 CSV 或者 TXT 文件需要用到 pandas 模块中的 pd.merge()函数，写入 CSV 或者 TXT 文件需要用到 pandas 模块中的 to_csv()函数。pd.merge()函数的基本语法格式为：

```
merge(left: DataFrame | Series, right: DataFrame | Series, how: str="inner", on:
IndexLabel | None=None, left_on: IndexLabel | None=None, right_on: IndexLabel | None=None,
left_index: bool=False, right_index: bool=False, sort: bool=False, suffixes: Suffixes=("_x",
"_y"), copy: bool=True, indicator: bool=False, validate: str | None=None)
```

其中常用参数为 left、right、how、on、left_on、right_on、left_index、right_index、sort、suffixes。

- **left**：指定用于合并（连接）的左侧的数据框或序列。
- **right**：指定用于合并（连接）的右侧的数据框或序列。
- **how**：指定用于合并（连接）的方式，选项包括 inner（内连接），left（左外连接），right（右外连接），outer（全外连接），默认为 inner（内连接）。
- **on**：指定用于合并（连接）的列索引名称。必须同时存在于用于合并（连接）的左、右两个数据框或序列对象中，如果没有指定且其他参数也未指定，则以左、右两个数据框或序列对象的列名交集作为连接键（变量）。
- **left_on**：当左、右两个数据框的列名不同但又想作为连接键时可以使用 left_on 与 right_on 来指定连接键（变量）。
- **right_on**：当左、右两个数据框的列名不同但又想作为连接键时可以使用 left_on 与 right_on 来指定连接键（变量）。
- **left_index**：使用左侧数据框中的行索引作为连接键（变量）。
- **right_index**：使用右侧数据框中的行索引作为连接键（变量）。
- **sort**：默认为 True，将合并的数据进行排序。
- **suffixes**：字符串值组成的元组，用于指定当左、右 DataFrame 存在相同列名时在列名后面附加的后缀名称，默认为('_x','_y')。

下面以示例的方式进行讲解。

首先讲解合并、写入 CSV 文件，输入以下代码**并逐行运行**：

```
data1=pd.read_csv('C:/Users/Administrator/.spyder-py3/数据1C.csv')# 读取"数据1C.csv"，生成data1
```

可以在 Spyder 的"变量浏览器"窗口找到生成的 data1 数据文件，双击数据文件名即可打开该数据文件，如图 3.52 所示。

```
data2=pd.read_csv('C:/Users/Administrator/.spyder-py3/数据1D.csv')# 读取"数据1D.csv"，生成data2
```

可在 Spyder 的"变量浏览器"窗口找到生成的 data2 数据文件，双击数据文件名即可打开该数据文件，如图 3.53 所示。

```
data=pd.merge(data1, data2, on=["y1"])# 将data1和data2按照y1变量进行合并，形成新的数据文件data。
```

可在 Spyder 的"变量浏览器"窗口找到生成的 data 数据文件，双击数据文件名即可打开该数据文件，如图 3.54 所示。

```
data.to_csv('C:/Users/Administrator/.spyder-py3/数据1CD.csv',index=False)# 将合并形成的数据文件data导出，写入"数据1CD.csv"中
```

可在 Spyder 的"文件"窗口的".spyder-py3"根目录下找到生成的数据 1CD.csv 数据文件，双击数据文件名即可打开该数据文件，如图 3.55 所示。

```
compression_opts = dict(method='zip',archive_name='数据 1CD.csv')  # 设置压缩选项
data.to_csv('数据 1CD.zip', index=False,compression=compression_opts)# 将合并生成的数据文件"数
据 1CD.csv"以压缩包形式导出
```

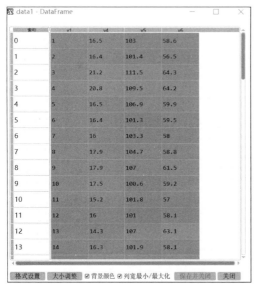

图 3.52　data1 数据文件展示

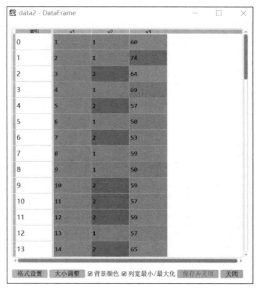

图 3.53　data2 数据文件展示

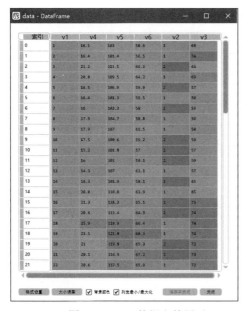

图 3.54　data 数据文件展示

```
1   y1,y4,y5,y6,y2,y3
2   1,16.5,103.0,58.6,1,60
3   2,16.4,101.4,56.5,1,74
4   3,21.2,111.5,64.3,2,64
5   4,20.8,109.5,64.2,1,69
6   5,16.5,106.9,59.9,2,57
7   6,16.4,101.3,59.5,1,50
8   7,16.0,103.3,58.0,2,53
9   8,17.9,104.7,58.8,1,59
10  9,17.9,107.0,61.5,1,50
11  10,17.5,100.6,59.2,2,59
12  11,15.2,101.8,57.0,2,57
13  12,16.0,101.0,58.1,2,59
14  13,14.3,107.0,63.1,1,57
15  14,16.3,101.9,58.1,2,65
16  15,20.8,110.6,63.9,1,65
17  16,21.3,116.3,65.1,2,73
18  17,20.6,113.4,64.9,2,74
19  18,25.9,119.9,66.4,1,74
20  19,23.1,121.8,68.3,1,74
21  20,21.0,119.8,65.3,2,73
22  21,20.1,114.9,67.2,2,73
23  22,20.6,117.5,65.9,1,72
24  23,19.5,114.5,65.9,1,74
25  24,18.5,110.8,63.7,2,73
26  25,21.3,115.6,66.4,2,73
27  26,17.2,109.5,62.9,1,74
```

图 3.55　数据 1CD.csv 数据文件展示

可在 Spyder 的"文件"窗口的根目录下找到生成的数据 1CD.zip 数据文件，如图 3.56 所示。
双击数据文件名即可查看。

```
data1=pd.read_csv('C:/Users/Administrator/.spyder-py3/数据 1A.csv',encoding='GBK')# 读取"数
据 1A.csv"，生成 data1
```

可在 Spyder 的"变量浏览器"窗口找到生成的 data1 数据文件，双击数据文件名即可打开该

数据文件，如图 3.57 所示。

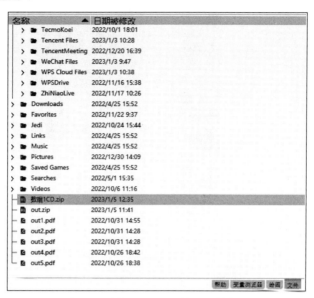

图 3.56　数据 1CD.zip 数据文件位置

0	300579	数字认证	软件和信息技术服务业	26.24	73323.2	85796.3
1	300580	贝斯特	汽车制造业	56.37	86292	93114.1
2	300581	晨曦航空	计算机、通信和其他电子设备制造业	43.57	17627.6	27075.8
3	300582	英飞特	计算机、通信和其他电子设备制造业	38.86	74963.2	105307
4	300583	赛托生物	医药制造业	37.04	114992	91318.8
5	300584	海辰药业	医药制造业	42.08	22754.7	70629.6
6	300585	奥联电子	汽车制造业	25.5	30692.4	41640.2
7	300586	美联新材	橡胶和塑料制品业	39.04	98277.4	151713
8	300587	天铁股份	橡胶和塑料制品业	13.5	123630	123531
9	300588	熙菱信息	软件和信息技术服务业	32.54	63211.7	27049.1
10	300589	江龙船艇	铁路、船舶、航空航天和其它运输设备制造业	28.9864	61584.9	61299
11	300590	移为通信	计算机、通信和其他电子设备制造业	35.9	18668.4	47267.7
12	300591	万里马	皮革、毛皮、羽毛及其制品和制鞋业	24.64	53743.5	34359.4
13	300593	新雷能	电气机械及器材制造业	21.77	68540.6	84262.4

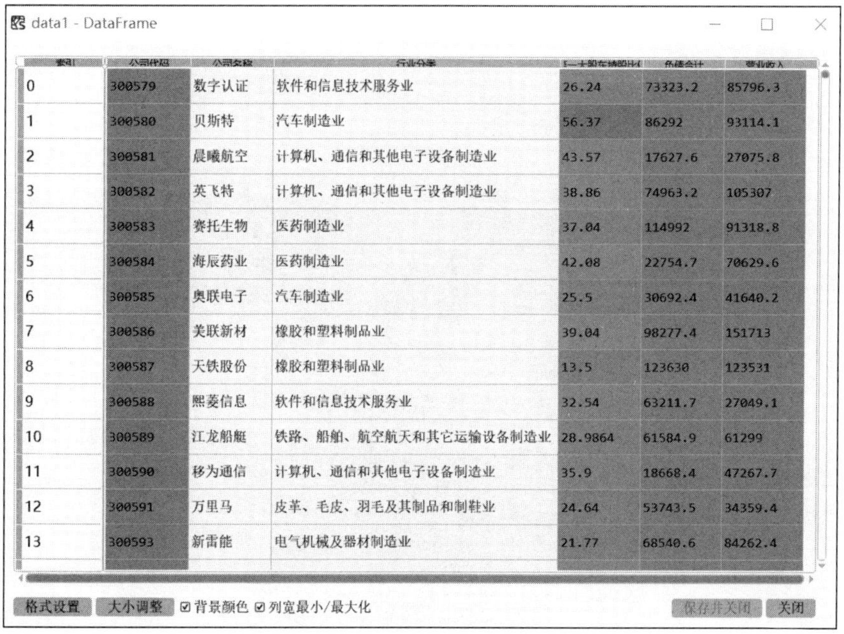

图 3.57　data1 数据文件展示

```
data2=pd.read_csv('C:/Users/Administrator/.spyder-py3/数据 1B.csv',encoding='GBK')# 读取“数据 1B.csv”，生成 data2
```

可在 Spyder 的“变量浏览器”窗口找到生成的 data2 数据文件，双击数据文件名即可打开该数据文件，如图 3.58 所示。

data2 - DataFrame

索引	公司名称	gsdm	所在省份	资产总计	业收入(同比增长	资产净利润率RO
0	数字认证	300579	北京	149310	8.0704	0.069739
1	贝斯特	300580	江苏	269040	16.1231	0.065812
2	晨曦航空	300581	陕西	89278.3	13.4381	0.070517
3	英飞特	300582	浙江	197972	4.3906	0.081667
4	赛托生物	300583	山东	284130	-5.4476	-0.066736
5	海辰药业	300584	江苏	90651.9	-23.6055	0.060149
6	奥联电子	300585	江苏	85250	12.5543	0.035746
7	美联新材	300586	广东	193170	20.3849	0.016018
8	天铁股份	300587	浙江	296547	24.7503	0.071432
9	熙菱信息	300588	新疆	91313.5	-3.7593	-0.148687
10	江龙船艇	300589	广东	98690.8	11.3105	0.035322
11	移为通信	300590	上海	126372	-24.9083	0.071589
12	万里马	300591	广东	105363	-49.1376	-0.136865
13	新雷能	300593	北京	166843	9.0993	0.086854
14	欧普康视	300595	安徽	221292	34.5894	0.200627

格式设置　大小调整　☑背景颜色　☑列宽最小/最大化　保存并关闭　关闭

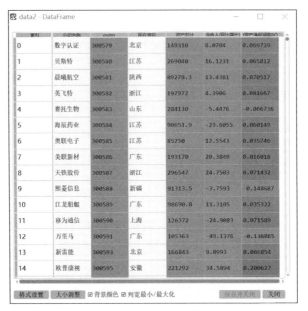

图 3.58　data2 数据文件展示

```
datanew=pd.merge(data1,data2)# 不指定 on 则以 data1 和 data2 的列名交集作为连接键，形成新的数据文件
datanew
```

可在 Spyder 的“变量浏览器”窗口找到生成的 datanew 数据文件，双击数据文件名即可打开该数据文件，如图 3.59 所示。

data - DataFrame

索引	公司代码	公司名称	行业分类	1—十股东持股比	负债合计	营业收入	gsdm	所在省份	资产总计	业收入(同比增长	资产净利润率RO
0	300579	数字认证	软件和信息技术服务业	26.24	73323.2	85796.3	300579	北京	149310	8.0704	0.069739
1	300580	贝斯特	汽车制造业	56.37	86292	93114.1	300580	江苏	269040	16.1231	0.065812
2	300581	晨曦航空	计算机、通信和其他电子设备制造业	43.57	17627.6	27075.8	300581	陕西	89278.3	13.4381	0.070517
3	300582	英飞特	计算机、通信和其他电子设备制造业	38.86	74963.2	105307	300582	浙江	197972	4.3906	0.081667
4	300583	赛托生物	医药制造业	37.04	114992	91318.8	300583	山东	284130	-5.4476	-0.066736
5	300584	海辰药业	医药制造业	42.08	22754.7	70629.6	300584	江苏	90651.9	-23.6055	0.060149
6	300585	奥联电子	汽车制造业	25.5	30692.4	41640.2	300585	江苏	85250	12.5543	0.035746
7	300586	美联新材	橡胶和塑料制品业	39.04	98277.4	151713	300586	广东	193170	20.3849	0.016018
8	300587	天铁股份	橡胶和塑料制品业	13.5	123630	123531	300587	浙江	296547	24.7503	0.071432
9	300588	熙菱信息	软件和信息技术服务业	32.54	63211.7	27049.1	300588	新疆	91313.5	-3.7593	-0.148687
10	300589	江龙船艇	铁路、船舶、航空航...	28.9864	61584.9	61299	300589	广东	98690.8	11.3105	0.035322
11	300590	移为通信	计算机、通信和其他电子设备制造业	35.9	18668.4	47267.7	300590	上海	126372	-24.9083	0.071589
12	300591	万里马	皮革、毛皮、羽毛及其制品和制鞋业	24.64	53743.5	34359.4	300591	广东	105363	-49.1376	-0.136865
13	300593	新雷能	电气机械及器材制造业	21.77	68540.6	84262.4	300593	北京	166843	9.0993	0.086854
14	300595	欧普康视	专用设备制造业	36.91	22173.5	87066.4	300595	安徽	221292	34.5894	0.200627
15	[illegible]	[illegible]	化学原料及化学制品	[illegible]	[illegible]	[illegible]	[illegible]	[illegible]	[illegible]	[illegible]	[illegible]

格式设置　大小调整　☑背景颜色　☑列宽最小/最大化　保存并关闭　关闭

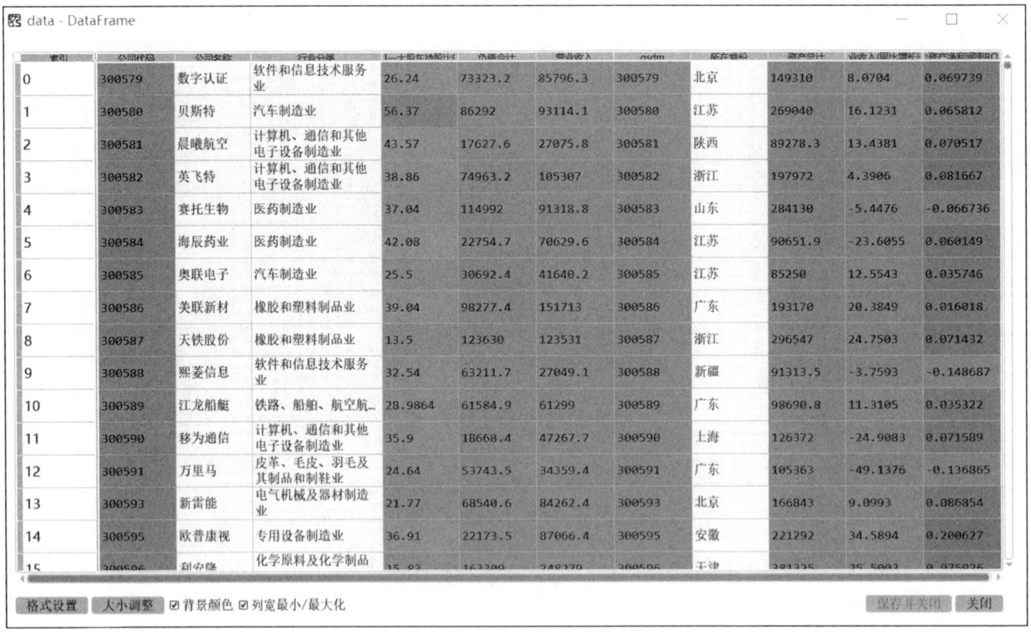

图 3.59　datanew 数据文件展示

```
datanew1=pd.merge(data1,data2,left_on=["公司代码"],right_on=["gsdm"])# 将 data1 和 data2 合并，
使用 data1 的"公司代码"以及 data2 的"gsdm"作为连接键
```

可在 Spyder 的“变量浏览器”窗口找到生成的 datanew1 数据文件，双击数据文件名即可打开该数据文件，如图 3.60 所示。

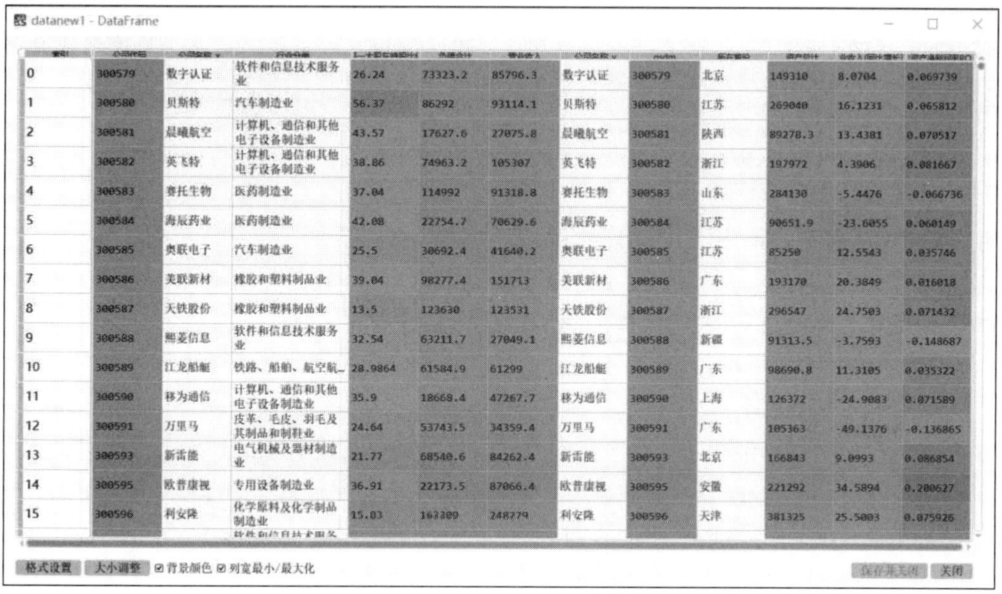

索引	公司代码	公司名称_x	行业分类	[illegible]	负债合计	营业收入	公司名称_y	gsdm	所在省份	资产总计	[illegible]	[illegible]
0	300579	数字认证	软件和信息技术服务业	26.24	73323.2	85796.3	数字认证	300579	北京	149310	8.0704	0.069739
1	300580	贝斯特	汽车制造业	56.37	86292	93114.1	贝斯特	300580	江苏	269040	16.1231	0.065812
2	300581	晨曦航空	计算机、通信和其他电子设备制造业	43.57	17627.6	27075.8	晨曦航空	300581	陕西	89278.3	13.4381	0.070517
3	300582	英飞特	计算机、通信和其他电子设备制造业	38.86	74963.2	105307	英飞特	300582	浙江	197972	4.3906	0.081667
4	300583	赛托生物	医药制造业	37.04	114992	91318.8	赛托生物	300583	山东	284130	-5.4476	-0.066736
5	300584	海辰药业	医药制造业	42.08	22754.7	70629.6	海辰药业	300584	江苏	90651.9	-23.6055	0.060149
6	300585	奥联电子	汽车制造业	25.5	30692.4	41640.2	奥联电子	300585	江苏	85250	12.5543	0.035746
7	300586	美联新材	橡胶和塑料制品业	39.04	98277.4	151713	美联新材	300586	广东	193170	20.3849	0.016018
8	300587	天铁股份	橡胶和塑料制品业	13.5	123630	123531	天铁股份	300587	浙江	296547	24.7503	0.071432
9	300588	熙菱信息	软件和信息技术服务业	32.54	63211.7	27049.1	熙菱信息	300588	新疆	91313.5	-3.7593	-0.148687
10	300589	江龙船艇	铁路、船舶、航空航...	28.9864	61584.9	61299	江龙船艇	300589	广东	98690.8	11.3105	0.035322
11	300590	移为通信	计算机、通信和其他电子设备制造业	35.9	18668.4	47267.7	移为通信	300590	上海	126372	-24.9083	0.071589
12	300591	万里马	皮革、毛皮、羽毛及其制品和制鞋业	24.64	53743.5	34359.4	万里马	300591	广东	105363	-49.1376	-0.136865
13	300593	新雷能	电气机械及器材制造业	21.77	68540.6	84262.4	新雷能	300593	北京	166843	9.0993	0.086854
14	300595	欧普康视	专用设备制造业	36.91	22173.5	87066.4	欧普康视	300595	安徽	221292	34.5894	0.200627
15	300596	利安隆	化学原料及化学制品制造业	15.83	163309	248279	利安隆	300596	天津	381325	25.5003	0.075926

图 3.60　datanew1 数据文件展示

```
datanew2=pd.merge(data1,data2,left_on=["公司代码","公司名称"],right_on=["gsdm","公司名称"])#
将data1和data2合并，使用data1的"公司代码","公司名称"以及data2的"gsdm","公司名称"作为连接键
```

可在 Spyder 的“变量浏览器”窗口找到生成的 datanew2 数据文件，双击数据文件名即可打开该数据文件，如图 3.61 所示。

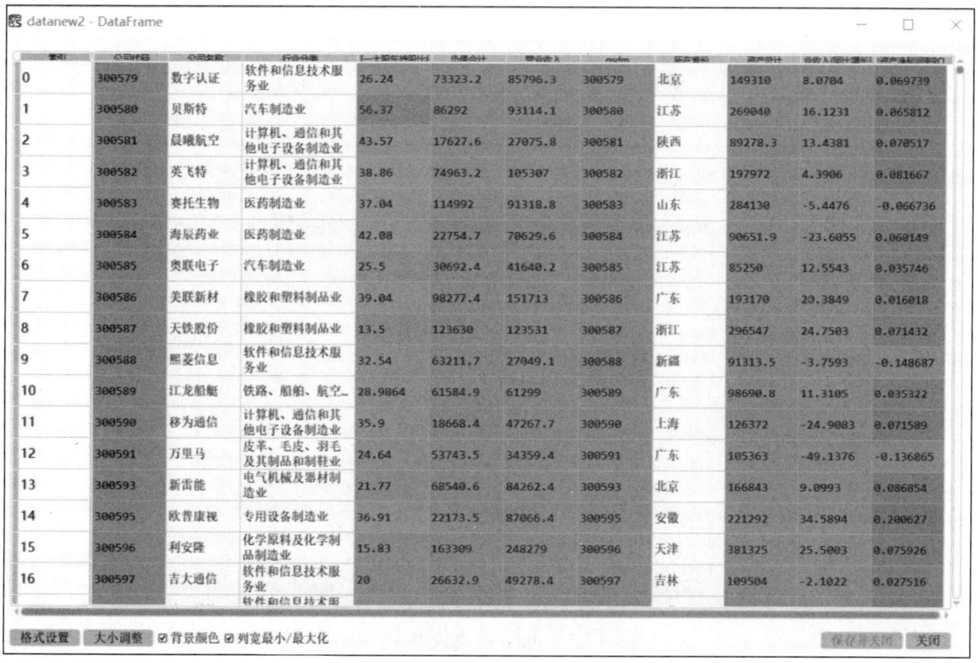

索引	公司代码	公司名称	行业分类	[illegible]	负债合计	营业收入	gsdm	所在省份	资产总计	[illegible]	[illegible]
0	300579	数字认证	软件和信息技术服务业	26.24	73323.2	85796.3	300579	北京	149310	8.0704	0.069739
1	300580	贝斯特	汽车制造业	56.37	86292	93114.1	300580	江苏	269040	16.1231	0.065812
2	300581	晨曦航空	计算机、通信和其他电子设备制造业	43.57	17627.6	27075.8	300581	陕西	89278.3	13.4381	0.070517
3	300582	英飞特	计算机、通信和其他电子设备制造业	38.86	74963.2	105307	300582	浙江	197972	4.3906	0.081667
4	300583	赛托生物	医药制造业	37.04	114992	91318.8	300583	山东	284130	-5.4476	-0.066736
5	300584	海辰药业	医药制造业	42.08	22754.7	70629.6	300584	江苏	90651.9	-23.6055	0.060149
6	300585	奥联电子	汽车制造业	25.5	30692.4	41640.2	300585	江苏	85250	12.5543	0.035746
7	300586	美联新材	橡胶和塑料制品业	39.04	98277.4	151713	300586	广东	193170	20.3849	0.016018
8	300587	天铁股份	橡胶和塑料制品业	13.5	123630	123531	300587	浙江	296547	24.7503	0.071432
9	300588	熙菱信息	软件和信息技术服务业	32.54	63211.7	27049.1	300588	新疆	91313.5	-3.7593	-0.148687
10	300589	江龙船艇	铁路、船舶、航空...	28.9864	61584.9	61299	300589	广东	98690.8	11.3105	0.035322
11	300590	移为通信	计算机、通信和其他电子设备制造业	35.9	18668.4	47267.7	300590	上海	126372	-24.9083	0.071589
12	300591	万里马	皮革、毛皮、羽毛及其制品和制鞋业	24.64	53743.5	34359.4	300591	广东	105363	-49.1376	-0.136865
13	300593	新雷能	电气机械及器材制造业	21.77	68540.6	84262.4	300593	北京	166843	9.0993	0.086854
14	300595	欧普康视	专用设备制造业	36.91	22173.5	87066.4	300595	安徽	221292	34.5894	0.200627
15	300596	利安隆	化学原料及化学制品制造业	15.83	163309	248279	300596	天津	381325	25.5003	0.075926
16	300597	吉大通信	软件和信息技术服务业	20	26632.9	49278.4	300597	吉林	109504	-2.1022	0.027516

图 3.61　datanew2 数据文件展示

然后讲解合并、写入 TXT 文件，输入以下代码**并逐行运行**：

```
data1=pd.read_table('C:/Users/Administrator/.spyder-py3/数据 1C.txt') # 读取"数据 1C.txt"，生成 data1
data2=pd.read_table('C:/Users/Administrator/.spyder-py3/数据 1D.txt') # 读取"数据 1D.txt"，生成 data2
data=pd.merge(data1, data2, on=["y1"]) # 将 data1 和 data2 按照 y1 变量进行合并，形成新的数据文件 data
data.to_csv('C:/Users/Administrator/.spyder-py3/数据 1CD.txt') # 将合并形成的数据文件 data 导出，写入到"数据 1CD.txt"中
```

相关结果读者可在设置路径下自行查看，限于篇幅不再赘述。

3.2.2 读取、合并、写入 Excel 数据文件

1. 读取 Excel 数据文件

在很多情况下需要调用 Excel 数据，我们可以直接调用默认的 sheet 表，也可以调用指定的 sheet 表，还可以在确定 sheet 表后单独调用其中的部分列而不是载入整个 sheet 表。下面以示例的方式进行讲解。首先需要将本书提供的数据文件存储在安装 spyder-py3 的默认路径位置（C:/Users/Administrator/.spyder-py3/，注意具体的安装路径可能与此不同），然后从相应位置进行读取，输入以下代码**并逐行运行**：

```
import pandas as pd        # 导入 pandas 模块并简称为 pd
data=pd.read_excel('C:/Users/Administrator/.spyder-py3/数据 4.1.xlsx')  # 从设置路径中读取数据 4.1 文件，数据 4.1 文件为 EXCEL 文件的 XLSX 格式
```

注意，因用户的具体安装路径不同，代码会有所差异。成功载入后，可在 Spyder 的"变量浏览器"窗口找到载入的 data 数据文件（见图 3.62），用鼠标双击文件名即可打开该数据文件，如图 3.63 所示。

名称	类型	大小	值
data	DataFrame	(25, 4)	Column names: profit, invest, labor, rd

图 3.62　在 Spyder 的"变量浏览器"窗口找到载入的 data 数据文件

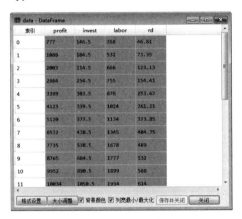

图 3.63　data 数据文件展示 1

```
data=pd.read_excel('C:/Users/Administrator/.spyder-py3/数据 4.1.xlsx',sheet_name='数据 4.1 副
```

本') # 读取某个 sheet 表

运行结果如图 3.64 所示。

```
data=pd.read_excel('C:/Users/Administrator/.spyder-py3/数据 4.1.xlsx')[['profit', 'invest']]
# 读取并筛选几列
```

运行结果如图 3.65 所示。

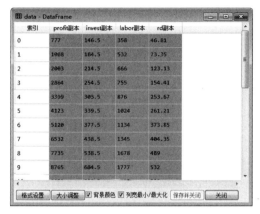

图 3.64 data 数据文件展示 2

图 3.65 data 数据文件展示 3

2. 合并、写入 Excel 数据文件

合并 Excel 数据文件需要用到 pandas 模块中的 pd.merge()函数,写入 Excel 数据文件需要用到 pandas 模块中的 to_csv()函数。下面以示例的方式进行讲解,输入以下代码**并逐行运行**:

```
data1=pd.read_excel('C:/Users/Administrator/.spyder-py3/数据 1C.xlsx')# 读取"数据 1C.xlsx",
生成 data1
data2=pd.read_excel('C:/Users/Administrator/.spyder-py3/数据 1D.xlsx')# 读取"数据 1D.xlsx",
生成 data2
data=pd.merge(data1, data2, on=["y1"])# 将 data1 和 data2 按照 y1 变量进行合并,形成新的数据文件
data
```

可在 Spyder 的"变量浏览器"窗口找到生成的 data 数据文件,双击数据文件名即可打开该数据文件,限于篇幅不再用图展示。

```
data.to_excel('C:/Users/Administrator/.spyder-py3/数据 1CD.xlsx',index=False)# 将合并形成的数
据文件 data 导出,写入文件"数据 1CD.xlsx"中
```

可在 Spyder 的"文件"窗口的".spyder-py3"根目录下找到生成的"数据 1CD.xlsx"文件,双击数据文件名即可打开该数据文件,限于篇幅不再用图展示。

3.2.3 读取、合并、写入 Stata 数据文件

1. 读取 Stata 数据文件

在很多情况下,我们需要调用 Stata 软件产生的数据,下面通过示例进行讲解。首先需要将本书提供的数据文件存储在安装 spyder-py3 的默认路径位置(C:/Users/Administrator/.spyder-py3/,注意具体的安装路径可能与此不同),然后从相应位置进行读取,输入以下代码**并逐行运行**:

```
import pandas as pd      # 导入 pandas 模块并简称为 pd
data=pd.read_stata('C:/Users/Administrator/.spyder-py3/数据 8.dta')      # 从设置路径中读取数据
```
8 文件，数据 8 文件为 Stata 文件的 DTA 格式

注意，因用户的具体安装路径不同，代码会有所差异。成功载入后，可在 Spyder 的"变量浏览器"窗口找到载入的 data 数据文件（见图 3.66），双击文件名即可打开该数据文件，如图 3.67 所示。

名称	类型	大小	值
data	DataFrame	(7, 2)	Column names: year, height

图 3.66   在 Spyder 的"变量浏览器"窗口找到载入的 data 数据文件

图 3.67   data 数据文件展示

2. 合并、写入 Stata 数据文件

合并 Stata 数据文件需要用到 pandas 模块中的 pd.merge()函数，写入 Stata 数据文件需要用到 pandas 模块中的 to_csv()函数。下面以示例的方式进行讲解，输入以下代码**并逐行运行**：

```
data1=pd.read_stata('C:/Users/Administrator/.spyder-py3/数据 1C.dta')# 读取"数据 1C.dta"，生
成 data1
data2=pd.read_stata('C:/Users/Administrator/.spyder-py3/数据 1D.dta')# 读取"数据 1D.dta"，生
成 data2
data=pd.merge(data1, data2, on=["y1"])# 将 data1 和 data2 按照 y1 变量进行合并，形成新的数据文件
data
```

可在 Spyder 的"变量浏览器"窗口找到生成的 data 数据文件，双击数据文件名即可打开该数据文件，限于篇幅不再用图展示。

```
data.to_stata('C:/Users/Administrator/.spyder-py3/数据 1CD.dta')# 将合并形成的数据文件 data 导出，
写入到文件数据 1CD.dta 中
```

可在 Spyder 的"文件"窗口的".spyder-py3"根目录下找到生成的"数据 1CD.dta"数据文件，双击数据文件名即可打开该数据文件，限于篇幅不再用图展示。

3.2.4   读取、合并 SPSS 数据文件

1. 读取 SPSS 数据文件

在很多情况下，我们需要调用 SPSS 软件产生的数据，下面通过示例来进行讲解。首先需要将本

书提供的数据文件存储在安装 spyder-py3 的默认路径位置（C:/Users/Administrator/.spyder-py3/，注意具体的安装路径可能与此不同），然后从相应位置进行读取，输入以下代码**并逐行运行**：

```
pip install--upgrade pyreadstat  # 读取 SPSS 数据需要安装 pyreadstat
import pandas as pd      # 导入 pandas 模块并简称为 pd
data=pd.read_spss('C:/Users/Administrator/.spyder-py3/数据 7.1.sav')   # 从设置路径中读取数据
7.1 文件，数据 7.1 文件为 SPSS 文件的 SAV 格式
```

注意，因用户的具体安装路径不同，代码会有所差异。成功载入后，可在 Spyder 的"变量浏览器"窗口找到载入的 data 数据文件（见图 3.68），双击文件名即可打开该数据文件，如图 3.69 所示。

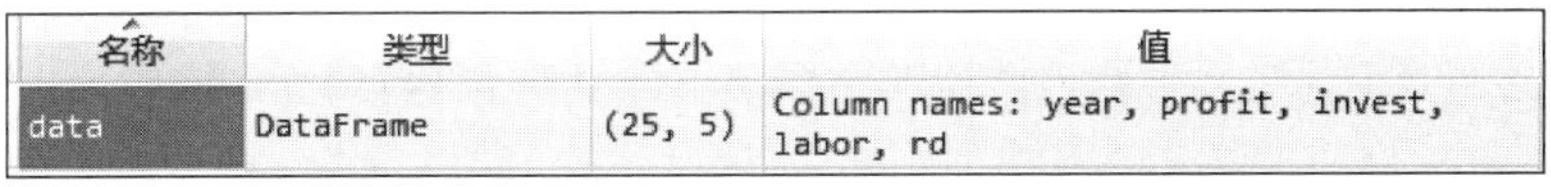

名称	类型	大小	值
data	DataFrame	(25, 5)	Column names: year, profit, invest, labor, rd

图 3.68　在 Spyder 的"变量浏览器"窗口找到载入的 data 数据文件

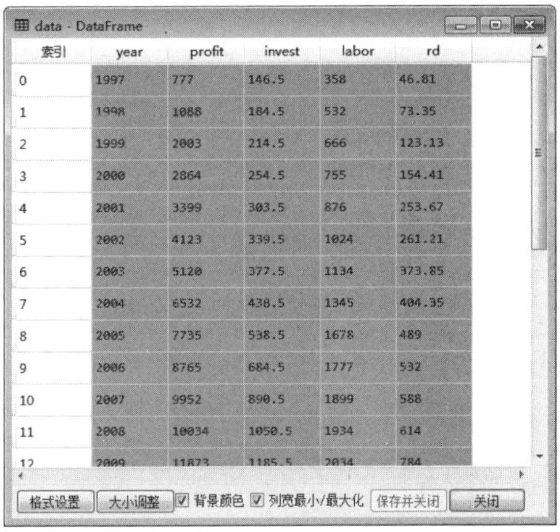

图 3.69　data 数据文件展示

2. 合并 SPSS 数据文件

合并 SPSS 数据文件需要用到 pandas 模块中的 pd.merge()函数。下面以示例的方式进行讲解，输入以下代码**并逐行运行**：

```
data1=pd.read_spss('C:/Users/Administrator/.spyder-py3/数据 1C.sav')# 读取"数据 1C.sav"，生成
data1
data2=pd.read_spss('C:/Users/Administrator/.spyder-py3/数据 1D.sav')# 读取"数据 1D.sav"，生成
data2
data=pd.merge(data1, data2, on=["y1"])# 将 data1 和 data2 按照 y1 变量进行合并，形成新的数据文件
data
```

可在 Spyder 的"变量浏览器"窗口找到生成的 data 数据文件，双击数据文件名即可打开该数据文件，限于篇幅不再用图展示。

3.3　Python 数据检索

	下载资源：可扫描旁边二维码观看或下载教学视频
	下载资源:\源代码\第 3 章 数据清洗.py
	下载资源:\sample\第 3 章\数据 2.1

在数据清洗与特征工作环节，我们往往需要对数据进行观察，本节给出查看数据的常用操作代码。示例如下，在 Spyder 代码编辑区内输入以下代码**并逐行运行**：

```
data=pd.read_csv('C:/Users/Administrator/.spyder-py3/数据 2.1.csv')  # 读取"数据 2.1.csv"文件
data.describe()                       # 对数据集中的各个变量开展描述统计
```

运行结果如图 3.70 所示。

```
              pb         roe        debt   assetturnover      rdgrow
count  157.000000  157.000000  157.000000     158.000000  157.000000
mean     5.467452   10.022102   30.049236       0.557532   32.372739
std      3.592808    6.126127   15.676960       0.230418   54.472264
min      1.210000    1.130000    2.260000       0.120000  -41.270000
25%      3.080000    5.950000   18.060000       0.410000    9.210000
50%      4.410000    9.510000   28.400000       0.530000   20.980000
75%      6.760000   12.270000   42.110000       0.670000   39.460000
max     21.640000   36.970000   71.670000       1.330000  499.270000
```

图 3.70　Python 数据检索运行结果 1

从结果中可以看到数据集中各个变量的非缺失值个数、均值、标准差、最小值、25%分位数、50%分位数、75%分位数以及最大值。

```
data.info()    # 查看数据集的基本信息
```

运行结果如图 3.71 所示。

```
<class 'pandas.core.frame.DataFrame'>
RangeIndex: 158 entries, 0 to 157
Data columns (total 5 columns):
 #   Column         Non-Null Count  Dtype
---  ------         --------------  -----
 0   pb             157 non-null    float64
 1   roe            157 non-null    float64
 2   debt           157 non-null    float64
 3   assetturnover  158 non-null    float64
 4   rdgrow         157 non-null    float64
dtypes: float64(5)
memory usage: 6.3 KB
```

图 3.71　Python 数据检索运行结果 2

从结果中可以看到数据集中共有 158 个样本（158 entries, 0 to 157）、5 个变量（total 5 columns），5 个变量分别是 pb、roe、debt、assetturnover、rdgrow，分别包含 157、157、157、158、157 个非缺失值（non-null），数据类型均为浮点型（float64），数据文件中共有 5 个浮点型（float64）变量，数据占用的内存为 6.3KB。

```
data.dtypes    # 查看数据集中各个变量的数据类型
```

运行结果如图 3.72 所示。

```
pb              float64
roe             float64
debt            float64
assetturnover   float64
rdgrow          float64
dtype: object
```

图 3.72　Python 数据检索运行结果 3

从结果中可以看到数据集内 5 个变量的数据类型均为浮点型。

```
data.head(2)  # 查看数据集的前 2 行
```

运行结果如图 3.73 所示，其中的 NaN 表示缺失值。

```
    pb     roe    debt   assetturnover   rdgrow
0   21.64  36.97  24.31           0.91    84.37
1   18.52  32.77  22.84           0.90      NaN
```

图 3.73　Python 数据检索运行结果 4

```
data.tail(2)  # 查看数据集的后 2 行
```

运行结果如图 3.74 所示。

```
      pb    roe   debt   assetturnover   rdgrow
156   1.42  1.52  29.79           0.84   -23.52
157   1.21  1.42  35.60           0.41   -41.27
```

图 3.74　Python 数据检索运行结果 5

```
data.shape  # 查看数据集的形状
```

运行结果为：(158, 5)，也就是 158 行 5 列。

```
data.index  # 查看数据集的索引
```

运行结果为：RangeIndex(start=0, stop=158, step=1)，即从 0 开始，到 158 结束（不包含），步长为 1。

```
data.columns  # 查看数据集的变量名（列名）
```

运行结果为：Index(['pb', 'roe', 'debt', 'assetturnover', 'rdgrow'], dtype='object')。

3.4　Python 数据行列处理

下载资源：可扫描旁边二维码观看或下载教学视频
下载资源：\源代码\第 3 章 数据清洗.py
下载资源：\sample\第 3 章\数据 2.2

在数据清洗与特征工作环节，往往需要对数据行列进行处理，下面介绍几种常用的 Python 数据行列处理操作。

3.4.1　删除变量列、样本行

结合"数据 2.2.csv"文件，以示例的方式讲解删除变量列、样本行的操作。输入以下代码**并逐行运行：**

```
data=pd.read_csv('C:/Users/Administrator/.spyder-py3/数据2.2.csv')        # 读取"数据2.2.csv"
文件
data.drop('pb',axis=1,inplace=True)    # 删除'pb'变量列，其中axis=1表示列，不创建新的对象，直接对
原始对象进行修改
```

可在"变量浏览器"窗口找到 data 数据文件并打开来查看，如图 3.75 所示，可以发现 pb 变量列被删除了。

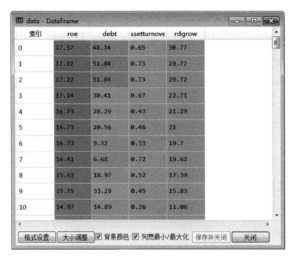

图 3.75　data 数据文件展示

```
data.drop(labels=[0,3,5], axis=0)        # 删除编号为0、3、5的样本，axis=0表示行
```

运行结果如图 3.76 所示。可以发现编号为 0、3、5 的样本已经被删除了。

```
      roe   debt  assetturnover  rdgrow
1   17.22  51.84           0.73   29.72
2   17.22  51.84           0.73   29.72
4   16.73  28.29           0.43   21.29
6   16.73   9.32           0.33   19.70
7   16.41   6.68           0.72   19.62
8   15.62  18.97           0.52   17.39
9   15.25  33.29           0.45   15.83
10  14.97  14.89           0.26   11.06
11  13.94  23.23           0.24    9.50
```

图 3.76　删除变量列、样本行的运行结果

3.4.2　更改变量的列名称、调整变量列顺序

同样结合"数据 2.2.csv"文件，以示例的方式讲解更改变量列的名称、调整变量列顺序的操作。输入以下代码**并逐行运行：**

```
data=pd.read_csv('C:/Users/Administrator/.spyder-py3/数据2.2.csv')        # 读取"数据2.2.csv"
```

文件
```
data.columns= ['V1', 'V2', 'V3', 'V4', 'V5']    # 更改全部列名，需要注意列名的个数等于代码中变量的
```
个数

　　在"变量浏览器"窗口找到 data 数据文件并打开来查看，如图 3.77 所示。可以发现列名分别被更改成了"V1""V2""V3""V4""V5"。

```
data.rename(columns = {'V1':'var1'},inplace=True)    # 更改单个列名，注意参数 columns 不能少
```

　　在"变量浏览器"窗口找到 data 数据文件并打开来查看，如图 3.78 所示。可以发现"V1"列名被更改成了"var1"。

```
data = data[['var1','V3','V2','V4', 'V5']]    # 调整数据集中列的顺序
```

图 3.77　data 数据文件展示 1

图 3.78　data 数据文件展示 2

　　在"变量浏览器"窗口找到 data 数据文件并打开来查看，如图 3.79 所示。可以发现数据集中的变量顺序被调整成了"var1""V3""V2""V4""V5"。

图 3.79　data 数据文件展示 3

3.4.3　改变列的数据格式

同样结合"数据 2.2.csv"文件,以示例的方式讲解改变列的数据格式的操作。输入以下代码**并逐行运行:**

```
data=pd.read_csv('C:/Users/Administrator/.spyder-py3/数据2.2.csv') # 读取"数据2.2.csv"文件
data['pb'] = data['pb'].astype('int')        # 将列变量'pb'的数据类型更改为整数类型
data.dtypes    # 观察数据集中各变量的数据类型
```

运行结果如图 3.80 所示,可以发现 pb 的数据类型已更改为整数类型。

```
pb                 int32
roe              float64
debt             float64
assetturnover    float64
rdgrow           float64
dtype: object
```

图 3.80　改变列的数据格式运行结果 1

```
data['pb'] = data['pb'].astype('float')    # 将列变量'pb'的数据类型再更改为浮点类型
data.dtypes    # 观察数据集中各变量的数据类型
```

运行结果如图 3.81 所示,可以发现 pb 的数据类型已更改为浮点类型。

```
pb               float64
roe              float64
debt             float64
assetturnover    float64
rdgrow           float64
dtype: object
```

图 3.81　改变列的数据格式运行结果 2

3.4.4　多列转换

同样结合"数据 2.2.csv"文件,以示例的方式讲解改变列的数据格式的操作。输入以下代码**并逐行运行:**

```
data=pd.read_csv('C:/Users/Administrator/.spyder-py3/数据2.2.csv') # 读取"数据2.2.csv"文件
data[['pb','roe','name']]=data[['pb','roe','name']].astype(str)  # 将'pb','roe','name'3列
数据均转换成字符串格式
data.dtypes    # 观察数据集中各变量的数据类型
```

运行结果如图 3.82 所示。

```
pb                object
roe               object
debt              object
assetturnover    float64
rdgrow           float64
dtype: object
```

图 3.82　多列转换运行结果 1

可以发现 pb、roe、name 3 列数据已转换成字符串格式(字符串在 pandas 中的类型为 object)。进一步地,我们可以采用以下代码更直观地观察数据格式:

```
data['roe'].apply(lambda x:isinstance(x,str)) # 判断'roe'列的数据格式是否为字符串
```

运行结果如图 3.83 所示。可以发现 roe 列数据格式全部为字符串。

```
0    True
1    True
2    True
3    True
4    True
5    True
6    True
7    True
8    True
```

图 3.83　多列转换运行结果 2

3.4.5　数据百分比格式转换

同样结合"数据 2.2.csv"文件，以示例的方式讲解数据百分比格式转换的操作。输入以下代码并逐行运行：

```
data=pd.read_csv('C:/Users/Administrator/.spyder-py3/数据2.2.csv')  # 读取"数据2.2.csv"文件
data['roe'] = data['roe'].apply(lambda x: '%.2f%%' % (x*100))       # 将变量'roe'的数据改成百分比格式
```

在"变量浏览器"窗口找到 data 数据文件并打开来查看，如图 3.84 所示，可以发现变量 roe 的数据已经改成了百分比格式。

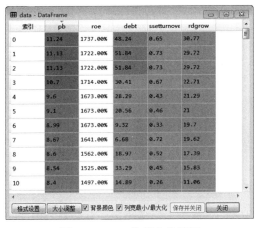

图 3.84　data 数据文件展示

3.5　Python 数据缺失值处理

	下载资源：可扫描旁边二维码观看或下载教学视频
	下载资源:\源代码\第 3 章 数据清洗.py
	下载资源:\sample\第 3 章\数据 2.1

在很多时候，受数据收集整理环节中种种因素的影响，数据集中会含有缺失值。缺失值在一定程度上会影响数据的处理效能，因此我们需要针对缺失值进行处理。缺失值的处理一般有以下

3 种方法:

（1）直接忽略掉缺失值，很多算法并不会因为缺失值的存在而导致效能的显著下降。

（2）删除缺失值所在行（样本示例）或者列（变量），以确保进入机器学习或统计分析的所有样本或变量没有缺失值。

（3）对缺失值进行补充或者估算。

下面我们针对相应的操作代码一一进行讲解。

3.5.1　查看数据集中的缺失值

查看数据集中的缺失值的代码如下:

```
data=pd.read_csv('C:/Users/Administrator/.spyder-py3/数据 2.1.csv') # 读取"数据 2.1.csv"文件
data.isnull() # 对整个数据集用 isnull()按行、列判断是否是缺失值
```

运行结果如图 3.85 所示（结果过多，仅显示部分）。代码中的 isnull 表示是缺失值，所以结果中为 True 的单元格即为缺失值。

	pb	roe	debt	assetturnover	rdgrow
0	False	False	False	False	False
1	False	False	False	False	True
2	False	False	False	False	False
3	False	False	False	False	False
4	False	False	True	False	False
5	True	False	False	False	False
6	False	False	False	False	False
7	False	False	False	False	False
8	False	False	False	False	False
9	False	False	False	False	False
10	False	False	False	False	False
11	False	False	False	False	False
12	False	True	False	False	False
13	False	False	False	False	False
14	False	False	False	False	False
15	False	False	False	False	False

图 3.85　查看数据集中的缺失值运行结果 1

```
data.notnull()      # 对整个数据集用 notnull()按行、列判断是否是缺失值
```

运行结果如图 3.86 所示（结果过多，仅显示部分）。代码中的 notnull 表示不是缺失值，所以结果中为 False 的单元格即为缺失值。

	pb	roe	debt	assetturnover	rdgrow
0	True	True	True	True	True
1	True	True	True	True	False
2	True	True	True	True	True
3	True	True	True	True	True
4	True	True	False	True	True
5	False	True	True	True	True
6	True	True	True	True	True
7	True	True	True	True	True
8	True	True	True	True	True
9	True	True	True	True	True
10	True	True	True	True	True
11	True	True	True	True	True
12	True	False	True	True	True
13	True	True	True	True	True
14	True	True	True	True	True

图 3.86　查看数据集中的缺失值运行结果 2

```
data.isnull().value_counts()        # 计算缺失值个数
```

运行结果如图 3.87 所示。

```
pb      roe     debt    assetturnover   rdgrow
False   False   False   False           False    154
                                        True       1
                True    False           False      1
        True    False   False           False      1
True    False   False   False           False      1
dtype: int64
```

图 3.87　查看数据集中的缺失值运行结果 3

代码中的 isnull 表示是缺失值，所以结果中为 True 的单元格即为缺失值。从图中可以发现所有变量均没有缺失值的样本示例为 154 个，各有一个样本示例分别在 rdgrow、debt、roe、pb 变量列有缺失值。

```
data.isna().sum()        # 按列计算缺失值个数
```

运行结果如图 3.88 所示，rdgrow、debt、roe、pb 变量各有一个缺失值。

```
pb              1
roe             1
debt            1
assetturnover   0
rdgrow          1
dtype: int64
```

图 3.88　查看数据集中的缺失值运行结果 4

```
data.isnull().sum().sort_values(ascending=False).head()    # 计算缺失值个数并排序
```

运行结果如图 3.89 所示。

```
pb              1
roe             1
debt            1
rdgrow          1
assetturnover   0
dtype: int64
```

图 3.89　查看数据集中的缺失值运行结果 5

3.5.2　填充数据集中的缺失值

在缺失数据比较多的情况下，可以考虑直接删除缺失数据；在缺失数据较少的情况下，可对缺失数据进行填充。

1. 用字符串"缺失数据"代替

我们还是以"数据 2.1.csv"为例进行讲解，运行代码为：

```
data.fillna('缺失数据',inplace=True)    # 将缺失值位置的数据用字符串'缺失数据'代替
```

说明：

inplace=True：不创建新的对象，直接对原始对象进行修改。

inplace=False：对数据进行修改，创建并返回新的对象承载其修改结果。

```
data.isnull().value_counts()        # 重新计算缺失值个数
```

运行结果如图 3.90 所示。

```
pb       roe     debt    assetturnover   rdgrow
False    False   False   False           False   158
dtype: int64
```

图 3.90　用字符串"缺失数据"代替运行结果

可以发现数据已经不再存在缺失值，但是这种处理缺失值的方式是简单粗暴的，只是进行了字符串替换。在 Spyder 的"变量浏览器"窗口找到载入的 data 数据并双击以打开该数据文件，如图 3.91 所示。

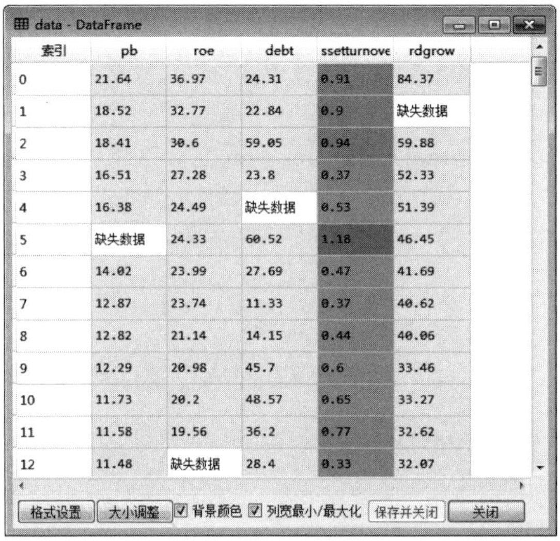

图 3.91　data 数据文件展示

2. 用前后值填充缺失数据

缺失值的填充经常用到 fillna()函数，其基本语法格式为：

```
fillna(self,value=None,method=None,axis=None,inplace=False,limit=None,downcast=None,**kwargs)
```

其中的常用参数"inplace=True"表示直接修改原对象，即填充缺失值，默认为 False；method 用于选择缺失值填充方式，可为 pad、ffill、backfill、bfill 和 None，默认为 None（不予填充），pad/ffill 均表示用前一个非缺失值（历史值）填充，backfill/bfill 均表示用后一个非缺失值（未来值）填充；limit 与 method 搭配使用，用于限制历史值或未来值可填充缺失值的个数；axis 用于修改填充方向。

```
data=pd.read_csv('C:/Users/Administrator/.spyder-py3/数据2.1.csv')# 重新读取"数据2.1.csv"
data.fillna(method='pad')  # 类似于 Excel 中用上一个单元格内容批量填充
```

运行结果如图 3.92 所示。

```
      pb    roe    debt   assetturnover   rdgrow
0    21.64  36.97  24.31           0.91    84.37
1    18.52  32.77  22.84           0.90    84.37
2    18.41  30.60  59.05           0.94    59.88
3    16.51  27.28  23.80           0.37    52.33
4    16.38  24.49  23.80           0.53    51.39
5    16.38  24.33  60.52           1.18    46.45
6    14.02  23.99  27.69           0.47    41.69
7    12.87  23.74  11.33           0.37    40.62
8    12.82  21.14  14.15           0.44    40.06
9    12.29  20.98  45.70           0.60    33.46
10   11.73  20.20  48.57           0.65    33.27
11   11.58  19.56  36.20           0.77    32.62
12   11.48  19.56  28.40           0.33    32.07
13   11.24  17.37  48.24           0.65    30.77
14   11.13  17.22  51.84           0.73    29.72
```

图 3.92　用前后值填充缺失数据运行结果 1

图中带有下画线的数据为原本缺失的数据，可以发现在该种方法下，缺失值的填充方式为用变量的前一个非缺失值（历史值）进行填充，类似于 Excel 中用上一个单元格内容进行批量填充。

```
data=pd.read_csv('C:/Users/Administrator/.spyder-py3/数据 2.1.csv')# 重新读取"数据 2.1.csv"
文件
data.fillna(method='bfill')  # 用后一个非缺失值（未来值）来填充
```

运行结果如图 3.93 所示。

```
      pb    roe    debt   assetturnover   rdgrow
0    21.64  36.97  24.31           0.91    84.37
1    18.52  32.77  22.84           0.90    59.88
2    18.41  30.60  59.05           0.94    59.88
3    16.51  27.28  23.80           0.37    52.33
4    16.38  24.49  60.52           0.53    51.39
5    14.02  24.33  60.52           1.18    46.45
6    14.02  23.99  27.69           0.47    41.69
7    12.87  23.74  11.33           0.37    40.62
8    12.82  21.14  14.15           0.44    40.06
9    12.29  20.98  45.70           0.60    33.46
10   11.73  20.20  48.57           0.65    33.27
11   11.58  19.56  36.20           0.77    32.62
12   11.48  17.37  28.40           0.33    32.07
13   11.24  17.37  48.24           0.65    30.77
14   11.13  17.22  51.84           0.73    29.72
15   11.11  17.20  52.71           0.52    25.32
```

图 3.93　用前后值填充缺失数据运行结果 2

图中带有下画线的数据为原本缺失的数据，可以发现在该种方法下，缺失值的填充方式为用后一个非缺失值（未来值）来填充。

3. 用变量均值或者中位数填充缺失数据

我们还可以使用列变量均值或者中位数的方式对列变量中的所有缺失值进行批量填充。我们以"数据 2.1.csv"为例，输入以下代码并逐行运行：

```
data=pd.read_csv('C:/Users/Administrator/.spyder-py3/数据 2.1.csv')# 重新读取"数据 2.1.csv"
文件
data.describe()# 对"数据 2.1.csv"开展描述性分析，重点观察变量的均值
```

运行结果如图 3.94 所示。

	pb	roe	debt	assetturnover	rdgrow
count	157.000000	157.000000	157.000000	158.000000	157.000000
mean	5.467452	10.022102	30.049236	0.557532	32.372739
std	3.592808	6.126127	15.676960	0.230418	54.472264
min	1.210000	1.130000	2.260000	0.120000	-41.270000
25%	3.080000	5.950000	18.060000	0.410000	9.210000
50%	4.410000	9.510000	28.400000	0.530000	20.980000
75%	6.760000	12.270000	42.110000	0.670000	39.460000
max	21.640000	36.970000	71.670000	1.330000	499.270000

图 3.94　用变量均值或者中位数填充缺失数据运行结果 1

```
data.fillna(data.mean()) # 依据列变量的均值对列中的缺失数据进行填充
```

运行结果如图 3.95 所示。

	pb	roe	debt	assetturnover	rdgrow
0	21.640000	36.970000	24.310000	0.91	84.370000
1	18.520000	32.770000	22.840000	0.90	32.372739
2	18.410000	30.600000	59.050000	0.94	59.880000
3	16.510000	27.280000	23.800000	0.37	52.330000
4	16.380000	24.490000	30.049236	0.53	51.390000
5	5.467452	24.330000	60.520000	1.18	46.450000
6	14.020000	23.990000	27.690000	0.47	41.690000
7	12.870000	23.740000	11.330000	0.37	40.620000
8	12.820000	21.140000	14.150000	0.44	40.060000
9	12.290000	20.980000	45.700000	0.60	33.460000
10	11.730000	20.200000	48.570000	0.65	33.270000
11	11.580000	19.560000	36.200000	0.77	32.620000
12	11.480000	10.022102	28.400000	0.33	32.070000
13	11.240000	17.370000	48.240000	0.65	30.770000
14	11.130000	17.220000	51.840000	0.73	29.720000
15	11.110000	17.200000	52.710000	0.52	25.320000

图 3.95　用变量均值或者中位数填充缺失数据运行结果 2

可以发现填充方式为依据列变量的均值对列中的缺失数据进行填充。我们也可以依据列变量的中位数对列中的缺失数据进行填充：

```
data=pd.read_csv('C:/Users/Administrator/.spyder-py3/数据 2.1.csv') # 重新读取"数据 2.1.csv"
文件
data.fillna(data.median())   # 依据列变量的中位数对列中的缺失数据进行填充
```

运行结果如图 3.96 所示。

	pb	roe	debt	assetturnover	rdgrow
0	21.64	36.97	24.31	0.91	84.37
1	18.52	32.77	22.84	0.90	20.98
2	18.41	30.60	59.05	0.94	59.88
3	16.51	27.28	23.80	0.37	52.33
4	16.38	24.49	28.40	0.53	51.39
5	4.41	24.33	60.52	1.18	46.45
6	14.02	23.99	27.69	0.47	41.69
7	12.87	23.74	11.33	0.37	40.62
8	12.82	21.14	14.15	0.44	40.06
9	12.29	20.98	45.70	0.60	33.46
10	11.73	20.20	48.57	0.65	33.27
11	11.58	19.56	36.20	0.77	32.62
12	11.48	9.51	28.40	0.33	32.07
13	11.24	17.37	48.24	0.65	30.77
14	11.13	17.22	51.84	0.73	29.72
15	11.11	17.20	52.71	0.52	25.32

图 3.96　用变量均值或者中位数填充缺失数据运行结果 3

4. 用线性插值法填充缺失数据

我们还可以使用线性插值法对缺失值进行填充。以"数据 2.1.csv"为例，输入以下代码并逐行运行：

```
data=pd.read_csv('C:/Users/Administrator/.spyder-py3/数据2.1.csv')# 重新读取 "数据2.1.csv"
```
文件
```
data.interpolate()# 使用线性插值法对列中的缺失数据进行填充
```

运行结果如图 3.97 所示。

```
     pb     roe     debt   assetturnover   rdgrow
0   21.64   36.970  24.31          0.91    84.370
1   18.52   32.770  22.84          0.90    72.125
2   18.41   30.600  59.05          0.94    59.880
3   16.51   27.280  23.80          0.37    52.330
4   16.38   24.490  42.16          0.53    51.390
5   15.20   24.330  60.52          1.18    46.450
6   14.02   23.990  27.69          0.47    41.690
7   12.87   23.740  11.33          0.37    40.620
8   12.82   21.140  14.15          0.44    40.060
9   12.29   20.980  45.70          0.60    33.460
10  11.73   20.200  48.57          0.65    33.270
11  11.58   19.560  36.20          0.77    32.620
12  11.48   18.465  28.40          0.33    32.070
13  11.24   17.370  48.24          0.65    30.770
14  11.13   17.220  51.84          0.73    29.720
15  11.11   17.200  52.71          0.52    25.320
```

图 3.97 用线性插值法填充缺失数据的运行结果

线性插值法假设数据为等距间隔，并且使用线性函数进行插值，可以发现本例中填充的缺失值为前一个值和后一个值的算术平均数。

3.5.3 删除数据集中的缺失值

我们还可以通过删除的方式来解决数据集中的缺失值问题，仍以"数据 2.1.csv"为例，输入以下代码**并逐行运行**：

```
data=pd.read_csv('C:/Users/Administrator/.spyder-py3/数据2.1.csv')# 重新读取 "数据2.1.csv"
```
文件
```
data.dropna()# 只要有列变量存在缺失值，则整行（整个样本示例）都被删除
```

运行结果如图 3.98 所示。可以发现只要有列变量存在缺失值，则整行（整个样本示例）都被删除。

```
     pb     roe    debt   assetturnover   rdgrow
0   21.64   36.97  24.31          0.91    84.37
2   18.41   30.60  59.05          0.94    59.88
3   16.51   27.28  23.80          0.37    52.33
6   14.02   23.99  27.69          0.47    41.69
7   12.87   23.74  11.33          0.37    40.62
8   12.82   21.14  14.15          0.44    40.06
9   12.29   20.98  45.70          0.60    33.46
10  11.73   20.20  48.57          0.65    33.27
11  11.58   19.56  36.20          0.77    32.62
13  11.24   17.37  48.24          0.65    30.77
14  11.13   17.22  51.84          0.73    29.72
15  11.11   17.20  52.71          0.52    25.32
```

图 3.98 删除数据集中缺失值的运行结果 1

```
data=pd.read_csv('C:/Users/Administrator/.spyder-py3/数据2.1.csv')# 重新读取 "数据2.1.csv"
```
文件
```
data.dropna(how='all')# 只有所有列变量都为缺失值，整行（整个样本示例）才被删除
```

运行结果如图 3.99 所示。可以发现只有所有列变量都为缺失值，整行（整个样本示例）才会被删除，本例中不存在这样的情况，所以没有删除任何行。

```
     pb     roe    debt  assetturnover  rdgrow
0   21.64  36.97  24.31           0.91   84.37
1   18.52  32.77  22.84           0.90     NaN
2   18.41  30.60  59.05           0.94   59.88
3   16.51  27.28  23.80           0.37   52.33
4   16.38  24.49    NaN           0.53   51.39
5     NaN  24.33  60.52           1.18   46.45
6   14.02  23.99  27.69           0.47   41.69
7   12.87  23.74  11.33           0.37   40.62
8   12.82  21.14  14.15           0.44   40.06
9   12.29  20.98  45.70           0.60   33.46
10  11.73  20.20  48.57           0.65   33.27
11  11.58  19.56  36.20           0.77   32.62
12  11.48    NaN  28.40           0.33   32.07
13  11.24  17.37  48.24           0.65   30.77
14  11.13  17.22  51.84           0.73   29.72
15  11.11  17.20  52.71           0.52   25.32
```

图 3.99　删除数据集中缺失值的运行结果 2

```
data=pd.read_csv('C:/Users/Administrator/.spyder-py3/数据2.1.csv')# 重新读取"数据2.1.csv"
文件
    data.dropna(axis=1)# 针对某列变量，只要存在缺失值，整列就被删除
```

运行结果如图 3.100 所示。可以发现针对某列变量，只要存在缺失值，整列就被删除，本例中仅剩下了 assetturnover 列。

```
    assetturnover
0            0.91
1            0.90
2            0.94
3            0.37
4            0.53
5            1.18
6            0.47
7            0.37
8            0.44
9            0.60
10           0.65
11           0.77
12           0.33
13           0.65
14           0.73
15           0.52
```

图 3.100　删除数据集中缺失值的运行结果 3

```
data=pd.read_csv('C:/Users/Administrator/.spyder-py3/数据2.1.csv')# 重新读取"数据2.1.csv"
文件
    data.dropna(axis=1,how='all')# 针对某列变量，只有所有样本示例均为缺失值，整列才被删除
```

运行结果如图 3.101 所示。可以发现针对某列变量，只有所有样本示例均为缺失值，整列才会被删除，本例中不存在这样的情况，所以没有删除任何行。

```
     pb     roe    debt  assetturnover  rdgrow
0   21.64  36.97  24.31           0.91   84.37
1   18.52  32.77  22.84           0.90     NaN
2   18.41  30.60  59.05           0.94   59.88
3   16.51  27.28  23.80           0.37   52.33
4   16.38  24.49    NaN           0.53   51.39
5     NaN  24.33  60.52           1.18   46.45
6   14.02  23.99  27.69           0.47   41.69
7   12.87  23.74  11.33           0.37   40.62
8   12.82  21.14  14.15           0.44   40.06
9   12.29  20.98  45.70           0.60   33.46
10  11.73  20.20  48.57           0.65   33.27
11  11.58  19.56  36.20           0.77   32.62
12  11.48    NaN  28.40           0.33   32.07
13  11.24  17.37  48.24           0.65   30.77
14  11.13  17.22  51.84           0.73   29.72
15  11.11  17.20  52.71           0.52   25.32
```

图 3.101　删除数据集中缺失值的运行结果 4

3.6　Python 数据重复值处理

	下载资源：可扫描旁边二维码观看或下载教学视频
	下载资源:\源代码\第 3 章　数据清洗.py
	下载资源:\sample\第 3 章\数据 2.2

　　我们在实务中经常会遇到数据重复录入、出现重复值的情况。很多情况下，这些重复值对于机器学习或统计分析来说是没有意义的，应予以剔除，这就需要用到数据重复值处理的系列方法。

3.6.1　查看数据集中的重复值

　　以"数据 2.2.csv"为例进行讲解。输入以下代码**并逐行运行**：

```
data=pd.read_csv('C:/Users/Administrator/.spyder-py3/数据 2.2.csv') # 读取"数据 2.2.csv"文件
data.duplicated()  # 找出"数据 2.2.csv"中的重复样本
```

运行结果如图 3.102 所示。

```
0      False
1      False
2       True
3      False
4      False
5      False
6      False
7      False
8      False
9      False
10     False
11     False
12     False
13     False
14     False
```

图 3.102　查看数据集中重复值的运行结果 1

　　可以发现第 3 个样本（索引编号为 2）为重复样本（True），前 3 个样本数据如图 3.103 所示。注意此种方法是当样本在所有变量维度的值都相同时，才被视为重复样本。

索引	pb	roe	debt	ssetturnove	rdgrow
0	11.24	17.37	48.24	0.65	30.77
1	11.13	17.22	51.84	0.73	29.72
2	11.13	17.22	51.84	0.73	29.72

图 3.103　前 3 个样本数据

```
data.duplicated('pb')# 当变量'roe'相同时，即视为重复样本，找出"数据 2.2.csv"文件中的重复样本
```

运行结果如图 3.104 所示。

```
39      False
40      False
41      True
42      False
43      False
44      False
45      False
46      True
47      False
48      False
49      False
50      True
51      False
52      False
53      False
54      False
55      True
```

图 3.104　查看数据集中重复值的运行结果 2

可以发现，仅基于变量 roe 是否相同来判断是否为重复样本，增加了很多 True（重复观测值）。

```
data['pb'].unique() # 找出"数据 2.2.csv"文件中'pb'变量的不重复样本
```

运行结果如图 3.105 所示。

```
array([11.24, 11.13, 10.7 ,  9.6 ,  9.1 ,  8.99,  8.67,  8.6 ,  8.54,
        8.4 ,  8.36,  8.08,  8.01,  7.89,  7.79,  7.7 ,  7.51,  7.47,
        7.46,  7.32,  7.31,  7.15,  7.11,  6.95,  6.81,  6.78,  6.76,
        6.66,  6.4 ,  6.38,  6.32,  6.25,  6.18,  6.06,  6.  ,  5.95,
        5.88,  5.78,  5.7 ,  5.66,  5.65,  5.61,  5.6 ,  5.56,  5.52,
        5.42,  5.4 ,  5.38,  5.35,  5.32,  5.  ,  4.99,  4.91,  4.86,
        4.71,  4.69,  4.67,  4.52,  4.42,  4.41,  4.4 ,  4.37,  4.36,
        4.34,  4.33,  4.29,  4.21,  4.14,  4.11,  4.07,  4.04,  4.  ,
        3.9 ,  3.87,  3.86,  3.81,  3.8 ,  3.77,  3.74,  3.7 ,  3.68,
        3.66,  3.64,  3.63,  3.6 ,  3.5 ,  3.46,  3.4 ,  3.35,  3.3 ,
        3.27,  3.18,  3.17,  3.14,  3.13,  3.08,  3.02,  2.97,  2.95,
        2.92,  2.85,  2.82,  2.77,  2.75,  2.74,  2.73,  2.64,  2.54,
        2.45,  2.42,  2.41,  2.35,  2.28,  2.24,  2.22,  2.13,  2.11,
        2.1 ,  2.03,  1.99,  1.94,  1.87,  1.83,  1.78,  1.67,  1.66,
        1.65,  1.55,  1.48,  1.42,  1.21])
```

图 3.105　查看数据集中重复值的运行结果 3

```
data['pb'].unique().tolist() # 以列表 list 形式展示 'pb'变量的不重复样本
```

运行结果如图 3.106 所示。

```
[11.24,
 11.13,
 10.7,
 9.6,
 9.1,
 8.99,
 8.67,
 8.6,
 8.54,
 8.4,
 8.36,
 8.08,
```

图 3.106　查看数据集中重复值的运行结果 4

```
data['pb'].nunique() # 计算 'pb'变量的不重复值的个数
```

运行结果为：131。

3.6.2　删除数据集中的重复值

继续以"数据2.2.csv"为例进行讲解，输入以下代码**并逐行运行**：

```
data.drop_duplicates() # 将数据集中重复的样本去掉，默认保留重复值中第一个出现的样本
```

运行结果如图3.107所示。

```
      pb     roe   debt  assetturnover  rdgrow
0   11.24  17.37  48.24           0.65   30.77
1   11.13  17.22  51.84           0.73   29.72
3   10.70  17.14  30.41           0.67   22.71
4    9.60  16.73  28.29           0.43   21.29
5    9.10  16.73  20.56           0.46   21.00
6    8.99  16.73   9.32           0.33   19.70
7    8.67  16.41   6.68           0.72   19.62
8    8.60  15.62  18.97           0.52   17.39
9    8.54  15.25  33.29           0.45   15.83
10   8.40  14.97  14.89           0.26   11.06
11   8.36  13.94  23.23           0.24    9.50
```

图 3.107　删除数据集中重复值的运行结果 1

前面我们已经发现索引编号为1和2的样本重复了，所以编号为2的样本被删除了，保留了编号为1的样本。

```
data.drop_duplicates(keep='last') # 将数据集中重复的样本去掉，保留重复值中最后出现的样本
```

运行结果如图3.108所示。

```
      pb     roe   debt  assetturnover  rdgrow
0   11.24  17.37  48.24           0.65   30.77
2   11.13  17.22  51.84           0.73   29.72
3   10.70  17.14  30.41           0.67   22.71
4    9.60  16.73  28.29           0.43   21.29
5    9.10  16.73  20.56           0.46   21.00
6    8.99  16.73   9.32           0.33   19.70
7    8.67  16.41   6.68           0.72   19.62
8    8.60  15.62  18.97           0.52   17.39
9    8.54  15.25  33.29           0.45   15.83
10   8.40  14.97  14.89           0.26   11.06
11   8.36  13.94  23.23           0.24    9.50
12   8.08  13.91  34.39           0.56    3.82
```

图 3.108　删除数据集中重复值的运行结果 2

可以发现索引编号为1的样本被删除了，保留了后面的2号样本。

```
data.drop_duplicates(['roe'])     # 当变量'roe'相同时，即视为重复样本，将数据集中重复的样本去掉
```

运行结果如图3.109所示。

```
      pb     roe   debt  assetturnover  rdgrow
0   11.24  17.37  48.24           0.65   30.77
1   11.13  17.22  51.84           0.73   29.72
3   10.70  17.14  30.41           0.67   22.71
4    9.60  16.73  28.29           0.43   21.29
7    8.67  16.41   6.68           0.72   19.62
8    8.60  15.62  18.97           0.52   17.39
9    8.54  15.25  33.29           0.45   15.83
10   8.40  14.97  14.89           0.26   11.06
11   8.36  13.94  23.23           0.24    9.50
12   8.08  13.91  34.39           0.56    3.82
13   8.01  13.69  15.68           0.95    3.21
14   7.89  13.33   9.07           0.28    0.77
15   7.79  13.11  27.39           0.62   52.50
```

图 3.109　删除数据集中重复值的运行结果 3

观察左侧的编号可以发现有很多示例因为变量 roe 相同而被视为重复样本，从而被删除了。

```
data.drop_duplicates(['pb','roe'])# 当变量'pb'和'roe'都相同时，视为重复样本，将数据集中重复的样本
去掉
```

运行结果如图 3.110 所示。

```
     pb    roe   debt  assetturnover  rdgrow
0   11.24  17.37  48.24           0.65   30.77
1   11.13  17.22  51.84           0.73   29.72
3   10.70  17.14  30.41           0.67   22.71
4    9.60  16.73  28.29           0.43   21.29
5    9.10  16.73  20.56           0.46   21.00
6    8.99  16.73   9.32           0.33   19.70
7    8.67  16.41   6.68           0.72   19.62
8    8.60  15.62  18.97           0.52   17.39
9    8.54  15.25  33.29           0.45   15.83
10   8.40  14.97  14.89           0.26   11.06
11   8.36  13.94  23.23           0.24    9.50
12   8.08  13.91  34.39           0.56    3.82
```

图 3.110　删除数据集中重复值的运行结果 4

相对于前面仅使用"变量'roe'相同"来判断，可以发现使用"变量'pb'和'roe'都相同"的规则时，重复样本少了很多，比如编号为 4、5、6 的样本不再被视为重复样本。

3.7　Python 数据异常值处理

	下载资源：可扫描旁边二维码观看或下载教学视频
	下载资源:\源代码\第 3 章 数据清洗.py
	下载资源:\sample\第 3 章\数据 13.1.csv

异常值也被称为离群点（outlier），是指在样本中出现的极端值，这些值相对于整个样本全集中的其他观察值看起来异常大或异常小。异常值不一定是错误值，但在很多情况下会影响数据统计分析或机器学习算法的效率和效果，因此在数据清洗环节，通常要进行异常值的检测及处理。针对异常值的检测，常用方法包括运用 3δ 准则检测异常值、绘制箱图检测异常值等。

在异常值的处理方面，需要具体问题具体分析，常用方法包括不处理、删除异常值、替换异常值等。一般来说，如果异常值的存在是合理的，而且有着较高的分析价值，甚至很多数据统计分析或机器学习算法应用场景本身就是为了发现异常值，并针对异常值进行分析，探究异常值出现的根因，那么就不需要处理异常值，将其作为样本全集的重要组成部分即可。如果认为异常值的存在是不合理的，甚至异常值是错误值，比如客户年龄为负值等，那么就需要考虑删除异常值。如果认为异常值的发生有一定合理性，但会显著影响统计分析或算法模型效果，那么就需要进行替换处理。

3.7.1　运用 3δ 准则检测异常值

当数据为连续型变量、服从或近似服从正态分布时，可运用 3δ 准则检测异常值。在该准则条件下，数据值与均值的偏差如果超过标准差的 3 倍，那么该数据值就会被视为异常值。即针对

样本 x_i，如果满足：

$$|x_i - \mu| > 3\delta$$

则 x_i 被判定为异常值，其中 μ 为样本示例全集的均值，δ 为样本示例全集的标准差。

其基本原理是根据正态分布的概念，样本会集中分布在均值附近，$|x_i-\mu| \leqslant 3\delta$ 的概率为 99.7%，因此 $|x_i-\mu| > 3\delta$ 的概率仅为 0.3%，属于统计学意义上的小概率事件，继而被判定为异常值。

示例如下，在 Spyder 代码编辑区输入以下代码：

```
import pandas as pd              # 载入 pandas 模块，并简称为 pd
import numpy as np               # 载入 numpy 模块，并简称为 np
data=pd.read_csv('C:/Users/Administrator/.spyder-py3/数据 13.1.csv')  # 读取"数据 13.1.csv"
文件
```

注意，以下代码涉及自定义函数，虽然为多行，但是一个完整的代码语句，需要同时选中运行：

```
def three_sigma(data):          # 定义 three_sigma() 函数
    mean=data.mean()            # 计算平均值
    std=data.std()              # 计算标准差
    rule=(mean-3*std > data) | (mean+3*std< data) # 小于 μ-3δ 或大于 μ+3δ 的数据均为异常值
    index=np.arange(data.shape[0])[rule] # 用 np.arange 生成一个从 0 开始到 data 长度-1 结束的连续索
引，再根据 rule 列表中的 True 值，直接保留所有为 True 的索引，也就是异常值的行索引
    outliers=data.iloc[index]   # 获取异常值
    return outliers             # three_sigma() 函数的返回值为获取的异常值
three_sigma(data['income'])     # 对 data 数据集中的 income 列进行异常值检测
```

运行结果如图 3.111 所示。

```
93     200.000000
118    405.454545
123    200.909091
216    230.000000
447    144.545455
554    142.727273
563    220.000000
568    160.909091
584    150.909091
595    172.727273
619    226.363636
637    212.727273
681    169.090909
Name: income, dtype: float64
```

图 3.111　运用 3δ 准则检测异常值的运行结果

从结果中我们可以看到运用 3δ 准则检测到了 data 数据集 income 列中的异常值。

3.7.2　绘制箱图检测异常值

箱图（Box-Plot）又称为盒须图、盒式图或箱线图，是一种用于显示一组数据分散情况的统计图。箱图提供了一种只用 5 个点总结数据集的方式，这 5 个点包括最小值、第一个四分位数 Q1、中位数点、第三个四分位数 Q3、最大值。数据分析者通过绘制箱图不仅可以直观明了地识别数据中的异常值，还可以判断数据的偏态、尾重以及比较几批数据的形状。

以绘制 invest 和 profit 的箱图为例，代码如下：

```
import matplotlib.pyplot as plt  # 载入 matplotlib.pyplot 模块，并简称为 plt
```

注意，以下代码涉及图形绘制，虽然为多行，但却是一个完整的代码语句，因此需要同时选中运行：

```
plt.figure(figsize=(9,6))            # figsize 用来设置图形的大小
plt.boxplot(data['income'])          # 绘制 income 变量的箱图
plt.title("Boxlpot of 'income'")     # 标题设定为 Boxlpot of 'income'
```

运行结果如图 3.112 所示。

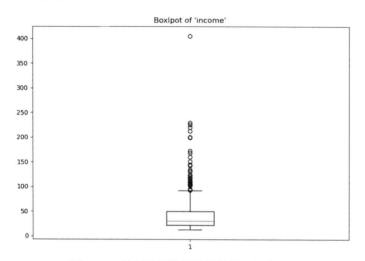

图 3.112　绘制箱图检测异常值的运行结果

箱图把所有的数据分成了 4 部分：第 1 部分是从顶线到箱体的上部，这部分数据值在全体数据中排名前 25%；第 2 部分是从箱体的上部到箱体中间的线，这部分数据值在全体数据中排名 25%以上、50%以下；第 3 部分是从箱体中间的线到箱体的下部，这部分数据值在全体数据中排名 50%以上、75%以下；第 4 部分是从箱体的底部到底线，这部分数据值在全体数据中排名后 25%。顶线与底线的间距在一定程度上表示了数据的离散程度，间距越大就越离散。**箱体顶线以上、底线以下的点即为异常值。可以发现本例中异常值均为大于箱体顶线的样本，没有底线以下的异常值。**

下面我们基于箱图绘制的基本思想，定义函数 box_outliers()，用来发现具体的异常值样本。示例代码如下，注意需要同时选中这些代码并运行：

```
def box_outliers(data):            # 定义函数 box_outliers()
    datanew=data.sort_values()     # 对 data 进行排序，生成 datanew
    if datanew.count()%2==0 :# 判断数据的总数量是奇数还是偶数，若为 True 则为偶数，若为 False 则为奇数
        Q3=datanew[int(len(datanew)/2):].median()# 计算偶数情形下的 Q3，即箱图的箱体顶部
        Q1=datanew[:int(len(datanew)/2)].median()# 计算偶数情形下的 Q1，即箱图的箱体底部
    elif datanew.count()%2 !=0 :
        Q3=datanew[int(len(datanew)/2-1):].median()# 计算奇数情形下的 Q3，即箱图的箱体顶部
        Q1=datanew[:int(len(datanew)/2-1)].median()# 计算奇数情形下的 Q1，即箱图的箱体底部
    IQR=round(Q3-Q1,1)# 计算 IQR，即箱图的箱体长度
    rule=(round(Q3+1.5*IQR,1)<data) | (round(Q1-1.5*IQR,1)>data)# 设置异常值规则，距离箱体顶部
或底部超出箱体长度 1.5 倍的点即为异常值
    index=np.arange(data.shape[0])[rule]    # 按规则 rule 获取异常值对应的索引
    outliers=data.iloc[index]               # 将异常值及其索引存储到 outliers
```

```
        return outliers                          # box_outliers()函数的返回值为获取的异常值
box_outliers(data['income'])                     # 对 data 数据集中的 income 列进行异常值检测
```

运行结果如图 3.113 所示。

		414	130.909091
		415	95.454545
		431	109.090909
50	92.727273	447	144.545455
81	117.272727	517	114.545455
88	109.090909	535	120.000000
93	200.000000	554	142.727273
118	405.454545	563	220.000000
123	200.909091	568	160.909091
178	123.636364	584	150.909091
197	102.727273	595	172.727273
216	230.000000	619	226.363636
225	109.090909	631	111.818182
299	102.727273	637	212.727273
302	110.000000	641	104.545455
331	122.727273	645	103.636364
378	105.454545	667	102.727273
383	105.454545	672	117.272727
388	131.818182	678	134.545455
391	102.727273	681	169.090909
407	107.272727	687	92.727273
			Name: income, dtype: float64

图 3.113 box_outliers()检测异常值的运行结果

从结果中我们可以看到 box_outliers()检测到的 data 数据集 income 列中的异常值。

3.7.3 删除异常值

删除异常值的基本思想就是将检测发现的异常值直接予以删除处理。Python 代码示例如下：

1. 删除运用 3δ 准则检测发现的异常值

```
mean=data['income'].mean()          # 计算平均值
std=data['income'].std()            # 计算标准差
rule=(mean-3*std > data['income']) | (mean+3*std< data['income'])  # 定义规则 rule，使得小于
μ-3δ 或大于 μ+3δ 的数据均为异常值
    index=np.arange(data['income'].shape[0])[rule]  # 用 np.arange 生成一个从 0 开始到 data 长度-1 结
束的连续索引
    clean_data=data['income'].drop(index)  # 将异常值样本全部删除，形成新的 income 数据 clean_data
```

可在 Spyder 的"变量浏览器"窗口找到生成的 clean_data 数据文件，双击文件名打开该数据
文件，文件内容如图 3.114 所示。

名称 ▲	类型	大小	值
clean_data	Series	(687,)	Series object of pandas.core.series module
data	DataFrame	(700, 9)	Column names: credit, age, education, workye…
index	Array of int32	(13,)	[93 118 123 ... 619 637 681]
mean	float	1	41.31298701257147
rule	Series	(700,)	Series object of pandas.core.series module
std	float	1	33.17287477881758

帮助 变量浏览器 绘图 文件

图 3.114 clean_data 数据文件

2. 删除绘制箱图检测发现的异常值

```
data=pd.read_csv('C:/Users/Administrator/.spyder-py3/数据13.1.csv')  # 读取"数据13.1.csv"
文件
datanew=data['income'].sort_values()  # 对data进行排序，生成datanew
```

注意以下代码涉及 if…elif…条件语句，虽然为多行，但却是一个完整的代码语句，需要同时选中运行：

```
if datanew.count()%2==0 :# 判断数据的总数量是奇数还是偶数，若为True则为偶数，若为False则为奇数
    Q3=datanew[int(len(datanew)/2):].median()# 计算偶数情形下的Q3，即箱图的箱体顶部
    Q1=datanew[:int(len(datanew)/2)].median()# 计算偶数情形下的Q1，即箱图的箱体底部
elif datanew.count()%2 !=0 :
    Q3=datanew[int(len(datanew)/2-1):].median()# 计算奇数情形下的Q3，即箱图的箱体顶部
    Q1=datanew[:int(len(datanew)/2-1)].median()# 计算奇数情形下的Q1，即箱图的箱体底部
IQR=round(Q3-Q1,1)# 计算IQR，即箱图的箱体长度
rule=(round(Q3+1.5*IQR,1)<data['income']) | (round(Q1-1.5*IQR,1)>data['income'])# 设置异常
值规则，距离箱体顶部或底部超出箱体长度1.5倍的点即为异常值
index=np.arange(data['income'].shape[0])[rule]# 按规则rule获取异常值对应的索引
clean_data=data['income'].drop(index)# 将异常值样本全部删除，形成新的income数据clean_data
```

可在 Spyder 的"变量浏览器"窗口找到新生成的 clean_data 数据文件，双击文件名称以打开该数据文件，文件内容如图 3.115 所示。

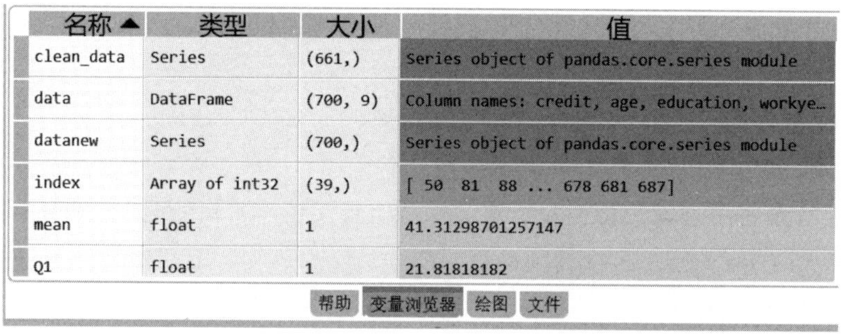

名称 ▲	类型	大小	值
clean_data	Series	(661,)	Series object of pandas.core.series module
data	DataFrame	(700, 9)	Column names: credit, age, education, workye…
datanew	Series	(700,)	Series object of pandas.core.series module
index	Array of int32	(39,)	[50 81 88 ... 678 681 687]
mean	float	1	41.31298701257147
Q1	float	1	21.81818182

帮助　变量浏览器　绘图　文件

图 3.115　新生成的 clean_data 数据文件

3.7.4　3δ 准则替换异常值

3δ 准则替换异常值的基本思想就是将通过 3δ 准则条件检测发现的异常值予以替换。具体来说，就是将 $x_i-\mu>3\delta$ 的样本示例 x_i，不论 x_i 大的程度如何，均替换为 $\mu+3\delta$；同时将 $\mu-x_i>3\delta$ 的样本示例 x_i，不论 x_i 小的程度如何，均替换为 $\mu-3\delta$，从而实现"缩尾"处理。Python 代码示例如下：

```
data=pd.read_csv('C:/Users/Administrator/.spyder-py3/数据13.1.csv')# 读取"数据13.1.csv"文
件
des1=data['income'].describe()# 针对异常值替换处理之前的income数据进行描述性分析
```

注意以下代码涉及自定义函数和 for 循环，虽然为多行，但却是一个完整的代码语句，需要同时选中运行：

```
def replace_outlier(val, mean, std):  # 定义replace_outlier()函数
    if val > mean + 3*std:            # 当样本值大于均值加3倍标准差时
        return mean + 3*std           # 返回值为均值加3倍标准差
    elif val < mean - 3*std:          # 当样本值小于均值减3倍标准差时
```

```
        return mean - 3*std              # 返回值为均值减 3 倍标准差
      return val                         # 未触发异常值判定条件时返回原值
  for col in data.columns:               # 针对数据集中的所有列进行如下 for 循环
      mean = data[col].mean()            # 求均值
      std = data[col].std(axis=0)        # 求标准差，其中 axis=0 表示按列（变量）进行求解
      data[col] = data[col].map(lambda x: replace_outlier(x, mean, std))# 使用 map 函数进行迭代。
```
map()函数作用于一个可迭代对象，使用一个函数，并且将函数应用于这个可迭代对象的每一个元素。本例中即针对数据集 data 中所有的列 col，均使用前面设置的 replace_outlier()函数进行求解

```
      des2=data['income'].describe()     # 针对异常值替换处理之后的 income 数据进行描述性分析
      pd.concat([des1,des2],axis=1)      # 将 des1 和 des2 进行合并，方便进行结果比较
```

运行结果如图 3.116 所示。

```
              income        income
count   700.000000    700.000000
mean     41.312987     40.162197
std      33.172875     26.792491
min      12.727273     12.727273
25%      21.818182     21.818182
50%      30.909091     30.909091
75%      50.000000     50.000000
max     405.454545    140.831611
```

图 3.116　3δ 准则替换异常值的运行结果

从结果中我们可以看出，运用 3δ 准则替换异常值后，最大值有了非常明显的收缩，数据分布更加集中。结合前面箱图展现的"异常值均为大于箱体顶线的值"结果来看，数据处理效果是很好的。

3.7.5　1%/99%分位数替换异常值

1%/99%分位数替换异常值的基本思想是将大于 99%分位数的样本视为异常值，不论该样本大的程度如何，均替换为 99%分位数；将小于 1%分位数的样本也视为异常值，不论该样本小的程度如何，均替换为1%分位数，从而实现了"缩尾"处理。Python 代码示例如下：

```
  data=pd.read_csv('C:/Users/Administrator/.spyder-py3/数据 13.1.csv')  # 读取"数据 13.1.csv"
文件
  des3=data['income'].describe()  # 针对异常值替换处理之前的 income 数据进行描述性分析
```

注意以下代码涉及自定义函数和 for 循环，虽然为多行，但却是一个完整的代码语句，需要同时选中运行：

```
  def replace_outlier1(val, P99, P1):    # 定义 replace_outlier1()函数
      if val > P99:                      # 当样本值大于 P99 时
          return P99                     # 返回值为 P99 的值
      elif val < P1:                     # 当样本值小于 P1 时
          return P1                      # 返回值为 P1 的值
      return val                         # 未触发异常值判定条件时返回原值
  for col in data.columns:               # 针对数据集中的所有列进行如下 for 循环
      P1=data[col].quantile(0.01)        # 设定 P1 为第 1 个百分位数
      P99=data[col].quantile(0.99)       # 设定 P99 为第 99 个百分位数
      data[col] = data[col].map(lambda x: replace_outlier1(x, P99, P1))# 使用 map 函数进行迭代，
即针对数据集 data 中所有的列 col，均使用前面设置的 replace_outlier()1 函数进行求解
      des4=data['income'].describe()     # 针对异常值替换处理之后的 income 数据进行描述性分析
      pd.concat([des3,des4],axis=1)      # 将 des3 和 des4 进行合并，方便进行结果比较
```

运行结果如图 3.117 所示。

	income	income
count	700.000000	700.000000
mean	41.312987	40.162197
std	33.172875	26.792491
min	12.727273	12.727273
25%	21.818182	21.818182
50%	30.909091	30.909091
75%	50.000000	50.000000
max	405.454545	140.831611

图 3.117　1%/99%分位数替换异常值的运行结果

从结果中我们可以看出，运用 1%/99%分位数替换异常值后，最大值有了非常明显的收缩，数据分布更加集中。结合前面箱图展现的"异常值均为大于箱体顶线的值"结果来看，数据处理效果是很好的。

3.8　Python 数据透视表、描述性分析和交叉表分析

	下载资源：可扫描旁边二维码观看或下载教学视频
	下载资源:\源代码\第 3 章　数据清洗.py
	下载资源:\sample\第 3 章\部分上市公司 2020 年末数据.xlsx

3.8.1　数据透视表

数据透视表是一种可以对数据动态排布并能分类汇总的表格，是数据处理中的常用工具，可以达到快速透视数据的效果。在 Python 环境中，制作数据透视表可通过 pandas 模块中的 pivot_table()函数来实现。pivot_table()函数的基本语法格式为：

```
pivot_table(data: DataFrame, values=None, index=None, columns=None, aggfunc:
AggFuncType="mean", fill_value=None, margins: bool=False, dropna: bool=True, margins_name:
str="All", observed: bool=False, sort: bool=True)
```

其中最为重要的 8 个参数为 data、values、index、columns、aggfunc、fill_value、margins、margins_name。

- **data**：用于设置需进行透视的数据集。
- **values**：用于指定数据集内参与数据透视的变量，仅用于数值型变量。
- **index**：用于设置行分类变量。
- **columns**：用于设置列分类变量。
- **aggfunc**：用于指定数据透视的聚合函数，默认为均值。
- **fill_value**：用于指定是否需要对数据集中的缺失值进行填充。
- **margins**：用于指定数据透视表中是否需要添加总计行/列。
- **margins_name**：若需在数据透视表中添加总计，则设置总计行/列名称。

下面我们以“部分上市公司 2020 年年末数据.xlsx”为例，讲解常用数据透视表的制作，Python 代码示例如下：

```
import pandas as pd # 导入模块 pandas，并简称为 pd
import numpy as np  # 导入 numpy 模块并简称为 np
data=pd.read_excel('C:/Users/Administrator/.spyder-py3/部分上市公司 2020 年末数据.xlsx')  # 读取数据集“部分上市公司 2020 年末数据.xlsx”，并命名为 data
```

成功载入后，可在 Spyder 的“变量浏览器”窗口找到载入的 data 数据文件，双击数据文件名即可打开该数据文件，文件内容如图 3.118 所示。

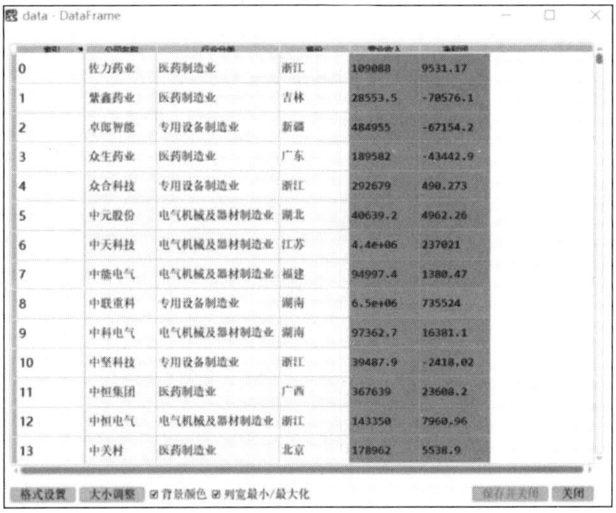

0	佐力药业	医药制造业	浙江	109088	9531.17
1	紫鑫药业	医药制造业	吉林	28553.5	-70576.1
2	卓郎智能	专用设备制造业	新疆	484955	-67154.2
3	众生药业	医药制造业	广东	189582	-43442.9
4	众合科技	专用设备制造业	浙江	292679	490.273
5	中元股份	电气机械及器材制造业	湖北	40639.2	4962.26
6	中天科技	电气机械及器材制造业	江苏	4.4e+06	237021
7	中能电气	电气机械及器材制造业	福建	94997.4	1380.47
8	中联重科	专用设备制造业	湖南	6.5e+06	735524
9	中科电气	电气机械及器材制造业	湖南	97362.7	16381.1
10	中坚科技	专用设备制造业	浙江	39487.9	-2418.02
11	中恒集团	医药制造业	广西	367639	23608.2
12	中恒电气	电气机械及器材制造业	浙江	143350	7960.96
13	中关村	医药制造业	北京	178962	5538.9

图 3.118　data 数据文件展示

可以发现本数据集中除索引列之外，还有 5 个变量，分别是公司名称、行业分类、省份、营业收入、净利润，其中仅有营业收入和净利润为数值型变量。

```
pd.set_option('display.max_columns', 10, 'display.max_rows', 10,'display.float_format', lambda x: '%.2f' %x)              # 不以科学记数法输出，并设置最大显示（无省略号）行列为 10*10
data.query('省份 == ["上海"]')       # 在数据集中查询省份为“上海”的样本
```

运行结果如图 3.119 所示。

```
     公司名称          行业分类  省份        营业收入        净利润
19   至纯科技      专用设备制造业  上海 139706.00 26075.00
29   柘中股份  电气机械及器材制造业  上海  60442.20 15564.90
81    新时达  电气机械及器材制造业  上海 395706.00  9285.11
122  透景生命          医药制造业  上海  48958.10 12055.30
134  天永智能      专用设备制造业  上海  50689.30  1220.40
..    ...          ... ..       ...       ...
453  飞乐音响  电气机械及器材制造业  上海 443348.00 43296.10
454  飞科电器  电气机械及器材制造业  上海 356788.00 63691.70
460   东富龙      专用设备制造业  上海 270769.00 48138.80
486  创力集团      专用设备制造业  上海 228724.00 43391.10
524  爱旭股份  电气机械及器材制造业  上海 966374.00 80621.80
```

图 3.119　数据透视表的运行结果 1

data.query()函数用于数据查询，我们可以用它来从数据集中按照一定的条件查找数据。本例中查询的是省份为上海的样本，因此查询结果中所有样本的省份均为上海。

当我们设置查询条件为“**行业分类是专用设备制造业**”时：

```
data.query('行业分类 == ["专用设备制造业"]')   # 在数据集中查询行业分类为"专用设备制造业"的样本
```

运行结果如图 3.120 所示。

	公司名称	行业分类	省份	营业收入	净利润
2	卓郎智能	专用设备制造业	新疆	484955.00	-67154.20
4	众合科技	专用设备制造业	浙江	292679.00	490.27
8	中联重科	专用设备制造业	湖南	6500000.00	735524.00
10	中坚科技	专用设备制造业	浙江	39487.90	-2418.02
15	中创环保	专用设备制造业	福建	182439.00	3903.38
..	...	...	...	...	...
507	宝莱特	专用设备制造业	广东	139601.00	35226.10
518	鞍重股份	专用设备制造业	辽宁	29015.30	521.81
522	安徽合力	专用设备制造业	安徽	1300000.00	83430.10
525	爱司凯	专用设备制造业	广东	13644.00	-1214.79
527	艾迪精密	专用设备制造业	山东	225562.00	51607.70

图 3.120   数据透视表的运行结果 2

```
pd.pivot_table(data, index=['省份'])   # 以"省份"为行分类变量，绘制数据透视表
```

运行结果如图 3.121 所示。

	净利润	营业收入
省份		
上海	32930.55	299697.66
云南	179804.18	1097753.43
内蒙古	16751.16	116322.77
北京	99776.35	722336.79
吉林	58891.20	211498.45
..	...	...
辽宁	2458.21	225271.79
重庆	46001.41	443384.40
陕西	20230.72	217357.71
青海	-168572.00	2000000.00
黑龙江	13064.51	328555.33

[30 rows x 2 columns]

图 3.121   数据透视表的运行结果 3

因为数据集中仅有营业收入和净利润为数值型变量，所以本数据透视表显示了将"省份"作为行分类变量的营业收入、净利润的情况。因为没有指定聚合函数，所以计算方式为默认的求平均值。比如数据集中省份为上海的上市公司的净利润平均值为 32930.55，营业收入平均值为 299697.66。

```
pd.pivot_table(data, index=['省份','行业分类'])   # 以"省份"为主要行分类变量，以"行业分类"为次要
行分类变量，绘制数据集中全部数值型变量的数据透视表
```

运行结果如图 3.122 所示。

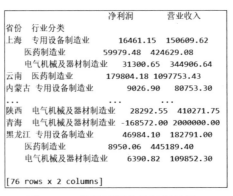

省份	行业分类	净利润	营业收入
上海	专用设备制造业	16461.15	150609.62
	医药制造业	59979.48	424629.08
	电气机械及器材制造业	31300.65	344906.64
云南	医药制造业	179804.18	1097753.43
内蒙古	专用设备制造业	9026.90	80753.30
...	...	...	...
陕西	电气机械及器材制造业	28292.55	410271.75
青海	电气机械及器材制造业	-168572.00	2000000.00
黑龙江	专用设备制造业	46984.10	182791.00
	医药制造业	8950.06	445189.40
	电气机械及器材制造业	6390.82	109852.30

[76 rows x 2 columns]

图 3.122   数据透视表的运行结果 4

在上述运行结果中,首先按照"省份"进行行分类,然后在每一个省份内部按照"行业分类"再次进行行分类,列示各个分类"净利润"和"营业收入"的平均值情况。比如数据集中省份为上海且所在行业为专用设备制造业的上市公司的净利润平均值为 16461.15,营业收入平均值为 150609.62;省份为上海且所在行业为医药制造业的上市公司的净利润平均值为 59979.48,营业收入平均值为 424629.08;省份为上海且所在行业为电气机械及器材制造业的上市公司的净利润平均值为 31300.65,营业收入平均值为 344906.64。

```
pd.pivot_table(data, index=['行业分类','省份'])  # 以"行业分类"为主要行分类变量,以"省份"为次要
行分类变量,绘制数据集中全部数值型变量的数据透视表
```

运行结果如图 3.123 所示。

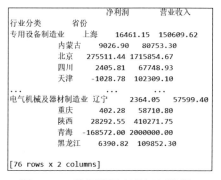

图 3.123　数据透视表的运行结果 5

在上述运行结果中,首先按照"行业分类"进行行分类,然后在每一个行业分类内部按照"省份"再次进行行分类,列示各个分类"净利润"和"营业收入"的平均值情况。比如数据集中行业分类为专用设备制造业且所在省份为上海的上市公司的净利润平均值为 16461.15,营业收入平均值为 150609.62;行业分类为专用设备制造业且所在省份为内蒙古的上市公司的净利润平均值为 9026.90,营业收入平均值为 80753.30;行业分类为专用设备制造业且所在省份为北京的上市公司的净利润平均值为 275511.44,营业收入平均值为 1715854.67。

```
pd.pivot_table(data, index=['行业分类','省份'],values=['营业收入'])  # 以"行业分类"为主要行分类
变量,以"省份"为次要行分类变量,仅绘制数据集中变量"营业收入"的数据透视表
```

运行结果如图 3.124 所示。

图 3.124　数据透视表的运行结果 6

在上述运行结果中，首先按照"行业分类"进行行分类，然后在每一个行业分类内部按照"省份"再次进行行分类，列示各个分类"营业收入"的平均值情况。比如数据集中行业分类为专用设备制造业且所在省份为上海的上市公司的营业收入平均值为 150609.62；行业分类为专用设备制造业且所在省份为内蒙古的上市公司的营业收入平均值为 80753.30。

```
pd.pivot_table(data, index=['行业分类','省份'],values=['营业收入'],aggfunc=[np.sum,np.mean])
# 以"行业分类"为主要行分类变量，以"省份"为次要行分类变量，仅绘制数据集中变量营业收入的数据透视表，聚合函数设置为求变量营业收入的总和与平均值
```

运行结果如图 3.125 所示。

```
                       sum         mean
                     营业收入        营业收入
行业分类        省份
专用设备制造业    上海    1957925.10    150609.62
                内蒙古    80753.30     80753.30
                北京    12010982.70  1715854.67
                四川     203246.80     67748.93
                天津     409236.40    102309.10
...                      ...           ...
电气机械及器材制造业 辽宁    115198.80     57599.40
                重庆     58710.80     58710.80
                陕西     820543.50    410271.75
                青海    2000000.00   2000000.00
                黑龙江   219704.60    109852.30

[76 rows x 2 columns]
```

图 3.125   数据透视表的运行结果 7

在上述运行结果中，首先按照"行业分类"进行行分类，然后在每一个行业分类内部按照"省份"再次进行行分类，列示各个分类"营业收入"的总和情况与平均值情况。比如数据集中行业分类为专用设备制造业且所在省份为上海的上市公司的营业收入总和为 1957925.10，营业收入平均值为 150609.62；行业分类为专用设备制造业且所在省份为内蒙古的上市公司的营业收入总和为 80753.30，营业收入平均值为 80753.30。

```
pd.pivot_table(data, index=['省份'], columns=['行业分类'],values=['营业收入'],aggfunc=[np.
sum],fill_value=0,margins=True)  # 以"省份"为行分类变量，以"行业分类"为列分类变量，仅绘制数据集中变量
"营业收入"的数据透视表，聚合函数设置为求变量营业收入的总和，不填充缺失值，需要设置总计项
```

运行结果如图 3.126 所示。

```
          sum
         营业收入
行业分类    专用设备制造业      医药制造业    电气机械及器材制造业        All
省份
上海     1957925.10   3821661.70    6208319.50   11987906.30
云南         0.00    4391013.70         0.00    4391013.70
内蒙古     80753.30    384537.80         0.00     465291.10
北京    12010982.70   3535145.00    1067618.40   16613746.10
吉林         0.00    1596034.50      95953.10    1691987.60
..           ...          ...          ...          ...
重庆         0.00    3488364.40      58710.80    3547075.20
陕西     525704.00    175256.50     820543.50    1521504.00
青海         0.00         0.00    2000000.00    2000000.00
黑龙江    182791.00   2225947.00     219704.60    2628442.60
All    59011855.30  70780981.20  154611410.00  284404246.50

[31 rows x 4 columns]
```

图 3.126   数据透视表的运行结果 8

在上述运行结果中，以"省份"作为行分类变量，以"行业分类"为列分类变量，列示各个分类"营业收入"的总和情况，相对于前面的一系列分析结果，本例最大的特色是在行/列后面增加了总计列，其名称默认为"All"。比如数据集中省份为上海且所在行业为专用设备制造业的上市公司的营业收入总和为 1957925.10；省份为上海且所在行业为医药制造业的上市公司的营业收入总和为 3821661.70；省份为上海且所在行业为电气机械及器材制造业的上市公司的营业收入总和为 6208319.50；省份为上海且所有行业上市公司的营业收入总和为 11987906.30；所在行业为专用设备制造业的所有省份上市公司的营业收入总和为 59011855.30。

```
pd.pivot_table(data, index=['省份'], columns=['行业分类'],values=['营业收入'],aggfunc=[np.
sum],fill_value=0,margins=True, margins_name='营业收入总计')  # 以"省份"为行分类变量，以"行业分类"
为列分类变量，仅绘制数据集中变量"营业收入"的数据透视表，聚合函数设置为求变量营业收入的总和，不填充缺失值，需要
设置总计项并指定其名称为"营业收入总计"
```

运行结果如图 3.127 所示。

```
        sum
        营业收入
行业分类      专用设备制造业       医药制造业      电气机械及器材制造业              营业收入总计
省份
上海      1957925.10   3821661.70    6208319.50   11987906.30
云南           0.00   4391013.70          0.00    4391013.70
内蒙古      80753.30    384537.80          0.00     465291.10
北京     12010982.70   3535145.00    1067618.40   16613746.10
吉林           0.00   1596034.50      95953.10    1691987.60
...            ...          ...           ...           ...
重庆           0.00   3488364.40      58710.80    3547075.20
陕西      525704.00    175256.50     820543.50    1521504.00
青海           0.00         0.00    2000000.00    2000000.00
黑龙江     182791.00   2225947.00     219704.60    2628442.60
营业收入总计 59011855.30 70780981.20  154611410.00  284404246.50

[31 rows x 4 columns]
```

图 3.127   数据透视表的运行结果 9

在上述运行结果中，以"省份"为行分类变量，以"行业分类"为列分类变量，列示各个分类"营业收入"的总和情况。相对于上一分析结果，本例最大的特色是在行/列后面增加了总计列，并且将总计列的名称指定为"营业收入总计"。

3.8.2 描述性分析

在进行数据分析时，当研究者得到的数据量很少时，可以通过直接观察原始数据来获得所有的信息。但是，当得到的数据量很多时，就必须借助各种描述性指标来完成对数据的描述工作。用少量的描述性指标来概括大量的原始数据，对数据展开描述的统计分析方法被称为描述性统计分析。需要说明的是，基于描述性指标开展的描述性分析通常针对连续变量的数值型数据，通过计算平均值、标准差、最大值、最小值、四分位数等统计指标的方式来进行。分类变量数据不宜用描述性指标来进行描述性分析。

在 Python 环境中，描述性分析可通过 pandas 模块中的 describe()函数来实现。默认情况下，describe()函数只为参与分析的数据集中的数值型变量列生成描述性统计结果（分类变量若已编码为数值型，则也可生成描述性统计结果），如果任何列中有缺失的数值，则 pandas 在计算描述性统计的时候会自动排除这些数值。

我们在 Spyder 代码编辑区内输入以下代码并运行：

```
import pandas as pd  # 导入 pandas 模块并简称为 pd
data=pd.read_excel('C:/Users/Administrator/.spyder-py3/部分上市公司 2020 年末数据.xlsx')  # 读取
数据集 "部分上市公司 2020 年末数据.xlsx"，并命名为 data
data.info()# 查看数据集信息
```

运行结果如图 3.128 所示。

```
<class 'pandas.core.frame.DataFrame'>
RangeIndex: 529 entries, 0 to 528
Data columns (total 5 columns):
 #   Column  Non-Null Count  Dtype
---  ------  --------------  -----
 0   公司名称    529 non-null    object
 1   行业分类    529 non-null    object
 2   省份      529 non-null    object
 3   营业收入    529 non-null    float64
 4   净利润     529 non-null    float64
dtypes: float64(2), object(3)
memory usage: 20.8+ KB
```

图 3.128   描述性分析的运行结果 1

数据集中共有 529 个样本（529 entries, 0 to 528）、5 个变量（total 5 columns）。5 个变量分别是公司名称、行业分类、省份、营业收入、净利润，这 5 个变量均包含 529 个非缺失值（529 non-null），其中公司名称、行业分类、省份的数据类型为字符串（object），营业收入、净利润的数据类型为浮点型（float64）。数据文件中共有 3 个字符串（object）变量、2 个浮点型（float64）变量，数据占用的内存为 20.8KB。

```
data.loc[:,['营业收入', '净利润']].describe()  # 对数据集中的变量 "营业收入""净利润" 进行描述性分析
```

describe() 函数可以查看数据的基本情况，包括 count（非空值数）、mean（平均值）、std（标准差）、min（最小值）、（25%、50%、75%）分位数和 max（最大值）等。运行结果如图 3.129 所示。

```
              营业收入          净利润
count  5.290000e+02  5.290000e+02
mean   5.376262e+05  4.853094e+04
std    1.862932e+06  1.915426e+05
min    1.143450e+04 -1.685720e+05
25%    8.476840e+04  3.917640e+03
50%    1.761290e+05  1.216770e+04
75%    3.676390e+05  4.034610e+04
max    2.800000e+07  2.800000e+06
```

图 3.129   描述性分析的运行结果 2

结果中的 e+ 表示科学记数法，比如 e+01 即表示乘以 10 的 1 次方。数据集中变量营业收入的 count（非空值数）为 5.290000e+02，也就是 529，mean（平均值）为 5.376262e+05，std（标准差）为 1.862932e+06，min（最小值）为 1.143450e+04，（25%、50%、75%）分位数分别为 8.476840e+04、1.761290e+05、3.676390e+05，max（最大值）为 2.800000e+07。上面的输出结果可能查看不便，可尝试下面的代码：

```
data.loc[:,['营业收入', '净利润']].describe().round(2)        # 对数据集中的变量 "营业收入""净利润"
进行描述性分析，只保留两位小数
```

运行结果如图 3.130 所示。

```
                  营业收入              净利润
count         529.00          529.00
mean        537626.17        48530.94
std        1862931.85       191542.58
min          11434.50      -168572.00
25%          84768.40         3917.64
50%         176129.00        12167.70
75%         367639.00        40346.10
max       28000000.00      2800000.00
```

图 3.130 描述性分析的运行结果 3

结果跟前面的一致，但更加简洁清晰。

```
pd.set_option('display.max_columns', None)        # 显示完整的列，如果不运行该代码，那么描述性分析结
果的列可能会显示不全，中间有省略号
data.loc[:,['营业收入', '净利润']].describe().round(2).T    # 对数据集中的变量 "营业收入" "净利润"
进行描述性分析，只保留两位小数，并将数据进行转置以便显示结果更符合用户查看数据的习惯
```

运行结果如图 3.131 所示。

```
             count        mean          std        min       25%        50%         75%  \
营业收入     529.0   537626.17   1862931.85    11434.5   84768.40   176129.0   367639.0
净利润       529.0    48530.94    191542.58  -168572.0    3917.64    12167.7    40346.1

                    max
营业收入     28000000.0
净利润       2800000.0
```

图 3.131 描述性分析的运行结果 4

结果跟前面的一致，只是这种显示结果是很多用户更偏好的查看方式。

很多时候我们还需要单独求一些统计指标，比如求均值、方差、标准差、协方差等，这时可以使用一些描述性分析函数，描述性分析的常用函数如表 3.3 所示。

表 3.3 描述性分析的常用函数

常用函数	具体含义	常用函数	具体含义
count()	非空观测数量	sum()	所有值之和
mean()	所有值的平均值	median()	所有值的中位数
mode()	值的模值	std()	值的标准偏差
var()	方差	min()	所有值中的最小值
max()	所有值中的最大值	abs()	绝对值
prod()	数组元素的乘积	cumsum()	累计总和
cumprod()	累计乘积	skew()	偏度
Wv()	协方差矩阵		

示例如下：

```
data.loc[:,['营业收入', '净利润']].mean()        # 对数据集中的变量 "营业收入" "净利润" 求均值
```

运行结果如图 3.132 所示。

```
营业收入    537626.174858
净利润       48530.940809
dtype: float64
```

图 3.132 描述性分析的运行结果 5

```
data.loc[:,['营业收入', '净利润']].var()        # 对数据集中的变量 "营业收入" "净利润" 求方差
```

运行结果如图 3.133 所示。

```
营业收入        3.470515e+12
净利润          3.668856e+10
dtype: float64
```

图 3.133　描述性分析的运行结果 6

```
data.loc[:,['营业收入', '净利润']].std()        # 对数据集中的变量 "营业收入" "净利润" 求标准差
```

运行结果如图 3.134 所示。

```
营业收入        1.862932e+06
净利润          1.915426e+05
dtype: float64
```

图 3.134　描述性分析的运行结果 7

```
data.loc[:,['营业收入', '净利润']].cov()        # 对数据集中的变量 "营业收入" "净利润" 求协方差
```

运行结果如图 3.135 所示。

```
              营业收入              净利润
营业收入     3.470515e+12   3.243711e+11
净利润       3.243711e+11   3.668856e+10
```

图 3.135　描述性分析的运行结果 8

3.8.3　交叉表分析

针对分类变量，通常使用交叉表的方式开展分析。交叉表分析也是描述统计的一种，分析特色是将数据按照行变量、列变量进行描述统计。比如我们要针对体检结果分析高血脂和高血压情况，则可以使用交叉表分析方法将高血脂作为行变量，将高血压作为列变量（当然，行、列变量也可以互换），对所有被体检者生成二维交叉表格描述统计分析。在 Python 环境中，制作数据透视表可通过 pandas 模块中的 **crosstab**()函数来实现。**crosstab**()函数的基本语法格式为：

```
crosstab(index, columns, values=None, rownames=None, colnames=None, aggfunc=None, margins:
bool=False, margins_name: str="All", dropna: bool=True, normalize=False)
```

其中最为重要的参数为 index、columns、rownames、colnames、values、aggfunc、margins、margins_name。

- **index**：用于设置交叉表格的行分类变量。
- **columns**：用于设置交叉表格的列分类变量。
- **rownames**：用于设置交叉表格的行分类变量的名称。
- **colnames**：用于设置交叉表格的列分类变量的名称。
- **values**：用于指定交叉表格中的变量，主要用于数值型变量，需要与参数 aggfunc 同时设置。
- **aggfunc**：用于指定交叉表格中的变量的聚合函数，需要与参数 values 同时设置。
- **margins**：用于指定交叉表格中是否需要添加总计行/列。
- **margins_name**：若需在交叉表格中添加总计，则设置总计行/列名称。

我们在 Spyder 代码编辑区内输入以下代码并运行：

```
import pandas as pd  # 导入 pandas 模块，并简称为 pd
import numpy as np  # 导入 numpy 模块，并简称为 np
data=pd.read_excel('C:/Users/Administrator/.spyder-py3/部分上市公司 2020 年末数据.xlsx')  # 读取
数据集"部分上市公司 2020 年末数据.xlsx"，并命名为 data
pd.crosstab(data['省份'], data['行业分类'])  # 针对"省份""行业分类"两个变量开展交叉表分析，以"省
份"为行变量，以"行业分类"为列变量
```

运行结果如图 3.136 所示。

行业分类	专用设备制造业	医药制造业	电气机械及器材制造业
省份			
上海	13	9	18
云南	0	4	0
内蒙古	1	3	0
北京	7	10	6
吉林	0	6	2
四川	3	5	2
天津	4	6	3
安徽	5	4	7
山东	15	11	12
山西	2	5	0
广东	29	20	45
广西	1	3	0
新疆	1	1	1
江苏	20	13	31
江西	3	4	2
河北	3	3	3
河南	1	5	1
浙江	25	27	30
海南	0	3	0
湖北	2	5	3
湖南	5	7	6
甘肃	1	2	2
福建	3	4	6
西藏	0	6	0
贵州	0	5	1
辽宁	5	2	2
重庆	0	7	1
陕西	2	3	2
青海	0	0	1
黑龙江	1	5	2

图 3.136 交叉表分析的运行结果 1

在上述运行结果中，"省份"为行变量，"行业分类"为列变量，展示了各个交叉类别中上市公司的频数（个数）。比如数据集中省份为上海且所在行业为专用设备制造业的上市公司的个数为 13，省份为云南且所在行业为医药制造业的上市公司的个数为 4。

```
pd.crosstab(data['行业分类'], data['省份'])  # 针对"行业分类""省份"两个变量开展交叉表分析，以"行
业分类"为行变量，以"省份"为列变量
```

运行结果如图 3.137 所示。

省份	上海	云南	内蒙古	北京	吉林	四川	天津	安徽	山东	山西	广东	广西	新疆	江苏	江西	河北 \
行业分类																
专用设备制造业	13	0	1	7	0	3	4	5	15	2	29	1	1	20	3	3
医药制造业	9	4	3	10	6	5	6	4	11	5	20	3	1	13	4	3
电气机械及器材制造业	18	0	0	6	2	2	3	7	12	0	45	0	1	31	2	3

省份	河南	浙江	海南	湖北	湖南	甘肃	福建	西藏	贵州	辽宁	重庆	陕西	青海	黑龙江
行业分类														
专用设备制造业	1	25	0	2	5	1	3	0	0	5	0	2	0	1
医药制造业	5	27	3	5	7	2	4	6	5	2	7	3	0	5
电气机械及器材制造业	1	30	0	3	6	2	6	0	1	2	1	2	1	2

图 3.137 交叉表分析的运行结果 2

在上述运行结果中，"行业分类"为行变量，"省份"为列变量，展示了各个交叉类别中上市公司的频数（个数）。比如数据集中所在行业为专用设备制造业且省份为上海的上市公司的个数为 13，所在行业为医药制造业且省份为云南的上市公司的个数为 4。

```
pd.crosstab(data['省份'], data['行业分类'],values=data['营业收入'],aggfunc=np.sum).round(1)
# 针对"行业分类""省份"两个变量开展交叉表分析，以"行业分类"为行变量，以"省份"为列变量，指定交叉表格中的变量
为营业收入，指定交叉表格中的变量的聚合函数为求总和，结果保留小数点后 1 位
```

运行结果如图 3.138 所示。

行业分类 省份	专用设备制造业	医药制造业	电气机械及器材制造业
上海	1957925.10	3821661.70	6208319.50
云南	NaN	4391013.70	NaN
内蒙古	80753.30	384537.80	NaN
北京	12010982.70	3535145.00	1067618.40
吉林	NaN	1596034.50	95953.10
四川	203246.80	2453591.40	273206.30
天津	409236.40	2989591.00	519973.00
安徽	1767452.30	587322.30	5851442.40
山东	5427185.50	4189922.80	25676929.00
山西	964541.00	1045769.30	NaN
广东	5746665.70	12012604.90	69079032.50
广西	2300000.00	602654.10	NaN
新疆	484955.00	96286.80	4400000.00
江苏	11316617.80	5179485.50	13523108.40
江西	269797.20	871822.00	788857.00
河北	425224.80	2214627.00	2807382.60
河南	106534.00	1267853.20	192786.00
浙江	4450099.40	9170574.10	15075438.60
海南	NaN	237968.50	NaN
湖北	422780.00	2855011.20	1786528.20
湖南	8031198.20	1344487.50	1441161.90
甘肃	290084.00	92295.10	250526.10
福建	533137.00	791580.50	2281077.40
西藏	NaN	849820.60	NaN
贵州	NaN	1502449.60	77911.90
辽宁	1104944.10	807303.20	115198.80
重庆	NaN	3488364.40	58710.80
陕西	525704.00	175256.50	820543.50
青海	NaN	NaN	2000000.00
黑龙江	182791.00	2225947.00	219704.60

图 3.138　交叉表分析的运行结果 3

在上述运行结果中，"行业分类"为行变量，"省份"为列变量，展示了各个交叉类别中上市公司"营业收入"的总和情况。比如数据集中所在行业为专用设备制造业且省份为上海的上市公司营业收入的总和为 1957925.1，所在行业为医药制造业且省份为云南的上市公司营业收入的总和为 4391013.7。

```
pd.crosstab(data['省份'], data['行业分类'],values=data['营业收入'],aggfunc=np.sum,
margins=True).round(1)                    # 针对"行业分类""省份"两个变量开展交叉表分析，以"行业分类"
为行变量，以"省份"为列变量，指定交叉表格中的变量为"营业收入"，指定交叉表格中变量的聚合函数为求总和，要求输出总
计项，结果保留小数点后 1 位
```

运行结果如图 3.139 所示。

行业分类	专用设备制造业	医药制造业	电气机械及器材制造业	All
省份				
上海	1957925.10	3821661.70	6208319.50	11987906.30
云南	NaN	4391013.70	NaN	4391013.70
内蒙古	80753.30	384537.80	NaN	465291.10
北京	12010982.70	3535145.00	1067618.40	16613746.10
吉林	NaN	1596034.50	95953.10	1691987.60
四川	203246.80	2453591.40	273206.30	2930044.50
天津	409236.40	2989591.00	519973.00	3918800.40
安徽	1767452.30	587322.30	5851442.40	8206217.00
山东	5427185.50	4189922.80	25676929.00	35294037.30
山西	964541.00	1045769.30	NaN	2010310.30
广东	5746665.70	12012604.90	69079032.50	86838303.10
广西	2300000.00	602654.10	NaN	2902654.10
新疆	484955.00	96286.80	4400000.00	4981241.80
江苏	11316617.80	5179485.50	13523108.40	30019211.70
江西	269797.20	871822.00	788857.00	1930476.20
河北	425224.80	2214627.00	2807382.60	5447234.40
河南	106534.00	1267853.20	192786.00	1567173.20
浙江	4450099.40	9170574.10	15075438.60	28696112.10
海南	NaN	237968.50	NaN	237968.50
湖北	422780.00	2855011.20	1786528.20	5064319.40
湖南	8031198.20	1344487.50	1441161.90	10816847.60
甘肃	290084.00	92295.10	250526.10	632905.20
福建	533137.00	791580.50	2281077.40	3605794.90
西藏	NaN	849820.60	NaN	849820.60
贵州	NaN	1502449.60	77911.90	1580361.50
辽宁	1104944.10	807303.20	115198.80	2027446.10
重庆	NaN	3488364.40	58710.80	3547075.20
陕西	525704.00	175256.50	820543.50	1521504.00
青海	NaN	NaN	2000000.00	2000000.00
黑龙江	182791.00	2225947.00	219704.60	2628442.60
All	59011855.30	70780981.20	154611410.00	284404246.50

图 3.139 交叉表分析的运行结果 4

在上述运行结果中，"行业分类"为行变量，"省份"为列变量，展示了各个交叉类别中上市公司"营业收入"的总和情况，相对于前面的一系列分析结果，本例最大的特色是在行/列后面增加了总计列，其名称默认为"All"。比如数据集中省份为上海的上市公司的营业收入总和为11987906.3，行业分类为专用设备制造业的营业收入总和为59011855.3。

```
        pd.crosstab(data['省份'], data['行业分类'],values=data['营业收入'],aggfunc=np.sum,
margins=True, margins_name='营业收入总计').round(2)   # 针对"行业分类""省份"两个变量开展交叉表分析，以
"行业分类"为行变量，以"省份"为列变量，指定交叉表格中的变量为"营业收入"，指定交叉表格中的变量的聚合函数为求总
和，要求输出总计项，并且设置总计项的名称为"营业收入总计"，结果保留小数点后 1 位
```

运行结果如图 3.140 所示。

在上述运行结果中，"行业分类"为行变量，"省份"为列变量，展示了各个交叉类别中上市公司"营业收入"的总和情况。相对于上一分析结果，本例最大的特色是在行/列后面增加了总计列，并且将总计列的名称指定为"营业收入总计"。

行业分类 省份	专用设备制造业	医药制造业	电气机械及器材制造业	营业收入总计
上海	1957925.10	3821661.70	6208319.50	11987906.30
云南	NaN	4391013.70	NaN	4391013.70
内蒙古	80753.30	384537.80	NaN	465291.10
北京	12010982.70	3535145.00	1067618.40	16613746.10
吉林	NaN	1596034.50	95953.10	1691987.60
四川	203246.80	2453591.40	273206.30	2930044.50
天津	409236.40	2989591.00	519973.00	3918800.40
安徽	1767452.30	587322.30	5851442.40	8206217.00
山东	5427185.50	4189922.80	25676929.00	35294037.30
山西	964541.00	1045769.30	NaN	2010310.30
广东	5746665.70	12012604.90	69079032.50	86838303.10
广西	2300000.00	602654.10	NaN	2902654.10
新疆	484955.00	96286.80	4400000.00	4981241.80
江苏	11316617.80	5179485.50	13523108.40	30019211.70
江西	269797.20	871822.00	788857.00	1930476.20
河北	425224.80	2214627.00	2807382.60	5447234.40
河南	106534.00	1267853.20	192786.00	1567173.20
浙江	4450099.40	9170574.10	15075438.60	28696112.10
海南	NaN	237968.50	NaN	237968.50
湖北	422780.00	2855011.20	1786528.20	5064319.40
湖南	8031198.20	1344487.50	1441161.90	10816847.60
甘肃	290084.00	92295.10	250526.10	632905.20
福建	533137.00	791580.50	2281077.40	3605794.90
西藏	NaN	849820.60	NaN	849820.60
贵州	NaN	1502449.60	77911.90	1580361.50
辽宁	1104944.10	807303.20	115198.80	2027446.10
重庆	NaN	3488364.40	58710.80	3547075.20
陕西	525704.00	175256.50	820543.50	1521504.00
青海	NaN	NaN	2000000.00	2000000.00
黑龙江	182791.00	2225947.00	219704.60	2628442.60
营业收入总计	59011855.30	70780981.20	154611410.00	284404246.50

图 3.140　交叉表分析的运行结果 5

3.9　习　　题

 下载资源:\sample\第 3 章\数据 5.1.sav、数据 7A.dta、数据 2-12.1.txt、数据 2-12.1.csv

1. Python 函数的创建通过什么来完成？

2. Python 导入模块常用的两种方式是什么？

3. 阐述"使用 import 语句导入模块"和"使用 from…import 语句导入模块"这两种方法的区别。

4. 下述代码的运行结果是什么？

```
list1 = [9, 18,27,56]
array1 = np.array(list1)
array1*2+1
```

5. 写出 if 语句、if…else 语句和 if…elif…else 语句这 3 种选择语句的基本语法格式，并阐述它们的具体作用，然后作答如下选择题（单选题）。

（1）语句相当于"如果……就……"。（　　　）

A. if 语句   B. if…else 语句   C. if…elif…else 语句   D. while 循环语句

（2）语句相当于"如果……就……，否则……"。（   ）

A. if 语句   B. if…else 语句   C. if…elif…else 语句   D. while 循环语句

（3）语句相当于"如果……则……，否则如果满足某种条件则……，不满足某种条件则……"。（   ）

A. if 语句   B. if…else 语句   C. if…elif…else 语句   D. while 循环语句

6. 写出 while 循环语句和 for 循环语句这两种循环语句的基本语法格式，并阐述其具体作用。然后作答如下选择题（不定项选择题）：

（1）下列哪些属于循环语句？（   ）

A. while 语句   B. for 语句   C. if 语句   D. if…else 语句

（2）下列哪些属于选择语句？（   ）

A. while 语句   B. for 语句   C. if 语句   D. if…else 语句

7. 写出 break 语句和 continue 语句这两种跳转语句的基本语法格式，并阐述它们的具体作用。

8. 读取 SPSS 数据"数据 5.1.sav"

9. 读取 Stata 数据"数据 7A.dta"

10. 读取 TXT 数据"数据 2-12.1.txt"，并用本章讲解的代码进行数据检索。

11. 读取 CSV 数据"数据 2-12.1.csv"，并进行以下操作：

（1）查看数据集中的缺失值。

（2）填充数据集中的缺失值（用字符串"缺失数据"代替、用前后值填充缺失数据、用变量均值或者中位数填充缺失数据、用线性插值法填充缺失数据）。

注意：在采取不同方式填充缺失数据时，均需重新读取数据。

（3）重新读取数据集，删除数据集中的缺失值。

（4）重新读取数据集，查看数据集中的重复值。

（5）重新读取数据集，删除数据集中的重复值。

（6）重新读取数据集，删除变量列（V8、V9）、样本行（0、3、7）。

（7）重新读取数据集，更改所有变量列名称为 var2、var3……然后将 var2 和 var3 这两列位置互换。

（8）将 var2 和 var3 这两列的数据格式改为字符串格式，并进行验证。

（9）将 var5 列的数据格式设置成百分比格式。

12. 缺失值的处理方法一般有哪些？

13. 简述数据异常值是什么？如何结合具体情况恰当处理？

14. 箱图提供了一种只用几个点总结数据集的方式？每个点分别代表什么？

15. 简述描述性分析的概念。

第 **4** 章

特 征 选 择

在商业运营实践中，针对具体业务问题，我们开展数据统计分析或应用机器学习建模时，很难全面、准确地直接找到与预测目标相关的全部特征。所以通常的做法是，首先由相关业务领域的业务专家基于业务经验给出与预测目标相关的一系列特征，构成一个备选的特征集，然后再按照一定的规则进行必要的特征选择，形成特征子集，最后基于特征子集开展数据统计分析或构建算法模型。本章我们讲述特征选择的概念、原则和方法，以及常用的特征选择方法的 Python 实现。

4.1　特征选择的概念、原则及方法

 下载资源：可扫描旁边二维码观看或下载教学视频

下载资源:\源代码\第 4 章 特征选择.py

4.1.1　特征选择的概念

在开展机器学习项目时，最终模型的生成在多数情况下并不是一步到位的。在实践中，我们很难在研究的一开始就能够非常精准地确定所有合适的特征变量，也无法保证搜集整理的数据都是准确、完整、充分的。事实上，如果我们一开始就很完美地确定好这些内容，那么从另外一个角度来讲，也就局限住了思路，放弃了通过模型过程可能获得的新认知。

因此，为了达到最优模型预测效果，我们在符合成本效益的原则下倾向于搜集尽可能多的、预期对响应变量预测有效果的特征变量。比如在预测商业银行对公授信客户违约问题时，商业银行对公客户授信业务的资产质量或者说预期客户是否违约会受很多因素的影响，包括但不限于客户的基本信息、负债信息以及客户在生产经营、财务管理、资本运作、现金流量、对外担保等方面的信息，最佳策略是从多个维度挖掘一系列客户特征用于机器学习算法模型的构建。

在构建的最终模型中，我们需要确定响应变量、特征变量以及所使用的数据集。但是一个不

容忽视的事实就是，不同特征变量对于响应变量的预测效果是有显著差别的。具体来说，在将特征变量真正加入模型进行训练时，有的特征变量确实对预测响应变量很有效果，属于强相关特征；还有的特征变量则对预测响应变量效果很差，无法或者难以带来算法整体性能的边际提升，属于弱相关特征；还有的特征变量虽然对预测响应变量很有效果，但完全可以通过模型中其他单一特征或特征组合来推断、替代，因此也无法或者难以带来算法整体性能的边际提升，属于冗余特征。**我们从众多特征中选择强相关特征，排除弱相关特征及冗余特征的过程，就是特征选择（Feature Selection）。**

4.1.2　特征选择的原则

过多的特征不仅会造成模型难以估计、模型可解释性较差，还会造成"维度灾难"问题。"维度灾难"是指随着特征变量个数的增加，为了达到相同的预测效果，所需要的样本示例个数呈指数型增加，而如果受条件限制样本个数无法增加或增加不够充分，那么就会导致模型的预测能力下降。

奥卡姆剃刀定律（Occam's Razor）即"简单有效原理"，指出"切勿浪费较多东西去做用较少的东西同样可以做好的事情。"该定律对于机器学习的启示在于，一个满足预测性能条件下尽量简单的模型，才能够有比较好的泛化能力。

因此，特征选择的原则应该是在不显著降低机器学习预测性能的前提下，获取尽可能小并且稳定、适应性强的特征子集。

4.1.3　特征选择的方法

特征选择的方法包括过滤式方法（Filter）、嵌入式方法（Embedded）和包裹式方法（Wrapper）。

1. 过滤式方法

过滤式方法的基本思想是先进行特征选择，过滤得到特征子集，再进行机器学习，如图 4.1 所示。

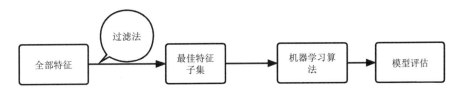

图 4.1　过滤式方法流程图

过滤式方法的基本操作路径是首先观察特征的通用表现，比如特征自身的缺失值百分比、特征自身的方差、特征与响应变量之间的相关性等，并合理设定特征表现阈值或者待选择的特征个数阈值，当某个特征表现低于阈值或超出待选择个数阈值时，偏弱的特征将不被选择；然后基于选择的特征子集开展机器学习算法，构建算法模型。特征选择的过程并不体现在机器学习算法模型构建与训练之中。

过滤式方法的优点在于运行速度快，缺点在于由于特征选择和机器学习算法训练过程是相互割裂的，因此机器学习算法无法向特征选择过程传递对特征的需求，而且很多情况下的特征选择算法只针对单个特征变量进行评价，而没有考虑多个特征变量之间的交互效应，比如单纯考虑职业和年龄两个特征对于客户是否购买某项产品的影响可能都不显著，但是特定年龄并且有特定职业的客户可能在预测客户是否购买某项产品方面有着非常好的预测表现。

2. 嵌入式方法

嵌入式方法的基本思想是将特征选择和机器学习算法融合起来，特征选择过程嵌入机器学习过程，特征选择和机器学习算法模型的训练过程是同时展开的，如图 4.2 所示。

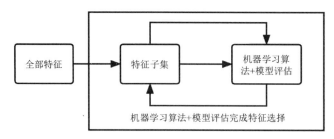

图 4.2　嵌入式方法流程图

嵌入式方法的基本操作路径是首先将全部特征纳入模型，使用机器学习算法对包含全量特征的模型进行训练，得到各个特征的系数（coef_）或重要性水平（feature_importances）；然后结合实际需求及可用资源合理设置特征选择阈值，基于特征的系数或重要性水平大小是否达到阈值来进行特征选择；嵌入式方法将特征选择嵌入机器学习之中，特征选择和机器学习所使用的算法可能是相同的模型，但是完成特征选择后，还能基于特征选择结果以及与之匹配的模型超参数，再次训练优化。

嵌入式方法的优点在于直接依据机器学习算法、从提升模型预测能力的角度开展特征选择，缺点在于运行速度与过滤式方法相比较慢，但比包裹式方法要快。

3. 包裹式方法

包裹式方法（也称封装式方法）的基本思想同样是将特征选择过程和机器学习过程同时展开来完成特征选择，如图 4.3 所示。但与嵌入法不同的是，包裹式方法使用一个目标函数作为黑盒来帮助选取特征，而不是用户自己设置阈值。

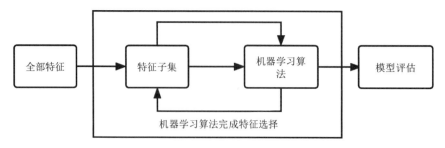

图 4.3　包裹式方法流程图

包裹式方法的基本操作路径是将特征子集的选择看作一个搜索寻优问题，首先基于初始特征集开展机器学习，然后从中修剪最不重要的特征，以期提升模型的预测效果，不断递归重复该过程，直至实现最优选择。前面介绍的过滤式方法和嵌入式方法都是通过一次训练完成特征选择，而包裹式方法往往需要使用特征子集进行多次训练，所以计算成本最高。

包裹式方法具体可分为前向搜索方法、后向搜索方法和递归特征消除法。

1）前向搜索方法

前向搜索方法是初始特征子集为空，然后每次增加一个特征到特征子集中并计算子集的预测效果，如果增加后预测效果更好则更新特征子集；如果增加后预测效果降低或不变则停止增加特征，并将最后一次增加前的特征子集作为最终特征子集。

2）后向搜索方法

后向搜索方法是初始特征子集为全部特征，然后每次减少一个特征并计算减少后特征子集的预测效果，如果减少后预测效果更好则更新特征子集；如果减少后预测效果降低或不变则停止减少特征，并将最后一次减少前的特征子集作为最终特征子集。

3）递归特征消除法

递归特征消除法是一种贪婪的优化算法，致力于通过反复创建模型的方式找到性能最佳的特征子集。首先将筛选的 K 个特征作为初始特征子集，开展机器学习计算得到每个特征的重要性，利用交叉验证方法得到初始特征子集的分类精度；然后从当前特征子集中保留最佳特征或剔除最差特征，并使用上一次建模中没有被选中的特征来构建下一个模型得到一个新的特征子集；再次开展机器学习计算新的特征子集中每个特征的重要性，利用交叉验证方法得到新的特征子集分类精度；不断重复上一过程直至所有特征都耗尽为止；最后得到 K 个不同特征数量的特征子集，选择分类精度最高的特征子集作为最终特征子集。

包裹式方法的优点在于能够充分考虑机器学习算法模型产生的学习误差，以学习误差最小化为导向确定最佳特征子集，因此往往能够实现最佳机器学习性能。其缺点在于每次尝试特征子集时都需要运行一遍机器学习算法，所以其计算量是最大的，进而造成运行速度远慢于过滤算法，其计算成本也最高。若特征众多，则需要遍历的循环次数就会较大，可能在很长的时间都无法求出最优解。

不难看出，三种特征选择方法都各有特色，各有优缺点。整体上看，过滤法最为快捷，但也最为粗糙；包裹式方法和嵌入式方法计算量比较大，运行时间也相对更长，但同时也相对更加精确。实务中，我们需要根据特征数量、样本数量等因素统筹考虑，在计算成本、运算速度和预测精度方面寻求最佳平衡。

4.2 过滤法——去掉低方差的特征

下载资源：可扫描旁边二维码观看或下载教学视频
下载资源:\源代码\第 4 章 特征选择.py
下载资源:\sample\第 4 章\某商业银行个人信用卡客户信用状况.csv

去掉低方差的特征（Removing Features With Low Variance）通常用于离散型特征变量，如果特征变量为连续型，那么通常需要进行离散化（分箱）操作后再应用。

该方法的基本思想是，特征的作用在于能够对响应变量产生预测效果，基于特征的不同取值情况来预测响应变量的响应情况，因此机器学习通常要求特征需要有一定的变化，如果特征本身就是取值单一的，那么就很难说特征的不同取值会对响应变量产生影响。比如在预测客户是否违约的案例中，针对性别特征变量，有 99%甚至 100%的样本为女性，没有展现出特征取值的多样性，那么该特征变量在预测客户违约方面的作用大概率会比较小，直接舍弃该特征变量不失为一种好的选择。

本章都以"某商业银行个人信用卡客户信用状况"中的数据为例进行讲解。"某商业银行个人信用卡客户信用状况"文件中记录的是某商业银行 XX 分行的部分个人信用卡客户信用状况。由于客户信息数据既涉及客户隐私和消费者权益保护，又涉及商业机密，因此本章在介绍时对数据进行了适当的脱密处理，对于其中的部分数据进行了必要的调整。

如图 4.4 所示，"某商业银行个人信用卡客户信用状况"数据文件中的变量包括 credit（是否发生违约）、age（年龄）、education（受教育程度）、workyears（工作年限）、resideyears（居住年限）、income（年收入水平）、debtratio（债务收入比）、creditdebt（信用卡负债）、otherdebt（其他负债）。其中，credit（是否发生违约）分为 2 个类别，"0"表示"未发生违约"，"1"表示"发生违约"；education（受教育程度）分为 5 个类别，"2"表示"初中"，"3"表示"高中及中专"，"4"表示"大学本专科"，"5"表示"硕士研究生"，"6"表示"博士研究生"。

credit	age	education	workyears	resideyear	income	debtratio	creditdebt	otherdebt
1	55	2	7.8	7.49	24.54545455	16.72	0.71926272	1.17891072
1	30	4	2.6	0	18.18181818	19.87	0.2820752	1.7127552
1	39	3	0	13.91	28.18181818	8.945	0.14280057	0.16742232
1	37	2	0	5.35	30.90909091	11.655	1.65765402	2.50019952
1	42	2	7.8	9.63	32.72727273	12.205	0.47293092	0.37975392
1	32	2	9.1	2.14	30	26.67	1.40976858	7.50557808
1	22	2	5.2	0	12.72727273	10.185	0.24319064	1.20329664
1	37	2	4.1	5.35	35.45454545	16.905	2.05894689	4.76048664
1	36	2	13	1.07	30	10.815	3.02701344	0.93322944
1	55	2	0	27.82	24.54545455	30.345	3.33289539	5.25048264
1	38	3	7.8	16.05	24.54545455	14.83	0.31709502	1.01913552
1	43	4	2.1	12.84	60	9.765	13.74486432	5.20895232
1	26	3	2.6	0	25.45454545	18.165	2.16279756	3.17882656
1	26	2	3.9	4.28	17.27272727	25.62	1.64360108	3.40875808
1	38	3	1.7	6.42	44.54545455	19.03	0.98919436	5.53234336
1	38	3	1.2	6.42	37.27272727	17.22	3.53104136	3.95801536
1	23	3	1.3	2.14	14.54545455	18.9	0.2927232	2.7436032
1	30	3	1.3	8.56	21.81818182	17.955	1.61886384	2.87673984
1	28	2	0	0	12.72727273	7.875	0.365904	0.777504
1	25	3	0	2.14	19.09090909	11.97	0.93854376	1.68307776
1	36	2	2.6	11.77	22.72727273	13.23	0.693693	2.679768
1	48	2	8	19.26	47.27272727	13.545	3.66873936	3.82302336

图 4.4   "某商业银行个人信用卡客户信用状况"文件中的数据内容

Python 中常用函数 VarianceThreshold()去掉低方差的特征。函数 VarianceThreshold()的基本语法格式为：

```
VarianceThreshold(threshold=0.0)
```

其中 threshold 参数用于设置方差阈值，方差低于此阈值的特征将被删除。默认是保留所有非零方差的特征，非零方差意味着所有样本在该特征上的取值都是相同的，样本之间毫无差异性。方差阈值设置为 0 表示删除所有样本均为同一值的特征。

基于"某商业银行个人信用卡客户信用状况"数据文件，使用过滤法进行特征选择的代码示例如下：

```
import pandas as pd                                              # 载入pandas模块
```

```
from sklearn.feature_selection import VarianceThreshold # 载入 VarianceThreshold 模块
data=pd.read_csv('C:/Users/Administrator/.spyder-py3/某商业银行个人信用卡客户信用状况.csv')
# 读取 "某商业银行个人信用卡客户信用状况.csv" 文件
X=data.drop(['credit',],axis=1)  # 设置特征变量，即 selected_data 数据集中除 credit 之外的全部变量
X.var()                          # 对数据集中的变量求方差
```

运行结果如图 4.5 所示。

```
age              63.957482
education         0.861566
workyears        72.876173
resideyears      53.328228
income         1100.439621
debtratio        51.790239
creditdebt        6.562862
otherdebt        11.689949
dtype: float64
```

图 4.5　去掉低方差的特征运行结果 1

从上面的结果中可以看到各个特征变量的方差值。（因为处仅为演示 "去掉低方差特征" 的相关操作，所以未对连续型变量进行分箱处理，关于分箱处理的详细操作将在第 5 章中详细讲解）

下面我们考虑设置方差阈值，比如设置方差阈值为 60，代码如下：

```
sel=VarianceThreshold(threshold=(60))  # 设置方差阈值为 60
sel.fit_transform(data)                # 将前面设置的模型规则应用到 data 数据集
```

运行结果如图 4.6 所示。

```
array([[55.      ,  7.8     , 24.54545455],
       [30.      ,  2.6     , 18.18181818],
       [39.      ,  0.      , 28.18181818],
       ...,
       [33.      , 14.3     , 30.90909091],
       [29.      ,  7.8     , 39.09090909],
       [45.      , 14.3     , 33.63636364]])
```

图 4.6　去掉低方差的特征运行结果 2

可以发现，在设置方差阈值为 60 的情况下，数据集仅保留了 3 个特征，结合前面各个特征方差的计算结果，不难发现被选择的特征包括 age、workyears、income，而其他特征变量将不会被选择。

如果我们觉得过滤掉的数据偏多，就可以调低阈值，比如设置方差阈值为 50，代码如下：

```
sel=VarianceThreshold(threshold=(50))  # 设置方差阈值为 50
sel.fit_transform(data)                # 将前面设置的模型规则应用到 data 数据集
```

运行结果如图 4.7 所示。

```
array([[55.      ,  7.8     ,  7.49    , 24.54545455, 16.72  ],
       [30.      ,  2.6     ,  0.      , 18.18181818, 19.87  ],
       [39.      ,  0.      , 13.91    , 28.18181818,  8.945 ],
       ...,
       [33.      , 14.3     ,  6.42    , 30.90909091,  7.14  ],
       [29.      ,  7.8     ,  6.42    , 39.09090909,  5.145 ],
       [45.      , 14.3     , 18.19    , 33.63636364,  1.365 ]])
```

图 4.7　去掉低方差的特征运行结果 3

可以发现，在设置方差阈值为 50 的情形下，数据集保留了 5 个特征，结合前面各个特征方差的计算结果，不难发现被选择的特征包括 age、workyears、resideyears、income、debtratio，其他特征变量将不会被选择。

4.3   过滤法——单变量特征选择

下载资源：可扫描旁边二维码观看或下载教学视频	
下载资源:\源代码\第 4 章 特征选择.py	
下载资源:\sample\第 4 章\某商业银行个人信用卡客户信用状况.csv	

单变量特征选择的特点是可以对每一个特征变量单独进行分析，根据相关指标的判断，舍弃表现不佳的特征变量。

4.3.1   卡方检验

1. 统计学角度的卡方分布与卡方检验

如果随机变量 $X_1, X_2, \cdots, X_n$ 是相互独立的，而且所有的 $X_i (i=1,2,\cdots,n)$ 都服从均值为 0、标准差为 1 的标准正态分布 $N(0, 1)$，那么这些 X_i 的平方和 $\sum_{i=1}^{n} X_i$ 就服从自由度为 n 的卡方分布（χ^2 分布）。

卡方分布的自由度 n 越小，分布就会越向左边，随着自由度的不断增加，卡方分布会趋近于正态分布。

卡方检验针对分类变量，基本原理是通过样本的频数分布来推断总体是否服从某种理论分布。这种检验过程是通过分析实际频数与理论频数之间的差别或者说吻合程度来完成的，该检验可以将一个变量以表格形式列在不同的类别中，检验所有类别是否包含相同比例的值，或检验每个类别是否包含用户指定比例的值。比如卡方检验可用于确定一盒积木中是否包含相等比例的三角形、长方形、正方形、圆形，也可以检验一盒积木中是否包含 35%的三角形、35%的长方形、15%的正方形、15%的圆形。

卡方检验的原假设是：样本所属总体的分布与理论分布之间不存在显著差异。

卡方检验的检验统计量公式为：

$$\chi^2 = \sum_{i=1}^{k} \frac{\left(A_i - E_i\right)^2}{E_i}$$

在公式中，χ^2 统计量在大样本条件下渐进服从于自由度为 $k-1$ 的卡方分布，A_i 表示观测频数，E_i 表示理论频数。从公式可以看出，χ^2 统计量本质上描述的是观察值与期望值之间的接近程度。（A_i-E_i）的平方和越小，计算得到的 χ^2 统计量就会越小；（A_i-E_i）的平方和越大，计算得到的 χ^2 统计量就会越大；χ^2 统计量越小，表示观测频数与理论频数越接近，如果小于由显著性水平和自由度确定的临界值，则认为样本所属的总体分布与理论分布无显著差异。

2. 机器学习特征选择角度的卡方检验

机器学习特征选择角度的卡方检验是计算特征变量与响应变量之间的 χ^2 统计量。χ^2 统计量越大，则特征变量与响应变量之间独立的概率就越小，相关性就越大。因此，χ^2 统计量大的特征变量将会被优先选择用于预测。

在使用卡方检验时，会返回 F 值和 p 值两个统计量。其中特征变量的 F 值越大，越倾向于选择该特征变量；而 p 值则是与 F 值相对应的统计量，特征变量的 P 值越小，则越倾向于选择该特征变量。P 值的参照标准一般为 0.05。

卡方检验的 Python 代码示例如下：

```
from numpy import set_printoptions              # 载入 set_printoptions
from sklearn.feature_selection import chi2      # 载入 chi2 函数
from sklearn.feature_selection import SelectKBest  # 载入 SelectKBest 函数
import pandas as pd                             # 载入 pandas 模块
data=pd.read_csv('C:/Users/Administrator/.spyder-py3/某商业银行个人信用卡客户信用状况.csv')
# 读取 "某商业银行个人信用卡客户信用状况.csv" 文件
X=data.drop(['credit',],axis=1)                 # 设置特征变量，即 data 数据集中除 credit 之外的全部变量
y=data['credit']                                # 设置响应变量，即 data 数据集中的 credit 变量
chi2(X, y)                                       # 将 chi2 函数应用到前面设置好的 X 和 y 中
```

运行结果如图 4.8 所示。

```
(array([  22.983,    2.909, 1048.46 ,  113.807,  115.741,  816.63 ,
         146.173,   54.549]),
 array([0.   , 0.088, 0.   , 0.   , 0.   , 0.   , 0.   , 0.   ]))
```

图 4.8　卡方检验的运行结果

其中上面的 array 数组为各个特征变量的卡方统计量值，下面的 array 数组为各个特征变量的 P 统计量值，可以发现除了第 2 个特征变量之外的其他特征变量的 P 值都小于 0.05，都是比较显著的。我们可以根据这一原则来过滤特征变量，也可以用 SelectKBest() 挑选卡方统计量值最大的前 N 个变量：

```
test=SelectKBest(score_func=chi2,k=3)   # 构建模型 test，选择 chi2 值最大的 3 个特征变量
fit = test.fit(X,y)                     # 使用 fit 方法对 test 进行拟合，生成 fit
set_printoptions(precision=3)           # 设置输出数值格式为小数点后三位
print(fit.scores_)                      # 输出 fit 的得分，即各个特征变量的卡方统计量值
```

运行结果为：[22.983　2.909　1048.46　113.807　115.741　816.63　146.173　54.549]。可以发现第 3 个、第 6 个和第 7 个特征变量的卡方统计量值是最大的。

```
X.columns# 查看特征变量集的各列名称
```

运行结果为：Index(['age', 'education', 'workyears', 'resideyears', 'income', 'debtratio', 'creditdebt', 'otherdebt'],dtype='object')。可以发现第 3 个、第 6 个和第 7 个特征变量分别为 workyears、debtratio、creditdebt。

```
features = fit.transform(X)    # 生成进行特征选择后的特征集 features
print(features)                # 查看特征集 features
```

运行结果如图 4.9 所示。

```
[[ 7.8    16.72   0.719]
 [ 2.6    19.87   0.282]
 [ 0.     8.945   0.143]
 ...
 [14.3    7.14    0.361]
 [ 7.8    5.145   1.068]
 [14.3    1.365   0.218]]
```

图 4.9　特征选择后的特征集 features

4.3.2　相关性分析

相关性分析选择特征的原理在于分析特征变量与响应变量之间的相关系数，通过计算特征变量与响应变量之间的皮尔逊简单相关系数、斯皮尔曼等级相关系数、肯德尔等级相关系数展开。如果特征变量与响应变量之间的相关系数达到设定的阈值，则将被选中进入特征子集；当然也可以将各个特征变量与响应变量之间的相关系数进行大小排序，拥有较大相关系数的特征变量将被优先选入。上述 3 种相关系数中，皮尔逊简单相关系数是一种线性关联度量，适用于特征变量与响应变量均为定量连续变量且服从正态分布、相关关系为线性时的情形。

皮尔逊简单相关系数公式为：

$$r = \frac{\sum_{i=1}^{n}(x_i - \overline{x})(y_i - \overline{y})}{\sqrt{\sum_{i=1}^{n}(x_i - \overline{x})^2}\sqrt{\sum_{i=1}^{n}(y_i - \overline{y})^2}}$$

如果特征变量或响应变量不是正态分布的，或具有已排序的类别，相互之间的相关关系不是线性的，则更适合采用斯皮尔曼等级相关系数或肯德尔等级相关系数。

相关系数 r 有如下性质：

（1）$-1 \leqslant r \leqslant 1$，$r$ 的绝对值越大，表明特征变量与响应变量之间的相关程度越强。

（2）$0 < r \leqslant 1$，表明特征变量与响应变量之间存在正相关。若 $r=1$，则表明特征变量与响应变量存在着完全正相关的关系。图 4.10 直观展示了不同正相关系数情况下特征变量与响应变量之间的关系。

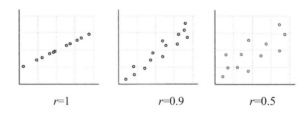

$r=1$　　　　　　$r=0.9$　　　　　　$r=0.5$

图 4.10　不同正相关系数情况下特征变量与响应变量之间的关系

（3）$-1 \leqslant r < 0$，表明特征变量与响应变量之间存在负相关。$r=-1$ 表明特征变量与响应变量存在着完全负相关的关系。图 4.11 直观展示了不同负相关系数情况下特征变量与响应变量之间的关系。

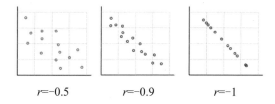

图 4.11　不同负相关系数情况下特征变量与响应变量之间的关系

（4）$r=0$，表明特征变量与响应变量之间无线性相关。图 4.12 直观展示了零相关系数情况下特征变量与响应变量之间的关系。

图 4.12　零相关系数情况下特征变量与响应变量之间的关系

应该注意的是：

（1）依据相关系数进行特征选择时，要观察数据的绝对值，比如两个变量之间的相关系数为-0.9，说明两个变量之间存在非常强烈的相关关系，只是相关关系的方向是负的。

（2）相关系数所反映的并不是一种必然的、确定的关系，也不能说明变量之间的因果关系，而仅仅是关联关系。

相关性分析选择特征的 Python 运行代码示例如下：

```
import pandas as pd                    # 载入 pandas 模块，并简称为 pd
data=pd.read_csv('C:/Users/Administrator/.spyder-py3/某商业银行个人信用卡客户信用状况.csv')
# 读取"某商业银行个人信用卡客户信用状况.csv"文件
pd.set_option('display.max_rows', None)   # 在结果中显示完整的行
pd.set_option('display.max_columns', None) # 在结果中显示完整的列
print(data.corr(method='pearson'))        # 输出 data 数据集中变量之间的皮尔逊相关系数矩阵
```

运行结果如图 4.13 所示。

```
              credit        age  education   workyears  resideyears     income
credit      1.000000  -0.137657   0.114676   -0.454869    -0.164451  -0.078843
age        -0.137657   1.000000   0.022325    0.464993     0.597591   0.479650
education   0.114676   0.022325   1.000000   -0.172976     0.056919   0.231345
workyears  -0.454869   0.464993  -0.172976    1.000000     0.298593   0.517766
resideyears -0.164451   0.597591   0.056919    0.298593     1.000000   0.316702
income     -0.078843   0.479650   0.231345    0.517766     0.316702   1.000000
debtratio   0.502306  -0.013337   0.008765   -0.213408    -0.014942  -0.051093
creditdebt  0.244740   0.295207   0.088274    0.142507     0.208435   0.555289
otherdebt   0.145713   0.340217   0.165459    0.244470     0.226514   0.613524

            debtratio  creditdebt  otherdebt
credit       0.502306    0.244740   0.145713
age         -0.013337    0.295207   0.340217
education    0.008765    0.088274   0.165459
workyears   -0.213408    0.142507   0.244470
resideyears -0.014942    0.208435   0.226514
income      -0.051093    0.555289   0.613524
debtratio    1.000000    0.466472   0.532895
creditdebt   0.466472    1.000000   0.633104
otherdebt    0.532895    0.633104   1.000000
```

图 4.13　相关性分析选择特征的运行结果 1

在某商业银行个人信用卡客户信用状况中，我们以 credit 为响应变量，以其他变量为特征变量。从图 4.13 的结果中可以看到响应变量 credit 与各个特征变量之间的皮尔逊相关系数。如果将相关系数的绝对值为 0.2 作为筛选标准，那么 workyears、debtratio、creditdebt 这 3 个特征变量将被选择，其他特征变量将不会被选择。

```
print(data.corr(method='spearman'))  # 输出 data 数据集中变量之间的斯皮尔曼等级相关系数矩阵
```

运行结果如图 4.14 所示。

```
              credit       age  education  workyears  resideyears     income
credit      1.000000 -0.157212   0.123968  -0.497991    -0.169530  -0.153962
age        -0.157212  1.000000   0.003010   0.445196     0.561612   0.585308
education   0.123968  0.003010   1.000000  -0.175095     0.048915   0.201169
workyears  -0.497991  0.445196  -0.175095   1.000000     0.270007   0.613130
resideyears -0.169530 0.561612   0.048915   0.270007     1.000000   0.362080
income     -0.153962  0.585308   0.201169   0.613130     0.362080   1.000000
debtratio   0.487169 -0.021520   0.013125  -0.244853     0.008138  -0.052804
creditdebt  0.207304  0.314232   0.096669   0.192078     0.246965   0.509903
otherdebt   0.132298  0.343798   0.130843   0.218462     0.237814   0.538936

             debtratio  creditdebt  otherdebt
credit        0.487169    0.207304   0.132298
age          -0.021520    0.314232   0.343798
education     0.013125    0.096669   0.130843
workyears    -0.244853    0.192078   0.218462
resideyears   0.008138    0.246965   0.237814
income       -0.052804    0.509903   0.538936
debtratio     1.000000    0.561682   0.655970
creditdebt    0.561682    1.000000   0.622144
otherdebt     0.655970    0.622144   1.000000
```

图 4.14   相关性分析选择特征的运行结果 2

从图 4.14 的结果中可以看到响应变量 credit 与各个特征变量之间的斯皮尔曼等级相关系数。如果将相关系数的绝对值为 0.2 作为筛选标准，那么 workyears、debtratio、creditdebt 这 3 个特征变量将被选择，其他特征变量将不会被选择。

```
print(data.corr(method='kendall'))  # 输出 data 数据集中变量之间的肯德尔等级相关系数矩阵
```

运行结果如图 4.15 所示。

```
              credit       age  education  workyears  resideyears     income
credit      1.000000 -0.130682   0.116856  -0.416112    -0.141955  -0.126822
age        -0.130682  1.000000   0.001866   0.330731     0.429061   0.425256
education   0.116856  0.001866   1.000000  -0.139050     0.038732   0.156988
workyears  -0.416112  0.330731  -0.139050   1.000000     0.192614   0.452941
resideyears -0.141955 0.429061   0.038732   0.192614     1.000000   0.255592
income     -0.126822  0.425256   0.156988   0.452941     0.255592   1.000000
debtratio   0.398931 -0.013989   0.010051  -0.166562     0.005122  -0.037024
creditdebt  0.169385  0.215084   0.074497   0.132137     0.171592   0.354434
otherdebt   0.108098  0.234833   0.100649   0.148905     0.164483   0.379833

             debtratio  creditdebt  otherdebt
credit        0.398931    0.169385   0.108098
age          -0.013989    0.215084   0.234833
education     0.010051    0.074497   0.100649
workyears    -0.166562    0.132137   0.148905
resideyears   0.005122    0.171592   0.164483
income       -0.037024    0.354434   0.379833
debtratio     1.000000    0.398298   0.486609
creditdebt    0.398298    1.000000   0.446864
otherdebt     0.486609    0.446864   1.000000
```

图 4.15   相关性分析选择特征的运行结果 3

从图 4.15 的结果中可以看到响应变量 credit 与各个特征变量之间的肯德尔等级相关系数。如果将相关系数的绝对值为 0.2 作为筛选标准，那么 workyears 和 debtratio 这两个特征变量将被选择，其他特征变量将不会被选择。

4.3.3 方差分析（F 检验）

方差分析（F 检验）又称 ANOVA，方差齐性检验，是一种用来捕捉每个特征变量与响应变量之间线性关系的过滤方法，实现路径是针对两个及两个以上分组的样本均值进行差异显著性检验，基本思想是将不同分组的样本均值之间的差异归结于两个方面：一是组间差异，也就是不同分组之间的均值差异，用变量在各组的均值与总均值的偏差平方和的总和表示，记为 SSA，如果有 r 个分组，则其自由度为 $r-1$；二是组内差异，也就是同一分组内部样本之间的差异，用变量在各组的均值与该组内变量值的偏差平方和的总和表示，记为 SSE，如果有一共 n 个样本、r 个分组，则其自由度为 $n-r$。

基于上述思想可以构建起 F 统计量：

$$F = \frac{SSA / df1}{SSE / df2} = \frac{SSA / (r-1)}{SSE / (n-r)} = \frac{SSA / (r-1)}{SSE / (n-r)}$$

可以发现 F 值越大，则说明组间差异越大，也就是说据此把样本进行分类是有意义的。因此，我们在机器学习特征选择时也可以基于这一标准，即 F 值越大，特征的作用就越大，就越倾向于被选择用来预测或分类。F 检验可以用于分类问题的特征选择，也可以用于回归问题的特征选择。

在 Python 实现方面，当响应变量为离散型变量时，为分类问题，应使用 feature_selection.f_classif（F 检验分类）；当响应变量为连续型变量时，为回归问题，应使用 feature_selection.f_regression（F 检验回归）。F 检验在数据服从正态分布时效果稳定，使用 F 检验过滤特征，最好将数据转化为服从正态分布。

在使用 feature_selection.f_classif（F 检验分类）或 feature_selection.f_regression（F 检验回归）时，会返回 F 值和 P 值两个统计量。其中特征变量的 F 值越大，就越倾向于选择该特征变量；而 P 值则是与 F 值相对应的统计量，特征变量的 P 值越小，就越倾向于选择该特征变量，P 值的参照标准一般为 0.05。

方差分析（F 检验）的 Python 代码示例如下：

```
from numpy import set_printoptions       # 载入 set_printoptions
from sklearn.feature_selection import f_classif        # 载入 f_classif 函数
from sklearn.feature_selection import SelectKBest       # 载入 SelectKBest 函数
import pandas as pd                       # 载入 pandas 模块
data=pd.read_csv('C:/Users/Administrator/.spyder-py3/某商业银行个人信用卡客户信用状况.csv')
# 读取 "某商业银行个人信用卡客户信用状况.csv" 文件
X=data.drop(['credit',],axis=1)          # 设置特征变量，即 data 数据集中除 credit 之外的全部变量
y=data['credit']                         # 设置响应变量，即 data 数据集中的 credit 变量
import numpy as np                        # 载入 numpy 模块
np.set_printoptions(suppress=True)       # 不以科学记数法显示，而是直接显示数字
f_classif(X, y)                          # 将 f_classif 函数应用到前面设置好的 X 和 y
```

运行结果如图 4.16 所示。

```
(array([ 13.482,    9.301, 182.097,  19.402,    4.366, 235.544,   44.472,
          15.142]),
 array([0.   , 0.002, 0.   , 0.   , 0.037, 0.   , 0.   , 0.   ]))
```

图 4.16 方差分析的运行结果

其中上面的 array 数组为各个特征变量的 F 统计量值，下面的 array 数组为各个特征变量的 P 统计量值，可以发现所有特征变量的 P 值都小于 0.05，都是比较显著的。我们可以根据这一原则来过滤特征变量，也可以与前面介绍的卡方检验类似，用 **SelectKBest()** 挑选 F 值最大的前 *N* 个变量：

```
test=SelectKBest(score_func=f_classif,k=3)    # 构建模型 test，选择 F 值最大的 3 个特征变量
fit = test.fit(X,y)                           # 使用 fit 方法对 test 进行拟合，生成 fit
set_printoptions(precision=3)                 # 设置输出数值格式为小数点后三位
print(fit.scores_)                            # 输出 fit 的得分，即各个特征变量的 F 统计量值
```

运行结果为：[13.482　　9.301　182.097　19.402　　4.366　235.544　44.472　15.142]。可以发现第 3 个、第 6 个和第 7 个特征变量的 F 值是最大的。

```
X.columns  # 查看特征变量集的各列名称
```

运行结果为：Index(['age', 'education', 'workyears', 'resideyears', 'income', 'debtratio', 'creditdebt', 'otherdebt'],dtype='object')。可以发现第 3 个、第 6 个和第 7 个特征变量分别为 workyears、debtratio、creditdebt。

```
features = fit.transform(X)    # 生成进行特征选择后的特征集 features
print(features)                # 查看特征集 features
```

运行结果如图 4.17 所示。

```
[[ 7.8    16.72   0.719]
 [ 2.6    19.87   0.282]
 [ 0.      8.945  0.143]
 ...
 [14.3     7.14   0.361]
 [ 7.8     5.145  1.068]
 [14.3     1.365  0.218]]
```

图 4.17　特征选择后的特征集 features

4.3.4　互信息

互信息（Mutual Information，MI）的基本思想是计算每个特征变量与目标变量之间的互信息统计量，互信息统计量衡量变量之间的依赖关系。两个随机变量之间的互信息统计量肯定是非负值，当且仅当两个随机变量相互独立时，互信息统计量等于零。互信息统计量值越大意味着相关性越强。

具体来说，互信息量度的是特征变量 X 和目标变量 y 共享的信息，或者说知道这两个变量中的一个，对另一个不确定度减少的程度。因此，如果特征变量 X 和目标变量 y 相互独立，则知道特征变量 X 将不对目标变量 y 提供任何信息，反之亦然，此时特征变量 X 和目标变量 y 的互信息为零。而如果特征变量 X 是目标变量 y 的确定性函数，目标变量 y 也是特征变量 X 的确定性函数，比如 $y=aX+B$，那么此时传递的所有信息都被特征变量 X 和目标变量 y 共享，或者说知道特征变量 X 将可以完全预测目标变量 y，则此时特征变量 X 和目标变量 y 的互信息为最大。

在 Python 实现方面，当响应变量为离散型变量时，为分类问题，应使用 feature_selection.mutual_info_classif（互信息分类）；当响应变量为连续型变量时，为回归问题，应使用 feature_selection.mutual_info_regression（互信息回归）。

在使用 feature_selection.mutual_info_classif 或 feature_selection.mutual_info_regression 时，会返回互信息统计量值。其中特征变量的互信息统计量值越大，就越倾向于选择该特征变量。

互信息法的 Python 代码示例如下：

```
from numpy import set_printoptions              # 载入 set_printoptions
from sklearn.feature_selection import mutual_info_classif   # 载入 mutual_info_classif 函数
from sklearn.feature_selection import SelectKBest   # 载入 SelectKBest 函数
import pandas as pd                             # 载入 pandas 模块
data=pd.read_csv('C:/Users/Administrator/.spyder-py3/某商业银行个人信用卡客户信用状况.csv')
# 读取 "某商业银行个人信用卡客户信用状况.csv" 文件
X=data.drop(['credit',],axis=1)        # 设置特征变量，即 data 数据集中除 credit 之外的全部变量
y=data['credit']                       # 设置响应变量，即 data 数据集中的 credit 变量
import numpy as np                     # 载入 numpy 模块
np.set_printoptions(suppress=True)     # 不以科学记数法显示，而是直接显示数字
mutual_info_classif(X, y)             # 将 mutual_info_classif 函数应用到前面设置好的 X 和 y 中
```

运行结果为：array([0.022, 0. , 0.205, 0.027, 0.034, 0.146, 0.076, 0.008])。其中 array 数组为各个特征变量的互信息统计量值，可以发现第 3 个、第 6 个和第 7 个特征变量的互信息统计量值是最大的。

我们可以用 SelectKBest()挑选互信息统计量值最大的前 N 个变量：

```
test=SelectKBest(score_func=mutual_info_classif,k=3)  # 构建模型 test，选择互信息统计量值最大的 3
个特征变量
fit = test.fit(X,y)                    # 使用 fit 方法对 test 进行拟合，生成 fit
X.columns                              # 查看特征变量集的各列名称
```

运行结果为：Index(['age', 'education', 'workyears', 'resideyears', 'income', 'debtratio', 'creditdebt', 'otherdebt'],dtype='object')。可以发现第 3 个、第 6 个和第 7 个特征变量分别为 workyears、debtratio 和 creditdebt。

```
features = fit.transform(X)            # 生成进行特征选择后的特征集 features
print(features)                        # 查看特征集 features
```

运行结果如图 4.18 所示。

```
[[ 7.8   16.72   0.719]
 [ 2.6   19.87   0.282]
 [ 0.     8.945  0.143]
 ...
 [14.3    7.14   0.361]
 [ 7.8    5.145  1.068]
 [14.3    1.365  0.218]]
```

图 4.18　特征选择后的特征集 features

4.4　包裹法——递归特征消除

下载资源：可扫描旁边二维码观看或下载教学视频
下载资源:\源代码\第 4 章 特征选择.py
下载资源:\sample\第 4 章\某商业银行个人信用卡客户信用状况.csv

递归特征消除（RFE）的基本原理是基于模型准确率来判断哪些特征（或特征组合）对响应变量预测结果贡献较大，并递归删除特征，最终在剩余的特征上构建模型。其基本语法格式为：

```
RFE(estimator, *, n_features_to_select=None, step=1, verbose=0, importance_getter="auto")
```

其中，参数 estimator 用于设置具体的机器学习算法，n_features_to_select 用于设置拟选择的特征变量个数，step 表示每次迭代希望移除的特征变量个数。

Python 代码示例如下：

```
from sklearn.feature_selection import RFE              # 载入 RFE 函数
from sklearn.linear_model import LogisticRegression    # 载入 LogisticRegression 算法
import pandas as pd                                    # 载入 pandas 模块
data=pd.read_csv('C:/Users/Administrator/.spyder-py3/某商业银行个人信用卡客户信用状况.csv')
# 读取"某商业银行个人信用卡客户信用状况.csv"文件
X=data.drop(['credit',],axis=1)    # 设置特征变量，即 data 数据集中除 credit 之外的全部变量
y=data['credit']                   # 设置响应变量，即 data 数据集中的 credit 变量
estimator=LogisticRegression()     # 设置机器学习算法模型为 LogisticRegression
selector=RFE(estimator, n_features_to_select=3, step=1)   # 使用 RFE 方法进行特征选择，设置机器学
习算法模型为 LogisticRegression，拟选择的特征变量个数为 3 个，每次迭代希望移除的特征变量个数为 1
selector = selector.fit(X, y)      # 使用 fit 方法对 selector 进行估计
print("特征个数：")                  # 输出字符串"特征个数："
print(selector.n_features_)        # 输出最终选择的特征个数数量
```

运行结果为：3。

```
print("被选定的特征：")       # 输出字符串"被选定的特征："
print(selector.support_)     # 输出最终被选定的特征
```

运行结果为：[False False　True False False　True　True False]。说明第 3 个、第 6 个和第 7 个特征变量被选择。

```
X.columns  # 查看特征变量集的各列名称
```

运行结果为：Index(['age', 'education', 'workyears', 'resideyears', 'income', 'debtratio', 'creditdebt', 'otherdebt'],dtype='object')。可以发现第 3 个、第 6 个和第 7 个特征变量分别为 workyears、debtratio 和 creditdebt。

```
print("特征排名：")            # 输出字符串"特征排名："
print(selector.ranking_)      # 输出各个特征变量的贡献度排名
```

运行结果为：[6 3 1 2 5 1 1 4]。可以看出第 3 个、第 6 个和第 7 个特征变量的贡献度排名第 1。

4.5　嵌　入　法

	下载资源：可扫描旁边二维码观看或下载教学视频
	下载资源:\源代码\第 4 章 特征选择.py
	下载资源:\sample\第 4 章\某商业银行个人信用卡客户信用状况.csv

嵌入法的 Python 实现通过 sklearn 中的 SelectFromModel 模块来实现。SelectFromModel()的基本语法格式为：

```
SelectFromModel(estimator,*,threshold=None,prefit=False,norm_order=1,max_features=None,im
portance_getter="auto")
```

其中，参数 estimator 用于设置具体的机器学习算法，使用设置的机器学习算法拟合模型后应该有一个 feature_importes_（特征变量重要性水平）或 coef_（特征变量系数值）属性，用于进行特征选择，否则应该使用 importance_getter 参数；threshold 用于设置用于特征选择的临界值，特征变量重要性水平大于或等于临界值的特征变量将被保留，而其他特征变量将被丢弃；max_features 用于设置需选择的最大特征变量个数，如果想要只根据 max_features 进行选择，则需设置参数 threshold=-np.inf；importance_getter 参数默认为 "auto"，即通过 feature_importes_（特征变量重要性水平）或 coef_（特征变量系数值）来评价特征重要性水平，也可根据实际情况灵活设置。

参数 estimator 可选的机器学习算法包括随机森林算法、提升法算法、Logistic 回归算法、线性支持向量机算法。

4.5.1　随机森林算法选择特征变量

随机森林算法是一种集成学习算法，即将单一的弱学习器（常用单棵决策树算法）组合在一起，通过群策群力形成强学习器，达到模型性能的提升。在随机森林算法中，弱学习器间不存在依赖关系，可以同时训练多个弱学习器，适合分布式并行计算，集成学习方式为并行集成。随机森林算法起源于装袋法，装袋法算法的实现步骤如下：

步骤 01　首先假设样本全集为 D，通过自助法对 D 进行 n 次有放回的抽样，形成 n 个训练样本集，并将在 n 次有放回的抽样中一次也没有被抽到的样本构成包外测试集。

步骤 02　然后基于 n 个训练样本集生成 n 个弱学习器（比如 n 棵决策树）。

步骤 03　再使用这 n 个弱学习器对包外测试集进行预测，从而得到 n 个预测结果。如果是分类问题，就是 n 个分类；如果是回归问题，就是 n 个预测值。

步骤 04　如果是分类问题，就按照 "多数票规则"，将 n 个弱学习器产生的预测值中取值最多的分类作为最终预测分类；如果是回归问题，就将 n 个弱学习器产生的预测值进行平均，以平均值作为最终预测值。

步骤 05　如果是分类问题，就将袋外错误率作为评价最终模型的标准；如果是回归问题，就将袋外均方误差或拟合优度作为评价最终模型的标准。

随机森林算法也需要通过自助法进行 n 次有放回的抽样，形成 n 个训练样本集以及包外测试集；但与装袋法的不同之处在于，装袋法在构建基分类器时，将所有特征变量（假设为 p 个）都考虑进去，而随机森林在构建基分类器的时候则是从全部 p 个特征变量中随机抽取 m 个。

随机森林算法选择特征变量依据的是各个特征变量的重要性水平，重要性水平较高的特征变量将会被选择。根据前面的介绍，随机森林算法包含很多弱学习器，那么如何度量各个特征变量的重要性水平呢？基本原理如下：比如弱学习器是单棵决策树，首先针对单棵决策树计算重要性水平，即因采纳该变量引起的残差平方和（或信息增益、信息增益率、基尼指数等指标）变化的幅度；然后将随机森林中的所有决策树进行平均，即得到该变量对于整个随机森林的重要性水平。残差平方和或基尼指数下降越多、信息增益或信息增益率提升越多，说明该变量在随机森林模型中越为重要。

随机森林算法选择特征变量的 Python 代码示例如下：

```
from sklearn.feature_selection import SelectFromModel      # 载入 SelectFromModel 模块
from sklearn.ensemble import RandomForestClassifier as RFC  # 载入 RandomForestClassifier
模块，并简称为 RFC
```

```
import pandas as pd                          # 载入 pandas 模块
data=pd.read_csv('C:/Users/Administrator/.spyder-py3/某商业银行个人信用卡客户信用状况.csv')
# 读取"某商业银行个人信用卡客户信用状况.csv"文件
X=data.drop(['credit',],axis=1)          # 设置特征变量，即 data 数据集中除 credit 之外的全部变量
y=data['credit']                          # 设置响应变量，即 data 数据集中的 credit 变量
RFC_ = RFC(n_estimators=300,random_state=0)    # 使用随机森林分类器算法，设置基学习器个数为 300,
随机数种子为 0
X_embedded=SelectFromModel(RFC_,threshold=0.15).fit_transform(X,y)  # 使用 SelectFromModel()
函数进行特征选择，特征选择算法为随机森林算法，设置临界值为 0.15，将进行特征选择后的特征变量集设定为 X_embedded
X.shape                                  # 查看 X 的形状
```

运行结果为：(700, 8)。说明在使用随机森林算法选择特征变量之前，特征变量集中共有 700 个样本、8 个变量。

```
X_embedded.shape                         # 查看 X_embedded 的形状
```

运行结果为：(700, 2)。说明经过随机森林算法的选择后，特征变量减少为 2 个，达到了特征选择的效果。

前面我们在随机森林算法中设置临界值为 0.15，这一数值可以通过交叉验证（cross_val_score）的方式来找到最优值。代码示例如下：

```
import numpy as np                        # 导入 numpy 模块，并简称为 np
import matplotlib.pyplot as plt           # 导入 matplotlib.pyplot，并简称为 plt
RFC_.fit(X,y).feature_importances_        # 基于特征变量集 X 和响应变量 y，使用随机森林算法进行拟合，并求
得特征变量的重要性水平
threshold = np.linspace(0,(RFC_.fit(X,y).feature_importances_).max(),20)# 创建变量
threshold 作为临界值集合，集合中的取值范围是在"0"和"特征变量重要性水平的最大值"之间均匀抽取 20 个值
```

成功运行后，可以在 Spyder 的"变量浏览器"窗口看到已经生成的 threshold 变量，如图 4.19 所示。

名称	类型	大小	值
data	DataFrame	(700, 9)	Column names: credit, age, education, workyears, resideyears, income, ...
threshold	Array of float64	(20,)	[0.　　　0.01318978 0.02637956 ...0.22422625 0.23741603 0.25060581 ...

图 4.19　"变量浏览器"窗口

双击 threshold 变量可查看其具体信息，弹出窗口如图 4.20 所示。

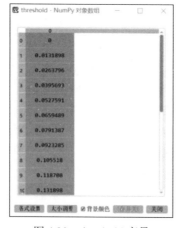

图 4.20　threshold 变量

```
from sklearn.model_selection import cross_val_score       # 导入 cross_val_score 模块
score = []                                                # 创建列表 score
for i in threshold:                                       # 使用 for 循环遍历 threshold 变量中的值
    X_embedded = SelectFromModel(RFC_,threshold=i).fit_transform(X,y)  # 使用
SelectFromModel()函数进行特征选择，特征选择算法为随机森林算法，设置临界值为 i，将进行特征选择后的特征变量集设
定为 X_embedded
    scores=cross_val_score(RFC_,X_embedded,y,cv = 5).mean()# 基于特征选择后的特征变量集
X_embedded 和响应变量 y，应用随机森林分类器算法进行拟合，使用 5 折交叉验证的方式计算各折样本拟合优度的均值，并命
名为 scores
    score.append(scores)                                  # append()函数用来向列表末尾添加元素，将上一步生成的 scores 依次添
加到列表 score 中，使得列表 score 由一个个 scores 元素充满
plt.plot(threshold,score)                                 # 绘制 threshold 和 score 的线性图
plt.show()                                                # 展示上一步生成的线性图
```

运行结果如图 4.21 所示。

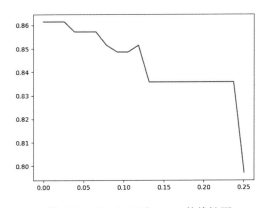

图 4.21　threshold 和 score 的线性图

在图 4.21 中，横轴为 threshold 的值，纵轴为对应的 score 的值。可以发现，当 threshold 比
较小的时候，拟合优度比较高，因此在本例中，设定一个相对比较小的临界值来进行特征选择
是更好的。

4.5.2　提升法算法选择特征变量

提升法算法也是一种集成学习算法，与前面介绍的随机森林算法不同的是，弱学习器之间存
在强依赖关系，必须串行集成。提升法算法的基本实现步骤如下：

步骤01 首先从训练集中用初始权重训练出一个弱学习器 $x1$，得到该学习器的经验误差；
然后对经验误差进行分析，基于分析结果调高学习误差率高的训练样本的权重，使得这些误
差率高的训练样本在后面的学习器中能够受到更多的关注；再基于更新权重后的训练集训练
出一个新的弱学习器 $x2$。

步骤02 不断重复 **步骤01**，直到满足训练停止条件（比如弱学习器达到指定数目），生
成最终的强学习器。注意：在训练的每一轮都要检查当前生成的弱学习器是否满足基本条件。

步骤03 将所有弱学习器预测结果进行加权融合并输出，比如 AdaBoost 是通过加权多数
表决的方式，即增大错误率小的弱学习器的权值，同时减小错误率较大的弱学习器的权值。

提升法算法选择特征变量同样依据的是各个特征变量的重要性水平，重要性水平较高的特征变量将会优先被选择。

如需进一步学习提升法算法，可参阅《Python 机器学习原理与算法实现》（杨维忠、张甜著，2023 年 2 月，清华大学出版社）"第 15 章 提升法"。

提升法算法选择特征变量的 Python 代码示例如下：

```
from sklearn.feature_selection import SelectFromModel    # 载入 SelectFromModel 模块
from sklearn.ensemble import GradientBoostingClassifier  # 载入 GradientBoostingClassifier 模块
import pandas as pd                                        # 载入 pandas 模块
# 读取"某商业银行个人信用卡客户信用状况.csv"文件
data=pd.read_csv('C:/Users/Administrator/.spyder-py3/某商业银行个人信用卡客户信用状况.csv')
X=data.drop(['credit',],axis=1)          # 设置特征变量，即 data 数据集中除 credit 之外的全部变量
y=data['credit']                          # 设置响应变量，即 data 数据集中的 credit 变量
X_embedded=SelectFromModel(GradientBoostingClassifier(),max_features=3).fit_transform(X,y)
# 使用 SelectFromModel()函数进行特征选择，特征选择算法为提升法算法，设置特征值选择个数最大为 3，将进行特征选择
后的特征变量集设定为 X_embedded
X.shape                                   # 查看 X 的形状
```

运行结果为：(700, 8)。说明在使用提升法算法选择特征变量之前，特征变量集中共有 700 个样本、8 个变量。

```
X_embedded.shape  # 查看 X_embedded 的形状
```

运行结果为：(700, 2)。说明经过提升法算法的选择后，特征变量减少为 2 个，达到了特征选择的效果。

4.5.3 Logistic 回归算法选择特征变量

二元 Logistic 回归算法针对目标变量只有两种取值的情形，基本原理是考虑目标变量取 0 或取 1 发生的概率，用发生概率除以没有发生概率再取对数。通过这一变换改变了"回归方程左侧因变量估计值取值范围为 0 或 1，而右侧取值范围是无穷大或者无穷小"这一取值区间的矛盾，也使得因变量和自变量之间呈线性关系。当然，正是由于这一变换，使得 Logistic 回归自变量系数不同于一般回归分析自变量系数，而是模型中每个自变量概率比的概念。

对于二元 Logistic 回归算法模型，其特征变量重要性水平体现为模型中回归方程的系数，在对各个变量进行标准化、有效消除变量量纲之间差距的前提下，特征变量系数的绝对值越大，对于响应变量预测整体结果的影响就越大。

Logistic 回归算法选择特征变量的 Python 代码示例如下：

```
from sklearn.feature_selection import SelectFromModel    # 载入 SelectFromModel 模块
from sklearn.linear_model import LogisticRegression      # 载入 LogisticRegression 模块
import pandas as pd                                        # 载入 pandas 模块
data=pd.read_csv('C:/Users/Administrator/.spyder-py3/某商业银行个人信用卡客户信用状况.csv')
# 读取"某商业银行个人信用卡客户信用状况.csv"文件
X=data.drop(['credit',],axis=1)          # 设置特征变量，即 data 数据集中除 credit 之外的全部变量
y=data['credit']                          # 设置响应变量，即 data 数据集中的 credit 变量
X_embedded = SelectFromModel(LogisticRegression(penalty='l1', C = 0.1, solver =
'liblinear'), max_features = 3).fit_transform(X,y)  # 使用 SelectFromModel()函数进行特征选择，特征选
择算法为 Logistic 回归算法，设置正则化方法为 l1，参数 C 的值为 0.1，设置特征值选择个数最大为 3，将进行特征选择后
```

的特征变量集设定为 X_embedded。在 Logistic 回归算法中，参数 C 用来控制稀疏性，C 的值越小，就会导致越少的特征变量被选择

```
X.shape                           # 查看 X 的形状
```

运行结果为：(700, 8)。说明在使用 Logistic 回归算法选择特征变量之前，特征变量集中共有 700 个样本、8 个变量。

```
X_embedded.shape  # 查看 X_embedded 的形状
```

运行结果为：(700, 3)。说明经过 Logistic 回归算法的选择后，特征变量减少为 3 个，达到了特征选择的效果。

我们也可以不设置最大特征值选择个数，而是根据 Logistic 回归算法计算的默认临界值进行特征选择，Python 代码示例如下：

```
Selector=SelectFromModel(estimator=LogisticRegression()).fit(X,y)   # 使用 SelectFromModel()
函数进行特征选择，特征选择算法为 Logistic 回归算法，将进行特征选择后的特征变量集设定为 Selector
selector.estimator_.coef_   # 查看 Logistic 回归算法计算的各个特征变量的系数值
```

运行结果为：array([[0.03243637, -0.03942917, -0.32139268, -0.10526419, 0.03544724, 0.22559025, 0.25205781, -0.22249238]])。

```
selector.threshold_      # 查看 Logistic 回归算法计算的默认临界值，当特征变量的系数值的绝对值大于或等于
临界值时将会被选择，需要注意的是此处与临界值进行对比时，使用的是一种绝对值的概念，也就是说，当特征变量的系数值为
负数时，并不是直接将特征变量的系数值与临界值进行对比，而是将特征变量系数值的绝对值与临界值进行对比，如果大于或等
于临界值则将被选择
```

运行结果为：0.15426376165666922。可以发现按照这一标准，第 3 个、第 6 个、第 7 个和第 8 个特征变量系数值的绝对值是大于临界值的，也就是说第 3 个、第 6 个、第 7 个和第 8 个特征变量将被选择。

```
selector.get_support()  # 查看 Logistic 回归算法计算的特征选择情况
```

运行结果为：array([False, False, True, False, False, True, True, True])。array 数组中第 3、6、7、8 个特征变量对应的元素值为 True，也就是说第 3 个、第 6 个、第 7 个和第 8 个特征变量被选择了。

```
selector.transform(X).shape        # 查看 Logistic 回归算法选择的特征变量子集形状
```

运行结果为：(700, 4)。说明经过 Logistic 回归算法的选择后，特征变量减少为 4 个，达到了特征选择的效果。

```
selector.transform(X)  # 查看 Logistic 回归算法选择的特征变量子集情况
```

运行结果如图 4.22 所示。

```
array([[ 7.8       , 16.72      , 0.71926272, 1.17891072],
       [ 2.6       , 19.87      , 0.2820752 , 1.7127552 ],
       [ 0.       ,  8.945     , 0.14280057, 0.16742232],
       ...,
       [14.3       ,  7.14      , 0.36088008, 2.09430208],
       [ 7.8       ,  5.145     , 1.06822793, 1.27313368],
       [14.3       ,  1.365     , 0.21767174, 0.31315024]])
```

图 4.22　Logistic 回归算法选择的特征变量子集情况

```
X.columns    # 查看特征变量集的各列名称
```

运行结果为：Index(['age', 'education', 'workyears', 'resideyears', 'income', 'debtratio', 'creditdebt', 'otherdebt'],dtype='object')。可以发现第 3 个、第 6 个、第 7 个和第 8 个特征变量分别为 workyears、debtratio、creditdebt 和 otherdebt。

4.5.4   线性支持向量机算法选择特征变量

线性支持向量机算法是支持向量机算法的一种，如需进一步了解支持向量机算法，可参阅《Python 机器学习原理与算法实现》（杨维忠、张甜著，2023 年 2 月，清华大学出版社）"第 16 章   支持向量机算法"。

线性支持向量机算法选择特征变量的 Python 代码示例如下：

```
from sklearn.feature_selection import SelectFromModel    # 载入 SelectFromModel 模块
from sklearn.svm import LinearSVC                         # 载入 LinearSVC 模块
import pandas as pd                                       # 载入 pandas 模块
data=pd.read_csv('C:/Users/Administrator/.spyder-py3/某商业银行个人信用卡客户信用状况.csv')
# 读取"某商业银行个人信用卡客户信用状况.csv"文件
X=data.drop(['credit',],axis=1)      # 设置特征变量，即 data 数据集中除 credit 之外的全部变量
y=data['credit']                     # 设置响应变量，即 data 数据集中的 credit 变量
lsvc = LinearSVC(C=0.01, penalty="l1", dual=False).fit(X, y) # 构建线性支持向量机算法模型，设置
C=0.01，正则化方法为 l1，并且基于前面设置的特征变量和响应变量进行拟合，结果命名为 lsvc。与 Logistic 回归算法相
同，在线性支持向量机算法中，参数 C 用来控制稀疏性，C 的值越小，就会导致越少的特征变量被选择
model = SelectFromModel(lsvc, prefit=True)  # 使用 SelectFromModel()函数进行特征选择，特征选择算
法为上一步设置的 lsvc，prefit 参数用于设置是否期望将预测模型直接传递给构造函数，如果为 True，则 transform 必须
直接调用
X_embedded = model.transform(X)  # 将前面构建好的特征选择算法模型应用到特征变量集 X
X.shape  # 查看 X 的形状
```

运行结果为：(700, 8)。说明在使用线性支持向量机算法选择特征变量之前，特征变量集中共有 700 个样本、8 个变量。

```
X_embedded.shape           # 查看 X_embedded 的形状
```

运行结果为：(700, 6)。说明经过线性支持向量机算法的选择后，特征变量减少为 6 个，达到了特征选择的效果。

```
print(X_embedded)          # 查看线性支持向量机算法选择的特征变量子集情况
```

运行结果如图 4.23 所示。

```
[[55.        7.8         7.49        24.54545455 16.72      0.71926272]
 [30.        2.6         0.          18.18181818 19.87      0.2820752 ]
 [39.        0.          13.91       28.18181818  8.945     0.14280057]
 ...
 [33.        14.3        6.42        30.90909091  7.14      0.36088008]
 [29.        7.8         6.42        39.09090909  5.145     1.06822793]
 [45.        14.3        18.19       33.63636364  1.365     0.21767174]]
```

图 4.23   线性支持向量机算法选择的特征变量子集情况

4.6 习　题

 下载资源:\sample\第 4 章\700 个对公授信客户的信息数据.csv

1. 什么是强相关特征、弱相关特征、冗余特征？分别简述其概念，并在此基础上阐述特征选择的概念。

2. 阐述特征选择的原则。

3. 特征选择的方法有哪些？分别简述每种方法的基本思想。

4. "700 个对公授信客户的信息数据"文件中的内容是 XX 银行 XX 省分行的 700 个对公授信客户的信息数据，如图 4.24 所示。这 700 个对公授信客户是以前曾获得贷款的客户，包括存量授信客户和已结清贷款客户。在数据文件中共有 9 个变量，V1~V9 分别代表"征信违约记录""资产负债率""行业分类""实际控制人从业年限""企业经营年限""主营业务收入""利息保障倍数""银行负债""其他渠道负债"。由于客户信息数据既涉及客户隐私，也涉及商业机密，因此对数据进行了适当的脱密处理，对于其中的部分数据也进行了必要的调整。

V1	V2	V3	V4	V5	V6	V7	V8	V9
0	20.33	3	2	3	2835.2	20.66	2101.48	429.27
0	36.59	1	11	27	6113.4	8.67	697.22	482.16
0	34.96	2	27	22	5670.4	19.67	932.9	1198.02
0	26.83	1	14	9	5138.8	21.54	3024.56	933.57
0	21.14	4	4	2	3278.2	16.92	196.4	621.15
0	36.59	2	5	16	1772	3.61	108.02	39.36
0	24.39	2	3	11	1949.2	12.85	1119.48	143.91
0	21.95	4	4	8	2303.6	7.9	707.04	103.32
0	20.33	2	10	5	2392.2	17.14	1001.64	353.01
0	20.33	2	10	2	3101	4.49	78.56	115.62
0	21.14	1	8	8	3987	29.9	5941.1	694.95
0	24.39	1	12	5	1949.2	19.01	1384.62	261.99
0	26.02	1	14	2	4784.4	17.14	3142.4	563.34
1	22.76	1	3	9	2126.4	20.11	1315.88	340.71
0	36.59	2	25	6	4430	5.92	549.92	189.42
0	18.7	2	9	3	2746.6	8.56	333.88	210.33
0	27.64	2	19	4	5227.4	10.1	1777.42	357.93
0	34.15	1	9	24	3632.6	6.36	923.08	115.62
0	31.71	2	21	6	4252.8	15.71	1895.26	536.28
1	21.14	2	2	1	1240.4	9.55	294.6	92.25
0	17.07	1	2	2	1417.6	8.78	147.3	115.62
0	28.46	2	15	16	3101	6.25	422.26	140.22
0	38.21	2	6	3	2303.6	12.74	117.84	317.34
1	18.7	1	2	3	1860.6	13.84	765.96	199.26
0	28.46	2	20	3	3721.2	9.44	206.22	356.7

图 4.24　"700 个对公授信客户的信息数据"文件中的内容（限于篇幅仅展示部分）

针对 V1（征信违约记录），分别用 0、1 来表示未违约、违约。

针对 V3（行业分类），分别用 1、2、3、4、5 来表示"制造业""批发零售业""建筑业、房地产与基础设施""科教文卫""农林牧渔业"。

机器学习目标是使用"700 个对公授信客户的信息数据"文件中的数据，把 V1（征信违约记录）作为响应变量，把 V2（资产负债率）、V6（主营业务收入）、V7（利息保障倍数）、V8（银行负债）、V9（其他渠道负债）作为特征变量，构建算法模型。请运用本章所学内容，完成以下操作：

（1）使用过滤法选择特征变量。

① 通过去掉低方差的特征选择特征变量。

② 使用卡方检验选择特征变量。

③ 使用相关性分析选择特征变量。

④ 使用方差分析（F 检验）选择特征变量。

⑤ 使用互信息法选择特征变量。

（2）使用包裹法选择特征变量。

① 阐述递归特征消除（RFE）方法选择特征变量的基本原理。

② 使用递归特征消除（RFE）方法选择特征变量。

（3）使用嵌入法选择特征变量。

① 使用随机森林算法选择特征变量。

② 使用提升法算法选择特征变量。

③ 使用 Logistic 回归算法选择特征变量。

④ 使用线性支持向量机算法选择特征变量。

第 **5** 章

特 征 处 理

　　特征处理是指对搜集整理的原始特征变量数据进行必要的加工处理的过程。实务中针对原始特征变量有很多处理方式，目的都是使特征变量的数据能够更好地满足统计分析或机器学习的需求，能够更好地契合统计分析方法或机器学习算法的适用条件或假设条件。本章介绍常用的特征处理方式，包括特征归一化、特征标准化、特征分箱（离散化）等。其中特征归一化容易跟样本归一化混淆，因此本章也同步介绍样本归一化；特征分箱（离散化）又进一步细分为有监督分箱和无监督分箱两大类，本章既介绍等宽分箱、等频分箱常用的两种无监督分箱方法，也介绍决策树分箱、卡方分箱常用的两种有监督分箱方法，此外，本章还将介绍很多机器学习模型中常用的WOE（证据权重）和IV（信息价值）及其 Python 实现案例。

5.1　特征归一化、特征标准化、样本归一化

下载资源：可扫描旁边二维码观看或下载教学视频
下载资源:\源代码\第 5 章 特征处理.py
下载资源:\sample\第 5 章\数据 13.1.csv

　　特征归一化和特征标准化都是对特征变量的数据进行标准化处理。

　　对特征变量的数据进行标准化处理，一是可以消除数据之间的量纲差距，当数据的量纲不同（数量级差别很大）时，往往需要经过标准化处理后，才能使各指标值处于同一数量级别进行分析；二是可以加快某些特定学习算法的收敛速度，比如在使用梯度下降的方法求解最优化问题时，对数据进行标准化处理可以加快梯度下降的求解速度。

　　具体来说，特征归一化即线性函数归一化，将原始数据进行线性的变换，并确保新的数据均映射到[0,1]区间内，实现对原始数据的等比缩放；特征标准化即将原始数据映射到均值为 0、标准差为 1 的正态分布（也称"高斯分布"）上。

　　而样本归一化则是将样本向量转换为单位向量，将样本单独归一到单位范数，针对的是样本

数据而不是特征数据。

数据处理方式与作用对象、实现效果具体如表 5.1 所示。

表 5.1　数据处理方式与作用对象、实现效果

数据处理方式	作用于变量/样本	实现效果
特征归一化	特征变量	将原始特征变量数据映射到[0,1]区间内
特征标准化	特征变量	将原始特征变量数据映射到均值为 0、标准差为 1 的正态分布上
样本归一化	样本示例	将样本向量转换为单位向量，将样本单独归一到单位范数

5.1.1　特征归一化

在 Python 中，可通过 scikit-learn 模块中的 MinMaxScaler()函数实现对特征的归一化处理。MinMaxScaler()函数通过将每个特征缩放到给定的范围来转换特征。

需要注意的是，MinMaxScaler()函数对数据的作用方式是将每一列（即每一维特征）线性地映射到指定的区间（通常是[0, 1]但未必为[0,1]），具体转换范围可以根据研究需要具体指定。

归一化的本质是把数据映射到固定的区间内，该方法仅由变量的极值决定。MinMaxScaler()函数的具体计算过程为：

$$X\_std = \frac{X - X.min(axis = 0)}{X.max(axis = 0) - X.min(axis = 0)}$$

其中X为每个特征变量的原始值，X.min 表示每个特征变量的最小值，X.max 表示每个特征变量的最大值；axis = 0 表示按行计算，得到列的性质；axis = 1 表示按列计算，得到行的性质。通过计算得到 X_std，X_std 即为归一化后的值。同样的，根据归一化后的值可以倒推计算原始值，原始值X即为：

$$X = X\_std * (max - min) + min$$

特征归一化的 Python 代码示例如下：

```
from numpy import set_printoptions          # 载入设置输出精度函数
import pandas as pd                         # 载入 pandas 模块
data=pd.read_csv('C:/Users/Administrator/.spyder-py3/数据 13.1.csv')  # 读取"数据 13.1.csv"
```
文件，注意受用户具体安装路径的不同，设计路径的代码会有差异

成功载入后，可在 Spyder 的"变量浏览器"窗口看到载入的 data 数据文件，如图 5.1 所示。

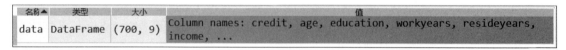

图 5.1　"变量浏览器"窗口

双击 data 数据文件名称以打开文件，文件内容如图 5.2 所示。

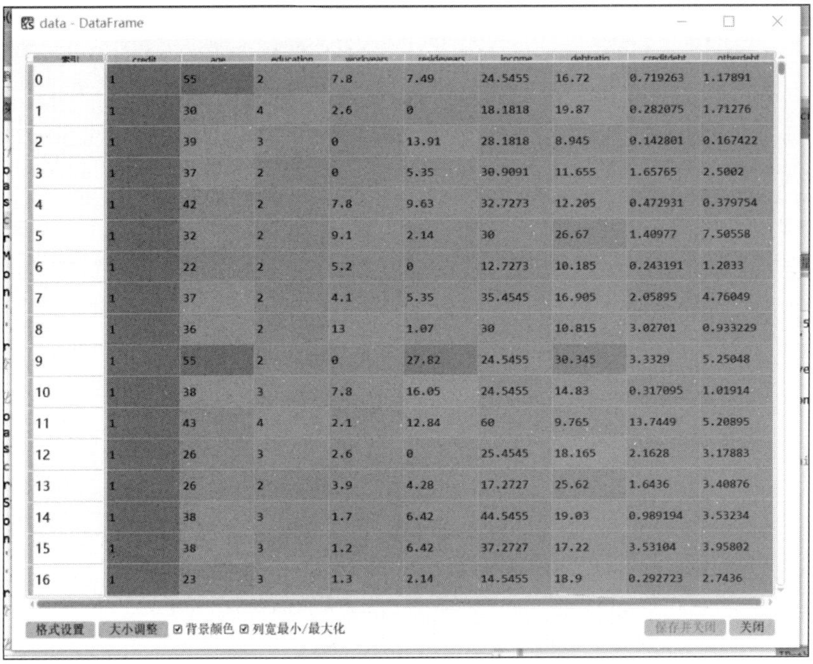

索引	credit	age	education	workyears	resideyears	income	debtratio	creditdebt	otherdebt
0	1	55	2	7.8	7.49	24.5455	16.72	0.719263	1.17891
1	1	30	4	2.6	0	18.1818	19.87	0.282075	1.71276
2	1	39	3	0	13.91	28.1818	8.945	0.142801	0.167422
3	1	37	2	0	5.35	30.9091	11.655	1.65765	2.5002
4	1	42	2	7.8	9.63	32.7273	12.205	0.472931	0.379754
5	1	32	2	9.1	2.14	30	26.67	1.40977	7.50558
6	1	22	2	5.2	0	12.7273	10.185	0.243191	1.2033
7	1	37	2	4.1	5.35	35.4545	16.905	2.05895	4.76049
8	1	36	2	13	1.07	30	10.815	3.02701	0.933229
9	1	55	2	0	27.82	24.5455	30.345	3.3329	5.25048
10	1	38	3	7.8	16.05	24.5455	14.83	0.317095	1.01914
11	1	43	4	2.1	12.84	60	9.765	13.7449	5.20895
12	1	26	3	2.6	0	25.4545	18.165	2.1628	3.17883
13	1	26	2	3.9	4.28	17.2727	25.62	1.6436	3.40876
14	1	38	3	1.7	6.42	44.5455	19.03	0.989194	3.53234
15	1	38	3	1.2	6.42	37.2727	17.22	3.53104	3.95802
16	1	23	3	1.3	2.14	14.5455	18.9	0.292723	2.7436

图 5.2　data 数据文件展示 1

```
X=data.drop(['credit',],axis=1)  # 设置特征变量，即 selected_data 数据集中除 credit 之外的全部变量
```

设置完成后，可在 Spyder 的“变量浏览器”窗口找到特征变量 X 的原始数据文件，双击数据文件名称以打开该数据文件，文件内容如图 5.3 所示。

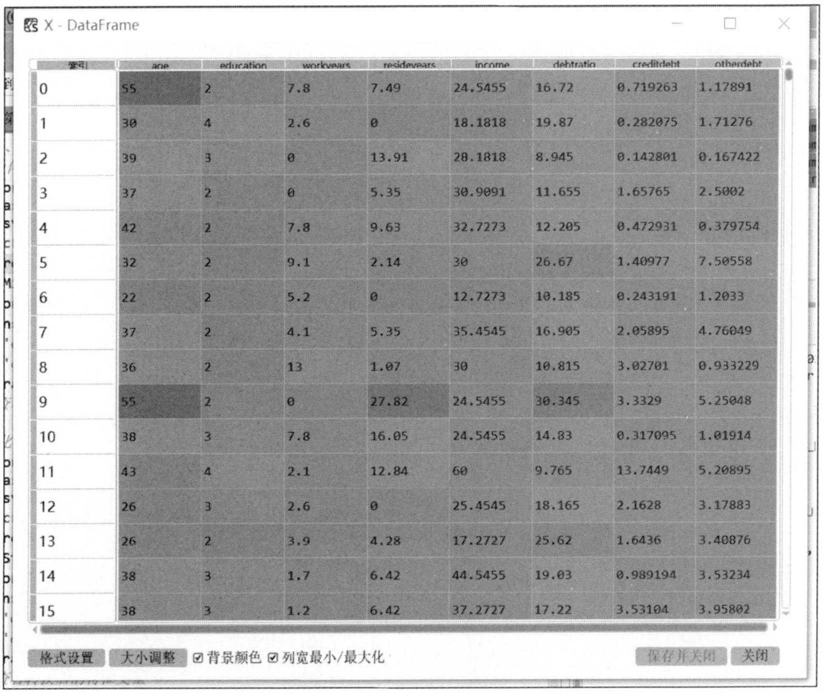

索引	age	education	workyears	resideyears	income	debtratio	creditdebt	otherdebt
0	55	2	7.8	7.49	24.5455	16.72	0.719263	1.17891
1	30	4	2.6	0	18.1818	19.87	0.282075	1.71276
2	39	3	0	13.91	28.1818	8.945	0.142801	0.167422
3	37	2	0	5.35	30.9091	11.655	1.65765	2.5002
4	42	2	7.8	9.63	32.7273	12.205	0.472931	0.379754
5	32	2	9.1	2.14	30	26.67	1.40977	7.50558
6	22	2	5.2	0	12.7273	10.185	0.243191	1.2033
7	37	2	4.1	5.35	35.4545	16.905	2.05895	4.76049
8	36	2	13	1.07	30	10.815	3.02701	0.933229
9	55	2	0	27.82	24.5455	30.345	3.3329	5.25048
10	38	3	7.8	16.05	24.5455	14.83	0.317095	1.01914
11	43	4	2.1	12.84	60	9.765	13.7449	5.20895
12	26	3	2.6	0	25.4545	18.165	2.1628	3.17883
13	26	2	3.9	4.28	17.2727	25.62	1.6436	3.40876
14	38	3	1.7	6.42	44.5455	19.03	0.989194	3.53234
15	38	3	1.2	6.42	37.2727	17.22	3.53104	3.95802

图 5.3　data 数据文件展示 2

```
from sklearn.preprocessing import MinMaxScaler          # 加载 MinMaxScaler 归一化函数
transformer = MinMaxScaler(feature_range=(0, 1)).fit(X) # 将 MinMaxScaler 函数作用于 X，此处通
过 MinMaxScaler()函数将每个特征单独缩放和转换到(0, 1)，实务中也可以通过设置参数 feature_range 将每个特征缩放
和转换到其他区间
newX1 = transformer.fit_transform(X)                    # 将转换后的 X 保存为 newX1
set_printoptions(precision=3)                           # 设置输出精度为小数点后 3 位
pd.set_option('display.max_columns', None)             # 在结果中显示完整的列
pd.set_option('display.width', None)                    # 设置字符显示无限制
newX1=pd.DataFrame(newX1, columns=X.columns)           # X1 标准化为 newX1 以后，原有的特征变量名称
会消失，该步操作就是把特征变量名称加回来
print(newX1)                                            # 查看转换后的特征变量
```

运行结果如图 5.4 所示。

```
        age  education  workyears  resideyears   income  debtratio  \
0    0.916667       0.00   0.193548     0.205882  0.030093   0.379555
1    0.222222       0.50   0.064516     0.000000  0.013889   0.452905
2    0.472222       0.25   0.000000     0.382353  0.039352   0.198510
3    0.416667       0.00   0.000000     0.147059  0.046296   0.261614
4    0.555556       0.00   0.193548     0.264706  0.050926   0.274421
..        ...        ...        ...          ...       ...        ...
695  0.222222       0.25   0.161290     0.176471  0.025463   0.061125
696  0.777778       0.00   0.903226     0.735294  0.129630   0.283619
697  0.305556       0.00   0.354839     0.176471  0.046296   0.156479
698  0.194444       0.00   0.193548     0.176471  0.067130   0.110024
699  0.638889       0.00   0.354839     0.500000  0.053241   0.022005

     creditdebt  otherdebt
0      0.028358   0.040314
1      0.010775   0.059334
2      0.005174   0.004276
3      0.066097   0.087389
4      0.018451   0.011841
..          ...        ...
695    0.015907   0.012629
696    0.210355   0.148956
697    0.013944   0.072927
698    0.042392   0.043671
699    0.008185   0.009468

[700 rows x 8 columns]
```

图 5.4　特征归一化的运行结果

可以发现，每个特征变量都完成了归一化。

5.1.2　特征标准化

在 Python 中，可通过 scikit-learn 模块中的 StandardScaler()函数实现对特征的标准化处理。StandardScaler()函数处理的数据对象同样是每一列，也就是每一维特征。StandardScaler()函数通过去除平均值和缩放到单位方差来标准化特征，将样本特征值转换为标准正态分布，因此该方法也被称为 Z-score 方法，也是默认的数据标准化处理方法。该方法和整体样本的分布密切相关，每一个样本点都能对标准化产生影响。具体计算过程为：

$$X\_std = \frac{X - X.u}{X.s}$$

基本语法格式为：

```
StandardScaler(*, copy=True, with_mean=True, with_std=True)
```

其中，X 为训练样本的原始值；X.u 是训练样本的平均值，如果 with_mean=False，则 X.u 为 0；X.s 是训练样本的标准差，如果 with_std=False，则 X.s 为 1。

StandardScaler()函数首先计算训练集中样本的相关统计数据，在每个特征上独立地进行缩放，然后将平均值和标准偏差存储起来，以便将 transform()用于以后的数据。

特征标准化的 Python 代码示例如下：

```
from numpy import set_printoptions          # 载入 set_printoptions 函数
import pandas as pd                          # 载入 pandas 模块
data=pd.read_csv('C:/Users/Administrator/.spyder-py3/数据 13.1.csv')  # 读取"数据 13.1.csv"
文件
X=data.drop(['credit',],axis=1)  # 设置特征变量，即 selected_data 数据集中除 credit 之外的全部变量
from sklearn.preprocessing import StandardScaler    # 加载 StandardScaler 标准化函数
transformer = StandardScaler().fit(X)        # 将 StandardScaler 函数作用于 X
newX2 = transformer.transform(X)             # 将转换后的 X 保存为 newX2
set_printoptions(precision=3)                # 设置输出精度为小数点后 3 位
pd.set_option('display.max_columns', None)   # 在结果中显示完整的列
pd.set_option('display.width', None)         # 设置字符显示无限制
newX2=pd.DataFrame(newX2, columns=X.columns) # 数据处理后，原有的特征变量名称会消失，该步
操作就是把特征变量名称加回来
print(newX2)                                 # 查看转换后的特征变量
```

运行结果如图 5.5 所示。

```
         age  education  workyears  resideyears    income  debtratio  \
0    2.269875  -0.779325  -0.264073    -0.187474 -0.505821   0.769665
1   -0.858398   1.376911  -0.873639    -1.213867 -0.697790   1.207688
2    0.267780   0.298793  -1.178422     0.692292 -0.396124  -0.311487
3    0.017518  -0.779325  -1.178422    -0.480729 -0.313851   0.065352
4    0.643173  -0.779325  -0.264073     0.105781 -0.259002   0.141832
..        ...        ...        ...          ...       ...        ...
695 -0.858398   0.298793  -0.416464    -0.334101 -0.560669  -1.131911
696  1.644221  -0.779325   3.088542     2.451822  0.673422   0.196759
697 -0.483005  -0.779325   0.497885    -0.334101 -0.313851  -0.562481
698 -0.983529  -0.779325  -0.264073    -0.334101 -0.067033  -0.839896
699  1.018566  -0.779325   0.497885     1.278802 -0.231578  -1.365524

     creditdebt  otherdebt
0     -0.453338  -0.585851
1     -0.624116  -0.429601
2     -0.678521  -0.881901
3     -0.086776  -0.199126
4     -0.549563  -0.819754
..          ...        ...
695   -0.574272  -0.813277
696    1.314396   0.306645
697   -0.593333  -0.317927
698   -0.317023  -0.558273
699   -0.649274  -0.839248

[700 rows x 8 columns]
```

图 5.5　特征标准化的运行结果

可以发现，每个特征变量都完成了标准化。

5.1.3　样本归一化

在 **Python** 中，可以通过 **scikit-learn** 模块中的 **Normalizer()**函数实现对样本的归一化处理。**Normalizer()**函数基于矩阵的**行**，将**样本向量**转换为**单位向量**，将**样本**单独归一到**单位范数**（每一行数据的距离处理成 1，在线性代数中矢量距离为 1）；处理的数据对象不再是每一列，而是每一行，即针对样本数据进行处理而不是针对特征数据进行处理。

Normalizer()函数的基本思想是使得每个具有至少一个非零分量的样本（即数据矩阵的每一

行）独立于其他样本重新缩放，使其范数等于 1。**Normalizer()** 函数非常适合处理稀疏数据（稀疏数据即具有很多值为 0 的数据），常用于文本分类或聚类。

基本语法格式为：

```
Normalizer(norm="l2", *, copy=True)
```

参数 norm 用于指定归一化每个非零样本的范数类型，可选项包括 l1、l2 和 max，默认为 l2。其中，l1、l2 均为范数类型。如果使用 norm='max'，则将按绝对值的最大值重新缩放。

说　明

在线性代数、泛函分析及相关的数学领域，范数是具有"长度"概念的函数，用来度量某个向量空间（或矩阵）中的每个向量的长度或大小。不同的范数类型，所求的向量的长度或者大小不同。本书介绍的范数，也是最常用的范数就是 p-范数。若

$$X = \begin{bmatrix} X_1, & X_2, \cdots, & X_n \end{bmatrix}^{\mathrm{T}}$$

那么 p-范数即为：

$$\| X \|_p = \left(| X_1 |^p + | X_2 |^p + \cdots + | X_n |^p \right)^{\frac{1}{p}}$$

当 $p=1$ 时，L1 范数为：

$$\| X \|_1 = | X_1 | + | X_2 | + \cdots + | X_n |$$

L1 范数是指向量中各元素绝对值之和。L1 范数可以进行特征选择，即让特征的系数变为 0。

当 $p=2$ 时，L2 范数为：

$$\| X \|_2 = \left(| X_1 |^2 + | X_2 |^2 + \cdots + | X_n |^2 \right)^{\frac{1}{2}}$$

L2 范数是指向量中各元素的平方和的平方根。L2 范数可以防止过拟合，提升模型的泛化能力。

此外，L0 范数指向量中非零元素的个数，无穷范数指向量中所有元素的最大绝对值。

样本归一化的 Python 代码示例如下：

```
from numpy import set_printoptions          # 载入 set_printoptions 函数
import pandas as pd                         # 载入 pandas 模块
data=pd.read_csv('C:/Users/Administrator/.spyder-py3/数据13.1.csv')  # 读取"数据 13.1.csv"
文件
X=data.drop(['credit',],axis=1)             # 设置特征变量，即 selected_data 数据集中除 credit 之外
的全部变量
from sklearn.preprocessing import Normalizer      # 加载 Normalizer 样本归一化函数
transformer = Normalizer(norm="l2").fit(X)         # 将 Normalizer 函数作用于 X，使用的范数类型
为 L2 范数
newX3 = transformer.transform(X)                   # 将转换后的 X 保存为 newX3
```

```
set_printoptions(precision=3)                    # 设置输出精度为小数点后 3 位
pd.set_option('display.max_columns', None)       # 在结果中显示完整的列
pd.set_option('display.width', None)             # 设置字符显示无限制
newX3=pd.DataFrame(newX3, columns=X.columns)     # 数据处理后，原有的特征变量名称会消失，该步
操作就是把特征变量名称加回来
print(newX3)                                     # 查看转换后的特征变量
```

运行结果如图 5.6 所示。

```
          age  education  workyears  resideyears    income  debtratio  \
0    0.866396   0.031505   0.122871     0.117987  0.386656   0.263384
1    0.738288   0.098438   0.063985     0.000000  0.447447   0.488992
2    0.765182   0.058860   0.000000     0.272915  0.552929   0.175501
3    0.739729   0.039985   0.000000     0.106961  0.617955   0.233015
4    0.749286   0.035680   0.139153     0.171801  0.583859   0.217739
..        ...        ...        ...          ...       ...        ...
695  0.769839   0.076984   0.166798     0.164746  0.583212   0.078139
696  0.533055   0.021322   0.388064     0.285184  0.678433   0.134330
697  0.680800   0.041261   0.295013     0.132446  0.637664   0.147300
698  0.579492   0.039965   0.155863     0.128287  0.781133   0.102810
699  0.740018   0.032890   0.235161     0.299132  0.553144   0.022447

     creditdebt  otherdebt
0      0.011330   0.018571
1      0.006942   0.042150
2      0.002802   0.003285
3      0.033141   0.049986
4      0.008437   0.006775
..          ...        ...
695    0.010513   0.010313
696    0.055913   0.045077
697    0.007445   0.043206
698    0.021346   0.025440
699    0.003580   0.005150

[700 rows x 8 columns]
```

图 5.6 L2 范数样本归一化的运行结果

通过 L2 范数将样本单独归一到单位范数（每一行数据的距离处理成 1），以第 1 个样本为例（样本序号为 0），即有：

$$\left(\begin{array}{c} |0.866396|^2 + |0.031505|^2 + |0.122871|^2 + |0.117987|^2 \\ + |0.386656|^2 + |0.263384|^2 + |0.011330|^2 + |0.018571|^2 \end{array} \right)^{\frac{1}{2}} = 1$$

以上即为 L2 范数样本归一化的结果，下面来看一下 L1 范数样本归一化：

```
transformer = Normalizer(norm="l1").fit(X)       # 将 Normalizer 函数作用于 X，使用的范数类型为 L1
范数
newX4 = transformer.transform(X)                 # 将转换后的 X 保存为 newX4
newX4=pd.DataFrame(newX4, columns=X.columns)     # 数据处理后，原有的特征变量名称会消失，该步操作就
是把特征变量名称加回来
print(newX4)                                     # 查看转换后的特征变量
```

运行结果如图 5.7 所示。

通过 L1 范数将样本单独归一到单位范数（每一行数据的距离处理成 1），以第 1 个样本为例（样本序号为 0），即有：

$$\left(\begin{array}{c} |0.476382| + |0.017323| + |0.067560| + |0.064875| \\ + |0.212600| + |0.144820| + |0.006230| + |0.010211| \end{array} \right) = 1$$

```
       age  education  workyears  resideyears    income  debtratio  \
0    0.476382   0.017323   0.067560     0.064875  0.212600   0.144820
1    0.391407   0.052188   0.033922     0.000000  0.237216   0.259242
2    0.417796   0.032138   0.000000     0.149014  0.301904   0.095825
3    0.406272   0.021961   0.000000     0.058745  0.339392   0.127976
4    0.391736   0.018654   0.072751     0.089820  0.305249   0.113837
..        ...        ...        ...          ...       ...        ...
695  0.413771   0.041377   0.089650     0.088547  0.313463   0.041998
696  0.248931   0.009957   0.181221     0.133178  0.316821   0.062731
697  0.342949   0.020785   0.148611     0.066719  0.321219   0.074202
698  0.315914   0.021787   0.084970     0.069937  0.425840   0.056047
699  0.391229   0.017388   0.124324     0.158143  0.292434   0.011867

     creditdebt  otherdebt
0      0.006230   0.010211
1      0.003680   0.022346
2      0.001530   0.001794
3      0.018202   0.027453
4      0.004411   0.003542
..          ...        ...
695    0.005650   0.005543
696    0.026111   0.021051
697    0.003750   0.021765
698    0.011637   0.013869
699    0.001892   0.002723

[700 rows x 8 columns]
```

图 5.7　L1 范数样本归一化的运行结果

5.2　特征等宽分箱和等频分箱

| 下载资源：可扫描旁边二维码观看或下载教学视频 |
| 下载资源:\源代码\第 5 章 特征处理.py |
| 下载资源:\sample\第 5 章\数据 13.1.csv |

　　特征分箱（binning）也称特征离散化处理，是数据清洗与特征工程的常用操作之一。特征分箱方法包括有监督分箱和无监督分箱两大类。其中有监督分箱方法的特点是在分箱的时候使用了响应变量的信息，无监督分箱仅基于特征变量自身的分布特征进行分箱。常用的无监督分箱方法包括等宽分箱和等频分箱。有监督分箱将在 5.3 节和 5.4 节中详细介绍。

　　等宽分箱，也称等步长分箱、等距分箱，其基本操作思路是，首先确定需要分箱的个数，然后将特征变量的全部取值进行排序，最后从最小值到最大值分成具有相同宽度的 n 个区间，即完成操作。注意等宽分箱指的是值的跨度是等宽的。在 Python 中，其操作方法是首先通过函数 **np.linspacet()** 得到分箱的边界，然后使用函数 **pd.cut()** 对数值进行等宽分箱转换。

　　等频分箱基本操作思路是，首先确定需要分箱的个数，然后将特征变量的全部取值进行排序，最后从最小值到最大值分成具有相同个数样本的 n 个区间，保证每个区间的样本数量基本一致。注意等频分箱指的是每个箱中的样本个数是大体一致的。在 Python 中，其操作方法通过函数 **pd.qcut()** 来实现。

　　等宽分箱和等频分箱的 Python 代码示例如下：

```
import pandas as pd          # 载入 pandas 模块，并简称为 pd
import numpy as np           # 载入 numpy 模块，并简称为 np
data=pd.read_csv('C:/Users/Administrator/.spyder-py3/数据 13.1.csv')  # 读取“数据 13.1.csv”
文件
np.linspace(data['income'].min(),data['income'].max(),10)    # 针对 data 数据集中的特征变量
```

income，求解其最小值和最大值，并将该特征变量分为 9 等分（包含最小值、最大值在内共 10 个数值，所以分为 9 个箱子）

运行结果如图 5.8 所示。

```
array([12.72727273, 11.42424243, 10.12121212,  8.81818182,  7.51515152,
        6.21212121,  4.90909091,  3.60606061,  2.3030303 ,  1.        ])
```

图 5.8　针对 data 数据集中的特征变量 income 进行 9 等分

```
pd.cut(data['income'],bins=np.linspace(data['income'].min(),data['income'].max(),10))
# 针对 data 数据集中的特征变量 income，进行等宽分箱转换，划分到 9 个箱子
```

运行结果如图 5.9 所示。

```
0      (12.727, 56.364]
1      (12.727, 56.364]
2      (12.727, 56.364]
3      (12.727, 56.364]
4      (12.727, 56.364]
              ...
695    (12.727, 56.364]
696     (56.364, 100.0]
697    (12.727, 56.364]
698    (12.727, 56.364]
699    (12.727, 56.364]
Name: income, Length: 700, dtype: category
Categories (9, interval[float64, right]): [(12.727, 56.364] < (56.364, 100.0] < (100.0, 143.636]
                                           (143.636, 187.273] ... (230.909, 274.545] <
                                           (274.545, 318.182] < (318.182, 361.818] <
                                           (361.818, 405.455]]
```

图 5.9　等宽分箱的运行结果

上述结果包括两个组成部分：上部分是各个样本示例依据特征变量 income 进行分箱的情况，也可以理解成被分配到了哪个区间；下部分是分箱情况，共有 9 个箱子，第 1 个箱子的区间是 (12.727, 56.364]，第 2 个箱子的区间是 (56.364, 100.0]，以此类推。

```
pd.qcut(data['income'],q=np.linspace(0,1,11))   # 针对 data 数据集中的特征变量 income，进行等频分箱
转换，划分到 10 个箱子
```

运行结果如图 5.10 所示。

```
0      (23.636, 26.364]
1       (17.273, 20.0]
2      (26.364, 30.909]
3      (26.364, 30.909]
4      (30.909, 36.727]
              ...
695      (20.0, 23.636]
696    (55.455, 73.727]
697    (26.364, 30.909]
698    (36.727, 44.545]
699    (30.909, 36.727]
Name: income, Length: 700, dtype: category
Categories (10, interval[float64, right]): [(12.726, 17.273] < (17.273, 20.0] < (20.0, 23.636] <
                                            (23.636, 26.364] ... (36.727, 44.545] <
                                            (44.545, 55.455] < (55.455, 73.727] < (73.727,
405.455]]
```

图 5.10　等频分箱的运行结果

上述结果包括两个组成部分：上部分是各个样本依据特征变量 income 进行分箱的情况，也可以理解成被分配到了哪个区间；下部分是分箱情况，共有 10 个箱子，第 1 个箱子的区间是 (12.726, 17.273]，第 2 个箱子的区间是 (17.273, 20.0]，以此类推。

5.3　特征决策树分箱

	下载资源：可扫描旁边二维码观看或下载教学视频
	下载资源:\源代码\第 5 章 特征处理.py
	下载资源:\sample\第 5 章\数据 13.1.csv

　　本节介绍的决策树分箱以及下一节介绍的卡方分箱都属于有监督分箱方法。决策树分箱可以理解为单一特征变量的决策树模型（关于决策树算法的详细原理及操作案例，可参阅《Python 机器学习原理与算法实现》杨维忠、张甜编著，清华大学出版社）。决策树生长的过程，其实就是按照某一特征变量对响应变量进行分类，将样本全集不断按照响应变量分类进行分箱的过程。那么应该按照什么样的规则进行分箱，或者说按照什么样的规则使树生长，才能取得最好的分箱效果呢？一言以蔽之，就是要**使得分裂生长后在同一个样本子集内的相似性程度（或称"纯度"）越高越好，或者说样本全集的"不纯度"通过切割样本的方式下降得越多越好**。这在本质上就是分箱临界值选择确定的问题，常用的方法包括**信息增益（Information Gain）、增益比率（Gain Ratio）、基尼指数（Gini Index）**，对应于 ID3、C4.5 和 CART 3 种决策树算法。下面，我们逐一介绍这几种方法。

5.3.1　信息熵

　　在介绍信息增益和增益比率之前，首先需要了解信息熵的概念。信息熵是香农于 1948 年提出的概念，本质上是一种节点不纯度函数，用来衡量样本集的混乱程度。如果样本全集为 D，响应变量一共有 K 个类别，p_k 是第 k 类样本的占比，则该样本集的信息熵为：

$$\text{Ent}(D) = -\sum_{k=1}^{K} p_k \log_2 p_k$$

　　公式中的 $\log_2$ 表示以 2 为底的对数。分布越集中，样本集中的样本越属于同一类别，集合的混乱程度就越小，或者所集合的纯度就越高。一个极端的情形是，所有样本只有 1 个类别（$k=1$），那么就不存在混乱的问题了（$p_{k=1}$），样本集的信息熵也就为 0（$\log_2 p_k=0$）。同样的，分布越分散，样本集的信息熵越大，说明集合的混乱程度就越大，或者说集合的纯度就越小。

5.3.2　信息增益

　　ID3 决策树算法基于信息增益，在选择分箱临界值时的基本标准是，通过选择该分箱临界值对数据集进行划分，使得样本集的信息增益最大。假设样本示例全集为 D，某特征变量为 a，样本集可以通过该分箱临界值将特征变量划分为 v 个箱子，那么信息增益即为：

$$\text{Gain}(D, a) = \text{Ent}(D) - \sum_{v=1}^{V} \frac{|D^v|}{|D|} \text{Ent}(D^v)$$

其中的 Ent(D) 是指样本全集的信息熵，Ent(D^v) 是指每个箱子的信息熵，$\dfrac{D^v}{D}$ 是指每个箱子中样本数占样本全集的比例，信息增益的含义就是用样本全集的信息熵减去每个箱子信息熵的加权和。在样本全集信息熵 Ent(D) 保持不变的前提下，我们需要做的就是要找到能使 $\sum\limits_{v=1}^{V} \dfrac{|D^v|}{|D|} \text{Ent}\left(D^v\right)$ 最小的分箱临界值 a，从而使得信息增益最大。用更好理解的语言来解释，就是要通过分箱临界值的选择，在整体上使得类别内部的纯度越高越好。

在信息增益算法下，决策树倾向于使得参与分箱特征变量的分箱数足够多。比如假设样本全集容量为 n，那么在极端情形下，按照某特征变量进行分箱，样本集可以通过该特征变量将响应变量划分为 n 个类别，即每个样本观测值都属于 1 类并构成 1 个子样本集（箱子），而每个子样本集（箱子）因为只有 1 个样本，所以其子类别的信息熵 Ent(D^v) 肯定为 0，$\sum\limits_{v=1}^{v} \dfrac{|D^v|}{|D|} \text{Ent}\left(D^v\right)$ 也就等于 0，信息增益也就最大化了。但是这显然是不符合实务要求的，因此在实务中需要设定最大叶子节点数（max_leaf_nodes）或叶子节点样本数量最小占比（min_samples_leaf），或者考虑成本-复杂度剪枝的决策树分类算法。

5.3.3　增益比率

C4.5 决策树算法基于增益比率，在选择分箱临界值时的基本标准是，每次决策树分裂时，都选择增益比率最大的分箱临界值进行划分。假设样本示例全集为 D，某特征变量为 a，样本集可以通过一系列分箱临界值将特征变量划分为 v 个箱子，那么增益比率即为：

$$\text{Gain\_ratio}(D,a) = \frac{\text{Gain}(D,a)}{H(a)}，其中 H(a) = -\sum_{v=1}^{V} \frac{|D^v|}{D} \log_2 \frac{|D^v|}{D}$$

Gain(D,a) 即为前面介绍的信息增益，而 $H(a)$ 则为样本全集 D 关于特征变量 a 的取值熵或固有值，在 $H(a)$ 中，v 的值越大，$H(a)$ 就会越大。因此，C4.5 决策树算法相当于对 ID3 进行了改进，在一定程度上解决了"决策树倾向于选择取值类别较多的特征变量"的问题。

5.3.4　基尼指数

CART 决策树算法基于基尼指数，在选择分箱临界值时的基本标准是，每次决策树分裂时，都选择基尼指数小的分箱临界值进行划分。基尼指数是指从样本集中随机抽取的两个样本类别不一致的概率，是衡量样本全集纯度的另一种方式。假设样本全集为 D，响应变量一共有 K 个类别，p_k 是第 k 类样本的占比，则该样本集的基尼指数为：

$$\text{Gini}(D) = \sum_{k=1}^{K} \sum_{k' \neq k} p_k p_k' = 1 - \sum_{k=1}^{K} p_k^2$$

公式中的 $\sum\limits_{k=1}^{K} p_k^2$ 表示从样本集中随机抽取的两个样本类别一致的概率。基尼指数越小表明数据集 D 中同一类样本的数量越多，或者说纯度越高。假设某特征变量为 a，样本集可以通过该特征变量将样本集划分为 v 个箱子，那么该样本集的基尼指数为：

$$\text{Gini}(D,a) = \sum_{v=1}^{V} \frac{|D^v|}{|D|}\text{Gini}(D^v)$$

CART 决策树是二分类树，每次分裂生长时都将当前节点的样本集分成两部分，即根据属性变量取值为 v 和不为 v，将样本全集 D 划分为 D^v 和 $\tilde{D}^v$，则样本全集的基尼指数为：

$$\text{Gini}(D,a,v) = \frac{|D^v|}{|D|}\text{Gini}(D^v) + \frac{|D^v|}{|D|}\text{Gini}(D^v)$$

在 CART 决策树方法下，会找到使得 Gini(D,a,v)最小的 a 和 v，然后按照特征变量 a 将样本示例全集分为取值为 v 以及取值不为 v 的两部分，形成二叉树。

5.3.5　变量重要性

事实上，ID3、C4.5 和 CART 3 种决策树算法的本质是一致的，不论是基于什么样的分箱临界值选择方法，其思路都是针对待分箱的特征变量寻找其最优临界值，基于最优临界值计算分箱该特征变量时可实现的样本子集纯度的改进幅度（不纯度的下降幅度）；遍历各分箱临界值后，选择可以使得样本子集纯度的改进幅度（不纯度的下降幅度）最大的分箱临界值作为生长分裂标准。

决策树算法是一种典型的非参数算法，这也意味着在其模型中不包含类似于回归系数的参数，因此难以直接评价特征变量对于响应变量的影响程度。实务中，用户常遇到的一个问题就是，在决策树模型中采纳的诸多特征变量之间，重要性排序是怎样的？

一个非常明确但又容易被误解的事实是：并非先采用的特征变量就必然是贡献最大的，而应该通过计算因采纳该变量引起的残差平方和（或信息增益、信息增益率、基尼指数等指标）变化的幅度来进行排序，残差平方和或基尼指数下降越多、信息增益或信息增益率提升越多，说明该变量在决策树模型中越重要。

5.3.6　特征决策树分箱的 Python 实现

1. 基于信息熵准则的特征决策树分箱

Python 代码示例如下：

```
import pandas as pd          # 载入 pandas 模块，并简称为 pd
import numpy as np           # 载入 numpy 模块，并简称为 np
from sklearn.tree import DecisionTreeClassifier    # 载入决策树分类器 DecisionTreeClassifier
data=pd.read_csv('C:/Users/Administrator/.spyder-py3/数据 13.1.csv')# 读取"数据 13.1.csv"文件
    X=data.drop(['credit',],axis=1)               # 设置特征变量，即 selected_data 数据集中除 credit 之外的全部变量
    y=data['credit']  # 设置响应变量，即 selected_data 数据集中的 credit 变量
    def Decisiontree_binning_boundary(x, y):  # 定义决策树分箱函数，基本思想是利用决策树获得最优分箱的边界值列表，将决策树生成的内部划分节点的阈值作为分箱的边界
        boundary = []                              # 生成 boundary 空列表，用于填充下面 return 的分箱边界值
```

```
        x = x.fillna(-1).values                          # 填充缺失值
        y = y.values
        clf = DecisionTreeClassifier(criterion='entropy',    # 算法准则为信息熵最小化准则
            max_leaf_nodes=6,                            # 设置最大叶节点数为 6
            min_samples_leaf=0.05)                       # 设置叶节点样本数量最小占比为 5%
        clf.fit(x, y)                                    # 对构建的决策树模型使用 fit 方法进行拟合
        n_nodes = clf.tree_.node_count                   # 计算决策树的节点数
        children_left = clf.tree_.children_left          # node_count 大小的数组，children_left[i]
表示第 i 个节点的左子节点
        children_right = clf.tree_.children_right        # node_count 大小的数组，children_right[i]
表示第 i 个节点的右子节点
        threshold = clf.tree_.threshold                  # node_count 大小的数组，threshold[i]表示
第 i 个节点划分数据集的阈值
        for i in range(n_nodes):
            if children_left[i] != children_right[i]:    # 如果是非叶节点
                boundary.append(threshold[i])
        boundary.sort()                                  # 对 boundary 进行排序
        min_x = x.min()
        max_x = x.max() + 0.1             # 此处+0.1 是考虑后续 groupby 操作时能包含特征最大值的样本
        boundary = [min_x] + boundary + [max_x]
        return boundary
Decisiontree_binning_boundary(X, y)   # 将定义的 Decisiontree_binning_boundary 函数应用到前面设
置的 X 与 y
```

运行结果如图 5.11 所示。

```
[0.0,
1.9257659316062927,
8.34749984741211,
9.75,
13.072500228881836,
35.90909004211426,
405.5545455]
```

图 5.11　基于信息熵准则的特征决策树分箱

2. 基于基尼系数准则的特征决策树分箱

Python 代码示例如下：

```
import pandas as pd           # 载入 pandas 模块，并简称为 pd
import numpy as np            # 载入 numpy 模块，并简称为 np
from sklearn.tree import DecisionTreeClassifier      # 载入决策树分类器 DecisionTreeClassifier
data=pd.read_csv('C:/Users/Administrator/.spyder-py3/数据 13.1.csv')  # 读取 "数据 13.1.csv"
文件
X=data.drop(['credit',],axis=1)   # 设置特征变量，即 selected_data 数据集中除 credit 之外的全部变量
y=data['credit']                  # 设置响应变量，即 selected_data 数据集中的 credit 变量
def Decisiontree_binning_boundary(x, y):   # 定义决策树分箱函数，基本思想是利用决策树获得最优分箱的
边界值列表，将决策树生成的内部划分节点的阈值作为分箱的边界
        boundary = []                                    # 生成 boundary 空列表，用于填充下面 return 的分箱边界值
        x = x.fillna(-1).values                          # 填充缺失值
        y = y.values
        clf = DecisionTreeClassifier(criterion='jini',   # 算法准则为基尼系数最小化准则
            max_leaf_nodes=6,                            # 设置最大叶节点数为 6
            min_samples_leaf=0.05)                       # 设置叶节点样本数量最小占比为 5%
        clf.fit(x, y)                                    # 对构建的决策树模型使用 fit 方法进行拟合
        n_nodes = clf.tree_.node_count                   # 计算决策树的节点数
        children_left = clf.tree_.children_left          # node_count 大小的数组，children_left[i]
```

表示第 i 个节点的左子节点

```
        children_right = clf.tree_.children_right        # node_count 大小的数组，children_right[i]
表示第 i 个节点的右子节点
        threshold = clf.tree_.threshold                   # node_count 大小的数组，threshold[i]表示
第 i 个节点划分数据集的阈值
        for i in range(n_nodes):
            if children_left[i] != children_right[i]:      # 如果是非叶节点
                boundary.append(threshold[i])
        boundary.sort()                                    # 对 boundary 进行排序
        min_x = x.min()
        max_x = x.max() + 0.1                 # 此处+0.1是考虑后续 groupby 操作时能包含特征最大值的样本
        boundary = [min_x] + boundary + [max_x]
        return boundary
    Decisiontree_binning_boundary(X, y)     # 将定义的 Decisiontree_binning_boundary 函数应用到前面设
置的 X 与 y
```

运行结果如图 5.12 所示。

```
[0.0,
1.7834643125534058,
7.75,
9.75,
11.602499961853027,
35.90909004211426,
405.5545455]
```

图 5.12　基于基尼系数准则的特征决策树分箱

可以发现基于基尼系数准则的特征决策树分箱结果与基于信息熵准则的特征决策树分箱结果
有差异，但差异并不显著。

5.4　特征卡方分箱

 下载资源：可扫描旁边二维码观看或下载教学视频

特征卡方分箱的步骤及原理如下：

步骤 01 首先获取需要进行卡方分箱的特征，依据该特征对样本进行排序，开始时每个
样本都属于一个区间（作为一个分箱）。

步骤 02 进行分箱合并。设置卡方分箱的阈值，计算每两个相邻箱子的卡方值，对卡方
值最低的相邻箱子进行合并。其中两个相邻箱子的卡方值的计算公式为：

$$\chi^2 = \sum_{i=1}^{2} \sum_{j=1}^{k} \frac{\left(A_{ij} - E_{ij}\right)^2}{E_{ij}}$$

A_{ij} 是第 i 区间（分箱）中第 j 类的样本示例个数；E_{ij} 是 A_{ij} 的期望频率，$E_{ij} = \dfrac{N_i \times C_j}{N}$，其中
N 是样本的总个数，N_i 是第 i 组的样本个数，C_j 是第 j 类样本个数在样本总个数中的占比。结合前
面介绍的卡方分布、卡方检验等知识可以看出，两个相邻箱子的卡方值越低，表明两个相邻箱子

的相似度越高，期望分布越一致，越可以被合并为同一类。

将两个箱子拓展为 m 个箱子，即有：

$$\chi^2 = \sum_{i=1}^{m} \sum_{j=1}^{k} \frac{\left(A_{ij} - E_{ij}\right)^2}{E_{ij}}$$

如果 m 个相邻箱子的卡方值小于设置的卡方分箱的阈值，则可以将这 m 个相邻箱子合并为 1 类。这样一直合并下去，直至最终所有相邻箱子的卡方值都大于或等于设定的阈值，或者箱子数量达到预先设置的数量。

关于卡方分箱的 Python 操作放到"5.6 WOE、IV 的 Python 实现"中进行讲解。

5.5 WOE（证据权重）和 IV（信息价值）

| 下载资源：可扫描旁边二维码观看或下载教学视频 |
| 下载资源:\源代码\第 5 章 特征处理.py |

5.5.1 WOE 和 IV 的概念

WOE（Weight of Evidence）即证据权重，是对特征变量进行编码的一种方式，主要用来进行特征变换，将连续变量或者无法直接用作标签的分类变量进行标签化处理，比如将客户的年龄划分到老、中、青 3 个区间，分别打标签为老年人、中年人、青年人。IV（InformationValue）即信息价值，是用来评价特征变量预测能力的常用指标。

WOE 和 IV 通常用于响应变量为二分类的问题。我们把全部样本的响应情况分为 bad 和 good 两类，其中 bad 为需关注类别，比如贷款业务中的违约类别、医学疾病检测中的阳性类别；good 则为与 bad 对应的类别，比如贷款业务中的未违约类别、医学疾病检测中的非阳性类别。例如针对某特征变量 x 进行 WOE 编码处理，若特征变量 x 为连续性变量，则需要进行离散化（分箱化）操作，将连续性的数据划分为多个类别，每个类别均构成 WOE 的一个编码，具体可采用等频分箱、等距分箱或用户自定义的分箱方式（比如前面关于客户年龄的例子）；若特征变量 x 是离散型变量，则其每个类别均可作为 WOE 的一个编码（也称一个"分箱"），当然如果类别过多，那么可以将临近的类别进行合并，即多个类别构成一个"分箱"。在完成分箱操作后，如果将全部样本依据该特征变量划分为 n 个分箱，则第 i 个分箱的 WOE 值为：

$$\text{WOE}_i = \ln\left(\frac{\text{bad}_i}{\text{bad}_{\text{total}}} \middle/ \frac{\text{good}_i}{\text{good}_{\text{total}}}\right) = \ln\frac{\text{bad}_i}{\text{bad}_{\text{total}}} - \ln\frac{\text{good}_i}{\text{good}_{\text{total}}}$$

在本公式中，bad_i 指按照该特征变量进行分箱操作后，在第 i 个分箱中，分类为 bad 的样本示例个数；与之相对应的，good_i 是在第 i 个分箱中分类为 good 的样本个数。

在依据特征变量 x 对全部样本进行分箱的前提下，公式中的 $\frac{\text{bad}_i}{\text{bad}_{\text{total}}}$ 指的是第 i 个分箱中分类为 bad 的样本与全部分箱中分类为 bad 的样本之比；同样的，$\dfrac{good_i}{good_{total}}$ 指的是第 i 个分箱中分类为 good 的样本与全部分箱中分类为 good 的样本之比。

因为我们关注的是 bad 类别，所以 $\dfrac{bad_i}{bad_{total}} \big/ \dfrac{good_i}{good_{total}}$ 本质上反映的是一种分类优势比的概念，分进来的被关注的 bad 类别的样本越多，同时 good 类别的样本越少，也就是纯度越高，WOE 的值就会越大，分箱的效果也就越好。如果 WOE 为 0，也就是 $\dfrac{bad_i}{bad_{total}} = \dfrac{good_i}{good_{total}}$，则说明该分箱中 bad 客户和 good 客户的比值等于随机 bad 客户和 good 客户的比值，此时这个分箱就无预测能力。

注　意

从 WOE_i 的公式可以看出，在第 i 个分箱中，无论是 bad_i 还是 $good_i$，如果取值为 0，那么 WOE_i 值都将无法计算，因此这也要求我们尽量不要在一个分箱中仅包含一类样本。如果确实出现了这种情况，可以使用下面类似拉普拉斯平滑修正的方法，将 WOE_i 的公式调整为：

$$WOE_i = \ln\left(\frac{bad_i + 1}{bad_{total}} \Big/ \frac{good_i + 1}{good_{total}} \right)$$

即针对 bad_i 和 $good_i$，都加上 1 或者一个比较小的正数。

在求得 WOE 值的基础上，第 i 个分箱的 IV_i 的计算方法为：

$$IV_i = \left(\frac{bad_i}{bad_{total}} - \frac{good_i}{good_{total}} \right) \times WOE_i = \left(\frac{bad_i}{bad_{total}} - \frac{good_i}{good_{total}} \right) \times \ln\left(\frac{bad_i}{bad_{total}} \Big/ \frac{good_i}{good_{total}} \right)$$

特征变量 x 的 IV 值即为每个分箱的 IV_i 值之和，具体计算方法为：

$$IV = \sum_{i=1}^{n} IV_i$$

5.5.2　WOE 的作用

WOE 通常用于配合构建 Logistic 等线性模型，通过对特征变量进行编码，可以达到以下目的：

（1）可以处理缺失值。我们可以通过 WOE 编码的方式将缺失值单独作为一个分箱，实现对缺失值的处理。

（2）可以处理异常值。我们可以通过 WOE 编码的方式对极端异常值实现缩尾处理，从而提升特征变量的稳定性。比如将上市公司盈利能力作为特征变量时，针对为数不多的、研究价值不大但范围跨度较大的净资产收益率（ROE）为负值的公司，无论其负值的程度有多深，都统一分入 "ROE<0" 的分箱里，排除极端异常值的影响，提升了模型的稳定性。

（3）将非线性关系转换为线性关系。在很多情况下，我们为了追求特征变量的可解释性，倾向于构建 Logistic 等线性模型，但是很多特征变量对响应变量的影响是非线性的，也是难以观察和推断具体模型形式的，这时候就可以通过 WOE 编码的方式对特征变量进行转换，将非线性关系转换为线性关系。

需要注意的是，即便是在线性模型中，WOE 编码也只是一种特征处理的手段，而并非整个建模的必需流程，其最大的用途就是用于处理缺失值、异常值以及将非线性关系转换为线性关系等场景。如果特征变量的原始数据质量较高，而且本身就与响应变量的数据呈现线性关系，那么我们完全可以不进行 WOE 编码，而是直接构建 Logistic 等线性模型进行分析。

5.5.3　WOE 编码注意事项

针对 Logistic 等线性模型，从特征变量具有可解释性以及模型方便求解的角度，我们有必要验证 WOE 编码后是否单调，即 WOE_i 是否与分箱 i 呈现线性单调递增或单调递减。比如在预测个人客户是否违约的模型中，我们将客户的收入债务比（年收入水平/全量债务余额）作为特征变量：一方面从特征变量具有可解释性的角度，可能倾向于得到的结论是收入债务比越大，客户违约概率越低，因此就要求收入债务比这一特征变量经过 WOE 编码后呈现单调递减趋势；另一方面，从模型方便求解的角度，如果经过 WOE 编码后的收入债务比不是单调的，那么将很难找到一个线性公式来描述收入债务比与客户违约之间的关系，模型也就变得难以求解。

如果特征变量是无序分类变量（比如对公授信客户所在的行业分类或者个人客户从事的职业），那么各个分箱直接按照 WOE_i 的值进行升序或者降序排列，即可保证 WOE 编码后的单调性。而如果特征变量是有序分类变量（比如对公授信客户的信用等级、个人客户的学历水平等），或者特征变量是连续变量（比如客户的年龄），则需要充分考虑特征变量背后的业务逻辑。

在实务中，可能会出现 WOE 编码难以满足单调性要求但有着充分的业务经验作为支撑的情况。比如在信用卡违约案例中，年龄作为特征变量，可能出现中年人的违约概率较低而年轻人、老年人的违约概率较高的情况，这一点也符合业务经验，因为事业有成的中年人相对于初出茅庐的年轻人或者已经退休的老年人来说，其收入水平和还款能力可能更高，这就使得年龄这一特征变量不再满足单调性。此种情况下将不宜采用 WOE 编码对特征变量进行处理，而更应该采取哑变量处理的方式，即将一个特征变量通过哑变量编码的方式拆解成多个特征变量，均进入模型进行求解。

如果出现 WOE 编码没有满足单调性要求，也没有充分的业务经验作为支撑，甚至与业务经验相悖的情况，比如同样考虑前述个人客户违约问题中的收入债务比特征变量，将客户的收入债务比进行 WOE 编码（1 倍以下，1~3 倍，3~10 倍，10 倍以上），根据业务经验我们倾向的是经过 WOE 编码后呈现单调递减趋势，但结果发现 3~10 倍分箱的 WOE_i 最小，小于 10 倍以上，那很可能是因为分箱不够好，我们就可以重新进行分箱，比如进一步拆分为 3~5 倍、5~10 倍。如果多次重新分箱仍难以实现 WOE 编码的单调性，则很可能意味着这个特征变量在预测响应变量方面不够好，此时就需要考虑是否舍弃该特征变量。

5.5.4　IV 的作用

IV 的作用评价特征变量预测能力。根据特征变量的具体 IV 值，可以判断其预测效果，如表 5.2 所示。

表 5.2   IV 值范围及预测效果

IV 值范围	预测效果
<0.02（含）	几乎没有预测能力
0.02（不含）~0.1（含）	预测能力较弱
0.1（不含）~0.3（含）	预测能力中等
0.3（不含）~0.5（含）	预测能力较强
>0.5（不含）	预测能力极强，需检查确认

5.5.5   为什么使用 IV 而不是 WOE 来判断特征变量的预测能力

实务中，我们依据特征变量的 IV 值而不是 WOE 值来判断其预测能力，原因是 IV 值是非负值：

$$\mathrm{IV}_i = \left(\frac{\mathrm{bad}_i}{\mathrm{bad}_{\mathrm{total}}} - \frac{\mathrm{good}_i}{\mathrm{good}_{\mathrm{total}}} \right) \times \left(\ln \frac{\mathrm{bad}_i}{\mathrm{bad}_{\mathrm{total}}} - \ln \frac{\mathrm{good}_i}{\mathrm{good}_{\mathrm{total}}} \right)$$

当 $\frac{\mathrm{bad}_i}{\mathrm{bad}_{\mathrm{total}}} - \frac{\mathrm{good}_i}{\mathrm{good}_{\mathrm{total}}} > 0$ 时，$\ln \frac{\mathrm{bad}_i}{\mathrm{bad}_{\mathrm{total}}} - \ln \frac{\mathrm{good}_i}{\mathrm{good}_{\mathrm{total}}}$ 就大于 0；而当 $\frac{\mathrm{bad}_i}{\mathrm{bad}_{\mathrm{total}}} - \frac{\mathrm{good}_i}{\mathrm{good}_{\mathrm{total}}} < 0$ 时，$\ln \frac{\mathrm{bad}_i}{\mathrm{bad}_{\mathrm{total}}} - \ln \frac{\mathrm{good}_i}{\mathrm{good}_{\mathrm{total}}}$ 也小于 0，所以其乘积必定为非负数。

当特征变量类别分布不平衡，或者说分箱后"箱"与"箱"之间的样本数量差异过大时，IV 值能够更好地评价特征变量的预测能力。具体原理如下：

WOE_i 值是经过取对数处理的，数据进行了一定的平滑，在很大程度上消除了数据之间的差距，无法体现出"箱"与"箱"之间的样本数量差异。如果将各个 WOE_i 值进行简单加总，作为总的特征变量的预测能力，同样没有考虑到"箱"与"箱"之间的样本数量差异，使得"小箱预测能力评价"与"大箱预测能力评价"的权重是一样的，从而造成整体预测能力的失真。

而 IV_i 值在 WOE_i 的基础上乘以了 $\left(\frac{\mathrm{bad}_i}{\mathrm{bad}_{\mathrm{total}}} - \frac{\mathrm{good}_i}{\mathrm{good}_{\mathrm{total}}} \right)$ 系数，这一系数因为没有取对数，所以能够充分考虑分组样本在整体样本中的占比，从而从分箱个体的角度避免了"小箱预测能力评价"与"大箱预测能力评价"权重相等的问题，使得简单加总后的整体 IV 值能够较好地评估响应变量类别分布不平衡时特征的预测能力。考虑某银行个人客户信贷违约问题，针对性别特征变量，假设我们采集的男性个人客户和女性个人客户信息如表 5.3 所示。

表 5.3   某银行个人客户信贷违约情况

特征变量"性别"	违约	未违约	样本示例合计	响应比例	WOE	IV
男性	95	5	100	95.00%	5.141663557	0.048560156
女性	9905	89995	99900	9.91%	−0.009489856	8.96264E−05
合计	10000	90000	100000	10.00%		0.048649782

可以发现，依据特征变量"性别"进行分箱后，男性"箱"的响应比例非常高，其 WOE 值也非常高，但因为该箱内样本较少，所以其 IV 值并不算高；而女性"箱"的响应比例则较低，仅为 9.91%，所以其 WOE 值很低，IV 值也很低。综合来看，特征变量"性别"的 IV 值仅为

0.048649782，结合前面的"表 5.2 IV 值范围及预测效果"，特征变量"性别"的整体预测能力仅为弱预测。而如果我们依据 WOE 值，比如将男性"箱"和女性"箱"的 WOE 值进行加总，那么就会得出特征变量"性别"整体预测能力很强的失真结论。

5.6 WOE、IV 的 Python 实现

	下载资源：可扫描旁边二维码观看或下载教学视频
	下载资源:\源代码\第 5 章 特征处理.py
	下载资源:\sample\第 5 章\数据 13.1.csv

在 WOE、IV 的 Python 实现方面，强烈推荐厚本金融风控团队研发的 toad 库，使用 toad 库中的子模块可以非常便捷地进行 EDA、分箱、WOE 转换、模型特征筛选、模型验证等操作。

5.6.1 载入分析所需要的模块和函数

在进行分析之前，首先载入分析所需要的模块和函数，读取数据集并进行观察。在 Spyder 代码编辑区输入以下代码**并逐行运行**，完成载入。

```
import numpy as np              # 载入 numpy，并简称为 np，用于常规数据处理操作
import pandas as pd             # 载入 pandas，并简称为 pd，用于常规数据处理操作
import statsmodels.api as sm    # 载入 statsmodels.api，并简称为 sm，常用于横截面模型
import seaborn as sns           # 载入 seaborn，并简称为 sns，用于图形绘制
import matplotlib.pyplot as plt # 载入 matplotlib.pyplot，并简称为 plt，用于图形绘制
pip install toad               # 安装 toad 库
pip install--upgrade numpy     # 若有必要
import toad                    # 载入 toad
from sklearn.model_selection import train_test_split  # 载入 train_test_split，用于分割训练样
本和测试样本
from toad.plot import bin_plot,badrate_plot,proportion_plot  # 载入 bin_plot、badrate_plot、
proportion_plot，用于绘制分箱图、各分箱需关注类别比例图、各分箱样本示例占比图
from sklearn.linear_model import LogisticRegression    # 载入 LogisticRegression，用于开展二元
Logistic 回归
from sklearn import metrics                 # 载入 metrics
from sklearn.metrics importplot_roc_curve   # 载入 plot_roc_curve，用于绘制 ROC 曲线
```

5.6.2 数据读取及观察

分析使用的数据是"数据 13.1.csv"（在第 3 章中已经详细介绍）。我们首先需要将本书提供的数据文件存储在安装 Python 的默认路径位置，并从相应位置进行读取。在 Spyder 代码编辑区依次输入以下代码：

```
data=pd.read_csv('C:/Users/Administrator/.spyder-py3/数据 13.1.csv')  # 读取"数据 13.1.csv"
文件。注意受用户具体安装路径的不同，设计路径的代码会有差异
```

成功载入后，可以在 Spyder 的"变量浏览器"窗口看到 data 数据文件，文件内容如图 5.13 所示。

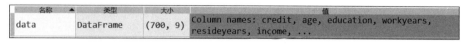

名称 ▲	类型	大小	值
data	DataFrame	(700, 9)	Column names: credit, age, education, workyears, resideyears, income, ...

图 5.13   "变量浏览器"窗口

```
    pd.set_option('display.max_rows',None)         # 显示完整的行，如果不运行该代码，那么描述性分析结
果的行可能会显示不全，中间有省略号
    pd.set_option('display.max_columns',None)      # 显示完整的列，如果不运行该代码，那么描述性分析结
果的列可能会显示不全，中间有省略号
    data.info()                                    # 观察数据信息
```

运行结果如图 5.14 所示。

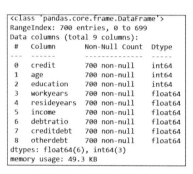

```
<class 'pandas.core.frame.DataFrame'>
RangeIndex: 700 entries, 0 to 699
Data columns (total 9 columns):
 #   Column       Non-Null Count  Dtype
---  ------       --------------  -----
 0   credit       700 non-null    int64
 1   age          700 non-null    int64
 2   education    700 non-null    int64
 3   workyears    700 non-null    float64
 4   resideyears  700 non-null    float64
 5   income       700 non-null    float64
 6   debtratio    700 non-null    float64
 7   creditdebt   700 non-null    float64
 8   otherdebt    700 non-null    float64
dtypes: float64(6), int64(3)
memory usage: 49.3 KB
```

图 5.14   观察数据信息

从结果中可以看到，数据集中共有 700 个样本（700 entries，0 t o699）、9 个变量（total 9 columns）。这 9 个变量分别是 credit、age、education、workyears、resideyears、income、debtratio、creditdebt、otherdebt，均包含 700 个非缺失值（700 non-null）；credit、age 和 education 的数据类型均为整数型（int64），其他为浮点型（float64）；数据占用的内存为 49.3KB。

```
    data.isnull().values.any()        # 检查数据集是否有缺失值
```

运行结果为：False，没有缺失值。

```
    data.credit.value_counts()        # 列出数据集中响应变量 credit 的取值分布情况
```

运行结果如图 5.15 所示。

```
0    517
1    183
Name: credit, dtype: int64
```

图 5.15   数据集中响应变量 credit 的取值分布情况

可以发现有 517 个信用卡客户未发生违约，183 个客户发生违约。

```
    data.credit.value_counts(normalize=True)      # 列出数据集中响应变量 credit 的取值占比情况
```

运行结果如图 5.16 所示。

```
0    0.738571
1    0.261429
Name: credit, dtype: float64
```

图 5.16   数据集中响应变量 credit 的取值占比情况

可以发现未发生违约客户占比为 0.738571，发生违约客户占比为 0.261429。

5.6.3 描述性统计分析

在 Spyder 代码编辑区依次输入以下代码：

```
toad.detector.detect(data)        # 查看每个特征的详细描述性分析结果
```

运行结果如图 5.17 所示。

	type	size	missing	unique	mean_or_top1	std_or_top2
credit	int64	700	0.00%	2	0.261429	0.439727
age	int64	700	0.00%	37	36.860000	7.997342
education	int64	700	0.00%	5	2.722857	0.928206
workyears	float64	700	0.00%	53	10.052714	8.536754
resideyears	float64	700	0.00%	31	8.858071	7.302618
income	float64	700	0.00%	113	41.312987	33.172875
debtratio	float64	700	0.00%	255	11.185029	7.196544
creditdebt	float64	700	0.00%	695	1.879799	2.561808
otherdebt	float64	700	0.00%	699	3.180537	3.419057

	min_or_top3	1%_or_top4	10%_or_top5	50%_or_bottom5
credit	0.000000	0.000000	0.000000	0.000000
age	22.000000	23.000000	27.000000	36.000000
education	2.000000	2.000000	2.000000	2.000000
workyears	0.000000	0.000000	1.300000	7.800000
resideyears	0.000000	0.000000	1.070000	7.490000
income	12.727273	13.636364	17.272727	30.909091
debtratio	0.420000	1.048950	3.045000	9.765000
creditdebt	0.014152	0.036553	0.205724	1.034392
otherdebt	0.047407	0.167374	0.584721	2.067070

	75%_or_bottom4	90%_or_bottom3	99%_or_bottom2	max_or_bottom1
credit	1.000000	1.000000	1.000000	1.000000
age	42.000000	48.000000	55.010000	58.000000
education	3.000000	4.000000	5.000000	6.000000
workyears	15.600000	23.400000	33.813000	40.300000
resideyears	12.840000	19.260000	27.830700	36.380000
income	50.000000	73.727273	173.000000	405.454545
debtratio	15.435000	20.895000	32.131050	43.365000
creditdebt	2.301366	4.382020	11.968628	24.879185
otherdebt	4.079987	7.317627	17.872134	28.114944

图 5.17　每个特征的详细描述性分析结果

在该结果中，"type""size""missing""unique"4 个字段分别表示特征的类型（字符串 object、整型数字 int 或带小数的数字 float）、非缺失样本示例个数、缺失值占比、不重复值个数。后面几个指标（即 mean_or_top1、std_or_top2、min_or_top3、1%_or_top4、10%_or_top5、50%_or_bottom5、75%_or_bottom4、90%_or_bottom3、99%_or_bottom2、max_or_bottom1）分两种情况：如果该列特征为 object 类型，则该指标相当于 value_counts() 的作用，统计特征的计数情况，按照频率显示 topx 或 bottomx；如果该列特征为 int 或者 float 类型，则该指标为 mean、std、min、1%……的数据分布指标。

```
toad.detector.detect(data).columns        # 查看描述性分析结果列的名称,包含那些描述性分析指标
```

运行结果为：

```
Index(['type','size','missing','unique','mean_or_top1','std_or_top2',
'min_or_top3','1%_or_top4','10%_or_top5','50%_or_bottom5',
'75%_or_bottom4','90%_or_bottom3','99%_or_bottom2','max_or_bottom1'],
dtype='object')
toad.detector.getDescribe(data,percentiles=[0.25,0.5,0.75])    # 查看特征的常见描述性分析结果
```

运行结果如图 5.18 所示。

```
        credit        age  education  workyears  resideyears       income  \
mean  0.261429  36.860000   2.722857  10.052714     8.858071    41.312987
std   0.439727   7.997342   0.928206   8.536754     7.302618    33.172875
min   0.000000  22.000000   2.000000   0.000000     0.000000    12.727273
25%   0.000000  31.000000   2.000000   3.210000     3.210000    21.818182
50%   0.000000  36.000000   2.000000   7.800000     7.490000    30.909091
75%   1.000000  42.000000   3.000000  15.600000    12.840000    50.000000
max   1.000000  58.000000   6.000000  40.300000    36.380000   405.454545

       debtratio  creditdebt  otherdebt
mean   11.185029    1.879799   3.180537
std     7.196544    2.561808   3.419057
min     0.420000    0.014152   0.047407
25%     5.670000    0.446562   1.085945
50%     9.765000    1.034392   2.067070
75%    15.435000    2.301366   4.079987
max    43.365000   24.879185  28.114944
```

图 5.18　特征的常见描述性分析结果

该结果相对比较简化，仅包括特征的均值、标准差、最小值、最大值以及 25%、50%、75% 三个百分位数的统计指标，其中具体的百分位数可根据研究需要，通过函数 toad.detector.getDescribe()中的 percentiles 参数进行选择。

5.6.4　特征变量筛选

在 Spyder 代码编辑区依次输入以下代码：

```
quality=toad.quality(data,'credit')              # 计算数据集中每个特征的 IV、基尼系数、熵、不重复值
```
的个数，并保存为 quality
```
quality.sort_values('iv',ascending=False)        # 展示上一步计算生成的特征指标 quality，并按照每个
```
特征的 IV 值进行降序排列

运行结果如图 5.19 所示。

```
                   iv      gini   entropy  unique
workyears    2.570541  0.289901  0.554187    53.0
debtratio    1.949794  0.302576  0.566958   255.0
creditdebt   0.665318  0.367661  0.570779   695.0
otherdebt    0.427843  0.378156  0.574239   699.0
resideyears  0.412539  0.376424  0.574544    31.0
age          0.319243  0.374263  0.573955    37.0
income       0.288869  0.376745  0.574501   113.0
education    0.083591  0.379827  0.566452     5.0
```

图 5.19　按照每个特征的 IV 值进行降序排列

```
selected_data,drop_list=toad.selection.select(data,target='credit',empty=0.5,iv=0.02,corr
=0.7,return_drop=True,exclude=None)          # 依据特征的缺失值情况、IV 值情况、特征变量之间的相关系数等进
行特征变量筛选
```

参数说明：

- empty：当 empty 参数值小于 1 时表示缺失值比例，当 empty 参数值大于 1 时表示缺失值 个数。如果某特征变量的缺失值比例或者个数大于设置的参数阈值，则将会被删除。
- IV：当某特征变量的 IV 值小于设置的参数阈值时，将会被删除。
- corr：当多个特征变量之间存在相关关系，并且相关系数大于设置的参数阈值时，具有最 小 IV 值的特征变量将被删除。
- return_drop=True 表示需要保存删除的特征变量。
- exclude：用于设置不需要进行特征筛选就直接保留的特征变量。

本例中保留的特征变量被保存到 selected_data 中，删除的特征变量被保存到 drop_list 中。

```
print(drop_list)                    # 展示被删除掉的特征变量
```

运行结果为：{'empty':array([],dtype=float64),'iv':array([],dtype=object),'corr':array([],dtype=object)}。

empty、iv、corr 后面的 array[]分别表示依据缺失值、IV 值、相关性情况删除的特征变量，本例中因为没有特征变量被删除掉，所以这 3 个参数后面的 array[]均为空。

```
print(selected_data.shape)          # 展示 selected_data 的形状
```

运行结果为：(700,9)。与原始的数据集 data 保持一致，说明全部特征变量均通过了筛选。

```
selected_data.head()  # 展示 selected_data 的前 5 个样本，其中 head()括号中可以设置需要展示的样本个数，
默认为 5
```

运行结果如图 5.20 所示。

```
    credit  age  education  workyears  resideyears      income  debtratio  \
0        1   55          2        7.8         7.49   24.545455     16.720
1        1   30          4        2.6         0.00   18.181818     19.870
2        1   39          3        0.0        13.91   28.181818      8.945
3        1   37          2        0.0         5.35   30.909091     11.655
4        1   42          2        7.8         9.63   32.727273     12.205

    creditdebt  otherdebt
0     0.719263   1.178911
1     0.282075   1.712755
2     0.142801   0.167422
3     1.657654   2.500200
4     0.472931   0.379754
```

图 5.20　展示 selected_data 的前 5 个样本

5.6.5　划分训练样本和测试样本

在 Spyder 代码编辑区依次输入以下代码：

```
X=selected_data.drop(['credit',],axis=1)        # 设置特征变量，即 selected_data 数据集中除
credit 之外的全部变量
y=selected_data['credit']               # 设置响应变量，即 selected_data 数据集中的 credit 变量
X_train,X_test,y_train,y_test=train_test_split(X,y,test_size=.3,stratify=y,random_state=1
00)        # 将样本全集划分为训练样本和测试样本，测试样本占比为 30%；参数 stratify=y 是指依据标签 y，按原数据 y
中各类比例分配给 train 和 test，使得 train 和 test 中各类数据的比例与原数据集一样；random_state=100 的含义是设
定随机数种子为 100，以保证随机抽样的结果可重复
X_train.head()                          # 展示 X_train 的前 5 个样本
```

运行结果如图 5.21 所示。

```
     age  education  workyears  resideyears      income  debtratio  creditdebt  \
524   51          2       14.3         5.35   35.454545     10.605    2.974103
467   25          5        0.0         2.14   20.909091      7.035    0.566841
16    23          3        1.3         2.14   14.545455     18.900    0.292723
306   38          3       15.6        13.91   54.545455      8.295    2.081950
311   44          2       15.6        11.77   46.363636     22.470    2.918513

     otherdebt
524   1.540307
467   1.115437
16    2.743603
306   3.140155
311   8.842086
```

图 5.21　展示 X_train 的前 5 个样本

```
y_train.head() # 展示 y_train 的前 5 个样本
```

运行结果如图 5.22 所示。

```
524     0
467     0
16      1
306     0
311     0
Name: credit, dtype: int64
```

图 5.22   展示 y_train 的前 5 个样本

5.6.6   分箱操作

在 Spyder 代码编辑区依次输入以下代码：

```
combiner1=toad.transform.Combiner()            # 初始化 Combiner 对象，命名为 combiner1，用于对数值或
分类型特征进行合并
    combiner1.fit(pd.concat([X_train,y_train],axis=1),y='credit',method='chi',min_samples=0.0
5,exclude=[])                        # 使用特征筛选后的数据对 combiner1 进行训练，pd.concat([X_train,y_train]
表示将 X_train 和 y_train 两个数据集进行合并，设置响应变量为 credit，分箱方法为卡方分箱，规定每箱至少有 5% 的数
据，空值将自动被归到最佳箱，全部变量参与分箱
```

该函数完整语法格式为：

c.fit(dataframe,y= 'target' ,method= 'chi' ,min_samples=None,n_bins=None,empty_separate=False)

参数说明：

● method：可通过设置 method 参数支持多种分箱方式，如表 5.4 所示。

表 5.4   method 参数与分箱方式

method 参数	分箱方式
method='chi'	卡方分箱
method='dt'	决策树分箱
method='percentile'	等频分箱
method='step'	等宽（等步长、等距）分箱

● min_samples：用于设置每箱至少包含的样本量，可以是数字或者占比。
● n_bins：表示设定需要分成的箱数，若无法分出这么多箱数，则会分出最多的箱数。在实际应用中，min_samples 与 n_bins 往往结合起来使用，更能够找到最佳分箱点。
● empty_separate：表示是否将空箱单独分开。

```
combiner1.export()        # 查看 combiner1 中的分箱结果
```

运行结果如图 5.23 所示。

```
{'age': [35],
 'education': [3, 4, 5],
 'workyears': [1.6, 3.9, 7.8, 10.4, 14.3],
 'resideyears': [7.49, 9.63, 11.77, 20.33],
 'income': [27.27272727, 48.18181818, 63.63636364],
 'debtratio': [5.88, 6.93, 8.82, 11.655, 16.485],
 'creditdebt': [0.2820752, 1.88535424],
 'otherdebt': [1.359072, 3.6601344]}
```

图 5.23   combiner1 中的分箱结果

以 workyears 为例，被分成个 6 箱，分别为[min, 1.6]，（1.6,3.9]，（3.9,7.8]，（7.8,10.4]，（10.4,14.3]，（14.3,max]。其他特征变量的分箱结果不再赘述。

```
print('workyears:',combiner1.export()['workyears'])        # 单独查看 workyears 的分箱结果
```

运行结果为：workyears:[1.6,3.9,7.8,10.4,14.3]。

```
print('debtratio:',combiner1.export()['debtratio'])        # 单独查看 debtratio 的分箱结果
```

运行结果为：debtratio:[5.88,6.93,8.82,11.655,16.485]。

5.6.7 画分箱图

上一小节我们按照默认卡方分箱方式对特征进行了分箱，但分箱效果究竟如何，是否满足单调性要求，需要通过画分箱图的方式进行观察。在 Spyder 代码编辑区依次输入以下代码：

```
data1=pd.concat([X_train,y_train],axis=1)        # 将 X_train 和 y_train 两个数据集进行合并，
生成 data1
    temp_data=combiner1.transform(data1,labels=True)        # 使用前面生成的 combiner1 分箱器对 data1 进
行转换，生成 temp_data。参数 labels 表示是否将分箱结果转化成箱标签，labels 取值为 False 时输出 0, 1, 2……（离
散变量根据占比高低排序），取值为 True 时则输出具体的分箱区间，如果分箱节点为 x1、x2，则输出箱标签为[-inf, x1)，
[x1,x2),[x2, inf]
    bin_plot(temp_data,x='workyears',target='credit')        # 绘制特征变量“workyears”的分箱图
```

运行结果为如图 5.24 所示。

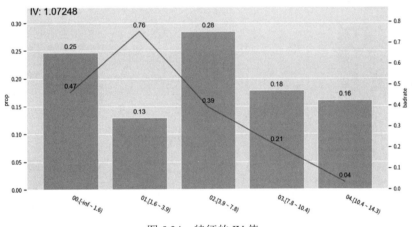

图 5.24 特征的 IV 值

图 5.24 中上方显示了特征变量的 IV 值，分箱后特征变量 workyears 的 IV 值为 1.07248；最下方的标签表示分箱情况，第一个分箱是 00[-inf~1.6)，第二个分箱是 01[1.6~3.9)，以此类推。深灰色条形表示各个分箱样本量占比，刻度显示在左侧纵轴，第一个分箱为 0.25，即样本比例为 25%，第二个分箱为 0.13，即样本占比为 13%，以此类推；黑色的线表示各个分箱中被关注类别样本在**该分箱中**的全部样本中的占比（比如信贷违约中的违约样本占比），刻度显示在右侧纵轴，第一个分箱为 0.47，即该分箱中有 47%的样本为违约样本，第二个分箱为 0.76，即该分箱中有 76%的样本为违约样本，以此类推。可以发现基于默认卡方分箱方式得到的特征变量 workyears 的分箱并不单调，而且不符合业务逻辑，难以满足构建线性模型并且模型具有可解释性的要求。

```
badrate_plot(temp_data,x='workyears',target='credit')     # 绘制特征变量 "workyears" 的各个分箱
中被关注类别占比图
```

运行结果如图 5.25 所示。可以发现这一图形只反映了各个分箱中被关注类别的占比（比如信贷违约中的违约样本占比）的信息，与前面的分箱图中展示的信息完全一致，不再赘述。

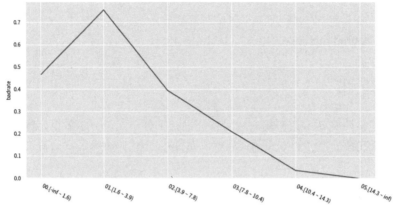

图 5.25　各个分箱中被关注类别的占比

```
proportion_plot(temp_data['workyears'])      # 绘制特征变量 "workyears" 的各个分箱样本个数占比图
```

运行结果如图 5.26 所示。可以发现这一图形只反映了各个分箱样本个数的占比的信息，与前面的分箱图中展示的信息完全一致，不再赘述。

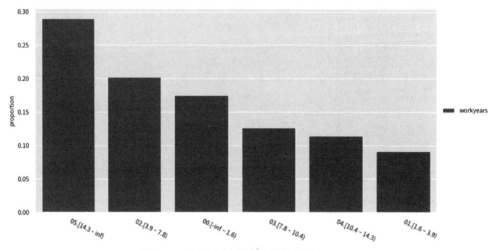

图 5.26　各个分箱样本个数的占比

```
bin_plot(temp_data,x='age',target='credit')           # 绘制特征变量 "age" 的分箱图
```

运行结果如图 5.27 所示。可以发现特征变量 age 分箱后的 IV 值为 0.22370，被分为两个子箱，能够满足单调性要求，35 岁以上个人客户的违约概率要显著高于 35 岁以下个人客户。

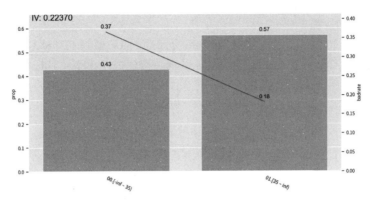

图 5.27　特征变量"age"的分箱图

```
bin_plot(temp_data,x='education',target='credit')  # 绘制特征变量"education"的分箱图
```

运行结果如图 5.28 所示。特征变量 education 分箱后的 IV 值为 0.07195，其本身就是分类变量，被分为 4 个子箱，能够满足单调性要求，学历越高，违约概率越高。这一结论并非不可解释，高学历可能意味着高收入水平，但同时也可能意味着高负债水平，统筹考虑有可能出现这一情形。

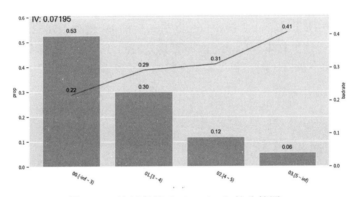

图 5.28　特征变量"education"的分箱图

```
bin_plot(temp_data,x='resideyears',target='credit')      # 绘制特征变量"resideyears"的分箱图
```

运行结果如图 5.29 所示。特征变量 resideyears 分箱后的 IV 值为 0.44042，被分为 5 个子箱，无法满足单调性要求，且不符合业务逻辑，难以满足构建线性模型并且模型具有可解释性的要求。

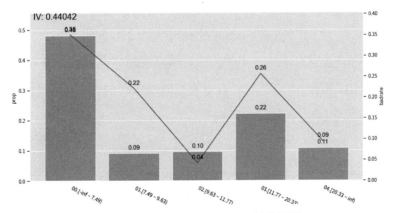

图 5.29　特征变量"resideyears"的分箱图

```
bin_plot(temp_data,x='income',target='credit')        # 绘制特征变量"income"的分箱图
```

运行结果如图 5.30 所示。特征变量 income 分箱后的 IV 值为 0.30883,被分为 4 个子箱,无法满足单调性要求,而且不符合业务逻辑,难以满足构建线性模型并且模型具有可解释性的要求。

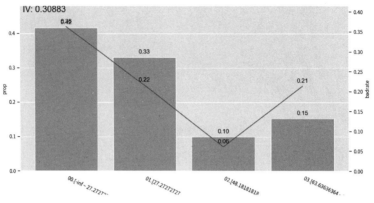

图 5.30　特征变量"income"的分箱图

```
bin_plot(temp_data,x='debtratio',target='credit')     # 绘制特征变量"debtratio"的分箱图
```

运行结果如图 5.31 所示。特征变量 debtratio 分箱后的 IV 值为 1.70525,被分为 6 个子箱,但是第 3 个子箱因为没有违约样本,所以无法计算其分箱的 IV 值,进而没有体现。这一点可以通过绘制"各个分箱样本个数占比图"和"各个分箱中被关注类别占比图"来进行观察。

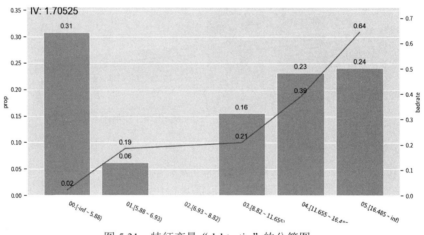

图 5.31　特征变量"debtratio"的分箱图

```
proportion_plot(temp_data['debtratio'])    # 绘制特征变量"debtratio"的各个分箱样本个数占比图
```

运行结果如图 5.32 所示。可以发现特征变量"debtratio"的 6 个分箱都有不少于 5%的样本个数。

```
badrate_plot(temp_data,x = 'debtratio', target = 'credit')   # 绘制特征变量"workyears"的各个
分箱中被关注类别占比图
```

运行结果如图 5.33 所示。可以发现特征变量"debtratio"的第 3 个子箱中被关注类别(违约样本)占比为 0。综上,特征变量"debtratio"的默认卡方分箱是有问题的,需要进行调整。

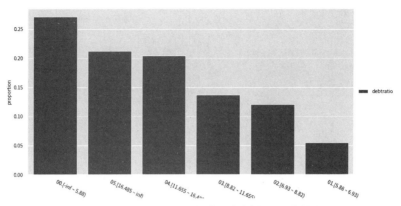

图 5.32　特征变量"debtratio"的各个分箱样本示例个数占比图

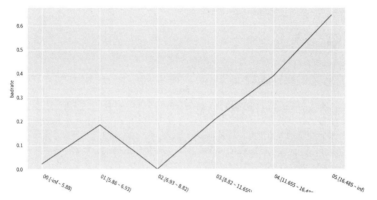

图 5.33　特征变量"workyears"的各个分箱中被关注类别占比图

```
bin_plot(temp_data,x='creditdebt',target='credit') # 绘制特征'creditdebt'的分箱图
```

运行结果如图 5.34 所示。特征变量"creditdebt"分箱后的 IV 值为 0.26337，被分为 3 个子箱，能够满足单调性要求，而且符合业务逻辑，即信用卡负债越多，其违约概率越高。

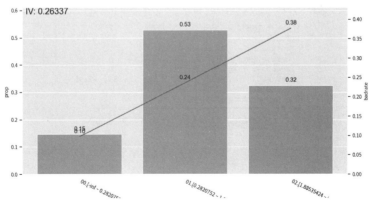

图 5.34　特征变量"creditdebt"的分箱图

```
bin_plot(temp_data,x='otherdebt',target='credit')    # 绘制特征变量"otherdebt"的分箱图
```

运行结果如图 5.35 所示。特征变量"otherdebt"分箱后的 IV 值为 0.15650，被分为 3 个子箱，能够满足单调性要求，而且符合业务逻辑，即其他负债越多，其违约概率越高。

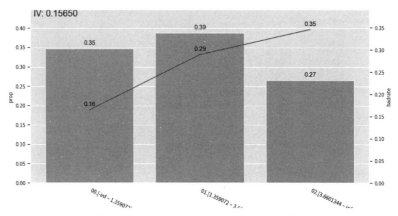

图 5.35　特征变量"otherdebt"的分箱图

5.6.8　调整分箱

在 Spyder 代码编辑区依次输入以下代码：

```
adj_bin={'workyears':[3,5,7,10,14],'resideyears':[1,5,10],'creditdebt':[0.5,1,2],'income'
:[10,20,25,40,50],'otherdebt':[1,2,3]}          # 人工设置 workyears、resideyears、creditdebt、
income、otherdebt 5 个特征变量的分箱情况，命名为 adj_bin
    combiner2=toad.transform.Combiner()         # 初始化 Combiner 对象，命名为 combiner2，用于对数值或
分类型特征进行合并
    combiner2.fit(pd.concat([X_train,y_train],axis=1),y='credit',method='chi',min_samples=0.0
5,exclude=[])          # 使用特征筛选后的数据对 combiner1 进行训练，pd.concat([X_train,y_train]表示将
X_train 和 y_train 两个数据集进行合并，设置响应变量为 credit，分箱方法为卡方分箱，规定每箱至少有 5%的数据，空值
将自动被归到最佳箱，全部变量参与分箱
    combiner2.set_rules(adj_bin)          # 将 combiner2 依据人工设置的分箱 adj_bin 进行更新
    combiner2.export()          # 查看 combiner2 中的分箱结果
```

运行结果如图 5.36 所示。可以发现，workyears、resideyears、creditdebt、income、otherdebt 5 个特征变量已经按照人工设置的分箱方式进行了调整，而其他特征变量则保持默认的卡方分箱方式。

```
{'age': [35],
 'education': [3, 4, 5],
 'workyears': [3, 5, 7, 10, 14],
 'resideyears': [1, 5, 10],
 'income': [10, 20, 25, 40, 50],
 'debtratio': [5.88, 6.93, 8.82, 11.655, 16.485],
 'creditdebt': [0.5, 1.0, 2.0],
 'otherdebt': [1, 2, 3]}
```

图 5.36　combiner2 中的分箱结果

```
    data1=pd.concat([X_train,y_train], axis=1)          # 将 X_train 和 y_train 两个数据集进行合并，
生成 data1
    temp_data=combiner2.transform(data1, labels=True)    # 使用前面生成的 combiner2 分箱器对 data1 进
行转换，生成 temp_data
    bin_plot(temp_data, x='workyears', target='credit')# 绘制特征变量"workyears"的分箱图
```

运行结果如图 5.37 所示。调整分箱后特征变量"workyears"的 IV 值为 0.93001。可以发现基于人工调整后的分箱方式得到的特征变量"workyears"的分箱实现了单调递减走势，而且也符合业务逻辑，具有较好的可解释性，即工作年限越长，其违约概率越低。

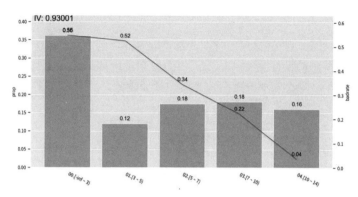

图 5.37　特征变量 "workyears" 的分箱图

```
bin_plot(temp_data, x='creditdebt', target='credit')    # 绘制特征变量 "creditdebt" 的分箱图
```

　　运行结果如图 5.38 所示。调整分箱后特征变量 "creditdebt" 的 IV 值为 0.15492。可以发现基于人工调整后的分箱方式得到的特征变量 "creditdebt" 的分箱呈现单调递增走势，而且也符合业务逻辑，具有较好的可解释性，即信用卡负债越高，其违约概率越高。

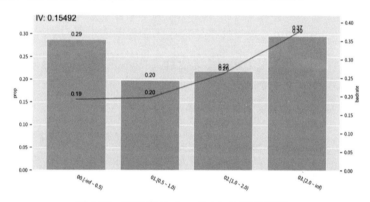

图 5.38　特征变量 "creditdebt" 的分箱图

```
bin_plot(temp_data, x='resideyears', target='credit')    # 绘制特征变量 "resideyears" 的分箱图
```

　　运行结果如图 5.39 所示。调整分箱后特征变量 "resideyears" 的 IV 值为 0.14135。可以发现基于人工调整后的分箱方式得到的特征变量 "resideyears" 的分箱呈现单调递减走势，而且也符合业务逻辑，具有较好的可解释性，即居住年限越长，其违约概率越低。

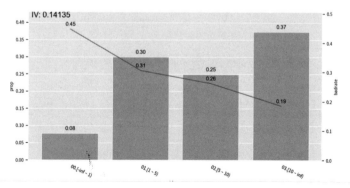

图 5.39　特征变量 "resideyears" 的分箱图

```
bin_plot(temp_data, x='income', target='credit')    # 绘制特征变量"income"的分箱图
```

运行结果如图 5.40 所示。调整分箱后特征变量"income"的 IV 值为 0.17141。可以发现基于人工调整后的分箱方式得到的特征变量"income"的分箱呈现单调递减走势，而且也符合业务逻辑，具有较好的可解释性，即收入水平越高，其违约概率越低。

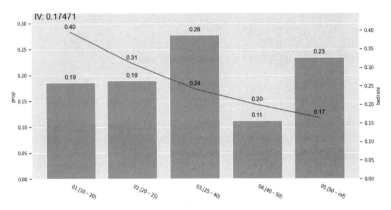

图 5.40　特征变量"income"的分箱图

```
bin_plot(temp_data, x='debtratio', target='credit')    # 绘制特征变量"debtratio"的分箱图
```

运行结果如图 5.41 所示。调整分箱后特征变量"debtratio"的 IV 值为 1.70525。可以发现基于人工调整后的分箱方式得到的特征变量"debtratio"的分箱呈现单调递增走势，而且也符合业务逻辑，具有较好的可解释性，即其他负债越高，其违约概率越高。

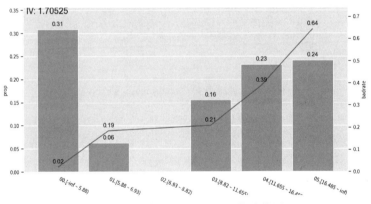

图 5.41　特征变量"debtratio"的分箱图

5.6.9　将训练样本和测试样本进行 WOE 编码

将训练样本和测试样本进行 WOE 编码的示例代码如下：

```
data1=pd.concat([X_train,y_train], axis=1)     # 将 X_train 和 y_train 两个数据集进行合并，生成
data1
    binned_data1=combiner2.transform(data1)     # 使用前面生成的 combiner2 分箱器对 data1 进行转换，
生成 binned_data1
    transer = toad.transform.WOETransformer()     # 生成 WOE 转换器 transer，用于对分箱后的数据进行
WOE 变换
```

```
data_tr_woe=transer.fit_transform(binned_data1,binned_data1['credit'],exclude=['credit'])
# 对 woe 转换器 transer 基于 binned_data1 数据使用 fit 方法进行拟合，生成数据集 data_tr_woe
data_tr_woe.head()                        # 查看数据集 data_tr_woe 的前 5 个样本
```

运行结果如图 5.42 所示。从结果中可以看出，全部变量均进行了 WOE 编码，以 age 为例，由于前面分箱只有两个，因此目前也只有两种取值：-0.462282、0.493070。

```
       age  education  workyears  resideyears    income  debtratio
524 -0.462282  -0.243302  -3.916213     0.005540 -0.098607  -0.291621
467  0.493070   0.664920   1.230669     0.221304  0.248027  -3.037923
16   0.493070   0.156423   1.230669     0.221304  0.615800   1.633389
306 -0.462282   0.156423  -3.916213    -0.437972 -0.580295  -3.037923
311 -0.462282  -0.243302  -3.916213    -0.437972 -0.346680   1.633389

     creditdebt  otherdebt  credit
524    0.517738   0.035411       0
467   -0.372656   0.035411       0
16    -0.400748  -0.187616       1
306    0.517738   0.346467       0
311    0.517738   0.346467       0
```

图 5.42　数据集 data_tr_woe 的前 5 个样本

```
data2=pd.concat([X_test,y_test], axis=1)    # 将 X_test 和 y_test 两个数据集进行合并，生成 data2
binned_data2=combiner2.transform(data2)      # 使用前面生成的 combiner2 分箱器对 data2 进行转换，生成
binned_data2
data_test_woe=transer.fit_transform(binned_data2,binned_data2['credit'],exclude=['credit'
]) # 对 WOE 转换器 transer 基于 binned_data2 数据使用 fit 方法进行拟合，生成数据集 data_test_woe
data_test_woe.head()                # 查看数据集 data_test_woe 的前 5 个样本
```

运行结果如图 5.43 所示。

```
       age  education  workyears  resideyears    income  debtratio
544  0.193909   0.687785  -1.361803    -0.387943 -0.174998  -2.120908
405  0.193909  -0.339273  -1.361803    -0.256676  0.019158  -0.391024
420 -0.167881   0.687785   1.312345    -0.256676  0.019158   0.422987
135 -0.167881   0.687785   1.312345    -0.256676 -0.174998   1.249666
459 -0.167881  -0.339273  -3.058253    -0.256676 -0.174998   1.249666

     creditdebt  otherdebt  credit
544   -0.350202  -0.298909       0
405    0.860201  -0.298909       0
420   -0.327213   0.300385       0
135    0.860201   0.300385       1
459   -0.327213   0.300385       0
```

图 5.43　数据集 data_test_woe 的前 5 个样本

5.6.10　构建 Logistic 模型进行预测

构建 Logistic 模型进行预测的示例代码如下：

```
model= LogisticRegression(C=1e10)              # 使用 sklearn 建立二元 Logistic 回归算法模型，参数 C 表
示正则化系数 λ 的倒数，越小的数值表示越强的正则化，本例中设置的 C 为 10 的 10 次方，很大，表示不施加惩罚
model.fit(data_tr_woe.drop(['credit'],axis=1), data_tr_woe['credit']) # 使用 WOE 编码后的训练
样本数据拟合模型
print("训练样本预测准确率:{:.3f}".format(model.score(data_tr_woe.drop(['credit'],axis=1),
data_tr_woe['credit'])))
# 输出训练样本预测准确率
```

运行结果为：训练样本预测准确率：0.878。

```
print("测试样本预测准确率:{:.3f}".format(model.score(data_test_woe.drop(['credit'],axis=1),
data_test_woe['credit'])))            # 输出测试样本预测准确率
```

运行结果为：测试样本预测准确率：0.843。

```
model.coef_    # 输出模型系数
```

运行结果为：array([[0.07083658,0.41881008,1.37797363,1.46523433,-1.8574964,1.30084864,0.08323791,-1.23292216]])。

5.6.11   模型预测及评价

在 Spyder 代码编辑区依次输入以下代码：

```
X_train_new=data_tr_woe.drop(['credit'],axis=1)    # 将使用 WOE 编码后的训练样本特征变量数据复制
到 X_train_new
    y_train_new=data_tr_woe['credit'])             # 将使用 WOE 编码后的训练样本响应变量数据复制
到 y_train_new
    X_test_new=data_test_woe.drop(['credit'],axis=1))  # 将使用 WOE 编码后的测试样本特征变量数据复制
到 X_test_new
    y_test_new=data_test_woe['credit'])            # 将使用 WOE 编码后的测试样本响应变量数据复制
到 y_test_new
    predict_target=model.predict(X_test_new)       # 生成样本响应变量的预测类别
    predict_target                                 # 查看 predict_target
```

运行结果如图 5.44 所示。

```
array([0, 0, 1, 1, 0, 1, 0, 1, 0, 0, 0, 0, 1, 0, 0, 0, 0, 1, 0, 1, 1,
       0, 1, 0, 0, 1, 1, 0, 1, 1, 0, 0, 0, 0, 0, 1, 0, 0, 0, 1, 1, 0,
       1, 0, 0, 0, 0, 0, 0, 0, 1, 0, 0, 0, 0, 0, 0, 0, 0, 0, 0, 0, 1,
       0, 0, 0, 0, 0, 0, 0, 1, 1, 1, 0, 1, 1, 1, 1, 0, 0, 0, 0, 0, 0,
       1, 0, 0, 0, 0, 0, 1, 0, 0, 1, 1, 0, 0, 1, 1, 1, 0, 1, 0, 0, 0,
       1, 0, 0, 0, 0, 0, 1, 0, 0, 1, 0, 0, 1, 0, 0, 0, 1, 0, 0, 1, 0,
       0, 0, 0, 0, 0, 0, 0, 1, 0, 0, 0, 0, 0, 1, 0, 0, 1, 0, 0, 1, 1,
       0, 0, 0, 1, 0, 0, 0, 0, 1, 0, 0, 0, 0, 0, 0, 1, 1, 0, 0, 0, 0,
       1, 0, 0, 0, 1, 0, 0, 0, 0, 1, 0, 0, 0, 0, 0, 1, 0, 0, 1, 0, 0, 1,
       1, 0, 0, 0, 1, 1, 1, 1, 0, 1, 1, 0], dtype=int64)
```

图 5.44   predict_target

```
predict_target_prob=model.predict_proba(X_test_new)    # 生成样本响应变量的预测概率
predict_target_prob                                    # 查看 predict_target_prob
```

运行结果如图 5.45 所示（图片过大，仅展示部分）。结果中第 1 列是样本预测为"未违约"的概率；第 2 列是样本预测为"违约"的概率。

```
array([[9.95771273e-01, 4.22872688e-03],
       [9.76083940e-01, 2.39160604e-02],
       [3.53975969e-01, 6.46024031e-01],
       [1.05602019e-01, 8.94397981e-01],
       [9.88050870e-01, 1.19491296e-02],
       [4.08503426e-02, 9.59149657e-01],
       [9.38803571e-01, 6.11964288e-02],
       [1.84370163e-01, 8.15629837e-01],
       [9.95655999e-01, 4.34400052e-03],
       [9.97442814e-01, 2.55718642e-03],
       [9.99762260e-01, 2.37739597e-04],
       [9.99798149e-01, 2.01851088e-04],
       [3.21412366e-01, 6.78587634e-01],
       [9.98366546e-01, 1.63345389e-03],
       [9.13845393e-01, 8.61546069e-02],
       [7.25127647e-01, 2.74872353e-01],
       [9.94511153e-01, 5.48884658e-03],
       [9.94504823e-01, 5.49517723e-03],
```

图 5.45   查看 predict_target_prob

```
predict_target_prob_lr=predict_target_prob[:,1]          # 仅切片样本预测为"违约"的概率
df=pd.DataFrame({'prob':predict_target_prob_lr,'target':predict_target,'labels':list(y_te
st_new)})          # 构建 df 数据框，其中包括 prob、target、labels 3 列，分别表示前面生成的 predict_
target_prob_lr、predict_target 以及响应变量测试样本列表 list(y_test)
df.head()          # 观察 df 的前 5 个值。head 表示前几个值，如果不在括号内设置，默认为 5。
```

运行结果如图 5.46 所示。第 1 列为样本观测值编号；第 2 列 prob 是样本预测为"违约"的概率；第 3 列 target 为样本响应变量的预测类别；第 4 列 labels 列为样本响应变量的实际值。以第 1 个（序号为 0）样本为例，其预测为"违约"的概率为 0.004229，小于 0.5，所以其预测的类别为"未违约"，其样本响应变量的实际值为 0，也是"未违约"类别，即两者的结果一致，以此类推。第 3 个样本预测错误，其他样本均预测正确。

```
      prob   target  labels
0  0.004229      0       0
1  0.023916      0       0
2  0.646024      1       0
3  0.894398      1       1
4  0.011949      0       0
```

图 5.46　观察 df 的前 5 个值

在 Spyder 代码编辑区输入以下两行代码，**全部选中并整体运行**：

```
print('预测正确总数：')                    # 输出字符串"预测正确总数："
print(sum(predict_target==y_test_new))    # 输出预测正确的样本示例总数
```

运行结果如图 5.47 所示。

```
预测正确总数：
177
```

图 5.47　预测正确的样本示例总数

在 Spyder 代码编辑区输入以下两行代码，**全部选中并整体运行**：

```
print('测试样本：')                                         # 输出字符串"测试样本："
print(metrics.classification_report(y_test_new,predict_target))   # 基于测试样本输出模型性能量
度指标
```

运行结果如图 5.48 所示。

```
测试样本：
              precision    recall  f1-score   support

           0       0.91      0.88      0.89       155
           1       0.68      0.75      0.71        55

    accuracy                           0.84       210
   macro avg       0.79      0.81      0.80       210
weighted avg       0.85      0.84      0.84       210
```

图 5.48　基于测试样本输出模型性能量度指标

详细解释如下：

- precision：精度。针对未违约客户的分类正确率为 0.91，针对违约客户的分类正确率为 0.68。
- recall：召回率，即查全率。针对未违约客户的查全率为 0.88，针对违约客户的查全率为 0.75。
- f1-score：f1 得分。针对未违约客户的 f1 得分为 0.89，针对违约客户的 f1 得分为 0.71。
- support：支持样本数。针对未违约客户的支持样本数为 155 个，针对违约客户的支持样本数为 55 个。

下面的 accuracy、macro avg 和 weighted avg 针对的是整个模型，在二分类模型中：

- accuracy：正确率，即分类正确样本数/总样本数。模型整体的预测正确率为 0.84。
- macro avg：对每一个类别对应的 precision、recall 和 f1-score 直接求平均值。比如针对 precision，即为 (0.91+0.68) / 2 = 0.79。
- weighted avg：用每一类别支持样本数的权重乘以对应类别指标。比如针对 precision，即 为 (0.91 × 155+0.68 × 55) / 210 = 0.84。

```
print(metrics.confusion_matrix(y_test_new, predict_target))    # 基于测试样本输出混淆矩阵
```

运行结果如图 5.49 所示。真实分类为未违约且预测分类为未违约的样本个数为 136 个；真实分类为未违约而预测分类为违约的样本个数为 19 个；真实分类为违约且预测分类为违约的样本个数为 41 个；真实分类为违约而预测分类为未违约的样本个数为 14 个。

```
[[136  19]
 [ 14  41]]
```

图 5.49　基于测试样本输出混淆矩阵

5.6.12　绘制 ROC 曲线，计算 AUC 值

1. ROC 曲线和 AUC 值的概念

ROC 曲线和 AUC 值也是评价分类监督学习性能的重要量度指标。ROC 曲线又被称为 "接受者操作特征曲线" "等感受性曲线"，主要用于预测准确率情况。最初 ROC 曲线运用在军事上，现在广泛应用在各个领域，比如判断某种因素对于某种疾病的诊断是否有诊断价值。曲线上各点反映着相同的感受性，它们都是对同一信号刺激的反映，只不过是在几种不同的判定标准下所得的结果而已。

ROC 曲线如图 5.50 所示，是在以虚惊概率（又被称为假阳性率、误报率，图中为 "1-特异性"）为横轴，以击中概率（又被称为敏感度、真阳性率，图中为 "敏感度"）为纵轴所组成的坐标图中，以被试者在特定刺激条件下由于采用不同的判断标准得出的不同结果画出的曲线。虚惊概率越接近零，且击中概率越接近 1，代表准确率越好。

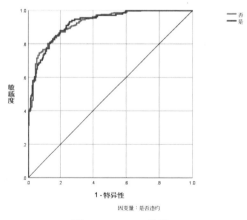

图 5.50　ROC 曲线

对于一条特定的 ROC 曲线来说，ROC 曲线的曲率反映敏感性指标是恒定的，所以它也叫作等感受性曲线。对角线（图 5.50 中为直线）代表辨别力等于 0 的一条线，也叫作纯机遇线。ROC曲线离纯机遇线越远，表明模型的辨别力越强。辨别力不同的模型的 ROC 曲线也不同。

当一条 ROC 曲线 X 能够完全包住另一条 ROC 曲线 Y 时，也就是对于任意既定特异性水平，曲线 X 在敏感度上的预测表现都能够大于或等于 Y，那么就可以说该曲线 X 能够全面优于曲线 Y。如果两条曲线有交叉，则无法做出如此推断，这两条曲线根据要求的击中概率的不同而各有优劣。

例如，根据既定的研究需要，当要求的击中概率选择为 0.7（对应图 5.50 中纵轴 0.7 处）时，违约概率为"是"的 ROC 曲线误报概率要显著高于违约概率为"否"的 ROC 曲线（这在违约概率为"是"的 ROC 曲线横轴对应点位于违约概率为"否"的 ROC 曲线横轴对应点的右侧）。

又比如根据既定的研究需要，当要求的击中概率选择为 0.9（对应图 5.50 中纵轴 0.9 处）时，违约概率为"是"的 ROC 曲线误报概率要显著低于违约概率为"否"的 ROC 曲线（这在违约概率为"是"的 ROC 曲线横轴对应点位于违约概率为"否"的 ROC 曲线横轴对应点的左侧）。

ROC 曲线下方的区域面积又被称为 AUC 值，是 ROC 曲线的数字摘要，取值范围一般为0.5~1。使用 AUC 值作为评价标准是因为很多时候 ROC 曲线并不能清晰地说明哪个模型的效果更好，而作为一个数值，对应 AUC 值更大的模型预测效果更好。

- 当 AUC=1 时，是完美模型，采用这个预测模型时，存在至少一个阈值能得出完美预测。绝大多数预测的场合不存在完美模型。
- 当 0.5 < AUC < 1 时，优于随机猜测。这个模型妥善设置阈值的话能有预测价值。
- 当 AUC = 0.5 时，跟随机猜测一样，模型没有预测价值。
- 当 AUC < 0.5 时，比随机猜测还差，但只要总是反预测而行，就会优于随机猜测。

2. ROC 曲线和 AUC 值的 Python 实现

我们在 Spyder 代码编辑区输入以下代码并同时选中运行：

```
plot_roc_curve(model, X_test_new, y_test_new)  # 基于测试样本绘制 ROC 曲线，并计算 AUC 值
x = np.linspace(0, 1, 100)           # np.linspace(start, stop, num)，即在 start 和 stop 之间返回
num 个均匀间隔的数据，本例中为在 0~1 返回 100 个均匀间隔的数据
plt.plot(x, x, 'k--', linewidth=1)   # 在图中增加 45 度黑色虚线，以便观察 ROC 曲线性能
plt.title('ROC Curve (Test Set)')    # 设置标题为"ROC Curve (Test Set)"
```

运行结果如图 5.51 所示。可以发现本例的预测效果还可以，AUC 值为 0.92，远大于 0.5，具备一定的预测价值。

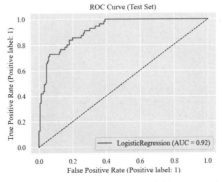

图 5.51　ROC 曲线和 AUC 值的 Python 实现

5.7 习　　题

 下载资源:\sample\第 5 章\700 个对公授信客户的信息数据.csv

1. 阐述特征归一化的概念。

2. 阐述特征标准化的概念。

3. 阐述样本归一化的概念。

4. 简述特征等宽分箱和等频分箱的基本思路。

5. 简述 WOE 和 IV 的概念。

6. 使用"700 个对公授信客户的信息数据"文件中的数据（详情已在第 4 章中介绍），把 V1（征信违约记录）作为响应变量，把 V2（资产负债率）、V6（主营业务收入）、V7（利息保障倍数）、V8（银行负债）、V9（其他渠道负债）作为特征变量，构建算法模型，完成下列操作：

（1）载入分析所需要的模块和函数。

（2）数据读取及观察。

（3）描述性统计分析。

（4）特征变量筛选。

（5）划分训练样本和测试样本。

（6）分箱操作。

（7）画分箱图。

（8）调整分箱。

（9）将训练样本和测试样本进行 WOE 编码。

（10）构建 Logistic 模型进行预测。

（11）模型预测及评价。

（12）绘制 ROC 曲线，计算 AUC 值。

第 **6** 章

特 征 提 取

特征提取也称降维，其基本思想是将原始的特征变量映射到维度更低的特征空间中，是有别于特征选择的另外一种实现特征变量数量减少的有效方式。常用的特征提取方式有两种：一种是主成分分析（Principal Component Analysis，PCA），属于无监督降维技术；另一种是线性判别分析（Linear Discriminant Analysis，LDA），属于有监督降维技术。这两种特征提取的方式存在一定的差异，其中主成分分析的目标是让映射后的样本具有最大的发散性，而 LDA 是为了让映射后的样本有最好的分类性能。

6.1 无监督降维技术——主成分分析

6.1.1 主成分分析的基本原理

主成分分析是一种降维分析的统计过程，该过程通过正交变换将原始的 n 维数据集变换到一个新的被称作主成分的数据集中，也就是将众多的初始特征变量整合成少数几个相互无关的主成分特征变量，而这些新的特征变量尽可能地包含了初始特征变量的全部信息，然后用这些新的特征变量来代替以前的特征变量进行分析。比如在线性回归分析算法中，可能会遇到样本个数小于变量个数（即高维数据）的情况，或者原始特征变量之前存在较强相关性造成多重共线性的情况，那么我们完全可以先进行主成分分析，以提取的主成分作为新的特征变量，再进行线性回归分析等监督式学习。

当然，主成分分析本质上只是一种坐标变换，经过变换之后得到的主成分由于集合了多个原始特征变量的信息，因此其经济含义很可能不再清晰，无法有效地就特征变量对响应变量的具体影响关系做出清晰解释，但这不妨碍它在降维方面的巨大优势，尤其是机器学习这一更多关注预测而不是关注解释的领域更是如此。

　　具体来说，主成分分析法从原始特征变量到新特征变量是一个正交变换（坐标变换），通过正交变换将其原随机向量（分量间有相关性）转换成新随机向量（分量间不具有相关性），也就是将原随机向量的协方差矩阵变换成对角矩阵。变换后的结果中，第一个主成分具有最大的方差值，每个后续的主成分在与前述主成分正交的条件限制下也具有最大方差。降维时仅保存前 m（$m < n$）个主成分即可保持最大的数据信息量。

　　如图 6.1 所示，原来特征空间内有两个特征变量 x_1 和 x_2，样本观测值需要由这两个特征变量共同描述，但是我们进行正交变换（坐标变换）之后，将原特征变量 x_1 和 x_2 转换为新特征变量 y_1 和 y_2，可以发现样本观测值几乎只用 y_1 这一个特征变量就可以进行描述了。

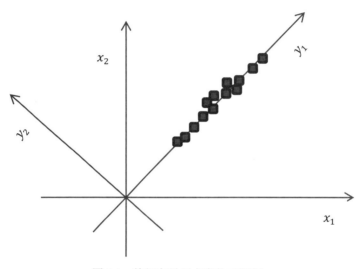

图 6.1　特征变量正交变换示例图

6.1.2　主成分分析的数学概念

　　主成分分析算法的数学概念为：假设原始特征向量 $\boldsymbol{X}=(X_1,X_2,\cdots,X_p)^{\mathrm{T}}$ 是一个 p 维随机特征向量，首先将其标准化为 $Z\boldsymbol{X}=(ZX_1,ZX_2,\cdots,ZX_p)^{\mathrm{T}}$，使得每一个变量的平均值为 0，方差为 1。之所以需要进行标准化，是因为如果变量之间的方差差别较大，那么主成分分析就会被较大方差的变量所主导，使得分析结果严重失真。

　　然后考虑它的线性变换，如果样本个数 n 大于或等于特征变量个数 p（这也是大多数情况），则提取主成分 F_i 为：

$$F_i = a_{1i} \times ZX_1 + a_{2i} \times ZX_2 + \cdots + a_{pi} \times ZX_p$$

　　通过坐标变换，假定提取了 q 个主成分 F_i，q 明显小于 p，那么就将 p 维随机特征向量转换成 q 维随机特征向量，实现了降维处理。但是这一坐标变换需满足如下优化条件：

　　（1）第一个主成分 F_1 尽可能多地保留原始特征向量 $\boldsymbol{X}$ 的信息，实现途径是使得 F_1 的方差尽可能大。

（2）接下来的每一个主成分都要尽可能多地保留原始特征向量 X 的信息，但同时又不能跟前面已经提取的主成分的信息有重叠，也就是说各个主成分之间是相互正交的，或者说需要满足 $\mathrm{cov}(F_i, F_j)=0$，其中 $j=1,2,\cdots,i-1$。

在满足上述条件下，各主成分的方差依次递减，不同的主成分之间相互正交（没有相关性），达到前几个主成分 F_i 就可以代表原始特征向量 X 大部分信息的效果。

而如果样本个数 n 小于特征变量个数 p，则只能提取 $n-1$ 个主成分，不然主成分之间就会产生严重多重共线性。

在主成分个数的具体确定方面，如果从尽可能保持原始特征变量信息的角度出发，最终选取的主成分的个数可以通过各个主成分的累积方差贡献率来确定，一般情况下以累积方差贡献率大于或等于 85% 为标准。如果单纯从降维的角度出发，那么可以直接限定提取的主成分的个数，以达到降维效果，为目的保留主成分。

6.1.3　主成分的特征值

除了前面所述的方差贡献率之外，主成分的特征值也可以代表该主成分的解释能力，特征值是方差的组成部分，所有主成分的特征值加起来就是分析中主成分的方差之和，即主成分的"总方差"。

由于我们提取的各个主成分之间是完全不相关的，分析的是一个零相关矩阵，因此标准化为单位方差。比如针对 10 个原始特征变量提取了 10 个主成分，那么 10 个主成分的总方差就是 10。

在某次分析中，第一个主成分的特征值为 6.61875，其方差贡献率就是 66.19%（6.61875/10），或者说该主成分能够解释总方差的 66.19%；第二个主成分的特征值为 1.47683，其方差贡献率就是 14.77%（1.47683/10），或者说该主成分能够解释总方差的 14.77%。

特征值越大，解释能力越强。通常情况下只有特征值大于 1 的主成分是有效的，因为平均值就是 1（结合前面讲解的 10 个主成分的总方差就是 10 来理解）。如果某主成分的特征值低于 1，则说明该主成分对于方差的解释还没有达到平均水平，因此不建议保留。该方法也可以用来作为"确定主成分个数"的判别标准。

6.1.4　样本的主成分得分

每个样本主成分的具体取值称为主成分得分。图 6.2 即为主成分得分的图形展示。（图片来源：《SPSS 数据挖掘与案例分析应用实践》杨维忠著，机械工业出版社，第 11 章 城镇居民消费支出结构研究及政策启示）

该研究针对某年度中国大中城市城镇居民消费支出科目提取了两个主成分：第一主成分（纵轴）代表食品、家庭设备用品及服务、交通和通信、教育文化娱乐服务、居住、杂项商品和服务，第二主成分（横轴）代表衣着、医疗保健。图中直观地展示了各大中城市在两个主成分方面的优势（或短板），可以通过划分为四个象限（(0, 0) 为原点）的方式进行解释，比如位于第一象限的有上海、广州、北京、南京、青岛、大连、天津，表示这 7 个城市在消费支出的两个主成分方面都领先其他城市。

图形

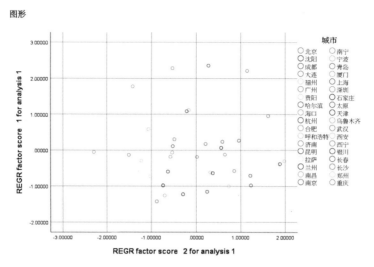

图 6.2　主成分得分图

6.1.5　主成分载荷

主成分载荷表示每个变量对于主成分的影响，常用特征向量矩阵来表示，图 6.3 即为一个示例。（图片来源：《Stata 统计分析从入门到精通》杨维忠、张甜著，清华大学出版社，第 11 章主成分分析与因子分析）

Principal components (eigenvectors)

Variable	Comp1	Comp2	Comp3	Comp4	Comp5	Comp6	Comp7
V2	0.3669	-0.0292	0.1501	0.0770	-0.4435	-0.4078	0.0228
V3	0.2243	-0.3380	0.6741	0.2771	0.4064	-0.0283	0.2359
V4	0.3760	-0.0203	-0.0404	0.1164	-0.2705	-0.4969	0.0681
V5	0.3705	0.0179	0.0527	-0.0671	0.3307	-0.0240	-0.8547
V6	0.3510	-0.1240	0.1737	0.0699	-0.4773	0.7470	-0.0310
V7	0.3595	-0.0411	-0.2491	-0.0309	0.4535	0.1048	0.3765
V8	0.3669	0.0081	-0.3220	-0.0573	0.0097	0.0834	0.0282
V9	0.3590	0.0807	-0.3474	-0.1394	0.1280	0.0474	0.2086
V10	0.0489	0.7182	0.0121	0.6840	0.0740	0.0850	0.0077
V11	0.1341	0.5871	0.4493	-0.6347	0.0152	0.0004	0.1468

Variable	Comp8	Comp9	Comp10	Unexplained
V2	-0.3880	-0.2994	0.4821	0
V3	0.2699	-0.0737	0.0649	0
V4	0.1808	0.3612	-0.5960	0
V5	-0.0965	-0.0368	-0.0628	0
V6	-0.0742	0.0401	-0.1803	0
V7	-0.6171	0.2547	-0.0440	0
V8	0.5108	0.4043	0.5710	0
V9	0.2938	-0.7302	-0.2070	0
V10	0.0060	-0.0175	0.0268	0
V11	0.0318	0.0987	-0.0108	0

图 6.3　特征向量矩阵

图 11.3 中 Comp1~Comp10 代表提取的 10 个主成分，V2~V11 代表 10 个原始变量，针对主成分 1（Comp1），它在 V2~V11 上的载荷分别是 0.3669、0.2243、0.3760、0.3705、0.3510、0.3595、0.3669、0.3590、0.0489、0.1341。需要说明的是，每个主成分荷载的列式平方和为 1，如针对主成分 1，即有：

$$0.3669^2 + 0.2243^2 + \cdots + 0.0489^2 + 0.1341^2 = 1$$

6.1.6 主成分分析的 Python 实现

1. 案例数据说明

本节我们以"特征提取.xlsx"文件中的数据为例进行讲解，其中记录的是"中国 2020 年部分上市公司的财务指标数据"，共有 23 个指标，分别是第一大股东持股比例、全量金融资产、流动性金融资产、非流动性金融资产、流动比率、利息保障倍数、现金流利息保障倍数、现金流到期债务保障倍数、长期借款与总资产比、权益乘数、加权平均净资产收益率、流动负债比率、经营负债比率、金融负债比率、非流动负债比率、应收账款周转率、财务费用率、短期借款、长期借款、一年内到期的非流动负债、银行借款、营业收入、净利润，具体如图 6.4 所示（内容过多，仅展示部分）。

第一大股东持股比例	全量金融资产	流动性金融资产	非流动性金融资产	流动比率	利息保障倍数	现金流利息保障倍数
21.34	6104.237792	6104.237792	0	1.61153	8.08935	18.1604
30.55	5988.533732	0	5988.533732	2.29321	0.645343	7.39303
13.1	56984.38532	19621.0246	37363.36072	1.02675	1.04108	0.232884
25.69	245585.8733	81576.50273	164009.3706	3.6672	25.2184	21.9026
20.1	168157.5169	10195.23204	157962.2848	1.47139	4.86362	3.59787
35.65	0	0	0	1.48765	-1.1283	-0.004041
20.67	30000	0	30000	1.26908	46.2838	34.2071
23.97	209171.3039	193014.2166	16157.0873	0.834736	7.07878	7.99689
26.06	33661.61074	0	33661.61074	1.47896	6.56482	8.56875
16.87	21996.0074	0	21996.0074	1.0912	-15.3554	8.03668
46.94	1400.8	1400.8	0	1.27495	-2.02571	-4.33166
30	0	0	0	0.904083	0.72723	0.201079
16.23	0	0	0	0.952175	1.51737	5.92889
31.98	26878.25449	25854.18	1024.074488	3.50374	0	0
31.1	132874.7322	7058.729258	125816.003	1.31909	-0.346749	1.6833
74.89	47581.42297	244.720896	47336.70208	2.55353	0	0
15.71	33984.1305	0	33984.1305	0.372803	-0.394213	2.30821
29.64	15601.65086	425.908115	15175.74274	0.908124	3.50314	2.22657
33.65	30189.2675	1998	28191.2675	1.25221	2.52321	6.4481
55.56	62323.28025	0	62323.28025	3.83941	0	0
38.47	33267.24084	8750	24517.24084	1.2921	2.95904	0.900781
50.04	65096.00735	50305.75343	14790.25392	1.3234	61.0591	66.3315
41.07	7480.923982	0	7480.923982	0.922367	0	0

图 6.4 "特征提取.xlsx"文件中的数据内容（内容过多，仅展示部分）

下面我们针对"特征提取.xlsx"文件中的前 10 列，即第一大股东持股比例、全量金融资产、流动性金融资产、非流动性金融资产、流动比率、利息保障倍数、现金流利息保障倍数、现金流到期债务保障倍数、长期借款与总资产比、权益乘数共 10 个变量开展主成分分析。

2. 导入分析所需要的模块和函数

在进行分析之前，首先需要导入分析所需要的模块和函数，读取数据集并进行观察。在 Spyder 代码编辑区输入以下代码：

```
import numpy as np                                  # 导入 numpy，并简称为 np
import pandas as pd                                 # 导入 pandas，并简称为 pd
import matplotlib.pyplot as plt                     # 导入 matplotlib.pyplot，并简称为 plt
import seaborn as sns                               # 导入 seaborn，并简称为 sns
from sklearn.preprocessing import StandardScaler    # 导入 StandardScaler 用于数据标准化
from sklearn.decomposition import PCA               # 导入 PCA，用于主成分分析
```

3. 变量设置及数据处理

首先需要将本书提供的数据文件存放到安装 Python 的默认路径中，并从所存放的相应位置读取，在 Spyder 代码编辑区输入以下代码：

注意，因用户的具体安装路径不同，编写代码时使用的路径会有差异。成功载入文件后，Spyder 的"变量浏览器"窗口如图 6.5 所示。

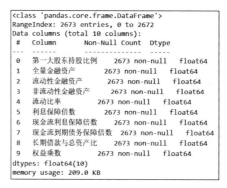

图 6.5   "变量浏览器"窗口

```
X = data.iloc[:,0:10]          # 设置分析所需要的特征变量集
X.info()                       # 观察数据信息
```

运行结果如图 6.6 所示。

```
<class 'pandas.core.frame.DataFrame'>
RangeIndex: 2673 entries, 0 to 2672
Data columns (total 10 columns):
 #   Column           Non-Null Count   Dtype
---  ------           --------------   -----
 0   第一大股东持股比例    2673 non-null   float64
 1   全量金融资产        2673 non-null   float64
 2   流动性金融资产       2673 non-null   float64
 3   非流动性金融资产      2673 non-null   float64
 4   流动比率          2673 non-null   float64
 5   利息保障倍数        2673 non-null   float64
 6   现金流利息保障倍数    2673 non-null   float64
 7   现金流到期债务保障倍数 2673 non-null   float64
 8   长期借款与总资产比    2673 non-null   float64
 9   权益乘数          2673 non-null   float64
dtypes: float64(10)
memory usage: 209.0 KB
```

图 6.6   数据信息

数据分析所需要的特征变量集中共有 2673 个样本（2673 entries, 0 to 2672）、10 个变量（total 10 columns）。10 个变量分别是第一大股东持股比例、全量金融资产、流动性金融资产、非流动性金融资产、流动比率、利息保障倍数、现金流利息保障倍数、现金流到期债务保障倍数、长期借款与总资产比、权益乘数，它们均包含 2673 个非缺失值（2673 non-null）。所有变量的数据类型均为浮点型（float64），数据占用的内存为 209KB。

```
len(X.columns)          # 列出数据集中变量的数量
```

运行结果为：10。

```
X.columns               # 列出数据集中的变量
```

运行结果为：IIndex(['第一大股东持股比例', '全量金融资产', '流动性金融资产', '非流动性金融资产', '流动比率', '利息保障倍数', '现金流利息保障倍数', '现金流到期债务保障倍数', '长期借款与总资产比', '权益乘数'],dtype='object')。与前面的结果一致。

```
X.shape                 # 列出数据集的形状
```

运行结果为：(2673, 10)，也就是 2673 行 10 列，数据集中共有 2673 个样本，10 个变量。

```
X.dtypes                # 观察数据集中各个变量的数据类型
```

运行结果如图 6.7 所示。各个变量的数据类型与前面的结果一致。

```
第一大股东持股比例        float64
全量金融资产             float64
流动性金融资产            float64
非流动性金融资产           float64
流动比率              float64
利息保障倍数             float64
现金流利息保障倍数          float64
现金流到期债务保障倍数        float64
长期借款与总资产比          float64
权益乘数              float64
dtype: object
```

图 6.7　数据集中各个变量的数据类型

```
X.isnull().values.any()        # 检查数据集是否有缺失值
```

运行结果为：False。没有缺失值。

```
X.isnull().sum()               # 逐个变量检查数据集是否有缺失值
```

运行结果如图 6.8 所示，没有缺失值。

```
第一大股东持股比例        0
全量金融资产           0
流动性金融资产          0
非流动性金融资产         0
流动比率            0
利息保障倍数           0
现金流利息保障倍数        0
现金流到期债务保障倍数      0
长期借款与总资产比        0
权益乘数            0
dtype: int64
```

图 6.8　逐个变量检查数据集是否有缺失值

```
X.head(10)     # 列出数据集中的前 10 个样本
```

运行结果如图 6.9 所示。

```
     第一大股东持股比例      全量金融资产        流动性金融资产   ...   现金流到期债务保障倍数   长期借款与总资产比      权益乘数
0      21.34      6104.237792      6104.237792   ...    10.686800     0.012166   1.43644
1      30.55      5988.533732         0.000000   ...     0.000000     0.000000   2.16754
2      13.10     56984.385318     19621.024597   ...     0.070689     0.000000   3.47781
3      25.69    245585.873306     81576.502728   ...    62.622400     0.014852   1.19363
4      20.10    168157.516865     10195.232035   ...     0.811309     0.077741   1.94838
5      35.65        -0.000097         0.000000   ...    -0.000097     0.103224   2.80928
6      20.67     30000.000000         0.000000   ...    28.937000     0.000000   1.63911
7      23.97    209171.303900    193014.216600   ...     1.597570     0.159522   2.44399
8      26.06     33661.610742         0.000000   ...     4.045260     0.105147   1.96697
9      16.87     21996.007399         0.000000   ...     1.922090     0.048893   2.17439

[10 rows x 10 columns]
```

图 6.9　列出数据集中的前 10 个样本

在主成分分析算法中，需要对参与分析的特征变量进行标准化，具体操作如下：

```
scaler=StandardScaler()         # 引入标准化函数，即把变量的原始数据变换成均值为 0、标准差为 1 的标准化数据
scaler.fit(X)                   # 基于特征变量的样本观测值估计标准化函数
X_s = scaler.transform(X)       # 将上一步得到的标准化函数应用到样本全集，得到 X_s
X_s = pd.DataFrame(X_s, columns=X.columns)     # X_train 标准化为 X_train_s 以后，原有的特征变量
名称会消失，该步操作就是把特征变量名称加回来，不然在进行一些分析时系统会反复进行警告提示
```

4. 特征变量相关性分析

在 Spyder 代码编辑区输入以下代码：

```
print(X_s.corr(method='pearson'))       # 输出变量之间的皮尔逊相关系数矩阵
```

运行结果如图 6.10 所示。可以发现有一些变量之间的相关性水平非常高，体现在这些变量之间的相关性系数都非常大，变量之间存在着较强的相关性，比较适合用于主成分分析。

```
                第一大股东持股比例    全量金融资产    流动性金融资产  ...  现金流到期债务保障倍数  长期借款与总资产比    权益乘数
第一大股东持股比例       1.000000  0.097535  0.082599  ...        0.000961   0.073049  0.009688
全量金融资产           0.097535  1.000000  0.671722  ...        0.000243   0.088900  0.066349
流动性金融资产         0.082599  0.671722  1.000000  ...        0.005605   0.000828  0.007353
非流动性金融资产       0.085162  0.948232  0.401686  ...       -0.002103   0.109543  0.078869
流动比率           -0.014571 -0.039123  0.012336  ...       -0.010943  -0.245030 -0.225245
利息保障倍数          0.018178  0.005307  0.017582  ...       -0.002192  -0.041717 -0.012288
现金流利息保障倍数     0.016075  0.000933  0.016666  ...       -0.002476  -0.079967 -0.023145
现金流到期债务保障倍数  0.000961  0.000243  0.005605  ...        1.000000  -0.021955 -0.011066
长期借款与总资产比     0.073049  0.088900  0.000828  ...       -0.021955   1.000000  0.209050
权益乘数           0.009688  0.066349  0.007353  ...       -0.011066   0.209050  1.000000

[10 rows x 10 columns]
```

图 6.10   变量之间的皮尔逊相关系数矩阵

在 Spyder 代码编辑区输入以下代码，**然后全部选中这些代码并整体运行**：

```
plt.rcParams['font.sans-serif'] = ['SimHei']      # 解决图表中的中文显示问题
plt.rcParams['axes.unicode_minus']=False          # 解决图表中负号不显示的问题
plt.subplot(1,1,1)
sns.heatmap(X_s.corr(), annot=True)               # 输出变量之间相关矩阵的热力图
```

运行结果如图 6.11 所示。

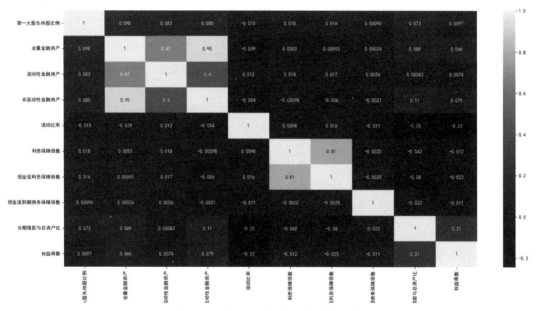

图 6.11   变量之间相关矩阵的热力图

热力图的右侧为图例说明，颜色越深表示相关系数越小，颜色越浅表示相关系数越大；左侧的矩阵则形象地展示了各个变量之间的相关情况。

5. 主成分提取及特征值、方差贡献率计算

在 Spyder 代码编辑区输入以下代码：

```
reduced_X_s=PCA(n_components=3).fit_transform(X_s)  # 运用主成分分析算法对特征变量集 X_s 进行特征
选取，提取 3 个主成分，将提取出来的主成分集保存为 reduced_X_s
```

在 Spyder 的"变量浏览器"窗口可以看到刚刚提取出来的主成分集 reduced_X_s，双击即可打开，如图 6.12 所示。

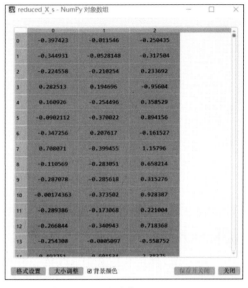

图 6.12　主成分集 reduced_X_s

```
model = PCA()                              # 将模型设置为主成分分析算法
model.fit(X_s)                             # 基于 X_s 的数据调用 fit() 方法进行拟合
np.set_printoptions(suppress=True)         # 不以科学记数法显示，而是直接显示数字
model.explained_variance_                  # 计算提取的各个主成分的特征值
```

运行结果为： array([2.41859366,1.82597954,1.42714415,1.002424,0.98981238,　0.78874864, 0.74562963, 0.61292479,0.19248574,0.])。

可以发现各个主成分的特征值是降序排列的，提取的第 1 个主成分的特征值最大，为 2.41859366，然后越来越小，并且只有前 4 个主成分的特征值是大于 1 的。

```
model.explained_variance_ratio_            # 计算各主成分的方差贡献率
```

运行结果为：array([0.24176888, 0.18252964, 0.14266102, 0.1002049 , 0.09894421, 0.07884536, 0.07453507, 0.06126955, 0.01924137, 0.])。

可以发现各个主成分的方差贡献率也是降序排列的，提取的第 1 个主成分的方差贡献率最大，为 0.24176888，可以理解为该主成分解释了所有原始特征变量 24.17%的信息；第 2 个主成分的方差贡献率为 0.1825，可以理解为该主成分解释了所有原始特征变量 18.25%的信息；以此类推。

6. 绘制碎石图观察各主成分特征值

在 Spyder 代码编辑区输入以下代码，**然后全部选中这些代码并整体运行：**

```
plt.plot(model.explained_variance_, 'o-')        # 绘制碎石图观察各主成分特征值
plt.axhline(model.explained_variance_[2], color='r', linestyle='--', linewidth=2)   # 调用
可视化函数 plt.axhline() 绘制一条水平线，其中 model.explained_variance_[2], color='r', linestyle='--',
linewidth=2 表示在第 3 个主成分（Python 中起始值为 0）的特征值处绘制一条红色的宽度为 2 的虚线
plt.rcParams['font.sans-serif'] = ['SimHei']     # 解决图表中的中文显示问题
plt.xlabel('主成分')                              # 将图中 X 轴的标签设置为"主成分"
plt.ylabel('特征值')                              # 将图中 Y 轴的标签设置为"特征值"
```

```
plt.title('各主成分特征值碎石图')                    # 将图的标题设置为"各主成分特征值碎石图"
```

运行结果如图 6.13 所示。从图中可以非常直观地看出各主成分特征值的变化情况。

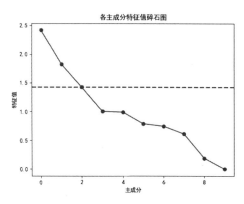

图 6.13   各主成分特征值碎石图

7. 绘制碎石图观察各主成分方差贡献率

在 Spyder 代码编辑区输入以下代码，**然后全部选中这些代码并整体运行：**

```
plt.plot(model.explained_variance_ratio_, 'o-')    # 绘制碎石图观察各主成分方差贡献率
plt.axhline(model.explained_variance_ratio_[2], color='r', linestyle='--', linewidth=2)
# 调用可视化函数 plt.axhline()绘制一条水平线，其中 model.explained_variance_[2]，color='r'，
linestyle='--'，linewidth=2 表示在第 3 个主成分（Python 中起始值为 0）的特征值处绘制一条红色的宽度为 2 的虚线
plt.xlabel('主成分')                    # 将图中 X 轴的标签设置为"主成分"
plt.ylabel('方差贡献率')                 # 将图中 Y 轴的标签设置为"方差贡献率"
plt.title('各主成分方差贡献率碎石图')      # 将图的标题设置为"各主成分方差贡献率碎石图"
```

运行结果如图 6.14 所示。从图中可以非常直观地看出各主成分方差贡献率的变化情况。

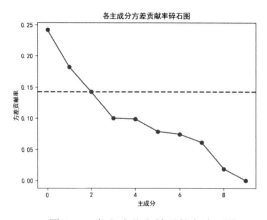

图 6.14   各主成分方差贡献率碎石图

8. 绘制碎石图观察主成分累积方差贡献率

在 Spyder 代码编辑区输入以下代码，**然后全部选中这些代码并整体运行：**

```
plt.plot(model.explained_variance_ratio_.cumsum(), 'o-')  # 绘制碎石图观察主成分累积方差贡献率
plt.xlabel('主成分')                # 将图中 X 轴的标签设置为"主成分"
plt.ylabel('累积方差贡献率')          # 将图中 Y 轴的标签设置为"累积方差贡献率"
plt.axhline(0.85, color='r', linestyle='--', linewidth-2) # 调用可视化函数 plt.axhline()，在
```

累积方差贡献率=0.85 处绘制一条红色的宽度为 2 的虚线

```
    plt.title('主成分累积方差贡献率碎石图')    # 将图的标题设置为"主成分累积方差贡献率碎石图"
```

运行结果如图 6.15 所示。

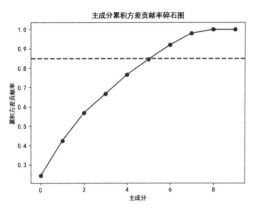

图 6.15　主成分累积方差贡献率碎石图

从图 6.15 中可以发现当提取主成分个数为 1、2、3、4 时，都没有超过 85% 的红线，而当提取主成分个数为 5 时，就超过了 85% 的红线，也就是说，如果我们将"累积方差贡献率大于或等于 85%"作为选取主成分的标准，那么仅提取前 5 个主成分即可。

9. 计算样本的主成分得分

在 Spyder 代码编辑区输入以下代码，**然后全部选中这些代码并整体运行：**

```
    scores=pd.DataFrame(model.transform(X_s),columns=['Comp'+str(n)forninrange(1,11)])    # 计算
样本的主成分得分（已标准化），pd.DataFrame()函数的作用是将输出结果以数据框形式展示，而 columns=['Comp'+
str(n)forninrange(1,11)]表示将列名分别设置为 Comp1~Comp10
    pd.set_option('display.max_columns',None)        # 显示完整的列，如果不运行该代码，则列显示不完整，
中间有省略号
    scores.head(10)                                  # 显示前 10 个样本的主成分得分（已标准化）
```

运行结果如图 6.16 所示。

```
     Comp1     Comp2     Comp3     Comp4     Comp5     Comp6     Comp7
0 -0.397423 -0.011546 -0.250435  0.059050  0.698741 -0.261211 -0.442704
1 -0.344931 -0.052815 -0.317504 -0.007469  0.121761  0.296827 -0.356032
2 -0.224558 -0.210254  0.233692  0.134432  1.468790  0.400230 -0.576273
3  0.282513  0.194696 -0.956040 -0.018040  0.362012 -0.022108  0.234750
4  0.160926 -0.254496  0.358529  0.019420  0.765577 -0.571205  0.168911
5 -0.090211 -0.370022  0.894156 -0.062185 -0.318261 -0.226853  0.290294
6 -0.347256  0.207617 -0.161527  0.100701  0.807540 -0.176076 -0.633208
7  0.708071 -0.399455  1.157964 -0.010188  0.431991 -0.929887  0.529146
8 -0.110569 -0.283051  0.658214 -0.024051  0.274704 -0.667167  0.354839
9 -0.287078 -0.285618  0.315276  0.073149  1.019015 -0.363678 -0.207692

     Comp8     Comp9       Comp10
0  0.088502 -0.016200 -9.107260e-18
1  0.176109  0.009677 -3.272752e-17
2  0.067980  0.044880  4.954554e-17
3  0.015115  0.026284 -1.039132e-16
4  0.128008  0.005822  6.579079e-17
5 -0.094237 -0.013059  7.858092e-17
6  0.192154  0.063814 -1.352428e-17
7 -1.078829 -0.047140  2.002169e-16
8 -0.072830 -0.024184  9.267377e-17
9  0.027080 -0.078121  7.852322e-17
```

图 6.16　显示前 10 个样本的主成分得分（已标准化）

10. 输出特征向量矩阵，观察主成分载荷

在 Spyder 代码编辑区输入以下代码：

```
model.components_                # 计算主成分载荷，观察每个变量对于主成分的影响
```

运行结果如图 6.17 所示。

```
array([[ 0.11327965,  0.63298241,  0.47096068,  0.5805919 , -0.07161344,
         0.00317922, -0.00235082, -0.0008045 ,  0.11692384,  0.09377693],
       [ 0.01898538,  0.01481688,  0.04303017, -0.00013023,  0.09013645,
         0.69037037,  0.694719  ,  0.00036687, -0.14852937, -0.09020517],
       [ 0.07296547, -0.09334585, -0.16912519, -0.04289072, -0.57920722,
         0.14850496,  0.12402415, -0.03032392,  0.54147211,  0.53723811],
       [-0.06073136,  0.00214624,  0.01123835, -0.00216465, -0.09775341,
         0.00137782,  0.00259444,  0.99196537, -0.04977689,  0.01177746],
       [-0.96552176,  0.07128047,  0.02213133,  0.07862902, -0.09392743,
         0.01358497,  0.01798485, -0.07657912, -0.11903328,  0.1632509 ],
       [ 0.15850299, -0.02031497,  0.04944385, -0.04630957,  0.31243892,
        -0.03082192, -0.01217489,  0.00686586, -0.46830295,  0.80734363],
       [-0.13184037,  0.00816381, -0.1311285 ,  0.06630611,  0.73135139,
         0.05277657,  0.01512847,  0.09573437,  0.63155461,  0.12265763],
       [ 0.05527955,  0.14607782, -0.81223056,  0.52877941, -0.01910114,
        -0.00330832,  0.00785275,  0.00246975, -0.18717429, -0.028311  ],
       [ 0.00135621,  0.00004786, -0.00102503,  0.00049859, -0.00548109,
         0.70535496, -0.70796119, -0.00130471, -0.03501492, -0.00209986],
       [-0.        ,  0.75066417, -0.26031922, -0.60723736, -0.        ,
        -0.        ,  0.        , -0.        ,  0.        ,  0.        ]])
```

图 6.17   主成分载荷

```
round(pd.DataFrame(model.components_.T, index=X_s.columns, columns=['Comp' + str(n) for n
in range(1, 11)]), 2)        # 以数据框形式展示特征向量矩阵，设置索引为 X_s 的变量取值，列名为 Comp1~Comp10
```

运行结果如图 6.18 所示。

	Comp1	Comp2	Comp3	Comp4	Comp5	Comp6	Comp7	Comp8	Comp9	\
第一大股东持股比例	0.11	0.02	0.07	-0.06	-0.97	0.16	-0.13	0.06	0.00	
全量金融资产	0.63	0.01	-0.09	0.00	0.07	-0.02	0.01	0.15	0.00	
流动性金融资产	0.47	0.04	-0.17	0.01	0.02	0.05	-0.13	-0.81	-0.00	
非流动性金融资产	0.58	-0.00	-0.04	-0.00	0.08	-0.05	0.07	0.53	0.00	
流动比率	-0.07	0.09	-0.58	-0.10	-0.09	0.31	0.73	-0.02	-0.01	
利息保障倍数	0.00	0.69	0.15	0.00	0.01	-0.03	0.05	-0.00	0.71	
现金流利息保障倍数	-0.00	0.69	0.12	0.00	0.02	-0.01	0.02	0.01	-0.71	
现金流到期债务保障倍数	-0.00	0.00	-0.03	0.99	-0.08	0.01	0.10	0.00	-0.00	
长期借款与总资产比	0.12	-0.15	0.54	-0.05	-0.12	-0.47	0.63	-0.19	-0.04	
权益乘数	0.09	-0.09	0.54	0.01	0.16	0.81	0.12	-0.03	-0.00	

	Comp10
第一大股东持股比例	-0.00
全量金融资产	0.75
流动性金融资产	-0.26
非流动性金融资产	-0.61
流动比率	-0.00
利息保障倍数	-0.00
现金流利息保障倍数	0.00
现金流到期债务保障倍数	-0.00
长期借款与总资产比	0.00
权益乘数	0.00

图 6.18   以数据框形式展示特征向量矩阵

6.2   有监督降维技术——线性判别分析

下载资源：可扫描旁边二维码观看或下载教学视频
下载资源:\源代码\第 6 章 特征提取.py
下载资源:\sample\第 6 章\特征提取 1.xlsx

6.2.1   线性判别分析的基本原理

线性判别分析算法的基本思想是"类间大、类内小"，实现过程是：将样本全集分为训练样

本和测试样本，首先针对训练样本，设法找到一条直线，将所有样本投影到这条直线上，使得相同分类的样本在该直线上的投影尽可能落在一起，而不同分类的样本在该直线上的投影尽可能远离，一言以蔽之就是使得同类之间的差异性尽可能小，不同类之间的差异性尽可能大。然后，针对测试样本，将它投影到已经找到的直线上，根据投影点的落地位置来判定样本的类别。

作为一种有监督的机器学习方法，线性判别分析在分类方面具有独特的优势，相对于主成分分析算法这种非监督式学习方法，线性判别分析为了让映射后的样本有最好的分类性能，充分利用了数据内部的原始分类信息。

线性判别分析和主成分分析的分类效果具体如下：

主成分分析算法通过寻找 k 个向量，将数据投影到这 k 个向量展开的线性子空间上，并在最大化两类投影中心距离准则下得到分类结果，如图 6.19 所示，主成分分析算法将数据整体映射到了最方便表示这组数据的坐标轴上，或者说实现了投影误差最小化。但是，由于主成分分析算法将整组数据进行映射时没有利用数据原始分类信息，因此分类效果并不理想。

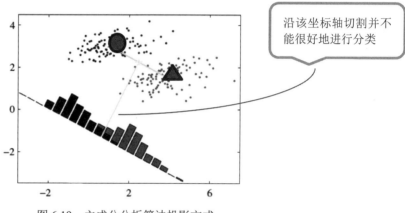

图 6.19　主成分分析算法投影方式

线性判别分析算法如图 6.20 所示，两组输入映射到了另一个坐标轴上，可以看出这是一种样本区分性更高的投影方式，虽然增加了分类信息之后两类中心之间的距离在投影之后有所减小，但投影后的样本点在每一类中的分布更为集中了，或者说每类内部的方差比图 6.19 中的更小，从而提高了两类样本的可区分度。

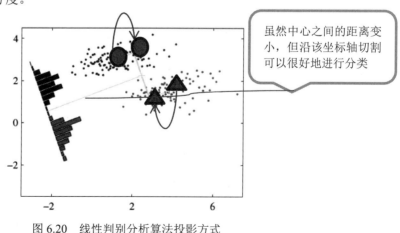

图 6.20　线性判别分析算法投影方式

6.2.2　线性判别分析的算法过程

从算法的角度来看，线性判别分析的实现过程如下：

（1）分别计算每一类的均值向量，均值向量之间的差异用来衡量类间距离。假定样本全集中共有两类，则有：

$$N = N_1 + N_2$$
$$\mu_{p1} = \frac{1}{N_1}\sum_{i=1}^{N_1} p_i$$
$$\mu_{p2} = \frac{1}{N_2}\sum_{i=1}^{N_2} p_i$$

（2）分别计算每一类的协方差矩阵，协方差之和用来衡量类内距离。

$$\sigma_{p1} = \frac{1}{N_1}\sum_{i=1}^{N_1} (p_i - \mu p_1)(p_i - \mu p_1)^{\mathrm{T}}$$
$$\sigma_{p2} = \frac{1}{N_2}\sum_{i=1}^{N_2} (p_i - \mu p_2)(p_i - \mu p_2)^{\mathrm{T}}$$

（3）基于前两步的结果写出代价函数。

$$\mathrm{cost}(w) = \frac{(w^{\mathrm{T}}\mu p_1 - w^{\mathrm{T}}\mu p_2)^2}{w^{\mathrm{T}}\sigma_{p1}w + w^{\mathrm{T}}\sigma_{p2}w}$$

代价函数中的分子是两个类别均值向量大小之差的平方，分子的值越大，代表类间差异性越大；函数中的分母为两个类别样本点的协方差之和，分母的值越大，代表类内差异越大。

（4）求解权重系数 w 使得代价函数最优化。

代价函数是关于权重 w 的函数，所谓"类间大、类内小"的目标就是要求出使代价函数最大时的权重 w，或者说满足以下公式：

$$w = \underset{w}{\mathrm{argmax}}\left(\frac{(w^{\mathrm{T}}\mu p_1 - w^{\mathrm{T}}\mu p_2)^2}{w^{\mathrm{T}}\sigma_{p1}w + w^{\mathrm{T}}\sigma_{p2}w}\right)$$

（5）根据权重系数判断新样本分类。

前面提到，类间距离用均值向量之间的差异来衡量，因此针对新样本或者测试样本，新样本点距离哪一个类别的均值向量更近，则新样本就被预测分配到哪个类别，数学形式如下：

$$k = \underset{k}{\mathrm{argmin}}\,|w^{\mathrm{T}}x - w^{\mathrm{T}}\mu_k|$$

6.2.3　线性判别分析的 Python 实现

1. 案例数据说明

本节我们以"特征提取 1.xlsx"文件中的数据为例进行讲解，其中记录的是"中国 2020 年部分上市公司的财务指标数据",如图 6.21 所示（内容过多,仅展示部分）。与 6.1 节介绍的"特征提取.xlsx"相比,本文件中多了一个指标"客户类型"作为响应变量,从而可以实现有监督降维。"客户类型"指标取"1"时表示"积极增长类",取"2"时表示"维持份额类",取"3"时表示"压缩退出类"。

客户类型	第一大股东持股比例	全量金融资产	流动性金融资产	非流动性金融资产	流动比率	利息保障倍数	现金流利息保障倍数
2	82.7	0	0	0	1.40645	14.5249	34.0305
1	81.2	11599.2105	11599.2105	0	2.00871	0	0
1	81.14	0	0	0	1.21371	23.1014	17.1729
1	80.99	68827.54282	68827.54282	0	2.2787	0	0
2	80.9	627288.6165	2456.182289	624832.4342	0.430559	1.94414	2.76865
1	80.65	722159.642	0	722159.642	1.6662	13.5333	15.9521
3	80.35	50000	50000	0	1.30579	-365.437	-7.12015
1	78.59	106394.9457	38763.05946	67631.8862	1.07113	6.49188	-4.14841
1	76.95	120192.1589	0	120192.1589	3.26039	0	0
1	76.81	223870.5	188416.2936	35454.2064	2.61275	0	0
2	76.65	6500	6500	0	1.44008	3.24018	9.22334
1	76.21	24640.62749	18231.52727	6409.100218	1.64736	21.6115	15.0028
1	75.72	0	0	0	0.890437	7.7688	11.7659
1	75.26	518760.4	55835	462925.4	0.848909	11.8357	14.1185
1	74.99	209496.3174	112167.3068	97329.01061	0.46834	5.90504	6.29776
2	74.98	56.380952	0	56.380952	4.77541	0	0
2	74.89	47581.42297	244.720896	47336.70208	2.55353	0	0
2	74.82	4516.120384	0	4516.120384	1.43306	8.30201	-0.306505
1	74.66	79342.90697	78637.32705	705.579915	2.57474	0	0
1	74.57	0	0	0	1.01255	20.8542	27.4637
1	72.11	20546.28352	20000	546.283521	1.0055	81.1885	99.1732
1	71.99	25261.41414	15000	10261.41414	1.03357	8.54059	18.1559
1	71.74	1102416.338	1054644.697	47771.64065	0.970389	5.76044	10.4406
1	71.24	16598265.2	6408027.039	10190238.16	1.10822	70.4338	72.5799

图 6.21 "特征提取.xlsx"文件中的数据内容（内容过多,仅展示部分）

下面我们针对"特征提取 1.xlsx"文件中的第 2~11 列,即第一大股东持股比例、全量金融资产、流动性金融资产、非流动性金融资产、流动比率、利息保障倍数、现金流利息保障倍数、加权平均净资产收益率、营业收入、净利润共 10 个变量开展线性判别分析。

2. 导入分析所需要的模块和函数

在进行分析之前,首先导入分析所需要的模块和函数,读取数据集并进行观察。在 Spyder 代码编辑区输入以下代码:

```
import numpy as np                # 导入 numpy 并简称为 np,用于常规数据处理操作
import pandas as pd               # 导入 pandas 并简称为 pd,用于常规数据处理操作
import matplotlib.pyplot as plt   # 导入 matplotlib.pyplot 并简称为 plt,用于图形绘制
import seaborn as sns             # 导入 seaborn 并简称为 sns,用于图形绘制
from sklearn.discriminant_analysis import LinearDiscriminantAnalysis  # 导入
LinearDiscriminantAnalysis,用于线性判别分析
from mpl_toolkits.mplot3d import Axes3D            # 导入 Axes3D,用于画 3D 图
from sklearn.datasets import make_classification  # 导入 make_classification,用于生成分类数
据集
from sklearn.decomposition import PCA             # 导入 PCA,用于主成分分析
```

3. 线性判别分析降维优势展示

前面提到线性判别分析不仅可以用来进行任务分类,还可以进行降维处理。由于线性判别分析降维的依据是贝叶斯规则,充分利用了既有分类信息,因此在降维时可以很好地保存样本特征和类别的信息关联。下面我们进行演示。

1）绘制三维数据的分布图

首先生成一组三维数据,并通过绘制图形的方式观察其特征。在 Spyder 代码编辑区输入以下代码:

```
    X, y = make_classification(n_samples=500, n_features=3, n_redundant=0, n_classes=3,
n_informative=2, n_clusters_per_class=1, class_sep=0.5, random_state=100)  # 生成 3 类三维特征的数
据，n_samples=500 表示样本个数为 500，n_features=3 表示总的特征数量为 3（是从有信息的数据点、冗余数据点、重复
数据点和特征点-有信息的点-冗余的点-重复点中随机选择的），n_redundant=0 表示冗余数据点为 0，n_informative=2 表
示有信息的数据点为 2，n_classes=3 表示类别或者标签数量为 3，n_clusters_per_class=1 表示每个 class 中
cluster 数量为 1，class_sep 表示因子乘以超立方体维数，random_state=100 表示设置随机数生成器使用的种子为 100
    plt.rcParams['axes.unicode_minus']=False          # 解决图表中负号不显示的问题
    fig = plt.figure()                                # 构建画布 fig
    ax = Axes3D(fig, rect=[0, 0, 1, 1], elev=20, azim=20)     # 在画布 fig 上绘制 3D 图形 ax，rect 是
位置参数，接收一个由 4 个元素组成的浮点数列表，形如[left, bottom, width, height]，表示添加到画布中的矩形区域
的左下角坐标(x, y)以及宽度和高度。elev 是绕 Y 轴旋转的角度，azim 是绕 Z 轴旋转的角度
    ax.scatter(X[:, 0], X[:, 1], X[:, 2], marker='o', c=y)   # marker='o'表示散点标志形状为圆圈
```

运行结果如图 6.22 所示。

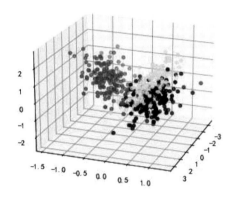

图 6.22   三维数据分布图

2）使用 PCA 进行降维

在 Spyder 代码编辑区输入以下代码：

```
pca = PCA(n_components=2)          # 构成主成分分析模型，提取主成分的个数为 2
pca.fit(X)                         # 基于 X 的数据调用 fit()方法进行拟合
print(pca.explained_variance_ratio_)  # 输出 PCA 提取的两个主成分所能解释的方差比例
```

运行结果为：[0.50105846 0.35125248]。

可以发现第一主成分能够解释的方差比例为 50.11%，第二主成分能够解释的方差比例为 35.12%，提取的两个主成分能够涵盖初始变量中的大部分信息。

```
print(pca.explained_variance_)  # 输出 PCA 提取的两个主成分的特征值
```

运行结果为：[0.99824572 0.69979117]。

```
X_new = pca.transform(X)  # 将数据集 X 进行主成分变换，得到 X_new
plt.scatter(X_new[:, 0], X_new[:, 1], marker='o', c=y)  # 绘制 X_new 中的第 1 列和第 2 列（其实就
是两个主成分）之间的散点图，散点标志为圆圈，颜色为黄色
plt.show()                      # 输出图形
```

运行结果如图 6.23 所示。

从图 6.23 中可以发现两点：一是 PCA 将原始的三维特征数据成功降维成了二维数据，在图形上直观的表现就是将立体化的数据展现到了一个平面上，横轴和纵轴分别是第一主成分和第二主成分，各个散点反映的是样本；二是 PCA 降维方法并未保留样本特征和类别的信息关联，体现

在各种类型的样本散点混合在一起。

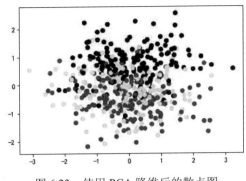

图 6.23 使用 PCA 降维后的散点图

3）使用 LDA 进行降维

在 Spyder 代码编辑区输入以下代码：

```
lda = LinearDiscriminantAnalysis()    # 构建 lda 模型
lda.fit(X, y))                        # 基于 X，y 的数据调用 fit()方法进行拟合
X_new = lda.transform(X)              # 将数据集 X 进行 lda 模型变换，得到 X_new
plt.scatter(X_new[:, 0], X_new[:, 1], marker='o', c=y)   # 绘制 X_new 中的第 1 列和第 2 列（其实就
是两个线性判元）之间的散点图，散点标志为圆圈，颜色为黄色
plt.show()                            # 输出图形
```

结果如图 6.24 所示，降维后样本特征信息之间的关系得以保留。

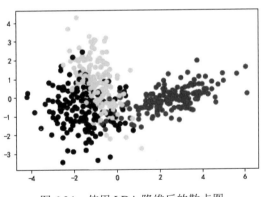

图 6.24 使用 LDA 降维后的散点图

从图 6.24 中可以发现两点：一是 LDA 将原始的三维特征数据成功降维成二维数据，在图形上的直观表现就是将立体化的数据展现到了一个平面上，横轴和纵轴分别是第一线性判元和第二线性判元，各个散点反映的是样本；二是 LDA 分析降维方法充分保留了样本特征和类别的信息关联，体现在各种类型的样本散点并未混合在一起，而是有着较为清晰的边界。

4. 数据读取及观察

首先需要将本书提供的数据文件放入安装 Python 的默认路径位置，并从相应位置进行读取。在 Spyder 代码编辑区输入以下代码：

```
data=pd.read_excel('C:/Users/Administrator/.spyder-py3/特征提取 1.xlsx')    # 读取数据文件
"特征提取 1.xlsx"
```

注意，因用户的具体安装路径不同，设计路径的代码会有差异。成功载入后，"变量浏览器"窗口如图 6.25 所示。

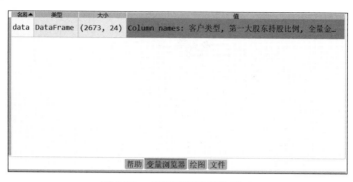

图 6.25　"变量浏览器"窗口

```
data.info()                # 观察数据信息
```

运行结果如图 6.26 所示。数据集中共有 2673 个样本（2673 entries, 0 to 2672）、24 个变量（total 24 columns），所有变量均包含 2673 个非缺失值（2673 non-null），其中客户类型的数据类型为整型（int64），其他变量的数据类型均为浮点型（float64）；数据文件中共有 23 个浮点型（float64）变量、1 个整型（int64）变量，数据占用的内存为 501.3KB。

```
<class 'pandas.core.frame.DataFrame'>
RangeIndex: 2673 entries, 0 to 2672
Data columns (total 24 columns):
 #   Column          Non-Null Count  Dtype
---  ------          --------------  -----
 0   客户类型          2673 non-null   int64
 1   第一大股东持股比例    2673 non-null   float64
 2   全量金融资产        2673 non-null   float64
 3   流动性金融资产       2673 non-null   float64
 4   非流动性金融资产      2673 non-null   float64
 5   流动比率          2673 non-null   float64
 6   利息保障倍数        2673 non-null   float64
 7   现金流利息保障倍数     2673 non-null   float64
 8   加权平均净资产收益率    2673 non-null   float64
 9   营业收入          2673 non-null   float64
 10  净利润           2673 non-null   float64
 11  现金流到期债务保障倍数   2673 non-null   float64
 12  长期借款与总资产比     2673 non-null   float64
 13  权益乘数          2673 non-null   float64
 14  流动负债比率        2673 non-null   float64
 15  经营负债比率        2673 non-null   float64
 16  金融负债比率        2673 non-null   float64
 17  非流动负债比率       2673 non-null   float64
 18  应收账款周转率       2673 non-null   float64
 19  财务费用率         2673 non-null   float64
 20  短期借款          2673 non-null   float64
 21  长期借款          2673 non-null   float64
 22  一年内到期的非流动负债   2673 non-null   float64
 23  银行借款          2673 non-null   float64
dtypes: float64(23), int64(1)
memory usage: 501.3 KB
```

图 6.26　数据信息

```
len(data.columns)          # 列出数据集中变量的数量
```

运行结果为：24。

```
data.columns       # 列出数据集中的变量
```

运行结果为：Index(['客户类型', '第一大股东持股比例', '全量金融资产', '流动性金融资产', '非流动性金融资产', '流动比率', '利息保障倍数','现金流利息保障倍数', '加权平均净资产收益率', '营业收入', '净利润', '现金流到期债务保障倍数', '长期借款与总资产比','权益乘数', '流动负债比率', '经营负债比率', '金融负债比率', '非流动负债比率', '应收账款周转率', '财务费用率','短期借款', '长期借款', '一年内到期的非流动负债', '银行借款'],dtype='object')。与前面的结果一致。

```
data.shape          # 列出数据集的形状
```

运行结果为：(2673, 24)，也就是 2673 行 24 列，数据集中共有 2673 个样本，24 个变量。

```
data.dtypes         # 列出数据集中各个变量的数据类型
```

运行结果如图 6.27 所示，与前面的结果一致。

```
客户类型               int64
第一大股东持股比例        float64
全量金融资产            float64
流动性金融资产           float64
非流动性金融资产          float64
流动比率              float64
利息保障倍数            float64
现金流利息保障倍数         float64
加权平均净资产收益率        float64
营业收入              float64
净利润               float64
现金流到期债务保障倍数       float64
长期借款与总资产比         float64
权益乘数              float64
流动负债比率            float64
经营负债比率            float64
金融负债比率            float64
非流动负债比率           float64
应收账款周转率           float64
财务费用率             float64
短期借款              float64
长期借款              float64
一年内到期的非流动负债       float64
银行借款              float64
dtype: object
```

图 6.27　数据集中各个变量的数据类型

```
data.isnull().values.any()     # 检查数据集是否有缺失值
```

运行结果为：False。没有缺失值。

```
data.isnull().sum()            # 逐个变量检查数据集是否有缺失值
```

运行结果如图 6.28 所示，没有缺失值。

```
客户类型               0
第一大股东持股比例        0
全量金融资产            0
流动性金融资产           0
非流动性金融资产          0
流动比率              0
利息保障倍数            0
现金流利息保障倍数         0
加权平均净资产收益率        0
营业收入              0
净利润               0
现金流到期债务保障倍数       0
长期借款与总资产比         0
权益乘数              0
流动负债比率            0
经营负债比率            0
金融负债比率            0
非流动负债比率           0
应收账款周转率           0
财务费用率             0
短期借款              0
长期借款              0
一年内到期的非流动负债       0
银行借款              0
dtype: int64
```

图 6.28　逐个变量检查数据集是否有缺失值

```
    pd.set_option('display.max_rows', None)          # 显示完整的行，如果不运行该代码，那么分析结果的行
可能会显示不全，中间有省略号
    pd.set_option('display.max_columns', None)       # 显示完整的列，如果不运行该代码，那么分析结果的列
可能会显示不全，中间有省略号
    data.head()                                       # 列出数据集中的前 5 个样本
```

运行结果如图 6.29 所示。

图 6.29　数据集中的前 5 个样本

```
    data['客户类型'].value_counts()     # 列出数据集中变量"客户类型"取值的计数情况
```

运行结果如图 6.30 所示。"客户类型"取"1"时表示"积极增长类"，样本个数为 1111 个；取"2"时表示"维持份额类"，样本个数为 1044 个；取"3"时表示"压缩退出类"，样本个数为 518 个。

图 6.30　V1 变量"客户类型"取值的计数情况

```
    data['客户类型'].value_counts(normalize=True)     # 列出数据集中变量"客户类型"取值的占比情况
```

运行结果如图 6.31 所示。"积极增长类"客户占比为 0.415638，"维持份额类"客户占比为 0.390572，"压缩退出类"客户占比为 0.193790。

图 6.31　变量"客户类型"取值的占比情况

5. 模型估计及性能分析

在 Spyder 代码编辑区输入以下代码：

```
X = data.iloc[:,1:11]      # 设置分析所需要的特征变量
y = data.iloc[:,0]         # 设置响应变量
```

```
model = LinearDiscriminantAnalysis()          # 使用线性判别分析算法
model.fit(X, y)                                # 调用 fit() 方法进行拟合
model.score(X, y)                              # 计算模型预测准确率
```

运行结果为：0.7384960718294051，说明模型预测的准确率约为 73.85%。

```
model.priors_                                  # 输出样本观测值的先验概率
```

运行结果为：array([0.41563786, 0.39057239, 0.19378975])。

先验概率是指基于既有样本分类计算的分布概率，"积极增长类"客户的先验概率为 41.56%，"维持份额类"客户的先验概率为 39.06%，"压缩退出类"客户的先验概率为 19.38%。

```
np.set_printoptions(suppress=True)             # 不以科学记数法显示，而是直接显示数字
model.means_                                   # 输出每个类别每个特征变量的分组平均值
```

运行结果如图 6.32 所示。

```
array([[      34.28315995,    181028.41599334,      66980.63184037,
          114047.78415297,         2.13651157,         40.29150721,
               34.25519228,        15.64012016,    1724348.43573357,
           139196.67459046],
       [      30.6351273 ,     23369.11169673,      10786.00943069,
           12583.10226604,         2.5533439 ,        14.99479792,
               13.34305674,         5.63280259,     231605.06653257,
            10265.97468008],
       [      28.03191178,     31363.63933588,       9766.05757048,
           21597.58176541,         1.86827109,        -14.92251306,
                6.52253809,       -17.64496544,    1752916.00916988,
         -1521324.42315541]])
```

图 6.32　每个类别每个特征变量的分组平均值

"积极增长类"客户中，第一大股东持股比例、全量金融资产、流动性金融资产、非流动性金融资产、流动比率、利息保障倍数、现金流利息保障倍数、加权平均净资产收益率、营业收入、净利润共 10 个变量的均值分别为 [34.28315995,181028.41599334,66980.63184037,　114047.78415297,2.13651157,40.29150721,34.25519228,15.64012016,1724348.43573357,139196.67459046]。

"维持份额类"客户中，第一大股东持股比例、全量金融资产、流动性金融资产、非流动性金融资产、流动比率、利息保障倍数、现金流利息保障倍数、加权平均净资产收益率、营业收入、净利润共 10 个变量的均值分别为[30.6351273,23369.11169673,10786.00943069,12583.10226604,2.5533439,14.99479792,13.34305674,5.63280259,231605.06653257,10265.97468008]。

"压缩退出类"客户中，第一大股东持股比例、全量金融资产、流动性金融资产、非流动性金融资产、流动比率、利息保障倍数、现金流利息保障倍数、加权平均净资产收益率、营业收入、净利润共 10 个变量的均值分别为[28.03191178,31363.63933588,9766.05757048,21597.58176541,1.86827109,-14.92251306,6.52253809,-17.64496544,1752916.00916988,-1521324.42315541]。

```
model.coef_                                    # 输出分类函数系数
```

运行结果如图 6.33 所示。

```
array([[ 0.00972651,  0.00000001,  0.00000017, -0.00000001, -0.04108259,
         0.00025435,  0.0001306 ,  0.04929576,  0.00000009,  0.00000008],
       [-0.00398984, -0.00000001, -0.00000014,  0.00000001,  0.06314383,
         0.00018927, -0.00053927,  0.00106864, -0.00000006, -0.00000006],
       [-0.01281999, -0.00000001, -0.00000009,  0.00000001, -0.03914942,
        -0.00092699,  0.00080676, -0.10788272, -0.00000006, -0.00000006]])
```

图 6.33　分类函数系数

```
model.intercept_                      # 输出模型截距项
```

运行结果为：array([-1.76299812, -0.92906064, -1.81610527])。

基于模型系数和常数项，我们可以写出线性分类函数方程，有多少个分类就有多少个线性分类函数。

- "积极增长类"客户：Y=0.00972651×第一大股东持股比例+0.00000001×全量金融资产+0.00000017×流动性金融资产-0.00000001×非流动性金融资产-0.04108259×流动比率+0.00025435×利息保障倍数+0.0001306×现金流利息保障倍数+0.04929576×加权平均净资产收益率+0.00000009×营业收入+0.00000008×净利润。

- "维持份额类"客户：Y=-0.00398984×第一大股东持股比例-0.00000001×全量金融资产-0.00000014×流动性金融资产+0.00000001×非流动性金融资产+0.06314383×流动比率+0.00018927×利息保障倍数-0.00053927×现金流利息保障倍数+0.00106864×加权平均净资产收益率-0.00000006×营业收入-0.00000006×净利润。

- "压缩退出类"客户：Y=-0.01281999×第一大股东持股比例-0.00000001×全量金融资产-0.00000009×流动性金融资产+0.00000001×非流动性金融资产-0.03914942×流动比率-0.00092699×利息保障倍数+0.00080676×现金流利息保障倍数-0.10788272×加权平均净资产收益率-0.00000006×营业收入-0.00000006×净利润。

```
model.explained_variance_ratio_       # 输出可解释组间方差比例
```

运行结果为：array([0.94320328, 0.05679672])。第一线性判元的可解释组间方差比例为0.94320328，第二线性判元可解释方差组间比例为0.05679672，或者说，第一线性判元对于样本类别的区分度很高。

```
model.scalings_        # 输出线性判别系数（注意"线性判别系数"不同于前面所提的"分类函数系数"）
```

运行结果如图6.34所示。

```
array([[ 0.00957596,   0.01382791],
       [ 0.00000001,   0.00000003],
       [ 0.00000011,   0.0000005 ],
       [-0.00000001, -0.00000004],
       [-0.0026224 , -0.23768073],
       [ 0.00049031, -0.00077545],
       [-0.00026828,   0.00206664],
       [ 0.06592845, -0.01236739],
       [ 0.00000006,   0.00000022],
       [ 0.00000006,   0.0000002 ]])
```

图 6.34 线性判别系数

线性判别系数即线性判元对于特征变量的载荷，也是原理讲解部分提到的权重系数 w，其中第一线性判元在第一大股东持股比例、全量金融资产、流动性金融资产、非流动性金融资产、流动比率、利息保障倍数、现金流利息保障倍数、加权平均净资产收益率、营业收入、净利润共 10 个变量上的载荷分别为 0.00957596、0.00000001、0.00000011、-0.00000001、-0.0026224、

0.00049031、−0.00026828、0.06592845、0.00000006、0.00000006，即运行结果的第 1 列；第二线
性判元在第一大股东持股比例、全量金融资产、流动性金融资产、非流动性金融资产、流动比率、
利息保障倍数、现金流利息保障倍数、加权平均净资产收益率、营业收入、净利润共 10 个变量上
的载荷分别为 0.01382791、0.00000003、0.0000005、−0.00000004、−0.23768073、−0.00077545、
0.00206664、−0.01236739、0.00000022、0.0000002，即运行结果的第 2 列。

```
lda_scores = model.fit(X, y).transform(X)    # 本代码的含义是计算样本的线性判别得分
lda_scores.shape                             # 观察样本线性判别得分的形状
```

运行结果为：(2673, 2)，即 2673 个样本在 2 个线性判元上的线性判别得分

```
lda_scores[:5, :]                            # 展示前 5 个样本的线性判别得分情况
```

运行结果如图 6.35 所示。

```
array([[0.65619429, 0.76497591],
       [1.9717634 , 0.68323376],
       [0.84684423, 0.99937567],
       [1.65430566, 0.32581221],
       [0.302577  , 0.97280515]])
```

图 6.35　前 5 个样本的线性判别得分情况

上述代码也可简写为：

```
print(LinearDiscriminantAnalysis(n_components=2).fit_transform(X,y))
```

运行结果如图 6.36 所示。

```
[[ 0.65619429  0.76497591]
 [ 1.9717634   0.68323376]
 [ 0.84684423  0.99937567]
 ...
 [ 0.98191742  1.39060029]
 [-0.62205068 -0.41304853]
 [-0.38241794 -0.54397635]]
```

图 6.36　样本的线性判别得分情况

```
LDA_scores = pd.DataFrame(lda_scores, columns=['LD1', 'LD2'])    # 本代码的含义是将
lda_scores 转换成数据框形式
LDA_scores['客户类型'] = data['客户类型']    # 在上一步生成的 LDA_scores 中加上响应变量"客户类型"
LDA_scores.head()    # 展示前 5 个样本的线性判别得分与实际分类对应情况
```

运行结果如图 6.37 所示。

	LD1	LD2	客户类型
0	0.656194	0.764976	2
1	1.971763	0.683234	1
2	0.846844	0.999376	1
3	1.654306	0.325812	1
4	0.302577	0.972805	2

图 6.37　前 5 个样本的线性判别得分与实际分类对应情况

```
d = {1: '积极增长类', 2: '维持份额类', 3: '压缩退出类'}    # 创建一个字典 d，键-值对分别是 1: '积极
增长类', 2: '维持份额类', 3: '压缩退出类'
LDA_scores['客户类型'] = LDA_scores['客户类型'].map(d)    # 将 LDA_scores 中的"客户类型"列用字
典 d 进行映射
LDA_scores.head()                                        # 展示前 5 个样本的 LDA_scores
```

运行结果如图 6.38 所示。

	LD1	LD2	客户类型
0	0.656194	0.764976	维持份额类
1	1.971763	0.683234	积极增长类
2	0.846844	0.999376	积极增长类
3	1.654306	0.325812	积极增长类
4	0.302577	0.972805	维持份额类

图 6.38   前 5 个样本的 LDA_scores

```
plt.rcParams['axes.unicode_minus']=False          # 解决图表中负号不显示的问题
plt.rcParams['font.sans-serif'] = ['SimHei']      # 解决图表中的中文显示问题
sns.scatterplot(x='LD1', y='LD2', data=LDA_scores, hue='客户类型')        # 本命令的含义是使用
LDA_scores 数据以第一线性判元为 X 轴、以第二线性判元为 Y 轴绘制散点图，分类标准为网点类型
```

运行结果如图 6.39 所示。从图中可以非常直观地看出，第一线性判元（X 轴 LD1）可以有效地将样本按照客户类型分类为积极增长类、维持份额类和压缩退出类，其中积极增长类在 LD1 上的数值最大，维持份额类居中，压缩退出类最小。但是第二线性判元（Y 轴 LD2）则在分类方面的贡献很小，体现在不同类型样本的 LD2 值都非常接近，或者说样本在纵轴上的区分度不高。

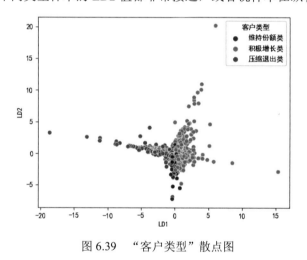

图 6.39   "客户类型"散点图

6.3 习   题

 下载资源:\sample\第 6 章\特征提取.xlsx、特征提取 1.xlsx

1. 简述主成分分析的基本原理。
2. 简述线性判别分析的基本原理。
3. 以"特征提取.xlsx"文件中的数据为例进行主成分分析，针对"特征提取.xlsx"文件中的 23 个指标（第一大股东持股比例、全量金融资产、流动性金融资产、非流动性金融资产、流动比率、利息保障倍数、现金流利息保障倍数、现金流到期债务保障倍数、长期借款与总资产比、权益乘数、加权平均净资产收益率、流动负债比率、经营负债比率、金融负债比率、非流动负债比

率、应收账款周转率、财务费用率、短期借款、长期借款、一年内到期的非流动负债、银行借款、营业收入、净利润）开展主成分分析。

（1）导入分析所需要的模块和函数。

（2）变量设置及数据处理。

（3）特征变量相关性分析。

（4）主成分提取及特征值、方差贡献率计算。

（5）绘制碎石图观察各主成分特征值。

（6）绘制碎石图观察各主成分方差贡献率。

（7）绘制碎石图观察主成分累积方差贡献率。

（8）计算样本的主成分得分。

（9）输出特征向量矩阵，观察主成分载荷。

4. 以"特征提取 1.xlsx"文件中的数据为例进行线性判别分析，针对"特征提取 1.xlsx"文件，以变量"客户类型"作为响应变量，以其他 23 个变量作为特征变量，实现有监督降维。其他 23 个变量包括第一大股东持股比例、全量金融资产、流动性金融资产、非流动性金融资产、流动比率、利息保障倍数、现金流利息保障倍数、现金流到期债务保障倍数、长期借款与总资产比、权益乘数、加权平均净资产收益率、流动负债比率、经营负债比率、金融负债比率、非流动负债比率、应收账款周转率、财务费用率、短期借款、长期借款、一年内到期的非流动负债、银行借款、营业收入、净利润。

（1）导入分析所需要的模块和函数。

（2）数据读取及观察。

（3）模型估计及性能分析。

第 **7** 章

数据可视化

　　数据可视化是指将数据内部结构或数据分析结果以图形化的形式直观地表达出来。数据可视化在数据分析或机器学习中的地位非常重要：一方面，数据可视化本身就是数据分析的重要方法和实现途径之一，针对一些相对比较简单的、无须深度挖掘的数据分析项目，通常通过使用图形绘制、可视化表达的方式即可完成；另一方面，数据可视化是数据分析或机器学习结果展示的重要途径，通过数据可视化可以更好地将结果表达出来，让分析结果的使用者更容易理解和传达，并据此做出相应的决策。本章介绍常用的数据可视化，涉及图形的绘制，包括四象限图、热力图、直方图、条形图、核密度图、正态 QQ 图、散点图、线图（含时间序列趋势图）、双纵轴线图、回归拟合图、箱图、小提琴图、联合分布图、雷达图、饼图等。

7.1　四　象　限　图

7.1.1　四象限图简介

　　四象限图是一种针对二维数据（x，y）的平面图形。二维数据（x，y）的两个维度垂直交叉在一起，分别构成四象限图的 X 轴及 Y 轴。两个维度所有样本的均值（即 x 的均值和 y 的均值）可以作为分界线，把整个平面区域划分为四个区域象限，然后按照每个样本（x，y）实际值的大小，将每个样本映射到具体的区间，从而实现样本的简单四分类。针对每个类别的样本还可以进行深入研究，提出有针对性的策略和建议。

　　四象限图在商业经营管理应用实践中应用非常广泛，比如在商业银行对公客户经营效益评价方面，常用 EVA（经济增加值，或称为风险调整后收益）和 RAROC（风险调整后的资本回报率）两个维度来进行评价，我们就可以将 EVA 和 RAROC 分别作为 X 轴及 Y 轴，绘制四象限图，将客户有效分类为"低 EVA-低 RAROC""高 EVA-低 RAROC""低 EVA-高 RAROC""高 EVA-高 RAROC"4 类，针对每一类客户分别采取差异化的维护策略。例如"高 EVA-低 RAROC"本质上反映的是客户的整体效益水平较高，但资本利用效率相对不足，需要进一步提升定价水平或减少资本占用等；"低 EVA-高 RAROC"本质上反映的是针对该类客户的资本利用效率较高但整体效益水平相对不足的情况，需要进一步加大对客户营销力度，鼓励客户办理更多的业务等。

需要注意的是，四象限图中以所有样本的 x 均值和 y 均值作为分界线仅仅是一种习惯性做法或统计性做法，读者完全可以根据实际研究问题的具体情况，合理设置分界线，比如以 x=0 和 y=0 作为分界线，以 x=达标目标值和 y=达标目标值作为分界线，等等。

7.1.2　案例数据介绍

本节我们用于绘制四象限图的数据文件是"客户规模及利润贡献增长率数据.xlsx"。案例数据是某公司 2022 年 31 个省市分店客户群规模增长率和客户利润贡献增长率的数据，如表 7.1 所示。

表 7.1　某公司 2022 年 31 个省市分店客户群规模及利润贡献增长率数据

地区	客户群规模增长率	客户利润贡献增长率
西藏	0.0959	0.0020
青海	0.0793	0.0029
宁夏	0.0964	0.0048
吉林	0.0366	0.0055
海南	0.0868	0.0060
黑龙江	0.0525	0.0092
甘肃	0.0883	0.0099
天津	0.0555	0.0099
贵州	0.0819	0.0168
新疆	0.0971	0.0169
辽宁	0.0596	0.0187
内蒙古	0.0922	0.0212
广西	0.0813	0.0219
重庆	0.0774	0.0233
云南	0.0939	0.0269
山西	0.1210	0.0287
陕西	0.0882	0.0290
北京	0.0685	0.0301
河北	0.0670	0.0301
上海	0.0628	0.0301
江西	0.0968	0.0305
湖南	0.0755	0.0381
安徽	0.0904	0.0413

（续表）

地区	客户群规模增长率	客户利润贡献增长率
河南	0.0648	0.0424
湖北	0.0761	0.0424
四川	0.0841	0.0484
福建	0.0943	0.0495
山东	0.0677	0.0627
浙江	0.0820	0.0650
江苏	0.0743	0.0950
广东	0.0710	0.0962

我们需要将 31 个省市分店按照"客户群规模增长率"和"客户利润贡献增长率"两个变量划分为 4 个类别。针对"客户群规模增长率"和"客户利润贡献增长率"的不同组合实施差异化的资源倾斜与政策指导策略，以期进一步提升经营管理效能，创造出更多价值回报。具体策略组合情况如表 7.2 所示。

表 7.2　不同类别公司资源倾斜与政策指导策略

维度	客户利润贡献增长率低	客户利润贡献增长率高
客户群规模增长率高	加强指导类分店	重点扶持类分店
客户群规模增长率低	择机处理类分店	推动开拓类分店

具体说明如下：

（1）把客户群规模增长率高、客户利润贡献增长率高的分店分类为重点扶持类分店。

这些分店处于非常优秀的状态，一方面客户群规模增长率高，说明该分店在积极增长，发展潜力较大；另一方面客户利润贡献增长率高，说明该分店在经营管理方面做得较为精细，能够及时将客户群规模增长带来的优势转化为实实在在的利润贡献，创造价值的能力较强。针对这一类分店，可以采用重点扶持的策略，将更多的人力、物力、财力资源配置到这些分店，将更多的优惠政策倾斜到这些分店。

（2）把客户群规模增长率低、客户利润贡献增长率低的分店分类为择机处理类分店。

这些分店处于非常薄弱的状态，一方面客户群规模增长率低，说明该分店增长受阻，发展潜力较小；另一方面客户利润贡献增长率低，说明该分店在经营管理方面做得较为粗放，无法产生出实实在在的利润贡献，创造价值的能力较差。针对这一类分店，可以采用择机处理的策略，将更多的人力、物力、财力资源转移到其他分店，将更多的优惠政策倾斜到其他分店。

（3）把客户群规模增长率高、客户利润贡献增长率低的分店分类为加强指导类分店。

这些分店处于较为尴尬的状态，一方面客户群规模增长率高，说明该分店在积极增长，发展潜力较大；但另一方面客户利润贡献增长率低，说明该分店在经营管理方面做得较为粗放，没有能够及时将客户群规模增长带来的优势转化为实实在在的利润贡献，创造价值的能力较差。针对这一类分店，可以采用加强指导的策略，指导它实现更加精细化的经营管理，创造出更多的利润贡献。

（4）把客户群规模增长率低、客户利润贡献增长率高的分店分类为推动开拓类分店。

这些分店处于较为保守的状态，一方面客户群规模增长率低，说明该分店没有实现积极增长，没有展现出发展潜力；但另一方面客户利润贡献增长率高，说明该分店在经营管理方面做得较为精细，创造价值的能力较强。针对这一类分店，可以采用推动开拓的策略，推动这些分店积极加强营销，改变过于保守的策略打法，不断实现做大做强。

7.1.3　Python 代码示例

绘制四象限图的 Python 代码示例如下：

```
import matplotlib.pyplot as plt   # 导入 matplotlib.pyplot 并简称为 plt，用于图形绘制
import pandas as pd               # 导入 pandas 并简称为 pd，用于数据处理
import seaborn as sns             # 导入 seaborn 并简称为 sns，用于图形绘制。seaborn 是 Python 中的
一个可视化库，是对 matplotlib 进行二次封装而成，对 pandas 和 numpy 数据类型支持良好
    data=pd.read_excel('C:/Users/Administrator/.spyder-py3/客户规模及利润贡献增长率数据.xlsx')
    # 读取数据文件"客户规模及利润贡献增长率数据.xlsx"，并命名为 data
```

1. 四象限图的分界线为均值

以下为绘图代码（**注意需同时选中并整体运行**）：

```
plt.rcParams['font.sans-serif'] = ['SimHei']    # 解决图表中的中文显示问题
plt.figure(figsize=(11, 8))                     # 设置图形大小
x, y = data['客户群规模增长率'], data['客户利润贡献增长率']    # 设置 X 轴及 Y 轴数据来源，分别为 data 数
据文件中的"客户群规模增长率"与"客户利润贡献增长率"
label = data['地区']                            # 设置标记选项数据来源，为 data 数据文件中的"地区"
plt.scatter(x, y)                               # 绘制 x，y 的散点图，选项为默认选项
plt.xlabel('客户群规模增长率'); plt.ylabel('客户利润贡献增长率')    # 将 X 轴及 Y 轴标签分别设置为"客户
群规模增长率"与"客户利润贡献增长率"
for a,b,l in zip(x,y,label):                    # 使用 zip 拉链函数将前面设置的 x,y,label 进行组合
    plt.tight_layout()                          # 自动调整标签大小
    plt.text(a, b,'%s.' % l, ha='center', va='bottom',rotation=10,fontsize=16)    # 对散点图中
的每一个点进行文字标注
plt.vlines(x=data['客户群规模增长率'].mean(), ymin=data['客户利润贡献增长率'].min(),
ymax=data['客户利润贡献增长率'].max(),colors='red', linewidth=3)    # 添加特定垂直分割线，在变量"客户
群规模增长率"的均值处开始画，线的颜色是红色，宽度为 3
plt.hlines(y=data['客户利润贡献增长率'].mean(), xmin=data['客户群规模增长率'].min(),
xmax=data['客户群规模增长率'].max(),colors='red', linewidth=3)      # 添加特定水平割线，在变量"客户利
润贡献增长率"的均值处开始画，线的颜色是红色，宽度为 3
```

运行结果如图 7.1 所示。

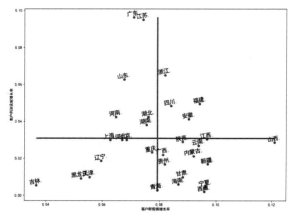

图 7.1　客户群规模及利润贡献增长率四象限图 1

可以发现该公司在 31 个省市的分店被分到了四个象限，比如浙江、四川、福建、安徽等省市的分店被列入第一象限，即分店的客户群规模增长率高、客户利润贡献增长率高，分类为重点扶持类分店；吉林、黑龙江、天津、辽宁等省市的分店被列入第四象限，即分店的客户群规模增长率低、客户利润贡献增长率低，分类为择机处理类分店；广东、江苏、山东、河南等省市的分店被列入第二象限，即分店的客户群规模增长率低、客户利润贡献增长率高，分类为推动开拓类分店；宁夏、西藏、甘肃、海南等省市的分店被列入第四象限，即分店的客户群规模增长率高、客户利润贡献增长率低，分类为加强指导类分店。该公司可以因地制宜采取合适的经营管理策略。

注　意

运行结果需要到 Spyder 的"绘图"窗口查看，而不像其他代码的结果那样直接在"IPython 控制台"中展示。对于绘制的图形可以通过右键快捷菜单进行复制或者保存在计算机上；也可以在 Spyder 中进行设置，生成独立的图形，操作方式为在 Spyder 的菜单栏中依次选择"工具|偏好|IPython 控制台|绘图|图形的后端|Qt5"，如图 7.2 所示。

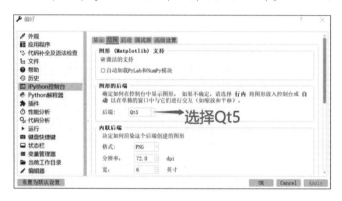

图 7.2　"偏好"对话框

所有图形化展示的结果均是如此，后续不再赘述。

---

2. 四象限图的分界线为固定值

图 7.1 中绘制的两条分界线是客户群规模增长率、客户利润贡献增长率两个变量的均值（**x=data['客户群规模增长率'].mean()；y=data['客户利润贡献增长率'].mean()**）。不难看出，图中有很多店处于临界值附近，比如上海、河北、北京的客户利润贡献增长率，以及青海的客户群规模增长率等。事实上，我们完全可以根据实际研究问题的具体情况，合理设置分界线，比如以 x=0.08 和 y=0.035 作为分界线，Python 代码示例如下（**注意这些代码需同时选中并整体运行**）：

```
plt.rcParams['font.sans-serif'] = ['SimHei']   # 解决图表中的中文显示问题
plt.figure(figsize=(11, 8))                     # 设置图形大小
x, y = data['客户群规模增长率'], data['客户利润贡献增长率']# 设置 X 轴及 Y 轴数据来源，分别为 data 数据
文件中的"客户群规模增长率"与"客户利润贡献增长率"
label = data['地区']                            # 设置标记选项数据来源，为 data 数据文件中的"地区"
plt.scatter(x, y)                               # 绘制 x，y 的散点图，选项为默认选项
plt.xlabel('客户群规模增长率'); plt.ylabel('客户利润贡献增长率')   # 将 X 轴及 Y 轴标签分别设置为"客户
群规模增长率"与"客户利润贡献增长率"
for a,b,l in zip(x,y,label):                    # 使用 zip 拉链函数将前面设置的 x,y,label 进行组合
    plt.tight_layout()                          # 自动调整标签大小
```

```
    plt.text(a, b,'%s.' % l, ha='center', va='bottom',rotation=10,fontsize=16)   # 对散点图中
的每一个点进行文字标注
    plt.vlines(x=0.08, ymin=data['客户利润贡献增长率'].min(), ymax=data['客户利润贡献增长率
'].max(),colors='red', linewidth=3)                 # 添加特定垂直分割线，在变量"客户群规模增长率"取值为
0.08 处开始画，线的颜色是红色，宽度为 3
    plt.hlines(y=0.035, xmin=data['客户群规模增长率'].min(), xmax=data['客户群规模增长率
'].max(),colors='red', linewidth=3)                 # 添加特定水平割线，在变量"客户利润贡献增长率"取值为
0.035 处开始画，线的颜色是红色，宽度为 3
```

运行结果如图 7.3 所示。可以发现经过处理后，该公司在 31 个省市的分店分类更加清晰。

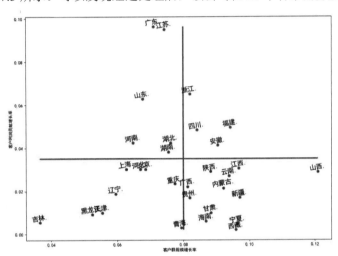

图 7.3　客户群规模及利润贡献增长率四象限图 2

3. 设置四象限图背景网格，隐去四周的边框线条

此外，我们还可以设置四象限图的展现格式，比如添加背景网格、隐去四周的边框线条等。
Python 代码示例如下（**注意这些代码需同时选中并整体运行**）：

```
    plt.rcParams['font.sans-serif'] = ['SimHei']    # 解决图表中的中文显示问题
    plt.figure(figsize=(11, 8))                     # 设置图形大小
    x, y = data['客户群规模增长率'], data['客户利润贡献增长率']    # 设置 X 轴及 Y 轴数据来源，分别为 data 数
据文件中的"客户群规模增长率"与"客户利润贡献增长率"
    label = data['地区']                             # 设置标记选项数据来源，为 data 数据文件中的"地区"
    plt.scatter(x, y)                               # 绘制 x，y 的散点图，选项为默认选项
    plt.xlabel('客户群规模增长率'); plt.ylabel('客户利润贡献增长率')# 将 X 轴及 Y 轴标签分别设置为"客户群
规模增长率"与"客户利润贡献增长率"
    for a,b,l in zip(x,y,label):                    # 使用 zip 拉链函数将前面设置的 x,y,label 进行组合
        plt.tight_layout()                          # 自动调整标签大小
        plt.text(a, b,'%s.' % l, ha='center', va='bottom',rotation=10,fontsize=16)   # 对散点图中
的每一个点进行文字标注
    plt.vlines(x=0.08, ymin=data['客户利润贡献增长率'].min(), ymax=data['客户利润贡献增长率
'].max(),colors='red', linewidth=3)                 # 添加特定垂直分割线，在变量"客户群规模增长率"取值为
0.08 处开始画，线的颜色是红色，宽度为 3
    plt.hlines(y=0.035, xmin=data['客户群规模增长率'].min(), xmax=data['客户群规模增长率
'].max(),colors='red', linewidth=3)                 # 添加特定水平割线，在变量"客户利润贡献增长率"取值为 0.035
处开始画，线的颜色是红色，宽度为 3
    plt.grid(True)                                  # 设置背景网格
    sns.despine(trim=True, left=True, bottom=True)  # 用于隐去四周的边框线条
```

运行结果如图 7.4 所示。

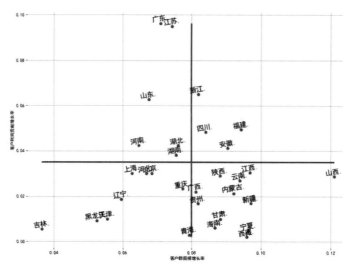

图 7.4   客户规模及利润贡献增长率四象限图 3

7.2　热　力　图

	下载资源：可扫描旁边二维码观看或下载教学视频
	下载资源:\源代码\第 7 章　数据可视化.py
	下载资源:\sample\第 7 章\客户规模及利润贡献增长率数据.xlsx

7.2.1　热力图简介

热力图是某种事物密集度的图形化显示，是展示差异的一种非常直观的方法。热力图一般分为两部分，左侧是事物密集度展示，数据值在图形中以颜色的深浅来表示数量的多少或大小；右侧是颜色带，也叫图例说明，代表了数值到颜色的映射，数值由小到大对应颜色由浅到深（也有时候是由深到浅）。从热力图中可以快速找到最大值与最小值所在的位置。

绘制热力图一般会用到 **heatmap()** 函数，其基本语法格式为：

```
heatmap(*args, data, vmin=None, vmax=None, cmap=None, center=None, robust=False,
annot=None, fmt=".2g", annot_kws=None, linewidths=0, linecolor="white", cbar=True,
cbar_kws=None, cbar_ax=None, square=False, xticklabels="auto", yticklabels="auto", mask=None,
ax=None, **kwargs)
```

函数中常用的参数说明如下：

- **data**：设置用于绘制热力图的数据集，可以使用 numpy 模块的数组，也可以使用 pandas 模块的数据框，如果是数据框，那么数据框中的索引和列信息会分别对应到 heatmap 的列和行。

- **vmin**：用于指定热力图中最小值的显示值。当数据要求低于下限值，均按下限值处理时，会用到该选项。
- **vmax**：用于指定热力图中最大值的显示值。当数据要求高于上限值，均按上限值处理时，会用到该选项。
- **cmap**：即 colormap 对象，用于指定热力图的填充色。
- **center**：指定颜色中心值，通过该参数可以调整热力图的颜色深浅。
- **annot**：指定一个 bool 类型的值或与 data 参数形状一样的数组，如果为 bool 类型的值为 True，则表示在热力图的每个单元上显示数值。
- **fmt**：指定热力图单元格中数据的显示格式。
- **annot_kws**：当 annot 选择为 True 时，可通过该选项设置单元格中数值标签的大小、颜色、加粗、斜体字等。
- **linewidths**：指定热力图中每个单元格的边框宽度。
- **linecolor**：指定热力图中每个单元格的边框颜色。
- **cbar**：bool 类型参数，指定热力图中是否用颜色条作为图例，默认为 True。
- **cbar_kws**：热力图中有关颜色条的其他属性描述。
- **square**：bool 类型参数，是否使热力图的每个单元格为正方形，默认为 False。
- **xticklabels, yticklabels**：指定热力图 X 轴和 Y 轴的刻度标签，如果为 True，则分别将数据框的变量名和行名称作为刻度标签。
- **mask**：用于突出显示某些数据。
- **ax**：用于指定子图的位置。

7.2.2　案例数据介绍

本节用于绘制热力图的案例数据是"客户规模及利润贡献增长率数据.xlsx"（在 7.1.2 节中已经详细介绍）。

7.2.3　Python 代码示例

以绘制"客户群规模增长率"与"客户利润贡献增长率"的热力图为例，Python 代码示例如下：

```
import pandas as pd                # 导入 pandas，并简称为 pd，用于数据处理
import matplotlib.pyplot as plt    # 导入 matplotlib.pyplot，并简称为 plt，用于图形绘制
import seaborn as sns              # 导入 seaborn，并简称为 sns，用于图形绘制
data=pd.read_excel('C:/Users/Administrator/.spyder-py3/客户规模及利润贡献增长率数据.xlsx')
# 读取数据文件"客户规模及利润贡献增长率数据.xlsx"，并命名为 data
data=data.sort_values(by='客户利润贡献增长率',ascending=False)  # 将数据集 data 按照变量"客户利润
贡献增长率"进行降序排列，其中 by 表示按什么变量进行排列，ascending=False 表示降序
    X = data.iloc[:,1:]            # 设置需要绘制热力图的数据集，即数据集 data 中除了第 1 列之外的全部变量构
成的子数据集，包括"客户群规模增长率"与"客户利润贡献增长率"两个变量
```

以下为绘图代码（**注意需要全部选中这些代码并整体运行**）：

```
plt.rcParams['font.sans-serif'] = ['SimHei']        # 解决图表中的中文显示问题
plt.figure(figsize=(10, 10))                         # 设置图形大小
sns.heatmap(data=X, cmap="YlGnBu", annot = True)     # 基于 X 绘制热力图, cmap="YlGnBu"用来设置热
力图的颜色色系, annot=True 表示在热力图每个方格中写入数据
plt.title("热力图")                                   # 指定作图标题
```

运行结果如图 7.5 所示。

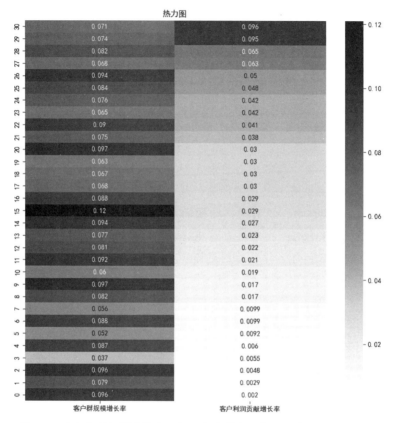

图 7.5　"客户群规模增长率"与"客户利润贡献增长率"的热力图 1

可以发现在上述热力图中，并没有包含各个地区的信息，阅读者在看了之后不知道每个地区的具体情况，这是因为没有合理设置纵轴刻度标签所致。因此，我们需要对代码进行优化改进，增加设置纵轴刻度标签选项。以下为绘图代码（**注意需要全部选中这些代码并整体运行**）：

```
plt.rcParams['font.sans-serif'] = ['SimHei']    # 解决图表中的中文显示问题
plt.figure(figsize=(10, 10))                     # 设置图形大小
sns.heatmap(data=X, cmap="YlGnBu", yticklabels=data.iloc[:,0],annot = True)    # 基于 data
数据集绘制热力图, cmap="YlGnBu"用来设置热力图的颜色色系, yticklabels=data.iloc[:,0]表示设置纵轴刻度标签为
data 数据集的第 1 列, 即各个省市, annot=True 表示在热力图的每个方格中写入数据
plt.title("热力图")                               # 指定作图标题
```

运行结果如图 7.6 所示。

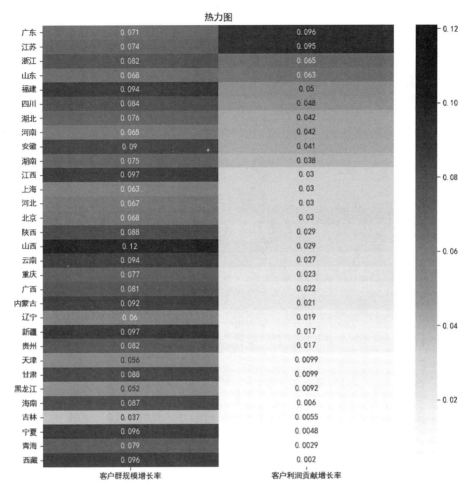

图 7.6　"客户群规模增长率"与"客户利润贡献增长率"的热力图 2

在优化改进后的热力图中，我们可以一目了然地看出该公司 2022 年 31 个省市分店客户群规模增长率和客户利润贡献增长率的大小情况。热力图中右侧的图例，颜色越深表示数值越大。

由于我们是按照客户利润贡献增长率的大小进行降序排列的，因此在热力图的第 2 列，即"客户利润贡献增长率"列中，颜色由深到浅顺序排列；而在热力图的第 1 列，即"客户群规模增长率"列，颜色深浅变化具有一定的跳跃性。在很多场景下，热力图是四象限图很好的补充，两者相得益彰。

此外，我们还可以通过 cmap 参数调整热力图的颜色色系，比如调整为 cmap="Spectral_r"。以下为绘图代码（**注意需要全部选中这些代码并整体运行**）：

```
plt.rcParams['font.sans-serif'] = ['SimHei']          # 解决图表中的中文显示问题
plt.figure(figsize=(10, 10))                          # 设置图形大小
sns.heatmap(data=X, cmap="Spectral_r", yticklabels=data.iloc[:,0],annot = True)          # 基于
data 数据绘制热力图，cmap="Spectral_r"用来设置热力图的颜色色系，annot=True 表示在热力图的每个方格中写入数据
plt.title("热力图")                                    # 指定作图标题
```

运行结果如图 7.7 所示。

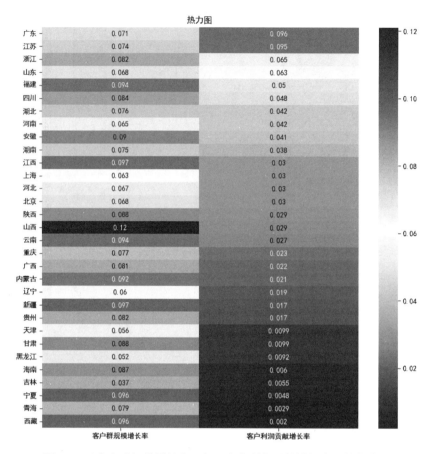

图 7.7　"客户群规模增长率"与"客户利润贡献增长率"的热力图 3

7.3　直　方　图

下载资源：可扫描旁边二维码观看或下载教学视频
下载资源:\源代码\第 7 章　数据可视化.py
下载资源:\sample\第 7 章\数据 13.1.csv

7.3.1　直方图简介

直方图（Histogram）又称质量分布图，是一种以组距为底边、以频数为高度的一系列直方条连接起来的图，由一系列高度不等的纵向条纹或线段表示数据分布的情况。一般用横轴表示数据类型，纵轴表示分布情况。通过绘制直方图可以较为直观地传递有关变量的数据变化信息，使数据使用者能够较好地观察变量数据波动的状态，使数据决策者能够依据分析结果确定在什么地方需要集中力量改进工作。

绘制直方图常用的函数包括 plt.hist() 和 sns.histplot()。

（1）plt.hist()函数的基本语法格式如下：

```
matplotlib.pyplot.hist(x, bins=None, range=None, density=False, weights=None,
        cumulative=False, bottom=None, histtype='bar', align='mid',
        orientation='vertical', rwidth=None, log=False, color=None,
        label=None, stacked=False, *, data=None, **kwargs)
```

函数中常用的参数说明如下：

- x：指定用于绘制直方图的 X 轴数据点。
- bins：指定 bin（箱子）的个数，也就是总共有几个直方条。有以下 3 种指定方式，但 3 种方式只能选其一：
  - ➢ 直接指定箱子数目，比如设置 bins=15，会生成 15 个直方条。
  - ➢ 指定分箱节点，比如设置 bins=[1,3,5]，会生成 2 个直方条，边界分别为[1,3),[3,5]。
  - ➢ 设置分箱模式，比如设置 bins='auto'，系统将会选择最合适的 bin 宽，绘制一个最能反映数据频率分布的直方图，可选选项包括 auto、fd、doane、scott、stone、rice、sturges、sqrt。
- range：指定最左边和最右边箱子的边界，默认为(x.min(), x.max())。
- density：默认为 False，表示 Y 轴显示频数；如果指定为 True，则 Y 轴显示频率。
- weights：用于对 x 中每一个样本设置权重。
- cumulative：用于设置是否为累计频数或者频率，即后面一个柱子是否为前面所有柱子的累计，默认为 False。
- bottom：用于设置箱子 Y 轴方向基准线，默认为 0。
- histtype：用于设置直方图的类型，默认为 bar，可选项包括 bar、barstacked、step、stepfilled。
- align：用于设置箱子边界值的对齐方式，默认为 mid，可选项包括 left、mid、right。
- orientation='vertical'：用于设置箱子是水平还是垂直显示，默认为垂直显示 vertical，如果设定为 horizontal，则将水平显示。
- rwidth：用于设置每个箱子宽度，默认为 1。
- log：用于设置 Y 轴数据是否取对数，默认为不取对数（False）。
- color：用于设置颜色。
- label：用于设置图例。
- stacked：用于设置多组数据是否堆叠，默认为 False。

（2）sns.histplot()函数的基本语法格式如下：

```
sns.histplot(data=None, *,
    # 向量变量
    x=None, y=None, hue=None, weights=None,
    # 直方图计算参数
    stat="count", bins="auto", binwidth=None, binrange=None,
    discrete=None, cumulative=False, common_bins=True, common_norm=True,
    # 直方图外观参数
    multiple="layer", element="bars", fill=True, shrink=1,
```

```
    # 使用核密度估计平滑直方图
    kde=False, kde_kws=None, line_kws=None,
    # 二元直方图参数
    thresh=0, pthresh=None, pmax=None, cbar=False, cbar_ax=None, cbar_kws=None,
    # hue 参数设置
    palette=None, hue_order=None, hue_norm=None, color=None,
    # 轴信息
    log_scale=None, legend=True, ax=None,
    # 其他外观关键词
    **kwargs,)
```

7.3.2　案例数据介绍

本节用于绘制直方图的案例数据是"数据 13.1.csv"（在第 3 章中已经详细介绍）。

7.3.3　Python 代码示例

1. 使用 plt.hist()函数绘制直方图

以绘制 income 和 workyears 的直方图为例，使用 plt.hist()函数的代码如下：

```
import pandas as pd                          # 导入 pandas，并简称为 pd
import matplotlib.pyplot as plt              # 导入 matplotlib.pyplot，并简称为 plt
    data=pd.read_csv('C:/Users/Administrator/.spyder-py3/数据 13.1.csv')# 读取"数据 13.1.csv"文
件，命名为 data
    x, y = data['income'], data['workyears']  # 设置 X 轴及 Y 轴数据来源，分别为 data 数据文件中的
income 和 workyears
```

1）绘制普通直方图

下面为绘图代码（**注意需要全部选中这些代码并整体运行**）：

```
    plt.rcParams['font.sans-serif'] = ['SimHei']   # 解决图表中的中文显示问题
    plt.figure(figsize=(20,10))        # figsize 用来设置图形的大小，figsize = (a, b)，其中 a 为图形的
宽，b 为图形的高，单位为英寸。本例中图形的宽为 20 英寸，高为 10 英寸
    plt.subplot(1,2,1)                 # 本代码的含义是指定作图位置。可以把 figure 理解成画布，subplot 就
是将 figure 中的图像划分为几块，每块当中显示各自的图像，有利于进行比较。一般使用格式：subplot(m,n,p)。其中，m
为行数，即在同一画面划分 m 行图形位置；n 为列数，即在同一画面划分 n 列图形位置，本例中把绘图窗口划分成 1 行 2 列 2 块
区域，然后在每个区域分别作图；p 为位数，即 p=1 表示在同一画面的 m 行、n 列的图形位置中从左到右、从上到下的第一个位
置作图
    plt.hist(x, density=False)         # 绘制客户年收入直方图，直方条代表频数
    plt.title("客户年收入直方图")        # 将直方图的标题设置为"客户年收入直方图"
    plt.subplot(1,2,2)                 # 在 figure 画布从左到右、从上到下的第二个位置作图
    plt.hist(y, density=False)         # 绘制客户工作年限直方图，直方条代表频数
    plt.title("客户工作年限直方图")      # 将直方图的标题设置为"客户工作年限直方图"
```

运行结果如图 7.8 所示。

从运行结果中我们可以初步看出，客户年收入和客户工作年限的走势基本一致，处于客户年收入或客户工作年限较低值区间的客户人数相对较多，而处于客户年收入或客户工作年限较高值区间的客户人数相对较少，呈现出逐渐下降走势。

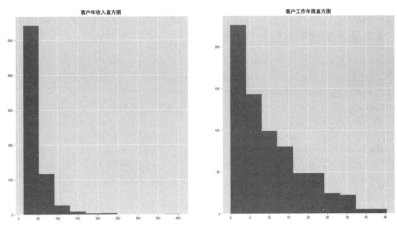

图 7.8　"客户年收入直方图"和"客户工作年限直方图"1

2）通过设置 density 参数输出直方条代表频率的直方图

前面的直方图中每个直方条都代表相应区间的频数，我们还可以通过设置 density 参数输出直方条代表频率的直方图，下面为绘图代码（**注意需要全部选中这些代码并整体运行**）：

```
plt.rcParams['font.sans-serif'] = ['SimHei']     # 解决图表中的中文显示问题
plt.figure(figsize=(20,10))        # figsize 用来设置图形的大小，figsize = (a, b)，其中 a 为图形的
宽，b 为图形的高，单位为英寸。本例中图形的宽为 20 英寸，高为 10 英寸
plt.subplot(1,2,1)        # 本代码的含义是指定作图位置。可以把 figure 理解成画布，subplot 就是将 figure
中的图像划分为几块，每块当中显示各自的图像，有利于进行比较。一般使用格式：subplot(m,n,p)。其中，m 为行数，即在
同一画面划分 m 行图形位置；n 为列数，即在同一画面划分 n 列图形位置，本例中把绘图窗口划分成 1 行 2 列 2 块区域，然后在
每个区域分别作图；p 为位数，即 p=1 表示在同一画面的 m 行、n 列的图形位置中从左到右、从上到下的第一个位置作图
plt.hist(x, density=True)        # 绘制客户年收入直方图，直方条代表频率
plt.title("客户年收入直方图")        # 将直方图的标题设置为"客户年收入直方图"
plt.subplot(1,2,2)        # 在 figure 画布从左到右、从上到下的第二个位置作图
plt.hist(y, density=True)        # 绘制客户工作年限直方图，直方条代表频率
plt.title("客户工作年限直方图")        # 将直方图的标题设置为"客户工作年限直方图"
```

运行结果如图 7.9 所示。

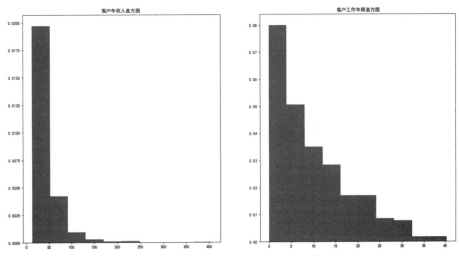

图 7.9　"客户年收入直方图"和"客户工作年限直方图"2

在此基础上，我们还可以通过设置 cumulative 参数输出直方条代表累计频数的直方图，下面为绘图代码（**注意需要全部选中这些代码并整体运行**）：

```
plt.rcParams['font.sans-serif'] = ['SimHei']    # 解决图表中的中文显示问题
plt.figure(figsize=(20,10))        # figsize 用来设置图形的大小，figsize = (a, b)，其中 a 为图形的
宽，b 为图形的高，单位为英寸。本例中图形的宽为 20 英寸，高为 10 英寸
plt.subplot(1,2,1)          # 本代码的含义是指定作图位置。可以把 figure 理解成画布，subplot 就是将
figure 中的图像划分为几块，每块当中显示各自的图像，有利于进行比较。一般使用格式：subplot(m,n,p)。其中，m 为行
数，即在同一画面划分 m 行图形位置；n 为列数，即在同一画面划分 n 列图形位置，本例中把绘图窗口划分成 1 行 2 列 2 块区域，
然后在每个区域分别作图；p 为位数，即 p=1 表示在同一画面的 m 行、n 列的图形位置中从左到右、从上到下的第一个位置作图
plt.hist(x, density=False,cumulative=True)      # 绘制客户年收入直方图，直方条代表累计频数
plt.title("客户年收入直方图")                      # 将直方图的标题设置为"客户年收入直方图"
plt.subplot(1,2,2)                               # 在 figure 画布从左到右、从上到下的第二个位置作图
plt.hist(y, density=False,cumulative=True)      # 绘制客户工作年限直方图，直方条代表累计频数
plt.title("客户工作年限直方图")                    # 将直方图的标题设置为"客户工作年限直方图"
```

运行结果如图 7.10 所示。

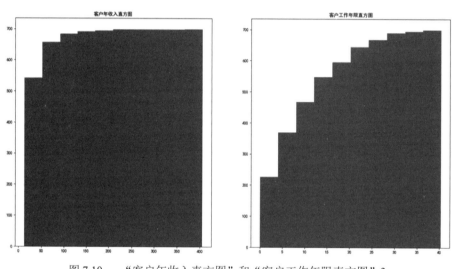

图 7.10　　"客户年收入直方图"和"客户工作年限直方图"3

3）通过 bins 参数设置输出直方条的数量

我们还可以通过 bins 参数设置输出直方条的数量，比如设定为 20 个直方条，下面为绘图代码（**注意需要全部选中这些代码并整体运行**）：

```
plt.rcParams['font.sans-serif'] = ['SimHei']    # 解决图表中的中文显示问题
plt.figure(figsize=(20,10)) # figsize 用来设置图形的大小，figsize = (a, b)，其中 a 为图形的宽，b
为图形的高，单位为英寸。本例中图形的宽为 20 英寸，高为 10 英寸
plt.subplot(1,2,1)              # 本代码的含义是指定作图位置。可以把 figure 理解成画布，subplot 就是将
figure 中的图像划分为几块，每块当中显示各自的图像，有利于进行比较。一般使用格式：subplot(m,n,p)。其中，m 为行
数，即在同一画面划分 m 行图形位置；n 为列数，即在同一画面划分 n 列图形位置，本例中把绘图窗口划分成 1 行 2 列 2 块区域，
然后在每个区域分别作图；p 为位数，即 p=1 表示在同一画面的 m 行、n 列的图形位置中从左到右、从上到下的第一个位置作图
plt.hist(x, density=False,cumulative=True,bins=20) # 绘制客户年收入直方图，直方条代表累计频数，
设置直方条数量为 20
plt.title("客户年收入直方图")                      # 将直方图的标题设置为"客户年收入直方图"
plt.subplot(1,2,2)                               # 在 figure 画布从左到右、从上到下的第二个位置作图
plt.hist(y, density=False,cumulative=True,bins=20)# 绘制客户工作年限直方图，直方条代表累计频数，
设置直方条数量为 20
```

```
plt.title("客户工作年限直方图")                    # 将直方图的标题设置为"客户工作年限直方图"
```

运行结果如图 7.11 所示。

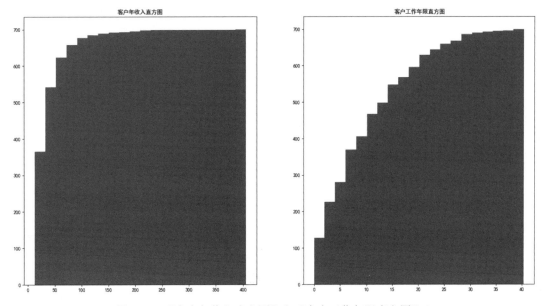

图 7.11　"客户年收入直方图"和"客户工作年限直方图"4

4）通过 orientation='horizontal'参数设置输出水平的直方条

我们还可以通过 orientation='horizontal'参数设置输出水平的直方条，下面为绘图代码（**注意需要全部选中这些代码并整体运行**）：

```
plt.rcParams['font.sans-serif'] = ['SimHei']    # 解决图表中的中文显示问题
plt.figure(figsize=(20,10))                # figsize 用来设置图形的大小，figsize = (a, b)，其中 a 为图
形的宽，b 为图形的高，单位为英寸。本例中图形的宽为 20 英寸，高为 10 英寸
plt.subplot(1,2,1)                        # 本代码的含义是指定作图位置。可以把 figure 理解成画布，
subplot 就是将 figure 中的图像划分为几块，每块当中显示各自的图像，有利于进行比较。一般使用格式：
subplot(m,n,p)。其中，m 为行数，即在同一画面划分 m 行图形位置；n 为列数，即在同一画面划分 n 列图形位置，本例中把
绘图窗口划分成 1 行 2 列 2 块区域，然后在每个区域分别作图；p 为位数，即 p=1 表示在同一画面的 m 行、n 列的图形位置中从
左到右、从上到下的第一个位置作图
plt.hist(x, density=False,bins=10,orientation='horizontal')    # 绘制客户年收入直方图，直方条水平
显示
plt.title("客户年收入直方图")              # 将直方图的标题设置为"客户年收入直方图"
plt.subplot(1,2,2)                        # 在 figure 画布从左到右、从上到下的第二个位置作图
plt.hist(y, density=False,bins=10,orientation='horizontal')    # 绘制客户工作年限直方图，直方条水
平显示
plt.title("客户工作年限直方图")            # 将直方图的标题设置为"客户工作年限直方图"
```

运行结果如图 7.12 所示。

2. 使用 sns.histplot()函数绘制直方图

使用 sns.histplot()函数绘制客户年收入直方图的代码如下（**需要全部选中这些代码并整体运行**）：

```
sns.displot(data['income'],bins=10)        # 绘制客户年收入直方图
plt.title("客户年收入直方图")              # 将直方图的标题设置为"客户年收入直方图"
```

运行结果如图 7.13 所示。

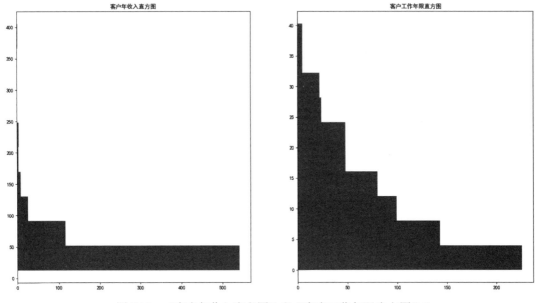

图 7.12　"客户年收入直方图"和"客户工作年限直方图" 5

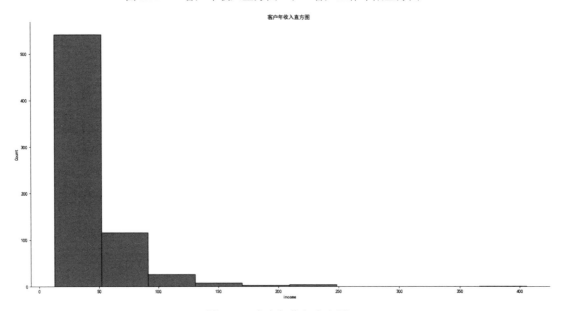

图 7.13　客户年收入直方图 1

使用 sns.histplot 绘制客户工作年限直方图的代码如下（**需要全部选中这些代码并整体运行**）：

```
sns.displot(data['workyears'],bins=10)      # 绘制客户工作年限直方图
plt.title("客户工作年限直方图")             # 将直方图的标题设置为"客户工作年限直方图"
```

运行结果如图 7.14 所示。

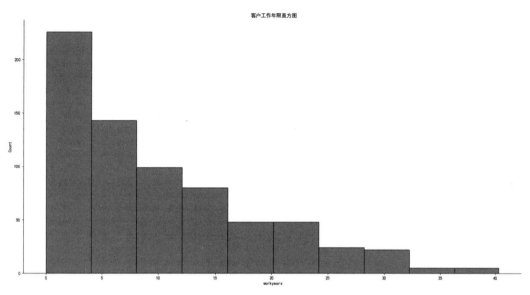

图 7.14　客户工作年限直方图 1

在此基础上，我们可以通过设置 kde 参数来绘制变量的核密度曲线（关于核密度曲线的概念详见 7.4 节关于核密度图的介绍），代码如下（**需要全部选中这些代码并整体运行**）：

```
sns.displot(data['income'],bins=10,kde=True)     # 绘制客户年收入直方图
plt.title("客户年收入直方图")                        # 将直方图的标题设置为"客户年收入直方图"
```

运行结果如图 7.15 所示。

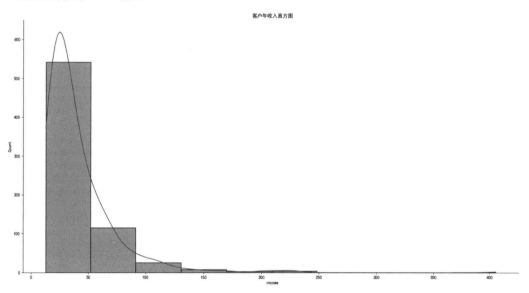

图 7.15　客户年收入直方图 2

绘制客户工作年限直方图的代码如下（**需要全部选中这些代码并整体运行**）：

```
sns.displot(data['workyears'],bins=10,kde=True)  # 绘制客户工作年限直方图
plt.title("客户工作年限直方图")                       # 将直方图的标题设置为"客户工作年限直方图"
```

运行结果如图 7.16 所示。

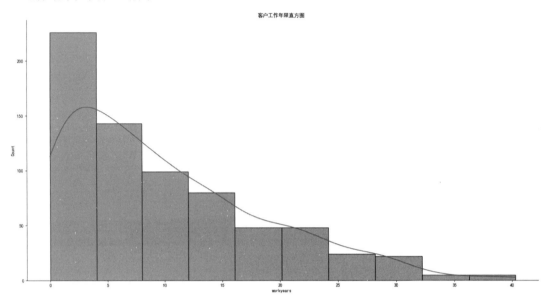

图 7.16　客户工作年限直方图 2

7.4　条形图、核密度图和正态 QQ 图

	下载资源：可扫描旁边二维码观看或下载教学视频
	下载资源:\源代码\第 7 章　数据可视化.py
	下载资源:\sample\第 7 章\客户规模及利润贡献增长率数据.xlsx

7.4.1　条形图、核密度图和正态 QQ 图简介

条形图也称柱状图、长条图、条状图，是一种将数据分组到同等宽度的长方形长条（bin）中，绘制出每个长方形长条中的观察数据的数量，以长方形长条的长度为大小的统计报告图适用于只有一个变量但有多种情形（不同时间或不同横截面）的情况，通常用于分析较小的数据集。

核密度图（Kernel Density Plot）使用核密度函数，该函数尝试使用核密度估计（KDE）以连续函数逼近条形图，用于显示数据在连续时间段内的分布状况，是条形图的进化。核密度图使用平滑曲线来绘制数值水平，从而得出更平滑的分布。核密度图的峰值显示数值在该时间段内最为高度集中的位置。相对于条形图，核密度图不受所使用分组数量（条形图中的长方形长条）的影响，所以能更好地界定分布形状。

正态 QQ 图是由标准正态分布的分位数为横坐标、样本值为纵坐标的散点图，通过把测试样本数据的分位数与已知分布相比较来检验数据是否服从正态分布。如果 QQ 图中的散点近似地在图中的直线附近，就说明是正态分布，而且该直线的斜率为标准差，截距为均值。

7.4.2 案例数据介绍

本节用于绘制条形图、核密度图和正态 QQ 图的案例数据是"客户规模及利润贡献增长率数据.xlsx"（在 7.1.2 节中已经详细介绍）。

7.4.3 Python 代码示例

1. 绘制条线图

比如要绘制"各个地区客户利润贡献增长率"的条形图，绘制条线图的 Python 代码示例如下：

```
import pandas as pd        # 导入 pandas，并简称为 pd
import matplotlib.pyplot as plt  # 导入 matplotlib.pyplot，并简称为 plt
data=pd.read_excel('C:/Users/Administrator/.spyder-py3/客户规模及利润贡献增长率数据.xlsx')
# 读取数据文件"客户规模及利润贡献增长率数据.xlsx"，并命名为 data
x, y = data['地区'], data['客户利润贡献增长率']  # 设置 X 轴及 Y 轴数据来源，分别为 data 数据文件中的
"地区"与"客户利润贡献增长率"
```

下面为绘图代码（**注意需要全部选中这些代码并整体运行**）：

```
plt.figure(figsize=(11, 8))          # 设置图形大小
plt.bar(x,y,color = 'g')
plt.title('各个地区客户利润贡献增长率',fontsize = 20)
plt.xlabel('地区',fontsize = 18)
plt.ylabel('客户利润贡献增长率',fontsize = 18)
plt.tick_params(labelsize = 14)
plt.xticks(rotation = 60)
for a,b in zip(x,y):
    plt.text(a,b+50,b,ha='center',va='bottom',fontsize=12)
plt.grid()
plt.show()                           # 展示图形
```

运行结果如图 7.17 所示。

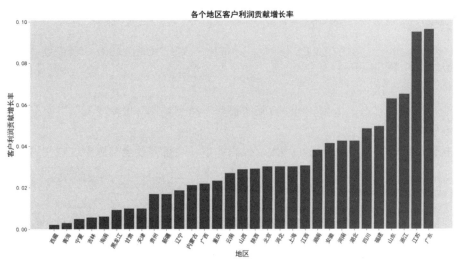

图 7.17 各个地区客户利润贡献增长率条形图

从图中可以非常直观地看出该公司 2022 年 31 个省市分店客户利润贡献增长率情况，其中增长率位于前 5 位的省市分店分别是广东、江苏、浙江、山东、福建；增长率位于后 5 位的省市分店分别是西藏、青海、宁夏、吉林、海南。

注　意

在绘图时，用到的函数及功能映射关系如下：

（1）使用 plt.figure() 函数来调整图片的大小。

（2）使用 plt.bar() 函数来绘制柱状图。

（3）使用 plt.title() 函数设置图片中的标题信息。

（4）使用 plt.xlabel() 函数设置图片中的 X 轴标签信息。

（5）使用 plt.ylabel() 函数设置图片中的 Y 轴标签信息。

（6）使用 plt.xticks() 函数设置 X 轴刻度信息。

（7）使用 plt.yticks 函数设置 Y 轴刻度信息。

（8）使用 plt.text() 函数可以在绘制的图片中添加描述信息。

（9）使用 plt.grid() 函数可以在绘制的图片中显示网格线。

（10）使用 plt.show() 函数来展示图形。

---

2. 绘制核密度图

以绘制"客户利润贡献增长率"和"客户群规模增长率"的核密度图为例，Python 示例代码如下（注意**需要全部选中这些代码并整体运行**）：

```
plt.rcParams['font.sans-serif'] = ['SimHei']          # 解决图表中的中文显示问题
plt.subplot(1,2,1)                                    # 指定作图位置
sns.distplot(data['客户利润贡献增长率'], kde=True)      # 绘制"客户利润贡献增长率"变量的核密度图，
参数 kde=True 表示显示核密度曲线
plt.title("Density-'客户利润贡献增长率'")               # 将 invest 变量的核密度图的标题设置为
"Density -'客户利润贡献增长率'"
plt.subplot(1,2,2)                                    # 指定作图位置
sns.distplot(data['客户群规模增长率'], kde=True)        # 绘制"客户群规模增长率"变量的核密度图，显
示核密度曲线
plt.title("Density-'客户群规模增长率'")                 # 将客户群规模增长率变量的核密度图的标题设置
为"Density-'客户群规模增长率'"
```

运行结果如图 7.18 所示。

从核密度图可以看出，"客户利润贡献增长率"和"客户群规模增长率"两个变量都呈现出了一定高度集中趋势。

绘制核密度图也可以用 kdeplot() 函数，代码如下（**注意需要全部选中这些代码并整体运行**）：

```
plt.rcParams['font.sans-serif'] = ['SimHei']          # 解决图表中的中文显示问题
plt.rcParams['axes.unicode_minus']=False              # 正常显示负号
plt.subplot(1,2,1)                                    # 指定作图位置
sns.kdeplot(x=data['客户利润贡献增长率'], data=data['客户利润贡献增长率'], common_norm=False)
plt.title("Density-'客户利润贡献增长率'")               # 将 invest 变量的核密度图的标题设置为
"Density -'客户利润贡献增长率'"
plt.subplot(1,2,2)                                    # 指定作图位置
sns.kdeplot(x=data['客户群规模增长率'], data=data['客户群规模增长率'],common_norm=False)
```

```
plt.title("Density-'客户群规模增长率'")              # 将 invest 变量的核密度图的标题设置为
"Density-'客户群规模增长率'"
```

运行结果如图 7.19 所示。

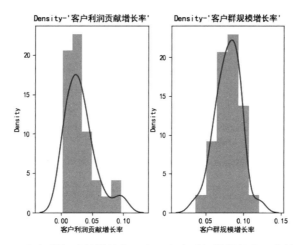

图 7.18　"客户利润贡献增长率"和"客户群规模增长率"的核密度图 1

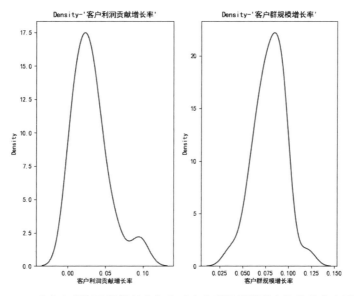

图 7.19　"客户利润贡献增长率"和"客户群规模增长率"的核密度图 2

3. 绘制正态 QQ 图

以绘制"客户利润贡献增长率"和"客户群规模增长率"的正态 QQ 图为例，Python 示例代码如下（**注意需要全部选中这些代码并整体运行**）：

```
from scipy.stats import probplot                    # 导入 probplot
plt.rcParams['font.sans-serif'] = ['SimHei']        # 解决图表中的中文显示问题
plt.rcParams['axes.unicode_minus']=False            # 正常显示负号
plt.figure(figsize=(12,6))                          # figsize 用来设置图形的大小
plt.subplot(1,2,1)                                  # 指定作图位置
probplot(data['客户利润贡献增长率'], plot=plt)        # 绘制客户利润贡献增长率变量的正态 QQ 图
```

```
plt.title("Q-Q plot of '客户利润贡献增长率'")          # 标题设置为"Q-Q plot of '客户利润贡献增长率'"
plt.subplot(1,2,2)                                  # 指定作图位置
probplot(data['客户群规模增长率'], plot=plt)          # 绘制客户群规模增长率变量的正态 QQ 图
plt.title("Q-Q plot of '客户群规模增长率'")            # 标题设置为"Q-Q plot of '客户群规模增长率'"
```

运行结果为如图 7.20 所示。

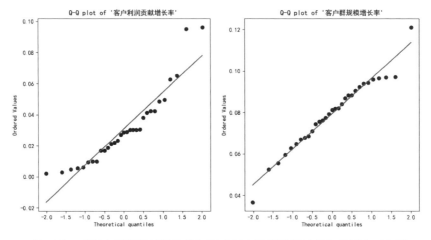

图 7.20   "客户利润贡献增长率"和"客户群规模增长率"的正态 QQ 图

在"客户利润贡献增长率"和"客户群规模增长率"的正态 QQ 图中，各个散点与图中的直线都相对偏离较少，说明具备一定的正态分布特征。其中"客户群规模增长率"相对"客户利润贡献增长率"来说正态分布特征更为明显。

7.5　散　点　图

	下载资源：可扫描旁边二维码观看或下载教学视频
	下载资源:\源代码\第 7 章　数据可视化.py
	下载资源:\sample\第 7 章\XX 饮料连锁企业各省市连锁店经营数据.xls

7.5.1　散点图简介

作为对数据进行预处理的重要工具之一，散点图（Scatter Diagram）深受专家、学者们的喜爱。散点图的简要定义就是点在直角坐标系平面上的分布图。研究者对数据制作散点图的主要出发点是通过绘制该图来观察某一变量随另一变量变化的大致趋势，据此探索数据之间的关联关系，甚至选择合适的函数对数据点进行拟合。

散点图的绘制函数是 plt.scatter()和 sns.scatterplot()。

（1）plt.scatter()的基本语法格式如下：

```
matplotlib.pyplot.scatter(x, y, s=None, c=None, marker=None, cmap=None, norm=None,
vmin=None, vmax=None, alpha=None, linewidths=None, verts=None, edgecolors=None, *, data=None,
```

```
**kwargs)
```

函数中常用的参数说明如下：

- x，y：分别表示用于绘制散点图的 X 轴和 Y 轴的数据点。
- s：用于控制散点的大小。
- c：即 color，用于设置散点标记的颜色，默认是蓝色（b），如果是红色，则为 r。
- marker：用于设置散点标记的样式，默认为 o。
- linewidth：用于设置标记点的长度。

（2）sns.scatterplot() 的基本语法格式如下：

```
scatterplot(*args, x=None, y=None, hue=None, style=None, size=None, data=None,
palette=None, hue_order=None, hue_norm=None, sizes=None, size_order=None, size_norm=None,
markers=True, style_order=None, x_bins=None, y_bins=None, units=None, estimator=None, ci=95,
n_boot=1000, alpha=None, x_jitter=None, y_jitter=None, legend="auto", ax=None, **kwargs)
```

函数中常用的参数说明如下：

- x，y：分别表示用于绘制散点图的 X 轴和 Y 轴的数据点。
- hue：对输入数据进行分组的序列，使用不同散点颜色对各组的数据加以区分。
- size：对输入数据进行分组的序列，使用不同散点尺寸对各组的数据加以区分。
- style：对输入数据进行分组的序列，使用不同散点标记对各组的数据加以区分。
- palette：在对数据进行分组时，设置不同组数据的显示颜色。hue 参数使用的是默认的颜色，如果需要更多的颜色选项，则需要通过 palette 参数来设置。
- hue_order：在使用 hue 参数对数据进行分组时，可以通过该参数设置数据组的显示顺序。
- sizes：当使用 size 参数以不同散点尺寸显示不同组数据时，可以通过 sizes 参数来设定具体的尺寸大小。
- size_order：类似于 hue_order 参数，不过设置的是尺寸的显示顺序。
- markers：当使用 style 参数以不同散点标记显示不同组数据时，可以通过该参数设置不同组数据的标记。
- style_order：类似于 hue_order 参数，不过设置的是标记的显示顺序。

7.5.2 案例数据介绍

本节使用的案例数据文件是"XX 健身连锁企业各省市连锁店经营数据.xls"，数据来自 XX 健身连锁企业（虚拟名，如有雷同纯属巧合）在北京、广东、天津、浙江等省市的各个连锁店 2022 年的相关销售数据（包括营业收入、运营成本以及经营利润等数据），如表 7.3 所示。由于营业收入数据涉及商业机密，因此在介绍时进行了适当的脱密处理，对于其中的部分数据也进行了必要的调整。其中 code、income、cost、profit、shengshi 5 个变量分别表示门店编号、营业收入、运营成本、经营利润以及所在省市。

表 7.3 　XX 健身连锁企业 2022 年各连锁店经营数据

单位：万元

code	income	cost	profit	shengshi
1	886	228	206	北京
2	891	209	175	北京
3	885	188	170	北京
4	880	172	166	北京
5	874	170	176	北京
8	142	86	61	北京
7	141	85	61	北京
8	140	83	61	北京
9	139	80	62	北京
10	136	79	61	北京
11	195	92	73	广东
12	195	90	72	广东
13	194	87	73	广东
14	192	84	69	广东
15	191	82	72	广东
16	178	85	71	广东
17	178	84	70	广东
18	177	81	67	广东
19	175	79	66	广东
20	174	78	65	广东
21	125	83	60	天津
22	124	83	60	天津
23	123	80	61	天津
24	121	74	63	天津
25	119	73	59	天津
26	130	80	67	天津
27	130	78	65	天津
28	129	76	64	天津
29	128	74	65	天津
30	127	73	68	天津
31	127	91	59	浙江
32	127	84	58	浙江
33	125	82	57	浙江
34	123	78	56	浙江
35	120	76	55	浙江
36	145	79	72	浙江
37	144	76	70	浙江
38	144	75	71	浙江

（续表）

code	income	cost	profit	shengshi
39	143	73	70	浙江
40	142	73	69	浙江

7.5.3　Python 代码示例

绘制营业收入与经营利润散点图的 Python 代码示例如下：

```
import matplotlib.pyplot as plt          # 导入 matplotlib.pyplot，并简称为 plt，用于图形绘制
import pandas as pd                       # 导入 pandas，并简称为 pd，用于数据处理
import seaborn as sns                     # 导入 seaborn，并简称为 sns，用于图形绘制
data=pd.read_excel('C:/Users/Administrator/.spyder-py3/XX 健身连锁企业各省市连锁店经营数据.xls')
          # 读取数据文件 "XX 健身连锁企业各省市连锁店经营数据.xls"，并命名为 data
x,y,z= data['income'], data['profit'], data['shengshi'] # 生成 pandas 序列 x,y,z，分别为 data
数据文件中的 income、profit 与 shengshi
```

1. 绘制营业收入与经营利润的普通散点图

Python 代码如下：

```
sns.scatterplot(data=data, x=x, y=y, alpha=0.6)          # 绘制 x 和 y 的散点图，alpha 为散点的透明度，
取值为 0~1
```

运行结果如图 7.21 所示。

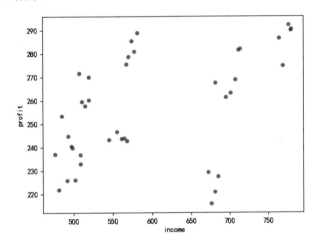

图 7.21　营业收入与经营利润的散点图 1

从图 7.21 中可以看出营业收入与经营利润之间的关系并不明确，低的营业收入水平既可以对应较低的利润水平，也可以对应较高的利润水平；同样的，低的经营利润水平既可能以较高的营业收入水平作为支撑，也可能由较低的营业收入水平来创造。

2. 绘制营业收入与经营利润的散点图（按照省市分组并以不同散点颜色展示）

在 sns.scatterplot()函数中设置 hue 参数可以按照省市分组并以不同散点颜色展示，Python 代码如下：

```
plt.rcParams['font.sans-serif'] = ['SimHei']      # 解决图表中的中文显示问题
sns.scatterplot(x=x, y=y,hue=z)                   # 绘制 x 和 y 的散点图，按 z 进行分组展示，各组的数据
使用不同散点颜色加以区分
```

运行结果如图 7.22 所示。

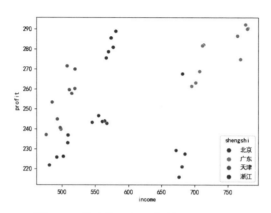

图 7.22　营业收入与经营利润的散点图 2

从图 7.22 中可以看出，北京、广东、天津、浙江各个省市的连锁店营业收入与经营利润的散点，以不同颜色展示了出来，除了可以看到整体的营业收入与经营利润的散点关系之外，还可以分别观察每个省市连锁店的具体情况，展示信息更加丰富。比如天津的连锁店散点为绿色，集中在营业收入较低的一带，而广东的连锁店散点为橙色，集中在营业收入较高的一带。

3. 绘制营业收入与经营利润的散点图（按照设定顺序的省市分组并以不同散点颜色展示）

前面绘制的散点图已按照省市分组并以不同散点颜色展示，在此基础上，我们可以进一步设置分组展示的顺序，具体实现方法是在 sns.scatterplot()函数中，除了设置 hue 参数外，还要设置 hue_order 参数。Python 代码如下：

```
plt.rcParams['font.sans-serif'] = ['SimHei']         # 解决图表中的中文显示问题
sns.scatterplot(x=x, y=y,hue=z,hue_order=['北京','天津','浙江','广东'])  # 绘制 x 和 y 的散点图，
按 z 进行分组展示，各组的数据使用不同颜色加以区分，设置展示的顺序为北京、天津、浙江、广东
```

运行结果如图 7.23 所示。

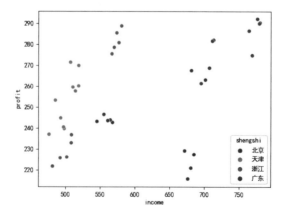

图 7.23　营业收入与经营利润的散点图 3

从图 7.23 中可以看出，各个省市的连锁店营业收入与经营利润的散点以不同颜色展示了出来，而且是按照北京、天津、浙江、广东的顺序进行展示的（观察图中右下角的图例）。

4. 绘制营业收入与经营利润的散点图（按照省市分组并以不同散点大小展示）

在 sns.scatterplot()函数中设置 size 参数可以按照省市分组并以不同散点大小展示，Python 代码如下：

```
plt.rcParams['font.sans-serif'] = ['SimHei']      # 解决图表中的中文显示问题
sns.scatterplot(x=x, y=y,size=z)                  # 绘制 x 和 y 的散点图，按 z 进行分组展示，各组的数据
使用不同散点大小加以区分
```

运行结果如图 7.24 所示。

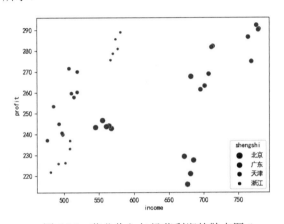

图 7.24　营业收入与经营利润的散点图 4

从图 7.24 中可以看出，北京、广东、天津、浙江各个省市的连锁店营业收入与经营利润的散点以不同散点大小展示了出来，除了可以看到整体的营业收入与经营利润的散点关系之外，还可以分别观察每个省市连锁店的具体情况，展示信息更加丰富。

5. 绘制营业收入与经营利润的散点图（按照设定顺序的省市分组并以不同散点大小展示）

前面绘制的散点图已按照省市分组并以不同散点大小展示，在此基础上，我们可以进一步设置分组展示的顺序，具体实现方法是，在 sns.scatterplot()函数中，除了设置 size 参数外，还要设置 size_order 参数。Python 代码如下：

```
plt.rcParams['font.sans-serif'] = ['SimHei']      # 解决图表中的中文显示问题
sns.scatterplot(x=x, y=y,size=z,size_order=['北京','天津','浙江','广东']) # 绘制 x 和 y 的散点图，
按 z 进行分组展示，各组的数据使用不同散点大小加以区分，设置展示的顺序为北京、天津、浙江、广东
```

运行结果如图 7.25 所示。

从图 7.25 中可以看出，各个省市的连锁店营业收入与经营利润的散点以不同散点大小展示了出来，而且是按照北京、天津、浙江、广东的顺序进行展示的（观察图中右下角的图例）。

6. 绘制营业收入与经营利润的散点图（按照省市分组并以不同散点标记展示）

在 sns.scatterplot()函数中设置 style 参数可以按照省市分组并以不同散点标记展示，Python 代码如下：

```
plt.rcParams['font.sans-serif'] = ['SimHei']      # 解决图表中的中文显示问题
```

```
    sns.scatterplot(x=x, y=y,style=z)                # 绘制 x 和 y 的散点图，按 z 进行分组展示，各组的数据使用不
同散点标记加以区分
```

运行结果如图 7.26 所示。

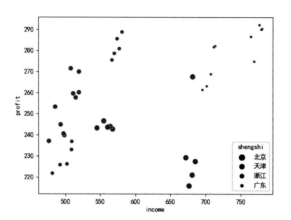

图 7.25   营业收入与经营利润的散点图 5

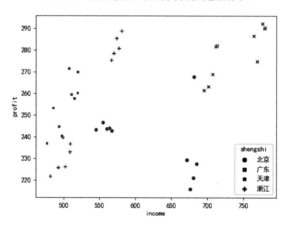

图 7.26   营业收入与经营利润的散点图 6

从图 7.26 中可以看出，北京、广东、天津、浙江各个省市的连锁店营业收入与经营利润的散点以不同散点标记展示了出来，除了可以看到整体的营业收入与经营利润的散点关系之外，还可以分别观察每个省市连锁店的具体情况，展示信息更加丰富。

7. 绘制营业收入与经营利润的散点图（按照设定顺序的省市分组并以不同散点标记展示）

前面绘制的散点图已按照省市分组并以不同散点标记展示，在此基础上，我们可以进一步设置分组展示的顺序，具体实现方法是：在 sns.scatterplot()函数中，除了设置 style 参数外，还要设置 style_order 参数。Python 代码如下：

```
    plt.rcParams['font.sans-serif'] = ['SimHei']                # 解决图表中的中文显示问题
    sns.scatterplot(x=x, y=y,style=z,style_order=['北京','天津','浙江','广东'])    # 绘制 x 和 y 的散
点图，按 z 进行分组展示，各组的数据使用不同散点标记加以区分，设置展示的顺序为北京、天津、浙江、广东
```

运行结果如图 7.27 所示。

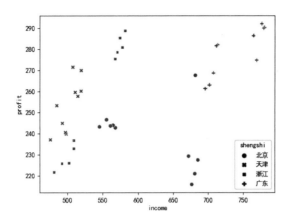

图 7.27　营业收入与经营利润的散点图 7

从图 7.27 中可以看出，各个省市的连锁店营业收入与经营利润的散点以不同散点标记展示了出来，而且是按照北京、天津、浙江、广东的顺序进行展示的（观察图中右下角的图例）。

8. 绘制营业收入与经营利润的散点图（按照设定顺序的省市分组并同时以不同散点颜色、不同散点大小展示）

在 sns.scatterplot()函数中同时设置 hue 和 size 参数可以按照省市分组并同时以不同散点颜色、不同散点大小展示。Python 代码如下：

```
plt.rcParams['font.sans-serif'] = ['SimHei']    # 解决图表中的中文显示问题
sns.scatterplot(x=x, y=y,hue=z,size=z)          # 绘制 x 和 y 的散点图，按 z 进行分组展示，各组的数据
使用不同散点颜色、不同散点大小加以区分
```

运行结果如图 7.28 所示。

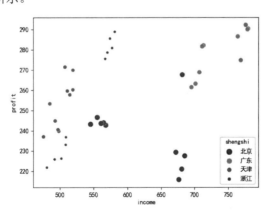

图 7.28　营业收入与经营利润的散点图 8

从图 7.28 中可以看出，各个省市的连锁店营业收入与经营利润的散点同时以不同散点颜色、不同散点大小展示了出来。

9. 绘制营业收入与经营利润的散点图（按照设定顺序的省市分组并同时以不同散点颜色、不同散点标记展示）

在 sns.scatterplot()函数中同时设置 hue 和 style 参数可以按照省市分组并同时以不同散点颜色、不同散点标记展示。Python 代码如下：

```
plt.rcParams['font.sans-serif'] = ['SimHei']    # 解决图表中的中文显示问题
sns.scatterplot(x=x, y=y,hue=z,style=z)  # 绘制 x 和 y 的散点图，按 z 进行分组展示，各组的数据使用不同
散点颜色、不同散点标记加以区分
```

运行结果如图 7.29 所示。

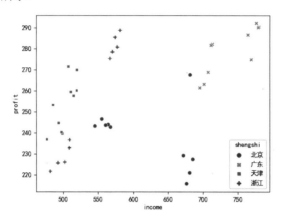

图 7.29　营业收入与经营利润的散点图 9

从图 7.29 中可以看出，各个省市的连锁店营业收入与经营利润的散点同时以不同散点颜色、不同散点标记展示了出来。

10. 绘制营业收入与经营利润的散点图（按照设定顺序的省市分组并同时以不同散点大小、不同散点标记展示）

在 sns.scatterplot()函数中同时设置 size 和 style 参数可以按照省市分组并同时以不同散点大小、不同散点标记展示。Python 代码为：

```
plt.rcParams['font.sans-serif'] = ['SimHei']    # 解决图表中的中文显示问题
sns.scatterplot(x=x, y=y,size=z,style=z)        # 绘制 x 和 y 的散点图，按 z 进行分组展示，各组的数据
使用不同散点大小、不同散点标记加以区分
```

运行结果如图 7.30 所示。

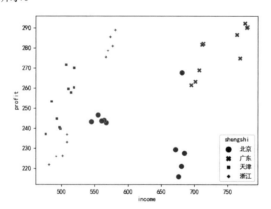

图 7.30　营业收入与经营利润的散点图 10

从图 7.30 中可以看出，各个省市的连锁店营业收入与经营利润的散点同时以不同散点大小、不同散点标记展示了出来。

11. 绘制营业收入与经营利润的散点图（按照设定顺序的省市分组并同时以不同散点颜色、不同散点大小、不同散点标记展示）

在 sns.scatterplot()函数中同时设置 hue、size 和 style 参数可以按照省市分组并同时以不同散点颜色、不同散点大小、不同散点标记展示。Python 代码如下：

```
plt.rcParams['font.sans-serif'] = ['SimHei']        # 解决图表中的中文显示问题
sns.scatterplot(x=x, y=y,hue=z,size=z,style=z)      # 绘制 x 和 y 的散点图，按 z 进行分组展示，各组
的数据使用不同散点颜色、不同散点大小、不同散点标记加以区分
```

运行结果如图 7.31 所示。

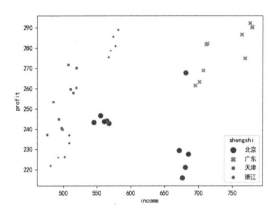

图 7.31　营业收入与经营利润的散点图 11

从图 7.31 中可以看出，各个省市的连锁店营业收入与经营利润的散点同时以不同散点颜色、不同散点大小、不同散点标记展示了出来。

7.6　线图（含时间序列趋势图）

下载资源：可扫描旁边二维码观看或下载教学视频	
下载资源：\源代码\第 7 章　数据可视化.py	
下载资源：\sample\第 7 章\济南市 1994—2020 年部分发展指标时间序列数据.xls	

7.6.1　线图（含时间序列趋势图）简介

线图与散点图的区别就是用一条线来替代散点标志，这样做的好处是可以更加清晰直观地看出数据走势，缺点是无法观察到每个散点的准确定位。从用途上看，线图常用于时间序列分析的数据预处理，用来观察变量随时间的变化趋势。此外，线图可以同时反映多个变量随时间的变化情况，因此线图的应用范围也非常广泛。

时间序列趋势图反映的是变量随着时间的变化趋势，通过绘制时间序列趋势图，可以看出变量的变化情况，从中发现规律并做出合理解释，因此常用于时间序列数据的研究。

线图的绘制函数是 plt.plot()和 sns.lineplot()。

（1）plt.plot()的基本语法格式为：

```
plt.plot(x, y, format_string, **kwargs)
```

函数中常用的参数说明如下：

● x，y：分别表示用于绘制线图的 X 轴和 Y 轴的数据点。

● format_string：用于控制曲线的格式字符串，由颜色字符、风格字符、标记字符组成。

常用颜色字符对应关系如表 7.4 所示。

表7.4　常用颜色字符

字符	颜色	字符	颜色
'b'	蓝色	'm'	洋红色
'g'	绿色	'y'	黄色
'r'	红色	'k'	黑色
'w'	白色	'c'	青绿色

如果同时绘制多条曲线但未指定颜色字符，那么系统会自动选择不同颜色。

常用风格字符对应关系如表 7.5 所示。

表7.5　常用风格字符

字符	风格	字符	风格
'-'	实线	':'	虚线
'--'	破折线	''''	无线条
'-.'	点划线		

常用标记字符对应关系如表 7.6 所示。

表7.6　常用标记字符

字符	标记	字符	标记
'.'	点标记	'^'	上三角标记
','	像素标记（极小点）	'>'	右三角标记
'o'	实心圈标记	'<'	左三角标记
'v'	倒三角标记		

● **kwargs：第二组或更多(x,y,format_string)，可画多条曲线，常用参数包括：

　　➢ color：设置颜色，比如 color='blue'。

　　➢ linestyle：设置线条风格，比如 linestyle='dashed'。

　　➢ marker：设置标记风格，比如 marker='o'。

　　➢ markerfacecolor：设置标记颜色，比如 markerfacecolor='green'。

　　➢ markersize：设置标记尺寸，比如 markersize=10。

（2）sns.lineplot()的基本语法格式为：

```
lineplot(*args, x=None, y=None, hue=None, size=None, style=None, data=None, palette=None,
hue_order=None, hue_norm=None, sizes=None, size_order=None, size_norm=None, dashes=True,
markers=None, style_order=None, units=None, estimator="mean", ci=95, n_boot=1000, seed=None,
sort=True, err_style="band", err_kws=None, legend="auto", ax=None, **kwargs)
```

函数中常用的参数说明如下：

- x，y：分别表示用于绘制散点图的 X 轴和 Y 轴的数据点。
- hue：对输入数据进行分组的序列，使用不同散点颜色对各组的数据加以区分。
- size：对输入数据进行分组的序列，使用不同散点尺寸对各组的数据加以区分。
- style：对输入数据进行分组的序列，使用不同散点标记对各组的数据加以区分。
- data：用于绘制线图的数据集。
- palette：在对数据进行分组时，设置不同组数据的显示颜色。hue 参数使用的是默认的颜色，如果需要更多的颜色选项，则需要通过 palette 参数来设置。
- hue_order：在使用 hue 参数对数据进行分组时，可以通过该参数设置数据组的显示顺序。
- sizes：当使用 size 参数以不同散点尺寸显示不同组数据时，可以通过 sizes 参数来设置具体的尺寸大小。
- size_order：类似于 hue_order 参数，不过设置的是尺寸的显示顺序。
- markers：当使用 style 参数以不同散点标记显示不同组数据时，可以通过该参数设置不同组数据的标记。
- style_order：类似于 hue_order 参数，不过设置的是标记的显示顺序。

7.6.2　案例数据介绍

本节使用的数据文件为"济南市 1994—2020 年部分发展指标时间序列数据.xls"，数据为济南市 1994—2020 年部分发展指标时间序列数据，记录了济南市 1994—2020 年地区生产总值、固定资产投资、年底就业人数、财政科技投入等时间序列数据。所有数据均取自历年《济南统计年鉴》。数据文件中共有 5 个变量，为 year、gdp、invest、labor、scientific，分别表示年份、地区生产总值、固定资产投资、年底就业人数、财政科技投入，如图 7.32 所示。

year	gdp	invest	labor	scientific
1994	372	73	304	1432
1995	474	113	324	2307
1996	569	151	332	3634
1997	665	181	337	6123
1998	761	221	342	7687
1999	856	270	345	12650
2000	952	306	347	13027
2001	1066	344	350	18659
2002	1201	405	353	20184
2003	1365	505	355	14590
2004	1619	651	359	20251
2005	1846	857	360	22383
2006	2162	1017	362	27537
2007	2500	1152	364	40516
2008	3007	1415	367	45062
2009	3341	1655	372	52625
2010	3911	1987	374	62138
2011	4406	1934	376	75550
2012	4804	2186	379	101185
2013	5230	2638	382	108807
2014	5771	3063	386	95983
2015	6100	3498	389	114769
2016	6536	3974	395	118638
2017	7202	4364	405	128982
2018	7857	4782	419	210425
2019	9443.00	5385.00	492	431785
2020	10141.00	5600.00	521	396473

图 7.32　济南市 1994—2020 年部分发展指标时间序列数据

7.6.3 Python 代码示例

1. 线图

以绘制 invest 和 gdp 的线图为例，Python 代码示例如下：

```
import seaborn as sns              # 导入 seaborn，并简称为 sns，用于图形绘制
import matplotlib.pyplot as plt    # 导入 matplotlib.pyplot，并简称为 plt，用于图形绘制
import pandas as pd                # 导入 pandas，并简称为 pd，用于数据处理
data=pd.read_excel('C:/Users/Administrator/.spyder-py3/济南市 1994－2020 年部分发展指标时间序列
数据.xls')       # 读取数据文件"济南市 1994－2020 年部分发展指标时间序列数据.xls"，并命名为 data
x,y,z = data['year'], data['gdp'], data['invest']   # 设置 X 轴、Y 轴及 Z 轴数据来源，分别为 data 数
据文件中的 year、gdp 与 invest
```

注意以下代码需同时选中并整体运行：

```
sns.lineplot(data=data, x=z, y=y)       # 绘制 invest 和 gdp 的线图
plt.title("Line plot of invest, gdp")   # 将标题设置为"Line plot of invest, gdp"
```

运行结果如图 7.33 所示。

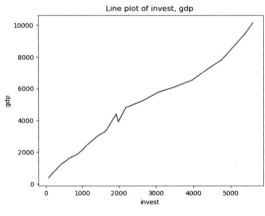

图 7.33   invest 和 gdp 线图

2. 时间序列趋势图

以绘制 gdp 的时间序列趋势图为例，Python 代码示例如下（**注意以下代码需同时选中并整体运行**）：

```
plt.rcParams['font.sans-serif'] = ['SimHei']                    # 解决图表中的中文显示问题
plt.figure(figsize=(10,6))        # figsize 用来设置图形的大小，figsize = (a, b)，其中 a 为图形的
宽，b 为图形的高，单位为英寸。本例中图形的宽为 10 英寸，高为 6 英寸
plt.plot(x,y,color='m')                                          # 绘制 gdp 的时间序列趋势图
plt.title('济南市 1994－2020 年 gdp 时间序列趋势图',fontsize = 20)   # 设置标题
plt.ylabel('gdp',fontsize = 18)                                  # 设置 Y 轴标签
plt.xlabel('年份',fontsize = 18)                                  # 设置 X 轴标签
for a,b in zip(x[::5],y[::5]):                                   # 每隔 5 年
    plt.text(a,b+50,b,ha='center',va='bottom',fontsize=20)       # 增加数据标签
```

运行结果如图 7.34 所示。

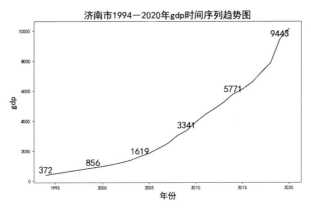

图 7.34　济南市 1994－2020 年 gdp 时间序列趋势图 1

从济南市 1994－2020 年 gdp 时间序列趋势图中可以看出，济南市的 GDP 一直在增长。

我们还可以通过 marker 选项设置数据点形状（**注意以下代码需同时选中并整体运行**）：

```
plt.rcParams['font.sans-serif'] = ['SimHei']              # 解决图表中的中文显示问题
plt.figure(figsize=(10,6))            # figsize 用来设置图形的大小，figsize = (a, b)，其中 a 为图
形的宽，b 为图形的高，单位为英寸。本例中图形的宽为 10 英寸，高为 6 英寸
plt.plot(x,y,color='m',marker='o')
plt.title('济南市 1994－2020 年 gdp 时间序列趋势图',fontsize = 20)
plt.ylabel('gdp',fontsize = 18)
plt.xlabel('年份',fontsize = 18)
for a,b in zip(x[::5],y[::5]):                            # 每隔 5 年
    plt.text(a,b+50,b,ha='center',va='bottom',fontsize=20)    # 增加数据标签
```

运行结果如图 7.35 所示。

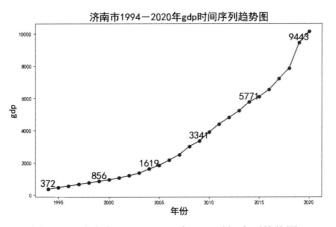

图 7.35　济南市 1994—2020 年 gdp 时间序列趋势图 2

我们还可以通过 linestyle 选项设置线条的形状，比如通过设置 linestyle='dashed'使得线条形状为虚线（**注意以下代码需同时选中并整体运行**）：

```
plt.rcParams['font.sans-serif'] = ['SimHei']                # 解决图表中的中文显示问题
plt.figure(figsize=(10,6))          # figsize 用来设置图形的大小，figsize = (a, b)，其中 a 为图形的
宽，b 为图形的高，单位为英寸。本例中图形的宽为 10 英寸，高为 6 英寸
plt.plot(x,y,color='m',marker='o',linestyle='dashed')
plt.title('济南市 1994－2020 年 gdp 时间序列趋势图',fontsize = 20)
```

```
plt.ylabel('gdp',fontsize = 18)
plt.xlabel('年份',fontsize = 18)
for a,b in zip(x[::5],y[::5]):                               # 每隔 5 年
    plt.text(a,b+50,b,ha='center',va='bottom',fontsize=20)   # 增加数据标签
```

运行结果如图 7.36 所示。

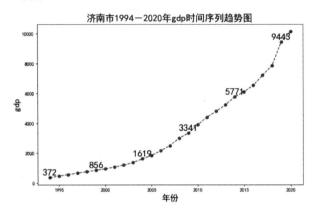

图 7.36   济南市 1994—2020 年 gdp 时间序列趋势图 3

7.7   双纵轴线图

	下载资源：可扫描旁边二维码观看或下载教学视频
	下载资源:\源代码\第 7 章 数据可视化.py
	下载资源:\sample\第 7 章\济南市 1994—2020 年部分发展指标时间序列数据.xls

7.7.1   双纵轴线图简介

双纵轴线图主要用来展示两个因变量和一个自变量的关系，并且两个因变量的数值单位不同。具体来说，双纵轴线图是指在一幅图上有一个横轴和两个纵轴，适用于三个变量。两个纵轴分别表示一个变量，横轴变量同时适用于两个纵轴上的变量，从而实现将多个变量信息集中到一幅图上，达到更加直观的对比分析效果。

7.7.2   案例数据介绍

本节使用的数据文件仍然为"济南市 1994—2020 年部分发展指标时间序列数据.xls"，数据为济南市 1994—2020 年部分发展指标时间序列数据（在 7.6.2 节中已详细介绍）。

7.7.3   Python 代码示例

比如我们需要绘制双纵轴线图观察济南市 1994—2020 年 GDP 和固定资产投资情况，Python

代码示例如下:

```
import matplotlib.pyplot as plt        # 导入matplotlib.pyplot,并简称为plt,用于图形绘制
import pandas as pd                     # 导入pandas,并简称为pd,用于数据处理
data=pd.read_excel('C:/Users/Administrator/.spyder-py3/济南市1994－2020年部分发展指标时间序列
数据.xls')                              # 读取数据文件"济南市1994－2020年部分发展指标时间序列数据.xls",并命名为data
x,y1,y2= data['year'], data['gdp'], data['invest']  # 设置X轴及Y1轴、Y2轴数据来源,分别为data
数据文件中的year、gdp与invest
```

首先我们分别作图观察济南市 1994－2020 年 GDP 和固定资产投资情况。以下为绘图代码
(**注意以下代码需同时选中并整体运行**):

```
plt.rcParams['font.sans-serif'] = ['SimHei']   # 解决图表中的中文显示问题
fig = plt.figure(figsize=(10, 4))              # 设置画布大小
ax = fig.add_subplot(1,2,1)                    # 在画布上增加第一幅图
ax.plot(x,y1,'r-',linewidth=2,label='gdp')     # 绘制year与gdp的线图,线的宽度为2,标签为gdp
ax.legend()# 为图形设置图例
ax.set_title("济南市1994－2020年GDP")          # 标题设置为"济南市1994－2020年GDP"
ax = fig.add_subplot(1,2,2)# 在画布上增加第二幅图
ax.bar(x,y2,width=1,color='b',label='invest')  # 绘制year与invest的条线图,线的宽度为1,标签
为invest
ax.legend()# 为图形设置图例
ax.set_title("济南市1994－2020年固定资产投资")  # 标题设置为"济南市1994－2020年固定资产投资"
```

运行结果如图 7.37 所示。

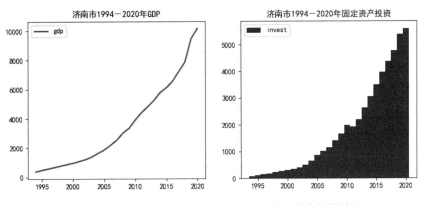

图 7.37　济南市 1994－2020 年 GDP 和固定资产投资情况

然后我们绘制双纵轴线图观察济南市 1994－2020 年 GDP 和固定资产投资情况。以下为绘图
代码(**注意以下代码需同时选中并整体运行**):

```
# 绘制第一个纵轴
fig=plt.figure(figsize=(10,8),dpi=80)
ax=fig.add_subplot(111)
lin1=ax.plot(x,y1,marker="o",label="gdp")
ax.set_title("济南市1994－2020年GDP和固定资产投资情况",size=28)
ax.set_xlabel("year",size=28)
ax.set_ylabel("gdp",size=28)
for i,j in y1.items():
    ax.text(i,j+20,str(j),va="bottom",ha="center",size=25)
# 绘制第二个纵轴
ax1=ax.twinx()
```

```
lin2=ax1.plot(x,y2,marker="D",color="red",label="invest")
ax1.set_ylabel("invest",size=28)
# 合并前面生成的两个图例
lins=lin1+lin2
labs=[l.get_label() for l in lins]
ax.legend(lins,labs,loc="upper left",fontsize=25)
# 展示图形
plt.show()
```

运行结果如图 7.38 所示。

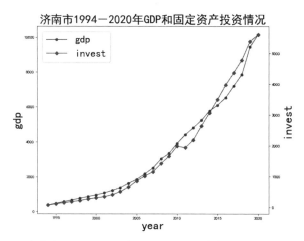

图 7.38　济南市 1994－2020 年 GDP 和固定资产投资情况双纵轴线图

7.8　回归拟合图

	下载资源：可扫描旁边二维码观看或下载教学视频
	下载资源:\源代码\第 7 章 数据可视化.py
	下载资源:\sample\第 7 章\济南市 1994－2020 年部分发展指标时间序列数据.xls

7.8.1　回归拟合图简介

散点图只能大致显示响应变量和特征之间的关系，为了深入研究其拟合关系，可以通过绘制回归拟合图的方式进行观察。回归拟合图应用最小二乘法原理，让误差的平方和最小，但回归拟合图反映的只是大概，并不精确，只能为后续真正做数据拟合提供参考信息。回归拟合图在研究简单的最小二乘回归分析时比较有用，也就是在只有 1 个特征变量时可以看出特征变量与响应变量之间的拟合关系。

回归拟合图的绘制函数是 sns.regplot()，其基本语法格式为：

```
sns.regplot(x, y, data=None, x_estimator=None, x_bins=None, x_ci='ci', scatter=True,
fit_reg=True, ci=95,n_boot=1000, units=None, order=1, logistic=False, lowess=False,
robust=False, logx=False, x_partial=None, y_partial=None, truncate=False,
dropna=True,x_jitter=None, y_jitter=None, label=None, color=None, marker='o', scatter_kws=None,
```

```
line_kws=None, ax=None)
```

函数中常用的参数说明如下：

- x，y：分别表示用于绘制回归拟合图的 X 轴和 Y 轴的数据点。
- data：绘制回归拟合图所使用的数据集。
- x_estimator：将此函数应用于 x 的每个唯一值并绘制结果估计值。当 x 是离散变量时，该函数很有用。如果给定 x_ci，则将绘制置信区间。
- x_bins：用于设置将 x 分成多少段。

7.8.2 案例数据介绍

本节使用的数据文件仍然为"济南市 1994－2020 年部分发展指标时间序列数据.xls"，数据为济南市 1994－2020 年部分发展指标时间序列数据（在 7.7.2 节中已详细介绍）。

7.8.3 Python 代码示例

以绘制 invest 和 gdp 的回归拟合图为例，Python 代码示例如下：

```
import pandas as pd              # 导入 pandas, 并简称为 pd, 用于数据处理
import seaborn as sns            # 导入 seaborn, 并简称为 sns, 用于图形绘制
data=pd.read_excel('C:/Users/Administrator/.spyder-py3/济南市 1994－2020 年部分发展指标时间序列
数据.xls')                        # 读取数据文件"济南市 1994－2020 年部分发展指标时间序列数据.xls", 并命名为 data
    x, y = data['invest'], data['gdp']   # 设置 X 轴及 Y 轴数据来源, 分别为 data 数据文件中的 invest 与
gdp
```

以下为绘图代码：

```
sns.regplot( x, y,data=data )    # 以 invest 为特征变量, 以 gdp 为响应变量绘制回归拟合图
```

运行结果如图 7.39 所示。

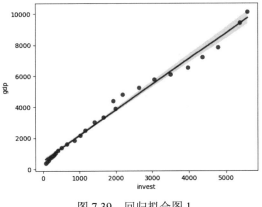

图 7.39 回归拟合图 1

从图 7.39 中可以看出，invest 和 gdp 基本呈线性关系，因此使用线性模型算法是一个不错的选择。

在前面分析的基础上，我们还可以通过设置 marker 参数来控制散点的形状，以下为绘图代码：

```
sns.regplot(x, y, data=data,marker="+")    # 以 invest 为特征变量，以 gdp 为响应变量绘制回归拟合图，
控制散点的形状为 "+"
```

运行结果如图 7.40 所示。

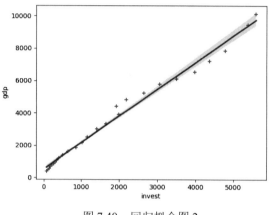

图 7.40　回归拟合图 2

在前面分析的基础上，我们还可以通过设置 color 参数来控制散点的颜色，以下为绘图代码：

```
sns.regplot(x, y, data=data,marker="+",color='g')    # 以 invest 为特征变量，以 gdp 为响应变量绘制
回归拟合图，控制散点的形状为 "+"，设置颜色为绿色
```

运行结果如图 7.41 所示。

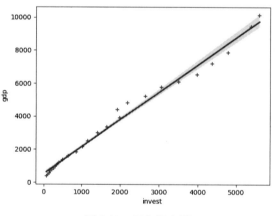

图 7.41　回归拟合图 3

在前面分析的基础上，我们还可以通过 log(x)拟合回归模型，以下为绘图代码：

```
import numpy as np
sns.regplot(x, y, data=data,marker="+",color='g',x_estimator=np.mean, logx=True,
truncate=True)    # 以 invest 为特征变量，以 gdp 为响应变量绘制回归拟合图，控制散点的形状为 "+"，设置颜色为
绿色，用 log(x)拟合回归模型
```

运行结果如图 7.42 所示。

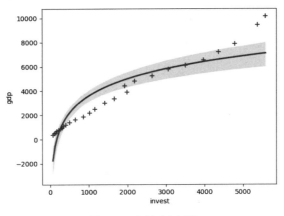

图 7.42　回归拟合图 4

图 7.42 中的散点仍为 invest 和 gdp 的对应散点，但回归拟合线则反映的是 log(invest)与 gdp 的拟合关系。

7.9　箱　　图

| 下载资源：可扫描旁边二维码观看或下载教学视频 |
| 下载资源:\源代码\第 7 章　数据可视化.py |
| 下载资源:\sample\第 7 章\济南市 1994—2020 年部分发展指标时间序列数据.xls |

7.9.1　箱图简介

箱图（Box-Plot）又称为盒须图、盒式图或箱线图，是一种用于显示一组数据的分散情况的统计图。箱图提供了一种只用 5 个点总结数据集的方式，这 5 个点包括最小值（minimum）、第一个四分位数 Q1、中位数（median）、第三个四分位数 Q3、最大值（maximum）。数据分析者通过绘制箱图不仅可以直观明了地识别数据中的异常值，还可以判断数据的偏态、尾重以及比较几批数据的形状。

箱图绘制的基本思路是：针对某一变量数据，首先计算该变量数据的 5 个特征值，即除异常值外的最小值、除异常值外的最大值、中位数、两个四分位数（下四分位数 Q1 和上四分位数 Q3）。

- 中位数的计算方法为：将变量数据的所有数值从小到大排列，如果是奇数个数值则取最中间一个值作为中位数，之后最中间的值在计算 Q1 和 Q3 时不再使用；如果是偶数个数值则取最中间两个数的平均数作为中位数，这两个数在计算 Q1 和 Q3 时继续使用。
- Q1 的计算方法为：中位数将变量的所有数据分成两部分，针对变量最小值到中位数的部分，按取中位数的方法取得的中位数即为 Q1。
- Q3 的计算方法为：中位数将变量所有数据分成两部分，针对中位数到变量最大值的部分，按取中位数的方法取得的中位数即为 Q3。

● 四分位数间距（IQR）即为：

$$IQR = Q3 - Q1$$

● 一般情况下，将所有不在（Q1−1.5IQR，Q3+1.5IQR）的区间内的数值称为离群值，除去离群值之后，剩下数值中最大的为变量数据的最大值，最小的为变量数据的最小值。

然后，将变量数据的 5 个特征值（最小值、Q1、中位数、Q3、最大值）描绘在一幅图上，最小值和 Q1 连接起来，Q1、中位数、Q3 分别作平行等长线段，最大值和 Q3 连接起来，连接两个四分位数构成箱体，然后连接最小值、最大值两个极值点与箱子，形成箱图，最后点上离群值即可。

绘制箱图的常用函数是 plt.boxplot()和 sns.boxplot()。

（1）plt.boxplot()的基本语法格式如下：

```
plt.boxplot(x, notch=None, sym=None, vert=None, whis=None,
    positions=None, widths=None, patch_artist=None,
    bootstrap=None, usermedians=None, conf_intervals=None,
    meanline=None, showmeans=None, showcaps=None, showbox=None,
    showfliers=None, boxprops=None, labels=None, flierprops=None,
    medianprops=None, meanprops=None, capprops=None,
    whiskerprops=None, manage_ticks=True, autorange=False,
    zorder=None, *, data=None)
```

函数中常用的参数说明如下：

● x：指定要绘制箱图的变量数据。

● notch：设置是否以切口的形式展现箱图，默认为非切口。

● sym：指定异常数据值的形状，默认为+号显示。

● vert：指定是否需要将箱图垂直摆放，默认为垂直摆放。

● whis：指定箱图的上下须的距离，默认为 1.5 倍的四分位数间距，在箱图的上下须之外的数值将被统计为异常数据值。

● positions：指定箱图的位置，默认为[0,1,2…]。

● widths：指定箱图的宽度，默认为 0.5。

● patch_artist：指定是否填充箱体的颜色。

● meanline：指定是否用线的形式表示均值，默认用点来表示。

● showmeans：指定是否显示均值，默认不显示。

● showcaps：指定是否显示箱图顶端和末端的两条线，默认显示。

● showbox：指定是否显示箱图的箱体，默认显示。

● showfliers：指定是否显示异常值，默认显示。

● boxprops：设置箱体的属性，如边框色、填充颜色等。

● labels：为箱图添加标签，类似于图例的作用。

● filerprops：设置异常值的属性，如异常点的形状、大小、填充颜色等。

- medianprops：设置中位数的属性，如线的类型、粗细等。

- meanprops：设置均值的属性，如点的大小、颜色等。

- capprops：设置箱图顶端和末端线条的属性，如颜色、粗细等。

- whiskerprops：设置箱图上下须的属性，如颜色、粗细、线的类型等。

（2）sns.boxplot()的基本语法格式如下：

```
sns.boxplot(x=None, y=None, hue=None, data=None, order=None, hue_order=None, orient=None,
color=None, palette=None, saturation=0.75, width=0.8, dodge=True, fliersize=5, linewidth=None,
whis=1.5, notch=False, ax=None, **kwargs))
```

函数中常用的参数说明如下：

- x：用于指定箱线图的 X 轴数据。

- y：用于指定箱线图的 Y 轴数据。

- hue：用于指定分组变量。

- data：用于指定绘图的数据集。

- order：用于指定分类顺序。

- hue_order：用于指定 hue 值的顺序。

- orient：用于指定箱图的呈现方向，默认是垂直方向。

- color：用于指定箱图的填充颜色。

- palette：用于指定 hue 变量的区分颜色。

- saturation：用于指定颜色的透明度。

- width：用于指定箱图的宽度。

- dodge：用于指定当使用 hue 参数的时候，是否绘制水平交错的箱图，默认为 True。

- fliersize：用于指定异常值点的大小。

- linewidth：用于指定箱体边框的宽度。

- whis：用于指定上下须与上下四分位数的距离，默认是 1.5 倍的 IQR。

- notch：用于指定是否绘制凹口箱图，默认是 False。

- ax：用于指定子图的位置。

- **kwargs：关键字参数，可以调用其他参数。

7.9.2　案例数据介绍

本节使用的数据文件仍然为"济南市 1994—2020 年部分发展指标时间序列数据.xls"，数据为济南市 1994—2020 年部分发展指标时间序列数据（在 7.7.2 节中已详细介绍）。

7.9.3　Python 代码示例

1. 普通箱图

以绘制 invest 和 gdp 的普通箱图为例，Python 代码示例如下：

```
import pandas as pd                      # 导入 pandas，并简称为 pd，用于数据处理
import matplotlib.pyplot as plt          # 导入 matplotlib.pyplot，并简称为 plt，用于图形绘制
data=pd.read_excel('C:/Users/Administrator/.spyder-py3/济南市 1994－2020 年部分发展指标时间序列
数据.xls')           # 读取数据文件"济南市 1994－2020 年部分发展指标时间序列数据.xls"，并命名为 data
x, y = data['invest'], data['gdp']       # 设置 X 轴及 Y 轴数据来源，分别为 data 数据文件中的 invest 与
gdp
```

以下为绘图代码（**注意需要全部选中这些代码并整体运行**）：

```
plt.figure(figsize=(9,6))         # figsize 用来设置图形的大小
plt.subplot(1,2,1)                # 指定作图位置
plt.boxplot(data['invest'])       # 绘制 invest 变量的箱图
plt.title("Boxlpot of 'invest'")  # 标题设置为"Boxlpot of 'invest'"
plt.subplot(1,2,2)                # 指定作图位置
plt.boxplot(data['gdp'])          # 绘制 gdp 变量的箱图
plt.title("Boxlpot of 'gdp")      # 标题设置为"Boxlpot of 'gdp'"
```

运行结果如图 7.43 所示。

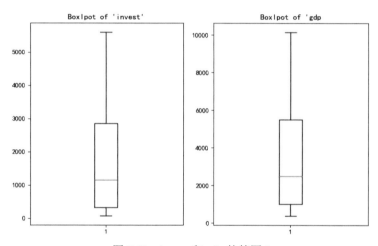

图 7.43　invest 和 gdp 的箱图 1

箱图把所有的数据分成了 4 部分：第 1 部分是从顶线到箱体的上部，这部分数值在全体数据中排名前 25%；第 2 部分是从箱体的上部到箱体中间线，这部分数值在全体数据中排名 25%以上但低于 50%；第 3 部分是从箱体中间线到箱体的下部，这部分数值在全体数据中排名 50%以上但低于 75%；第 4 部分是从箱体的底部到底线，这部分数值在全体数据中排名后 25%。顶线与底线的间距在一定程度上表示了数据的离散程度，间距越大就越离散。

2. 设置箱图顶端线条、末端线条和上下须属性

普通箱图已绘制完成，在此基础上，我们可以通过 capprops 参数设置箱图顶端和末端线条的属性，如颜色、粗细等；通过 whiskerprops 参数设置箱图上下须的属性，如颜色、粗细、线的类型等。以下为绘图代码（**注意需要全部选中这些代码并整体运行**）：

```
plt.figure(figsize=(9,6))                                   # figsize 用来设置图形的大小
plt.subplot(1,2,1)                                          # 指定作图位置
# 绘制 invest 变量的箱图
plt.boxplot(data['invest'],capprops={'linestyle':'--','color':'green'},# 绿色虚线的上下横线
whiskerprops={'linestyle':'--','color':'red'})              # 红色虚线的上下须线
plt.title("Boxlpot of 'invest'")                            # 标题设置为"Boxlpot of 'invest'"
```

```
plt.subplot(1,2,2)                                   # 指定作图位置
# 绘制 gdp 变量的箱图
plt.boxplot(data['gdp'],capprops={'linestyle':'--','color':'green'},# 绿色虚线的上下横线
whiskerprops={'linestyle':'--','color':'red'})       # 红色虚线的上下须线
plt.title("Boxlpot of 'gdp'")                        # 标题设置为 "Boxlpot of 'gdp'"
```

运行结果如图 7.44 所示。

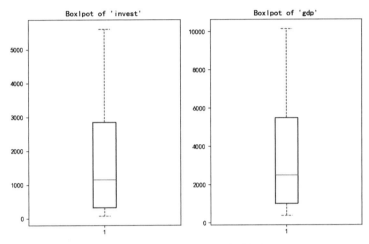

图 7.44　invest 和 gdp 的箱图 2

可以发现在上述箱图中，我们通过设置 capprops={'linestyle':'--','color':'green'}，使得箱图顶端和末端线条以绿色虚线显示；通过设置 whiskerprops={'linestyle':'--','color':'red'})，使得箱图上下须线以红色虚线显示。

3. 设置箱图箱体和中位数属性

在此基础上，我们还可以通过 boxprops 参数设置箱体的属性，如边框颜色，填充颜色等；通过 medianprops 参数设置中位数的属性，如线的类型、粗细等。以下为绘图代码（**注意需要全部选中这些代码并整体运行**）：

```
plt.figure(figsize=(9,6))                            # figsize 用来设置图形的大小
plt.subplot(1,2,1)                                   # 指定作图位置
# 绘制 invest 变量的箱图
plt.boxplot(data['invest'],capprops={'linestyle':'--','color':'green'},# 绿色虚线的上下横线
          whiskerprops={'linestyle':'--','color':'red'},      # 红色虚线的上下须线
          # box 属性
          boxprops = {'color':'blue',                # box 外框颜色
                 'linestyle':':',                    # box 外框线型
          },
          medianprops={'linestyle': '-', 'color': 'grey'},    # 中位数线
          )
plt.title("Boxlpot of 'invest'")                     # 标题设置为 "Boxlpot of 'invest'"
plt.subplot(1,2,2)       # 指定作图位置
# 绘制 gdp 变量的箱图
plt.boxplot(data['gdp'],capprops={'linestyle':'--','color':'green'},    # 绿色虚线的上下横线
          whiskerprops={'linestyle':'--','color':'red'},      # 红色虚线的上下须线
          # box 属性
          boxprops = {'color':'blue',                # box 外框颜色
```

```
                    'linestyle':':',                          # box 外框线型
              },
            medianprops={'linestyle': '-', 'color': 'grey'},    # 中位数线
          )
plt.title("Boxlpot of 'gdp'")                            # 标题设置为 "Boxlpot of 'gdp'"
```

运行结果如图 7.45 所示。

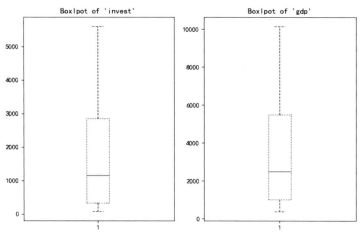

图 7.45　invest 和 gdp 的箱图 3

可以发现在上述箱图中，我们通过设置 boxprops = {'color':'blue', 'linestyle':':'} 使得箱体边框以蓝色虚点显示；通过设置 medianprops={'linestyle': '-', 'color': 'grey'} 使得箱体中位数线以灰色、实线显示。

4. 设置箱图均值属性

在此基础上，我们还可以通过 meanline 参数设置是否用线的形式表示均值；通过 showmeans 参数设置是否显示均值；通过 meanprops 参数设置均值的属性，如点的大小、颜色等。以下为绘图代码（**注意需要全部选中这些代码并整体运行**）：

```
# 显示均值属性
plt.figure(figsize=(9,6))                                # figsize 用来设置图形的大小
plt.subplot(1,2,1)                                       # 指定作图位置
# 绘制 invest 变量的箱图
plt.boxplot(data['invest'],capprops={'linestyle':'--','color':'green'},# 绿色虚线的上下横线
        whiskerprops={'linestyle':'--','color':'red'},      # 红色虚线的上下须线
        # box 属性
        boxprops = {'color':'blue',         # box 外框颜色
                    'linestyle':':',        # box 外框线型
        },
        showmeans=True,                     # 需要该参数设置显示均值
        meanline=True,                      # 需要该参数设置显示均值线
        meanprops = {'marker':'D','markerfacecolor':'red','linestyle': '--'
                    },                      # 设置均值属性
        medianprops={'linestyle': '-', 'color': 'grey'},    # 中位数线
        )
plt.title("Boxlpot of 'invest'")            # 标题设置为 "Boxlpot of 'invest'"
plt.subplot(1,2,2)                          # 指定作图位置
# 绘制 gdp 变量的箱图
```

```
plt.boxplot(data['gdp'],capprops={'linestyle':'--','color':'green'},      # 绿色虚线的上下横线
        whiskerprops={'linestyle':'--','color':'red'},                    # 红色虚线的上下须线
        # box 属性
        boxprops = {'color':'blue',          # box 外框颜色
                    'linestyle':':',         # box 外框线型
        },
        showmeans=True,                      # 需要该参数设置显示均值
        meanline=True,                       # 需要该参数设置显示均值线
        meanprops = {'marker':'D','markerfacecolor':'red','linestyle': '--'
                    },                       # 设置均值属性
        medianprops={'linestyle': '-', 'color': 'grey'},                  # 中位数线
        )
plt.title("Boxlpot of 'gdp'")        # 标题设置为"Boxlpot of 'gdp'"
```

运行结果如图 7.46 所示。

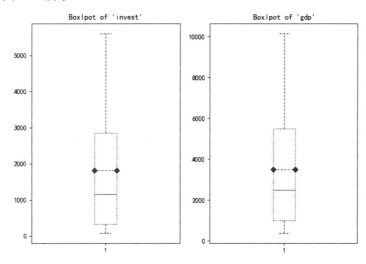

图 7.46　invest 和 gdp 的箱图 4

可以发现在上述箱图中，我们通过设置 showmeans=True 使得箱图能够显示均值；通过设置 meanline=True 显示均值线；通过设置 meanprops ={'marker':'D', 'markerfacecolor':'red','linestyle': '--' } 使得均值线的类型为虚线，并且两端以红色实心菱形突出显示。

7.10　小 提 琴 图

| 下载资源：可扫描旁边二维码观看或下载教学视频 |
| 下载资源：\源代码\第 7 章 数据可视化.py |
| 下载资源：\sample\第 7 章\XX 饮料连锁企业各省市连锁店经营数据（增加类型）.xls |

7.10.1　小提琴图简介

小提琴图其实是箱图与核密度图的结合，通过使用密度曲线描述一组或多组数值数据的分布。

箱图展示了分位数的位置，小提琴图则展示了任意位置的密度。

绘制小提琴图的常用函数是 sns.violinplot()，基本语法格式为：

```
sns.violinplot(x=None, y=None,
    hue=None, data=None,
    order=None, hue_order=None,
    bw="scott", cut=2, scale="area", scale_hue=True, gridsize=100,
    width=.8, inner="box", split=False, dodge=True, orient=None,
    linewidth=None, color=None, palette=None, saturation=.75,
    ax=None, **kwargs,)
```

函数中常用的参数说明如下：

- x：用于指定小提琴图的 X 轴数据。
- y：用于指定小提琴图的 Y 轴数据。
- hue：用于指定一个分组变量。
- data：用于指定绘制小提琴图的数据集。
- order：传递一个字符串列表，用于小提琴图中分类变量的排序。
- hue_order：传递一个字符串列表，用于小提琴图中分类变量 hue 值的排序。
- bw：用于指定核密度估计的带宽，带宽越大，密度曲线越光滑。
- scale：用于调节小提琴图左、右的宽度，可选项包括 area、count、width。
    - ➢ area：每个小提琴图左、右两部分拥有相同的面积。
    - ➢ count：根据样本数量来调整宽度。
    - ➢ width：每个小提琴图左、右两部分拥有相同的宽度。
- scale_hue：bool 数据类型，当使用 hue 参数的时候，用于设置是否对 hue 变量的每个水平做标准化处理，默认是 True。
- width：使用 hue 参数的时候，用于控制小提琴图的宽度。
- inner：用于指定小提琴图内部数据点的形态，可选项包括 box、quartiles、point、stick 等。
    - ➢ box：绘制微型的箱图。
    - ➢ quartiles：绘制四分位的分布图。
    - ➢ point 或 stick：绘制点或小竖条。
- split：bool 数据类型，当使用 hue 参数时，用于指定是否将小提琴图从中间分开，默认是 False。
- dodge：bool 数据类型，当使用 hue 参数时，用于指定是否绘制水平交错的小提琴图，默认为 True。
- orient：用于指定小提琴图的呈现方向，默认为垂直方向。
- linewidth：用于指定小提琴图的所有线条宽度。
- color：用于指定小提琴图的颜色，该参数与 palette 一起使用时无效。
- palette：用于指定 hue 变量的区分色。
- saturation：用于指定颜色的透明度。
- ax：用于指定子图的位置。

7.10.2 案例数据介绍

本节使用的案例数据文件是"XX 健身连锁企业各省市连锁店经营数据（增加类型）.xls"，数据来自 XX 健身连锁企业（虚拟名，如有雷同纯属巧合）在北京、广东、天津、浙江等省市的各个连锁店 2022 年的相关销售数据（包括营业收入、运营成本以及经营利润等数据），如表 7.7 所示。由于营业收入数据涉及商业机密，因此进行了适当的脱密处理，对于其中的部分数据也进行了必要的调整。其中 code、income、cost、profit、shengshi、leixing 6 个变量分别表示门店编号、营业收入、运营成本、经营利润、所在省市以及所处商圈。

表 7.7　XX 健身连锁企业 2022 年各连锁店经营数据

单位：万元

code	income	cost	profit	shengshi	Leixing
1	682	296	268	北京	热门商圈
2	685	272	227	北京	热门商圈
3	681	244	221	北京	热门商圈
4	677	224	216	北京	热门商圈
5	672	222	229	北京	热门商圈
6	568	345	243	北京	非热门商圈
7	565	342	244	北京	非热门商圈
8	561	333	244	北京	非热门商圈
9	555	318	246	北京	非热门商圈
10	545	314	243	北京	非热门商圈
11	780	369	290	广东	热门商圈
12	779	361	290	广东	热门商圈
13	776	348	292	广东	热门商圈
14	769	334	275	广东	热门商圈
15	764	330	286	广东	热门商圈
16	714	340	282	广东	非热门商圈
17	712	336	282	广东	非热门商圈
18	708	324	269	广东	非热门商圈
19	702	315	263	广东	非热门商圈
20	696	313	261	广东	非热门商圈
21	498	331	240	天津	热门商圈
22	497	331	240	天津	热门商圈
23	493	320	245	天津	热门商圈
24	485	296	253	天津	热门商圈
25	476	290	237	天津	热门商圈
26	519	319	270	天津	非热门商圈
27	519	313	260	天津	非热门商圈
28	515	303	258	天津	非热门商圈
29	511	295	260	天津	非热门商圈

（续表）

code	income	cost	profit	shengshi	Leixing
30	507	291	271	天津	非热门商圈
31	509	363	237	浙江	热门商圈
32	508	337	233	浙江	热门商圈
33	502	327	226	浙江	热门商圈
34	492	311	226	浙江	热门商圈
35	481	306	222	浙江	热门商圈
36	581	315	289	浙江	非热门商圈
37	577	305	281	浙江	非热门商圈
38	574	299	285	浙江	非热门商圈
39	570	293	279	浙江	非热门商圈
40	567	291	275	浙江	非热门商圈

7.10.3　Python 代码示例

绘制变量 profit 的小提琴图的 Python 代码示例如下：

```
import matplotlib.pyplot as plt      # 导入 matplotlib.pyplot 并简称为 plt，用于图形绘制
import pandas as pd                  # 导入 pandas 并简称为 pd，用于数据处理
import seaborn as sns                # 导入 seaborn 并简称为 sns，用于图形绘制
data=pd.read_excel('C:/Users/Administrator/.spyder-py3/XX 健身连锁企业各省市连锁店经营数据（增加
类型）.xls')          # 读取数据文件"XX 饮料连锁企业各省市连锁店经营数据（增加类型）.xls"，并命名为 data
x,y,z= data['shengshi'],data['leixing'], data['profit'] # 生成 pandas 序列 x,y,z，分别为 data
数据文件中的"shengshi""leixing"与"profit"
```

1. 绘制 profit 的普通小提琴图

注意以下代码需同时选中并整体运行：

```
sns.violinplot(x=x,y=z,data=data)           # 绘制小提琴图
plt.title("profit 的小提琴图")              # 标题设置为"profit 的小提琴图"
```

运行结果如图 7.47 所示。

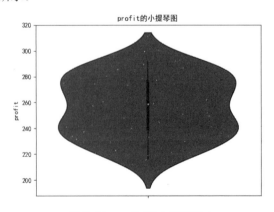

图 7.47　profit 的小提琴图 1

从图 7.47 中可以非常直观地看出 XX 健身连锁企业 2022 年各连锁店经营利润的分布情况。小提琴图内部是箱图，其中的白色空点表示中位数，从整体上看 XX 健身连锁企业 2022 年各连锁店经营利润集中分布在 (220 万元, 300 万元) 区间，中位数在 260 万元左右。

2. 绘制 profit 按省市分类的小提琴图

注意以下代码需同时选中并整体运行：

```
sns.violinplot(x=x,y=z,data=data)        # 绘制小提琴图
plt.title("profit 的小提琴图")            # 标题设置为 "profit 的小提琴图"
```

运行结果如图 7.48 所示。

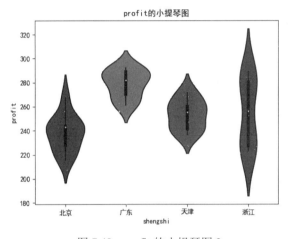

图 7.48　profit 的小提琴图 2

图 7.48 中的横轴为 4 个省市，纵轴为 profit，分别绘制了北京、广东、天津、浙江 4 个省市的各个连锁店 2022 年经营利润的小提琴图。从图中可以非常直观地看出各个省市经营利润的分布情况。浙江省各个连锁店 2022 年经营利润的小提琴图最为狭长，说明其各个连锁店经营利润的分布最为广泛。广东省、天津市各个连锁店 2022 年经营利润的小提琴图较为粗胖，说明其各个连锁店经营利润的分布较为集中。小提琴图内部是箱图，其中的白色空点表示中位数，从整体上看广东省各个连锁店 2022 年经营利润最高。

3. 绘制 profit 按省市分类、按所处商圈类型分类的小提琴图

注意以下代码需同时选中并整体运行：

```
sns.violinplot(x=x,y=z,data=data,hue=y)  # 绘制小提琴图
plt.title("profit 的小提琴图")            # 标题设置为 "profit 的小提琴图"
```

运行结果如图 7.49 所示。

图 7.49 中的横轴为 4 个省市，纵轴为 profit，分类变量为所处商圈，分别绘制了北京、广东、天津、浙江 4 个省市的各个连锁店按所处商圈类型分类的 2022 年经营利润的小提琴图，共 8 个。具体来说：

（1）XX 健身连锁企业在北京市的各个连锁店，处于热门商圈的各个连锁店 2022 年经营利润分布较为分散，但在非热门商圈的各个连锁店 2022 年经营利润分布较为集中，非热门商圈各个连锁店 2022 年经营利润水平要高于热门商圈各个连锁店 2022 年经营利润水平。

（2）XX 健身连锁企业在广东省的各个连锁店，处于热门商圈的各个连锁店 2022 年经营利润分布较为集中，非热门商圈的各个连锁店 2022 年经营利润分布较为分散，热门商圈各个连锁店 2022 年经营利润水平要高于非热门商圈各个连锁店 2022 年经营利润水平。

（3）XX 健身连锁企业在天津市的各个连锁店，无论是热门商圈还是非热门商圈各个连锁店 2022 年经营利润分布都较为集中，但是非热门商圈各个连锁店 2022 年经营利润水平整体上要高于热门商圈各个连锁店 2022 年经营利润水平，这种热门商圈与非热门商圈之间的分类差异，相较于浙江省各个连锁店之间的分类差异更小。

（4）XX 健身连锁企业在浙江省的各个连锁店，无论是热门商圈还是非热门商圈各个连锁店 2022 年经营利润分布都较为集中，而且非热门商圈各个连锁店 2022 年经营利润水平整体上要显著高于热门商圈各个连锁店 2022 年经营利润水平。

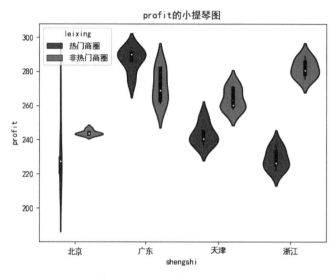

图 7.49　profit 的小提琴图 3

7.11　联合分布图

	下载资源：可扫描旁边二维码观看或下载教学视频
	下载资源:\源代码\第 7 章 数据可视化.py
	下载资源:\sample\第 7 章\济南市 1994－2020 年部分发展指标时间序列数据.xls

7.11.1　联合分布图简介

联合分布图是一个多面板图形，比如散点图、二维直方图、核密度图等在同一个图形上显示，它用来显示两个变量之间的双变量关系以及每个变量在单独坐标轴上的单变量分布。

联合分布图用到的函数为 sns.jointplot()，具体语法格式如下：

```
serborn.jointplot(x, y, data=None, kind="scatter", stat_func=, color=r, size=8, ratio=6,
space=0.3, dropna=True, xlim=None, ylim=None, joint_kws=None, marginal_kws=None, annot_kws=None,
**kwargs)
```

函数中常用参数的说明如下：

- x，y：分别表示绘制联合分布图的横轴、纵轴变量。
- data：用于绘制联合分布图的数据集。
- kind：表示绘制图形的类型，kind 的类型可以是 hex, kde, scatter, reg, hist。当 kind='hex'时，它显示蜂窝热力图；当 kind=kde'时，它显示核密度图；当 kind=' scatter'时，它显示散点图；当 kind='reg'时，它显示最佳拟合线；当 kind='hist'时，它显示直方图。
- stat_func：用于计算有关关系的统计量并标注图。
- color：表示绘图元素的颜色。
- size：用于设置图的大小（正方形）。
- ratio：表示中心图与侧边图的比例。该参数的值越大，则中心图的占比会越大。
- space：用于设置中心图与侧边图的间隔大小。
- xlim，ylim：分别用于设置 X 轴和 Y 轴的范围。

7.11.2 案例数据介绍

本节使用的数据文件仍然为"济南市 1994—2020 年部分发展指标时间序列数据.xls"，数据为济南市 1994—2020 年部分发展指标时间序列数据（在 7.7.2 节中已详细介绍）。

7.11.3 Python 代码示例

以绘制 invest 和 gdp 的联合分布图为例，首先绘制 kind='reg'时的两个变量的联合分布图。Python 代码示例如下：

```
import pandas as pd                    # 导入 pandas，并简称为 pd，用于数据处理
import matplotlib.pyplot as plt        # 导入 matplotlib.pyplot，并简称为 plt，用于图形绘制
data=pd.read_excel('C:/Users/Administrator/.spyder-py3/济南市 1994—2020 年部分发展指标时间序列
数据.xls')        # 读取数据文件"济南市 1994—2020 年部分发展指标时间序列数据.xls"，并命名为 data
    x, y = data['invest'], data['gdp']    # 设置 X 轴及 Y 轴数据来源，分别为 data 数据文件中的 invest 与
gdp
```

以下为绘图代码（**注意需要全部选中这些代码并整体运行**）：

```
sns.jointplot(x , y = "profit", kind = "reg", data = data)    # 基于数据 data 绘制联合分布图，X
轴为 invest，Y 轴为 gdp，绘图类型为 reg
    plt.title("Joint plot using sns")                        # 为图表设置标题
```

运行结果如图 7.50 所示。

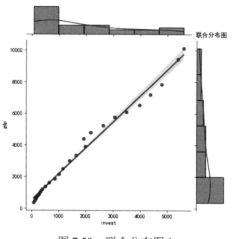

图 7.50   联合分布图 1

从图 7.50 中我们可以看到 invest、gdp 两个变量的直方图和 invest、gdp 两个变量的回归拟合线，可以非常直观地看出两个变量之间呈现出一种高度的正相关关系，而且这种正相关关系比较符合线性趋势，因此可以使用线性回归算法来拟合。

除了选择 kind='reg'外，还可以选择默认的 kind='scatter'，以下为绘图代码（**注意需要全部选中这些代码并整体运行**）：

```
sns.jointplot(x, y,data = data)         # 基于数据 data 绘制联合分布图，X 轴为 invest，Y 轴为 gdp，绘
图类型为 scatter
```

运行结果如图 7.51 所示。

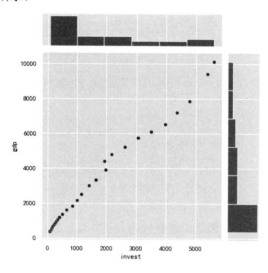

图 7.51   联合分布图 2

从图 7.51 中可以看到 invest 和 gdp 这两个变量的直方图和散点图。同样可以非常直观地看出这两个变量之间呈现出一种高度的正相关关系，而且基本呈线性变化。

我们还可以选择 kind='hex'绘制蜂窝热力图，以下为绘图代码（**注意需要全部选中这些代码并整体运行**）：

```
sns.jointplot(x, y, kind="hex", color="# 4CB391")  # 基于数据 data 绘制联合分布图, X 轴为 invest,
Y 轴为 gdp, 绘图类型为 hex
```

运行结果如图 7.52 所示。

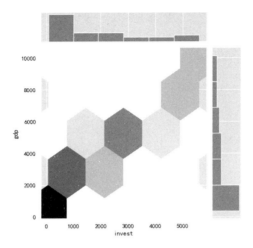

图 7.52 联合分布图 3

从图 7.52 中可以看到 invest 和 gdp 这两个变量的直方图和蜂窝热力图，蜂窝的颜色越深表示相关的点越聚集。同样可以非常直观地看出这两个变量之间呈现出一种高度的正相关关系，而且基本呈线性变化。

我们还可以选择 kind='kde'绘制核密度图，以下为绘图代码（**注意需要全部选中这些代码并整体运行**）：

```
plt.rcParams['axes.unicode_minus']=False          # 正常显示负号
sns.jointplot(x, y,data = data, kind="kde")       # 基于数据 data 绘制联合分布图, X 轴为 invest, Y 轴
为 gdp, 绘图类型为 kde
```

运行结果如图 7.53 所示。

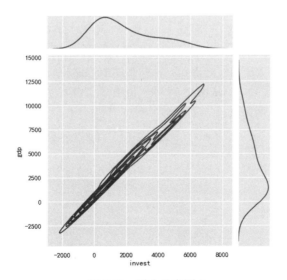

图 7.53 联合分布图 4

从图 7.53 中可以看到 invest 和 gdp 这两个变量单独的核密度图以及 invest 和 gdp 这两个变量联合分布的核密度图。同样可以非常直观地看出这两个变量之间呈现出一种高度的正相关关系，而且基本呈线性变化。

我们还可以选择 kind='hist' 绘制直方图，以下为绘图代码（**注意需要全部选中这些代码并整体运行**）：

```
sns.jointplot(x, y, kind="hist", color="# 4CB391")    # 基于数据 data 绘制联合分布图，X 轴为 invest，
Y 轴为 gdp，绘图类型为 hist
```

运行结果如图 7.54 所示。

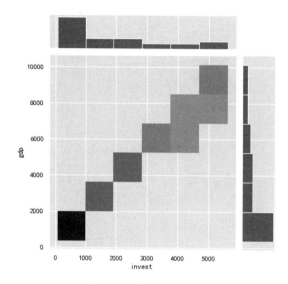

图 7.54   联合分布图 5

从图 7.54 中可以看到 invest 和 gdp 这两个变量的直方图以及 invest 和 gdp 这两个变量联合分布的二维直方图，二维直方图中色块的颜色越深表示相关的点越聚集。同样可以非常直观地看出这两个变量之间呈现出一种高度的正相关关系，而且基本呈线性变化。

此外，当数据集中变量数不止 2 个时，可以使用 sns.pairplot()函数绘制两两组合图查看各变量之间的分布关系。sns.pairplot()函数将变量的任意两两组合分布绘制成一个子图，对角线是直方图，而其余子图是用相应变量分别作为 X、Y 轴绘制的散点图。

下面使用 sns.pairplot()函数绘制济南市 1994—2020 年部分发展指标时间序列数据中各变量的两两组合图。Python 代码示例如下：

```
sns.pairplot(data = data)    # 绘制济南市 1994—2020 年部分发展指标时间序列数据中各变量的两两组合图
```

运行结果如图 7.55 所示。

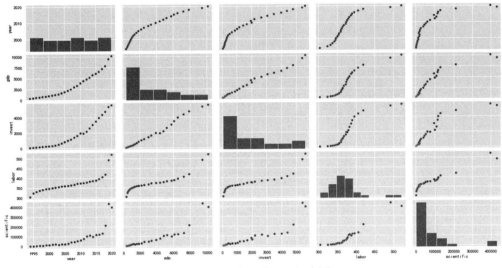

图 7.55　各变量的两两组合图

从图 7.55 中可以看到年份、地区生产总值、固定资产投资、年底就业人数、财政科技投入这 5 个变量之间的两两组合情况，其中包括各个变量两两之间的散点图以及各个变量自身的直方图。

7.12　雷 达 图

	下载资源：可扫描旁边二维码观看或下载教学视频
	下载资源:\源代码\第 7 章　数据可视化.py
	下载资源:\sample\第 7 章\各分行绩效考核数据.xlsx

7.12.1　雷达图简介

雷达图也被称为网络图、蜘蛛图、星图、蜘蛛网图、不规则多边形、极坐标图，主要作用是通过二维图表展示多维度数据。雷达图将多个维度的数据量映射到坐标轴上，每一个维度的数据都分别对应一个坐标轴，这些坐标轴以相同的间距沿着径向排列，并且刻度相同，构成一个封闭的圆形。

雷达图的解读方法是，如果变量在每个维度上的标准值为 1，则会构成一个半径为 1 的标准圆，同理可以构建出标准为 2、3……任意值的标准圆；而将每个样本在各个维度上的取值连接起来，则会构成一个不规则多边形；根据多边形与标准圆的重合覆盖情况，可以判断样本整体上或在各个维度上的实际表现，如果位于标准圆以内，则表明该样本整体或相关维度的实际表现较差，弱于标准值；如果位于标准圆以外，则表明该样本整体或相关维度的实际表现较好，强于标准值。

7.12.2　案例数据介绍

本节用于绘制雷达图的数据文件为"各分行绩效考核数据.xlsx"。数据是某商业银行 2022

年 6 个城市分行绩效考核数据。6 个城市分行包括济南分行、青岛分行、烟台分行、南京分行、杭州分行、昆明分行，绩效考核指标名称包括存款规模、营业收入、净利润、客户群建设、资产质量控制、合规经营。数据如表 7.8 所示。

表 7.8　某商业银行 2022 年 6 个城市分行绩效考核数据

指标名称	济南分行	青岛分行	烟台分行	南京分行	杭州分行	昆明分行
存款规模	93.30	69.62	94.46	90.18	80.91	75.11
营业收入	60.93	99.62	52.75	90.18	87.41	64.69
净利润	87.95	69.00	76.00	35.68	56.99	80.98
客户群建设	73.13	84.26	85.59	63.69	71.40	82.61
资产质量控制	89.07	97.00	47.25	79.82	62.59	65.31
合规经营	98.44	86.97	80.21	93.69	93.27	80.59

我们需要绘制雷达图观察这 6 个城市分行的绩效考核情况。

7.12.3　Python 代码示例

1. 绘制济南分行雷达图

Python 代码示例如下：

```
import numpy as np                     # 导入 numpy 并简称为 np，用于数据处理
import pandas as pd                    # 导入 pandas 并简称为 pd，用于数据处理
import matplotlib.pyplot as plt        # 导入 matplotlib.pyplot 并简称为 plt，用于图形绘制
dataset=pd.read_excel('C:/Users/Administrator/.spyder-py3/各分行绩效考核数据.xlsx')     # 读取
数据文件"各分行绩效考核数据.xlsx"，并命名为 dataset
dataset.set_index('指标名称',drop=True,inplace=True)  # 设置"指标名称"一列为 dataset 数据文件的索
引列，并在数据文件中删除该列，替换掉之前的 dataset 数据文件
```

在 Spyder 的"变量浏览器"窗口，双击生成的 dataset 数据文件，文件内容如图 7.56 所示，可以发现"指标名称"一列已经成为 dataset 数据文件的索引列，并且在数据文件中已经删除掉了这一列。

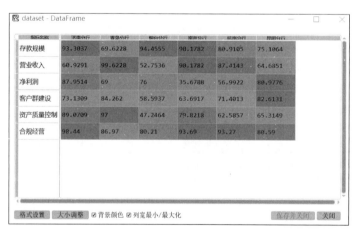

图 7.56　dataset 数据文件 1

```
dataset= dataset.iloc[:,0]            # 仅选择前面生成的 dataset 数据文件中的第一列作为更新后的 dataset
```

数据文件，即仅保留第一列，其他列删除，该步操作可以起到仅选择济南分行数据的效果

在 Spyder 的"变量浏览器"窗口，双击生成的 dataset 数据文件，文件内容如图 7.57 所示，可以发现仅保留了第一列济南分行数据，其他列数据被删除，dataset 数据文件的格式也从数据框（DateFrame）退化为序列（Series）。

图 7.57　dataset 数据文件 2

以下为绘图代码（**注意需要全部选中这些代码并整体运行**）：

```
plt.rcParams['font.sans-serif'] = ['SimHei']    # 解决图表中的中文显示问题
radar_labels=dataset.index                      # 设置雷达标签为前面生成的dataset数据文件的索引列
nAttr=6                                          # 因为本例中绩效考核有6个维度，所以设置6个轴
data=dataset.values                             # 将dataset数据文件的值设定为数据值
# 设置雷达图角度
angles=np.linspace(0,2*np.pi,nAttr,endpoint= False)
data=np.concatenate((data, [data[0]]))
angles=np.concatenate((angles, [angles[0]]))
# 设置雷达图画布
fig=plt.figure(facecolor="white",figsize=(10,6))
plt.subplot(111, polar=True)
# 绘制雷达图
plt.plot(angles,data,'o-',linewidth=1.5, alpha= 0.2)
# 填充雷达图颜色
plt.fill(angles,data, alpha=0.25)
plt.thetagrids(angles[:-1]*180/np.pi,radar_labels,1.2)
plt.figtext(0.52, 0.95,'济南分行绩效考核各维度分析',ha='center', size=20)  # 设置雷达图标题
plt.show()# 展示图形
```

运行结果如图 7.58 所示。

可以发现，如果以 80 分值作为标准，那么济南分行的净利润、存款规模、合规经营和资产质量控制这 4 个绩效考核维度表现较好；而客户群建设、营业收入这 2 个绩效考核维度表现较差。说明分行在客户群的营销拓展与维护、做大做强客户群、实现更多营业收入方面还有较多工作要做。

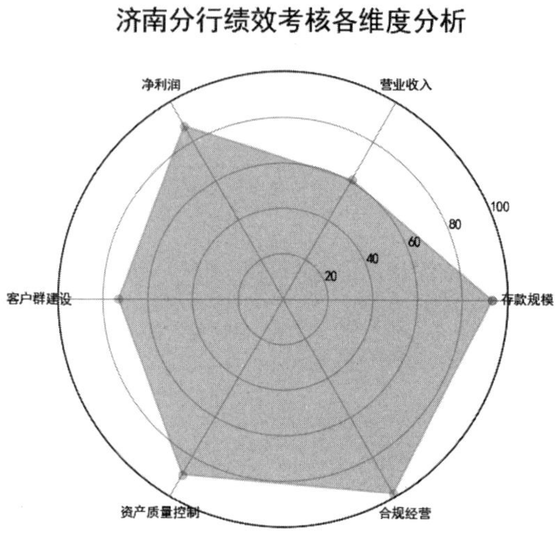

济南分行绩效考核各维度分析

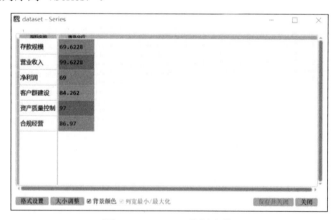

图 7.58　济南分行绩效考核各维度分析雷达图

2. 绘制青岛分行雷达图

Python 代码示例如下：

```
dataset=pd.read_excel('C:/Users/Administrator/.spyder-py3/各分行绩效考核数据.xlsx')     # 读取
数据文件“各分行绩效考核数据.xlsx”，并命名为dataset
dataset.set_index('指标名称',drop=True,inplace=True)        # 设置“指标名称”一列为dataset数据文
件的索引列，并在数据文件中删除该列，替换掉之前的dataset数据文件
dataset= dataset.iloc[:,1]        # 仅选择前面生成的dataset数据文件中的第2列作为更新后的dataset
数据文件，即仅保留第2列，删除其他列，该步操作可以起到仅选择青岛分行数据的效果
```

在 Spyder 的"变量浏览器"窗口，双击生成的 dataset 数据文件，文件内容如图 7.59 所示，可以发现仅保留了第 2 列青岛分行数据，其他列数据被删除，dataset 数据文件的格式也从数据框（DateFrame）退化为序列（Series）。

图 7.59　dataset 数据文件

以下为绘图代码（**注意需要全部选中这些代码并整体运行**）：

```
plt.rcParams['font.sans-serif'] = ['SimHei']   # 解决图表中的中文显示问题
radar_labels=dataset.index  # 设置雷达标签为前面生成的dataset数据文件的索引列
nAttr=6                      # 因为本例中绩效考核有6个维度，所以设置6个轴
```

```
data=dataset.values          # 将 dataset 数据文件的值设定为数据值
# 设置雷达图角度
angles=np.linspace(0,2*np.pi,nAttr,endpoint= False)
data=np.concatenate((data, [data[0]]))
angles=np.concatenate((angles, [angles[0]]))
# 设置雷达图画布
fig=plt.figure(facecolor="white",figsize=(10,6))
plt.subplot(111, polar=True)
# 绘制雷达图
plt.plot(angles,data,'o-',linewidth=1.5, alpha= 0.2)
# 填充雷达图颜色
plt.fill(angles,data, alpha=0.25)
plt.thetagrids(angles[:-1]*180/np.pi,radar_labels,1.2)
plt.figtext(0.52, 0.95,'青岛分行绩效考核各维度分析',ha='center', size=20)# 设置雷达图标题
plt.show()# 展示图形
```

运行结果如图 7.60 所示。

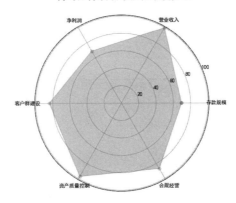

图 7.60 青岛分行绩效考核各维度分析雷达图

可以发现，如果以 80 分值作为标准，那么青岛分行的营业收入、客户群建设、合规经营和资产质量控制这 4 个绩效考核维度表现较好，而存款规模、净利润这 2 个绩效考核维度表现较差。说明分行在各类存款争揽与留存、提升盈利能力水平方面还有较多工作要做。

3. 绘制多家分行雷达图

很多时候，我们需要把多个样本的雷达图绘制到一起，以便进行对比，分析各个分行在各个维度上的优劣情况。就本例来说，如果我们要绘制多家分行的雷达图，则 Python 代码示例如下：

```
dataset=pd.read_excel('C:/Users/Administrator/.spyder-py3/各分行绩效考核数据.xlsx')   # 读取
数据文件"各分行绩效考核数据.xlsx"，并命名为 dataset
    dataset.set_index('指标名称',drop=True,inplace=True)        # 设置"指标名称"一列为 dataset 数据文
件的索引列，并在数据文件中删除该列，替换掉之前的 dataset 数据文件
```

相对于前面单家分行雷达图绘制，此处并未选取 dataset 数据集进行个别列的操作，从而可以保留完整的、包括所有分行数据的数据集。以下为绘图代码（**注意需要全部选中这些代码并整体运行**）：

```
plt.rcParams['font.sans-serif'] = ['SimHei']     # 解决图表中的中文显示问题
radar_labels=dataset.index                       # 设置雷达标签为前面生成的 dataset 数据文件的索引列
```

```
nAttr=6                                    # 因为本例中绩效考核有 6 个维度，所以设置 6 个轴
data=dataset.values                        # 将 dataset 数据文件的值设定为数据值
data_labels=dataset.columns                # 设置数据标签为前面生成的 dataset 数据文件的列名
# 设置雷达图角度
angles=np.linspace(0,2*np.pi,nAttr,endpoint= False)
data=np.concatenate((data, [data[0]]))
angles=np.concatenate((angles, [angles[0]]))
# 设置雷达图画布
fig=plt.figure(facecolor="white",figsize=(10,6))
plt.subplot(111, polar=True)
# 绘制雷达图
plt.plot(angles,data,'o-',linewidth=1.5, alpha= 0.2)
# 填充雷达图颜色
plt.fill(angles,data, alpha=0.25)
plt.thetagrids(angles[:-1]*180/np.pi,radar_labels,1.2)
plt.figtext(0.52, 0.95,'各分行绩效考核分析',ha='center', size=20)    # 设置雷达图标题
# 设置图例
legend=plt.legend(data_labels, loc=(1.1, 0.05),labelspacing=0.1)
plt.setp(legend.get_texts(),fontsize='large')
plt.grid(True)
plt.show()# 展示图形
```

运行结果如图 7.61 所示。

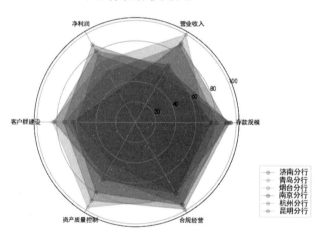

图 7.61   各分行绩效考核分析雷达图

从图 7.61 中可以看出济南分行、青岛分行、烟台分行、南京分行、杭州分行、昆明分行 6 家分行在存款规模、营业收入、净利润、客户群建设、资产质量控制、合规经营 6 个维度绩效考核指标上的表现情况，分行间的优劣对比一目了然。

注意此处容易混淆的两个概念是雷达标签（代码中的 radar_labels）和数据标签（代码中的 data_labels），雷达标签反映的是变量的维度，具体到本例就是各个考核维度的名称，所以代码层面就是设置为前面生成的 dataset 数据文件的索引列；而数据标签则是各个样本，具体到本例就是各家分行的名称，所以代码层面就是设置为前面生成的 dataset 数据文件的列名。在 Spyder 的"变量浏览器"窗口，双击生成的 radar_labels 和 data_labels，文件内容分别如图 7.62 和图 7.63 所示。

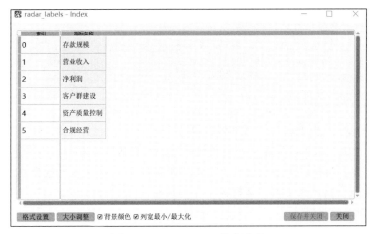

图 7.62　radar_labels 数据文件

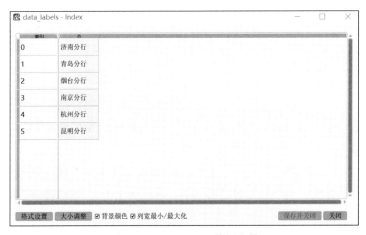

图 7.63　data_labels 数据文件

7.13　饼　　图

下载资源：可扫描旁边二维码观看或下载教学视频
下载资源:\源代码\第 7 章　数据可视化.py
下载资源:\sample\第 7 章\各分行存贷款数据.xlsx

7.13.1　饼图简介

　　饼图是数据分析中常见的一种经典图形，因其外形类似于圆饼而得名。在数据分析中，很多时候需要分析数据总体的各个组成部分的占比，我们可以通过各个部分与总额相除来计算，但这种数学比例的表示方法相对抽象。Python 提供了饼形制图代码，能够直接以图形的方式显示各个组成部分所占的比例，更为重要的是，由于采用图形的方式，因此更加形象直观。

　　绘制饼图的常用函数是 plt.pie()，其基本语法格式为：

```
plt.pie(x, explode=None, labels=None, colors=None, autopct=None,
        pctdistance=0.6, shadow=False, labeldistance=1.1,
        startangle=0, radius=1, counterclock=True, wedgeprops=None,
        textprops=None, center=(0, 0), frame=False,
        rotatelabels=False, *, normalize=True, data=None)
```

函数中常用的参数说明如下：

- x：浮点型数组，用于设置绘制饼状图的数据。
- explode：数组，用于设置各个饼块之间的间隔，默认值为 0。
- labels：列表，用于指定每个饼块的名称，默认值为 None，为可选参数。
- colors：数组，用于指定饼图的颜色，默认值为 None，为可选参数。
- autopct：设置饼图内各个饼块百分比显示格式，对应关系如表 7.9 所示。

表 7.9　饼图内各个饼块百分比显示格式及含义

格　式	含　义
%d%%	整数百分比
%0.1f	一位小数
%0.1f%%	一位小数百分比
%0.2f%%	两位小数百分比

- labeldistance：标签标记的绘制位置相对于半径的比例，默认值为 1.1，如果值<1，则绘制在饼图内侧。
- pctdistance：类似于 labeldistance，指定 autopct 的位置刻度，默认值为 0.6。
- shadow：布尔类型，用于设置饼图的阴影，默认为 False，不设置阴影。
- radius：用于指定饼图的半径，默认值为 1，为可选参数。
- startangle：用于指定起始绘制饼图的角度，默认为从 X 轴正方向逆时针画起，如设定为 90，则从 Y 轴正方向画起。
- counterclock：布尔类型，设置指针方向，默认为 True，即逆时针，False 为顺时针。
- wedgeprops：字典类型，默认值为 None。传递给 wedge 对象的字典参数，用来画一个饼图，例如，wedgeprops={'linewidth':6}表示设置 wedge 线宽为 6。
- textprops：字典类型，默认值为 None。传递给 text 对象的字典参数，用于设置标签（labels）和比例文字的格式。
- center：浮点类型的列表，默认值为(0,0)。用于设置图标中心位置。
- frame：布尔类型，默认值为 False。如果为 True，则绘制带有表的轴框架。
- rotatelabels：布尔类型，默认为 False。如果为 True，则旋转每个 label 到指定的角度。

7.13.2　案例数据介绍

本节我们用于绘制饼图的数据文件是"各分行存贷款数据.xlsx"。案例数据是某银行 2022 年 8 家城市分行的存贷款数据，如表 7.10 所示。

表 7.10　某银行 2022 年 8 家城市分行的存贷款数据

分行名称	存款数据	贷款数据
济南分行	69548	62866
青岛分行	63979	53433
沈阳分行	57450	51904
南京分行	52646	50692
杭州分行	52057	53850
昆明分行	81178	57021
西安分行	80312	57302
上海分行	78228	57229

7.13.3　Python 代码示例

1. 普通饼图

下面我们绘制某银行 2022 年 8 家城市分行的存款数据普通饼图（注意，存款数据对应的是数据集的第 2 列）。Python 代码示例如下：

```
import pandas as pd                    # 导入 pandas 并简称为 pd，用于数据处理
import matplotlib.pyplot as plt        # 导入 matplotlib.pyplot 并简称为 plt，用于图形绘制
data=pd.read_excel('C:/Users/Administrator/.spyder-py3/各分行存贷款数据.xlsx')    # 读取数据文
件"各分行存贷款数据.xlsx"，并命名为 data
labels = data.iloc[:,0]                # 以数据集的第 1 列为饼图各饼块的标签
X = data.iloc[:,1]                     # 以数据集的第 2 列为绘制饼图的数据
```

以下为绘图代码（**注意需要同时选中并整体运行**）：

```
plt.rcParams['font.sans-serif'] = ['SimHei']   # 解决图表中的中文显示问题
plt.pie(x = X, labels=labels)         # 绘制普通饼图
plt.show()                            # 展示图形
```

运行结果如图 7.64 所示。

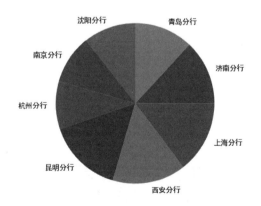

图 7.64　各分行存款数据饼图 1

2. 增加百分比数据标签

不难发现在图 7.64 的饼图中缺乏数据标签，只用饼块的大小来表示各分行的存款贡献度。如

果我们需要加上数据标签，则需要在代码中科学设置 autopct 选项。以下为绘图代码（**注意需要同时选中并整体运行**）：

```
plt.rcParams['font.sans-serif'] = ['SimHei']          # 解决图表中的中文显示问题
plt.pie(x = X,labels=labels,autopct="%0.2f%%")        # 绘制饼图，增加百分比数据标签，显示饼块占比
百分比，并且百分比有两位小数，即 XX.XX%
plt.show()                                            # 展示图形
```

运行结果如图 7.65 所示。

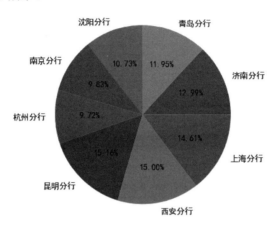

图 7.65　各分行存款数据饼图 2

3. 顺时针绘制饼图

在图 7.65 的饼图中，可以观察到是饼图按照济南分行、青岛分行、沈阳分行、南京分行、杭州分行、昆明分行、西安分行、上海分行的逆时针顺序绘制的，如果我们需要顺时针绘制饼图，则需要在代码中科学设置 counterclock 选项。以下为绘图代码（**注意需要同时选中并整体运行**）：

```
plt.rcParams['font.sans-serif'] = ['SimHei']                              # 解决图表中的中文显示问题
plt.pie(x = X,labels=labels,autopct="%0.2f%%",counterclock=False)# 绘制饼图，增加百分比数据标
签，显示饼块占比百分比，并且百分比有两位小数，即 XX.XX%，顺时针绘制饼图
plt.show()                                                               # 展示图形
```

运行结果如图 7.66 所示。

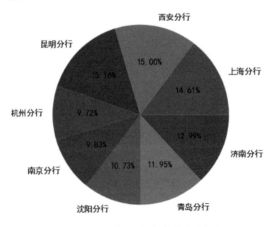

图 7.66　各分行存款数据饼图 3

4. 设置各个饼块之间的间隔

在前面的各个饼图中，所有饼块之间都是没有空隙的，都紧密连接在一起，如果我们需要设置各个饼块之间的间隔，则需要在代码中科学设置 explode 选项。以下为绘图代码（**注意需要同时选中并整体运行**）：

```
plt.rcParams['font.sans-serif'] = ['SimHei']              # 解决图表中的中文显示问题
explode1 = (0.1, 0.1, 0.1, 0.1, 0.1, 0.1, 0.1, 0.1) # 构建 explode1 元组，其中的元素个数需要与饼
块的个数保持一致，本例中为 8 个
plt.pie(x = X,labels=labels,autopct="%0.2f%%",counterclock=False,explode=explode1)
# 绘制饼图，增加百分比数据标签，显示饼块占比百分比，并且百分比有两位小数，即 XX.XX%，顺时针绘制饼图，并且
设置各个饼块之间的间隔均为 0.1
plt.show()                                               # 展示图形
```

运行结果如图 7.67 所示。

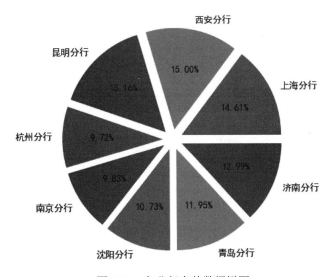

图 7.67 各分行存款数据饼图 4

7.14 习   题

1. 使用数据文件"各分行 2022 年 EVA 及 RAROC 数据.xlsx"绘制四象限图。案例数据是某银行 31 家一级分行 2022 年的 EVA（经济增加值）和 RAROC（风险调整后的资本回报率）数据，如表 7.11 所示。

表 7.11　某银行 31 家分行 2022 年 EVA 及 RAROC 数据

地区	EVA	RAROC
西藏	178268.51	0.03
青海	147410.77	0.04
宁夏	179197.96	0.06
吉林	68035.74	0.07
海南	161352.52	0.08
黑龙江	97592.25	0.12
甘肃	164140.87	0.13
天津	103168.95	0.13
贵州	152243.91	0.05
新疆	180499.19	0.05
辽宁	110790.44	0.06
内蒙古	171390.58	0.06
广西	151128.57	0.07
重庆	143878.86	0.07
湖南	174550.71	0.08
山西	224926.90	0.09
陕西	163954.98	0.09
北京	127334.65	0.09
河北	124546.30	0.09
上海	116738.92	0.09
江西	179941.52	0.09
湖南	140346.95	0.11
安徽	168044.56	0.04
河南	120456.72	0.04
湖北	141462.29	0.04
四川	156333.49	0.05
福建	175294.27	0.05
山东	125847.53	0.06
浙江	152429.80	0.07
江苏	138116.27	0.10
广东	131981.90	0.10

我们需要将该银行 31 家一级分行按照 EVA（经济增加值）和 RAROC（风险调整后的资本回报率）两个变量划分为 4 个类别。针对 EVA（经济增加值）和 RAROC（风险调整后的资本回报率）的不同组合实施差异化的资源倾斜与政策指导策略，以期进一步提升经营管理效能，创造出更多价值回报。

2. 继续使用"各分行 2022 年 EVA 及 RAROC 数据.xlsx"数据文件，分别绘制 EVA（经济增加值）和 RAROC（风险调整后的资本回报率）的热力图。要求合理设置纵轴刻度标签，使得在热力图中能够包含各个分行的信息。

3. 用"700 个对公授信客户的信息数据"文件绘制直方图。"700 个对公授信客户的信息数据"文件中的内容是 XX 银行 XX 省分行的 700 个对公授信客户的信息数据，如图 7.68 所示。这 700 个对公授信客户是以前曾获得贷款的客户，包括存量授信客户和已结清贷款客户。在数据文件中共有 9 个变量，V1~V9 分别代表"征信违约记录""资产负债率""行业分类""实际控制人从业年限""企业经营年限""主营业务收入""利息保障倍数""银行负债""其他渠道负债"。由于客户信息数据既涉及客户隐私，也涉及商业机密，因此进行了适当的脱密处理，对于其中的部分数据也进行了必要的调整。

V1	V2	V3	V4	V5	V6	V7	V8	V9
0	20.33	3	2	3	2835.2	20.66	2101.48	429.27
0	36.59	1	11	27	6113.4	8.67	697.22	482.16
0	34.96	2	27	22	5670.4	19.67	932.9	1198.02
0	26.83	1	14	9	5138.8	21.54	3024.56	933.57
0	21.14	4	4	2	3278.2	16.92	196.4	621.15
0	36.59	2	5	16	1772	3.61	108.02	39.36
0	24.39	2	3	11	1949.2	12.85	1119.48	143.91
0	21.95	4	4	8	2303.6	7.9	707.04	103.32
0	20.33	2	10	5	2392.2	17.14	1001.64	353.01
0	20.33	2	10	2	3101	4.49	78.56	115.62
0	21.14	1	8	8	3987	29.9	5941.1	694.95
0	24.39	1	12	5	1949.2	19.01	1384.62	261.99
0	26.02	1	14	2	4784.4	17.14	3142.4	563.34
1	22.76	2	3	9	2126.4	20.11	1315.88	340.71
0	36.59	2	25	6	4430	5.92	549.92	189.42
0	18.7	2	9	3	2746.6	8.56	333.88	210.33
0	27.64	2	19	4	5227.4	10.1	1777.42	357.93
0	34.15	1	9	24	3632.6	6.36	923.08	115.62
0	31.71	2	21	6	4252.8	15.71	1895.26	536.28
1	21.14	2	2	1	1240.4	9.55	294.6	92.25
0	17.07	1	2	2	1417.6	8.78	147.3	115.62
0	28.46	2	15	16	3101	6.25	422.26	140.22
0	38.21	2	6	3	2303.6	12.74	117.84	317.34
1	18.7	1	2	3	1860.6	13.84	765.96	199.26
0	28.46	2	20	3	3721.2	9.44	206.22	356.7

图 7.68　"700 个对公授信客户的信息数据"文件中的内容（限于篇幅仅展示部分）

针对 V1（征信违约记录），分别用 0、1 来表示未违约、违约。

针对 V3（行业分类），分别用 1、2、3、4、5 来表示"制造业""批发零售业""建筑业、房地产与基础设施""科教文卫""农林牧渔业"。

现请绘制 V8（银行负债）和 V9（其他渠道负债）的直方图，具体如下：

（1）使用 plt.hist() 函数绘制普通直方图。

（2）使用 plt.hist() 函数通过设置 density 参数输出直方条代表频率的直方图。

（3）使用 plt.hist() 函数通过 bins 参数设置输出直方条的数量，设定为 20 个直方条。

（4）使用 plt.hist() 函数通过 orientation='horizontal' 参数设置输出水平的直方条。

（5）使用 sns.histplot() 函数绘制直方图。

4. 继续使用"各分行 2022 年 EVA 及 RAROC 数据.xlsx"数据文件，绘制 EVA（经济增加值）和 RAROC（风险调整后的资本回报率）的条形图、核密度图和正态 QQ 图。具体如下：

（1）绘制 EVA（经济增加值）和 RAROC（风险调整后的资本回报率）的条形图。

（2）绘制 EVA（经济增加值）和 RAROC（风险调整后的资本回报率）的核密度图。

（3）绘制 EVA（经济增加值）和 RAROC（风险调整后的资本回报率）的正态 QQ 图。

5. 使用数据文件"YY 美容连锁企业各省市连锁店经营数据.xls"绘制散点图，数据是来自 YY 美容连锁企业（虚拟名，如有雷同纯属巧合）在上海、广东、天津、浙江等省市的各个连锁店 2022 年的相关销售数据（包括营业收入、运营成本以及经营利润等），如表 7.12 所示。由于营业收入数据涉及商业机密，因此进行了适当的脱密处理，对于其中的部分数据也进行了必要的调整。其中 code、income、cost、profit、shengshi 5 个变量分别表示门店编号、营业收入、运营成本、经营利润以及所在省市。

表 7.12　YY 美容连锁企业 2022 年各连锁店经营数据

单位：万元

code	income	cost	prof	shengshi
1	927	402	364	上海
2	932	370	309	上海
3	926	332	300	上海
4	920	305	293	上海
5	914	301	312	上海
6	772	470	330	上海
7	768	465	332	上海
8	763	453	331	上海
9	755	433	335	上海
10	742	428	331	上海
11	1061	502	395	广东
12	1059	491	394	广东
13	1056	473	397	广东
14	1046	454	374	广东
15	1039	449	390	广东
16	970	463	384	广东
17	968	456	383	广东
18	962	440	365	广东
19	954	429	358	广东
20	946	425	355	广东
21	678	451	326	天津
22	676	450	327	天津
23	670	435	333	天津
24	660	403	344	天津
25	647	395	322	天津
26	706	433	367	天津
27	706	425	354	天津
28	700	412	350	天津
29	695	401	353	天津
30	690	396	369	天津
31	692	494	322	浙江
32	691	459	317	浙江
33	683	445	308	浙江
34	669	422	307	浙江
35	654	416	302	浙江

（续表）

code	income	cost	prof	shengshi
36	790	429	393	浙江
37	785	415	382	浙江
38	781	407	388	浙江
39	776	398	379	浙江
40	771	396	375	浙江

现请绘制营业收入与经营利润的散点图，具体如下：

（1）绘制营业收入与经营利润的普通散点图。

（2）绘制营业收入与经营利润的散点图（按照省市分组并以不同散点颜色展示）。

（3）绘制营业收入与经营利润的散点图（按照设定顺序的省市分组并以不同散点颜色展示）。

（4）绘制营业收入与经营利润的散点图（按照省市分组并以不同散点大小展示）。

（5）绘制营业收入与经营利润的散点图（按照设定顺序的省市分组并以不同散点大小展示）。

（6）绘制营业收入与经营利润的散点图（按照省市分组并以不同散点标记展示）。

（7）绘制营业收入与经营利润的散点图（按照设定顺序的省市分组并以不同散点标记展示）。

（8）绘制营业收入与经营利润的散点图（按照设定顺序的省市分组并同时以不同散点颜色、不同散点大小展示）。

（9）绘制营业收入与经营利润的散点图（按照设定顺序的省市分组并同时以不同散点颜色、不同散点标记展示）。

（10）绘制营业收入与经营利润的散点图（按照设定顺序的省市分组并同时以不同散点大小、不同散点标记展示）。

（11）绘制营业收入与经营利润的散点图（按照设定顺序的省市分组并同时以不同散点颜色、不同散点大小、不同散点标记展示）。

6. 使用数据文件"济南市 1994－2020 年部分发展指标时间序列数据.xls"绘制线图（含时间序列趋势图），数据为济南市 1994－2020 年部分发展指标时间序列数据（在 7.6.2 节中已详细介绍）。具体如下：

（1）绘制 labor 和 gdp 的线图。

（2）绘制 labor 的时间序列趋势图，通过设置 linestyle='dashed'使得线条形状为虚线。

7. 使用数据文件"济南市 1994－2020 年部分发展指标时间序列数据.xls"绘制双纵轴线图，观察济南市 1994－2020 年 GDP 和财政科技投入情况。数据为济南市 1994－2020 年部分发展指标时间序列数据（在 7.6.2 节中已详细介绍）。

8. 使用数据文件"济南市 1994－2020 年部分发展指标时间序列数据.xls"绘制回归拟合图，观察济南市 1994－2020 年 GDP 和财政科技投入情况。数据为济南市 1994－2020 年部分发展指标时间序列数据（在 7.6.2 节中已详细介绍）。具体如下：

（1）以财政科技投入为特征变量，以 GDP 为响应变量，绘制财政科技投入和 GDP 的普通回归拟合图。

（2）以财政科技投入为特征变量，以 GDP 为响应变量，绘制回归拟合图，控制散点的形状为"+"。

（3）以财政科技投入为特征变量，以 GDP 为响应变量，绘制回归拟合图，控制散点的形状为"+"，设置颜色为绿色。

（4）以财政科技投入为特征变量，以 GDP 为响应变量，绘制回归拟合图，控制散点的形状为"+"，设置颜色为绿色，用 log(x) 拟合回归模型。

9. 使用数据文件"济南市 1994－2020 年部分发展指标时间序列数据.xls" 绘制箱图，观察济南市 1994－2020 年财政科技投入和 GDP 情况。数据为济南市 1994－2020 年部分发展指标时间序列数据（在 7.6.2 节中已详细介绍）。具体如下：

（1）绘制财政科技投入和 GDP 的普通箱图。

（2）绘制财政科技投入和 GDP 的箱图，设置箱图顶端、末端线条和上下须属性，通过设置 capprops={'linestyle':'--','color':'green'}，使得箱线图顶端和末端线条以绿色虚线显示；通过设置 whiskerprops={'linestyle':'--','color':'red'}），使得箱线图上下胡须线以红色虚线显示。

（3）绘制财政科技投入和 GDP 的箱图，设置箱图箱体和中位数属性，通过设置 boxprops = {'color':'blue', 'linestyle':':'} 使得箱体边框以蓝色虚点显示；通过设置 medianprops={'linestyle': '-', 'color': 'grey'} 使得箱体中位数线以灰色实线显示。

（4）绘制财政科技投入和 GDP 的箱图，设置箱图均值属性，通过设置 =showmeans=True 使得箱线图能够显示均值；通过设置 meanline=True 显示均值线；通过设置 meanprops={'marker':'D','markerfacecolor':'red','linestyle': '--' } 使得均值线的类型为虚线，并且两端以红色实心菱形突出显示。

10. 使用数据文件"YY 美容连锁企业各省市连锁店经营数据（增加类型）.xls"绘制小提琴图，数据是来自 YY 美容连锁企业（虚拟名，如有雷同纯属巧合）在上海、广东、天津、浙江等省市的各个连锁店 2022 年的相关销售数据（包括营业收入、运营成本以及经营利润等数据），如表 7.13 所示。由于营业收入数据涉及商业机密，因此进行了适当的脱密处理，对于其中的部分数据也进行了必要的调整。其中 code、income、cost、profit、shengshi、leixing 6 个变量分别表示门店编号、营业收入、运营成本、经营利润、所在省市及所处商圈。

表 7.13　YY 美容连锁企业 2022 年各连锁店经营数据

单位：万元

code	income	cost	profit	shengshi	leixing
1	927	402	364	上海	热门商圈
2	932	370	309	上海	热门商圈
3	926	332	300	上海	热门商圈
4	920	305	293	上海	热门商圈
5	914	301	312	上海	热门商圈
6	772	470	330	上海	非热门商圈
7	768	465	332	上海	非热门商圈
8	763	453	331	上海	非热门商圈
9	755	453	335	上海	非热门商圈

（续表）

code	income	cost	profit	shengshi	leixing
10	742	428	331	上海	非热门商圈
11	1061	502	395	广东	热门商圈
12	1059	491	394	广东	热门商圈
13	1056	473	397	广东	热门商圈
14	1046	454	374	广东	热门商圈
15	1039	449	390	广东	热门商圈
16	970	463	384	广东	非热门商圈
17	968	456	383	广东	非热门商圈
18	962	440	365	广东	非热门商圈
19	954	429	358	广东	非热门商圈
20	946	425	355	广东	非热门商圈
21	678	451	326	天津	热门商圈
22	676	450	327	天津	热门商圈
23	670	435	333	天津	热门商圈
24	660	403	344	天津	热门商圈
25	647	395	322	天津	热门商圈
26	706	433	367	天津	非热门商圈
27	706	425	354	天津	非热门商圈
28	700	412	350	天津	非热门商圈
29	695	401	353	天津	非热门商圈
30	690	396	369	天津	非热门商圈
31	692	494	322	浙江	热门商圈
32	691	459	317	浙江	热门商圈
33	683	445	308	浙江	热门商圈
34	669	422	307	浙江	热门商圈
35	654	416	302	浙江	热门商圈
36	790	429	393	浙江	非热门商圈
37	785	415	382	浙江	非热门商圈
38	781	407	388	浙江	非热门商圈
39	776	398	379	浙江	非热门商圈
40	771	396	375	浙江	非热门商圈

请绘制变量 profit 的小提琴图，具体如下：

（1）绘制变量 profit 的普通小提琴图。

（2）绘制变量 profit 按省市分类的小提琴图。

（3）绘制变量 profit 按省市分类、按所处商圈类型分类的小提琴图。

11. 使用数据文件"济南市 1994—2020 年部分发展指标时间序列数据.xls"绘制联合分布图，观察济南市 1994—2020 年财政科技投入和 GDP 情况。数据为济南市 1994—2020 年部分发展指标时间序列数据（在 7.6.2 节中已详细介绍）。具体如下：

（1）绘制 scientific 和 gdp 的联合分布图，选择 kind='reg'。

（2）绘制 scientific 和 gdp 的联合分布图，选择 kind='scatter'。

（3）绘制 scientific 和 gdp 的联合分布图，选择 kind='hex'。

（4）绘制 scientific 和 gdp 的联合分布图，选择 kind='kde'。

（5）绘制 scientific 和 gdp 的联合分布图，选择 kind='hist'。

12. 使用数据文件"各门店经营效益数据.xlsx"绘制雷达图。数据是某公司 2022 年 6 个城市分店经营效益数据，如表 7.14 所示。6 个城市分店包括济南分店、青岛分店、烟台分店、南京分店、杭州分店、昆明分店；经营效益指标名称包括资产规模、营业收入、净利润、客户群建设、回款质量控制、合规经营。

表 7.14　某公司 2022 年 6 个城市分店经营效益数据

指标名称	济南分店	青岛分店	烟台分店	南京分店	杭州分店	昆明分店
资产规模	93.37	69.69	94.53	90.25	80.98	75.18
营业收入	61.00	99.69	52.82	90.25	87.48	64.76
净利润	88.02	69.07	76.07	35.75	57.06	81.05
客户群建设	733.20	84.33	58.66	63.76	71.47	82.68
回款质量控制	89.14	97.07	47.32	79.89	62.66	65.38
合规经营	98.15	87.04	80.28	93.76	93.34	80.66

请绘制雷达图观察这 6 个城市分店的经营效益情况。

13. 使用数据文件"各分行存贷款数据.xlsx"绘制饼图。案例数据是某银行 2022 年 8 家城市分行的存贷款数据（在 7.13.2 节中已有详细介绍）。请绘制某银行 2022 年 8 家城市分行的贷款数据饼图，具体如下：

（1）绘制某银行 2022 年 8 家城市分行的贷款数据普通饼图。

（2）绘制某银行 2022 年 8 家城市分行的贷款数据饼图，增加百分比数据标签。

（3）绘制某银行 2022 年 8 家城市分行的贷款数据饼图，顺时针绘制饼图。

（4）绘制某银行 2022 年 8 家城市分行的贷款数据饼图，设置各个饼块之间的间隔。

第 **8** 章

数据挖掘与建模 1——线性回归

线性回归算法是经典的数据挖掘与建模方法之一。由于线性回归算法相对基础、简单，较易入门，因此其应用范围非常广泛，深受业界人士的喜爱。线性回归算法是研究分析响应变量受到特征变量线性影响的方法，通过建立线性回归方程，使用各特征变量来拟合响应变量，并可使用回归方程进行预测。

8.1 基 本 思 想

8.1.1 线性回归算法的概念及数学解释

线性回归算法是一种较为基础的机器学习算法，其基本思想是将响应变量（因变量、被解释变量）和特征变量（自变量、解释变量、因子、协变量）描述成线性关系。比如针对图 8.1 展示的固定资产投资和 GDP 之间的关系，使用线性回归算法就是一种不错的选择。

在实际应用中，特征变量通常会有很多个，所以构建的线性回归方程通常为多元线性回归方程，也就是说，响应变量可以用多个特征变量的线性组合来表示，即数学模型为：

$$y = \alpha + \beta_1 x_1 + \beta_2 x_2 + \cdots + \beta_n x_n + \epsilon$$

如果考虑 n 个样本观测值，数学模型就可以变换为矩阵形式：

$$y = \alpha + \beta \boldsymbol{X} + \varepsilon$$

其中，$y = \begin{pmatrix} y_1 \\ y_2 \\ \vdots \\ y_n \end{pmatrix}$ 为响应变量，$\alpha = \begin{pmatrix} \alpha_1 \\ \alpha_2 \\ \vdots \\ \alpha_n \end{pmatrix}$ 为截距项，$\beta = \begin{pmatrix} \beta_1 \\ \beta_2 \\ \vdots \\ \beta_n \end{pmatrix}$ 为待估计系数，$X=$

$\begin{pmatrix} x_{11} & x_{12} & \cdots & x_{1k} \\ x_{21} & x_{22} & \cdots & x_{2k} \\ \vdots & \vdots & \ddots & \vdots \\ x_{n1} & x_{n2} & \cdots & x_{nk} \end{pmatrix}$ 为特征，$\varepsilon = \begin{pmatrix} \varepsilon_1 \\ \varepsilon_2 \\ \vdots \\ \varepsilon_n \end{pmatrix}$ 为误差项。

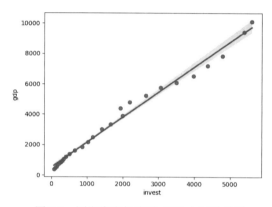

图 8.1   固定资产投资和 GDP 之间的关系

在该数学模型中，共有 k 个特征变量，n 个样本观测值。

响应变量的变化可以由 $\alpha+\beta X$ 组成的线性部分和随机误差项 ε 部分来解释。对于线性模型，一般采用最小二乘估计法来估计参数 α、β，最小二乘估计法的基本原理是使残差平方和最小，残差就是响应变量的实际值 y 与拟合值之间的差值，其中响应变量的实际值 y 即为样本观测值的实际 y 值，而响应变量的拟合值即为基于样本观测值的实际 X 值以及估计出来的参数 α、β。通过 $\alpha+\beta X$ 计算得到的、预测出来的值。

所以，采用最小二乘估计法来估计参数 α、β，也就是求解如下最优化问题：

$$\arg\min \sum_{i=1}^{n} e_i^2 = \arg\min \sum_{i=1}^{n} (y - \hat{\alpha} - \hat{\beta} X)$$

注　意

　　线性回归既是一种数据挖掘与建模算法，也是统计学领域、计量经济学领域的常用学术建模方法。

　　统计学领域、计量经济学领域的线性回归主要关心的是估计的系数 α、β，尤其是 β，通过观察 β 的系数方向、大小以及是否具有统计学显著性，来验证参与分析的经济变量之间的关系，比如提升通货膨胀率是否有助于降低失业率等。所以，对于 β 系数估计的有效性是比较高的。在构建线性回归方程、应用最小二乘法估计回归方程系数时，需要满足以下假设条件：

（1）假定特征之间无多重共线性。

（2）误差项 ε_i（$i=1,2,\cdots,n$）之间相互独立，且均服从同一正态分布 $N(0,\sigma^2)$，σ^2 是未知参数。

（3）误差项满足与特征之间的严格外生性假定。

（4）误差项满足自身的同方差假定。

（5）误差项满足自身的无自相关假定。

如果不满足这些假设条件，那么最小二乘法的适用性、估计系数的有效性就难以保证，从而学术研究的规范性也会受到质疑。

在数据挖掘与建模应用方面，模型致力于商业预测，比如研究客户的产品购买行为与年收入水平等变量之间的关系等，线性回归主要关心的是响应变量的实际值 y 与拟合值之间的差值是否足够小，特征变量的线性组合是否可以有效预测响应变量，因此，即使数据不满足那些假设条件，线性回归也可以积极使用，只要预测效果可以让人接受甚至令人非常满意，那么模型就可以被认为是适用的，可以用来进行预测。

8.1.2　线性回归算法的优点

相对于其他数据挖掘与建模方法，线性回归算法的优点体现在以下几个方面：

（1）线性回归算法基于响应变量和特征变量之间的线性关系，理解起来比较简单，实现起来也比较容易，对于计算机算力的要求相对较低，计算运行速度相对较快。

（2）线性回归算法是许多强大的非线性模型的基础：一方面根据微积分相关原理，在足够小的范围内，非线性关系可以用线性函数来近似；另一方面，很多非线性模型可以通过线性变换的方式转换为线性模型，比如针对二次函数、三次函数、对数函数等非线性关系，我们可以将特征的二次项、三次项、交互项、对数值等命名为新的特征，与原特征值共同构成线性关系。

（3）线性回归模型十分容易理解，结果具有很好的可解释性。在线性回归算法中，特征的系数 β 即为该特征对于响应变量的边际效应，也就是说特征每一单位的增长能够引起响应变量多少单位的增加。系数 β 又可以分两方面来看，一方面通过计算系数的显著性水平观察其统计意义的显著性，当其显著性水平小于显著性 P 值（通常为 0.05）时，特征变量对于响应变量的影响是统计显著的；另一方面通过计算系数大小观察其经济意义的显著性，系数越大，说明特征变量对于响应变量的影响程度越大。

（4）线性模型中蕴含着机器学习的很多重要思想，比如其算法原理中的均方误差（MSE）最小化，本质上实现的是偏差与方差的权衡，等等。

（5）线性模型具有一定的稳定性。从技术角度来看，我们在评价模型的优劣时，通常从两个维度去评判，一是模型预测的准确性，二是模型预测的稳健性，两者相辅相成、缺一不可。关于模型预测的准确性，如果模型尽可能地拟合了历史数据信息，拟合优度很高，损失的信息量很小，而且对于未来的预测都很接近真实的发生值，那么这个模型一般被认为是质量较高的。而关于模型的稳健性，我们期望的是模型在对训练样本以外的样本进行预测时，模型的预测精度不应该有较大幅度的下降。一般来说，神经网络、决策树的预测准确性要优于判别分析和 Logistic 回归分析等线性分析，但是其稳健性弱于线性分析。

8.1.3　线性回归算法的缺点

线性回归算法的缺点主要体现在：对于非线性数据或者数据特征间具有相关性的多项式回归难以建模，难以很好地表达高度复杂的数据。比如针对商业银行信贷客户违约量化评估与预测问题，如果我们能够较为合理地判定信用风险和各个特征变量是一种线性关系，那么完全可以选择线性回归算法。但是如果我们无法较为合理地判定信用风险和各个特征变量之间的关系，那么使用神经网络、决策树建模技术可能就是更好的选择，这些相对更加复杂的建模技术对模型结构和假设施加最小需求，应用到响应变量和特征变量之间关系不明确的情形中。

8.2　应 用 案 例

	下载资源：可扫描旁边二维码观看或下载教学视频
	下载资源：\源代码\第 8 章　数据挖掘与建模 1——线性回归.py
	下载资源：\sample\第 8 章\产品销售额数据.csv

8.2.1　数据挖掘与建模思路

本章我们结合研究某企业产品销售额影响因素的应用案例，讲解线性回归算法在数据挖掘与建模中的应用。

数据挖掘与建模都要基于业务经验，而不能毫无目标地寻求解决方案。本案例从研究目的的角度进行分析，即某企业要研究其产品销售额受哪些因素的影响，业务目标是为了提升产品销售额，本质上是一种市场营销策略优化的问题。因此，数据挖掘与建模的响应变量可以选择"产品销售额"，而在选取特征变量时，则需要考虑能够影响"产品销售额"的因素，选取思路有两种：一种是在本企业内部调研或向可比市场同业调研或向顾客方调研，通过向相关领域的业务专家开展调查研究的方式获取原始特征变量；另一种是依据经典理论分析框架，根据先进理论指导选取特征变量，比如接下来要介绍的 4P 理论。

4P 理论由杰罗姆·麦卡锡在 20 世纪 60 年代提出，是一种经典的市场营销分析框架，至今仍广泛应用于各行各业的市场营销分析与实践中。该理论的基本逻辑是聚焦影响市场营销效能的关键因子，将之分为四个维度，即产品（product）、价格（price）、渠道（place）和促销（promotion）。

● 产品（product）是指产品方面的市场营销策略，又进一步细分为产品的质量规格、产品的形象外观与包装设计、产品的品牌形象及元素标识、产品的服务保障、产品的创新与迭代升级等方面。

● 价格（price）是指价格方面的市场营销策略，又进一步细分为基本定价策略、差异化定价策略、优惠折扣定价策略、付款周期和信用条件设置等。

● 渠道（place）是指公司产品销售的全流程，又进一步细分为通过什么样的方式开展销售、采取什么样的生产与存货控制策略、如何有效存储和运输产品等。

● 促销（promotion）是指促进销售方面的营销策略，又进一步细分为广告投入营销策略、销售人员队伍建设及激励约束、客户关系管理与公关协调、公众形象推广等。

市场营销的四个维度不是孤立的，而是紧密联系、有机结合的一个整体，是一个市场营销策略组合的概念，各个维度具体策略的集合构成了企业整体的市场营销策略。

基于 4P 理论以及数据的可获得性、可适用性，本例最终选取广告费用投入、有效客户数、营销奖励投入作为特征变量。（本例仅提供一种思路供读者参考。实际应用中在开展类似问题研究时，应根据每家企业的具体经营管理状况来选择合适的特征变量）。

8.2.2　数据文件介绍

用于分析的数据文件是"产品销售额数据"。该数据文件是某企业 1998—2022 年历年产品销售额、广告费用投入、有效客户数、营销奖励投入的数据。数据文件中一共包括 5 个变量，分别是 year、sales、advertisement、customer、Marketing，其中 year 表示年份，sales 表示产品销售额，advertisement 表示广告费用投入，customer 表示有效客户数，Marketing 表示营销奖励投入。"产品销售额数据"文件的内容如图 8.2 所示。

year	sales	advertisement	customer	Marketing
1998	27373.71	146.5	358	46.81
1999	38330.24	184.5	532	73.35
2000	70565.69	214.5	666	123.13
2001	100898.72	254.5	755	154.41
2002	119746.77	303.5	876	253.67
2003	145253.29	339.5	1024	261.21
2004	180377.6	377.5	1134	373.85
2005	230122.36	438.5	1345	404.35
2006	272504.05	538.5	1678	489
2007	308790.95	684.5	1777	532
2008	350608.96	890.5	1899	588
2009	353497.82	1050.5	1934	614
2010	418285.79	1185.5	2034	784
2011	434315.44	1448.5	2346	901.91
2012	504528.83	1688.5	2489	1053.17
2013	575834.35	2020.5	2671	1243.43
2014	621950.42	2134	2871	1511.67
2015	704353.39	2219.5	3012	2024.38
2016	748003.36	2671.5	3123	2176.82
2017	814623.29	3096.5	3209	2345
2018	892058.83	3531.5	3341	2678
2019	1054574.82	4007.5	3501	2899
2020	1127641.84	4397.5	3623	3266
2021	1233155.69	4815.5	3743	3588
2022	1334917.545	5023	3809	3999

图 8.2　"产品销售额数据"文件的内容

在进行分析之前，首先需要载入分析所需要的模块和函数，读取数据集并进行观察。操作演示与功能详解如下。

8.2.3　导入分析所需要的模块和函数

本例中需要导入 pandas、numpy、matplotlib、seaborn、statsmodels、sklearn 等模块。其中，pandas、numpy 用于数据读取、数据处理、数据计算；matplotlib.pyplot、seaborn、probplot 用于绘制图形，实现分析过程及结果的可视化；Stats 用于统计分析；statsmodels 中的 statsmodels.formula.api 以及 sklearn 中的 LinearRegression 用于构建线性回归模型；train_test_split

用于把样本随机划分为训练样本和测试样本；mean_squared_error、r2_score 分别用于计算均方误差（MSE）和可决系数，评价模型优劣。

我们在 Spyder 代码编辑区依次输入以下代码**并逐行运行**，完成所需模块的导入。

```
import pandas as pd                          # 导入 pandas 模块，并简称为 pd
import numpy as np                           # 导入 numpy 模块，并简称为 np
import matplotlib.pyplot as plt              # 导入 matplotlib.pyplot 模块，并简称为 plt
import seaborn as sns                        # 导入 seaborn 模块，并简称为 sns
import statsmodels.formula.api as smf        # 导入 statsmodels.formula.api 模块，并简称为 smf
from sklearn.linear_model import LinearRegression        # 导入 LinearRegression 模块
from sklearn.model_selection import train_test_split     # 导入 train_test_split 模块
from sklearn.metrics import mean_squared_error, r2_score # 导入 mean_squared_error, r2_score
```
模块

8.2.4 数据读取及观察

首先需要将本书提供的数据文件放入安装 Python 的默认路径位置，并从相应位置进行读取，在 Spyder 代码编辑区输入以下代码并运行：

```
data=pd.read_csv('C:/Users/Administrator/.spyder-py3/产品销售额数据.csv')        # 读取"产品销售额数据.csv"文件
```

注意，因用户的具体安装路径不同，设计路径的代码会有差异，用户可以在"文件"窗口查看路径及文件对应的情况，如图 8.3 所示。

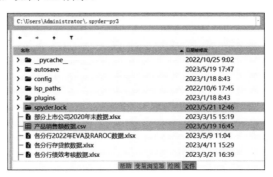

图 8.3   "文件"窗口

输入以下代码观察数据信息：

```
data.info()
```

运行结果如图 8.4 所示。

```
<class 'pandas.core.frame.DataFrame'>
RangeIndex: 25 entries, 0 to 24
Data columns (total 5 columns):
 #   Column  Non-Null Count  Dtype
---  ------  --------------  -----
 0   year    25 non-null     int64
 1   profit  25 non-null     float64
 2   invest  25 non-null     float64
 3   labor   25 non-null     int64
 4   rd      25 non-null     float64
dtypes: float64(3), int64(2)
memory usage: 1.1 KB
```

图 8.4   数据信息

数据集中共有 25 个样本（25 entries, 0 to 24）、5 个变量（total 5 columns）。5 个变量分别是 year、profit、invest、labor、rd，均包含 25 个非缺失值，其中 year、labor 的数据类型为整数型（int64），profit、invest、rd 的数据类型为浮点型（float64）。数据文件中共有 3 个浮点型（float64）变量、2 个整型（int64）变量，数据占用的内存为 1.1KB。

```
len(data.columns)        # 列出数据集中变量的数量
```

运行结果为：5。

```
data.columns             # 列出数据集中的变量
```

运行结果为：Index(['year', 'sales', 'advertisement', 'customer', 'Marketing'], dtype='object')，与前面的结果一致。

```
data.shape       # 列出数据集的形状
```

运行结果为：(25, 5)，也就是 25 行 5 列，数据集中共有 25 个样本，5 个变量。

```
data.dtypes          # 观察数据集中各个变量的数据类型
```

运行结果如图 8.5 所示，与前面的结果一致。

```
year             int64
sales          float64
advertisement  float64
customer         int64
Marketing      float64
dtype: object
```

图 8.5　数据集中各个变量的数据类型

```
data.isnull().values.any()   # 检查数据集是否有缺失值
```

运行结果为：False，没有缺失值。

```
data.isnull().sum()          # 逐个变量检查数据集是否有缺失值
```

运行结果如图 8.6 所示，没有缺失值。

```
year              0
sales             0
advertisement     0
customer          0
Marketing         0
dtype: int64
```

图 8.6　逐个变量检查数据集是否有缺失值

8.3　使用 smf 进行线性回归

	下载资源：可扫描旁边二维码观看或下载教学视频
	下载资源:\源代码\第 8 章 数据挖掘与建模 1——线性回归.py
	下载资源:\sample\第 8 章\产品销售额数据.csv

在 Python 中，进行线性回归的模块主要包括 statsmodels 模块和 sklearn 模块。其中，

statsmodels 模块的优势在于不仅可以进行预测，还可以进行统计推断，包括计算标准误差、P 值、置信区间等；而 sklearn 模块则无法进行统计推断，也就是不提供标准误差、P 值、置信区间等指标结果，但在机器学习方面的效能相对更佳。

8.3.1　使用 smf 进行线性回归

使用 smf 进行线性回归的代码如下：

```
X = data.iloc[:, 2:6]                          # 将数据集中的第 3 列至第 5 列作为特征
y = data.iloc[:, 1:2]                          # 将数据集中的第 2 列作为响应变量
model = smf.ols('y~X', data=data).fit()        # 使用线性回归模型，并进行训练
print(model.summary())                         # 输出估计模型摘要
```

运行结果如图 8.7 所示。

```
                            OLS Regression Results
==============================================================================
Dep. Variable:                      y   R-squared:                       0.996
Model:                            OLS   Adj. R-squared:                  0.995
Method:                 Least Squares   F-statistic:                     1651.
Date:                Sun, 21 May 2023   Prob (F-statistic):           4.42e-25
Time:                        12:50:32   Log-Likelihood:                -288.57
No. Observations:                  25   AIC:                             585.1
Df Residuals:                      21   BIC:                             590.0
Df Model:                           3
Covariance Type:            nonrobust
==============================================================================
                 coef    std err          t      P>|t|      [0.025      0.975]
------------------------------------------------------------------------------
Intercept  -1.112e+04   1.67e+04     -0.665      0.513   -4.59e+04    2.37e+04
X[0]         100.7239     33.105      3.043      0.006      31.879     169.569
X[1]          92.5457     14.557      6.357      0.000      62.272     122.819
X[2]         110.1811     40.562      2.716      0.013      25.827     194.535
==============================================================================
Omnibus:                        0.409   Durbin-Watson:                   0.875
Prob(Omnibus):                  0.815   Jarque-Bera (JB):                0.431
Skew:                          -0.264   Prob(JB):                        0.806
Kurtosis:                       2.631   Cond. No.                     1.15e+04
==============================================================================

Notes:
[1] Standard Errors assume that the covariance matrix of the errors is correctly specified.
[2] The condition number is large, 1.15e+04. This might indicate that there are
strong multicollinearity or other numerical problems.
```

图 8.7　使用 smf 进行线性回归的运行结果

从上述分析结果中可以看出：

（1）被解释变量为 y（Dep. Variable），模型（Model）为普通最小二乘法 OLS，估计方法（Method）为残差平方和最小（Least Squares），共有 25 个样本参与了分析（No. Observations = 25）。

（2）模型的可决系数（R-squared）为 0.996，模型修正的可决系数（Adj R-squared）= 0.995，说明模型的解释能力是非常高的。可决系数（R-squared）可以理解成有多大百分比的数据点落在最佳拟合线上，越接近于 1 越好。修正的可决系数（Adj R-squared）的意义在于如果我们不断添加对模型预测没有贡献的新特征，就会对 R-squared 值进行惩罚。如果 Adj. R-squared<R-Squared，则表明模型中存在无关预测因子。

（3）模型 F 检验将仅含有截距项的模型与当前含有特征的模型进行比较，原假设是"模型中所有回归系数都等于 0"，这意味着当前含有特征的模型是不显著的。本例中模型的 F 值（F-statistic）=1651，P 值（Prob (F-statistic)）= 4.42e-25，接近于 0，说明模型整体上是非常显著的。

（4）对数似然值为-288.57，AIC、BIC 分别为 585.1、590.0。

信息准则

在很多模型的拟合中需要用到信息准则的概念，在此特别进行介绍。众所周知，我们在拟合模型时，增加自由参数（或者理解为增加解释变量）可以在一定程度上提升拟合的效果，或者说提升模型的解释能力，但是自由参数（解释变量）增加的同时也会带来过拟合（Overfitting）的情况，甚至极端情况下出现多种共线性。为了达到一种平衡，帮助研究者合理选取自由参数（解释变量）的数目，统计学家们提出了信息准则的概念。信息准则鼓励数据拟合的优良性，但同时针对多的自由参数（解释变量）采取惩罚性措施。在应用信息准则时，无论何种信息准则，都是信息准则越小说明模型拟合得越好。假设有 n 个模型备选，可以一次计算出 n 个模型的信息准则值，并找出最小信息准则值相对应的模型作为最终选择。

常用的信息准则包括赤池信息准则（Akaike's Information Criterion，AIC）、贝叶斯信息准则（Schwarz's Bayesian Information Criterion，BIC，也称 SC、SIC、SBC、SBIC）以及汉南-昆信息准则（Hannan and Quinn Information Criterion，HQIC）。

其中赤池信息准则、贝叶斯信息准则的计算公式为：

$$\begin{cases} \text{AIC} = -\dfrac{2L}{n} + \dfrac{2k}{n} \\ \text{SC} = -\dfrac{2L}{n} + \dfrac{k\ln n}{n} \end{cases}$$

（5）模型的回归方程是：

```
sales=-1.112e+04+100.7239*advertisement+92.5457*customer+110.1811*Marketing
```

（6）常数项的系数标准误差是 1.67e+04，t 值为-0.665，P 值为 0.513，系数是非常不显著的，95%的置信区间为[-4.59e+04，2.37e+04]。

- 变量 advertisement 的系数标准误是 33.105，t 值为 3.043，P 值为 0.006，系数是非常显著的，95%的置信区间为[31.879,169.569]。
- 变量 customer 的系数标准误差是 14.557，t 值为 6.357，P 值为 0.000，系数是非常显著的，95%的置信区间为[62.272，122.819]。
- 变量 Marketing 的系数标准误差是 40.562，t 值为 2.716，P 值为 0.013，系数是非常显著的，95%的置信区间为[25.827,194.535]。

从上面的分析可以看出 invest（固定资产投资）、labor（平均职工人数）、rd（研究开发支出）3 个特征对于响应变量 profit（营业利润水平）都是正向显著影响，特征每一单位的增长都会显著引起响应变量的增长。

假设检验

上面提到的 "P 值为 0.006，系数是非常显著的" 说的是对回归系数的假设检验，通过假设检验判断系数是否具备统计学显著性。

假设检验是一种统计推断方法，用来判断样本与样本、样本与总体的差异是由抽样误差引起的还是本质差别造成的。常用的假设检验方法有 T 检验、Z 检验、F 检验、卡方检验等。数据分析中用到假设检验的地方很多，基本上都是对估计参数的显著性检验，不论是什么类型的假设检验，基本原理都是先对总体的特征做出某种假设，然后构建检验统计量，并将检验统计量与临界值相比较，最后做出是否接受原假设的结论。

假设检验的基本思想是"小概率事件"原理，即小概率事件在一次试验中基本上不会发生，其统计推断方法是带有某种概率性质的反证法，也就是说先提出检验的原假设和备择假设，再用适当的统计方法，利用小概率原理确定原假设是否成立。简单来说，就是提出原假设后，首先假定原假设是可以接受的，然后依据样本观测值进行相应的检验，如果检验中发现"小概率事件"发生了，也就是说基本不可能发生的事件发生了，就说明原假设是不可接受的，应拒绝原假设，接受备择假设。如果检验中小概率事件没有发生，就接受原假设。

上面所提到的"小概率事件"基于的是人们在实践中广泛采用的原则，但概率小到什么程度才能算作"小概率事件"？一个显而易见的事实就是"小概率事件"的概率越小，否定原假设就越有说服力，通常情况下将这个概率值记为 α（$0<\alpha<1$），称为检验的显著性水平；将基于样本观测值实际计算的容忍小概率事件发生的概率值记为 P（$0<P<1$），称为检验的显著性 P 值，如果 P 值大于 α 值，则说明实际可以容忍的小概率事件发生的概率要大于设定的 α 值，也就是要接受原假设。常用的显著性水平包括 0.1、0.05、0.01 等，其中 0.05 最为常用。

假设检验的步骤如下：

步骤 01 提出原假设（H0）和备择假设（H1）。原假设的含义一般是样本与总体或样本与样本间的差异是由抽样误差引起的，不存在本质差异；备择假设的含义一般是样本与总体或样本与样本间存在本质差异，而不是由抽样误差引起的。

步骤 02 设定显著性水平 α。

步骤 03 构建合适的统计量，然后基于样本观测值按相应的公式计算出统计量的大小，如 T 检验、Z 检验、F 检验、卡方检验等。

步骤 04 根据统计量的大小计算显著性 P 值，将 P 值与显著性水平 α 作比较，如果 P 值大于 α 值，则说明实际可以容忍的小概率事件发生的概率要大于设定的 α 值，也就是要接受原假设；如果 P 值小于 α 值，则拒绝原假设。

假设检验有以下注意事项：

在对变量开展假设检验之前，应该先判断样本观测值本身是否有可比性，并且注意每种检验方法的适用条件，根据资料类型和特点选用正确的假设检验方法，根据专业知识及经验确定是选用单侧检验还是双侧检验。在假设检验结束之后，对结果的运用也不要绝对化，一是假设检验反映的差别仅具备统计学意义，在实际应用中可能没有意义；二是由于样本的随机性及选择显著性水平 α 的不同，基于某次抽样或者特定范围内的样本观测值得出的检验结果与真实情况有可能不吻合。因此无论接受或拒绝检验假设，都有判断错误的可能性。

假设检验可能犯的错误有两类：

一类是拒绝为真的错误。即使原假设正确，小概率事件也有可能发生，如果我们抽取的样本观测值恰好是符合小概率事件的样本观测值，就会因为小概率事件的发生而拒绝原假设，这类错误被称为"拒绝为真"错误，也被称为第一类错误，犯第一类错误的概率恰好就是"小概率事件"发生的概率 α。

另一类是接受伪值的错误。如果原假设是不正确的，而我们由于抽样的不合理导致假设检验通过了原假设，这类错误被称为"接受伪值"错误，也被称为第二类错误，我们把犯第二类错误的概率记为 β。

对于研究人员来说，无论哪种错误都是不希望出现的，但是当样本容量固定时，第一类错误发生的概率 α 和第二类错误发生的概率 β 不可能同时变小，换言之，当我们倾向于使得 α 变小时，β 就会变大；同样的道理，倾向于使得 β 变小时，α 就会变大。只有当样本容量增大，能够更好地满足大样本随机原则时，才有可能使得 α 和 β 同时变小。在大多数的实际操作中，我们一般都是控制住犯第一类错误的概率，即设定好显著性水平 α，然后通过增大样本容量来降低第二类错误发生的概率 β。

（7）Durbin-Watson 即德宾-沃森检验值，简称 DW，是一个用于检验一阶变量自回归形式的序列相关问题的统计量，DW 在数值 2 附近说明模型变量无自相关，越趋近于 0 说明正的自相关性越强，越趋近于 4 说明负的自相关性越强。本例中 Durbin-Watson=0.875，说明模型变量可能有一定的正自相关。

（8）结果的后面有两点提示：

第一点的含义是标准误差假定误差的协方差矩阵是正确指定的。

第二点的含义是条件数（condition number）很大，为 1.15e+04，这可能表明有强多重共线性或其他数值问题。矩阵的条件数用于衡量矩阵乘法或逆的输出对输入误差的敏感性，条件数越大表明敏感性越差，在线性拟合中，条件数可以用来做多重共线性的诊断。

下面来绘制图形，展示响应变量 sales 的实际值与预测值的拟合情况，代码如下：

```
y_pred = model.predict(X              # 将 y_pred 设定为模型因变量的预测值
y_lst = y.iloc[:, -1:].values.tolist()   # 将 y_lst 设定为模型因变量的实际值，并转换为列表形式
```

注意以下为绘图代码，需要同时选中并运行：

```
plt.scatter( y_lst, y_pred, color='blue')           # 绘制响应变量实际值和拟合值的散点图
plt.plot( y_lst, y_pred, color='Red', linewidth=2 ) # 绘制响应变量实际值和拟合值的线图
plt.title('Simple Linear Regression')               # 设定图片标题为 Simple Linear Regression
plt.xlabel('y')                                     # 设定 x 轴为 y
plt.ylabel('y_pred')                                # 设定 y 轴为 y_pred
```

运行结果如图 8.8 所示。其中横轴表示的是响应变量 sales 的实际值情况，纵轴表示的是响应变量 sales 的预测值情况，可以发现拟合线基本接近 45 度对角线（45 度对角线上的值表示实际值与预测值完全相等），说明响应变量 sales 的实际值与预测值的拟合情况较好。

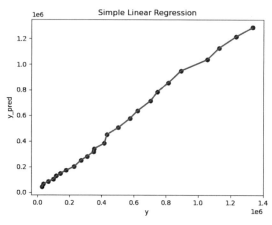

图 8.8　响应变量实际值和拟合值的散点图

8.3.2　多重共线性检验

多重共线性检验的代码如下：

```
from statsmodels.stats.outliers_influence import variance_inflation_factor # 导入 variance_
inflation_factor 用于计算方差膨胀因子
vif = pd.DataFrame()                    # 将 vif 设置为数据框形式
vif["VIF Factor"] = [variance_inflation_factor(X.values, i) for i in range(X.shape[1])]
# 设置 vif 中的 VIF Factor 列为计算得到的方差膨胀因子的值
vif["features"] = X.columns             # 设置 vif 中的 features 列为 X 的列
vif.round(1)                            # 保留一位小数
```

运行结果如图 8.9 所示。

	VIF Factor	features
0	196.8	advertisement
1	10.4	customer
2	171.9	Marketing

图 8.9　VIF（方差膨胀因子）计算结果

VIF（方差膨胀因子）是衡量回归模型多重共线性的指标。多重共线性是指线性回归模型中的解释变量之间由于存在高度相关关系而使模型估计失真或难以估计准确，包括严重的多重共线性和近似的多重共线性。在进行回归分析时，如果某一自变量可以被其他的自变量通过线性组合得到，那么数据就存在严重的多重共线性问题。近似的多重共线性是指某自变量能够被其他的自变量较多地解释，或者说自变量之间存在着很大程度的信息重叠。

多重共线性产生的原因包括经济变量相关的共同趋势、滞后变量的引入、样本资料的限制等。在数据存在多重共线性的情况下，最小二乘回归分析得到的系数值仍然是最优无偏估计的，但是会导致以下问题：完全共线性下参数估计量不存在；近似共线性下 OLS 估计量非有效；参数估计量经济含义不合理；变量的显著性检验失去意义，可能将重要的解释变量排除在模型之外；模型的预测功能失效。

解决多重共线性的办法包括剔除不显著的变量、进行因子分析提取出相关性较弱的几个主因子再进行回归分析、将原模型变换为差分模型、使用岭回归法减小参数估计量的方差等。

一般情况下，如果 VIF>10，则说明特征之间存在多重共线性的问题。本例中，advertisement

（广告费用投入）、customer（有效客户数）、Marketing（营销奖励投入）3 个变量的 VIF 分别为 196.8、10.4、171.9，均显著大于 10，说明特征之间的多重共线性还是比较明显的。

8.3.3　解决多重共线性问题

本例中我们采取剔除变量的方式来解决多重共线性问题，前面我们发现 advertisement（广告费用投入）的 VIF 值最大，所以剔除该特征后进行回归，该特征在"data"数据文件中位于第 3 列（可在"变量浏览器"窗口双击"data"打开查看），代码如下：

```
X = data.iloc[:, 3:6]                    # 将数据集中的第 4 列和第 5 列作为自变量（相对于前面代码，
剔除了第 3 列 advertisement）
y = data.iloc[:, 1:2]                    # 将数据集中的第 2 列作为因变量
model = smf.ols('y~X', data=data).fit()  # 使用线性回归模型，并进行训练
print(model.summary())                   # 输出估计模型摘要
```

运行结果如图 8.10 所示。

```
                          OLS Regression Results
=============================================================================
Dep. Variable:                    y   R-squared:                      0.994
Model:                          OLS   Adj. R-squared:                 0.993
Method:               Least Squares   F-statistic:                    1797.
Date:              Mon, 22 May 2023   Prob (F-statistic):          4.22e-25
Time:                      08:17:43   Log-Likelihood:               -293.14
No. Observations:                25   AIC:                            592.3
Df Residuals:                    22   BIC:                            595.9
Df Model:                         2
Covariance Type:          nonrobust
=============================================================================
                 coef    std err          t      P>|t|      [0.025      0.975]
-----------------------------------------------------------------------------
Intercept    -1.92e+04   1.94e+04     -0.991      0.332   -5.94e+04     2.1e+04
X[0]          107.3779     16.086      6.675      0.000      74.017     140.738
X[1]          227.6021     14.643     15.543      0.000     197.234     257.971
=============================================================================
Omnibus:                      2.762   Durbin-Watson:                  0.841
Prob(Omnibus):                0.251   Jarque-Bera (JB):               2.231
Skew:                        -0.716   Prob(JB):                       0.328
Kurtosis:                     2.701   Cond. No.                    8.94e+03
=============================================================================

Notes:
[1] Standard Errors assume that the covariance matrix of the errors is correctly specified.
[2] The condition number is large, 8.94e+03. This might indicate that there are
strong multicollinearity or other numerical problems.
```

图 8.10　解决多重共线性问题后的回归分析结果

可以发现，customer（有效客户数）和 Marketing（营销奖励投入）这两个变量依旧非常显著，同时模型的可决系数（R-squared）为 0.994，模型修正的可决系数（Adj R-squared）=0.993，说明模型的解释能力依旧非常高，并未因特征变量的减少而下降很多。

继续输入以下代码：

```
vif = pd.DataFrame()
vif["VIF Factor"] = [variance_inflation_factor(X.values, i) for i in range(x.shape[1])]
vif["features"] = x.columns
vif.round(1)
```

运行结果如图 8.11 所示。

```
  VIF Factor    features
0       8.7    customer
1       8.7   Marketing
```

图 8.11　VIF（方差膨胀因子）计算结果

可以发现 customer（有效客户数）和 Marketing（营销奖励投入）这两个变量的 VIF 都小于 10，多重共线性问题得到了较好的解决。

8.3.4　绘制拟合回归平面

绘制拟合回归平面的代码如下：

```
model = smf.ols('sales ~ customer + Marketing', data=data
results = model.fit()
results.params
```

上述代码的含义是以 sales（产品销售额）为响应变量，以 customer（有效客户数）、Marketing（营销奖励投入）为特征变量，进行 OLS 回归，调用 fit()方法对模型进行估计，并将结果存储到 results，查看 results 中的参数值，运行结果如图 8.12 所示。

```
Intercept    -19198.130270
customer       107.377923
Marketing      227.602126
dtype: float64
```

图 8.12　回归系数结果

由此得到模型的回归方程：

```
sales=-19198.130270+107.377923*customer+227.602126*Marketing
```

继续输入以下代码：

```
import numpy as np
import matplotlib.pyplot as plt
from mpl_toolkits import mplot3d
xx = np.linspace(data.customer.min(), data.customer.max(), 100)
yy = np.linspace(data.Marketing.min(), data.Marketing.max(), 100)
xx.shape, yy.shape
```

上述代码的含义是导入所需模块，根据变量 labor、rd 的最大值与最小值定义一个 100 等分的网格，运行结果显示 xx 与 yy 均为 100×1 的向量：((100,), (100,))。

```
XX, YY = np.meshgrid(xx,yy)
XX.shape, YY.shape
```

上述代码的含义是根据横轴的 xx 网格与纵轴的 yy 网格生成包含 xx 与 yy 全部取值的二维网格，运行结果显示 XX 与 YY 均为 100×100 的矩阵：((100, 100), (100, 100))。

```
ZZ = results.params[0] + XX * results.params[1] + YY * results.params[2]
```

上述代码的含义是把 XX 与 YY 的每个组合取值带入回归方程，得到响应变量 ZZ 的预测值，其中 results.params[0]为常数项，results.params[1]为 XX 的系数值，results.params[2]为 YY 的系数值。

然后输入以下代码，**然后同时选中并整体运行：**

```
fig = plt.figure()
ax = plt.axes(projection='3d')   # 在 ax 画轴上绘制三维图形
ax.scatter3D(data.customer, data.Marketing, data.sales,c='r')    # 绘制三维散点图, c='r'表示
使用红色
    ax.plot_surface(XX, YY, ZZ, rstride=10, cstride=10, alpha=0.2, cmap='viridis') # 绘制拟合回
归平面，其中 rstride 和 cstride 是用来控制行（row）平滑程度和列（column）平滑程度的参数，也可以理解成是行（row）
和列（column）方向的画图步幅，其值最小为 1，最大可以无穷大，但如果超过了行或列的默认栅格数后将对图像无影响，当
rstride 和 cstride 的值为 1 时图像不会变化，增加 rstride 和 cstride 的值会减少三维图像的平滑程度。参数
alpha=0.2 用来控制拟合回归平面的透明度，cmap='viridis'表示使用'viridis'作为色图
    ax.set_xlabel('customer')        # 为 X 轴添加标签 customer
    ax.set_ylabel('Marketing')       # 为 Y 轴添加标签 Marketing
    ax.set_zlabel('sales')           # 为 Z 轴添加标签 sales
```

运行结果如图 8.13 所示。

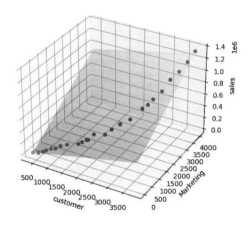

图 8.13　拟合回归平面

从图 8.13 中可以非常直观地看出 customer（有效客户数）、Marketing（营销奖励投入）、sales（产品销售额）三者的组合点，可以较好地通过拟合回归平面来进行拟合（体现在所有的点几乎都位于拟合回归平面上），这也验证了三者存在线性回归关系。

8.4　使用 sklearn 进行线性回归

下载资源：可扫描旁边二维码观看或下载教学视频
下载资源:\源代码\第 8 章　数据挖掘与建模 1——线性回归.py
下载资源:\sample\第 8 章\产品销售额数据.csv

不难发现，在前面的分析中我们是使用样本全集进行的分析，并没有将样本划分为训练样本和测试样本，进而也无法考察算法模型的"泛化"能力。

验证集法介绍

将样本划分为训练样本和测试样本的操作方式称为验证集法。验证集法又被称为"留出法"，基本思路是将样本数据集划分为两个互斥的集合：训练集和测试集。其中训练集占比一般为 2/3~4/5，常用 70%；测试集占比一般为 1/5~1/3，常用 30%。训练集用来构建机器学习模型；测试集也被称为"验证集""保留集"，用来进行样本外预测，并计算测试集误差，估计模型预测能力。

训练样本：计算机用来应用算法构建模型时使用的样本。

测试样本：计算机用来检验机器学习效果、检验外推泛化应用能力时使用的样本。有的模型可能在基于训练样本的预测方面有着卓越表现，但在测试样本方面表现却差强人意，反映出泛化能力不足的问题。

机器学习中样本观测值响应变量的预测值和实际值之间的差异被称作**"误差"**，其中基于训练样本的误差又被称为**"训练误差"**或**"经验误差"**，基于新样本的误差又被称为**"泛化误差"**。"训练误差"或"经验误差"反映的是机器学习对既有数据的学习能力。基于训练样本得到的机器学习模型向新样本推广应用的能力，或者说模型的预测能力，被称为模型的**"泛化"**能力。所以从致力于实现"泛化"能力最强的角度考虑，经验误差并不是越大越好。如果经验误差过小，说明机器学习能力有可能"过强"，也就很可能意味着计算机不仅学习了训练样本的一般性、规律性特征，在很大程度上也学习了训练样本的个性化特征，而这些个性化特征往往并不能很好地泛化到新的样本，这样不仅白白增加了模型的复杂度和冗余度，也无法很好地开展预测，甚至模型是否可用都有待商榷，这一现象也被称为**"过拟合"**。当然，经验误差也不是越小越好，如果经验误差很小，说明机器学习能力不够，意味着没有充分利用训练样本信息，没有充分挖掘出训练样本的一般性、规律性特征，从而也不能很好地泛化到新的样本，这一现象也被称为**"欠拟合"**。

验证集法的优点在于简单方便，但是也有自身劣势。一方面，验证集法的稳定性不足。验证集法的结果与随机分组高度相关，如果使用不同的随机数种子将数据分为不同的训练集和测试集，则测试误差的波动可能会比较大。另一方面，验证集法的信息损失较为明显。因为我们评估的是使用训练集训练得到的模型，如果训练集比较大，接近样本全集，那么就能够更好地利用样本全集信息，得到的结果也更接近使用样本全集训练模型的结果，但是必然会造成测试集过小，不可避免地会影响对模型泛化能力的评价；而如果训练集比较小，其中的样本较少，那么就大概率不能很好地利用样本全集信息，会产生较大的拟合偏差，也会影响对模型泛化能力的评价。

为了实现对验证集法的改进，我们可以重复使用验证集法，这也是所谓的"重复验证集法"。具体的操作方式就是每次都把样本全集随机划分为训练集和测试集，然后重复很多次，最后将每次得到的测试集误差进行平均，从而在很大程度上提升结果的稳定性，但是仍旧难以解决信息损失较为明显的问题。

上述术语均在《Python 机器学习原理与算法实现》（杨维忠、张甜著，清华大学出版社，2023 年）一书中有详细讲解）。

　　所以从严格意义上讲，前面的内容使用的都是样本全集，更多地属于使用 Python 开展统计分析的范畴，而非真正的数据挖掘与建模。而前面提及的可决系数、修正的可决系数、MSE（均方误差）、AIC 及 BIC 信息准则等指标结果也都是针对样本全集的，反映的也都是样本内的预测效果而不是模型真实泛化能力的度量。下面我们使用 sklearn 进行线性回归，讲解真正意义上的机器学习操作。

8.4.1　使用验证集法进行模型拟合

　　验证集法将样本全集划分为训练样本和测试样本，代码如下：

```
X = data.iloc[:, 3:6]              # 将数据集中的第 4 列和第 5 列作为自变量
y = data.iloc[:, 1:2]              # 将数据集中的第 2 列作为因变量
X_train, X_test, y_train, y_test = train_test_split(x, y, test_size=0.3, random_state=0)
# 将样本全集划分为训练样本和测试样本，测试样本占比为 30%，random_state=0 的含义是设置随机数种子为 0，以保
证随机抽样的结果可重复
X_train.shape, X_test.shape, y_train.shape, y_test.shape        # 观察四个数据的形状
```

　　运行结果为：((17, 2), (8, 2), (17, 1), (8, 1))，即训练样本容量为 17，测试样本容量为 8，特征变量 x 有 2 个，响应变量 y 只有 1 个。

```
model = LinearRegression()         # 使用线性回归模型
model.fit(X_train, y_train)        # 基于训练样本拟合模型
model.coef_                        # 计算上一步估计得到的回归系数值
```

　　运行结果为：array([[121.98851532, 213.50905447]])，即 customer（有效客户数）的回归估计系数为 121.98851532、Marketing（营销奖励投入）的回归估计系数为 213.50905447。

```
model.score(X_test, y_test)        # 观察模型在测试集中的可决系数（拟合优度）
```

　　运行结果为：.9929927630408805，即模型在测试集中的可决系数（拟合优度）为 0.993。

```
pred = model.predict(X_test)       # 计算响应变量基于测试集的预测结果，生成为 pred
pred.shape                         # 观察 pred 数据形状
```

　　运行结果为：(8, 1)，也就是说预测的响应变量有 1 个，样本拟合值 8 个。

```
mean_squared_error(y_test, pred)   # 计算测试集的均方误差
```

　　运行结果为：1231898634.635216。

```
r2_score(y_test, pred)             # 计算测试集的可决系数
```

　　运行结果为：0.9929927630408805，与前述结果保持一致。

8.4.2　更换随机数种子，使用验证集法进行模型拟合

　　下面我们更换随机数种子，并与上一小节得到的结果进行对比，观察均方误差 MSE 的大小。

```
X_train, X_test, y_train, y_test = train_test_split(x, y, test_size=0.3, random_state=100)
# 更换随机数种子（random_state=100）
model = LinearRegression().fit(X_train, y_train)      # 基于训练样本拟合线性回归模型
pred = model.predict(X_test)                          # 计算响应变量基于测试集的预测结果
```

```
mean_squared_error(y_test, pred)                    # 计算测试集的均方误差
```

运行结果为：1134050412.5035837，较上一小节的结果来说相对更小。

```
r2_score(y_test, pred)   # 计算测试集的可决系数
```

运行结果为：0.9927731937427585，较上一小节的结果来说略有下降。

8.4.3   使用 10 折交叉验证法进行模型拟合

下面我们使用 10 折交叉验证法进行模型拟合。

K 折交叉验证法介绍

　　K 折交叉验证是针对验证集法的另外一种改进方式，也广泛用于机器学习实践。具体的操作方式就是首先把样本全集采用分层抽样的方式随机划分为大致相等的 K 个子集，每个子集包含约 1/K 的样本，K 的取值通常为 5 或者 10，其中 10 最为常见。然后，每次都把 K–1 个子集的并集，也就是约 (K–1)/K 的样本作为训练集，把 1/K 的样本作为测试集，基于训练集训练获得模型，基于测试集进行评价，计算测试集的均方误差。最后，将 K 次获得的 K 个验证集的均方误差进行平均，即为对测试误差的估计结果。

　　10 折交叉验证的简单示意图如图 8.14 所示。

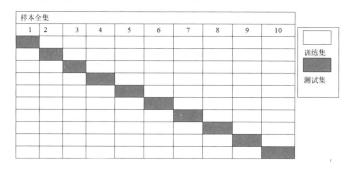

图 8.14   10 折交叉验证的简单示意图

　　K 折交叉验证由于是针对 K 个测试集的均方误差进行平均，因此较好地解决了验证集法的"稳定性不足"的问题；同时，由于进行了"交叉"验证，因此会覆盖到样本全集，所有的样本都有机会参与到训练集、测试集中，因而较好地解决了验证集法的"信息损失较为明显"的问题。

　　假定样本全集中有 n 个样本，如果采取 n 折交叉验证，那么只有 1 种划分方式，即每个样本都构成 1 个测试集，其他 n–1 个样本构成训练集，这种方法被称为"留一法"，属于 K 折交叉验证方法的特例。在"留一法"情形下，由于训练集相对于样本全集只减少了 1 个样本，因此它高度接近使用样本全集进行训练的结果，其评估结果也是相对准确的。但是，"留一法"的缺陷也很明显，那就是计算量非常大，有多少个样本就需要训练多少次模型，然后求平均值，如果是针对大数据样本，那么其计算时间开销将是非常大的，而且根据"没有免费的午餐定理（No Free Lunch Theorem）""留一法"也不可能在所有情形下都优于其他算法。

> 　　关于确定 K 值的问题，实质上涉及偏差和方差权衡的问题。如果 K 的值非常大，比如上述的"留一法"，那么其偏差会比较小，但是由于"留一法"每次训练集的样本变化比较小，只有 1 个样本发生变动，因此其结果之间存在很高的正相关性，基于这些高度相关的结果进行平均，会导致其方差比较大。而如果 K 的值非常小，那么训练集在样本全集中的占比比较小，会产生相对较大的偏差，但是由于训练集较少，因此每次样本变化比较大，结果之间的相关性相对较小，将结果进行平均得到的方差也会相对较小。
>
> 　　与验证集法类似，我们可以重复使用 K 折交叉验证法，这也是所谓的"重复 K 折交叉验证法"。具体的操作方式就是把 K 折交叉验证法重复 K 次，最后将每次得到的结果误差进行平均。

首先，导入所需模块：

```
from sklearn.model_selection import KFold
from sklearn.model_selection import cross_val_score
from sklearn.model_selection import LeaveOneOut
from sklearn.model_selection import RepeatedKFold
```

其次，指定模型中的特征变量和响应变量：

```
X = data.iloc[:, 3:6]          # 将数据集中的第 4 列和第 5 列作为特征变量
y = data.iloc[:, 1:2]          # 将数据集中的第 2 列作为响应变量
```

然后，拟合线性回归模型，并对模型性能进行评价：

```
model = LinearRegression()                                    # 使用线性回归模型
kfold = KFold(n_splits=10,shuffle=True, random_state=1)       # 将样本全集分为 10 折
scores = cross_val_score(model, x, y, cv=kfold)               # 计算每一折的可决系数
scores                                                        # 显示每一折的可决系数
```

运行结果为：array([0.88764934, 0.99357787, 0.97127709, 0.98949747, 0.99885212,0.99909274, 0.98858874, 0.99516552, 0.8158804 , 0.96428546])。

scores.mean()　　　　　　# 计算各折样本可决系数的均值

运行结果为：0.9603866744663773。

scores.std()　　　　　　# 计算各折样本可决系数的标准差

运行结果为：0.05765271312564578。

```
scores_mse = -cross_val_score(model, x, y, cv=kfold, scoring='neg_mean_squared_error')
# 得到每个子样本的均方误差
```
scores_mse　　　　　　# 显示各折样本的均方误差

运行结果为：array([1.47029905e+09, 1.04710781e+09, 2.81483831e+09, 1.39263582e+09, 2.58773497e+08, 8.01836346e+07, 1.64381340e+09, 1.03270590e+09, 9.78241959e+08, 3.87197259e+08])。

```
scores_mse.mean()                  # 计算各折样本均方误差的均值
```

运行结果为：1110579664.620471，较验证集法有了明显的下降。

下面我们更换随机数种子，并与上一步得到的结果进行对比，观察均方误差 MSE 大小。

```
kfold = KFold(n_splits=10, shuffle=True, random_state=100)      # 将随机数种子调整为
random_state=100
    scores_mse = -cross_val_score(model, x, y, cv=kfold, scoring='neg_mean_squared_error')
    # 得到每个子样本的均方误差
    scores_mse.mean()  # 计算各折样本均方误差的均值
```

运行结果为：1162116827.328961。

8.4.4　使用 10 折重复 10 次交叉验证法进行模型拟合

下面我们使用 10 折重复 10 次交叉验证法进行模型拟合，代码如下：

```
rkfold = RepeatedKFold(n_splits=10, n_repeats=10, random_state=1)        # 使用 10 折重复 10 次交
叉验证法
    scores_mse = -cross_val_score(model, x, y, cv=rkfold, scoring='neg_mean_squared_error')
    # 得到每个子样本的均方误差
    scores_mse.shape              # 观察均方误差的形状，运行结果为(100,)
    scores_mse.mean()             # 计算均方误差的均值
```

运行结果为：1177341313.6375887。

下面我们绘制各子样本均方误差的直方图，**全部选中以下代码并整体运行：**

```
sns.distplot(pd.DataFrame(scores_mse))            # 绘制各子样本均方误差的直方图
plt.xlabel('MSE')                                 # 设置 x 轴标签
plt.title('10-fold CV Repeated 10 Times')         # 设置图标题
```

运行结果如图 8.15 所示。

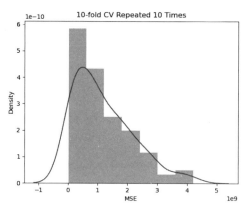

图 8.15　各子样本均方误差直方图

8.4.5　使用留一交叉验证法进行模型拟合

下面我们使用留一交叉验证法进行模型拟合，代码如下：

```
loo = LeaveOneOut()               # 使用留一交叉验证法进行模型拟合
    scores_mse = -cross_val_score(model, x, y, cv=loo, scoring='neg_mean_squared_error')
    # 计算均方误差
    scores_mse.mean()             # 计算均方误差的均值
```

运行结果为：1149426406.7105074。

8.5　习　　题

 下载资源:\sample\第 8 章\商业银行经营数据.csv

1. 简述线性回归算法的概念及数学解释。

2. 简述线性回归算法的优点。

3. 简述线性回归算法的缺点。

4. "商业银行经营数据"文件中的数据是某商业银行相关经营数据（已经过处理，不涉及商业秘密），如图 8.16 所示，限于篇幅这里仅展示部分数据。其中 code 为客户编号；Profit contribution 为利润贡献度，作为响应变量；Net interest income 为净利息收入，Intermediate income 为中间业务收入，Deposit and finance daily 为日均存款加理财之和，均作为特征变量。请使用数据进行以下分析：

code	Profit contribution	Net interest income	Intermediate income	Deposit and finance daily
1	1109.9	618.42	1004.86	54821.86
2	2870.44	1039.36	3106.76	92199.62
3	952.1	1313.68	1	102790.62
4	-13.28	1	1	2.04
5	541361.76	778733.64	952.7	69145484.68
6	8265.64	640.5	12163.1	523592.74
7	415.26	55.16	629.34	4807.76
8	421231.08	385134.54	11066.26	58560540.32
9	4469.02	4921.16	1397.24	436871.3
10	690.68	184.72	1006.66	16313.8
11	-19.56	3	1.56	177.82
12	34758.74	14226.36	17609	1263119.66
13	196.68	4.3	331.98	295.76
14	1273.08	282.08	1509.08	24960.18
15	865.9	22.06	1247.56	1873.52
16	1171.66	700.82	1016.08	62139.96
17	-19.56	1.36	1	30.04

图 8.16　数据文件"商业银行经营数据"中的数据内容

（1）对 Profit contribution，Net interest income，Intermediate income，Deposit and finance daily 进行描述性分析。

（2）对 Profit contribution，Net interest income，Intermediate income，Deposit and finance daily 使用 Shapiro-Wilk test 检验和 kstest 检验两种方法进行正态性检验。

（3）对 Profit contribution，Net interest income，Intermediate income，Deposit and finance daily 四个变量进行皮尔逊相关分析并绘制热图，进行斯皮尔曼、肯德尔相关分析。

（4）以 Profit contribution 为响应变量，其他 3 个变量为特征变量，使用 smf 进行线性回归并进行分析，在此基础上开展多重共线性检验。

（5）以 Profit contribution 为响应变量，其他 3 个变量为特征变量，使用 sklearn 进行线性回归，包括使用验证集法进行模型拟合、更换随机数种子使用验证集法进行模型拟合、使用 10 折交叉验证法进行模型拟合、使用 10 折重复 10 次交叉验证法进行模型拟合、使用留一交叉验证法进行模型拟合等。

第 **9** 章

数据挖掘与建模 2——Logistic 回归

上一章介绍的线性回归算法致力于解决回归问题，对数据的基本要求是响应变量需要为连续变量数据，但很多情况下响应变量是离散而非连续的。例如，预测是否会下雨，是下雨还是不下雨；预测一笔贷款业务的资产质量，包括正常、关注、次级、可疑、损失等。Logistic 回归可以有效地解决这一问题，根据因变量具体取值个数的不同，又可以进一步细分为二元 Logistic 回归、多元 Logistic 回归等。当因变量只有两种取值时，比如下雨、不下雨，则使用二元 Logistic 回归来解决问题；当因变量有多种取值时，比如贷款业务的资产质量包括正常、关注、次级、可疑、损失等，则使用多元 Logistic 回归来解决问题。本章我们讲解 Logistic 回归的基本原理，并结合具体实例讲解该数据挖掘与建模方法在 Python 中的实现与应用。

9.1 基 本 思 想

 下载资源：可扫描旁边二维码观看或下载教学视频

9.1.1 Logistic 回归算法的概念及数学解释

在线性回归算法中，我们对数据的基本要求是响应变量需要为连续变量数据，但在很多情况下，因变量是离散型的，比如在预测客户是否违约中只有"违约"和"未违约"两种取值，这时候再建立线性回归方程、构建线性回归模型就会面临一种矛盾：回归方程左侧因变量估计值取值范围为 0~1，而右侧取值范围是无穷大或者无穷小。此外，线性回归算法是基于最小二乘法进行求解的，最小二乘法求解有效的前提条件包括误差项 ε_i（$i=1,2,\cdots,n$）之间相互独立，均服从同一正态分布，误差项需满足自身的同方差假定、无自相关假定等，因此直接用线性回归算法来为离散型因变量进行回归估计是不恰当的。这时候就可以用到本章介绍的 Logistic 回归算法。

以二元 Logistic 回归算法为例，Logistic 回归算法的基本原理是考虑因变量（0,1）发生的概率，用发生概率除以没有发生概率再取对数。通过这一变换改变了"回归方程左侧因变量估计值取值范围为 0~1，而右侧取值范围是无穷大或者无穷小"这一取值区间的矛盾，也使得因变量和自变量之间呈线性关系。当然，正是由于这一变换，使得 Logistic 回归自变量系数不同于一般回归分析自变量系数，而是模型中每个自变量概率比的概念。

从数学公式的角度来看，Logistic 算法模型的公式如下：

$$\ln \frac{p}{1-p} = \alpha + X\beta + \varepsilon$$

其中，p 为发生的概率，$\alpha = \begin{pmatrix} \alpha_1 \\ \alpha_2 \\ \vdots \\ \alpha_n \end{pmatrix}$ 为模型的截距项，$\beta = \begin{pmatrix} \beta_1 \\ \beta_2 \\ \vdots \\ \beta_n \end{pmatrix}$ 为待估计系数，$X=$

$\begin{pmatrix} x_{11} & x_{12} & \cdots & x_{1k} \\ x_{21} & x_{22} & \cdots & x_{2k} \\ \vdots & \vdots & \ddots & \vdots \\ x_{n1} & x_{n2} & \cdots & x_{nk} \end{pmatrix}$ 为自变量，$\varepsilon = \begin{pmatrix} \varepsilon_1 \\ \varepsilon_2 \\ \vdots \\ \varepsilon_n \end{pmatrix}$ 为误差项。

通过公式也可以看出，Logistic 回归算法模型实质上是建立了响应变量发生的概率和特征变量之间的关系，而不再是线性回归算法中的响应变量自身和特征变量之间的关系，所以，Logistic 回归算法中的回归系数是模型中每个特征变量概率比的概念。Logistic 回归算法中所估计的参数不能被解释为特征变量对响应变量的边际效应。系数估计值 $\hat{\beta}_i$ 衡量的是响应变量取 1 的概率会随特征变量变化而如何变化：$\hat{\beta}_i$ 为正数表示特征变量增加会引起响应变量取 1 的概率提高，取 0 的概率降低；$\hat{\beta}_i$ 为负数则表示特征变量增加会引起响应变量取 0 的概率提高，取 1 的概率降低。

Logistic 回归算法中回归系数的估计通常采用最大似然法。最大似然法的基本思想是先建立似然函数与对数似然函数，再通过使对数似然函数最大来求解相应的系数值，所得到的估计值也称为系数的最大似然估计值。

9.1.2　"分类问题监督式学习"的性能度量

Logistic 回归算法解决的是"分类问题监督式学习"问题。如果响应变量（y 变量）为分类变量，比如信贷资产五级分类（正常、关注、次级、可疑、损失）或客户信用评级（AAA, AA, ……，C, D），则 Logistic 回归算法又可以进一步称为"分类问题监督式学习"；如果响应变量（y 变量）为连续变量，比如计算客户最大债务承受额，则 Logistic 回归算法又可以进一步称为"回归问题监督式学习"。针对"分类问题监督式学习"，有很多性能度量标准。

1. 错误率和精度

针对"分类问题监督式学习"，最简单的性能度量就是观察其预测的错误率和正确率，用到的性能度量指标即为错误率和精度。

其中错误率即为预测错误的比率，也就是预测类别和实际类别不同的样本数在全部样本中的占比；精度即为预测正确的比率，也就是预测类别和实际类别相同的样本数在全部样本中的占比。

基于上述定义，不难看出错误率和精度之和等于 1，或者说错误率=1-精度。

错误率的数学公式为：

$$E(f:D) = \frac{1}{k}\sum_{i=1}^{k}\prod(f(x_i) \neq y_i)$$

精度的数学公式为：

$$ACC(f:D) = \frac{1}{k}\sum_{i=1}^{k}\prod(f(x_i) = y_i)$$

$$E(f:D) + ACC(f:D) = 1$$

上述公式可以进一步推广，对于数据分布为 D，概率密度函数为 p 的样本集，其均方误差的数学公式为：

$$E(f:D) = \int_{x \sim D}\prod(f(x) \neq y)p(x)\mathrm{d}x$$

精度的数学公式为：

$$ACC(f:D) = \int_{x \sim D}\prod(f(x) = y)p(x)\mathrm{d}x$$

2. 查准率、查全率（召回率）、F1

在分类问题监督式学习中，除了观察预测的正确率、错误率外，很多情形下我们还需要特别关心特定类别是否被准确查找，比如针对员工行为管理中的异常行为界定，可能需要特别慎重，非常忌讳以莫须有的定性伤害员工的工作积极性，分类为异常行为的准确性非常重要，这时候就需要用到"**查准率**"的概念；也有很多情形下，我们还需要特别关心特定类别被查找得是否完整，比如针对某种传染性极强的病毒，核酸检测密切接触者是否为阳性，对阳性病例的查找的完整性就显得尤为重要，这时候就需要用到"**查全率**"的概念。

如果"分类问题监督式学习"为二分类问题，我们就很容易得到如表 9.1 所示的分类结果矩阵，该矩阵也被称为"混淆矩阵"（Confusion Matrix）。其中的"正例"通常表示研究者所关注的分类结果，比如授信业务发生违约，因此并不像字面意思那样必然代表正向分类结果；"反例"则是与"正例"所对应的分类，比如前述的授信业务不发生违约。

表 9.1　分类结果矩阵

样本		机器学习预测分类	
		正例	反例
真实分类	正例	TP 真正例（True Positive）	FN 假反例（False Negative）
	反例	FP 假正例（False Positive）	TN 真反例（True Negative）

在混淆矩阵中：

- 当样本真实的分类为正例，且机器学习预测分类也为正例时，说明机器学习预测正确，分类结果即为 TP（真正例）。
- 当样本真实的分类为反例，且机器学习预测分类也为反例时，说明机器学习预测正确，分类结果即为 TN（真反例）。

- 当样本真实的分类为正例，且机器学习预测分类为反例时，说明机器学习预测错误，分类结果即为 FN（假反例）。
- 当样本真实的分类为反例，且机器学习预测分类为正例时，说明机器学习预测错误，分类结果即为 FP（假正例）。

查准率和查全率的数学公式分别为：

$$查准率 = \frac{TP}{TP + FP}$$

$$查全率 = \frac{TP}{TP + FN}$$

查准率和查全率类似于统计学中的"第一类错误"（拒绝为真）和"第二类错误（接受伪值）"，它们之间也存在两难选择的问题。如果我们要获得较高的查准率，减少"接受伪值"错误的发生，往往就需要在正例的判定上更加审慎一些，仅选取最有把握的正例，这也就意味着会将更多实际为正例的样本"错杀误判"为反例样本，造成"拒绝为真"错误的增加，也就是查全率会降低。按照同样的逻辑，如果我们要获得较高的查全率，减少"拒绝为真"错误的发生，往往就需要在正例的判定上更加包容一些，也就意味着会将更多实际为反例的样本"轻信误判"为正例样本，造成"接受伪值"错误的增加，也就是查准率会降低。

<table>
<tr><td>注　意</td></tr>
<tr><td>查全率也被称为"召回率""灵敏度""敏感度"。</td></tr>
</table>

为了平衡查准率与查全率，使用了 F1 值。F1 值为查准率和查全率的调和平均值。F1 的取值范围为 0~1，数值越大表示模型效果越好。

$$F1 = \frac{查准率 \times 查全率 \times 2}{查准率 + 查全率}$$

3. 累积增益图

前面提到"分类问题监督式学习"中查准率和查全率存在两难选择的问题，对这一问题用户可以使用累积增益图进行辅助决策。在针对二分类问题的很多机器学习算法中，系统对每个样本都会预测 1 个针对目标类别的概率值 p，如果 p 大于 0.9，则判定为目标类别，如果 p 小于 0.9，则判定为非目标类别。

根据概率值 p，用户将所有样本进行降序排列，拥有大的 p 值的样本将会被排在前面。累积增益图会在给定的类别中，通过把个案总数的百分比作为目标而显示出"增益"的个案总数的百分比。

下面以图 9.1 所示的某商业银行授信业务违约预测累积增益图为例进行讲解，其中"是"表示"违约"，"否"表示"不违约"。

在图 9.1 所示的累计增益图中，"是"类别曲线上的第一点的坐标为 (10%, 37%)，即如果用户使用机器学习模型对数据集进行预测，并通过"是"预测拟概率 p 值对所有样本进行排序，将会期望预测拟概率 p 值排名前 10%的个案中含有实际上类别真实为"是"（违约）的所有个案的

37%。同样，"是"类别曲线上的第二点的坐标为(20%，61%)，即预测拟概率 p 值排名前 20%的个案中包括约 61%的违约者；"是"类别曲线上的第三点的坐标为(30%，77%)，即预测拟概率 p 值排名前 30%的个案中包括 77%的违约者；以此类推，"是"类别曲线上的最后一点的坐标为(100%，100%)，即如果用户选择数据集上的 100%的个案，则肯定会获得数据集中的所有违约者。

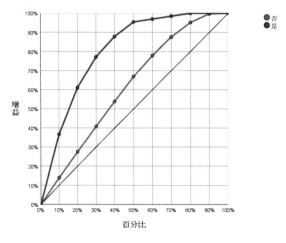

图 9.1　累积增益图

对角线为"基线"，也就是随机选择线。如果用户从评分数据集随机选择 10%的个案，那么从这里面期望获取的违约个案在全部违约个案中占比也肯定大约是 10%。从这种意义上讲，曲线离基线的上方越远，增益越大。

因此，累积增益图给商业银行授信部门决策者提供了一个重要依据，银行工作人员可以根据经营战略做出有针对性的选择。如果这家商业银行更为关注或者最不能容忍的是还账问题，对信用风险高度厌恶，那么就倾向于提高查全率，降低"接受伪值"错误风险。在本例的累积增益图中，如果我们想要获取 90%以上的潜在违约者，那么需要移除预测拟概率 p 值排名前 40%以上的授信客户。如果这家商业银行更为关注市场拓展或者客户群的增加，而对风险有着相对较高的容忍度，那么可能就会倾向于提高查准率，降低"拒绝为真"错误风险。在本例的累积增益图中，我们只需拒绝贷款给预测拟概率 p 值排名前 10%以上的授信客户，就可以排除 37%的授信申请客户。

4. ROC 曲线与 AUC 值

ROC 曲线又被称为"接受者操作特征曲线"或"等感受性曲线"，主要用于预测准确率情况。最初 ROC 曲线运用在军事上，现在广泛应用在各个领域，比如判断某种因素对于某种疾病的诊断是否有诊断价值。曲线上各点反映着相同的感受性，它们都是对同一信号刺激的反映，只不过是在几种不同的判定标准下所得的结果而已。

ROC 曲线如图 9.2 所示，是以虚惊概率（又被称为假阳性率或误报率，图中为"1-特异性"）为横轴，击中概率（又被称为敏感度或真阳性率，图中为"敏感度"）为纵轴所组成的坐标图，以及被试者在特定刺激条件下由于采用不同的判断标准得出的不同结果画出的曲线。虚惊概率 X 轴越接近零，击中概率 Y 轴越接近 1 代表准确率越好。

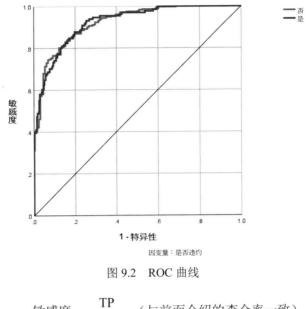

图 9.2　ROC 曲线

$$敏感度 = \frac{TP}{TP + FN} \quad （与前面介绍的查全率一致）$$

$$特异度 = \frac{TN}{TN + FP}$$

对于一条特定的 ROC 曲线来说，ROC 曲线的曲率反应敏感性指标是恒定的，因此它也叫作等感受性曲线。对角线（图 9.2 中为直线）代表辨别力等于 0 的一条线，也叫作纯机遇线。ROC 曲线离纯机遇线越远，表明模型的辨别力越强。辨别力不同的模型，其 ROC 曲线也不同。

当一条 ROC 曲线 X 能够完全包住另一条 ROC 曲线 Y 时，也就是对于任意既定特异性水平，曲线 X 在敏感度上的预测表现都能够大于或等于 Y，那么就可以说该曲线 X 能够全面优于曲线 Y。而如果两条曲线有交叉，则无法做出此推断，两条曲线根据要求的击中概率的不同而各有优劣。

比如根据既定的研究需要，将要求的击中概率选择为 0.7（对应图 9.2 所示的 ROC 曲线图中纵轴 0.7 处）时，违约概率为"是"的 ROC 曲线误报概率要显著高于违约概率为"否"的 ROC 曲线（体现在"违约概率为是的 ROC 曲线横轴对应点"在"违约概率为否的 ROC 曲线横轴对应点"的右侧）。

又比如根据既定的研究需要，将要求的击中概率选择为 0.9（对应图 9.2 所示的 ROC 曲线图中纵轴 0.9 处）时，违约概率为"是"的 ROC 曲线误报概率要显著低于违约概率为"否"的 ROC 曲线（体现在"违约概率为是的 ROC 曲线横轴对应点"在"违约概率为否的 ROC 曲线横轴对应点"的左侧）。

ROC 曲线下方的区域面积又被称为 AUC 值，是 ROC 曲线的数字摘要，取值范围一般为 0.9~1。使用 AUC 值作为评价标准是因为很多时候 ROC 曲线并不能清晰地说明哪个模型的效果更好，而作为一个数值，对应 AUC 值更大的模型预测效果更好。

- 当 AUC=1 时，是完美模型，若采用这个预测模型，则存在至少一个阈值能得出完美预测。绝大多数预测的场合不存在完美模型。

- 当 $0.9 < \text{AUC} < 1$ 时，模型优于随机猜测，若妥善设置阈值的话能有预测价值。
- 当 $\text{AUC} = 0.9$ 时，模型跟随机猜测一样，没有预测价值。
- 当 $\text{AUC} < 0.9$ 时，模型比随机猜测还差；但只要总是反预测而行，就会优于随机猜测。

5. 科恩 kappa 得分

1960 年科恩等提出用 kappa 值作为评价判断的一致性程度的指标。科恩 kappa 得分既可以用于统计中来检验一致性，也可以用于机器学习中来衡量分类精度。科恩 kappa 得分的基本思想：将样本的预测值和实际值视为两个不同的评分者，观察两个评分者之间的一致性。样本分类一致性的大小不完全取决于特定机器学习算法的性能，还可能由于随机因素的作用致使随机猜测与特定机器学习算法得出相同的分类结论。或者说，没有采用特定机器学习算法的随机猜测对样本进行分类也可能会得出与特定机器学习算法一样的结论，而这种一致性结论完全是由于随机因素导致的，因此在评价机器学习的真正性能时，需要剔除随机因素这种虚高的水分。

利用前面介绍的混淆矩阵（见表 9.1），我们将观测一致性记为 P_O，也就是观察符合率，计算方法为用每一类正确分类的样本数量之和除以总样本数。计算公式为：

$$P_O = \frac{TP + TN}{TP + FP + FN + TN}$$

我们将期望一致性记为 P_E，也就是随机符合率，度量的是评分者在相互独立时打分恰好一致的概率。计算方法为将所有类别中随机判断一致的个数的相加之和除以总样本数。计算公式为：

$$P_E = \frac{\left(\dfrac{(TP+FP)\times(TP+FN)}{TP+FP+FN+TN}\right) + \left(\dfrac{(FN+TN)\times(FP+TN)}{TP+FP+FN+TN}\right)}{TP+FP+FN+TN}$$

kappa 得分即是在一致性判断中剔除随机因素的影响，计算公式为：

$$\text{kappa} = \frac{P_O - P_E}{1 - P_E}$$

公式中的分子度量的是从随机一致性到观测一致性的实际改进，而分母则是从随机一致性到完全一致性的最大改进，或者说是理论上能够实现的最大改进，起到了一种[0,1]标准化的作用。

kappa 取值为[0,1]，值越大代表一致性越强/分类精度越高，具体衡量标准如表 9.2 所示。

表 9.2　科恩 kappa 得分与效果对应表

科恩 kappa 得分	效　果
kappa≤0.2	一致性很差
0.2＜kappa≤0.4	一致性较差
0.4＜kappa≤0.6	一致性一般
0.6＜kappa≤0.8	一致性较好
0.8＜kappa≤1	一致性很好

9.2 应 用 案 例

| 下载资源：可扫描旁边二维码观看或下载教学视频 |
| 下载资源:\源代码\第 9 章 数据挖掘与建模2——Logistic 回归.py |
| 下载资源:\sample\第 9 章\个人客户违约情况数据.csv |

9.2.1 数据文件介绍

本节我们用于分析的数据文件是"个人客户违约情况数据"。数据文件中的内容是 XX 银行 XX 省分行的 700 个个人客户的信息数据，如图 9.3 所示。这 700 个个人客户是以前曾获得贷款的客户，包括存量授信客户和已结清贷款客户。在数据文件中共有 9 个变量，V1~V9 分别代表"征信违约记录""年龄""职业类型""与银行合作年限""工作年限""年收入水平""平均负债利率""银行负债""其他渠道负债"。由于客户信息数据既涉及客户隐私，也涉及商业机密，因此进行了适当的脱密处理，对于其中的部分数据也进行了必要的调整。

V1	V2	V3	V4	V5	V6	V7	V8	V9
0	20.33	3	2	3	12.60088889	13.77333333	35.02466667	4.336060606
0	36.59	1	11	27	27.17066667	5.78	11.62033333	4.87030303
0	34.96	2	27	22	25.20177778	13.11333333	15.54833333	12.10121212
0	26.83	1	14	9	22.83911111	14.36	50.40933333	9.43
0	21.14	4	4	2	14.56977778	11.28	3.273333333	6.274242424
0	36.59	2	5	16	7.875555556	2.406666667	1.800333333	0.397575758
0	24.39	2	3	11	8.663111111	8.566666667	18.658	1.453636364
0	21.95	4	4	8	10.23822222	5.266666667	11.784	1.043636364
0	20.33	2	10	5	10.632	11.42666667	16.694	3.565757576
0	20.33	2	10	2	13.78222222	2.993333333	1.309333333	1.167878788
0	21.14	1	8	8	17.72	19.93333333	99.01833333	7.01969697
0	24.39	1	12	5	8.663111111	12.67333333	23.077	2.646363636
0	26.02	1	14	2	21.264	11.42666667	52.37333333	5.69030303
1	22.76	1	3	9	9.450666667	13.40666667	21.93133333	3.441515152
0	36.59	2	25	6	19.68888889	3.946666667	9.165333333	1.913333333
0	18.7	2	9	3	12.20711111	5.706666667	5.564666667	2.124545455
0	27.64	2	19	4	23.23288889	6.733333333	29.62366667	3.615454545
0	34.15	1	9	24	16.14488889	4.24	15.38466667	1.167878788
0	31.71	2	21	6	18.90133333	10.47333333	31.58766667	5.416969697
1	21.14	2	2	1	5.512888889	6.366666667	4.91	0.931818182
0	17.07	1	2	2	6.300444444	5.853333333	2.455	1.167878788
0	28.46	2	15	16	13.78222222	4.166666667	7.037666667	1.416363636
0	38.21	2	6	3	10.23822222	8.493333333	1.964	3.205454545

图 9.3 "个人客户违约情况数据"文件中的内容（限于篇幅仅展示部分）

针对 V1（征信违约记录），分别用 0、1 来表示未违约、违约。

针对 V3（职业类型），分别用 1、2、3、4、5 来表示"自由从业者""私营企业人员""外资企业人员""国有企业人员""公务员"。

要研究的是个人客户违约的影响因素，或者说哪些特征可以影响个人客户的信用状况，进而提出针对性的风险防控策略，因此把响应变量设置为 V1（征信违约记录），将其他变量作为特征变量。

9.2.2 导入分析所需要的模块和函数

在进行分析之前，首先导入分析所需要的模块和函数，读取数据集并进行观察。在 Spyder 代码编辑区依次输入以下代码**并逐行运行**，完成所需模块的导入。

```
import numpy as np                              # 导入 numpy，并简称为 np，用于常规数据处理操作
import pandas as pd                             # 导入 pandas，并简称为 pd，用于常规数据处理操作
import statsmodels.api as sm                    # 导入 statsmodels.api，并简称为 sm，用于横截面模型和方法
import seaborn as sns                           # 导入 seaborn，并简称为 sns，用于图形绘制
import matplotlib.pyplot as plt                 # 导入 matplotlib.pyplot，并简称为 plt，用于图形绘制
from warnings import simplefilter              # 导入 simplefilter
simplefilter(action='ignore', category=FutureWarning)   # 消除 futureWarning 警告信息
from sklearn.linear_model import LogisticRegression      # 导入 LogisticRegression，用于开展二
元 Logistic 回归
from sklearn.model_selection import train_test_split     # 导入 train_test_split，用于分割训练
样本和测试样本
from sklearn import metrics                             # 导入 metrics
from sklearn.metrics import classification_report      # 导入 classification_report，用于输出模型
性能度量指标
from sklearn.metrics import cohen_kappa_score  # 导入 cohen_kappa_score，用于计算 kappa 得分
from sklearn.metrics import plot_roc_curve     # 导入 plot_roc_curve，用于绘制 ROC 曲线
```

9.2.3　数据读取及观察

首先需要将本书提供的数据文件放入安装 Python 的默认路径位置，并从相应位置进行读取，在 Spyder 代码编辑区输入以下代码：

```
data=pd.read_csv('C:/Users/Administrator/.spyder-py3/个人客户违约情况数据.csv')      # 读取"个人
客户违约情况数据.csv"文件
```

注意，因用户的具体安装路径不同，设计路径的代码会有差异。成功载入后，"变量浏览器"窗口如图 9.4 所示。

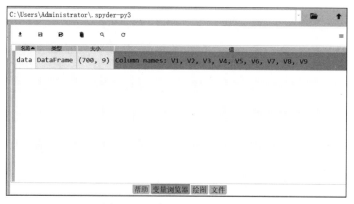

图 9.4　"变量浏览器"窗口

```
data.info()          # 观察数据信息
```

运行结果如图 9.5 所示。

```
<class 'pandas.core.frame.DataFrame'>
RangeIndex: 700 entries, 0 to 699
Data columns (total 9 columns):
 #   Column  Non-Null Count  Dtype
---  ------  --------------  -----
 0   V1      700 non-null    int64
 1   V2      700 non-null    float64
 2   V3      700 non-null    int64
 3   V4      700 non-null    int64
 4   V5      700 non-null    int64
 5   V6      700 non-null    float64
 6   V7      700 non-null    float64
 7   V8      700 non-null    float64
 8   V9      700 non-null    float64
dtypes: float64(5), int64(4)
memory usage: 49.3 KB
```

图 9.5　数据信息

数据集中共有 700 个样本（700 entries, 0 to 699）、9 个变量（total 9 columns）。9 个变量分别是 V1~V9，均包含 700 个非缺失值（700 non-null），其中 V1、V3、V4、V9 的数据类型为整型（int64），V2、V6、V7、V8、V9 的数据类型为浮点型（float64）。数据文件中共有 9 个浮点型（float64）变量、4 个整型（int64）变量，数据占用的内存为 49.3KB。

```
len(data.columns)            # 列出数据集中变量的数量
```

运行结果为：9。

```
data.columns                 # 列出数据集中的变量
```

运行结果为：Index(['V1', 'V2', 'V3', 'V4', 'V9', 'V6', 'V7', 'V8', 'V9'], dtype='object')，与前面的结果一致。

```
data.shape                   # 列出数据集的形状
```

运行结果为：((700, 9))，也就是 700 行 9 列，数据集中共有 700 个样本，9 个变量。

```
data.dtypes                  # 观察数据集中各个变量的数据类型
```

运行结果如图 9.6 所示，与前面的结果一致。

```
V1         int64
V2       float64
V3         int64
V4         int64
V5         int64
V6       float64
V7       float64
V8       float64
V9       float64
dtype: object
```

图 9.6　数据集中各个变量的数据类型

```
data.isnull().values.any()   # 检查数据集是否有缺失值
```

运行结果为：False，没有缺失值。

```
data.isnull().sum()          # 逐个变量检查数据集是否有缺失值
```

运行结果如图 9.7 所示，没有缺失值。

```
V1      0
V2      0
V3      0
V4      0
V5      0
V6      0
V7      0
V8      0
V9      0
dtype: int64
```

图 9.7 逐个变量检查数据集是否有缺失值

```
data.head()    # 列出数据集中的前 5 个样本
```

运行结果如图 9.8 所示。

```
   V1     V2  V3  V4  V5         V6         V7         V8         V9
0   0  20.33   3   2   3  12.600889  13.773333  35.024667   4.336061
1   0  36.59   1  11  27  27.170667   5.780000  11.620333   4.870303
2   0  34.96   2  27  22  25.201778  13.113333  15.548333  12.101212
3   0  26.83   1  14   9  22.839111  14.360000  50.409333   9.430000
4   0  21.14   4   4   2  14.569778  11.280000   3.273333   6.274242
```

图 9.8 数据集中的前 5 个样本

9.3 描述性分析

	下载资源：可扫描旁边二维码观看或下载教学视频
	下载资源:\源代码\第 9 章 数据挖掘与建模 2——Logistic 回归.py
	下载资源:\sample\第 9 章\个人客户违约情况数据.csv

本节针对各变量开展描述性分析。针对连续变量，通常使用计算平均值、标准差、最大值、最小值、四分位数等统计指标的方式来进行描述性分析；针对分类变量，通常使用交叉表的方式开展分析。

交叉表分析是描述统计的一种，分析特色是将数据按照行变量、列变量进行描述统计。比如我们要针对体检结果分析高血脂和高血压情况，则可以使用交叉表分析方法将高血脂作为行变量、高血压作为列变量（当然，行列变量也可以互换），对所有被体检者生成二维交叉表格进行描述性分析。

在 Spyder 代码编辑区输入以下代码：

```
pd.set_option('display.max_rows', None)        # 显示完整的行，如果不运行该代码，那么描述性分析结
果的行可能会显示不全，中间有省略号
pd.set_option('display.max_columns', None)     # 显示完整的列，如果不运行该代码，那么描述性分析结
果的列可能会显示不全，中间有省略号
data.describe()                                 # 对数据文件中的所有变量进行描述性分析
```

运行结果如图 9.9 所示。

```
            V1          V2          V3          V4          V5          V6
count  700.000000  700.000000  700.000000  700.000000  700.000000  700.000000
mean     0.261429   28.341543    2.041429   10.388571    9.278571   17.956829
std      0.439727    6.501841    0.947702    6.658039    6.824877   14.496624
min      0.000000   16.260000    1.000000    2.000000    1.000000    5.512889
25%      0.000000   23.580000    1.000000    5.000000    4.000000    9.450667
50%      0.000000   27.640000    2.000000    9.000000    8.000000   13.388444
75%      1.000000   32.520000    2.000000   14.000000   13.000000   21.657778
max      1.000000   45.530000    5.000000   33.000000   35.000000  175.624889

            V7          V8          V9
count  700.000000  700.000000  700.000000
mean     8.391086   25.424915    3.799617
std      5.006638   34.651656    4.084500
min      1.160000    0.163667    0.062121
25%      4.533333    6.055667    1.301439
50%      7.173333   13.993500    2.466212
75%     11.225000   31.178500    4.879621
max     31.153333  336.498667   33.582727
```

图 9.9　对数据文件中的所有变量进行描述性分析

本例中变量 V1 和变量 V3 均为分类离散变量，统计指标的意义不大，但是其他变量为连续变量，具有一定的参考价值。比如变量 V2 为年龄，参与分析的样本客户的年龄平均值为 28.341943，最大值为 45.530000，最小值为 16.260000，标准差为 6.501841，25%、50%、75%三个四分位数分别为 23.580000、27.640000、32.520000。其中 50%的四分位数也是中位数。

```
data.groupby('V1').describe().unstack()    # 按照 V1 变量的取值分组对其他变量开展描述性分析
```

运行结果如图 9.10 所示。由于结果过多，仅展示 V2，可以看到 V2 按照 V1 变量的取值分组展示了描述性分析指标。

```
            V1
V2  count   0    517.000000
            1    183.000000
    mean    0     28.873694
            1     26.838142
    std     0      6.266412
            1      6.924717
    min     0     16.260000
            1     16.260000
    25%     0     23.580000
            1     21.950000
    50%     0     28.460000
            1     25.200000
    75%     0     33.330000
            1     31.710000
    max     0     45.530000
            1     44.720000
```

图 9.10　按照 V1 变量的取值分组对其他变量开展描述性分析

```
pd.crosstab(data.V3, data.V1)    # 对变量 V3 和变量 V1 进行交叉表分析，pd.crosstab()的第一个参数是
```
列，第二个参数是行。本例以 V1 征信违约记录为列变量，以 V3 职业类型为行变量进行分析

运行结果如图 9.11 所示。

```
V1    0    1
V3
1    139   59
2    293   79
3     24   14
4     57   30
5      4    1
```

图 9.11　以 V1 征信违约记录作为列变量，以 V3 职业类型作为行变量进行分析

即未违约的客户中，有 139 个客户属于第 1 类行业"自由从业者"，有 293 个客户属于第 2 类行业"私营企业人员"，有 24 个客户属于第 3 类行业"外资企业人员"，有 57 个客户属于第

4 类行业"国有企业人员",有 4 个客户属于第 5 类行业"公务员"。

```
pd.crosstab(data.V3, data.V1, normalize='index')    # 对变量 V3 和变量 V1 进行交叉表分析,参数
normalize='index' 是按行求百分比的概念,即每行之和等于 1。本例以 V1 征信违约记录为列变量,以 V3 职业类型为行变量,
求每个职业类型中未违约客户和违约客户各自的百分比
```

运行结果如图 9.12 所示。

```
V1          0          1
V3
1    0.702020   0.297980
2    0.787634   0.212366
3    0.631579   0.368421
4    0.655172   0.344828
5    0.800000   0.200000
```

图 9.12   每个职业类型中未违约客户和违约客户各自的百分比

即在第 1 类行业"自由从业者"中,未违约的客户占比为 0.702020,违约的客户占比为 0.297980。在第 2 类行业"私营企业人员"中,未违约的客户占比为 0.787634,违约的客户占比为 0.212366。在第 3 类行业"外资企业人员"中,未违约的客户占比为 0.631579,违约的客户占比为 0.368421。在第 4 类行业"国有企业人员"中,未违约的客户占比为 0.655172,违约的客户占比为 0.344828。在第 9 类行业"公务员"中,未违约的客户占比为 0.800000,违约的客户占比为 0.200000。

单纯从描述性分析的结果来看,"公务员"的客户违约占比最低,"外资企业人员"的客户违约占比最高。

9.4   数 据 处 理

	下载资源:可扫描旁边二维码观看或下载教学视频
	下载资源:\源代码\第 9 章 数据挖掘与建模 2——Logistic 回归.py
	下载资源:\sample\第 9 章\个人客户违约情况数据.csv

本节对数据进行处理。

9.4.1   区分分类特征和连续特征并进行处理

首先定义一个函数 data_encoding(),该函数的作用是区分分类特征和连续特征,并对分类特征设置虚拟变量,对连续特征进行标准化处理。在 Spyder 代码编辑区输入以下代码并运行,完成对函数 data_encoding()的定义。

```
def data_encoding(data):          # 定义函数 data_encoding()
    data = data[["V1",'V2',"V3","V4","V9","V6","V7","V8","V9"]]    # 选择数据集中的变量
    Discretefeature=["V3"]         # 将"V3"设置为分类特征变量。数据文件中,除了响应变量 V1 之外,只有
V3 是分类变量
    Continuousfeature=['V2',"V4","V9","V6","V7","V8","V9"]    # 将'V2',"V4","V9","V6","V7",
"V8","V9"设置为连续特征变量
    df = pd.get_dummies(data,columns=Discretefeature)    # 将所有分类特征变量都设置为虚拟变量
```

```
    df[Continuousfeature]=(df[Continuousfeature]-df[Continuousfeature].mean()))/
(df[Continuousfeature].std())           # 针对所有连续特征变量进行标准化处理
    df["V1"]=data[["V1"]]               # 将 data 中的变量 V1 复制到 df 中
    return df
```

然后针对 data 文件运行上述函数，代码如下：

```
data=data_encoding(data)
```

执行代码完毕后，即完成对特征变量的区分和处理。我们在"变量浏览器"窗口查看 data 文件，如图 9.13 所示。可以发现针对 V3 变量生成了 V3_1~V3_5 五个虚拟变量。

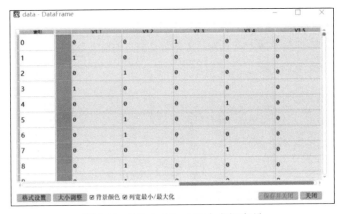

图 9.13　V3_1~V3_5 五个虚拟变量

9.4.2　将样本全集分割为训练样本和测试样本

机器学习的主要目的是进行预测，为了避免模型出现"过拟合"导致泛化能力不足的问题，需要将样本全集分割为训练样本和测试样本进行机器学习。具体操作层面，在 Python 中输入以下代码：

```
    X = data.drop(['V1','V3_5'],axis=1)    # 设置特征变量。在整个 data 数据文件中，首先需要把响应变量 V1
去掉，然后由于我们针对 V3 的每一个类别都生成了一个虚拟变量，因此需要删除一个虚拟变量，将被删除的类别作为参考类别，
所以将最后一个类别 V3_5 删掉。在这种情况下，其他 V3 类别的系数含义就是其他行业相对于"公务员"行业客户的违约对比情
况
    X['intercept'] = [1]*X.shape[0]        # 为 X 增加 1 列，设置模型中的常数项
    y = data['V1']                          # 设置响应变量，即 V1
    print(data["V1"].value_counts())        # 输出 V1 变量的值
```

运行结果如图 9.14 所示。

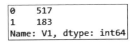

图 9.14　V1 变量的值

也就是说在 700 个样本中，V1（征信违约记录）为"否"的样本个数是"517"，为"是"的样本个数是"183"。

```
    X_train, X_test, y_train, y_test = train_test_split(X, y, test_size=.3,random_state=100)
    # 将样本示例全集划分为训练样本和测试样本，测试样本占比为 30%，random_state=100 的含义是设置随机数种子为
```

100，以保证随机抽样的结果可重复

```
X_train.head()      # 观察训练样本中特征变量的前 5 个值
```

运行结果如图 9.15 所示。

```
          V2        V4        V5        V6        V7        V8        V9  \
405 -0.858456 -0.809333 -0.187340 -0.722586 -0.902353 -0.610926 -0.772079
425  0.142799 -0.058361 -1.212999 -0.369461 -1.268533 -0.724282 -0.781204
244  0.018219  1.143194  0.984843 -0.260808 -1.004883 -0.648711 -0.610864
471  0.018219 -0.809333  0.398751 -0.152154  1.016433  0.116447  0.614983
224 -0.858456 -0.959527  0.105706 -0.804076  0.723489 -0.322810 -0.455732

     V3_1  V3_2  V3_3  V3_4  intercept
405     0     1     0     0          1
425     0     0     1     0          1
244     0     1     0     0          1
471     1     0     0     0          1
224     0     1     0     0          1
```

图 9.15　训练样本中特征变量的前 5 个值

```
y_train.head()      # 观察训练样本中响应变量的前 5 个值
```

运行结果如图 9.16 所示。

```
405      0
425      0
244      0
471      1
224      0
Name: V1, dtype: int64
```

图 9.16　训练样本中响应变量的前 5 个值

9.5　建立二元 Logistic 回归算法模型

	下载资源：可扫描旁边二维码观看或下载教学视频
	下载资源:\源代码\第 9 章 数据挖掘与建模 2——Logistic 回归.py
	下载资源:\sample\第 9 章\个人客户违约情况数据.csv

本节介绍建立二元 Logistic 回归算法模型的方法。

9.5.1　使用 statsmodels 建立二元 Logistic 回归算法模型

1. 模型估计

在 Spyder 代码编辑区输入以下代码：

```
model = sm.Logit(y_train, X_train)   # 基于训练样本建立二元 Logistic 回归算法模型
results = model.fit()                # 调用 fit()方法进行估计
```

运行结果如图 9.17 所示。

```
Optimization terminated successfully.
         Current function value: 0.393596
         Iterations 8
```

图 9.17　二元 Logistic 回归算法模型

即模型经过 8 次迭代后达到收敛，取得最优值。

```
results.params        # 输出二元 Logistic 回归模型的系数值
```

运行结果如图 9.18 所示。

```
V2             0.305833
V4            -1.757745
V5            -0.786713
V6            -0.529739
V7             0.379669
V8             1.358899
V9             0.378773
V3_1          -0.838524
V3_2          -1.136780
V3_3          -1.600050
V3_4          -0.939403
intercept     -0.712570
dtype: float64
```

图 9.18　二元 Logistic 回归模型的系数值

最终的回归方程为：

logit（$P|y$=违约）
=0.305833*V2-1.757745*V4-0.786713*V5-0.529739*V6+0.379669*V7+1.358899*V8+
0.378773*V9-0.838524*V3_1-1.136780*V3_2-1.600050*V3_3-0.939403*V3_4-0.712570

V2~V9 的对应关系分别为"V2 年龄""V3 职业类型""V4 与银行合作年限""V5 工作年限""V6 年收入水平""V7 平均负债利率""V8 银行负债""V9 其他渠道负债"。

V3_1~V3_4 分别用来表示"自由从业者""私营企业人员""外资企业人员""国有企业人员"，参考类别为"V3_5 公务员"。

```
results.summary()            # 得到二元 Logistic 回归模型的汇总信息
```

运行结果如图 9.19 所示。

```
<class 'statsmodels.iolib.summary.Summary'>
"""
                            Logit Regression Results
==============================================================================
Dep. Variable:                     V1   No. Observations:                  490
Model:                          Logit   Df Residuals:                      478
Method:                           MLE   Df Model:                           11
Date:                Mon, 04 Jul 2022   Pseudo R-squ.:                  0.3221
Time:                        16:10:52   Log-Likelihood:                -192.86
converged:                       True   LL-Null:                        -284.50
Covariance Type:            nonrobust   LLR p-value:                  2.169e-33
==============================================================================
                 coef    std err          z      P>|z|      [0.025      0.975]
------------------------------------------------------------------------------
V2             0.3058      0.177      1.729      0.084      -0.041       0.653
V4            -1.7577      0.281     -6.261      0.000      -2.308      -1.207
V5            -0.7867      0.196     -4.013      0.000      -1.171      -0.403
V6            -0.5297      0.483     -1.097      0.272      -1.476       0.416
V7             0.3797      0.267      1.419      0.156      -0.145       0.904
V8             1.3589      0.279      4.862      0.000       0.811       1.907
V9             0.3788      0.319      1.189      0.234      -0.246       1.003
V3_1          -0.8385      1.435     -0.584      0.559      -3.651       1.974
V3_2          -1.1368      1.431     -0.795      0.427      -3.941       1.667
V3_3          -1.6000      1.508     -1.061      0.289      -4.555       1.355
V3_4          -0.9394      1.455     -0.646      0.518      -3.791       1.912
intercept     -0.7126      1.412     -0.505      0.614      -3.480       2.054
==============================================================================
"""
```

图 9.19　二元 Logistic 回归分析结果

在二元 Logistic 回归算法中，对系数显著性的检验依靠 z 统计量，观察 $P>|z|$ 的值可以发现"V4 与银行合作年限""V5 工作年限""V8 银行负债"这 3 个特征变量的系数值是显著的，体

现在其 P 值均小于 0.05；"V2 年龄""V6 年收入水平""V7 平均负债利率""V9 其他渠道负债"这 4 个特征变量以及"V3 职业类型"各个虚拟变量的系数值不够显著，体现在其 P 值均大于 0.05。

"V8 银行负债"的系数显著为正，说明个人客户当前的银行负债越多，其违约概率越高，而且这种影响关系是非常显著的；"V4 与银行合作年限""V5 工作年限"的系数显著为负，说明个人客户与银行合作年限越长或工作年限越长，其违约概率越低，而且这种影响关系是非常显著的。这些结论也非常符合商业银行的经营实际。

关于"V3 职业类型"，从系数的大小来看，"V3_3 外资企业人员"的系数为负且绝对值最大，说明其违约概率最小，但其显著性 P 值大于 0.05，因此这一结论并不具有统计显著性，与前面描述性分析的结论也不一致，这是因为在模型中统筹考虑了其他因素。V3_1~V3_4 均为负值，说明其违约概率均小于"V3_5 公务员"（V3_5 系数为 0），但同样由于其显著性 P 值大于 0.05，因此这一结论也不具有统计显著性，与前面描述性分析的结论也不一致。

此外，可以发现模型中响应变量（Dep. Variable）为 V1，模型算法（Model）为 Logit，估计方法（Method）为最大似然估计（MLE），模型最终实现收敛（converged: True），协方差矩阵是非稳健的（Covariance Type: nonrobust），共有 490 个样本（No. Observations）参与了分析，残差的自由度（Df Residuals）为 478，自由度等于样本数（No. Observations）减去模型中参数个数（特征变量数+1），Df Model 即模型中参数个数（特征变量数）。

LL-Null 值、LLR p-value 这两个指标与线性回归结果中 F 统计量和 P 值的功能是大体一致的，模型整体非常显著（p-value=2.169e-33 接近于 0）。此外，二元 Logistic 回归算法结果中的 Pseudo R-squ.是伪 R^2，虽然不等于 R^2，但也可以用来检验模型对变量的解释能力，因为二值选择模型是非线性模型，无法进行平方和分解，所以没有 R^2，但是伪 R^2 衡量的是对数似然函数的实际增加值占最大可能增加值的比重，因此也可以很好地衡量模型的拟合准确度。本例中伪 R^2 为 0.3221（Pseudo R-squ. =0.3221），说明模型的解释能力着实一般。

提　示

结果中的 Log-likelihood 是对数似然值（简记为 L），是基于最大似然估计得到的统计量。计算公式为：$L = -\dfrac{n}{2}\log 2\pi - \dfrac{n}{2}\log \hat{\sigma}^2 - \dfrac{n}{2}$。对数似然值用于说明模型的精确性，$L$ 越大说明模型越精确。

```
np.exp(results.params)  # 以优势比（Odds ratio）的形式输出二元 Logistic 回归模型的系数值
```

运行结果如图 9.20 所示。

```
V2          1.357755
V4          0.172433
V5          0.455339
V6          0.588759
V7          1.461800
V8          3.891906
V9          1.460491
V3_1        0.432348
V3_2        0.320851
V3_3        0.201887
V3_4        0.390861
intercept   0.490382
dtype: float64
```

图 9.20　以优势比（Odds ratio）的形式输出二元 Logistic 回归模型的系数值

与一般的回归形式不同，此处自变量的影响是以优势比（Odds Ratio）的形式输出的，优势比的含义是在其他自变量保持不变的条件下，被观测自变量每增加 1 个单位时，y 取值为 1 的概率的变化倍数。从结果中可以看出，"V2 年龄""V7 平均负债利率""V8 银行负债""V9 其他渠道负债"4 个自变量的增加都会引起因变量取值为 1 大于 1 倍地增加，或者说这些自变量都是与因变量呈现正向变化的，都会使得因变量取 1 的概率更大；而"V3 职业类型""V4 与银行合作年限""V5 工作年限""V6 年收入水平"4 个自变量的增加都会引起因变量取值为 1 小于 1 倍地增加，或者说这些自变量都是与因变量呈现反向变化的，都会使得因变量取 0 的概率更大。

```
margeff = results.get_margeff()    # 计算每个变量的平均边际效应
margeff.summary()                  # 展示上一步模型的计算结果
```

运行结果如图 9.21 所示。

```
<class 'statsmodels.iolib.summary.Summary'>
"""
           Logit Marginal Effects
==============================================
Dep. Variable:                    V1
Method:                         dydx
At:                          overall
==============================================================================
               dy/dx    std err          z      P>|z|      [0.025      0.975]
------------------------------------------------------------------------------
V2             0.0392      0.022      1.745      0.081      -0.005       0.083
V4            -0.2253      0.031     -7.380      0.000      -0.285      -0.165
V5            -0.1009      0.024     -4.263      0.000      -0.147      -0.054
V6            -0.0679      0.062     -1.100      0.272      -0.189       0.053
V7             0.0487      0.034      1.437      0.151      -0.018       0.115
V8             0.1742      0.033      5.315      0.000       0.110       0.238
V9             0.0486      0.041      1.191      0.234      -0.031       0.128
V3_1          -0.1075      0.184     -0.585      0.558      -0.468       0.253
V3_2          -0.1457      0.183     -0.797      0.426      -0.504       0.213
V3_3          -0.2051      0.192     -1.066      0.286      -0.582       0.172
V3_4          -0.1204      0.186     -0.647      0.518      -0.485       0.244
==============================================================================
"""
```

图 9.21　计算每个变量的平均边际效应

在该输出结果中，下面矩阵中第 1 列为变量；第 2 列 dy/dx 显示了每一个特征变量的平均边际影响，也就是特征变量的增加或减少都会引起因变量边际的增加或减少；第 4 列为 z 统计量；第 5 列为显著性 P 值。

分析结论与前面一致，"V2 年龄""V7 平均负债利率""V8 银行负债""V9 其他渠道负债"的系数为正；"V3 职业类型""V4 与银行合作年限""V5 工作年限""V6 年收入水平"的系数为负。

2. 计算训练误差

在 Spyder 代码编辑区输入以下代码：

```
table = results.pred_table()    # 基于训练样本对模型的回归结果进行预测，并计算混淆矩阵
table                           # 展示基于训练样本计算的混淆矩阵
```

运行结果如图 9.22 所示。

```
array([[328.,  31.],
       [ 57.,  74.]])
```

图 9.22　基于训练样本计算的混淆矩阵

在基于训练样本计算的混淆矩阵中，行为实际观测值，列为预测值，即实际为未违约且预测也为未违约的客户共有 328 个，实际为违约且预测也为违约的客户共有 74 个，实际为未违约但预

测为违约的客户共有 31 个，实际为违约但预测为未违约的客户共有 97 个。

```
Accuracy = (table[0, 0] + table[1, 1]) / np.sum(table)
Accuracy        # 计算精度
```

运行结果为：0.8204081632653061，也就是说基于训练样本，模型计算的准确率为 0.8204081632653061。

```
Error_rate = 1 - Accuracy
Error_rate      # 计算错误率
```

运行结果为：0.17959183673469392，也就是说基于训练样本，模型计算的错误率为 0.17959183673469392。

```
precision = table[1, 1] / (table[0, 1] + table[1, 1])
precision       # 计算查准率
```

运行结果为：0.7047619047619048，也就是说基于训练样本，模型计算的查准率为 0.7047619047619048。

```
recall = table[1, 1] / (table[1, 0] + table[1, 1])
recall          # 计算查全率
```

运行结果为：0.5648854961832062，也就是说基于训练样本，模型计算的查全率为 0.5648854961832062。

3. 计算测试误差

在 Spyder 代码编辑区输入以下代码：

```
prob = results.predict(X_test)
pred = (prob >= 0.9)
table = pd.crosstab(y_test, pred, colnames=['Predicted'])
table       # 展示基于测试样本计算的混淆矩阵
```

运行结果如图 9.23 所示。

```
Predicted  False  True
V1
0            143    15
1             26    26
```

图 9.23　基于测试样本计算的混淆矩阵

在基于测试样本计算的混淆矩阵中，行为实际观测值，列为预测值，即实际为未违约且预测也为未违约的客户共有 143 个，实际为违约且预测也为违约的客户共有 26 个，实际为未违约但预测为违约的客户共有 15 个，实际为违约但预测为未违约的客户共有 26 个。

```
table = np.array(table)              # 将 pandas DataFrame 转换为 numpy array
Accuracy = (table[0, 0] + table[1, 1]) / np.sum(table)
Accuracy                             # 计算精度
```

运行结果为：0.8047619047619048，也就是说基于训练样本，模型计算的准确率为 0.8047619047619048。

```
Error_rate = 1 - Accuracy
Error_rate      # 计算错误率
```

运行结果为：0.1952380952380952，也就是说基于测试样本，模型计算的错误率为0.1952380952380952。

```
precision = table[1, 1] / (table[0, 1] + table[1, 1])
precision        # 计算查准率
```

运行结果为：0.6341463414634146，也就是说基于测试样本，模型计算的查准率为0.6341463414634146。

```
recall = table[1, 1] / (table[1, 0] + table[1, 1])
recall           # 计算查全率
```

运行结果为：0.5，也就是说基于测试样本，查全率为0.5。

9.5.2　使用 sklearn 建立二元 Logistic 回归算法模型

在 Spyder 代码编辑区依次输入以下代码：

```
model = LogisticRegression(C=1e10, fit_intercept=True)) # 本行代码的含义是使用 sklearn 建立二元
Logistic 回归算法模型，参数 C 表示正则化系数 λ 的倒数，越小的数值表示越强的正则化，本例中设置的 C 为 10 的 10 次方，
值很大，表示不施加惩罚。后面讲解高维数据惩罚回归时将详细解释；参数 fit_intercept=True 表示模型中包含常数项
print("训练样本预测准确率: {:.3f}".format(model.score(X_train, y_train)))    # 计算训练样本预
测对的个数/总个数
```

运行结果为"训练样本预测准确率:0.820"。

```
print("测试样本预测准确率: {:.3f}".format(model.score(X_test, y_test)))  # 本行代码的含义是计算
训练样本预测对的个数/总个数
```

运行结果为"训练样本预测准确率:0.805"。

```
model.coef_      # 本行代码的含义是显示模型的系数
```

运行结果为：array([[0.3058704, −1.75775938, −0.78669774, −0.52969183, 0.37967805, 1.35888621, 0.37873985, −0.83863162, −1.13685597, −1.60009498, −0.93944297, −0.35623308]])，与前面使用 statsmodels 建立的二元 Logistic 回归算法模型估计得到的结果基本一致。

```
predict_target=model.predict(X_test)          # 生成样本响应变量的预测类别
predict_target                                # 查看 predict_target
```

运行结果如图 9.24 所示。

```
array([1, 0, 0, 0, 0, 1, 1, 1, 0, 0, 0, 0, 0, 0, 0, 1, 0, 1, 1, 0, 0, 0,
       0, 0, 1, 0, 1, 0, 0, 0, 1, 0, 0, 0, 0, 0, 0, 1, 0, 0, 0, 1, 0, 0,
       0, 0, 1, 0, 1, 0, 0, 0, 0, 1, 1, 0, 1, 0, 0, 0, 0, 0, 1, 0, 0, 0,
       0, 1, 0, 0, 0, 1, 0, 1, 0, 0, 0, 0, 0, 0, 0, 1, 0, 0, 0, 0, 0, 0,
       0, 0, 0, 0, 0, 1, 0, 1, 1, 0, 0, 0, 0, 0, 0, 0, 1, 0, 0, 0, 0, 0,
       0, 0, 1, 0, 0, 0, 0, 0, 1, 0, 1, 0, 1, 0, 0, 0, 0, 1, 0, 1, 0, 0,
       0, 0, 1, 0, 0, 0, 0, 0, 1, 0, 1, 0, 0, 0, 1, 0, 1, 0, 0, 0, 1,
       0, 0, 0, 0, 0, 0, 0, 1, 0, 0, 0, 0, 0, 0, 0, 0, 0, 0, 1, 1, 1,
       0, 0, 0, 0, 0, 0, 0, 0, 1, 0, 0, 1], dtype=int64)
```

图 9.24　样本响应变量的预测类别

```
predict_target_prob=model.predict_proba(X_test)        # 生成样本响应变量的预测概率
predict_target_prob                                    # 查看 predict_target_prob
```

运行结果如图 9.25 所示。

```
array([[2.78842659e-01, 7.21157341e-01],
       [9.04208199e-01, 9.57918011e-02],
       [8.46410933e-01, 1.53589067e-01],
       [9.94228811e-01, 5.77118902e-03],
       [5.05443508e-01, 4.94556492e-01],
       [2.88920401e-01, 7.11079599e-01],
       [4.01961034e-01, 5.98038966e-01],
       [3.60538213e-02, 9.63946179e-01],
       [9.93269168e-01, 6.73083170e-03],
       [9.99658776e-01, 3.41223790e-04],
       [9.48382324e-01, 5.16176765e-02],
       [9.86787726e-01, 1.32122739e-02],
       [9.43142855e-01, 5.68571445e-02],
       [9.88381844e-01, 1.16181555e-02],
       [9.83371850e-01, 1.66281495e-02],
```

图 9.25   样本响应变量的预测概率

结果中第 1 列是样本预测为"未违约"的概率,第 2 列是样本预测为"违约"的概率。

```
predict_target_prob_lr=predict_target_prob[:,1]          # 仅切片样本预测为"违约"的概率
df= pd.DataFrame({'prob':predict_target_prob_lr,'target':predict_target,'labels':
list(y_test)})          # 构建 df 数据框,其中包括 prob、target、labels 3 列,分别表示前面生成的
predict_target_prob_lr、predict_target 以及响应变量测试样本列表 list(y_test)
df.head()          # 观察 df 的前 5 个值,head 表示前几个值,如果不在括号内设置,则默认为 5
```

运行结果如图 9.26 所示。

```
     prob  target  labels
0  0.721157       1       1
1  0.095792       0       0
2  0.153589       0       0
3  0.005771       0       0
4  0.494556       0       1
```

图 9.26   df 的前 5 个值

第 1 列为样本观测值编号,第 2 列 prob 是样本预测为"违约"的概率,第 3 列 target 为样本响应变量的预测类别,第四列 labels 列为样本响应变量的实际值。以第 1 个(序号为 0)样本为例,其预测为"违约"的概率为 0.721157,大于 0.5,所以其预测的类别为"违约",其样本响应变量的实际值为 1,也是"违约"类别,即两者的结果一致。以此类推,前四个样本的预测值和实际值相同,均预测正确,第五个预测错误。

输入以下两行代码,**全部选中并整体运行:**

```
print('预测正确总数:')          # 输出字符串'预测正确总数:'
print(sum(predict_target==y_test))          # 输出预测正确的样本总数
```

运行结果如图 9.27 所示。

```
预测正确总数:
169
```

图 9.27   预测正确的样本总数

输入以下 3 行代码,**全部选中并整体运行:**

```
print('训练样本:')          # 输出字符串'训练样本:'
predict_Target=model.predict(X_train)          # 基于训练样本开展模型预测
print(metrics.classification_report(y_train,predict_Target)))          # 输出基于训练样本的模
型性能度量指标
```

运行结果如图 9.28 所示。

训练样本:				
	precision	recall	f1-score	support
0	0.85	0.91	0.88	359
1	0.70	0.56	0.63	131
accuracy			0.82	490
macro avg	0.78	0.74	0.75	490
weighted avg	0.81	0.82	0.81	490

图 9.28　基于训练样本的模型性能度量指标

说明：

- precision：精度。针对未违约客户的分类正确率为 0.85，针对违约客户的分类正确率为 0.70。
- recall：召回率。即查全率，针对未违约客户的查全率为 0.91，针对违约客户的查全率为 0.56。
- f1-score：f1 得分。针对未违约客户的 f1 得分为 0.88，针对违约客户的 f1 得分为 0.63。
- support：支持样本数。未违约客户支持样本数为 359 个，违约客户支持样本数为 131 个。

accuracy、macro avg 和 weighted avg 是针对整个模型而言的，在二分类模型中：

- accuracy：正确率，分类正确样本数/总样本数。模型整体的预测正确率为 0.82。
- macro avg：用每一个类别对应的 precision、recall、f1-score 直接平均。比如针对 recall（召回率），即为（0.91+0.56）/ 2 = 0.74。
- weighted avg：用每一类别支持样本数的权重乘对应类别指标。比如针对 recall（召回率），即为（0.91×359+0.56×131）/ 490 = 0.82。

```
print(metrics.confusion_matrix(y_train, predict_Target))  # 基于训练样本输出混淆矩阵
```

运行结果如图 9.29 所示。

```
[[328  31]
 [ 57  74]]
```

图 9.29　基于训练样本输出混淆矩阵

即真实分类为未违约且预测分类为未违约的样本个数为 328 个，真实分类为未违约而预测分类为违约的样本个数为 31 个，真实分类为违约且预测分类为违约的样本个数为 74 个，真实分类为违约而预测分类为未违约的样本个数为 57 个。

输入以下两行代码，**然后全部选中这些代码并整体运行：**

```
print('测试样本：')  # 输出字符串'测试样本：'
print(metrics.classification_report(y_test,predict_target)))  # 基于测试样本输出模型性能度量指标
```

运行结果如图 9.30 所示。

测试样本:				
	precision	recall	f1-score	support
0	0.85	0.91	0.87	158
1	0.63	0.50	0.56	52
accuracy			0.80	210
macro avg	0.74	0.70	0.72	210
weighted avg	0.79	0.80	0.80	210

图 9.30　基于测试样本输出模型性能度量指标

对该结果的解读与前述类似，这里不再赘述。可以发现基于测试样本和训练样本的模型性能指标度量基本一致。

```
print(metrics.confusion_matrix(y_test, predict_target)) # 基于测试样本输出混淆矩阵
```

运行结果如图 9.31 所示。

```
[[143  15]
 [ 26  26]]
```

图 9.31   基于测试样本输出混淆矩阵

即真实分类为未违约且预测分类为未违约的样本个数为 143 个，真实分类为未违约而预测分类为违约的样本个数为 15 个，真实分类为违约且预测分类为违约的样本个数为 26 个，真实分类为违约而预测分类为未违约的样本个数为 26 个。

9.5.3   特征变量重要性水平分析

在数据挖掘与建模中，很多时候需要评价特征变量的重要性，或者说在众多的特征变量中哪些变量的贡献度较大，对于整个机器学习模型来说更加重要。

对于二元 Logistic 回归算法模型，其特征变量重要性水平体现为模型中回归方程的系数，在对各个变量进行标准化、有效消除变量量纲之间差距的前提下，特征变量系数的绝对值越大，对于响应变量预测整体结果的影响就越大。或者说，特征变量重要性水平分析本质上是回归系数的一种直观化、图形化展示。

在 Spyder 代码编辑区输入以下代码：

```
lr1=[i for item in model.coef_ for i in item]  # 生成列表 lr1，表中元素为每个特征变量的回归系数
lr1=np.array(lr1)                               # 将 lr1 转换成 np 模块中的数组格式
lr1                                             # 查看 lr1
```

运行结果如图 9.32 所示。

```
array([ 0.3058704 , -1.75775938, -0.78669774, -0.52969182,  0.37967805,
        1.35888621,  0.37873985, -0.83863162, -1.13685597, -1.60009498,
       -0.93944297, -0.35623308])
```

图 9.32   每个特征变量的回归系数

```
feature=list(X.columns)    # 提取 X 数据集的列名作为 feature
feature                    # 查看 feature
```

运行结果如图 9.33 所示。

```
['V2',
 'V4',
 'V5',
 'V6',
 'V7',
 'V8',
 'V9',
 'V3_1',
 'V3_2',
 'V3_3',
 'V3_4',
 'intercept']
```

图 9.33   查看 feature

注意，以下 4 行代码因为含有 for 循环，所以**需要全部选中这些代码并整体运行**：

```
dic={}                                # 创建一个空字典 dic
for i in range(len(feature)):         # 使用 for 循环执行以下操作
  dic.update({feature[i]:lr1[i]})     # 将空字典更新，键为 feature，值为 lr1
dic                                   # 查看 dic
```

运行结果如图 9.34 所示。

```
{'V2': 0.30587040000939736,
 'V4': -1.7577593761534125,
 'V5': -0.7866977412157216,
 'V6': -0.5296918248776235,
 'V7': 0.3796780480701529,
 'V8': 1.3588862122377834,
 'V9': 0.3787398458693686,
 'V3_1': -0.8386316154307599,
 'V3_2': -1.1368559736548358,
 'V3_3': -1.6000949774319604,
 'V3_4': -0.9394429714383492,
 'intercept': -0.3562330823458857}
```

图 9.34　更新后的字典 dic

```
df=pd.DataFrame.from_dict(dic,orient='index',columns=['权重'])   # 基于字典 dic 生成 df 数据框
df                                                              # 查看 df
```

运行结果如图 9.35 所示。

```
                权重
V2          0.305870
V4         -1.757759
V5         -0.786698
V6         -0.529692
V7          0.379678
V8          1.358886
V9          0.378740
V3_1       -0.838632
V3_2       -1.136856
V3_3       -1.600095
V3_4       -0.939443
intercept  -0.356233
```

图 9.35　基于字典 dic 生成 df 数据框

```
df=df.reset_index().rename(columns={'index':'特征'})   # 将 df 数据框重新设置，给第 1 列加上列名
'特征'
Df                                                    # 查看 df
```

运行结果如图 9.36 所示。

```
         特征         权重
0        V2    0.305870
1        V4   -1.757759
2        V5   -0.786698
3        V6   -0.529692
4        V7    0.379678
5        V8    1.358886
6        V9    0.378740
7        V3_1  -0.838632
8        V3_2  -1.136856
9        V3_3  -1.600095
10       V3_4  -0.939443
11  intercept  -0.356233
```

图 9.36　重新设置 df 数据框

```
df=df.sort_values(by='权重',ascending=False)   # 将 df 数据框按照 "权重" 列变量降序排列
df                                            # 查看 df
```

运行结果如图 9.37 所示。

```
          特征          权重
5         V8    1.358886
4         V7    0.379678
6         V9    0.378740
0         V2    0.305870
11   intercept  -0.356233
3         V6    -0.529692
2         V5    -0.786698
7        V3_1   -0.838632
10       V3_4   -0.939443
8        V3_2   -1.136856
9        V3_3   -1.600095
1         V4    -1.757759
```

图 9.37   将 df 数据框按照 "权重" 列变量降序排列

```
data_hight=df['权重'].values.tolist()        # 生成 data_hight 为 df['权重']的列表形式
data_hight                                    # 查看 data_hight
```

运行结果如图 9.38 所示。

```
[1.3588862122377834,
 0.3796780480701529,
 0.3787398458693686,
 0.30587040000939736,
 -0.3562330823458857,
 -0.5296918248776235,
 -0.7866977412157216,
 -0.8386316154307599,
 -0.9394429714383492,
 -1.1368559736548358,
 -1.6000949774319604,
 -1.7577593761534125]
```

图 9.38   生成 data_hight 为 df['权重']的列表形式

```
data_x=df['特征'].values.tolist()        # 生成 data_x 为 df['特征']的列表形式
data_x                                    # 查看 data_x
```

运行结果如图 9.39 所示。

```
['V8',
 'V7',
 'V9',
 'V2',
 'intercept',
 'V6',
 'V5',
 'V3_1',
 'V3_4',
 'V3_2',
 'V3_3',
 'V4']
```

图 9.39   生成 data_x 为 df['特征']的列表形式

因为以下代码是绘图操作，所以**需要全部选中所有代码并整体运行：**

```
font = {'family': 'Times New Roman', 'size': 7, }    # 设置基准文本字体和字体尺寸
sns.set(font_scale=1.2)                              # 以选定的 seaborn 样式中的字体大小为基准，
将字体放大指定倍数，本例中为1.2 倍
plt.rc('font',family='Times New Roman')              # 定义图形的默认属性
plt.figure(figsize=(6,6))                            # 设置图形大小
plt.barh(range(len(data_x)), data_hight, color='# 6699CC')   # 绘制水平条形图，color 为柱体颜色
plt.yticks(range(len(data_x)),data_x,fontsize=12)    # 添加 Y 轴刻度标签（yticks），fontsize 表示
字体大小
plt.tick_params(labelsize=12)                        # 设置标签尺寸
```

```
plt.xlabel('Feature importance',fontsize=14)          # 设置 X 轴标签，fontsize 表示字体大小
plt.title("LR feature importance analysis",fontsize = 14)    # 设置图形标题
plt.show()                                             # 显示图形
```

运行结果如图 9.40 所示。

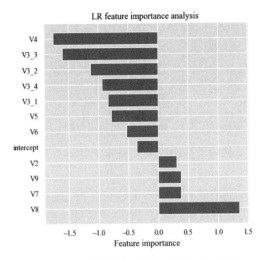

图 9.40　特征变量重要性水平运行结果

在回归方程中"V8 银行负债""V7 平均负债利率""V9 其他渠道负债""V2 年龄"的系数为正，且从大到小排列，因此在图形中体现在下方，处于横轴的右侧，并依次排列；"V4 与银行合作年限""V3 职业类型"各类别，"V5 工作年限""V6 年收入水平"的系数为负，且按绝对值从大到小排列，因此在图形中体现在上方，处于横轴的左侧，并依次排列。此处与前面回归方程中的系数结果保持一致。

> **注　意**
>
> 　　在解读特征变量重要性水平时，应注意是绝对值的概念，或者说对于系数为负的特征变量而言，并非以数值大小来判断重要性水平，而是以绝对值来判定，符号正负仅代表是正向影响还是反向影响。

9.5.4　绘制 ROC 曲线，计算 AUC 值

9.1.2 节中我们讲到，ROC 曲线和 AUC 值也是评价分类问题监督式学习性能的重要度量指标。下面我们来绘制 ROC 曲线，计算 AUC 值。在 Spyder 代码编辑区输入以下代码，**然后全部选中这些代码并整体运行：**

```
plot_roc_curve(model, X_test, y_test)      # 基础测试样本绘制 ROC 曲线，并计算 AUC 值
x = np.linspace(0, 1, 100)                 # np.linspace(start, stop, num)，即在间隔 start 和
stop 之间返回 num 个均匀间隔的数据，本例中为在 0~1 范围内返回 100 个均匀间隔的数据
plt.plot(x, x, 'k--', linewidth=1)         # 在图中增加 45 度黑色虚线，以便观察 ROC 曲线性能
plt.title('ROC Curve (Test Set)')          # 设置标题为"ROC Curve (Test Set)"
```

运行结果如图 9.41 所示。

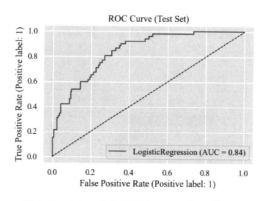

图 9.41　ROC 曲线绘制和 AUC 值计算结果

　　ROC 曲线以虚惊概率（又被称为假阳性率、误报率或特异性）为横轴，以击中概率（又被称为敏感度或真阳性率）为纵轴。对角线（图中为 45 度黑色虚线）代表辨别力为 0 的直线，也被称为纯机遇线。ROC 曲线离纯机遇线越远，表明模型的辨别力越强。根据本例的预测结果，可以发现它的预测效果还不错，AUC 值为 0.84，远大于 0.5，具备一定的预测价值。

9.5.5　计算科恩 kappa 得分

　　在 Spyder 代码编辑区输入以下代码：

```
cohen_kappa_score(y_test, pred)  # 计算 kappa 得分
```

　　运行结果为：0.4360015721210533。

　　根据前面"表 9.2　科恩 kappa 得分与效果对应表"可知，模型的一致性一般。说明从一致性的角度来看，模型还有较大的提升优化空间。这一点也是符合实际情况的。本节从方法应用的角度选取了"年龄""年收入水平""平均负债利率"等财务指标特征变量，"职业类型""与银行合作年限""工作年限"等经营指标特征变量，以及"银行负债""其他渠道负债"等融资指标特征变量。事实上，在实际的商业银行经营过程中，这一问题是非常复杂的，远不是这几个特征变量所能涵盖的。商业银行个人客户授信业务的资产质量或者说预期客户是否违约会受到相当多因素的影响，包括但不限于客户在工作生活、财务管理、现金流量、对外担保等方面的信息。

　　因此，从解决问题的角度来说，包括机器学习在内的建模并不仅是一种技术，而是一种过程，一种面向具体业务目标解决问题的过程，我们在选择并应用建模过程时也必须坚持这一点，要以解决实际问题为导向选择恰当的建模技术，合适的模型并不一定是复杂的，而是能够解释、预测相关问题的，所以一定不能以模型统计分析方法的复杂性而是要以模型解决问题的能力来评判模型的优劣。模型所能起到的仅仅是参考作用，要服务于真实的商业银行经营实践，针对个人授信业务，商业银行从业人员应该高度重视贷前调查、贷中审查、贷后检查时的关键风险信息或预警信号，做出有针对性的风险防控策略。

9.6　习　　题

 下载资源:\sample\第 9 章\商户客户信息数据和交易数据.csv

本章习题部分的数据来自名为"商户客户信息数据和交易数据"的文件（见图 9.42）。该文件包含了某网商 ABCD 商户（虚拟名）的客户信息数据和交易数据，由于客户信息数据涉及客户隐私，交易数据涉及商业机密，因此进行了适当的脱密处理，对于其中的部分数据也进行了必要的调整。

V1	V2	V3	V4	V5	V6	V7
0	49	3	4	11	0	0
0	30	4	3	15	0	1
0	49	2	4	13	1	0
0	33	2	3	8	1	1
0	64	3	3	12	0	1
0	50	3	3	10	1	0
0	39	1	3	5	1	0
0	54	3	2	11	1	1
0	62	2	2	9	1	0
0	56	3	3	9	1	0
0	61	3	1	14	0	1
0	23	1	3	11	0	0
0	55	3	4	12	1	0
0	57	4	3	11	1	1
0	52	3	3	6	0	0
0	46	4	3	15	1	0
0	66	3	4	15	1	1
0	47	2	4	12	1	0
0	73	3	1	10	0	1
0	47	1	1	12	0	0
0	31	1	3	7	1	1
0	57	2	3	12	0	0
0	63	3	4	11	0	1
0	75	3	2	13	0	1
0	54	1	1	14	1	0

图 9.42　"商户客户信息数据和交易数据"文件中的数据内容（限于篇幅仅展示部分）

在数据文件中共有 7 个变量，V1~V7 分别代表"是否购买本次推广产品""年龄""年收入水平""教育程度""成为会员年限""性别""婚姻状况"。

针对"V1 是否购买本次推广产品"，分别用 0、1 来表示未购买、购买。

针对"V3 年收入水平"，分别用 1、2、3、4 来表示"5 万元以下""5 万元~10 万元""10 万元~20 万元""20 万元以上"。

针对"V4 教育程度"，分别用 1、2、3、4、5 来表示"初中及以下""高中及中专""大学本专科""硕士研究生""博士研究生"。

针对"V6 性别"，分别用 0、1 来表示"男性""女性"。

针对"V7 婚姻状况"，分别用 0、1 来表示"否""是"。

我们要研究的是"最有可能进行采购的人"或者说哪些特征可以影响客户的潜在购买倾向，进而提出有针对性的市场营销策略，所以把响应变量设置为"V1 是否购买本次推广产品"，将其他变量作为特征变量。请进行以下操作：

1. 载入分析所需要的库和模块。
2. 数据读取及观察。
3. 描述性分析。

（1）针对数据集中各变量计算平均值、标准差、最大值、最小值、四分位数等统计指标，针对连续变量的结果进行解读。

（2）按照 V1 变量的取值分组对其他变量开展描述性分析。

（3）针对分类变量"V1 是否购买本次推广产品""V3 年收入水平"使用交叉表的方式开展分析。

4. 数据处理。

（1）区分分类特征和连续特征并进行处理，对分类特征设置虚拟变量，对连续特征进行标准化处理。

（2）将样本全集分割为训练样本和测试样本，测试样本占比为 30%，设置随机数种子为 123，以保证随机抽样的结果可重复。

5. 使用 statsmodels 建立二元 Logistic 回归算法模型。

（1）开展模型估计。

（2）计算训练误差。

（3）计算测试误差。

6. 使用 sklearn 建立二元 Logistic 回归算法模型。

7. 开展特征变量重要性水平分析。

8. 绘制 ROC 曲线，计算 AUC 值。

9. 计算科恩 kappa 得分。

第 **10** 章

数据挖掘与建模 3——决策树

决策树算法是一种监督式、非参数、简单、高效的机器学习算法。作为一种监督式的机器学习算法，决策树算法由于充分利用了响应变量的信息，因此能够很好地克服噪声问题，在分类及预测方面效果更佳。决策树的决策边界为矩形，因此对于真实决策也为矩形的样本数据集有着很好的预测效果。此外，决策树算法以树形展示分类结果，在结果的展示方面比较直观，所以在实际应用中较为广泛。本章我们讲解决策树算法的基本原理，并结合具体实例讲解该算法在 Python 中解决分类问题和回归问题的实现与应用。

10.1　基　本　思　想

 下载资源：可扫描旁边二维码观看或下载教学视频

本节主要介绍决策树算法的概念与原理、特征变量选择及其临界值确定方法、决策树的剪枝、包含剪枝决策树的损失函数以及变量的重要性。

10.1.1　决策树算法的概念与原理

决策树算法借助树的分支结构构建模型。如果是用于分类问题，则决策树为分类树；如果是用于回归问题，则决策树为回归树。一个典型的决策树例子如图 10.1 所示。

该例子为"10.3.2　未考虑成本–复杂度剪枝的决策树分类算法模型"中分裂准则为基尼指数的运行结果。在图 10.1 中，最上面的一个点是根节点，最下面的各个点是叶节点，其他的点都是内节点（本例中展示的决策树内节点只有一层，但实际应用中可能有很多层都属于内节点）。本例中根节点为 0 号（node #0），样本全集中未违约客户和违约客户的占比分别为 0.739、0.261。在样本全集中，如果客户的工作年限 workyears≤7.35，就会被分到 1 号节点，1 号节点未违约客户和违约客户的占比分别为 0.493、0.507；如果客户的工作年限 workyears>7.35，就会被分到 4 号节点，4 号节点未违约客户和违约客户的占比分别为 0.941、0.059。然后在 1 号节点中，如果客户的债务率 debtratio≤12.653，就会被分到 2 号节点，2 号节点未违约客户和违约客户的占比分别为 0.718、0.282；如果消费信贷客户的债务率 debtratio>12.653，就会被分到 3 号节点，3 号节点未违约客户和违约客户的占比分别为 0.24、0.76，需要引起高度重视。

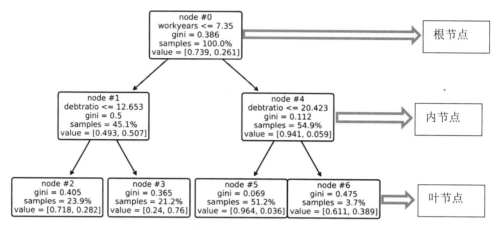

图 10.1　决策树示例

如果是分类树，叶节点将类别占比最大的类别作为该叶节点的预测值；如果是回归树，叶节点将节点内所有样本响应变量实际值的平均值作为该叶节点的预测值。

从原理的角度来看，决策树本质上就是依次选取最为合适的特征向量，按照特征向量的具体取值不断对特征空间进行矩形分割，因为每一次切割都是直线，所以其决策边界为矩形。在分割空间时，决策树执行的是一种自上而下的贪心算法，即每次仅选择一个变量按照变量临界值进行分割，该变量及其临界值都是当前步骤下**能够实现局部最优的分割变量和分割临界值，并未从全盘考虑整体最优**。

一般来说，大部分机器学习算法都需要将特征变量标准化，以便让特征之间的比较可以在同一个量纲上进行。但是，对于决策树算法而言，在数据构建过程中，不纯度函数的计算和比较都是基于单特征进行的，所以**决策树算法不需要对特征变量进行标准化处理**。

综上所述，决策树的分类规则非常容易理解，准确率也比较高，尤其是针对实际决策边界为矩形的情形，而且不需要了解背景知识就可以进行分类，是一个非常有效的算法。

10.1.2　决策树的剪枝

在决策树的生长过程中，如果不加以限制，决策树会无限生长下去，造成决策树分支过多。最为极端的情形就是生长到最后每个样本都成为一个节点，这将导致模型产生过拟合和泛化能力不足的问题。为了获得应有的泛化能力或达到预测效果，有必要对决策树进行"剪枝（pruning）"处理，使其在达到一定程度后停止生长。

剪枝有预剪枝（pre-pruning）和后剪枝（post-pruning）两种。预剪枝的基本思路是边构造边剪枝，在树的生长过程中设定一个指标，如果达到该指标，或者说当前节点的划分不能带来决策树泛化性能的提升，决策树就会停止生长并将当前节点标记为叶节点。

后剪枝的基本思路是构造完再剪枝，首先让决策树尽情生长，从训练集中生成一棵完整的决策树，一直到叶节点都有最小的不纯度值，然后自底向上遍历所有非叶节点，若将该节点对应的子树直接替换成叶节点能带来决策树泛化能力的提升，则将该子树替换成叶节点，以达到剪枝的效果。

在这两个剪枝方法的选择方面，预剪枝存在一定局限性，因为在树的生长过程中，很多时候虽然当前的划分会导致测试集准确率降低，但如果能够继续生长，在之后的划分中，准确率可能会有显著上升；而一旦停止分支，使得节点 N 成为叶节点，就断绝了其后继节点进行"好"的分支操作的任何可能性，所以预剪枝容易造成欠拟合。

后剪枝则较好地克服了这一局限性，而且可以充分利用全部训练集的信息而无须保留部分样本用于交叉验证，所以优势较为明显。但是后剪枝是在构建完全决策树之后进行的，并且要自底向上遍历所有非叶节点，所以其计算时间、计算量要远超预剪枝方法，尤其是针对大样本数据集的时候。在实际应用中，针对小样本数据集，后剪枝方法是首选；针对大样本数据集，用户需要权衡预测效果和计算量。

10.1.3　包含剪枝决策树的损失函数

1. 分类树

针对分类树，其节点分裂准则为"节点不纯度下降最大化+剪枝惩罚项"，假定某决策树有 $|T|$ 个叶节点，N_t 为叶节点 t 的样本个数，包含剪枝决策树的损失函数即为：

$$C_a(T) = \sum_{t=1}^{|T|} N_t H_t(T) + \alpha |T|$$

函数公式中，$\sum_{t=1}^{|T|} N_t H_t(T)$ 表示误差大小，用于衡量模型的拟合程度；$\alpha |T|$ 表示模型复杂程度，$\alpha \geqslant 0$ 为惩罚项（正则化系数）。

其中，$H_t(T) = -\sum_k \dfrac{N_{tk}}{N_t} \log_2 \dfrac{N_{tk}}{N_t}$，即为叶节点 t 的信息熵，N_{tk} 为叶节点 t 中分类为 k 的样本个数。

我们需要做的就是使得决策树的损失函数最小化，大体上叶节点 $|T|$ 越多，单个叶节点 t 的信息熵越低，模型整体的拟合程度就越好，但是其模型复杂程度 $\alpha |T|$ 也会上升，于是就需要在模型拟合程度和模型复杂程度之间进行平衡，找到最优点。

2. 回归树

针对回归树，其节点分裂准则为"最小化残差平方和+剪枝惩罚项"，假定某决策树有 $|T|$ 个叶节点，在叶节点 t 中共有 k 个样本，包含剪枝决策树的损失函数即为：

$$C_a(T) = \sum_{t=1}^{|T|} H_t(T) + \alpha |T|$$

其中，$H_t(T) = \sum_k (y_k - y_k)^2$，即为所有样本的残差平方和（残差为实际值与预测值之差）。

与分类树相同，我们需要做的就是使得决策树的损失函数最小化，大体上叶节点 $|T|$ 越多，单个叶节点 t 的残差平方和越小，模型整体的拟合程度就越好，但是其模型复杂程度 $\alpha|T|$ 也会上升，于是就需要在模型拟合程度和模型复杂程度之间进行平衡，找到最优点。

10.2 数 据 准 备

下载资源：可扫描旁边二维码观看或下载教学视频
下载资源:\源代码\第 10 章 数据挖掘与建模3——决策树.py
下载资源:\sample\第 10 章\个人消费信贷客户违约数据.csv、部分上市公司财务指标数据.csv

本节主要是准备数据，便于后面演示分类问题决策树算法和回归问题决策树算法的实现。

10.2.1 案例数据说明

本节我们以"个人消费信贷客户违约数据"和"部分上市公司财务指标数据"文件中的数据为例进行讲解。

1. 个人消费信贷客户违约数据

"个人消费信贷客户违约数据"文件中记录的是某商业银行个人消费信贷客户信用状况，变量包括 credit（是否发生违约）、age（年龄）、education（受教育程度）、workyears（工作年限）、resideyears（居住年限）、income（年收入水平）、debtratio（债务收入比）、creditdebt（消费信贷负债）、otherdebt（其他负债）。credit（是否发生违约）分为两个类别，"0"表示"未发生违约"，"1"表示"发生违约"；education（受教育程度）分为 5 个类别，"2"表示"初中"，"3"表示"高中及中专"，"4"表示"大学本专科"，"5"表示"硕士研究生"，"6"表示"博士研究生"。"个人消费信贷客户违约数据"文件的内容如图 10.2 所示。由于客户信息数据既涉及客户隐私和消费者权益保护，又涉及商业机密，因此本章在介绍时进行了适当的脱密处理，对于其中的部分数据也进行了必要的调整。

credit	age	education	workyears	resideyears	income	debtratio	creditdebt	otherdebt
1	55	2	7.8	7.49	24.54545455	16.72	0.71926272	1.17891072
1	30	4	2.6	0	18.18181818	19.87	0.2820752	1.7127552
1	39	3	0	13.91	28.18181818	8.945	0.14280057	0.16742232
1	37	2	0	5.35	30.90909091	11.655	1.65765402	2.50019952
1	42	2	7.8	9.63	32.72727273	12.205	0.47293092	0.37975392
1	32	2	9.1	2.14	30	26.67	1.40976858	7.50557808
1	22	2	5.2	0	12.72727273	10.185	0.24319064	1.20329664
1	37	2	4.1	5.35	35.45454545	16.905	2.05894689	4.76048664
1	36	2	13	1.07	30	10.815	3.02701344	0.93322944
1	55	2	0	27.82	24.54545455	30.345	3.33289539	5.25048264
1	38	3	7.8	16.05	24.54545455	14.83	0.31709502	1.01913552
1	43	4	2.1	12.84	60	9.765	13.74486432	5.20895232
1	26	3	2.6	0	25.45454545	18.165	2.16279756	3.17882656
1	26	2	3.9	4.28	17.27272727	25.62	1.64360108	3.40875808
1	38	3	1.7	6.42	44.54545455	19.03	0.98919436	3.53234336
1	38	3	1.2	6.42	37.27272727	17.22	3.53104136	3.95801536
1	23	2	1.3	2.14	14.54545455	18.9	0.2927232	2.7436032
1	30	3	1.3	8.56	21.81818182	17.955	1.61886384	2.87673984
1	28	2	0	0	12.72727273	7.875	0.365904	0.777504
1	25	3	0	2.14	19.09090909	11.97	0.93854376	1.68307776
1	36	2	2.6	11.77	22.72727273	13.23	0.693693	2.679768
1	48	2	0.8	19.26	47.27272727	13.545	3.66873936	3.82302336

图 10.2 "个人消费信贷客户违约数据"文件中的数据内容

针对"个人消费信贷客户违约数据"的决策树模型，我们以 credit（是否发生违约）为响应变量，以 age（年龄）、education（受教育程度）、workyears（工作年限）、resideyears（居住年限）、income（年收入水平）、debtratio（债务收入比）、creditdebt（消费信贷负债）、otherdebt（其他负债）为特征变量，使用分类决策树算法进行拟合。

2. 部分上市公司财务指标数据

"部分上市公司财务指标数据"文件中的数据来源于万得资讯发布的、依据证监会行业分类的 CSRC 软件和信息技术服务业部分上市公司 2019 年年末财务指标横截面数据。数据中的变量包括 pb（市净率）、roe（净资产收益率）、debt（资产负债率）、assetturnover（总资产周转率）、rdgrow（研发费用同比增长）、roic（投入资本回报率）、rop（人力投入回报率）、netincomeprofit（经营活动净收益/利润总额）、quickratio（保守速动比率）、incomegrow（营业收入同比增长率）、netprofitgrow（净利润同比增长率）和 cashflowgrow（经营活动产生的现金流量净额同比增长率）等 12 项。"部分上市公司财务指标数据"文件的内容如图 10.3 所示。

pb	roe	debt	setturnov	rdgrow	roic	rop	netincomeprofit	quickratio	incomegrow	netprofitgrow	cashflowgrow
21.64	36.97	24.31	0.91	84.37	22.71	35.01	418.4	2.28	69.32	1045.39	66.19
18.52	32.77	22.84	0.9	69.15	21.72	79.62	312.92	3.75	62.96	194.31	723.18
18.41	30.6	59.05	0.94	59.88	1.81	10.93	143.97	1.17	59.49	10.19	648.22
16.51	27.28	23.8	0.37	52.33	22.5	116.83	98.7	3.33	49.3	41.6	130.8
16.38	24.49	41.46	0.53	51.39	27.67	72.4	94.07	1.35	42.35	108.65	14.27
15.88	24.33	60.52	1.18	46.45	19.05	13.92	93.26	1.35	39.82	20.34	-31.3
14.02	23.99	27.69	0.47	41.69	10.76	54.01	92.66	2.25	34.38	-5.18	-71.51
12.87	23.74	11.33	0.37	40.62	6.6	52.07	91.64	9.16	30.86	28.94	40.08
12.82	21.14	14.15	0.44	40.06	13.14	186.22	91.35	5.88	28.14	37.57	-406.47
12.29	20.98	45.7	0.6	33.46	5.3	14.95	90.65	1.01	26.15	-41.16	41.58
11.73	20.2	48.57	0.65	33.27	4.05	10.53	89.79	1.36	25.61	9.55	52.75
11.58	19.56	36.2	0.77	32.62	17.56	29.22	87.84	0.99	24.74	25.8	21.39
11.48	18.48	28.4	0.33	32.07	0.41	-3.34	87.59	2.95	23.98	-94.5	233.68
11.24	17.37	48.24	0.65	30.77	14.45	31.14	84.44	1.54	23.62	13.96	-41.56
11.13	17.22	51.84	0.73	29.72	15.06	41.15	83.48	1.1	21.14	28.79	19.19
11.11	17.2	52.71	0.52	25.32	9.34	35.46	83.12	1.01	21.06	63.09	-24.95
10.7	17.14	30.41	0.67	22.71	9.96	28.59	82.78	1.82	18.9	42.06	-43.86
9.6	16.73	28.29	0.43	21.29	19.42	95.22	82.68	2.7	18.66	44.12	16.77
9.1	16.51	20.56	0.46	21	14.77	81.77	82.22	4.32	17.18	25.6	44.24
8.99	16.5	9.32	0.33	19.7	4.64	67.55	81.77	10.49	15.11	-20.36	106.45
8.67	16.41	6.68	0.72	19.62	9.85	132.61	81.36	20.16	15.01	68.83	40.42
8.6	15.62	18.97	0.52	17.39	20.14	287.37	75.09	3.89	14.17	63.93	160.63
8.54	15.25	33.29	0.45	15.83	7.36	46.54	74.21	1.76	13.38	-14.43	-54.71

图 10.3 "部分上市公司财务指标数据"文件中的内容

针对"部分上市公司财务指标数据"文件中的数据，我们以 pb 为响应变量，以 roe、debt、assetturnover、rdgrow、roic、rop、netincomeprofit、quickratio、incomegrow、netprofitgrow、cashflowgrow 为特征变量，使用回归决策树算法进行拟合。

10.2.2 导入分析所需要的模块和函数

在进行分析之前，首先导入分析所需要的模块和函数，读取数据集并进行观察。在 Spyder 代码编辑区输入以下代码（以下代码的释义在前面各章均有提及，此处不再注释）：

```
import numpy as np
import pandas as pd
import matplotlib.pyplot as plt
from sklearn.model_selection import train_test_split
from sklearn.model_selection import StratifiedKFold,KFold
from sklearn.model_selection import GridSearchCV
from sklearn.metrics import confusion_matrix
from sklearn.metrics import classification_report
from sklearn.metrics import plot_roc_curve
```

```
from sklearn.tree import DecisionTreeRegressor,export_text    # 导入回归决策树等
from sklearn.tree import DecisionTreeClassifier, plot_tree    # 导入分类决策树等
from sklearn.metrics import cohen_kappa_score
from mlxtend.plotting import plot_decision_regions
from sklearn.linear_model import LinearRegression
```

10.3　分类问题决策树算法示例

	下载资源：可扫描旁边二维码观看或下载教学视频
	下载资源:\源代码\第 10 章　数据挖掘与建模 3——决策树.py
	下载资源:\sample\第 10 章\个人消费信贷客户违约数据.csv

本节主要演示分类问题决策树算法的实现。

10.3.1　变量设置及数据处理

首先需要将本书提供的数据文件放入安装 Python 的默认目录中，并从相应位置进行读取，在 Spyder 代码编辑区输入以下代码：

```
data=pd.read_csv('C:/Users/Administrator/.spyder-py3/个人消费信贷客户违约数据.csv')  # 读取“个人消费信贷客户违约数据.csv”文件
```

注意，因用户的具体安装路径不同，设计路径的代码会有差异。成功载入后，“变量浏览器”窗口如图 10.4 所示。

名称 /	类型	大小	值
data	DataFrame	(700, 9)	Column names: credit, age, education, workyears, resideyears, income, ...

图 10.4　“变量浏览器”窗口

```
data.info()    # 观察数据信息
```

运行结果如图 10.5 所示。

```
<class 'pandas.core.frame.DataFrame'>
RangeIndex: 700 entries, 0 to 699
Data columns (total 9 columns):
 #   Column       Non-Null Count  Dtype
---  ------       --------------  -----
 0   credit       700 non-null    int64
 1   age          700 non-null    int64
 2   education    700 non-null    int64
 3   workyears    700 non-null    float64
 4   resideyears  700 non-null    float64
 5   income       700 non-null    float64
 6   debtratio    700 non-null    float64
 7   creditdebt   700 non-null    float64
 8   otherdebt    700 non-null    float64
dtypes: float64(6), int64(3)
memory usage: 49.3 KB
```

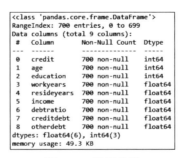

图 10.5　数据信息

数据集中共有 700 个样本（700 entries, 0 to 699）、9 个变量（total 9 columns）。9 个变量分别是 credit、age、education、workyears、resideyears、income、debtratio、creditdebt 和 otherdebt，

均包含 700 个非缺失值（700 non-null），credit、age 和 education 数据类型均为整型（int64），其他为浮点型（float64），数据占用的内存为 49.3KB。

```
data.isnull().values.any()          # 检查数据集是否有缺失值
```

运行结果为：False，没有缺失值。

```
data.credit.value_counts()          # 列出数据集中响应变量 credit 的取值分布情况
```

运行结果如图 10.6 所示。

```
0    517
1    183
Name: credit, dtype: int64
```

图 10.6　数据集中响应变量 credit 的取值分布情况

可以发现有 517 个消费信贷客户未发生违约，183 个消费信贷客户发生违约。

```
data.credit.value_counts(normalize=True)          # 列出数据集中响应变量 credit 的取值占比情况
```

运行结果如图 10.7 所示。

```
0    0.738571
1    0.261429
Name: credit, dtype: float64
```

图 10.7　数据集中响应变量 credit 的取值占比情况

可以发现未发生违约的客户占比为 0.738571，发生违约的客户占比为 0.261429。

```
X = data.iloc[:,1:]     # 设置特征变量，即 data 数据集中除第 1 列响应变量 credit 之外的全部变量
y = data.iloc[:,0]      # 设置响应变量，即 data 数据集中第 1 列响应变量 credit
X_train,X_test,y_train,y_test=train_test_split(X,y,test_size=0.3,stratify=y,random_state=10)
         # 将样本全集划分为训练样本和测试样本，测试样本占比为 30%；参数 stratify=y 是指依据标签 y，按照数据 y 中的各类比例分配 train 和 test，使得 train 和 test 中各类数据的比例与原数据集一样；random_state=10 的含义是设置随机数种子为 10，以保证随机抽样的结果可重复
```

10.3.2　未考虑成本-复杂度剪枝的决策树分类算法模型

1. 分裂准则为信息熵

在 Spyder 代码编辑区输入以下代码：

```
model = DecisionTreeClassifier(criterion='entropy',max_depth=2, random_state=10)
# 使用分类决策树算法构建模型，criterion='entropy'表示分裂准则为信息熵，max_depth=2 表示决策树的最大深度为 2，random_state=10 的含义是设置随机数种子为 10，以保证随机抽样的结果可重复
model.fit(X_train, y_train) # 基于训练样本拟合模型
model.score(X_test, y_test) # 基于测试样本计算预测准确率
```

运行结果为：0.8714285714285714，说明预测准确率还是比较高的。

```
plot_tree(model,feature_names=X.columns,node_ids=True,impurity=True,proportion=True,rounded=True,precision=3)          # 输出模型的决策树，feature_names=X.columns 表示特征变量为 X 中的各列，node_ids=True 表示在每个节点都显示节点编号，impurity=True 表示显示不纯度（即 entropy 的值），proportion=True 表示显示节点样本占比，rounded=True 表示节点四周为圆角，precision=3 表示精确到小数点后 3 位
```

如果感觉输出的结果不清晰，可以输入以下代码：

```
plt.savefig('out1.pdf')          # 有效解决显示不清晰的问题，注意该代码需与上一行代码一起运行
```

在"文件"窗口找到相应的文件进行查看，如图 10.8 所示。

图 10.8   "文件"窗口

生成的决策树如图 10.9 所示。

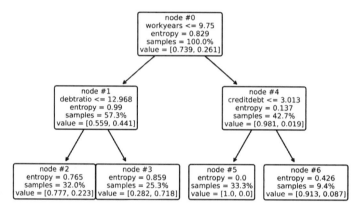

图 10.9   分裂准则为信息熵的决策树

本例中根节点为 0 号（node #0），样本全集中未违约客户和违约客户的占比分别为 0.739、0.261。在样本全集中，如果消费信贷客户的工作年限 workyears≤9.75，就会被分到 1 号节点，1 号节点未违约客户和违约客户的占比分别为 0.559、0.441。在此基础上，如果消费信贷客户的债务率 debtratio≤12.968，就会被分到 2 号节点，2 号节点未违约客户和违约客户的占比分别为 0.777、0.223；如果消费信贷客户的债务率 debtratio>12.968，就会被分到 3 号节点，3 号节点未违约客户和违约客户的占比分别为 0.282、0.718。

在样本全集中，如果消费信贷客户的工作年限 workyears>9.75，就会被分到 4 号节点，4 号节点未违约客户和违约客户的占比分别为 0.981、0.019。在此基础上，如果消费信贷客户的消费信贷负债 creditdebt≤3.013，就会被分到 5 号节点，5 号节点未违约客户和违约客户的占比分别为 1.0、0.0；如果消费信贷客户的债务率 creditdebt>3.013，就会被分到 6 号节点，6 号节点未违约客户和违约客户的占比分别为 0.913、0.087。

综上所述，3 号节点的客户违约概率方面需要引起高度重视，即需要特别关注 workyears≤9.75 且 debtratio>12.968 的客户。

```
prob = model.predict_proba(X_test)      # 计算响应变量预测分类概率
prob[:5]                                # 显示前 5 个样本的响应变量预测分类概率
```

运行结果如图 10.10 所示。

```
array([[1.        , 0.        ],
       [0.77707006, 0.22292994],
       [0.28225806, 0.71774194],
       [0.28225806, 0.71774194],
       [0.91304348, 0.08695652]])
```

图 10.10　前 5 个样本的响应变量预测分类概率

第 1~5 个样本的最大分组概率分别是未违约客户 1、未违约客户 0.77707006、违约客户 0.71774194、违约客户 0.71774194、未违约客户 0.91004348。

```
pred = model.predict(X_test)          # 计算响应变量预测分类类型
pred[:5]                              # 显示前 5 个样本的响应变量预测分类类型
```

运行结果为：array([0, 0, 1, 1, 0], dtype=int64)，与上一步预测分类概率的结果一致。

```
print(confusion_matrix(y_test, pred))          # 输出测试样本的混淆矩阵
```

运行结果如图 10.11 所示。

```
[[139  16]
 [ 11  44]]
```

图 10.11　测试样本的混淆矩阵

针对该结果解释如下：实际为未违约客户且预测为未违约客户的样本共有 139 个，实际为未违约客户但预测为违约客户的样本共有 16 个；实际为违约客户但预测为未违约客户的样本共有 11 个，实际为违约客户且预测为违约客户的样本共有 44 个。该预测结果更直观的表示如表 10.1 所示。

表 10.1　实际分类与预测分类的结果

样本		预测分类	
		未违约客户	违约客户
实际分类	未违约客户	139	16
	违约客户	11	44

```
print(classification_report(y_test,pred)))          # 输出详细的预测效果指标
```

运行结果如图 10.12 所示。

```
              precision    recall  f1-score   support

           0       0.93      0.90      0.91       155
           1       0.73      0.80      0.77        55

    accuracy                           0.87       210
   macro avg       0.83      0.85      0.84       210
weighted avg       0.88      0.87      0.87       210
```

图 10.12　详细的预测效果指标

说明：

● precision：精度。针对未违约客户的分类正确率为 0.93，针对违约客户的分类正确率为 0.73。

● recall：召回率，即查全率。针对未违约客户的查全率为 0.90，针对违约客户的查全率为 0.80。

● f1-score：f1 得分。针对未违约客户的 f1 得分为 0.91，针对违约客户的 f1 得分为 0.77。

● support：支持样本数。未违约客户支持样本数为 155 个，违约客户支持样本数为 55 个。

- accuracy：正确率，即分类正确样本数/总样本数。模型整体的预测正确率为 0.87。
- macro avg：用每一个类别对应的 precision、recall 和 f1-score 直接平均。比如针对 recall（召回率），即为（0.90+0.80）/ 2 = 0.85。
- weighted avg：用每一类别支持样本数的权重乘对应类别指标。比如针对 recall（召回率），即为（0.90×155+0.80×55）/ 210 = 0.87。

```
cohen_kappa_score(y_test, pred)          # 计算 kappa 得分
```

运行结果为：0.676923076923077。根据"表 9.2　科恩 kappa 得分与效果对应表"可知，模型的一致性较好。根据前面分析结果可知，模型的拟合效果或者说性能表现还是可以的。

2. 当分裂准则为基尼指数

```
model = DecisionTreeClassifier(criterion='gini',max_depth=2, random_state=10)   # 采用基尼指数作为分裂准则（criterion='gini'可以不设置，因为默认选项就是基尼指数），指定决策树的最大深度为 2，设置随机数种子为 10
model.fit(X_train, y_train)              # 基于训练样本拟合模型
model.score(X_test, y_test)              # 基于测试样本计算预测准确率
```

运行结果为：0.8571428571428571，说明预测准确率还是比较高的，但略低于信息熵准则下的预测精确率。

```
plot_tree(model,feature_names=X.columns,node_ids=True,impurity=True,proportion=True,rounded=True,precision=3)        # 本代码的含义与前面分裂准则为信息熵时的相同，此处不再赘述
plt.savefig('out2.pdf')                  # 有效解决显示不清晰的问题
```

结果如图 10.13 所示。运行结果在本章开头已有介绍，此处不再赘述。

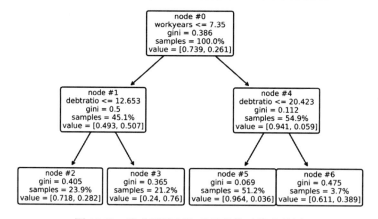

图 10.13　当分裂准则为基尼指数时的决策树

10.3.3　考虑成本–复杂度剪枝的决策树分类算法模型

在 Spyder 代码编辑区输入以下代码：

```
model = DecisionTreeClassifier(random_state=10)                        # 使用决策树分类树算法构建模型
path = model.cost_complexity_pruning_path(X_train, y_train)  # 考虑成本–复杂度剪枝
print("模型复杂度参数: ", max(path.ccp_alphas))              # 输出最大的模型复杂度参数
```

运行结果为"模型复杂度参数: 0.0990821190369432"。

```
print("模型不纯度: ", max(path.impurities))                    # 输出最大的模型不纯度
```

运行结果为"模型不纯度：0.38597251145356104"。

10.3.4 绘制图形观察叶节点总不纯度随 alpha 值的变化情况

在 Spyder 代码编辑区输入以下代码，**然后全部选中这些代码并整体运行：**

```
fig, ax = plt.subplots()
plt.rcParams['font.sans-serif'] = ['SimHei']           # 解决图表中的中文显示问题
ax.plot(path.ccp_alphas, path.impurities, marker='o', drawstyle="steps-post")
ax.set_xlabel("有效的 alpha（成本-复杂度剪枝参数值）")
ax.set_ylabel("叶节点总不纯度")
ax.set_title("叶节点总不纯度随 alpha 值变化情况")
```

运行结果如图 10.14 所示。从图中可以发现，当 alpha 取值为 0 时，叶节点总不纯度最低，然后随 alpha 值的增大而逐渐上升。

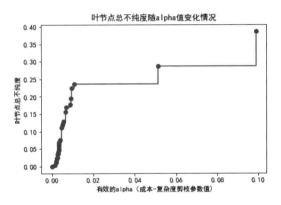

图 10.14 叶节点总不纯度随 alpha 值变化情况

10.3.5 绘制图形观察节点数和树的深度随 alpha 值的变化情况

首先在 Spyder 代码编辑区输入以下代码，**注意全部选中这些代码并整体运行：**

```
models = []
for ccp_alpha in path.ccp_alphas:
    model = DecisionTreeClassifier(random_state=10, ccp_alpha=ccp_alpha)
    model.fit(X_train, y_train)
    models.append(model)
print("最后一棵决策树的节点数为: {} ;其 alpha 值为: {}".format(
    models[-1].tree_.node_count, path.ccp_alphas[-1]))        # 输出 path.ccp_alphas 中最后一
个值，即修剪整棵树的 alpha 值，只有一个节点
```

运行结果为"最后一棵决策树的节点数为: 1 ;其 alpha 值为: 0.0990821190369432"。

然后在 Spyder 代码编辑区输入以下代码，**注意全部选中这些代码并整体运行：**

```
node_counts = [model.tree_.node_count for model in models]
depth = [model.tree_.max_depth for model in models]
fig, ax = plt.subplots(2, 1)
```

```
ax[0].plot(path.ccp_alphas, node_counts, marker='o', drawstyle="steps-post")
ax[0].set_xlabel("alpha")
ax[0].set_ylabel("节点数 nodes")
ax[0].set_title("节点数 nodes 随 alpha 值变化情况")
ax[1].plot(path.ccp_alphas, depth, marker='o', drawstyle="steps-post")
ax[1].set_xlabel("alpha")
ax[1].set_ylabel("决策树的深度 depth")
ax[1].set_title("决策树的深度随 alpha 值变化情况")
fig.tight_layout()
```

运行结果如图 10.15 所示。从图中可以发现决策树节点数和树的深度随着 alpha 的增加而减少。

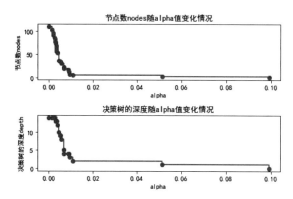

图 10.15   节点数和树的深度随 alpha 值变化情况图

10.3.6   绘制图形观察训练样本和测试样本的预测准确率随 alpha 值 的变化情况

在 Spyder 代码编辑区输入以下代码，**然后全部选中这些代码并整体运行**：

```
train_scores = [model.score(X_train, y_train) for model in models]
test_scores = [model.score(X_test, y_test) for model in models]
fig, ax = plt.subplots()
ax.set_xlabel("alpha")
ax.set_ylabel("预测准确率")
ax.set_title("训练样本和测试样本的预测准确率随 alpha 值变化情况")
ax.plot(path.ccp_alphas, train_scores, marker='o', label="训练样本",
        drawstyle="steps-post")
ax.plot(path.ccp_alphas, test_scores, marker='o', label="测试样本",
        drawstyle="steps-post")
ax.legend()
plt.show()
```

运行结果如图 10.16 所示。从图中可知，当 alpha 值设置为 0 时，训练样本的预测准确率达到 100%。随着 alpha 的增加，更多的树被剪枝，训练样本的预测准确率逐渐下降，而测试样本的准确率逐渐上升，达到一定程度后就创建了一个泛化能力最优的决策树。

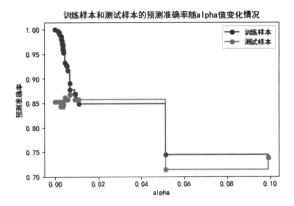

图 10.16　训练样本和测试样本的预测准确率随 alpha 值变化情况

10.3.7　通过 10 折交叉验证法寻求最优 alpha 值

在 Spyder 代码编辑区输入以下代码：

```
param_grid={'ccp_alpha':path.ccp_alphas}              # 定义参数网络
kfold=StratifiedKFold(n_splits=10,shuffle=True,random_state=10)   # 10 折交叉验证，保持每折子样
本中响应变量各类别数据占比相同，设置随机数种子为 10
model=GridSearchCV(DecisionTreeClassifier(random_state=10),param_grid,cv=kfold)        # 构建
分类决策树模型，基于前面创建的参数网络及 10 折交叉验证法，设置随机数种子为 10
model.fit(X_train,y_train)                            # 基于训练样本拟合模型
```

运行结果如图 10.17 所示，在运行结果中可以看到参数网络。

```
GridSearchCV(cv=StratifiedKFold(n_splits=10, random_state=10, shuffle=True),
            estimator=DecisionTreeClassifier(random_state=10),
            param_grid={'ccp_alpha': array([0.        , 0.0013424 , 0.00193963,
0.00196793, 0.00253968,
       0.00272109, 0.00285714, 0.00306122, 0.00310982, 0.00326531,
       0.00340136, 0.00345369, 0.00349854, 0.00349854, 0.00349854,
       0.00366442, 0.00393586, 0.00453446, 0.00506541, 0.00533684,
       0.0056171 , 0.00676271, 0.00682216, 0.00888889, 0.00917606,
       0.00955906, 0.01098901, 0.05125358, 0.09908212])})})
```

图 10.17　运行结果

```
print("最优 alpha 值: ",model.best_params_)           # 输出最优 alpha 值
```

运行结果为"最优 alpha 值：　{'ccp_alpha': 0.004534462760155709}"。

```
model=model.best_estimator_                          # 设置最优模型
print("最优预测准确率: ",model.score(X_test,y_test))   # 输出最优预测准确率
```

运行结果为"最优预测准确率：0.861904761904762"。

```
plot_tree(model,feature_names=X.columns,node_ids=True,impurity=True,proportion=True,round
ed=True,precision=3)       # 本代码的含义与前面绘制决策树时相同，此处不再赘述
plt.savefig('out3.pdf')    # 有效解决显示不清晰的问题，运行结果与前面分裂准则为信息熵时类似，此处不
再详细解读
```

运行结果如图 10.18 所示。

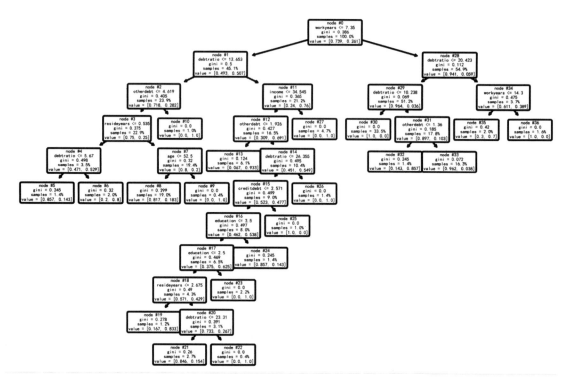

图 10.18　基于 10 折交叉验证法生成的决策树（因图片过大，难以做到清晰显示，
读者可自行操作查看结果）

10.3.8　决策树特征变量重要性水平分析

在 Spyder 代码编辑区输入以下代码，**然后全部选中这些代码并整体运行**：

```
model.feature_importances_
sorted_index = model.feature_importances_.argsort()
plt.barh(range(X_train.shape[1]), model.feature_importances_[sorted_index])
plt.yticks(np.arange(X_train.shape[1]), X_train.columns[sorted_index])
plt.xlabel('特征变量重要性水平')
plt.ylabel('特征变量')
plt.title('决策树特征变量重要性水平分析')
plt.tight_layout()
```

运行结果如图 10.19 所示。从图中可以发现，本例中决策树特征变量重要性水平从大到小排序为 workyears、debtratio、otherdebt、education、resideyears、income、age、creditdebt。

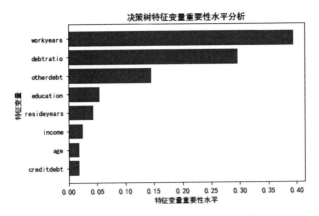

图 10.19 决策树特征变量重要性水平分析

10.3.9 绘制 ROC 曲线

在 Spyder 代码编辑区输入以下代码，**然后全部选中这些代码并整体运行：**

```
plt.rcParams['font.sans-serif'] = ['SimHei']    # 解决图表中的中文显示问题
plot_roc_curve(model, X_test, y_test)           # 绘制 ROC 曲线，并计算 AUC 值
x = np.linspace(0, 1, 100)
plt.plot(x, x, 'k--', linewidth=1)              # 在图中增加 45 度黑色虚线，以便观察 ROC 曲线性能
plt.title('决策树分类树算法 ROC 曲线')            # 将标题设置为"决策树分类树算法 ROC 曲线"
```

运行结果如图 10.20 所示。ROC 曲线离纯机遇线越远，表明模型的辨别力越强，由此可以发现本例的预测效果还不错；AUC 值为 0.88，远大于 0.5，说明模型具备一定的预测价值。

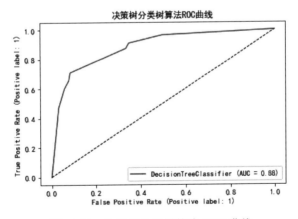

图 10.20 决策树分类树算法 ROC 曲线

10.3.10 运用两个特征变量绘制决策树算法决策边界图

首先需要安装 **mlxtend**，代码如下：

```
pip --default-timeout=123 install mlxtend
```

然后导入 plot_decision_regions，代码如下：

```
from mlxtend.plotting import plot_decision_regions
```

再在 Spyder 代码编辑区输入以下代码：

```
X2=X.iloc[:,[2,5]]                # 仅选取 workyears、debtratio 作为特征变量
model=DecisionTreeClassifier(random_state=100)
path=model.cost_complexity_pruning_path(X2,y)
param_grid={'ccp_alpha':path.ccp_alphas}
kfold=StratifiedKFold(n_splits=10,shuffle=True,random_state=1)
model=GridSearchCV(DecisionTreeClassifier(random_state=100),param_grid,cv=kfold)
model.fit(X2,y)                   # 调用 fit() 方法进行拟合
```

在如图 10.21 所示的运行结果中可以看到参数网络。

```
GridSearchCV(cv=StratifiedKFold(n_splits=10, random_state=1, shuffle=True),
             estimator=DecisionTreeClassifier(random_state=100),
             param_grid={'ccp_alpha': array([0.       , 0.       , 0.00028571,
       0.00033251, 0.00035714,
       0.00038095, 0.00047619, 0.00057143, 0.00085165, 0.00085714,
       0.00087302, 0.00087302, 0.00088226, 0.00089796, 0.00098901,
       0.00102041, 0.00102564, 0.00107143, 0.00114286, 0....,
       0.00116883, 0.00119048, 0.00122449, 0.00122619, 0.00127551,
       0.00128571, 0.00139394, 0.00143671, 0.00145427, 0.00146939,
       0.00146939, 0.00152381, 0.00166234, 0.00168367, 0.00192275,
       0.00199134, 0.002005  , 0.00201587, 0.00202201, 0.00206122,
       0.00214286, 0.00235343, 0.00247619, 0.00323676, 0.00329182,
       0.00370568, 0.00441087, 0.0048703 , 0.00510411, 0.00623928,
       0.007751  , 0.06033277, 0.09626619])})
```

图 10.21　参数网络

```
model.score(X2,y)                 # 计算模型预测准确率
```

运行结果为：0.8628571428571429。

输入以下代码，**再全部选中这些代码并整体运行**：

```
plot_decision_regions(np.array(X2),np.array(y),model)
plt.xlabel('debtratio')           # 将 X 轴设置为 debtratio
plt.ylabel('workyears')           # 将 Y 轴设置为 workyears
plt.title('决策树算法决策边界')    # 将标题设置为 "决策树算法决策边界"
```

运行结果如图 10.22 所示。从图中可以发现决策树算法的决策边界为矩形，这一边界将所有参与分析的样本分为两个类别，右侧为未违约客户区域，左上方是违约客户区域，边界较为清晰，分类效果也比较好，体现在各样本的实际类别与决策边界分类区域基本一致。

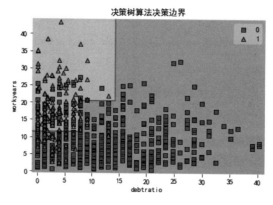

图 10.22　决策树算法决策边界

10.4　回归问题决策树算法示例

下载资源：可扫描旁边二维码观看或下载教学视频
下载资源:\源代码\第 10 章　数据挖掘与建模 3——决策树.py
下载资源:\sample\第 10 章\部分上市公司财务指标数据.csv

本节主要演示回归问题决策树算法的实现。

10.4.1　变量设置及数据处理

首先需要将本书提供的数据文件存放到安装 Python 的默目录中，并从相应位置进行读取。在 Spyder 代码编辑区输入以下代码：

```
data=pd.read_csv('C:/Users/Administrator/.spyder-py3/部分上市公司财务指标数据.csv')   # 读取"部分上市公司财务指标数据.csv"文件
```

注意，因用户的具体安装路径不同，设计路径的代码会有差异。成功载入后，Spyder 中的"变量浏览器"窗口如图 10.23 所示。

图 10.23　"变量浏览器"窗口

```
data.info()    # 观察数据信息
```

运行结果如图 10.24 所示。

```
<class 'pandas.core.frame.DataFrame'>
RangeIndex: 158 entries, 0 to 157
Data columns (total 12 columns):
 #   Column          Non-Null Count  Dtype
---  ------          --------------  -----
 0   pb              158 non-null    float64
 1   roe             158 non-null    float64
 2   debt            158 non-null    float64
 3   assetturnover   158 non-null    float64
 4   rdgrow          158 non-null    float64
 5   roic            158 non-null    float64
 6   rop             158 non-null    float64
 7   netincomeprofit 158 non-null    float64
 8   quickratio      158 non-null    float64
 9   incomegrow      158 non-null    float64
 10  netprofitgrow   158 non-null    float64
 11  cashflowgrow    158 non-null    float64
dtypes: float64(12)
memory usage: 14.9 KB
```

图 10.24　数据信息

数据集中共有 158 个样本（158 entries, 0 to 157）、12 个变量（total 12 columns），12 个变量分别是 pb、roe、debt、assetturnover、rdgrow、roic、rop、netincomeprofit、quickratio、incomegrow、netprofitgrow、cashflowgrow，均包含 158 个非缺失值（158 non-null），数据类型均为浮点型（float64），数据占用的内存为 14.9KB。

```
data.isnull().values.any()          # 检查数据集是否有缺失值
```

结果为：False，没有缺失值。

```
X = data.iloc[:,1:]       # 设置特征变量，即 data 数据集中除第 1 列响应变量 credit 之外的全部变量
y = data.iloc[:,0]        # 设置响应变量，即 data 数据集中第 1 列响应变量 credit
X_train,X_test,y_train,y_test=train_test_split(X,y,test_size=0.3,random_state=10)
# 将样本全集划分为训练样本和测试样本，测试样本占比为 30%；random_state=10 的含义是设置随机数种子为 10，以
保证随机抽样的结果可重复
```

成功划分后，Spyder 中的"变量浏览器"窗口如图 10.25 所示。

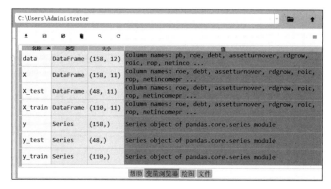

图 10.25　"变量浏览器"窗口

10.4.2　未考虑成本-复杂度剪枝的决策树回归算法模型

在 Spyder 代码编辑区输入以下代码：

```
model = DecisionTreeRegressor(max_depth=2, random_state=10)  # 使用回归决策树算法构建模型，
max_depth=2 表示决策树的最大深度为 2，random_state=10 的含义是设置随机数种子为 10，以保证随机抽样的结果可重复
model.fit(X_train, y_train))                        # 基于训练样本拟合模型
print("拟合优度：", model.score(X_test, y_test))      # 基于测试样本计算拟合优度
```

运行结果为：0.8371267784345513，说明拟合优度较好。

```
plot_tree(model,feature_names=X.columns,node_ids=True,rounded=True,precision=3)
# 本代码的含义与前面绘制决策树时的相同，此处不再赘述
plt.savefig('out4.pdf')        # 有效解决显示不清晰的问题
```

运行结果如图 10.26 所示。

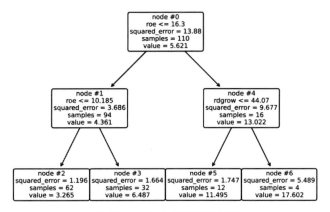

图 10.26　生成的回归决策树

本例中根节点为 0 号（node #0），样本全集中共有样本 110 个，响应变量 pb 平均值为 5.621。

在样本全集中，如果 roe≤16.3，就会被分到 1 号节点，1 号节点有 94 个样本，pb 平均值为 4.361；如果 roe> 16.3，就会被分到 4 号节点，4 号节点有 16 个样本，pb 平均值为 13.022。

如果 roe≤10.185，就会被分到 2 号节点，2 号节点有 62 个样本，pb 平均值为 3.265；如果 roe≤16.3 且 roe>10.185，就会被分到 3 号节点，3 号节点有 32 个样本，pb 平均值为 6.487。

如果 roe> 16.3 且 rdgrow≤44.07，就会被分到 5 号节点，5 号节点有 12 个样本，pb 平均值为 11.495；如果 roe> 16.3 且 rdgrow>44.07，就会被分到 6 号节点，6 号节点有 4 个样本，pb 平均值为 17.602。

```
print("文本格式的决策树: ",export_text(model,feature_names=list(X.columns)))  # 输出文本格式的
决策树
```

运行结果与前述一致，具体如图 10.27 所示。

```
文本格式的决策树:  |--- roe <= 16.30
|   |--- roe <= 10.18
|   |   |--- value: [3.26]
|   |--- roe >  10.18
|   |   |--- value: [6.49]
|--- roe >  16.30
|   |--- rdgrow <= 44.07
|   |   |--- value: [11.49]
|   |--- rdgrow >  44.07
|   |   |--- value: [17.60]
```

图 10.27　文本格式的决策树

10.4.3　考虑成本–复杂度剪枝的决策树回归算法模型

在 Spyder 代码编辑区输入以下代码：

```
model = DecisionTreeRegressor(random_state=10)               # 使用决策树回归树算法构建模型
path = model.cost_complexity_pruning_path(X_train, y_train)  # 考虑成本–复杂度剪枝
print("模型复杂度参数: ", max(path.ccp_alphas))              # 输出最大的模型复杂度参数
```

运行结果为"模型复杂度参数：9.322826410255832"。

```
print("模型总均方误差: ", max(path.impurities))              # 输出最大的模型总均方误差
```

运行结果为"模型总均方误差：13.88032244628096"。

10.4.4　绘制图形观察叶节点总均方误差随 alpha 值的变化情况

在 Spyder 代码编辑区输入以下代码，**然后全部选中这些代码并整体运行：**

```
plt.rcParams['font.sans-serif'] = ['SimHei']    # 解决图表中的中文显示问题
fig, ax = plt.subplots()
ax.plot(path.ccp_alphas, path.impurities, marker='o', drawstyle="steps-post")
ax.set_xlabel("有效的 alpha（成本-复杂度剪枝参数值)")
ax.set_ylabel("叶节点总均方误差")
ax.set_title("叶节点总均方误差 alpha 值变化情况")
```

运行结果如图 10.28 所示。从图中可以发现，当 alpha 取值为 0 时，叶节点总均方误差最低，然后随 alpha 值的增大而逐渐上升。

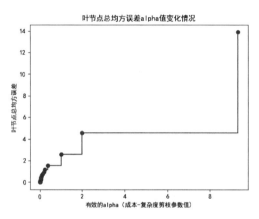

图 10.28　叶节点总均方误差 alpha 值变化情况

10.4.5　绘制图形观察节点数和树的深度随 alpha 值的变化情况

首先在 Spyder 代码编辑区输入以下代码，**然后全部选中这些代码并整体运行：**

```
models = []
for ccp_alpha in path.ccp_alphas:
    model = DecisionTreeRegressor(random_state=10, ccp_alpha=ccp_alpha)
    model.fit(X_train, y_train)
    models.append(model)
print("最后一棵决策树的节点数为: {} ;其 alpha 值为: {}".format(
    models[-1].tree_.node_count, path.ccp_alphas[-1]))        # 输出 path.ccp_alphas 中最后一
个值，即修剪整棵树的 alpha 值，只有一个节点。
```

运行结果为"最后一棵决策树的节点数为: 1 ;其 alpha 值为：9.322826410255832"。

然后在 Spyder 代码编辑区输入以下代码，**然后全部选中这些代码并整体运行：**

```
node_counts = [model.tree_.node_count for model in models]
depth = [model.tree_.max_depth for model in models]
fig, ax = plt.subplots(2, 1)
ax[0].plot(path.ccp_alphas, node_counts, marker='o', drawstyle="steps-post")
ax[0].set_xlabel("alpha")
ax[0].set_ylabel("节点数 nodes")
ax[0].set_title("节点数 nodes 随 alpha 值变化情况")
```

```
ax[1].plot(path.ccp_alphas, depth, marker='o', drawstyle="steps-post")
ax[1].set_xlabel("alpha")
ax[1].set_ylabel("决策树的深度 depth")
ax[1].set_title("决策树的深度随 alpha 值变化情况")
fig.tight_layout()
```

运行结果如图 10.29 所示。从图中可以发现决策树节点数和树的深度随着 alpha 的增加而减少。

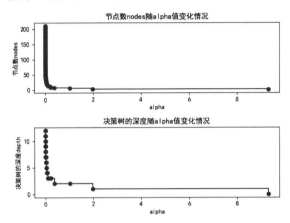

图 10.29　决策树的节点数和树的深度随 alpha 值的变化情况图

10.4.6　绘制图形观察训练样本和测试样本的拟合优度随 alpha 值的变化情况

在 Spyder 代码编辑区输入以下代码，**然后全部选中这些代码并整体运行**：

```
train_scores = [model.score(X_train, y_train) for model in models]
test_scores = [model.score(X_test, y_test) for model in models]
fig, ax = plt.subplots()
ax.set_xlabel("alpha")
ax.set_ylabel("拟合优度")
ax.set_title("训练样本和测试样本的拟合优度随 alpha 值变化情况")
ax.plot(path.ccp_alphas, train_scores, marker='o', label="训练样本",
        drawstyle="steps-post")
ax.plot(path.ccp_alphas, test_scores, marker='o', label="测试样本",
        drawstyle="steps-post")
ax.legend()
plt.show()
```

运行结果如图 10.30 所示。从图中可以发现，当 alpha 值设置为 0 时，训练样本的预测准确率达到 100%。随着 alpha 的增加，更多的树被剪枝，训练样本的预测准确率逐渐下降，而测试样本的准确率稍稍上升（当然达到一定高度后重新下降），达到一定程度后就创建了一个泛化能力最优的决策树。

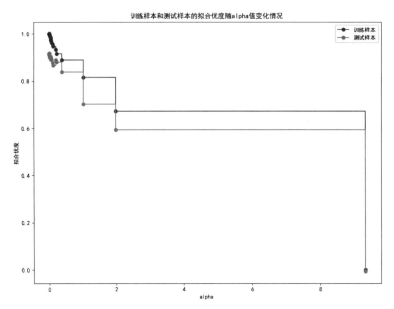

图 10.30   训练样本和测试样本的拟合优度随 alpha 值变化情况

10.4.7   通过 10 折交叉验证法寻求最优 alpha 值并开展特征变量重要性水平分析

在 Spyder 代码编辑区输入以下代码：

```
param_grid={'ccp_alpha':path.ccp_alphas}          # 定义参数网络
kfold = KFold(n_splits=10, shuffle=True, random_state=10)) # 10 折交叉验证，设置随机数种子为 10
model=GridSearchCV(DecisionTreeRegressor(random_state=10),param_grid,cv=kfold)  # 构建回归决
策树模型，基于前面创建的参数网络及 10 折交叉验证法，设置随机数种子为 10
model.fit(X_train,y_train)                        # 基于训练样本拟合模型
```

在如图 10.31 所示的运行结果中可以看到参数网络。

```
GridSearchCV(cv=KFold(n_splits=10, random_state=10, shuffle=True),
             estimator=DecisionTreeRegressor(random_state=10),
             param_grid={'ccp_alpha': array([0.00000000e+00, 3.22973971e-17,
       6.45947942e-17, 4.54545455e-07,
              4.54545455e-07, 4.54545455e-07, 1.81818182e-06, 1.81818182e-06,
              1.81818182e-06, 1.81818182e-06, 3.78787879e-06, 4.09090909e-06,
              5.45454545e-06, 5.45454545e...
              3.75852273e-03, 4.12500000e-03, 8.18748052e-03, 8.22027706e-03,
              1.06040455e-02, 1.14516341e-02, 1.26109091e-02, 1.64512121e-02,
              2.37273144e-02, 2.78812626e-02, 3.05945606e-02, 4.14017123e-02,
              4.66315227e-02, 4.70074242e-02, 5.01336898e-02, 5.90916265e-02,
              7.62250267e-02, 1.01465031e-01, 1.23546818e-01, 1.97592803e-01,
              2.31408233e-01, 3.78807623e-01, 1.01731517e+00, 1.99197875e+00,
              9.32282641e+00])})
```

图 10.31   参数网络

```
print("最优 alpha 值: ",model.best_params_)             # 输出最优 alpha 值
```

运行结果为"最优参数：{'ccp_alpha': 0.00014848484848493308}"。

```
model=model.best_estimator_                      # 设置最优模型
print("最优拟合优度: ",model.score(X_test,y_test))    # 输出最优拟合优度
```

运行结果为"最优拟合优度：0.912424881244357"。

```
print("决策树深度: ", model.get_depth())）          # 输出最优模型的决策树深度
```

运行结果为"决策树深度：9"。

```
print("叶节点数目: ", model.get_n_leaves())          # 输出最优模型的叶节点数目
```

运行结果为"叶节点数目：55"。

```
np.set_printoptions(suppress=True)                    # 不以科学记数法显示，而是直接显示数字
print("每个变量的重要性: ", model.feature_importances_))    # 输出最优模型的每个变量的重要性
```

运行结果如图 10.32 所示。

每个变量的重要性：[0.84008416 0.00355407 0.00132481 0.11456172 0.00362551 0.
0.03234461 0.00029723 0.0030072 0.00005574 0.00114495]

图 10.32　最优模型的每个变量的重要性水平

当然也可以通过绘制图形的形式观察特征变量重要性水平。在 Spyder 代码编辑区输入以下代码，**然后全部选中这些代码并整体运行：**

```
sorted_index = model.feature_importances_.argsort()
plt.barh(range(X_train.shape[1]), model.feature_importances_[sorted_index])
plt.yticks(np.arange(X_train.shape[1]), X_train.columns[sorted_index])
plt.xlabel('特征变量重要性水平')
plt.ylabel('特征变量')
plt.title('决策树特征变量重要性水平分析')
plt.tight_layout()
```

运行结果如图 10.33 所示。

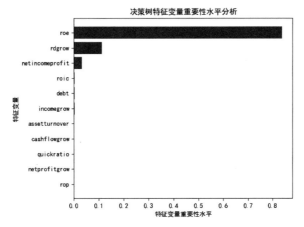

图 10.33　决策树特征变量重要性水平分析

```
plot_tree(model,feature_names=X.columns,node_ids=True,impurity=True,proportion=True,round
ed=True,precision=3))          # 本代码的含义与前面绘制决策树时的相同，不再赘述
plt.savefig('out5.pdf') # 有效解决显示不清晰的问题
```

运行结果如图 10.34 所示。运行结果与前面分裂准则为信息熵时的类似，不再详细解读。

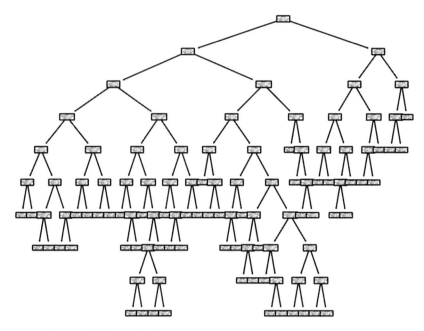

图 10.34　基于 10 折交叉验证法生成的决策树（因图片过大，难以做到清晰显示，读者可自行操作查看结果）

10.4.8　最优模型拟合效果图形展示

下面我们以图形的形式将测试样本响应变量原值和预测值进行对比，观察模型的拟合效果。在 Spyder 代码编辑区输入以下代码，**然后全部选中这些代码并整体运行：**

```python
pred = model.predict(X_test)                        # 对响应变量进行预测
t = np.arange(len(y_test))                          # 求得响应变量在测试样本中的个数，以便绘制图形
plt.plot(t, y_test, 'r-', linewidth=2, label=u'原值')   # 绘制响应变量原值曲线
plt.plot(t, pred, 'g-', linewidth=2, label=u'预测值')   # 绘制响应变量预测曲线
plt.legend(loc='upper right')                       # 将图例放在图的右上方
plt.grid()
plt.show()
```

运行结果如图 10.35 所示，可以看到测试样本响应变量原值和预测值的拟合是非常好的，体现在两条线几乎重合在一起。

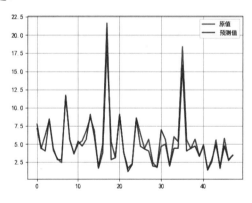

图 10.35　最优模型拟合效果图

10.4.9　构建线性回归算法模型进行对比

在 Spyder 代码编辑区输入以下代码:

```
model = LinearRegression().fit(X_train, y_train)    # 构建线性回归算法模型并基于训练样本进行拟合
model.score(X_test, y_test)                         # 输出线性回归算法模型的拟合优度
```

运行结果为: 0.8111823299982067,该结果不如决策树回归模型的结果。

10.5　习　　题

 下载资源:\sample\第 10 章\700 个对公授信客户的信息数据.csv、商业银行经营数据.csv

1. 使用"700 个对公授信客户的信息数据"文件中的数据,把 V1(征信违约记录)作为响应变量,把 V2(资产负债率)、V6(主营业务收入)、V7(利息保障倍数)、V10(银行负债)、V9(其他渠道负债)作为特征变量,构建决策树分类算法模型,完成以下操作:

(1)变量设置及数据处理。
(2)构建未考虑成本-复杂度剪枝的决策树分类算法模型。
(3)构建考虑成本-复杂度剪枝的决策树分类算法模型。
(4)绘制图形观察叶节点总不纯度随 alpha 值的变化情况。
(5)绘制图形观察节点数和树的深度随 alpha 值的变化情况。
(6)绘制图形观察训练样本和测试样本的预测准确率随 alpha 值的变化情况。
(7)通过 10 折交叉验证法寻求最优 alpha 值。
(8)开展决策树特征变量重要性水平分析。
(9)绘制 ROC 曲线。
(10)运用两个特征变量绘制决策树算法决策边界图。

2. 使用"商业银行经营数据"文件中的数据(已在第 8 章习题部分中介绍),将 Profit contribution(利润贡献度)作为响应变量,将 Net interest income(净利息收入)、Intermediate income(中间业务收入)、Deposit and finance daily(日均存款加理财之和)作为特征变量,构建决策树回归算法模型,完成以下操作。

(1)变量设置及数据处理。
(2)构建未考虑成本-复杂度剪枝的决策树回归算法模型。
(3)构建考虑成本-复杂度剪枝的决策树回归算法模型。
(4)绘制图形观察叶节点总均方误差随 alpha 值的变化情况。
(5)绘制图形观察节点数和树的深度随 alpha 值的变化情况。
(6)绘制图形观察训练样本和测试样本的拟合优度随 alpha 值的变化情况。
(7)通过 10 折交叉验证法寻求最优 alpha 值并开展特征变量重要性水平分析。
(8)最优模型拟合效果图形展示 。
(9)构建线性回归算法模型进行对比。

第 **11** 章

数据挖掘与建模 4——随机森林

在实际应用中，提升数据挖掘与建模算法准确度的方法主要就是前面所述的"数据清洗、特征工程"以及本章介绍的"模型融合"，即训练多个模型（弱学习器），然后按照一定的方法将它们集成在一起（强学习器），常用的实现路径包括 Bagging 方法（装袋法，Bootstrap Aggregating（自举汇聚法）的简称）和 Boosting 方法（提升法）。由于装袋法只是随机森林算法（Random Forests Method）的一种特例，因此本章我们讲解随机森林算法的基本原理，并结合具体实例讲解该算法在 Python 中解决分类问题和回归问题的实现与应用。

11.1 随机森林算法的基本原理

 下载资源：可扫描旁边二维码观看或下载教学视频

本节主要介绍随机森林算法的基本原理。

11.1.1 模型融合的基本思想

模型融合的基本思想是在各种不同的机器学习任务中使结果获得提升，实现方式是训练多个模型（弱学习器，也称基学习器、个体学习器），然后按照一定的方法集成在一起（强学习器）。弱学习器准确性越高（之间的性能表现不能差距太大），多样性越大（之间的相关性要尽可能的小），融合就越好。一般来说，随着集成中弱学习器数目的增大，集成的错误率将呈指数级下降，最终趋向于零，这一点已有严格的数学公式证明。模型融合的具体实现路径包括 Bagging 方法和 Boosting 方法。

1. Bagging 方法

如果弱学习器之间不存在强依赖关系，可同时生成并行化方法，则应选择 Bagging 方法。Bagging 算法的思想是通过对样本采样的方式使弱学习器存在较大的差异，主要优化 variance（方差，或称模型的鲁棒性）。

偏差、方差与噪声

1）偏差

偏差度量的是数据挖掘与建模算法的期望预测与真实结果的偏离程度，反映的是数据挖掘与建模算法的拟合能力。

$$\mathrm{Bias}(\hat{f}(x)) = E\hat{f}(x) - f(x)$$

高偏差意味着期望预测与真实结果的偏离度大，也就是数据挖掘与建模算法的拟合能力差；相应地，低偏差意味着期望预测与真实结果的偏离度小，也就是数据挖掘与建模算法的拟合能力强。

偏差产生的原因通常有两点：一是选择了错误的数据挖掘与建模算法，比如真实为非线性关系，但模型为线性算法；二是模型的复杂度不够，比如真实为二次线性关系，但模型为一次线性算法。

一般来说，线性回归、线性判别分析和逻辑回归等线性机器学习算法因为局限于线性，会导致无法从数据集中学习足够多的知识，所以针对复杂问题，其预测性能较低、偏差相对较高；而具有较大灵活性的非线性机器学习算法（如决策树、KNN 和支持向量机等机器学习算法）的偏差相对较低。

2）方差

方差度量的是在大量重复抽样过程中，同样大小的训练样本的变动导致的学习性能的变化，反映的是数据扰动所造成的影响，也就是模型的稳定性。

$$\mathrm{Var}(\hat{f}(x)) = E[\hat{f}(x) - E\hat{f}(x)]^2$$

方差越小意味着模型越稳定，在未知数据上的泛化能力越强，但由于目标函数是由机器学习算法从训练样本中得出的，因此算法具有一定方差的事实不可避免。高方差意味着同样大小的训练样本的变化对目标函数的估计值会造成较大的变动，容易受到训练样本细节的强烈影响；相应地，低方差意味着同样大小的训练样本的变化对目标函数的估计值会造成较小的变动。

方差出现的原因往往是因为模型的复杂度过高，比如真实为一次线性关系，但模型为二次线性算法。与前面介绍的偏差恰好相反，一般来说，线性回归、线性判别分析和逻辑回归等线性机器学习算法的方差相对较低，而人工神经网络、决策树、KNN 和支持向量机等非线性机器学习算法的方差相对较高。

3）噪声

噪声度量的是针对既定学习任务，使用任何学习算法所能达到的期望泛化误差的最小值，属于不可约减误差，反映的是学习问题本身的难度，或者说是无法用机器学习算法解决的问题。噪声大小取决于数据本身的质量，当数据给定时，机器学习所能达到的泛化能力的上限也就确定了。

$$\text{Noise}(\hat{f}(x)) = E(\varepsilon^2)$$

4）误差与偏差、方差、噪声的关系

从数学的角度理解，"误差"就是学习得到的模型的期望风险，对于监督式学习，"误差"使用 MSE（Mean Squared Error，均方误差），任何学习算法的"均方误差"都可以理解为"偏差""方差""噪声"三者之和，这一点已有严格的数学公式证明。

偏差：$\text{Bias}(\hat{f}(x)) = E\hat{f}(x) - f(x)$

方差：$\text{Var}(\hat{f}(x)) = E[\hat{f}(x) - E\hat{f}(x)]^2$

噪声：$\text{Noise}(\hat{f}(x)) = E(\varepsilon^2)$

实际值：$y = f(x) + \varepsilon$

MSE（均方误差）：

$$\text{MSE}(\hat{f}(x)) = E[y - \hat{f}(x)]^2 = E[f(x) + \varepsilon - \hat{f}(x)]^2$$

$$\text{MSE}(\hat{f}(x)) = E[f(x) - E\hat{f}(x) + E\hat{f}(x) - \hat{f}(x) + \varepsilon]^2$$

将方程右部中括号内的视作三部分：$f(x) - E\hat{f}(x)$、$E\hat{f}(x) - \hat{f}(x)$和ε。可以证明三者之间的交互项为 0，于是有：

$$\text{MSE}(\hat{f}(x)) = [E\hat{f}(x) - f(x)]^2 + E[\hat{f}(x) - E\hat{f}(x)]^2 + E(\varepsilon^2)$$

$$= [\text{Bias}(\hat{f}(x))^2 + \text{Var}(\hat{f}(x)) + \text{Noise}(\hat{f}(x))]$$

5）偏差与方差的权衡

从上面的介绍也可以看出，数据挖掘与建模算法的偏差和方差之间存在选择困难：低的偏差意味着高的方差，或者说模型的灵活性增强就会导致稳定性下降；同时低的方差意味着高的偏差，或者说模型的稳定性增强就会导致灵活性下降。

如图 11.1 所示，横轴代表训练程度，纵轴代表取值，对于既定的机器学习任务，假定用户可以控制其训练程度，当训练程度比较低时，意味着学习不够充分，导致偏差比较大，然而正是因为学习不够充分，训练样本的变化对于模型的扰动影响不显著，所以方差会比较小；而随着训练程度的不断增加，学习越来越充分，偏差会越来越小，然而也正是因为学习饱和度的上升，训练样本的变化对于模型的扰动影响也在逐渐增加，所以方差越来越大。在中间位置会有一个泛化误差最小的最优点（注意不一定是方差线和偏差线的交点），在最优点上，模型的泛化误差最小，泛化能力最强。

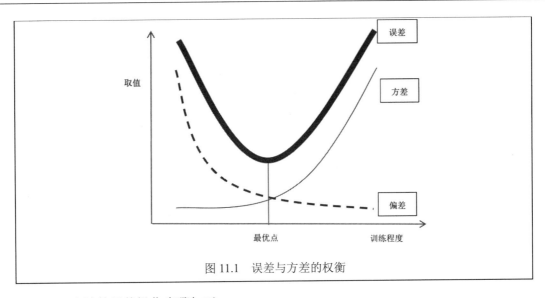

图 11.1　误差与方差的权衡

Bagging 方法的具体操作步骤如下：

步骤01 采用自助法从样本全集中抽取 x 个样本，进行 y 轮抽取，最终形成 y 个相互独立的训练集。

步骤02 使用 y 个相互独立的训练集，根据具体问题采用不同的机器学习方法分别训练得到 y 个模型。

步骤03 针对回归问题，将 y 个模型的均值作为最终结果；针对分类问题，将 y 个模型采用投票的方式（多数者胜出）得到分类结果。

自助法介绍

在机器学习中，我们期望的是使用样本全集进行训练，以便能够充分利用样本全集信息，但是无论是验证集法还是 K 折交叉验证法，都保留了一部分样本没有用于训练模型，而"留一法"虽然每次训练集的样本变化比较小，但是其海量计算量在很多情形下成为不可承受之重。对此，Efron 等（1993）提出的自助法是一种比较好的解决方案。

自助法本质上是一种有放回的再抽样，其实现过程如下：假设样本全集容量为 k，在样本全集中首先抽取一个示例并记下其编号，然后将它放回全集，使得该样本在下次抽取时仍有可能被抽到，接着重新抽取一个示例，记下后放回全集，如此重复 k 次，就会得到由 k 个示例构成的"自主抽样样本集"。在抽样的过程中，有的样本很可能被多次重复抽到，而有的样本可能一次也没有被抽到过，样本一次也没有被抽到过的概率计算如下：

$$\lim_{k \to \infty}\left(1-\frac{1}{k}\right)^k = \mathrm{e}^{-1} \approx 0.368$$

当 k 趋近于正无穷大时，样本在 k 次抽样中一次也没有被抽到过的概率约为 36.8%，那么这些没有被抽到过的样本就可以当作测试集，也称作"包外测试集"，基于它计算的测试集误差也称为"袋外误差"，而不包含在测试集之内的样本即作为训练集。

> 自助法最大的优势就是可以获取更多的、超出原样本容量的样本，所以在针对小样本集或者难以有效划分训练集和测试集时非常有用。但是一个不容忽视的事实是自助样本并不是来自真正的总体，或者说自助样本的总体与原始样本的总体并不完全相同，同时训练集中仅使用原样本集中 63.2%的样本会造成较大的估计偏差。
>
> 所以自助法通常用于小样本集，机器学习中大部分的应用场景都使用验证集法与 K 折交叉验证法，其中 K 折交叉验证法相对用得更多一些。
>
> 上述术语均在《Python 机器学习原理与算法实现》（杨维忠、张甜著，清华大学出版社，2023 年）一书中有详细讲解。

随机森林算法是 Bagging 方法的改进，主要体现在每次都随机抽取一定数量的特征（通常为 sqr(n)，n 为全部特征个数），也就是说自变量（解释变量）也是随机的。最终针对回归问题，将每棵决策树结果的平均值作为最终结果；针对分类问题，对 y 个模型采用投票的方式（多数者胜出）得到分类结果。

2. Boosting 方法

如果弱学习器之间存在强依赖关系，必须串行生成序列化方法，则应选择 Boosting 方法。该方法主要优化 bias（偏差，或称模型的精确性），当然对于降低方差也有一定作用。Boosting 方法的操作实现步骤如下：

步骤01 先用初始权重从训练集训练出一个弱学习器 x_1，得到该学习器的经验误差；然后对经验误差进行分析，基于分析结果调高学习误差率高的训练样本的权重，使得这些误差率高的训练样本在后面的学习器中能够受到更多的关注；最后基于更新权重后的训练集训练出一个新的弱学习器 x_2。

步骤02 不断重复**步骤01**，直到满足训练停止条件（比如弱学习器达到指定数目），生成最终的强学习器。

步骤03 将弱分类器预测结果进行加权融合并输出，比如 AdaBoost 通过加权多数表决的方式融合并输出，即增大错误率小的分类器的权值，同时减小错误率较大的分类器的权值。

注　意

Boosting 算法在训练的每一轮要检查当前生成的弱学习器是否满足基本条件。

不难看出，在前面所述的 Boosting 方法中，每一轮的训练集不变，只是训练集中每个样本在分类器中的权重发生了变化，根据上一轮的分类结果的错误率不断调整样本的权值，错误率越大则权重越大；每个弱分类器也都有相应的权重，分类误差小的分类器会有更大的权重，各个学习器只能顺序生成，因为后一个模型参数需要前一轮模型的结果。而在 Bagging 方法中，训练集是在从样本全集中有放回地选取的，从样本全集中选出的各轮训练集之间是相互独立的，而且使用的是均匀抽样，每个样本的权重相等，同时所有弱分类器的权重相等，各个学习器可以并行生成。

11.1.2　集成学习的概念与分类

在了解模型融合的基本思想的基础上，我们再来了解集成学习的概念与分类。前面我们讲述的线性回归、决策树等算法都是单一的弱学习器，在样本容量有限的条件下，它们实现的算法模型的性能提升空间较为有限。于是，统计学家们想出了一种集成学习（组合学习、模型融合）的方式，即将单一的弱学习器组合在一起，通过群策群力形成强学习器，达到提升模型性能的目的。

集成学习注重弱学习器的优良性与差异性，通常情况下，如果每个弱学习器在保证较高的分类准确率的同时，相互之间又能有较大的差异性，那么集成学习的效果就会充分得到显现（该理论由 Krogh 和 Vedelsby 于 1995 年提出，又称"误差-分歧分解"）。

针对弱学习器的不同，集成学习可以分为异质学习和同质学习。

如果弱学习器分别属于不同的类型，比如有线性回归模型、决策树模型、K 近邻模型等，则通过分别赋予这些模型一定权重的方式（最优权重可以通过交叉验证的方式确定），加权得到最优预测模型，基于该思想的集成学习方式为异质学习集成。

而如果这些弱学习器都属于一个类型，比如均为决策树模型，那么在基准模型不变的条件下，可以通过搅动数据的方式得到多个弱学习器，然后进行模型融合，得到最优预测模型，基于该思想的集成学习方法为同质学习集成。

针对集成方法的不同，集成学习可以分为串行集成和并行集成。

如果弱学习器间存在强依赖的关系，后一个弱学习器的生成需依赖前一个弱学习器的结果，则集成学习方式为串行集成，代表算法为 Boosting，包括 AdaBoost、GBDT、XGBoost 等。

如果弱学习器间不存在依赖关系，可以同时训练多个基学习器，适合分布式并行计算，则集成学习方式为并行集成，代表算法为装袋法、随机森林算法，其中装袋法是随机森林算法的一种特例。

11.1.3　装袋法的概念与原理

首先我们来介绍装袋法，其实现过程如下：

步骤01 假设样本全集为 D，通过自助法对 D 进行 n 次有放回的抽样，形成 n 个训练样本集，并将在 n 次有放回的抽样中一次也没有被抽到的样本构成包外测试集。

步骤02 基于 n 个训练样本集生成 n 个弱学习器（比如 n 棵决策树）。

步骤03 使用这 n 个弱学习器对包外测试集进行预测，从而得到 n 个预测结果。如果是分类问题，就是 n 个分类；如果是回归问题，就是 n 个预测值。

步骤04 如果是分类问题，按照"多数票规则"，将 n 个弱学习器产生的预测值中取值最多的分类作为最终预测分类；如果是回归问题，将 n 个弱学习器产生的预测值进行平均，以平均值作为最终预测值。

步骤05 如果是分类问题，则以袋外错误率为评价最终模型的标准；如果是回归问题，则以袋外均方误差或拟合优度为评价最终模型的标准。

装袋法的特色优势体现在两方面：一方面由于并不进行剪枝，因此相对弱学习器并未降低模型偏差；另一方面由于将很多弱学习器进行平均，因此优化了模型的方差（或称模型的鲁棒性）。

可以证明如果 n 个弱学习器之间是独立同分布（方差均为 δ^2）的，那么在装袋法下由于进行了平均，模型融合的方差变成了 $\dfrac{\delta^2}{n}$，n 越大，方差下降得越明显。

因此，装袋法尤其适用于方差较大的不稳定估计量，或者说样本数据的轻微扰动可能会引起估计结果较大变化的情形，比如线性回归、不剪枝决策树、神经网络等，而不太适用于 K 近邻算法等方差较小的稳定估计。

所以，一个不容忽视的事实是装袋法在弱学习器之间服从独立同分布时特别有效，但在实际应用中这一条件经常不能够被很好地满足。比如针对决策树模型，在众多特征变量之中可能只有个别特征变量在模型拟合中起到了关键作用，或者说特征变量之间的重要性水平差别很远，那么可以合理预期的是即使数据搅动再充分，大多数弱学习器可能都倾向于选择那些关键特征变量，使得弱学习器之间存在较强的相关性或近似性，对这些高度相关的弱学习器求平均并不能带来模型融合方差的显著降低，或者可以理解为，虽然样本数据搅动了，但弱学习器没有进行与之相应的变化，样本数据搅动的效果有限。为了较好地解决这一问题，统计学家又提出了随机森林算法。

11.1.4　随机森林算法的概念与原理

随机森林算法是对装袋法的一种改进，与装袋法相同，随机森林也需要通过自助法进行 n 次有放回的抽样，形成 n 个训练样本集以及包外测试集；不同之处在于，**装袋法在构建基分类器时，将所有特征变量（假设为 p 个）都考虑进去，而随机森林在构建基分类器的时候则是从全部 p 个特征变量中随机抽取 m 个**。比如针对前面所述的决策树模型，虽然有一些关键特征向量，但是受"随机抽取特征变量"这一规则限制，这些关键特征向量将不再像装袋法那样会被所有基分类器选择，从而保障了基分类器之间的多样性和差异性，使得样本搅动能够产生应有的效果，达到降低模型融合方差的目的。当然，同样由于"随机抽取特征变量"这一规则限制，随机森林使得子分类器难以基于全部特征变量做出最优选择，从而同步提升了模型的偏差，这同样也是一个"方差-偏差"统筹权衡的问题。

那么随机抽取的特征变量个数 m 究竟为多少合适？在实际应用中针对回归弱学习器通常采用 $m = \dfrac{p}{3}$，而针对分类弱学习器通常采用 $m = \sqrt{p}$。不难发现，如果 $m=p$，即将全部特征变量作为随机抽取变量，那么随机森林算法也就变成了装袋法，因此，装袋法是随机森林算法的一种特例。

11.1.5　随机森林算法特征变量重要性度量

随机森林算法包含很多弱学习器，那么如何度量各个特征变量的重要性水平呢？弱学习器以决策树为例，首先针对单棵决策树计算重要性水平，即因采纳该变量引起的残差平方和（或信息增益、信息增益率、基尼指数等指标）变化的幅度；然后将随机森林中的所有决策树进行平均，即得到该变量对于整个随机森林的重要性水平。残差平方和下降或基尼指数下降越多，信息增益或信息增益率提升越多，说明该变量在随机森林模型中越为重要。

11.1.6　部分依赖图与个体条件期望图

长期以来机器学习因其弱解释性而深受诟病，所以很多专家学者深耕于可解释机器学习领域，致力于使模型结果具备可解释性。部分依赖图（Partial Dependence Plot）与个体条件期望图（ICEPlot）即是其中的方法之一，在随机森林等集成学习算法中也经常被使用。

部分依赖图显示了一个或两个特征变量对机器学习模型的预测结果的边际效应，如图 11.2 所示。与前面介绍的特征变量重要性不同，特征变量重要性展示的是哪些变量对预测的影响最大，而部分依赖图展示的是特征如何影响模型预测，可以显示响应变量和特征变量之间的关系是线性的、单调的还是更复杂的。

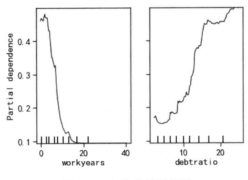

图 11.2　部分依赖图示例

个体条件期望图展示的是每个样本预测值与选定特征变量之间的关系，如图 11.3 所示。其实现路径是：对特定样本，在保持其他特征变量不变的同时，变换选定特征变量的取值，并输出预测结果，从而实现样本预测值随选定特征变量变化的情况。

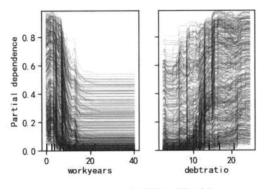

图 11.3　个体条件期望图示例

11.2　数据准备

	下载资源：可扫描旁边二维码观看或下载教学视频
	下载资源:\源代码\第 11 章 数据挖掘与建模 4——随机森林.py
	下载资源:\sample\第 11 章\个人消费信贷客户违约数据.csv、部分上市公司财务指标数据.csv

本节主要是准备数据，以便后面演示分类问题随机森林算法和回归问题随机森林算法的实现。

11.2.1　案例数据说明

本节我们继续以上一章中的"个人消费信贷客户违约数据"和"部分上市公司财务指标数据"文件中的数据为例进行讲解。针对"个人消费信贷客户违约数据"，我们以 credit（是否发生违约）为响应变量，以 age（年龄）、education（受教育程度）、workyears（工作年限）、resideyears（居住年限）、income（年收入水平）、debtratio（债务收入比）、creditdebt（信用卡负债）、otherdebt（其他负债）为特征变量，使用分类随机森林算法进行拟合。

针对"部分上市公司财务指标数据"文件中的数据，我们以 pb 为响应变量，以 roe、debt、assetturnover、rdgrow、roic、rop、netincomeprofit、quickratio、incomegrow、netprofitgrow、cashflowgrow 为特征变量，使用回归随机森林算法进行拟合。

11.2.2　导入分析所需要的模块和函数

在进行分析之前，首先需要导入分析所需要的模块和函数，读取数据集并进行观察。在 Spyder 代码编辑区输入以下代码（以下代码释义在前面各章均有提及，此处不再注释）：

```
import numpy as np
import pandas as pd
import matplotlib.pyplot as plt
from sklearn.model_selection import KFold, StratifiedKFold
from sklearn.model_selection import train_test_split,GridSearchCV,cross_val_score
from sklearn.linear_model import LinearRegression
from sklearn.linear_model import LogisticRegression
from sklearn.tree import DecisionTreeClassifier
from sklearn.tree import DecisionTreeRegressor
from sklearn.ensemble import BaggingClassifier          # 导入分类装袋法
from sklearn.ensemble import BaggingRegressorr          # 导入回归装袋法
from sklearn.ensemble import RandomForestClassifier     # 导入随机森林分类法
from sklearn.ensemble import RandomForestRegressor      # 导入随机森林回归法
from sklearn.metrics import confusion_matrix
from sklearn.metrics import classification_report
from sklearn.metrics import cohen_kappa_score
from sklearn.metrics import plot_roc_curve
from sklearn.inspection import plot_partial_dependence
from sklearn.inspection import PartialDependenceDisplay # 导入偏依赖图模块
from mlxtend.plotting import plot_decision_regions
```

11.3　分类问题随机森林算法示例

	下载资源：可扫描旁边二维码观看或下载教学视频
	下载资源：\源代码\第 11 章　数据挖掘与建模 4——随机森林.py
	下载资源：\sample\第 11 章\个人消费信贷客户违约数据.csv

本节主要演示分类问题随机森林算法的实现。

11.3.1　变量设置及数据处理

首先需要将本书提供的数据文件存放到安装 Python 的默认目录中，并从相应位置进行读取。在 Spyder 代码编辑区输入以下代码：

```
data=pd.read_csv('C:/Users/Administrator/.spyder-py3/个人消费信贷客户违约数据.csv')  # 读取"个人消费信贷客户违约数据.csv"文件
```

注意，因用户的具体安装路径不同，设计路径的代码会有差异，成功载入后，"变量浏览器"窗口如图 11.4 所示。

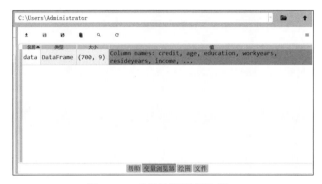

图 11.4　"变量浏览器"窗口

```
X = data.iloc[:,1:]      # 设置特征变量，即 data 数据集中除第 1 列响应变量 credit 之外的全部变量
y = data.iloc[:,0]       # 设置响应变量，即 data 数据集中第 1 列响应变量 credit
X_train,X_test,y_train,y_test=train_test_split(X,y,test_size=0.3,stratify=y,random_state=10)     # 本代码的含义是将样本全集划分为训练样本和测试样本，测试样本占比为 30%；参数 stratify=y 是指依据标签 y，按原数据 y 中的各类比例分配 train 和 test，使得 train 和 test 中各类数据的比例与原数据集一样；random_state=10 的含义是设置随机数种子为 10，以保证随机抽样的结果可重复
```

成功划分后，"变量浏览器"窗口如图 11.5 所示。

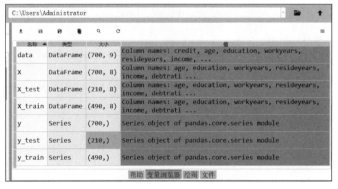

图 11.5　"变量浏览器"窗口

11.3.2　二元 Logistic 回归和单棵分类决策树算法

1. 二元 Logistic 回归算法

在 Spyder 代码编辑区输入以下代码：

```
model =LogisticRegression(C=1e10, max_iter=1000,fit_intercept=True)    # 本代码的含义是使用
sklearn 建立二元 Logistic 回归算法模型，其中的参数 fit_intercept=True 表示模型中包含常数项
    model.fit(X_train, y_train)       # 基于训练样本调用 fit()方法进行拟合
    model.score(X_test, y_test)       # 基于测试样本计算模型预测的准确率
```

运行结果为：0.8523809523809524，也就是说基于测试样本计算模型预测的准确率为85.238%。

2. 单棵分类决策树算法

在 Spyder 代码编辑区输入以下代码：

```
model=DecisionTreeClassifier()    # 本代码的含义是使用分类决策树算法构建模型
path=model.cost_complexity_pruning_path(X_train,y_train))    # 考虑成本-复杂度剪枝
param_grid={'ccp_alpha':path.ccp_alphas}                      # 定义参数网络
kfold=StratifiedKFold(n_splits=10,shuffle=True,random_state=10)   # 10 折交叉验证，保持每折子样
本中响应变量各类别数据占比相同，设置随机数种子为 10
Model=GridSearchCV(DecisionTreeClassifier(random_state=10),param_grid,cv=kfold)
# 构建分类决策树模型，基于前面创建的参数网络及 10 折交叉验证法，设置随机数种子为 10
model.fit(X_train,y_train)                                     # 基于训练样本拟合模型
```

在如图 11.6 所示的结果中可以看到参数网络。

```
GridSearchCV(cv=StratifiedKFold(n_splits=10, random_state=10,
shuffle=True),
            estimator=DecisionTreeClassifier(random_state=10),
            param_grid={'ccp_alpha': array([0.        , 0.0013424 ,
0.00193963, 0.00196793, 0.00253968,
        0.00272109, 0.00285714, 0.00306122, 0.00310982, 0.00326531,
        0.00340136, 0.00345369, 0.00349854, 0.00349854, 0.00349854,
        0.00366442, 0.00393586, 0.00453446, 0.00506541, 0.00533684,
        0.0056171 , 0.00676271, 0.00682216, 0.00888889, 0.00917606,
        0.00955906, 0.01098901, 0.05125358, 0.09908212])})
```

图 11.6   参数网络

```
print("最优 alpha 值: ",model.best_params_)               # 输出最优 alpha 值
```

运行结果为"最优 alpha 值：{'ccp_alpha':0.004534462760155709}"。

```
model=model.best_estimator_                               # 设置最优模型
print("最优预测准确率: ",model.score(X_test,y_test))      # 输出最优预测准确率
```

运行结果为"最优预测准确率：0.861904761904762"。

11.3.3   装袋法分类算法

在 Spyder 代码编辑区输入以下代码：

```
model=BaggingClassifier(base_estimator=DecisionTreeClassifier(random_state=10),n_estimato
rs=300,random_state=0)       # 使用装袋法分类算法构建模型，弱学习器为决策树分类器（并设置随机数种子为 10），
弱学习器个数设置为 300，设置装袋法随机数种子为 0，以保证随机抽样的结果可重复
    model.fit(X_train, y_train)    # 基于训练样本使用 fit 方法进行拟合
    model.score(X_test, y_test)    # 基于测试样本计算模型预测的准确率
```

运行结果为：0.8666666666666667，与单棵分类决策树算法相比，装袋法分类准确率略有上升，在一定程度上起到了集成学习的效果。

11.3.4 随机森林分类算法

在 Spyder 代码编辑区输入以下代码：

```
model=RandomForestClassifier(n_estimators=300,max_features='sqrt',random_state=10)
    # 使用随机森林分类算法构建模型，弱学习器为决策树分类器（默认类型），弱学习器个数设置为 300，将最大特征变量取
值设置为全部特征变量个数的平方根（如果不设置，默认为全部特征变量个数，即为装袋法），设置随机森林分类算法的随机数种
子为 10，以保证随机抽样的结果可重复
    model.fit(X_train, y_train)        # 基于训练样本调用 fit()方法进行拟合
    model.score(X_test, y_test)        # 基于测试样本计算模型预测的准确率
```

运行结果为：0.8714285714285714，相较于装袋法以及单棵决策树算法，随机森林分类算法的分类准确率有了提升，进一步起到了集成学习的优化效果。

11.3.5 寻求 max_features 最优参数

在 Spyder 代码编辑区输入以下代码，**然后全部选中这些代码并整体运行：**

```
scores = []
for max_features in range(1, X.shape[1] + 1):
    model = RandomForestClassifier(max_features=max_features,
                            n_estimators=300, random_state=10)
    model.fit(X_train, y_train)
    score = model.score(X_test, y_test)
    scores.append(score)
index = np.argmax(scores)
range(1, X.shape[1] + 1)[index]
plt.plot(range(1, X.shape[1] + 1), scores, 'o-')
plt.axvline(range(1, X.shape[1] + 1)[index], linestyle='--', color='k', linewidth=1)
plt.xlabel('最大特征变量数')
plt.ylabel('最优预测准确率')
plt.title('预测准确率随选取的最大特征变量数变化情况')
```

运行结果如图 11.7 所示。

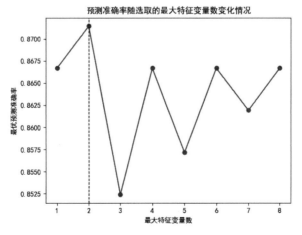

图 11.7 预测准确率随选取的最大特征变量数变化情况

从图 11.7 中可以发现当选择最大特征变量数为 2 时，所得模型的拟合优度最大。

```
print(scores)        # 输出最大特征变量数从 1 到 8 对应的模型预测准确率
```

运行结果如图 11.8 所示。

```
[0.8666666666666667, 0.8714285714285714, 0.8523809523809524,
0.866666666666667, 0.8571428571428571, 0.8666666666666667,
0.861904761904762, 0.8666666666666667]
```

图 11.8　最大特征变量数从 1 到 8 对应的模型预测准确率

最大特征变量数为 2 时，模型的拟合优度最大，为 0.8714285714285714，与图形展示的结论一致。

11.3.6　寻求 n_estimators 最优参数

在 Spyder 代码编辑区输入以下代码，**然后全部选中这些代码并整体运行**（涉及 for 循环）：

```
ScoreAll = []
for i in range(100,300,10):
    model= RandomForestClassifier(max_features=2,n_estimators = i,random_state = 10)
    model.fit(X_train, y_train)
    score = model.score(X_test, y_test)
    ScoreAll.append([i,score])
ScoreAll = np.array(ScoreAll)
print(ScoreAll)       # 输出 n_estimators 从 100 到 300 以 10 为步长对应的模型预测准确率
```

运行结果如图 11.9 所示。

```
[[100.          0.85238095]
 [110.          0.85238095]
 [120.          0.85238095]
 [130.          0.86190476]
 [140.          0.86190476]
 [150.          0.85714286]
 [160.          0.86190476]
 [170.          0.86190476]
 [180.          0.86666667]
 [190.          0.86666667]
 [200.          0.87142857]
 [210.          0.87142857]
 [220.          0.87142857]
 [230.          0.87142857]
 [240.          0.87142857]
 [250.          0.87142857]
 [260.          0.86666667]
 [270.          0.87142857]
 [280.          0.87142857]
 [290.          0.87142857]]
```

图 11.9　n_estimators 从 100 到 300 以 10 为步长对应的模型预测准确率

```
max_score = np.where(ScoreAll==np.max(ScoreAll[:,1]))[0][0]        # 找出最高得分对应的索引
print("最优参数以及最高得分:",ScoreAll[max_score])
```

运行结果为"最优参数以及最高得分: [200. 0.87142857]"，即 n_estimators 最优为 200，在此情况下预测准确率为 0.87142857。

注意，以下代码涉及绘图，**需要全部选中并整体运行**：

```
plt.figure(figsize=[20,5])
plt.plot(ScoreAll[:,0],ScoreAll[:,1])
plt.show()
```

运行结果如图 11.10 所示。从图中可以非常直观地看出 n_estimators 最优为 200。

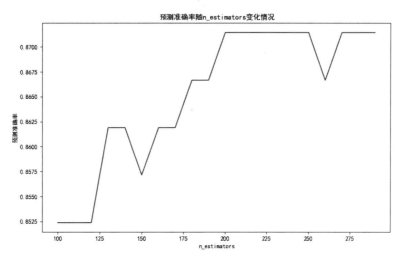

图 11.10　预测准确率随 n_estimators 的变化情况

前面我们为了在更广的范围内找到最优参数，设置的是从 100 到 300 以 10 为步长，相对比较粗略，在此基础上，我们进一步细化以寻求 n_estimators 最优参数。

在 Spyder 代码编辑区输入以下代码，**然后全部选中这些代码并整体运行**（涉及 for 循环）：

```
ScoreAll = []
for i in range(190,210):
    model= RandomForestClassifier(max_features=2,n_estimators = i,random_state = 10)
    model.fit(X_train, y_train)
    score = model.score(X_test, y_test)
    ScoreAll.append([i,score])
ScoreAll = np.array(ScoreAll)
print(ScoreAll)      # 输出 n_estimators 从 190 到 210 对应的模型预测准确率
```

运行结果如图 11.11 所示。

```
[[190.        0.86666667]
 [191.        0.86666667]
 [192.        0.86666667]
 [193.        0.86666667]
 [194.        0.86666667]
 [195.        0.87142857]
 [196.        0.87142857]
 [197.        0.86666667]
 [198.        0.87142857]
 [199.        0.87142857]
 [200.        0.87142857]
 [201.        0.87142857]
 [202.        0.87142857]
 [203.        0.87142857]
 [204.        0.87142857]
 [205.        0.87142857]
 [206.        0.87142857]
 [207.        0.87142857]
 [208.        0.87142857]
 [209.        0.87142857]]
```

图 11.11　n_estimators 从 190 到 210 对应的模型预测准确率

```
max_score = np.where(ScoreAll==np.max(ScoreAll[:,1]))[0][0]        # 找出最高得分对应的索引
print("最优参数以及最高得分:",ScoreAll[max_score])
```

运行结果为"最优参数以及最高得分: [195. 0.87142857]",即 n_estimators 最优为 195,在此情况下预测准确率为 0.87142857。

注意,以下代码涉及绘图,**需要全部选中这些代码并整体运行**:

```
plt.figure(figsize=[20,5])
plt.xlabel('n_estimators')
plt.ylabel('预测准确率')
plt.title('预测准确率随 n_estimators 变化情况')
plt.plot(ScoreAll[:,0],ScoreAll[:,1])
plt.show()
```

运行结果如图 11.12 所示。

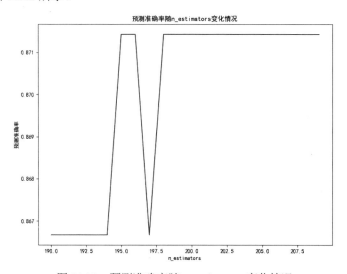

图 11.12   预测准确率随 n_estimators 变化情况

11.3.7   随机森林特征变量重要性水平分析

在 Spyder 代码编辑区输入以下代码,**然后全部选中这些代码并整体运行**:

```
sorted_index = model.feature_importances_.argsort()
plt.rcParams['font.sans-serif'] = ['SimHei']    # 解决图表中的中文显示问题
plt.barh(range(X_train.shape[1]), model.feature_importances_[sorted_index])
plt.yticks(np.arange(X_train.shape[1]), X_train.columns[sorted_index])
plt.xlabel('特征变量重要性水平')
plt.ylabel('特征变量')
plt.title('随机森林特征变量重要性水平分析')
plt.tight_layout()
```

运行结果如图 11.13 所示。

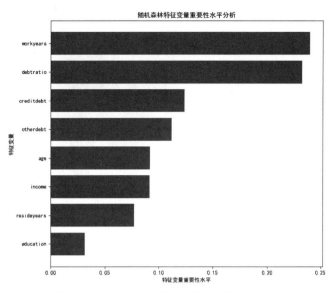

图 11.13　随机森林特征变量重要性水平分析

从图 11.13 中可以发现，本例中随机森林特征变量重要性水平从大到小排序为 workyears、debtratio、creditdebt、otherdebt、age、income、resideyears、education。

11.3.8　绘制部分依赖图与个体条件期望图

在 Spyder 代码编辑区输入以下代码并逐行运行：

```
PartialDependenceDisplay.from_estimator(model,X_train,['workyears','debtratio'],kind='ave
rage')        # 绘制部分依赖图
```

运行结果如图 11.14 所示。

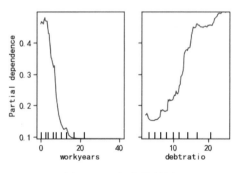

图 11.14　部分依赖图

从图 11.14 中可以看出，工作年限在 20 年以内，客户的工作年限越长，其违约概率越低，是一种近似线性关系；工作年限在 20 年以上，客户的违约概率接近于 0。债务收入比则与违约概率呈现正向变动关系，债务收入比越高，违约概率越大，但是这种关系并不是线性的。

```
PartialDependenceDisplay.from_estimator(model,X_train,['workyears','debtratio'],kind='ind
ividual')        # 绘制个体条件期望图（ICE Plot）
```

运行结果如图 11.15 所示。

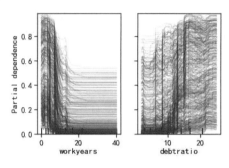

图 11.15   个体条件期望图

图中的每一条线都表示一个样本,从图 11.15 中可以发现结论与部分依赖图一致,即工作年限、债务收入比分别与违约概率呈现反向、正向变动关系。

```
PartialDependenceDisplay.from_estimator(model,X_train,['workyears','debtratio'],kind='bot
h')          # 同时绘制部分依赖图和个体条件期望图
```

运行结果如图 11.16 所示。

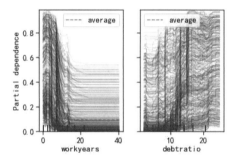

图 11.16   同时绘制部分依赖图和个体条件期望图

在图 11.16 中,部分依赖图和个体条件期望图绘制在一起,其中,虚线 average 即为部分依赖图的变化情况,各条絮状线即为个体条件期望图的变化情况。

11.3.9   模型性能评价

在 Spyder 代码编辑区输入以下代码**并逐行运行**:

```
prob = model.predict_proba(X_test)      # 计算响应变量预测分类概率
prob[:5]                                 # 显示前 5 个样本的响应变量预测分类概率
```

运行结果如图 11.17 所示。

```
array([[0.99043062, 0.00956938],
       [0.85167464, 0.14832536],
       [0.31578947, 0.68421053],
       [0.18660287, 0.81339713],
       [0.8708134 , 0.1291866 ]])
```

图 11.17   前 5 个样本的响应变量预测分类概率

第 1~5 个样本的最大分组概率分别是未违约客户、未违约客户、违约客户、违约客户、未违约客户。

```
pred = model.predict(X_test)        # 计算响应变量预测分类类型
pred[:5]                            # 显示前 5 个样本的响应变量预测分类类型
```

运行结果为：array([0, 0, 1, 1, 0], dtype=int64)，与上一步预测分类概率的结果一致。

```
print(confusion_matrix(y_test, pred))        # 输出测试样本的混淆矩阵
```

运行结果如图 11.18 所示。

```
[[145  10]
 [ 17  38]]
```

图 11.18　测试样本的混淆矩阵

针对该结果解释如下：实际为未违约客户且预测为未违约客户的样本共有 145 个，实际为未违约客户但预测为违约客户的样本共有 10 个，实际为违约客户且预测为违约客户的样本共有 38 个，实际为违约客户但预测为未违约客户的样本共有 17 个。该结果更直观的表示如表 11.1 所示。

表 11.1　预测分类与实际分类的结果

样本		预测分类	
		未违约客户	违约客户
实际分类	未违约客户	145	10
	违约客户	17	38

```
print(classification_report(y_test,pred)))        # 输出详细的预测效果指标
```

运行结果如图 11.19 所示。

```
              precision    recall  f1-score   support

           0       0.90      0.94      0.91       155
           1       0.79      0.69      0.74        55

    accuracy                           0.87       210
   macro avg       0.84      0.81      0.83       210
weighted avg       0.87      0.87      0.87       210
```

图 11.19　详细的预测效果指标

说明：

● precision：精度。针对未违约客户的分类正确率为 0.90，针对违约客户的分类正确率为 0.79。

● recall：召回率，即查全率。针对未违约客户的查全率为 0.94，针对违约客户的查全率为 0.69。

● f1-score：f1 得分。针对未违约客户的 f1 得分为 0.91，针对违约客户的 f1 得分为 0.74。

● support：支持样本数。未违约客户支持样本数为 155 个，违约客户支持样本数为 55 个。

● accuracy：正确率，即分类正确样本数/总样本数。模型整体的预测正确率为 0.87。

● macro avg：用每一个类别对应的 precision、recall、f1-score 直接平均。比如针对 recall（召回率），即为（0.94+0.69）/ 2 = 0.81。

● weighted avg：用每一类别支持样本数的权重乘以对应类别指标。比如针对 recall（召回率），即为（0.94×155+0.69×55）/ 210 = 0.87。

```
cohen_kappa_score(y_test, pred)    # 本代码的含义是计算 kappa 得分
```

运行结果为：0.653211009174312。根据"表 9.2　科恩 kappa 得分与效果对应表"可知，该模型的一致性较好。根据前面分析结果可知，模型的拟合效果或者说性能表现还是不错的。

11.3.10　绘制 ROC 曲线

在 Spyder 代码编辑区输入以下代码，**然后全部选中这些代码并整体运行**：

```
plt.rcParams['font.sans-serif'] = ['SimHei']    # 解决图表中的中文显示问题
plot_roc_curve(model, X_test, y_test)           # 本代码的含义是绘制 ROC 曲线，并计算 AUC 值
x = np.linspace(0, 1, 100)
plt.plot(x, x, 'k--', linewidth=1)              # 本代码的含义是在图中增加 45 度黑色虚线，以便观察 ROC 曲线性能
plt.title('随机森林分类树算法 ROC 曲线')           # 将标题设置为"随机森林分类树算法 ROC 曲线"
```

运行结果如图 11.20 所示。

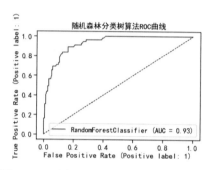

图 11.20　随机森林分类树算法 ROC 曲线

ROC 曲线离纯机遇线越远，表明模型的辨别力越强，由此发现本例的预测效果还可以。AUC 值为 0.93，远大于 0.5，说明模型具备一定的预测价值。

11.3.11　运用两个特征变量绘制随机森林算法决策边界图

首先在 Spyder 代码编辑区输入以下代码：

```
X2=X.iloc[:,[2,5]]       # 仅选取 workyears、debtratio 作为特征变量
model = RandomForestClassifier(n_estimators=300, max_features=1, random_state=1)
model.fit(X2,y)
model.score(X2,y)        # 计算模型预测准确率
```

运行结果为：0.9885714285714285。

然后输入以下代码，**全部选中这些代码并整体运行**：

```
plot_decision_regions(np.array(X2), np.array(y), model)
plt.xlabel('debtratio')        # 将 X 轴设置为 debtratio
plt.ylabel('workyears')        # 将 Y 轴设置为 workyears
plt.title('随机森林算法决策边界')   # 将标题设置为"随机森林算法决策边界"
```

运行结果如图 11.21 所示。

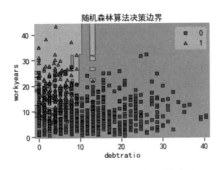

图 11.21　随机森林算法决策边界

从图 11.21 中可以发现，随机森林算法决策边界为多个分割矩形，这一点也是非常好理解的，因为本例中我们的弱学习器为决策树，而决策树的决策边界为矩形（在第 10 章中有所讲解）。如果弱学习器为其他算法，那么其决策边界的形状也会发生变化。在本例中，决策边界将所有参与分析的样本分为两个类别，右侧为未违约客户区域，左上方是违约客户区域，边界较为清晰，分类效果也比较好，体现在各样本的实际类别与决策边界分类区域基本一致。

11.4　回归问题随机森林算法示例

	下载资源：可扫描旁边二维码观看或下载教学视频
	下载资源：\源代码\第 11 章　数据挖掘与建模 4——随机森林.py
	下载资源：\sample\第 11 章\部分上市公司财务指标数据.csv

本节主要演示回归问题随机森林算法的实现。

11.4.1　变量设置及数据处理

首先需要将本书提供的数据文件存放到安装 Python 的默认目录中，并从相应位置进行读取。在 Spyder 代码编辑区输入以下代码：

```
data=pd.read_csv('C:/Users/Administrator/.spyder-py3/部分上市公司财务指标数据.csv')   # 读取"部
分上市公司财务指标数据.csv"文件
```

注意，因用户的具体安装路径不同，设计路径的代码会有差异。成功载入后，"变量浏览器"窗口如图 11.22 所示。

```
X = data.iloc[:,1:]              # 设置特征变量，即 data 数据集中除第 1 列响应变量 credit 之外的全部变量
y = data.iloc[:,0]               # 设置响应变量，即 data 数据集中第 1 列响应变量 credit
X_train,X_test,y_train,y_test=train_test_split(X,y,test_size=0.3,stratify=y,random_state=
10)   # 本代码的含义是将样本全集划分为训练样本和测试样本，测试样本占比为 30%；参数 stratify=y 是指依据标签 y，按
原数据 y 中的各类比例分配 train 和 test，使得 train 和 test 中各类数据的比例与原数据集一样；random_state=10 的
含义是设置随机数种子为 10，以保证随机抽样的结果可重复
```

成功划分后，"变量浏览器"窗口如图 11.23 所示。

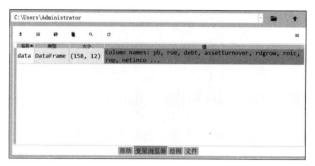

图 11.22   "变量浏览器"窗口

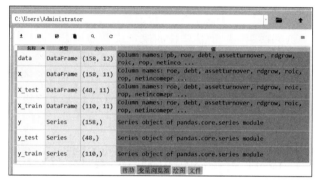

图 11.23   "变量浏览器"窗口

11.4.2   线性回归、单棵回归决策树算法

1. 线性回归算法

在 Spyder 代码编辑区输入以下代码:

```
model = LinearRegression()              # 本代码的含义是建立线性回归算法模型
model.fit(X_train, y_train)             # 基于训练样本调用 fit()方法进行拟合
model.score(X_test, y_test)             # 基于测试样本计算模型预测的准确率
```

运行结果为: 0.8111823299982067,也就是说基于测试样本计算模型预测的准确率为 81.12%,拟合效果非常差。

2. 单棵回归决策树算法

在 Spyder 代码编辑区输入以下代码:

```
model=DecisionTreeRegressor()                        # 本代码的含义是使用回归决策树算法构建模型
path=model.cost_complexity_pruning_path(X_train,y_train)# 考虑成本-复杂度剪枝
param_grid={'ccp_alpha':path.ccp_alphas}  # 定义参数网络
kfold=KFold(n_splits=10,shuffle=True,random_state=10)    # 10 折交叉验证,保持每折子样本中响应变
量各类别数据占比相同, 设置随机数种子为 10
model=GridSearchCV(DecisionTreeRegressor(random_state=10),param_grid,cv=kfold)
# 构建回归决策树模型,基于前面创建的参数网络及 10 折交叉验证法,设置随机数种子为 10
model.fit(X_train,y_train)                           # 基于训练样本拟合模型
```

在如图 11.24 所示的运行结果中可以看到参数网络。

```
GridSearchCV(cv=KFold(n_splits=10, random_state=10, shuffle=True),
             estimator=DecisionTreeRegressor(random_state=10),
             param_grid={'ccp_alpha': array([0.00000000e+00, 3.22973971e-17,
6.45947942e-17, 4.54545455e-07,
       4.54545455e-07, 4.54545455e-07, 1.81818182e-06, 1.81818182e-06,
       1.81818182e-06, 1.81818182e-06, 3.78787879e-06, 4.09090909e-06,
       5.45454545e-06, 5.45454545e...
       3.75852273e-03, 4.12500000e-03, 8.18748052e-03, 8.22027706e-03,
       1.06040455e-02, 1.14516341e-02, 1.26109091e-02, 1.64512121e-02,
       2.37273144e-02, 2.78812626e-02, 3.05945606e-02, 4.14017123e-02,
       4.66315227e-02, 4.70074242e-02, 5.01336898e-02, 5.90916265e-02,
       7.62250267e-02, 1.01465031e-01, 1.23546818e-01, 1.97592803e-01,
       2.31408233e-01, 3.78807623e-01, 1.01731517e+00, 1.99197875e+00,
       9.32282641e+00])})
```

图 11.24　参数网络

```
print("最优 alpha 值: ",model.best_params_)          # 输出最优 alpha 值
```

运行结果为"最优 alpha 值：{'ccp_alpha':0.00014848484848476348}"。

```
model=model.best_estimator_                          # 设置最优模型
print("最优拟合优度: ",model.score(X_test,y_test))   # 输出最优拟合优度
```

运行结果为"最优拟合优度：0.9124022760804412"。

11.4.3　装袋法回归算法

在 Spyder 代码编辑区输入以下代码：

```
model = BaggingRegressor(base_estimator=DecisionTreeRegressor(random_state=10),
n_estimators=300, oob_score=True, random_state=0)     # 使用装袋法回归算法构建模型, 弱学习器为决策
树回归器 (并设置随机数种子为10), 弱学习器个数设置为 300, 设置装袋法随机数种子为 0, 以保证随机抽样的结果可重复
model.fit(X_train, y_train)                          # 基于训练样本调用 fit() 方法进行拟合
model.score(X_test, y_test)                          # 基于测试样本计算模型预测的准确率
```

运行结果为：0.9605158998460336。

11.4.4　随机森林回归算法

在 Spyder 代码编辑区输入以下代码：

```
max_features=int(X_train.shape[1]/3)        # 将最大特征变量取值设置为全部特征变量的个数除以 3 并取整
(如果不设置, 默认为全部特征变量个数, 即为装袋法)
max_features
```

运行结果为：3，即设置最大特征变量为 3。

```
model=RandomForestRegressor(n_estimators=300,max_features=max_features,random_state=10)
# 使用随机森林回归算法构建模型, 弱学习器为决策树回归器 (默认类型), 弱学习器个数设置为 300, 将最大特征变量取
值设置为上一步得到的 max_features, 设置随机森林回归算法随机数种子为 10, 以保证随机抽样的结果可重复
model.fit(X_train, y_train)   # 基于训练样本调用 fit() 方法进行拟合
model.score(X_test, y_test)   # 基于测试样本计算模型预测的准确率
```

运行结果为：0.8868467183490139。

11.4.5　寻求 max_features 最优参数

在 Spyder 代码编辑区输入以下代码，**然后全部选中这些代码并整体运行**：

```
scores = []
for max_features in range(1, X.shape[1] + 1):
    model = RandomForestRegressor(max_features=max_features,
                                  n_estimators=300, random_state=123)
    model.fit(X_train, y_train)
    score = model.score(X_test, y_test)
    scores.append(score)
index = np.argmax(scores)
range(1, X.shape[1] + 1)[index]
plt.rcParams['font.sans-serif'] = ['SimHei']          # 解决图表中的中文显示问题
plt.plot(range(1, X.shape[1] + 1), scores, 'o-')
plt.axvline(range(1, X.shape[1] + 1)[index], linestyle='--', color='k', linewidth=1)
plt.xlabel('最大特征变量数')
plt.ylabel('拟合优度')
plt.title('拟合优度随选取的最大特征变量数变化情况')
```

运行结果如图 11.25 所示。

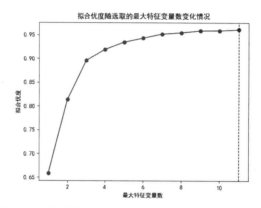

图 11.25　拟合优度随选取的最大特征变量数变化情况

从图 11.25 中可以发现，当选择最大特征变量数为 11 时，模型的拟合优度最大。

```
print(scores)          # 输出最大特征变量数由 1 到 11 对应的模型拟合优度
```

运行结果如图 11.26 所示。

```
[0.6581421443418316, 0.8135129800894172, 0.8955452376278152,
0.9191709348406727, 0.9347831183729984, 0.9432744786951912,
0.9519312448393763, 0.9547643651224429, 0.958850998531661, 0.9592582856155683,
0.9612243876022128]
```

图 11.26　最大特征变量数由 1 到 11 对应的模型拟合优度

最大特征变量数为 11 时，模型的拟合优度最优，为 0.9612243876022128。在此基础上，我们还可以找到 n_estimators 最优参数后再做观察。

11.4.6　寻求 n_estimators 最优参数

首先在 Spyder 代码编辑区输入以下代码，**然后全部选中这些代码并整体运行：**

```
ScoreAll = []
for i in range(10,100,10):
```

```
model= RandomForestRegressor(max_features=11,n_estimators = i,random_state = 10)
# 使用上节确定的最大特征变量数 11（max_features=11）
model.fit(X_train, y_train)
score = model.score(X_test, y_test)
ScoreAll.append([i,score])
ScoreAll = np.array(ScoreAll)
print(ScoreAll)
```

运行结果如图 11.27 所示。

```
[[10.         0.94716706]
 [20.         0.95527197]
 [30.         0.95986115]
 [40.         0.95812285]
 [50.         0.95987832]
 [60.         0.96286677]
 [70.         0.96142555]
 [80.         0.96160252]
 [90.         0.96095854]]
```

图 11.27　不同 n_estimators 参数对应的模型预测准确率

```
max_score = np.where(ScoreAll==np.max(ScoreAll[:,1]))[0][0]  # 找出最高得分对应的索引
print("最优参数以及最高得分:",ScoreAll[max_score])
```

运行结果为"最优参数以及最高得分: [60. 0.96286677]"，即最优参数为 60，最优模型的拟合优度为 0.96286677。

然后输入以下代码，**全部选中这些代码并整体运行：**

```
plt.figure(figsize=[20,5])
plt.xlabel('n_estimators')
plt.ylabel('拟合优度')
plt.title('拟合优度随 n_estimators 变化情况')
plt.plot(ScoreAll[:,0],ScoreAll[:,1])
plt.show()
```

运行结果如图 11.28 所示。从图中可以非常直观地看出 n_estimators 最优参数为 60。

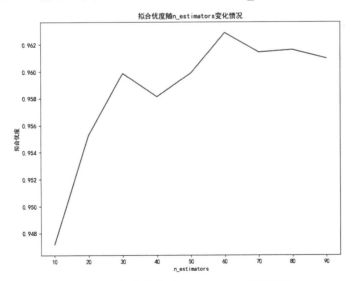

图 11.28　拟合优度随 n_estimators 变化情况

前面我们为了在更广的范围内找到最优参数，设置的数值是从 10 到 100 且以 10 为步长，相对比较粗略，在此基础上，我们进一步细化寻求 n_estimators 最优参数。

在 Spyder 代码编辑区输入以下代码，**然后全部选中这些代码并整体运行**：

```
ScoreAll = []
for i in range(50,70):
    model= RandomForestRegressor(max_features=11,n_estimators = i,random_state = 10)
    model.fit(X_train, y_train)
    score = model.score(X_test, y_test)
    ScoreAll.append([i,score])
ScoreAll = np.array(ScoreAll)
print(ScoreAll)
```

运行结果如图 11.29 所示。

```
[[50.          0.95987832]
 [51.          0.96041325]
 [52.          0.96032937]
 [53.          0.96020184]
 [54.          0.9605308 ]
 [55.          0.96059377]
 [56.          0.96125414]
 [57.          0.96217746]
 [58.          0.96309988]
 [59.          0.9630112 ]
 [60.          0.96286677]
 [61.          0.9624297 ]
 [62.          0.96204187]
 [63.          0.96193301]
 [64.          0.96127102]
 [65.          0.96103839]
 [66.          0.96117702]
 [67.          0.96101901]
 [68.          0.96088724]
 [69.          0.96144606]]
```

图 11.29   不同 n_estimators 参数对应的模型预测准确率

```
max_score = np.where(ScoreAll==np.max(ScoreAll[:,1]))[0][0]   # 找出最高得分对应的索引值
print("最优参数以及最高得分:",ScoreAll[max_score])
```

运行结果为"最优参数以及最高得分：[58. 0.96309988]"，即最优参数为 58，最优模型的拟合优度为 0.96309988，与前面的线性回归、单棵决策树、装袋法等各种方法相比，都有所提升。

然后输入以下代码，**全部选中这些代码并整体运行**：

```
plt.figure(figsize=[20,5])
plt.xlabel('n_estimators')
plt.ylabel('拟合优度')
plt.title('拟合优度随 n_estimators 变化情况')
plt.plot(ScoreAll[:,0],ScoreAll[:,1])
plt.show()
```

运行结果如图 11.30 所示。

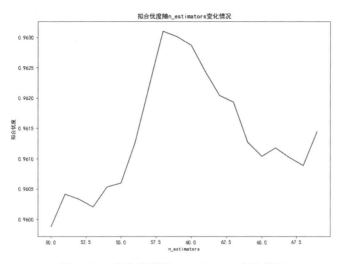

图 11.30　拟合优度随 n_estimators 变化情况

11.4.7　随机森林特征变量重要性水平分析

在 Spyder 代码编辑区输入以下代码，**然后全部选中这些代码并整体运行**：

```
sorted_index = model.feature_importances_.argsort()
plt.rcParams['font.sans-serif'] = ['SimHei']    # 解决图表中的中文显示问题
plt.barh(range(X_train.shape[1]), model.feature_importances_[sorted_index])
plt.yticks(np.arange(X_train.shape[1]), X_train.columns[sorted_index])
plt.xlabel('特征变量重要性水平')
plt.ylabel('特征变量')
plt.title('随机森林特征变量重要性水平分析')
plt.tight_layout()
```

运行结果如图 11.31 所示。

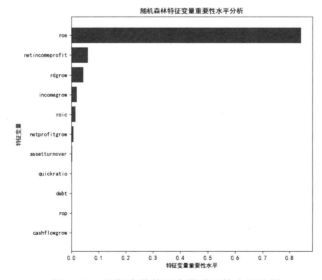

图 11.31　随机森林特征变量重要性水平分析

从图 11.31 中可以发现，本例中随机森林特征变量重要性水平从大到小排序为 roe、netincomeprofit、rdgrow、incomegrow、roic、netprofitgrow、assetturnover、quickratio、debt、rop、cashflowgrow。

11.4.8　绘制部分依赖图与个体条件期望图

在 Spyder 代码编辑区输入以下代码**并逐行运行**：

```
PartialDependenceDisplay.from_estimator(model,X_train,['roe','netincomeprofit'],kind='ave
rage')        # 绘制部分依赖图
```

运行结果如图 11.32 所示。

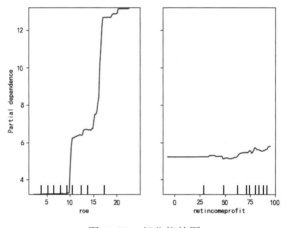

图 11.32　部分依赖图

从图 11.32 中可以看出，特征变量 roe 对于响应变量 pb 的影响关系是：在达到一定数值之前，roe 的增加对于 pb 不会产生较为显著的影响；达到一定数值（第 1 个临界点，10 左右）之后，roe 的增加会带来 pb 非常显著的增加；当再达到一定数值（第 2 个临界点在 17 左右）之后，roe 的增加对于 pb 不会产生较为显著的影响，pb 保持稳定。

特征变量 netincomeprofit 对于响应变量 pb 的影响并不显著，体现在部分依赖图中 netincomeprofit 的曲线非常平缓，意味着响应变量 pb 几乎不会随着特征变量 netincomeprofit 的变动而变动。

```
PartialDependenceDisplay.from_estimator(model,X_train,['roe','netincomeprofit'],kind='ind
ividual')    # 绘制个体条件期望图（ICEPlot)
```

运行结果如图 11.33 所示。

从图 11.33 中可以发现，个体条件期望图的结论与部分依赖图一致，即在达到一定数值之前，roe 的增加对于 pb 不会产生较为显著的影响；达到一定数值（第 1 个临界点在 10 左右）之后，roe 的增加会带来 pb 非常显著的增加；当再达到一定数值（第 2 个临界点在 17 左右）之后，roe 的增加对于 pb 不会产生较为显著的影响，pb 保持稳定；特征变量 netincomeprofit 对于响应变量 pb 的影响并不显著。

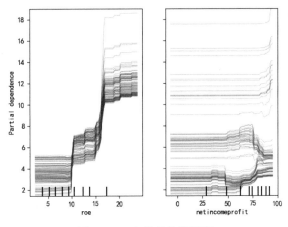

图 11.33　个体条件期望图

```
PartialDependenceDisplay.from_estimator(model,X_train,['roe','netincomeprofit'],kind='bot
h')        # 同时绘制部分依赖图和个体条件期望图
```

运行结果如图 11.34 所示。

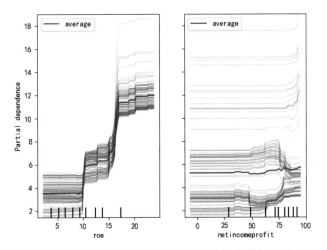

图 11.34　同时绘制部分依赖图和个体条件期望图

在图 11.34 中，部分依赖图和个体条件期望图绘制在一起，其中，虚线 average 即为部分依赖图的变化情况，各条絮状线即为个体条件期望图的变化情况。

11.4.9　最优模型拟合效果图形展示

下面，我们以图形的形式将测试样本响应变量原值和预测值进行对比，观察模型拟合效果。在 Spyder 代码编辑区输入以下代码，**然后全部选中这些代码并整体运行：**

```
pred = model.predict(X_test)                        # 对响应变量进行预测
t = np.arange(len(y_test))                          # 求得响应变量在测试样本中的个数，以便绘制图形
plt.plot(t, y_test, 'r-', linewidth=2, label=u'原值')    # 绘制响应变量原值曲线
plt.plot(t, pred, 'g-', linewidth=2, label=u'预测值')    # 绘制响应变量预测曲线
plt.legend(loc='upper right')                       # 将图例放在图的右上方
```

```
plt.grid()
plt.show()
```

运行结果如图 11.35 所示，可以看到测试样本响应变量原值和预测值的拟合效果很好，体现在两条线几乎重合在一起（前面计算的拟合优度高达 0.96309988）。

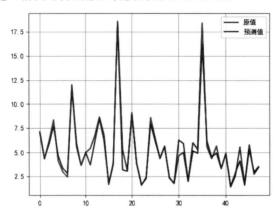

图 11.35　最优模型拟合效果图

11.5　习　　题

 下载资源:\sample\第 11 章\700 个对公授信客户的信息数据.csv、商业银行经营数据.csv

1. 使用 "700 个对公授信客户的信息数据" 文件中的数据，将 V1（征信违约记录）作为响应变量，将 V2（资产负债率）、V6（主营业务收入）、V7（利息保障倍数）、V11（银行负债）、V9（其他渠道负债）作为特征变量，构建随机森林分类算法模型，完成以下操作：

（1）变量设置及数据处理。

（2）二元 Logistic 回归、单棵分类决策树算法。

（3）装袋法分类算法。

（4）随机森林分类算法。

（5）寻求 max_features 最优参数。

（6）寻求 n_estimators 最优参数。

（7）随机森林特征变量重要性水平分析。

（8）绘制部分依赖图与个体条件期望图。

（9）模型性能评价。

（10）绘制 ROC 曲线。

（11）运用两个特征变量绘制随机森林算法决策边界图。

2. 使用 "商业银行经营数据" 文件中的数据，将 Profit contribution（利润贡献度）作为响应变量，将 Net interest income（净利息收入）、Intermediate income（中间业务收入）、Deposit and finance daily（日均存款加理财之和）作为特征变量，构建随机森林回归算法模型，完成以下操作：

（1）变量设置及数据处理。

（2）线性回归、单棵分类决策树算法。

（3）装袋法回归算法。

（4）随机森林回归算法。

（5）寻求 max_features 最优参数。

（6）寻求 n_estimators 最优参数。

（7）随机森林特征变量重要性水平分析。

（8）绘制部分依赖图与个体条件期望图。

（9）最优模型拟合效果图形展示。

第 **12** 章

数据挖掘与建模 5——神经网络

神经网络算法是常见的数据挖掘与建模方法，也是一种监督式学习算法，可用于解决分类问题或回归问题，最大特色是对模型结构和假设施加最小需求，可以接近各种统计模型，并不需要先假设响应变量和特征变量之间的特定关系，响应变量和特征变量之间的特定关系在学习过程中确定。这一优势使得神经网络算法得到广泛应用，成为当前流行的机器学习算法之一。比如将神经网络算法应用到商业银行授信客户的信用风险评估中，给授信客户评分以获取他拟违约的概率，从而判断新授信或续授信业务风险；将神经网络算法应用到房地产客户电话营销中，用于预测对电话营销做出响应的概率，从而更加合理地配置营销资源；将神经网络算法应用到制造业中，用于预测目标客户群体的购买需求，从而制定有针对性的生产策略，以合理控制成本。本章我们讲解神经网络算法的基本原理，并结合具体实例讲解该算法在 Python 中解决分类问题和回归问题的实现与应用。

12.1 神经网络算法的基本原理

 下载资源：可扫描旁边二维码观看或下载教学视频

本节主要介绍神经网络算法的基本原理。

12.1.1 神经网络算法的基本思想

神经网络算法的基本思想是对人脑神经网络进行抽象，通过模拟人脑神经网络的连接机制来建立算法模型，实现机器学习。

在人脑神经网络中，最为基本的单位是神经元（也称神经细胞），如图 12.1 所示（图片来源于网络），神经元左侧有很多树突，树突接收来自其他神经元的信号，树突的分支上有树突小芽，与其他神经元的神经末梢形成突触。

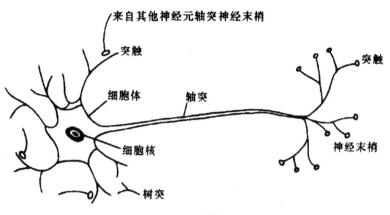

图 12.1 神经元

一个典型的神经元通过左侧的众多树突从其他神经元的突触获得信号，然后细胞体针对获得的一系列信号进行加权计算，如果计算结果超过了兴奋阈值，那么该神经元就会兴奋起来，并且通过轴突、神经末梢与下一个神经元突触完成信号传递。

受人脑神经网络的启发，Warren McCulloch 和 Walter Pitts 于 1943 年提出了 MP 神经元模型，MP 神经元模型与前述神经元的信号传递的逻辑一致，基本思路如图 12.2 所示。

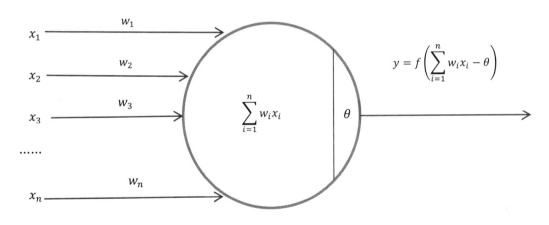

图 12.2 MP 神经元模型

MP 神经元模型从左侧接收来自 x_i 的信号，每个 x_i 信号权重为 w_i，从而得到的信号值为 $\sum_{i=1}^{n} w_i x_i$，如果 $\sum_{i=1}^{n} w_i x_i$ 能够大于阈值 θ，意味着接收到的信号突破了兴奋阈值 θ 的屏障，从而可以向下一个神经元进行传递；如果 $\sum_{i=1}^{n} w_i x_i$ 小于或等于阈值 θ，意味着接收到的信号无法突破兴奋阈值 θ 的屏障，从而信号被抑制，无法继续向下一个神经元进行传递。

$$y = f\left(\sum_{i=1}^{n} w_i x_i - \theta\right) = \begin{cases} 1, & \text{if } \sum_{i=1}^{n} w_i x_i > \theta \\ 0, & \text{if } \sum_{i=1}^{n} w_i x_i \leqslant \theta \end{cases}$$

其中函数 $f()$ 被称为神经元激活函数，阈值 θ 也被称为偏置。上述 MP 神经元是基本模型，把很多个这样的神经元连接起来，就生成了神经网络。从上面所述可以看出，仿真模拟人脑神经网络只是 MP 神经元模型的直观解释，MP 神经元模型实质上就是包含多个参数的数学模型。需要特别说明的是，**MP 神经元模型不具备学习能力，在 MP 神经元模型中，w_i 和 θ 的值只能人为指定而无法通过模型训练获得**。

12.1.2　感知机

感知机（Perceptron Linear Algorithm，PLA）由 Fran Rosenblatt 于 1957 年提出。感知机算法使得 MP 神经元模型具备了学习能力，因此它也被视为神经网络（深度学习）的起源算法。该算法的基本特点是模型由两层神经元构成，分别是输入层和输出层，没有隐藏层，其中输入层为接收外部信号的层，输出层为 MP 神经元模型，如图 12.3 所示。

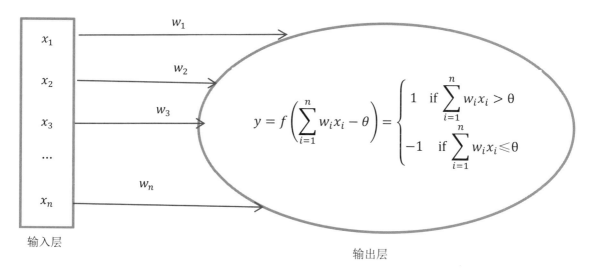

图 12.3　感知机模型

在感知机模型中，输入层为特征变量 x，x_i 特征变量 x 对应于第 i 个输入神经元的分量，输出层为响应变量 y。

考虑一个二分类问题，假定响应变量 y 的取值只有 1 和 -1，在感知机模型中，如果 $\sum_{i=1}^{n} w_i x_i > 0$，则感知机模型将响应变量 y 预测为 1；如果 $\sum_{i=1}^{n} w_i x_i < 0$，则感知机模型将响应变量 y 预测为 -1；如 $\sum_{i=1}^{n} w_i x_i = 0$，则感知机模型将对响应变量 y 进行随机预测。

在上述规则下，如果 $y(\sum_{i=1}^{n} w_i x_i - \theta) > 0$，也就是说在下述两种情形中感知机预测为准确：

- $\left(\sum_{i=1}^{n} w_i x_i - \theta\right) > 0$ 且 $y > 0$，此时响应变量的预测值取值为 1，且实际值为 1。

- $\left(\sum_{i=1}^{n} w_i x_i - \theta\right) < 0$ 且 $y < 0$，此时响应变量的预测值取值为-1，且实际值为-1。

如果 $y(\sum_{i=1}^{n} w_i x_i - \theta) < 0$，也就是说在下述两种情形中感知机预测为错误：

- $\left(\sum_{i=1}^{n} w_i x_i - \theta\right) > 0$ 且 $y < 0$，此时响应变量的预测值取值为 1，且实际值为-1。

- $\left(\sum_{i=1}^{n} w_i x_i - \theta\right) < 0$ 且 $y > 0$，此时响应变量的预测值取值为-1，且实际值为 1。

感知机模型的基本思想是通过参数 w_i 和 θ 的充分调整，使得模型的错误分类为最少。从数学公式的角度看，就是要满足以下损失函数：

$$\underset{w,\theta}{\mathrm{argmin}}\, L(w,\theta) = -\sum_{j=1}^{m}\left[\left(\sum_{i=1}^{n} w_i x_i - \theta\right) \times y_j\right]$$

其中，假定特征变量 x 输入神经元的分量从 $i=1,\cdots,n$，共计 n 个，分类错误的响应变量 y 从 $j=1,\cdots,m$，共计 m 个，w 为权重向量（$w_1, w_2, \cdots, w_n$）。

在求解约束优化问题时，梯度下降是最常采用的方法之一。所谓梯度下降，就是使损失函数越来越小，具体来说，就是根据当前模型损失函数的负梯度信息来训练新加入的弱学习器，然后将训练好的弱学习器以累加的形式结合到现有模型中，通过梯度提升的方式不断优化参数，直至达到局部最优解。

损失函数的负梯度数学公式为：

$$-g(x) = -\left\{\frac{\partial L(y, F(x))}{\partial F(x)}\right\}$$

在微积分中，从数学公式上看，对多元函数的参数求偏导，然后把求得的各个参数的偏导数以向量的形式写出来就是梯度。负梯度就是梯度的负值，所以损失函数的负梯度其实就是损失函数针对参数求偏导的负数。从几何的角度理解，梯度就是函数变化最快的地方，沿着负梯度向量方向梯度减少最快，从而更容易找到函数的最小值；同样地，沿着梯度向量方向梯度增加最快，从而更容易找到函数的最大值。

上述最优化函数的负梯度为：

$$\begin{cases} -\dfrac{\partial L(w,\theta)}{\partial w} = \sum_{j=1}^{m}\sum_{i=1}^{n} x_i y_j \\ -\dfrac{\partial L(w,\theta)}{\partial \theta} = \sum_{j=1}^{m} y_j \end{cases}$$

感知机模型沿着损失函数负梯度方向迭代，使得损失函数越来越小，具体学习规则为：

$$
\begin{cases}
w \leftarrow w + \eta \sum\limits_{j=1}^{m} \sum\limits_{i=1}^{n} x_i y_j \\
\theta \leftarrow \theta + \eta \sum\limits_{j=1}^{m} y_j
\end{cases}
$$

其中，η 为学习率，取值范围为（0,1），设置为一个较小的正数。因为我们仅考虑分类错误的响应变量，所以当样本分类正确时，参数 w, θ 将不作调整；而针对分类错误的样本，在感知机训练的过程中，会根据错误的程度进行参数调整，通过参数 w, θ 的不断迭代使得分类超平面不断向错误分类的样本观测值移动，从而让模型偏差越来越小，直至实现正确分类。

不难发现，对于感知机模型而言，**只有输出层通过神经元激活函数进行了实质性的数据处理，因此这也决定了其学习能力非常有限**。如果数据集是线性可分的，或者说存在一个线性超平面将数据有效分离（当然这一超平面并不唯一），那么可以证明感知机一定会收敛，进而可以通过学习来求得参数 w 和 θ。但不能忽视的是，参数 w 和 θ 的初始值不同，得到的超平面也就会不同，**无法确保所得到的超平面为最优超平面。而如果数据集无法做到线性可分，或者说无法找到一个线性超平面将数据有效分离，那么感知机将无法实现收敛**，也就无法实现算法。感知机算法仅对线性可分数据有效，其决策边界（也就是前面提到的分离超平面）为线性函数，因此无法解决非线性决策边界问题。

比如针对逻辑运算，"和""或"以及"非"均为线性可分问题，感知机模型都可以较好地解决。其中"和"问题如图 12.4 所示，x_1、x_2 为参与逻辑运算的两个变量，分别位于纵轴和横轴，两个变量都是取值为 0 时表示假，取值为 1 时表示真。在"和"问题中，只有 x_1、x_2 两个值均取值为 1（均取真）时，其合并结果才为真，其他情形均为假。虚线为分离超平面，可以发现虚线左侧的点均为"假"（×号区域），右侧的点均为"真"（√号区域）。

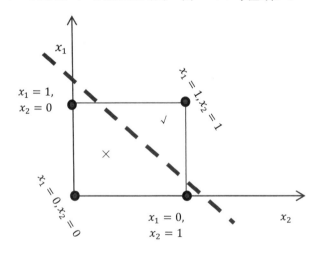

图 12.4   "和"线性可分问题

感知机模型也可以较好地解决逻辑运算中的"或"问题。在"或"问题中，只要 x_1、x_2 两个值中有一个取值为 1（取真）时，其合并结果就为真，只有两个值均取值为 0（取假）时才为假。如图 12.5 所示，虚线左侧的点均为"假"（×号区域），右侧的点均为"真"（√号区域）。

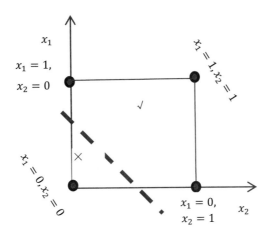

图 12.5　"或"线性可分问题

感知机模型也可以较好地解决逻辑运算中的"非"问题，针对变量 x_1，如果其取值为真，则其"非"运算为假，反之则为真。如图 12.6 所示，虚线左侧的点均为"假"（×号区域），右侧的点均为"真"（√号区域）。

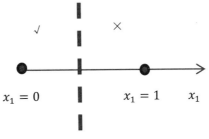

图 12.6　"非"线性可分问题

而逻辑运算中的"异或"问题是一种非线性可分问题，感知机模型就不能够解决。如果 x_1、x_2 两个值不相同，则异或结果为 1；如果 x_1、x_2 两个值相同，异或结果为 0。如图 12.7 所示，无法通过一条虚线（分离超平面）将×号区域和√号区域分开，无法达到分类目的。

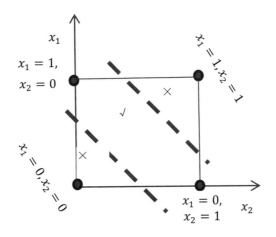

图 12.7　"异或"非线性可分问题

12.1.3　多层感知机

前面我们提到，感知机无法解决非线性可分问题，为了解决这一问题，我们需要将两层神经元扩展至更多层，也就是说在感知机的输入层和输出层之间加入隐藏层。隐藏层与输出层一样，都可以通过神经元激活函数进行实质性数据处理。一个包含隐藏层的神经网络如图 12.8 所示（图片来源：《SPSS 统计分析商用建模与综合案例精解》（杨维忠、张甜著，清华大学出版社）第 4 章　商业银行授信客户信用风险评估）。

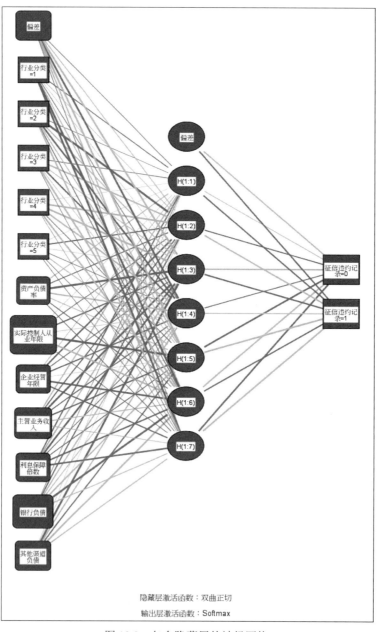

图 12.8　包含隐藏层的神经网络

该神经网络左侧为输入层，包括"行业分类""资产负债率""实际控制人从业年限""企业经营年限""主营业务收入""利息保障倍数""银行负债""其他渠道负债"等特征变量，不包括激活函数；中间为隐藏层，包含无法观察的节点或单元，每个隐藏单元的值都是输入层中特征变量的激活函数，函数的确切形式部分取决于具体的神经网络类型，本例中激活函数为双曲正切函数；右侧为输出层只含有响应变量"征信违约记录"，每个响应都是隐藏层的激活函数，本例中激活函数为 Softmax 函数。

在该神经网络中，从第一层开始，除最后一层外，每一层的神经元均与下一层的所有神经元产生联系，而同层神经元之间均没有产生联系，也不存在神经元之间的跨层联系，这种典型的神经网络被称为是"**全连接神经网络（Fully Connected Neural Network，FCNN）**"，而从数据流动方向来看，由于整体上数据从左到右逐层传递，信号从输入层到输出层单向传播，因此也被称为"**多层前馈神经网络（Multilayer Feedforward Neural Network）**"。由于多层前馈网络的训练经常采用误差反向传播算法（12.1.5 节将进行讲解），因此多层前馈神经网络又被称为 **BP（Back Propagation）**神经网络。

需要特别说明的是，多层感知机指的是包含了隐藏层的感知机，隐藏层可以有许多层，或者说隐藏层个数可以大于或等于 1，在有多个隐藏层的情况下，下一个隐藏层的每个单元都是上一个隐藏层单元的激活函数，最后输出层的每个响应都是最后一个隐藏层单元的一个函数。如果**神经网络的隐藏层很多**，那么它就被称为"**深度神经网络（Deep Neural Networks，DNN）**"，对深度神经网络的训练就是"深度学习（Deep Learning）"。

神经网络中的模型参数是神经元模型中的连接权重以及每个功能神经元的阈值，神经网络算法的本质就是基于训练样本，不断调整神经元之间的连接权重和阈值，即通过持续优化参数 w 和 θ 来实现的。

在多层感知机中，我们完全可以不用像感知机模型那样受数据集线性可分的约束，不仅可以解决非线性问题，也完全可以得到非线性的决策边界，这一点通过引入两个及以上非线性的激活函数（至少有一个隐藏层以及输出层）来实现。**即使引入的激活函数依旧为线性，也能得到非线性的决策边界。**

12.1.4　神经元激活函数

无论是何种神经网络算法，其能够有效发挥作用的根由都是**激活函数的存在**。如果我们没有设置激活函数，那么神经网络的各层只会根据神经元连接权重参数和阈值参数进行线性变化，即使设置再多隐藏层，线性变换的结果也仍然是线性，从而无法解决任何复杂的非线性问题。为了能够处理非线性问题，就需要设置激活函数，激活函数必须是非线性的，通过激活函数的非线性变换达到解决复杂学习问题的目的。常用的神经元激活函数包括 S 型函数、双曲正切函数、ReLU 函数、泄露 ReLU 函数和软加函数。

1. S 型函数（sigmoid 函数）

在 12.1.2 节所述的感知机模型中，使用的激活函数为阶跃函数 sgn()，其数学公式为：

$$\mathrm{sgn}(x)=\begin{cases}1, & \text{if } x\geqslant 0\\0, & \text{if } x<0\end{cases}$$

即当输入值达到阈值时取值为 1，达不到阈值时取值为 0（虽然讲解感知机时定义的是 y 取值为 1 或-1，但原理与此处的 1、0 二元取值完全相同），如图 12.9 所示。这一函数虽然较为理想，但是不连续、不光滑，无法实现连续可导，在求解时会遇到较大的障碍。

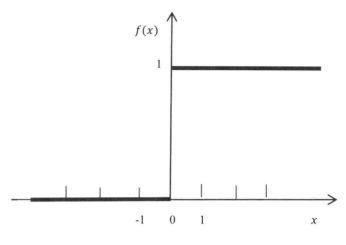

图 12.9　阶跃函数 sgn()

因此，在实际应用中不使用阶跃函数，而是使用 S 型函数、双曲正切函数、ReLU 函数、泄露 ReLU 函数和软加函数。广义的 S 型函数不是某一个函数，而是指某一类形如"S"的函数都可以称为 S 型函数。S 型函数的典型代表是逻辑函数 sigmoid()，它也被称为狭义的 S 型函数，其数学公式为：

$$sigmoid(x) = \frac{1}{1 + e^{-x}}$$

S 型函数也被称为挤压函数，较大范围区间取值的输入值可以通过 S 型函数（sigmoid 函数）进行压缩，将 x 值转换为接近 0 或 1 的值，使得输出值在(0，1)范围内。S 型函数输入值在 x=0 附近变化很陡峭，近似为线性，但是当输入值在两端时则对其进行显著挤压，右端的输入值被压缩到接近于 1（但小于 1），左端的输入值为压缩到接近于 0（但大于 0），如图 12.10 所示。

sigmoid 函数虽然具有连续可导的优点，但也有一定的弊端。sigmoid 函数在定义域内两侧的导数逐渐趋近于 0，是一种**双向软饱和激活函数**（如果函数自变量 x 的变动引起的函数值 $f(x)$ 的变动很小，那么就称之为饱和）。当输入值靠近两端时，大的输入值的改变对应了小的输出值的改变，输出值的梯度较大（稍微改变即可），而输入值的梯度较小（较大改变才行），随着层数的增多，反向传递（从输出层到输入层）的残差梯度会越来越小，从数学上即表现为 sigmoid 函数的导数趋近于 0，也就是说出现了梯度消失（Vanishing Gradient）的问题，使得 BP 算法（即误差反向传播算法）依赖的梯度下降法失效，收敛速度减缓。

即使靠近输出层的神经网络已经获得了最优参数，但由于不能有效传递到输入层，因此靠近输入层的神经网络并没有得到很好的训练，仍旧处于参数随机初始化状态，导致靠近输入层的隐藏层无法发挥作用。通常来说，sigmoid 网络在 5 层之内就会产生梯度消失现象。机器学习中与梯度消失对应的概念是梯度爆炸（Vanishing Explode），它会导致神经网络无法收敛。

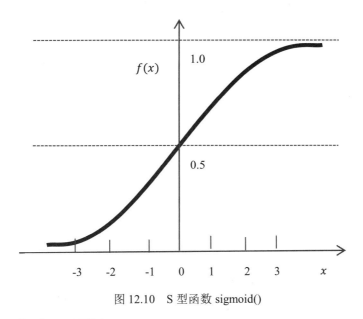

图 12.10　S 型函数 sigmoid()

2. 双曲正切函数（tanh 函数）

双曲正切函数（tanh 函数）也属于广义的 S 型函数，其贡献在于将 sigmoid 函数的取值范围拉长到(-1,1)区间，实现了输出值以 0 为中心，解决了 sigmoid 函数不以 0 为中心的输出问题（因为 sigmoid 函数的取值范围为(0, 1)，所以以 0.5 为中心输出），但同样没有解决梯度消失的问题（理由同 sigmoid 函数）。

tanh 函数的数学公式为：

$$\tanh(x) = \frac{e^x - e^{-x}}{e^x + e^{-x}}$$

tanh 函数的图形如图 12.11 所示。

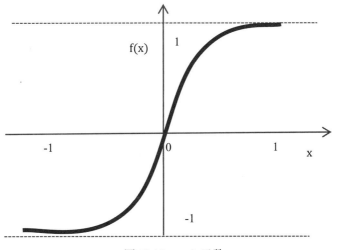

图 12.11　tanh 函数

3. ReLU 函数（Rectified Linear Units 函数）

ReLU 函数也称为线性整流函数、修正线性单元，是一种后来才出现的激活函数，也是目前最常用的默认选择激活函数。相对于 S 型函数，ReLU 函数具有**左侧单侧抑制、相对宽阔的右侧兴奋边界以及稀疏激活性** 3 个特点。ReLU 函数在一定程度上缓解了前述 S 型函数中存在的梯度消失问题，实现了更加有效率的梯度下降以及反向传播，而且被认为有一定的生物学原理，这就带来了神经网络的稀疏性，并且减少了参数的相互依存关系，有效缓解过拟合问题，因此广泛应用于深度神经网络学习，尤其是在图像识别领域备受推崇。

从数学公式来看，ReLU 函数指代数学中的斜坡函数，即 $f(x)=\max(0,x)$，具体为：

$$\text{ReLU}(x)=\begin{cases} x, & \text{if } x \geqslant 0 \\ 0, & \text{if } x < 0 \end{cases}$$

ReLU 函数的图形如图 12.12 所示，当输入值 $x \geqslant 0$ 时，ReLU 函数即为线性函数，输入值等于输出值，对应生物学中人脑的兴奋度可以很高、不设限；而当输入值 $x < 0$ 时，输出值均为 0，对应生物学中人脑的单侧抑制。不难发现，当输入值小于 0 时，ReLU 函数的导数趋近于 0；当输入值大于或等于 0 时，ReLU 函数的导数保持为常数 1。也就是说当 $x < 0$ 时，ReLU 函数硬饱和，而当 $x \geqslant 0$ 时，则不存在饱和问题。因此，ReLU 能够在 $x \geqslant 0$ 时保持梯度不衰减，缓解了前述 S 型函数中存在的梯度消失问题。

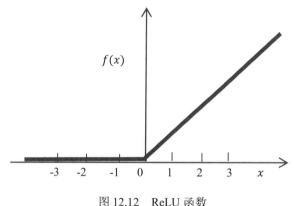

图 12.12   ReLU 函数

2001 年，Attwell 等人推测人脑神经元工作方式具有稀疏性，神经元同时只对输入信号的少部分选择性做出响应，大量信号被刻意屏蔽了，这样可以提高学习精度，从而更好更快地提取稀疏特征。2003 年 Lennie 等人估测人脑同时被激活的神经元只有 1%~4%，或者说人脑中同时处于兴奋状态的神经元占比只有 1%~4%，进一步表明了神经元工作的稀疏性。从这个角度，ReLU 函数因为会使一部分神经元的输出为 0，所以能够产生较好的稀疏性，因此更符合人脑生物学规律。

但 ReLU 函数也存在一些不足：与 sigmoid 函数类似，ReLU 函数同样不以 0 为中心输出，输出均值大于 0，会导致下一层偏置偏移从而影响梯度下降的效果，并且随着训练的推进，部分输入会落入硬饱和区（即 $x < 0$），ReLU 函数导数趋近于 0，导致对应权重无法更新，这个神经元再也不会对任何数据有激活现象了，也就说无论输入值是什么，输出值都是 0，这种现象也被称为"神经元死亡"，尤其是当学习率设置得比较高时，这种问题会表现得更为突出。ReLU 的偏置偏移现象和神经元死亡会共同影响神经网络的收敛性。

4. 泄露 ReLU 函数（Leaky ReLU 函数，LReLU）

为了解决上述神经元死亡问题，或者说针对 ReLU 函数中存在的在 $x<0$ 时的硬饱和问题，学者对 ReLU 函数做出了改进，提出了泄露 ReLU 函数，即 $f(x)=\max(x, \alpha x)$，其中 α 的取值范围为 $(0,1)$，具体为：

$$\mathrm{LReLU}\left(x\right)=\begin{cases} x, & \text{if } x \geqslant 0 \\ \alpha x, & \text{if } x < 0 \end{cases}$$

泄露 ReLU 函数的图形如图 12.13 所示。

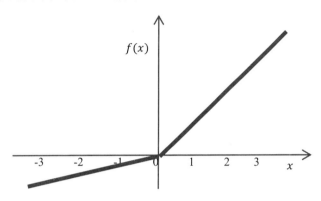

图 12.13　泄露 ReLU 函数

相对于 ReLU 函数，在泄露 ReLU 函数中，当 $x<0$ 时，函数不再实施硬饱和，而是保持一个较小的非零的梯度 α 继续更新参数，从而有效避免了"神经元死亡"问题。

5. 软加函数（Softplus 函数）

图 12.14 中的虚线为软加函数，实线为 ReLU 函数，软加函数一方面比 ReLU 函数更加光滑，另一方面有效解决了左侧 $x<0$ 时的硬饱和问题（导数不再一直为 0）。

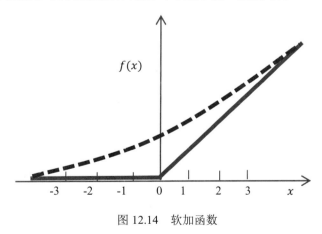

图 12.14　软加函数

其数学公式为：

$$\mathrm{Softplus}(x) = \ln(1 + e^x)$$

不难发现，与 ReLU 函数相比，软加函数同样具有左侧单侧抑制和相对宽阔的右侧兴奋边界两个特点，但是由于其导数永远为正（可通过上述数学公式计算），因此不具备稀疏激活性的特点。

12.1.5   误差反向传播算法（BP 算法）

误差反向传播算法（BP 算法）最早由 Paul J.Werbos 于 1974 年提出，但在当时并未引起足够重视，后由 David Everett Rumelhart（1986）改进了该算法，是目前应用最广泛的神经网络算法。

因为感知机模型没有包含隐藏层，结构相对简单，所以可以非常便捷地直接使用梯度下降法计算损失函数的梯度。但是在多层感知机模型中，上一层的输出是下一层的输入，因此要在神经网络中的每一层计算损失函数的梯度将变得非常复杂。为了有效解决这一问题，可以使用 BP 算法。

一个相对明确的事实是，在多层神经网络中，距离输出层越近，或者说越靠近网络后端（右侧），其导数越容易计算。BP 算法充分考虑这一特点，利用微积分中的链式法则，反向传播损失函数的梯度信息，通过从后往前遍历一次神经网络计算出损失函数对神经网络中所有模型参数的梯度，系统解决了多层神经网络隐藏层的连接权重学习问题。

BP 算法的本质是以神经网络的误差平方为目标函数，采用梯度下降法来计算目标函数的最小值。其操作步骤如下：

1. 数据预处理

将所有特征变量进行归一化（最大值设为 1，最小值设为 0，其他数据按比例均匀压缩）或标准化（减去均值，再除以标准差）处理，以消除特征变量的量纲差距对神经网络权重参数取值的影响。

2. 随机初始化参数

在(0,1)区间内随机初始化神经网络中的所有参数，包括神经元之间的连接权重 w 和阈值 θ。之所以采取随机初始化而不是将所有参数都同质化取值 0 或 1，是因为随机初始化有利于保持不同神经元之间的差异性，避免趋同。随机初始化的具体实现方式一般是从[-0.7,0.7]的均匀分布或 N(0,1)的标准正态分布中随机抽样。

3. 进行正向传播计算输出值

基于训练样本，将特征变量的数据输入神经网络的输入层，然后经过隐藏层，最后到达输出层，根据所有初始化参数计算响应变量的输出值。

在正向传播过程中，假设第 m 个隐藏层的第 i 个神经元的输出值（激活值）为 $T_i^{(m)}$，第 m 个隐藏层的第 i 个神经元共与第 $m-1$ 个隐藏层中的 K 个神经元发生联系，则有：

$$T_i^{(m)} = f\left\{ \sum_{j=1}^{K} w_{ji}^{(m)} T_j^{(m-1)} \right\} \equiv f\left(u_i^m \right)$$

公式中 $f()$ 为激活函数，$T_j^{(m-1)}$ 为第 $m-1$ 个隐藏层中的第 j 个神经元的输出值，$w_{ji}^{(m)}$ 为第 $m-1$ 个隐藏层中第 j 个神经元的输出值对 $T_j^{(m-1)}$ 的权重，$u_i^m \equiv \sum_{n=1}^{K} w_{ji}^{(m)} T_j^{(m-1)}$ 为施加激活函数之前的净输入函数。

4. 进行反向传播计算误差和偏导数

计算响应变量输出结果和实际值之间的误差，将该误差从输出层反向传播，计算每一层的误差，即从输出层传播到最后一个隐藏层，然后依次反向传播，最终从第一个隐藏层传播至输入层，在反向传播的过程中，计算每一层的偏导数。

在反向传播过程中，假设神经网络的损失函数为 L，将 L 对权重参数 $w_{ji}^{(m)}$ 求偏导，因为 $w_{ji}^{(m)}$ 仅通过净输入函数 u_i^m 影响损失函数 L，所以根据微积分中的链式法则，即有：

$$\frac{\partial L}{\partial w_{ji}^{(m)}} = \frac{\partial L}{\partial u_i^m} \times \frac{\partial u_i^m}{\partial w_{ji}^{(m)}} = \frac{\partial L}{\partial u_i^m} \times T_j^{(m-1)} \equiv E_i^m T_j^{(m-1)}$$

其中 $E_i^m \equiv \frac{\partial L}{\partial u_i^m}$ 为误差。由于误差是反向传播的，因此 u_i^m 通过第 $m+1$ 个隐藏层中的所有神经元的净输入函数 u_k^{m+1} 对损失函数形成影响，假设第 $m+1$ 个隐藏层中共有 G 个神经元，根据微积分中的链式法则，即有：

$$E_i^m \equiv \frac{\partial L}{\partial u_i^m} = \sum_{k=1}^{G} \frac{\partial L}{\partial u_k^{m+1}} \times \frac{\partial u_k^{m+1}}{\partial u_i^m} = \sum_{k=1}^{G} E_k^{m+1} \times \frac{\partial u_k^{m+1}}{\partial u_i^m}$$

而根据前述公式定义，

$$E_k^{m+1} \equiv \frac{\partial L}{\partial u_k^{m+1}}$$

$$u_k^{m+1} = \sum_{j=1}^{K} w_{jk}^{(m+1)} f(u_j^m)$$

$$\frac{\partial u_k^{m+1}}{\partial u_i^m} = w_{jk}^{(m+1)} f'(u_j^m)$$

则有：

$$E_i^m = \sum_{k=1}^{G} E_k^{m+1} w_{jk}^{(m+1)} f'(u_j^m) = f'(u_j^m) \sum_{k=1}^{G} E_k^{m+1} w_{jk}^{(m+1)}$$

该公式证明了第 m 个隐藏层的误差 E_i^m 是第 $m+1$ 个隐藏层的误差 E_k^{m+1} 的函数，从而可以采用递归法计算误差 E_i^m，并将它代入公式 $\frac{\partial L}{\partial w_{ji}^{(m)}} = \frac{\partial L}{\partial u_i^m} \times \frac{\partial u_i^m}{\partial w_{ji}^{(m)}} = \frac{\partial L}{\partial u_i^m} \times T_j^{(m-1)} \equiv E_i^m T_j^{(m-1)}$，即可得到偏导数 $\frac{\partial L}{\partial w_{ji}^{(m)}}$。

5. 基于梯度下降策略优化参数

神经网络作为一种机器学习算法，其训练方法是在参数空间使用梯度下降法，使损失函数最小化。具体操作为：**给定学习率 η，基于梯度下降策略，以总损失函数最小化为目标，更新神经元之间的连接权重 w 和阈值 θ**。学习率 η 用于控制算法每轮迭代中的步长，设置过大容易引起震荡，设置过小则容易造成收敛速度过慢，因此需要合理设置。

上面的描述本质上就是求解如下最优化问题：

$$\underset{W}{\arg\min} \frac{1}{n} \sum_{i=1}^{n} L[y_i, F(x_i;W)]$$

公式中的 n 为样本容量，$F(x_i;W)$ 是一个多层前馈神经网络模型，由于实务中大多数数据集是不满足线性可分条件的，因此 $F(x_i;W)$ 也大概率是一个复杂的非线性函数，以满足解决问题的需要。$L[y_i, F(x_i;W)]$ 为损失函数，对于回归问题而言，一般使用"平方损失函数"（详见下面的介绍）最小化训练集的均方误差；对于分类问题而言，二分类问题一般使用"逻辑损失函数"，多分类问题一般使用"交叉熵损失函数"（详见下面的介绍）。

回归问题损失函数

对于回归问题，常用的损失函数包括平方损失函数、拉普拉斯损失函数（绝对损失函数）、胡贝尔损失函数和分位数损失函数。针对各种损失函数解释如下：

1）平方损失函数

平方损失函数就是将损失函数设置为误差的平方，误差即响应变量实际值与拟合值之差。数学公式如下：

$$L(y, f(x)) = (y - f(x))^2$$

将平方损失函数针对样本个数进行平均，即得到均方差（MSE）损失（也称 L2 Loss），如果样本个数为 N，则均方差损失数学公式为：

$$L(y, f(x)) = \frac{1}{N} \sum_{i=1}^{N} (y - f(x))^2$$

图 12.15 比较直观地展示了当响应变量 y 的实际值（y_true）为 0，拟合值（y_hat）取值为[-1.5,1.5]时，均方差损失随拟合值（y_hat）变化的情况，是一种抛物线性质的二次函数关系。

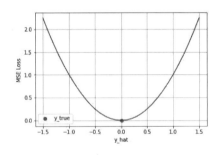

图 12.15　均方差随拟合值变化的情况

2）拉普拉斯损失函数（绝对损失函数）

拉普拉斯损失函数（绝对损失函数）将损失函数设置为误差的绝对值，数学公式如下：

$$L(y, f(x)) = |y - f(x)|$$

在数据存在极端值的情况下，误差平方损失函数方法会因为误差平方的变换使得损失函数值比较大，**而拉普拉斯损失函数考虑的是误差的绝对值，所以相对平方变换来说受极端值的影响更小，从而结果更为稳健**。将拉普拉斯损失函数针对样本个数进行平均，即得到平均绝对误差损失（Mean Absolute Error Loss，也称 L1 Loss），如果样本个数为 N，则平均绝对误差损失数学公式为：

$$L(y, f(x)) = \frac{1}{N} \sum_{i=1}^{N} |y - f(x)|$$

图 12.16 比较直观地展示了当响应变量 y 的实际值（y_true）为 0，拟合值（y_hat）取值为[-1.5，1.5]时，平均绝对误差损失随拟合值（y_hat）的变化情况，是一种等量变化的线性关系。因为是线性关系，所以相对于平方损失函数下的二次函数关系来说，其收敛速度相对较慢。

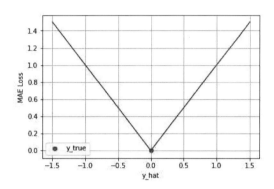

图 12.16　平均绝对误差损失随拟合值变化的情况

3）胡贝尔损失函数

胡贝尔损失函数是**平方损失函数和绝对损失函数的综合**，数学公式如下：

$$L(y, f(x)) = \begin{cases} \dfrac{1}{2}(y - f(x))^2 & |(y - f(x))| \leqslant \delta \\ \delta |(y - f(x))| - \dfrac{1}{2}\delta^2 & |(y - f(x))| > \delta \end{cases}$$

胡贝尔损失函数结合了两种函数的优点，用户首先需要设置临界值 δ（在学习过程开始之前设置，可通过交叉验证确定）：当误差绝对值小于或等于临界值 δ 时，采用平方损失函数；当误差绝对值大于临界值 δ 时，采用绝对损失函数，以削弱极端值的影响。临界值 δ 可以根据具体研究内容灵活调节，使得该方法在应用方面比较灵活。可以发现当 $|(y - f(x))| = \delta$ 时，上下两部分函数的取值一致，均为 $\dfrac{1}{2}\delta^2$，从而保证了该函数连续可导。

对应的损失函数的负梯度为：

$$r\left(y_i,\ f\left(x_i\right)\right)=\begin{cases}y_i-f(x_i) & \left|\left(y-f(x)\right)\right|\leqslant\delta\\ \delta\mathrm{sign}(y_i-f(x_i)) & \left|\left(y-f(x)\right)\right|>\delta\end{cases}$$

其中，sign(x)函数为符号函数，其功能是取某个数的符号（正或负）：

当 $x>0$ 时，sign(x)=1；当 $x=0$ 时，sign(x)=0；当 $x<0$ 时，sign(x)=-1。

图 12.17 比较直观地展示了当临界值 δ 取值为 1，响应变量 y 的实际值（y_true）为 0，拟合值（y_hat）取值为[-2.0，2.0]时，胡贝尔损失随拟合值（y_hat）变化的情况，可以发现拟合值（y_hat）取值为[-1，1]时，损失函数是一种均方差损失，呈现抛物线性质的二次函数关系；而当拟合值（y_hat）取值范围在[-1，1]之外时，损失函数是一种绝对损失，呈现等量变化的线性关系。

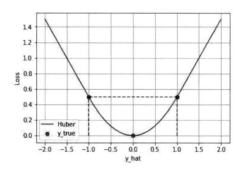

图 12.17　胡贝尔损失随拟合值变化的情况

4）分位数损失函数

分位数损失函数用于分位数回归。分位数回归是定量建模的一种统计方法，最早由 Roger Koenker 和 Gilbert Bassett 于 1978 年提出，广泛应用于经济社会研究、医学保健等行业研究领域。分位数回归研究的是自变量与因变量的特定百分位数之间的关系，用更通俗易懂的语言来讲，就是普通线性回归的因变量与自变量的线性关系只有一个，包括斜率和截距；而分位数回归则根据自变量值所处的不同分位数值分别生成对因变量的线性关系，可形成很多个回归方程。比如我们研究上市公司人力投入回报率对净资产收益率的影响，当人力投入回报率处于较低水平时，它对净资产收益率的带动是较大的；但是当人力投入回报率达到较高水平时，它对净资产收益率的带动会减弱，如图 12.18 所示。也就是说，随着自变量值的变化，线性关系的斜率会发生较大变动的情形，非常适合采用分位数回归方法。与普通线性回归相比，分位数回归对于目标变量的分布没有严格研究，也会趋向于抑制偏离观测值的影响，非常适合目标变量不服从正态分布、方差较大的情形。

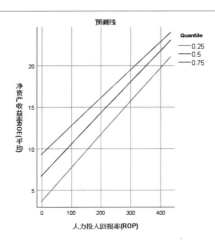

图 12.18　人力投入回报率对净资产收益率的影响

分位数损失函数的数学公式如下：

$$L\big(y, f(x)\big) = \sum_{y \geq f(x)} \theta\,|\,y - f(x)\,| + \sum_{y < f(x)} (1-\theta)\,|\,y - f(x)\,|$$

其中 θ 为分位数，需要在学习过程开始之前指定。对应的损失函数的负梯度如下：

$$r\big(y_i,\ f(x_i)\big) = \begin{cases} \theta & y_i \geq f(x_i) \\ 1-\theta & y_i < f(x_i) \end{cases}$$

分位数损失分别用不同的 θ 控制高估和低估的损失，进而实现分位数回归。图 12.19 非常直观地展示了这一点：当分位数大于 0.5 时（图中为 $\theta=0.75$）时，说明样本比较靠前，那么低估的损失要比高估的损失更大；当分位数小于 0.5（图中为 $\theta=0.25$）时，说明样本比较靠后，高估的损失要比低估的损失更大；当分位数等于 0.5（图中为 $\theta=0.5$）时，即为中位数，分位数损失等同于平均绝对误差损失，从而起到了分位数回归优化的效果。

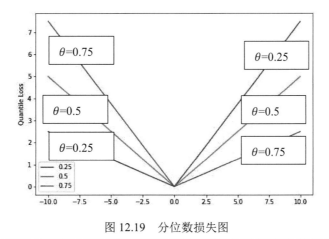

图 12.19　分位数损失图

分类问题损失函数

对于分类问题，常用的损失函数包括**指数损失函数、逻辑损失函数、交叉熵损失函数**。逻辑损失函数、交叉熵损失函数均是类似逻辑回归的对数似然函数，其中逻辑损失函数用于二分类问题，交叉熵损失函数用于多分类问题。针对各种损失函数解释如下：

1）指数损失函数

指数损失函数的数学公式为：

$$L\big(y,\ f(x)\big)=\mathrm{e}^{-yf(x)}$$

其中 y 的取值是-1 或 1，由于在预测时是以 $f(x)$ 的符号来预测 y 取值是 1 还是-1，因此 $yf(x)>0$ 即为预测正确（实际为 1、预测 $f(x)$ 为正，或实际为-1、预测 $f(x)$ 为负），$yf(x)<0$ 即为预测错误（实际为-1、预测 $f(x)$ 为正，或实际为 1、预测 $f(x)$ 为负）。

通常 $yf(x)$ 越大或者 $-yf(x)$ 越小，则预测越正确。我们把 $yf(x)$ 定义为裕度，$-yf(x)$ 即为负裕度，**指数损失函数即为负裕度的指数函数，也就说模型对于负裕度（预测错误）的惩罚是呈指数增长的**。如果数据质量不好（噪声过多或分类错误较多），则该方法的稳健性较差，因此在实际应用中不太好用。

2）逻辑损失函数

逻辑损失函数用于二分类问题，本质上是类似逻辑回归的对数似然损失函数。逻辑损失函数的数学公式如下：

$$L\big(y,\ f(\mathrm{x})\big)=\ln\big(1+\mathrm{e}^{-yf(x)}\big)$$

其中，y 的取值是-1 或 1 且服从 Logit 模型分布。可以验证不论取值是-1 还是 1，条件概率都为：

$$p\big(y\,|\,x\big)=\frac{1}{1+\mathrm{e}^{-yf(x)}}$$

将条件概率代入损失函数，即有：

$$L\big(y,\ f(x)\big)=-\ln p\big(y\,|\,x\big)$$

也就是说，逻辑损失函数就是 Logit 模型的对数似然函数的负数值。

对应的损失函数的负梯度为：

$$-g(x)=-\left\{\frac{\partial L\big(y,f(x)\big)}{\partial f(x)}\right\}=\frac{y\mathrm{e}^{-yf(x)}}{1+\mathrm{e}^{-yf(x)}}$$

3）交叉熵损失函数

交叉熵损失函数用于多分类问题，相对更复杂一些，但其本质上对应的是多元逻辑回归和二元逻辑回归的复杂度差别。假设类别数为 K，则交叉损失函数公式为：

$$L\left(y,\ f\left(x\right)\right)=-\sum_{k=1}^{K}y_k\ln p_k\left(x\right)$$

其中，y_k 是虚拟变量，$p_k(x)$ 是 y 分类为 k 的条件概率。因此，前面介绍的逻辑损失函数事实上是交叉熵损失函数在响应变量为二分类时的特例，逻辑损失函数也称二值交叉熵损失函数。

在传统梯度下降法中，在求解损失函数的梯度向量时，需要针对每个样本的损失 $L[y_i,F(x_i;W)]$ 分别求解各自的梯度向量，然后进行加总求平均。由于传统的梯度下降法针对的是整个样本数据集，通过对所有的样本的计算来求解梯度的方向，因此也被称为**批量梯度下降法（Batch Gradient Descent，BGD）**，其优点在于能够获得全局最优解，易于并行实现，缺点在于当样本数据很多时，计算量开销大，计算速度慢。

可以合理预期的是，如果样本容量 n 较大，那么由之伴生的参数及计算量之大，将成为算法不可承受之重，所以传统的梯度下降法不能很好地满足大样本数据集的实际计算需求。为了解决这一问题，提供了以下方法：

1）随机梯度下降法（Stochastic Gradient Descent，SGD）

随机梯度下降法的基本思想是每次无放回地随机抽取一个样本，并计算该样本的负梯度向量，沿着负梯度方向使用给定的学习率 η 进行参数更新。

$$W\leftarrow W-\eta\frac{\partial L[y_i,F(x_i;W)]}{\partial W}$$

随机梯度下降法的优点是计算速度快，因为每次只需要计算一个样本的负梯度向量。缺点是收敛性能不好，因为单一样本的负梯度方向难以代表整体样本全集的负梯度方向，从而在收敛过程中会出现较多的曲折反复。当然从长期趋势来看，该方法依旧会朝着整体损失函数最小值的方向进行收敛。

2）小批量梯度下降法（Mini-Batch Gradient Descent，MBGD）

小批量梯度下降法的基本思想是每次无放回地随机抽取多个样本（比如 M，M 的值通常不大，所以被称为小批量），并计算这些样本的负梯度向量的平均值，沿着负梯度方向使用给定的学习率 η 进行参数更新。

$$W\leftarrow W-\eta\frac{1}{M}\sum_{i=1}^{M}\frac{\partial L[y_i,F(x_i;W)]}{\partial W}$$

相对于随机梯度下降法，小批量梯度下降法把数据分为若干批，基于一组样本而不是单一样本来更新参数，从而在一定程度上解决了随机梯度下降法负梯度方向由单一样本决定导致的容易跑偏的问题，较好地减少了随机性。

对比批量梯度下降法、随机梯度下降法、小批量梯度下降法 3 种方法，不难发现其计算方法的核心思想基本一致，**差别仅在于每次计算负梯度向量、更新参数时所依据的样本规模**：如果仅随机抽取一个样本，就是随机梯度下降法；如果抽取一组小等规模的样本，就是小批量梯度下降法；如果基于全部样本进行计算，就是批量梯度下降法。在具体应用时，如果针对的是小样本数据集，则批量梯度下降法是首选；如果针对的是大样本数据集，则小批量梯度下降法是首选，具体批量规模（随机抽取样本的个数）常用的有 32、64、128、256，**在深度学习及复杂机器学习中，基本上都是使用小批量梯度下降法**。当然随机梯度下降法也绝非一无是处，它多用于支持向量机、逻辑回归等凸损失函数下的线性分类器学习，已成功应用于文本分类和自然语言处理中经常遇到的大规模和稀疏机器学习问题。

6. 算法迭代至收敛

迭代上述算法（正向传播计算输出结果-反向传播计算误差-基于梯度下降策略优化参数），直至满足收敛准则，训练停止。

12.1.6　万能近似定理及多隐藏层优势

Hornik 在 1989 年证明了万能近似定理（Universal Approximation Theorem）：**只需一个包含足够多神经元的隐藏层和一个前馈神经网络就能以任意精度逼近任意复杂的连续函数**。也就是说，即使前馈神经网络只有一个隐藏层，但只要该隐藏层的神经元数量足够多，就能够表示出任意连续函数。

万能近似定理充分说明了神经网络算法功能的强大，可以作为万能函数来使用。但万能近似定理只是说可以表示出任意连续函数，并未说怎么找到相应的神经网络，也没有说到底需要设置多少个神经元才是恰当的。而针对复杂问题，我们更倾向于采取设置多个隐藏层的方式，而不是仅设置一个隐藏层、大幅增加神经元的方式。原因有两点：**一是神经网络中函数估参占用的计算资源通常呈指数增长，如果神经元数量过多，则无法从资源层面实现；二是使用单隐藏层虽然可以表示任意复杂连续函数，但也很可能导致模型的泛化能力不足。**

神经网络本质上也是类似于拟合函数的过程，复杂程度取决于模型的形式和参数的数量。虽然根据万能近似定理，仅有一个隐藏层的神经网络就能拟合任意复杂的连续函数，但是设置多个隐藏层的深层网络可以用少得多的神经元去拟合同样的函数，而浅层网络如果想要达到同样的计算结果，需要指数级增长的神经元数量才能达到；或者说，针对复杂问题，由于 BP 算法的存在，要达到既定计算结果，**单一隐藏层通过神经元数量指数级增长的计算成本，在大多数情况下都要显著高于增加隐藏层带来的模型复杂度的增加成本**。当然，这一经验性结果并不绝对，而且在隐藏层的具体层数方面目前也没有权威性指导，需要结合实际研究问题采用试错法进行探索。

因此在实务中，具有多个隐藏层的深度神经网络应用更为广泛。一般情况下，在深度神经网络的诸多隐藏层中，前面的隐藏层先学习一些低层次的简单特征，后面的隐藏层把简单的特征结合起来，去探索更加复杂的特征。比如针对人脸识别问题，前面的隐藏层首先从拍摄到的人脸图片中提取出简单的轮廓特征，中间的隐藏层将简单的轮廓特征组织成眼睛、鼻子等器官特征，后面的隐藏层再将简单的轮廓特征组织成人脸图片，形成完整的面部特征，完成机器学习过程。

12.1.7　BP 算法过拟合问题的解决

前面我们通过 BP 算法和万能近似定理见证了前馈神经网络隐藏层的强大，但也正是由于其强大，在基于训练样本拟合模型时容易出现过拟合的情况，导致模型不能很好地泛化到测试样本。为有效解决这一问题，提供了以下 3 种方法：

1. 早停（Early Stopping）

早停方法的实现路径是：将样本全集分为训练样本、验证样本和测试样本 3 部分。训练样本用来根据前述 BP 算法拟合前馈神经网络模型，计算训练误差，由于训练会越来越充分，因此训练误差会不断下降；验证样本用来基于训练样本得到的前馈神经网络模型独立计算误差，因为拟合的模型是基于训练样本得到的，所以验证误差与模型的泛化能力走势相同，会呈现先下降再上升的趋势，当验证误差停止下降开始上升时，训练停止，这也就是所谓的"早停"；将停止训练后的模型应用到测试样本，计算测试误差，作为模型最终性能的度量。早停方法如图 12.20 所示。

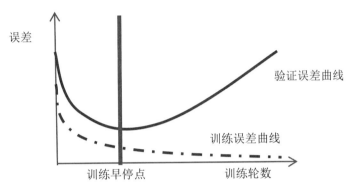

图 12.20　早停示意图

2. 失活（Dropout）

失活方法与装袋法的思想类似，是通过随机隐藏神经元的方式训练不同的网络，然后针对得到的不同的神经网络取平均。该方法的实现路径是：在基于训练样本对神经网络模型进行训练时，每次训练都通过随机让一些神经元输出值取值为 0 的方式使之失活（也可以理解为**暂时隐藏起一**些神经元），或者说人为断开这些神经元的后续连接，从而使得这些神经元不再对外传递信号，不再对下一层神经元产生作用。训练时，根据训练结果更新未失活的神经元的参数，而失活的神经元的参数保持不变；下次训练时，重新随机选择需要失活（隐藏）的神经元。

失活方法如图 12.21 所示，标记了"×"号的神经元将会被在神经网络中失活，不再对下一层神经元发生作用，从而在一定程度上可以使得模型不再过度依赖某些神经元，达到抑制过拟合的效果。当然有得必有失，丢包也会造成信息的损失，使得模型的拟合相对不够充分。在实际应用时，若主要目标是为了抑制过拟合，则使用该方法就是合适的。

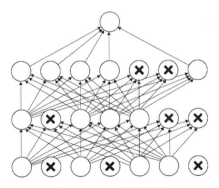

图 12.21　失活示意图

3. 正则化（Regularization）

正则化方法也称为权重衰减方法，其实现路径是：在神经网络的最优化函数中加入 L_2 惩罚项，或者说加入用于描述模型复杂度的部分，从而加大对过度训练造成模型复杂程度增加的惩罚力度。

从数学公式的角度来看，即把前述最优化函数变为：

$$\underset{W}{\text{argmin}}\ \frac{1}{n}\sum_{i=1}^{n}L[y_i, F(x_i; W)] + \lambda \|W\|_2^2$$

函数中的 $\|W\|_2^2$ 是神经元连接权重矩阵中所有元素的平方和，模型复杂程度越高，$\|W\|_2^2$ 的值就会越大，达到了正则化的目的。λ 为惩罚系数，可以通过 K 折交叉验证法来确定最优解。

12.2　数　据　准　备

	下载资源：可扫描旁边二维码观看或下载教学视频
	下载资源：\源代码\第 12 章 数据挖掘与建模 5——神经网络.py
	下载资源：\sample\第 12 章\商业银行对公客户 RAROC 信息数据.csv、XX 在线旅游服务供应商会员信息数据.csv

本节主要是准备数据，以便后面演示回归神经网络算法和二分类神经网络算法的实现。

12.2.1　案例数据说明

本章我们用到的数据来自"商业银行对公客户 RAROC 信息数据"和"XX 在线旅游服务供应商会员信息数据"两个文件。

1. 商业银行对公客户 RAROC 信息数据

"商业银行对公客户 RAROC 信息数据"文件中的数据为某银行部分对公客户的 RAROC 信息数据，因涉及商业秘密和客户敏感信息保护的需要，数据为虚拟数据，如有雷同纯属巧合。数据中的变量包括 RAROC（风险调整后的资本回报率）、roe（净资产收益率）、debt（资产负债率）、assetturnover（总资产周转率）、rdgrow（研发费用同比增长）、roic（投入资本回报率）、rop（人力投入回报率）、netincomeprofit（经营活动净收益/利润总额）、quickratio（保守速动比率）、incomegrow（营业收入同比增长率）、netprofitgrow（净利润同比增长率）和 cashflowgrow（经营活动产生的现金流量净额同比增长率）等 12 项。"商业银行对公客户 RAROC 信息数据"文件的部分内容如图 12.22 所示。

针对"商业银行对公客户 RAROC 信息数据"文件中的数据，我们以 RAROC 为响应变量，以 roe、debt、assetturnover、rdgrow、roic、rop、netincomeprofit、quickratio、incomegrow、netprofitgrow、cashflowgrow 为特征变量，使用回归神经网络算法进行拟合。

RAROC	roe	debt	assetturnover	rdgrow	roic	rop	netincomeprofit	quickratio	incomegrow	netprofitgrow	cashflowgrow
4.04	1.13	23.9	0.42	18.89	12.45	150.41	88.87	3.5	-5.13	8.41	-86.11
3.66	1.24	43.84	0.73	13.19	7.63	29.11	83.44	1.29	10.45	27.63	-28.25
3.35	1.53	42.98	0.54	9.23	4.99	53.04	78.04	1.19	4.47	-27.58	-13.96
3.3	1.54	31.4	0.47	9.21	3.44	32.76	77.9	1.9	15.49	106.36	-15.55
2.92	1.66	48.45	0.53	-9.11	9.3	76.7	73.25	1.11	106.66	19.32	172.98
3.27	1.69	49.86	0.58	8.06	12.38	208.24	77.69	1.07	7.09	159.87	-80.29
5.32	1.77	26.86	0.44	32.57	11.1	79.71	72.2	1.52	14.69	44.81	-52.76
3.6	2.37	26.46	0.47	12.21	5.22	31.85	80.79	2.62	17.12	-4.72	55.66
3.87	2.87	49.79	1.01	17.24	4.68	9.48	88.26	1.65	26.76	-40.04	204.03
3.74	3.28	7.86	0.47	14.9	4.88	43.04	85.28	9.3	-12.33	-30.79	1361.25
4.91	3.33	17.46	0.99	30.5	8.15	121.26	84.5	5	13.97	13.54	85.48
3.68	3.77	70.71	0.44	13.2	9.34	34.39	83.67	0.63	22.82	14.25	136.23
3.02	3.78	50.67	0.71	2.46	7.42	81.58	73.82	1.21	26.43	20.14	-39.25
3.64	3.85	17.99	0.53	13.14	9.68	61	82.47	2.89	29.6	19.07	47.77
1.65	3.99	42.57	0.86	-16.86	2.19	24.68	-33.63	0.91	-3.32	-37.52	-285.61
5.42	4.01	28.94	0.54	38.19	9.65	54.13	77.21	1.82	29.17	-4.43	451.34
1.66	4.27	47.21	0.34	-16.44	3	224.88	-26.31	0.76	-2.43	528.05	-1003.34
1.67	4.28	20.33	0.28	-11.93	9.73	137.09	-24.26	1.4	-2.23	21.5	59.62
1.78	4.35	31.41	0.41	-11.23	5.31	79.2	-2.46	1.63	-2.17	42.23	-37.59
4.42	4.36	32.95	0.77	25.41	5.58	5.99	96.8	2.35	-1.89	983.68	-57.65
1.83	4.52	24.69	0.42	-10.95	11.32	160.8	7.41	2.42	0.8	-14.76	5.46
3.08	4.56	9.6	0.21	6.23	4.5	27.73	75.1	5.15	2.58	-43.65	354.03
3.08	4.56	41.19	0.65	5.98	5.89	30.81	74.69	1.27	59.83	145.5	611.78
3.14	4.73	42.57	0.59	6.5	10.06	89.96	75.8	1.01	20.28	20.61	389.45
4.33	4.94	3.99	0.27	21.32	1.49	30.89	92.04	12.38	11.04	8.48	-82.23

图 12.22　"商业银行对公客户 RAROC 信息数据"文件中的部分内容

2. XX 在线旅游服务供应商会员信息数据

"XX 在线旅游服务供应商会员信息数据"文件记录的是 XX 在线旅游服务供应商（虚拟名，如有雷同纯属巧合）的注册会员客户的信息数据，具体包括 grade（会员等级）、age（年龄）、marry（婚姻状况）、years（会员注册年限）、income（年收入水平）、education（学历）、consume（月消费次数）、work（工作性质）、gender（性别）、family（家庭人数）等 10 项。grade 中 1 表示基础会员，2 表示优质会员；marry 中 0 表示未婚，1 表示已婚；education 中 1 表示初中及以下，2 表示中专及高中，3 表示本科及专科，4 表示硕士研究生，5 表示博士研究生；work 中 0 表示有固定工作，1 表示无固定工作；gender 中 1 表示男性，2 表示女性。"XX 在线旅游服务供应商会员信息数据"文件中的部分内容如图 12.23 所示。由于客户信息数据既涉及客户隐私和消费者权益保护，又涉及商业机密，因此本章在介绍时进行了适当的脱密处理，对于其中的部分数据也进行了必要的调整。

grade	age	marry	years	income	education	consume	work	gender	family
2	65	0	22	1277.73	5	138	0	0	1
2	49	0	27	1047.045	5	90	0	0	3
2	52	0	22	659.55	5	102	0	0	1
2	41	0	15	467.505	5	57	0	0	2
2	48	1	21	400.455	5	90	0	0	2
2	51	1	22	384.54	5	99	0	0	2
2	60	0	44	379.995	5	93	0	0	2
2	45	1	23	359.55	5	78	0	0	4
2	58	1	13	334.545	5	114	0	0	2
2	53	0	23	328.86	5	78	0	0	1
2	47	1	12	325.455	5	66	0	0	1
2	45	0	26	319.77	5	60	0	0	1
2	52	0	25	298.185	5	108	0	0	1
2	65	1	33	290.22	5	87	0	0	2
2	45	1	13	283.41	5	78	0	0	6
2	50	0	14	267.495	5	39	0	0	1
2	35	0	20	261.825	5	69	0	0	1
2	49	0	31	235.68	5	69	0	0	1
2	44	1	18	233.415	5	54	0	0	2
2	57	0	39	232.275	5	78	0	0	1
2	47	0	3	225.45	5	60	0	0	1
2	46	1	14	223.185	5	84	0	0	4
2	41	0	11	220.905	5	75	0	0	1
2	49	1	3	214.095	5	72	0	0	1
2	28	0	8	205.005	5	21	0	0	3
2	48	1	16	203.865	5	78	0	0	2
2	54	1	25	203.865	5	54	0	0	2

图 12.23　"XX 在线旅游服务供应商会员信息数据"文件中的部分数据内容

使用"XX 在线旅游服务供应商会员信息数据"文件中的数据，以 grade 为响应变量，以 age、marry、years、income、education、consume、work、gender、family 为特征变量，使用二分类神经网络算法进行拟合。

12.2.2 导入分析所需要的模块和函数

在进行分析之前，首先导入分析所需要的模块和函数，读取数据集并进行观察。在 Spyder 代码编辑区输入以下代码（以下代码释义在前面各章均有提及，此处不再注释）：

```python
import numpy as np
import pandas as pd
import matplotlib.pyplot as plt
from sklearn.preprocessing import StandardScaler
from sklearn.inspection import permutation_importance
from sklearn.model_selection import train_test_split
from sklearn.neural_network import MLPClassifier      # 导入神经网络分类器
from sklearn.neural_network import MLPRegressor       # 导入神经网络回归器
from mlxtend.plotting import plot_decision_regions
from sklearn.model_selection import KFold
from sklearn.model_selection import GridSearchCV
from sklearn.inspection import PartialDependenceDisplay
from sklearn.metrics import confusion_matrix
from sklearn.metrics import classification_report
from sklearn.metrics import cohen_kappa_score
from sklearn.metrics import plot_roc_curve
```

12.3 回归神经网络算法示例

	下载资源：可扫描旁边二维码观看或下载教学视频
	下载资源:\源代码\第 12 章 数据挖掘与建模 5——神经网络.py
	下载资源:\sample\第 12 章\商业银行对公客户 RAROC 信息数据.csv

本节主要演示回归神经网络算法的实现。

12.3.1 变量设置及数据处理

首先需要将本书提供的数据文件存放到安装 Python 的默认目录中，并从相应位置进行读取。在 Spyder 代码编辑区输入以下代码：

```python
data=pd.read_csv('C:/Users/Administrator/.spyder-py3/商业银行对公客户 RAROC 信息数据.csv')
# 读取"商业银行对公客户 RAROC 信息数据.csv"文件
```

注意，因用户的具体安装路径不同，设计路径的代码会有差异。成功载入后，"变量浏览器"窗口如图 12.24 所示。

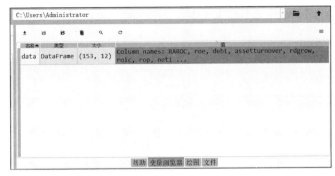

图 12.24　"变量浏览器"窗口

```
X=data.iloc[:,1:]                    # 设置特征变量, 即 data 数据集中除第 1 列响应变量 RAROC 之外的全部变量
y=data.iloc[:,0]                     # 设置响应变量, 即 data 数据集中第 1 列响应变量 RAROC
X_train,X_test,y_train,y_test=train_test_split(X,y,test_size=0.3,random_state=10)    # 本代
```
码的含义是将样本全集划分为训练样本和测试样本, 测试样本占比为 30%; random_state=10 的含义是设置随机数种子为 10,
以保证随机抽样的结果可重复
```
scaler=StandardScaler()              # 本代码的含义是引入标准化函数, 即把变量的原始数据变换成均值为 0、标准差为
```
1 的标准化数据
```
scaler.fit(X_train)                  # 基于特征变量的训练样本估计标准化函数
X_train_s=scaler.transform(X_train)        # 将上一步得到的标准化函数应用到训练样本集
X_test_s=scaler.transform(X_test)          # 将上一步得到的标准化函数应用到测试样本集
X_train_s = pd.DataFrame(X_train_s, columns=X_train.columns) # X_train 标准化为 X_train_s 以
```
后, 原有的特征变量名称会消失, 该步操作就是把特征变量名称加回来, 不然系统会反复进行警告提示
```
X_test_s = pd.DataFrame(X_test_s, columns=X_test.columns)          # X_test 标准化为 X_test_s
```
以后, 原有的特征变量名称会消失, 该步操作就是把特征变量名称加回来, 不然系统会反复进行警告提示

成功划分后, "变量浏览器"窗口如图 12.25 所示。

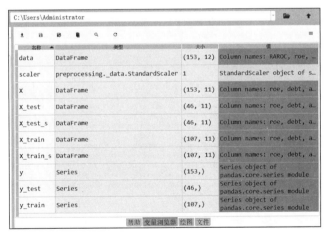

图 12.25　"变量浏览器"窗口

12.3.2　单隐藏层的多层感知机算法

在 Spyder 代码编辑区输入以下代码:

```
model=MLPRegressor(solver='lbfgs',hidden_layer_sizes=(5,),random_state=10,max_iter=3000)
# 使用多层感知机 MLPRegressor 构建模型, 参数中的 solver 为权重优化方法, 本例中设置为 "lbfgs"
```

hidden_layer_sizes=(5,) 表示有 1 个隐藏层，且这个隐藏层中神经元的个数为 5 个，max_iter=3000 表示设置模型的最大迭代次数为 3000 次

参数 solver 的取值及其具体含义如表 12.1 所示。

表 12.1 参数 solver 的取值及其含义

参数取值	含 义	特 点
lbfgs	一种拟牛顿法优化方法	鲁棒性非常好，适用于小型数据集，收敛速度更快且表现更好，在大型数据集上耗费的时间会比较长
sgd	随机梯度下降方法	标准的随机梯度下降方法，深度学习的高级研究人员常用，需要很多其他参数配合调节
adam	一种基于随机梯度的优化方法，由 Kingma, Diederik 和 Jimmy Ba 提出	这是默认选项，适用于大型数据集（包含数千个训练样本或更多），训练时间及测试集得分方面表现俱佳，但对数据的缩放相当敏感

```
model.fit(X_train_s,y_train)      # 基于训练样本调用 fit() 方法进行拟合
model.score(X_test_s,y_test)      # 基于测试样本计算模型预测的准确率
```

运行结果为：0.8352894250633152，也就是说基于测试样本计算模型的拟合优度为 83.53%，拟合效果还不错。

```
model.n_iter_      # 观察模型的迭代次数
```

运行结果为：511，说明模型迭代 511 次后达到收敛。

```
model.intercepts_  # 观察模型的常数项
```

运行结果为：[array([0.12016043, 1.76599127, -1.56137594, 0.43807172, -0.87564341]), array([1.86919158])]。

```
model.coefs_                # 观察模型的回归系数
```

运行结果如图 12.26 所示。

```
[array([[ 2.26097258, -0.4734664 ,  0.98701077,  2.06758595, -0.11843467],
        [-0.27176582, -0.56306199,  1.25779364, -0.04171356, -0.38898057],
        [ 0.06466121,  0.40290979, -0.60204139, -0.2393958 ,  0.03552334],
        [-0.12555491,  1.59184847, -0.25022878,  0.28314904,  1.25761129],
        [ 0.15118312,  0.04609295,  0.16263062, -0.01497378, -1.18210418],
        [-0.19841467,  0.11140518,  0.36954831, -0.19951664,  0.65142511],
        [-1.09934437,  1.05653141, -0.238808  , -0.69549224, -0.99283324],
        [-0.15700628,  0.02948735,  0.05182766, -0.29111169, -0.60839369],
        [-0.37512894,  0.38164358, -1.86421546,  0.02762177,  0.47013362],
        [-0.32015732,  0.12620671, -0.78934438,  0.36414496, -0.15656276],
        [ 0.28312049, -0.18406939,  0.29112999, -0.25435301,  0.15995227]]),
 array([[ 1.3176382 ],
        [ 1.07198209],
        [ 1.83258481],
        [ 1.11363431],
        [-1.37556559]])]
```

图 12.26 模型的回归系数

回归系数同样由两个数组构成，分别表示隐藏层中 5 个神经元对应的输入层中 11 个特征变量的回归系数以及输出层对于隐藏层中 5 个神经元的回归系数。

12.3.3　神经网络特征变量重要性水平分析

神经网络特征变量重要性水平分析的基本思想是：训练一个神经网络模型，针对某个特征，在保持其他特征变量不变的同时，对该特征进行随机打乱，使之成为噪声变量，在模型预测中不再发挥作用，然后观察由于该特征变量损失带来的模型拟合优度的下降（Loss）情况，以此作为该特征的重要性水平，Loss 越大，说明该特征对于模型越重要。

在 Spyder 代码编辑区输入以下代码：

```
perm=permutation_importance(model,X_test_s,y_test,n_repeats=10,random_state=10)
    # permutation_importance 为计算特征重要性水平的函数，该函数根据前面生成的神经网络模型以及由测试样本得到
模型预测的结果进行计算；n_repeats=10 表示针对每个特征变量均进行 10 次随机打乱，所以获取的特征重要性水平将不是一
个数据，而是 10 个数据；random_state=10 表示设置随机数种子为 10，以确保结果可重复
    dir(perm)          # 调用 dir() 函数可以查看对象内的所有的属性和方法
```

运行结果为：['importances', 'importances_mean','importances_std']。也就是说上一步生成的 perm 包括特征重要性水平、重要性水平均值、重要性水平标准差这 3 部分。

```
sorted_index=perm.importances_mean.argsort()    # 按照重要性均值大小排序生成位置索引
```

注意，以下代码需全部选中并整体运行：

```
plt.rcParams['font.sans-serif']=['SimHei']          # 解决图表中的中文显示问题
plt.barh(range(X_train.shape[1]),perm.importances_mean[sorted_index])    # 绘制水平直方图，
因为是水平直方图，所以垂直轴为已经按照重要性水平完成降序排列的各个特征变量的名称，水平轴为各个特征变量的重要性水
平
plt.yticks(np.arange(X_train.shape[1]),X_train.columns[sorted_index])        # 设置 Y 轴刻度
plt.xlabel('特征变量重要性水平均值')                # 设置 X 轴标签
plt.ylabel('特征变量')                              # 设置 Y 轴标签
plt.title('神经网络特征变量重要性水平分析')          # 设置图形标题
plt.tight_layout()                                  # 展示图形
```

运行结果如图 12.27 所示。

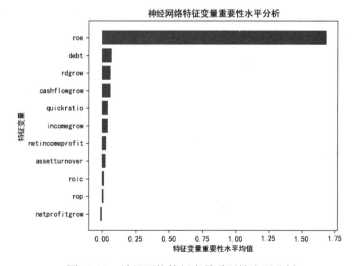

图 12.27　神经网络特征变量重要性水平分析

从图 12.27 中可以发现，本例中特征变量重要性水平较大的为 roe、debt、rdgrow、

cashflowgrow，影响响应变量 RAROC（风险调整后的资本回报率）最大的特征变量是 roe（净资产收益率）。

12.3.4　绘制部分依赖图与个体条件期望图

在 Spyder 代码编辑区依次输入以下代码**并逐行运行：**

```
plt.rcParams['axes.unicode_minus']=False          # 解决图表中负号不显示的问题
PartialDependenceDisplay.from_estimator(model,X_train_s,['roe','debt'],kind='average')
# 绘制部分依赖图
```

运行结果如图 12.28 所示。

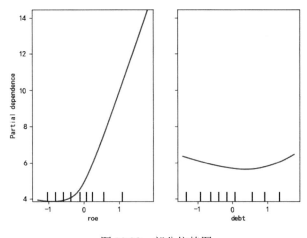

图 12.28　部分依赖图

图 12.28 左侧为特征变量 roe 的部分依赖图，特征变量 roe 对响应变量 RAROC（风险调整后的资本回报率）的影响关系为：当特征变量 roe 较小时，响应变量 RAROC（风险调整后的资本回报率）会随着特征变量 roe 的上升而缓缓下降（图中抛物线左侧，斜率较低），但是当突破某一临界值后，响应变量 RAROC（风险调整后的资本回报率）会随着特征变量 roe 的增加而显著上升（图中抛物线右侧，斜率很高），这意味着当客户突破盈利瓶颈之后，对于银行的价值贡献度将显著提升。

图 12.28 右侧为特征变量 debt 的部分依赖图，相对于特征变量 roe，特征变量 debt 对于响应变量 RAROC（风险调整后的资本回报率）的影响较为平缓。当特征变量 debt 较小时，响应变量 RAROC（风险调整后的资本回报率）会随着特征变量 debt 的上升而缓缓下降，但是当突破某一临界值后，响应变量 RAROC（风险调整后的资本回报率）又会随着特征变量 debt 的增加而缓缓上升。

```
PartialDependenceDisplay.from_estimator(model,X_train_s,['roe','debt'],kind='individual')
# 绘制个体条件期望图
```

运行结果如图 12.29 所示。

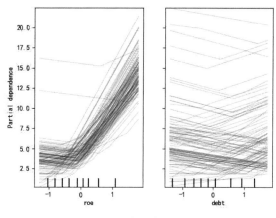

图 12.29　个体条件期望图

从图 12.29 中可以发现，个体条件期望图的结论与部分依赖图一致。

```
PartialDependenceDisplay.from_estimator(model,X_train_s,['roe','debt'],kind='both')
# 同时绘制部分依赖图和个体条件期望图
```

运行结果如图 12.30 所示。

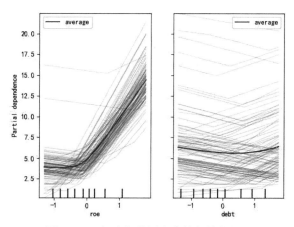

图 12.30　部分依赖图和个体条件期望图

在图 12.30 中，部分依赖图和个体条件期望图绘制在一起，其中虚线 average 即为部分依赖图的变化情况，各条累状线即为个体条件期望图的变化情况。

12.3.5　拟合优度随神经元个数变化的可视化展示

下面我们绘制图形观察训练样本和测试样本的拟合优度随神经元个数变化的情况，在 Spyder 代码编辑区输入以下代码，**然后全部选中这些代码并整体运行：**

```
models = []
for n_neurons in range(1, 50):
model=MLPRegressor(solver='lbfgs',hidden_layer_sizes=(n_neurons,),
random_state=10,max_iter=5000)
    model.fit(X_train_s, y_train)
```

```
    models.append(model)
train_scores = [model.score(X_train_s, y_train) for model in models]
test_scores = [model.score(X_test_s, y_test) for model in models]
fig, ax = plt.subplots()
ax.set_xlabel("神经元个数")
ax.set_ylabel("拟合优度")
ax.set_title("训练样本和测试样本的拟合优度随神经元个数变化的情况")
ax.plot(range(1, 50), train_scores, marker='o', label="训练样本")
ax.plot(range(1, 50), test_scores, marker='o', label="测试样本")
ax.legend()
plt.show()
```

运行结果如图 12.31 所示。

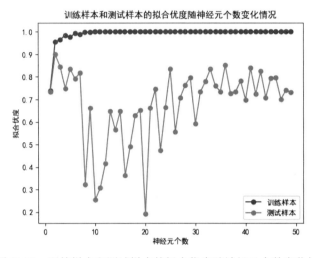

图 12.31　训练样本和测试样本的拟合优度随神经元个数变化情况

从图 12.31 中可以发现，图形上方为训练样本的拟合优度，随着神经元个数的增加，训练越来越充分，训练样本的拟合优度不断增加，但到达一定水平后即无限接近于 1，变化不再显著。图形下方为测试样本的拟合优度，可以发现当隐藏层的神经元的个数为 2 时达到最大值，此后则由于训练集过拟合导致模型的泛化能力下降，拟合优度减小并上下波动。

12.3.6　通过 *K* 折交叉验证寻求单隐藏层最优神经元个数

在 Spyder 代码编辑区输入以下代码：

```
param_grid = {'hidden_layer_sizes':[(1,),(2,),(3,),(4,),(5,),(10,),(15,),(20,)]}
# 构建关于神经元个数的参数集合，包括 1、2、3、4、5、10、15、20
kfold = KFold(n_splits=10, shuffle=True, random_state=1)          # 本代码的含义是构建一个 10
折随机分组，其中 shuffle=True 用于打乱数据集，每次都以不同的顺序返回；设置随机数种子为 1
model=GridSearchCV(MLPRegressor(solver='lbfgs',random_state=10,max_iter=2000),param_grid,
cv=kfold)                     # 本代码的含义是基于前面设置的神经元个数参数集合分别构建起一系列多层感知
机 MLPRegressor 模型，solver 权重优化方法为 lbfgs（拟牛顿法优化方法），随机数种子设置为 10，模型的最大迭代次数
为 2000 次，CV 交叉验证方式为前面构建的 10 折随机分组
model.fit(X_train,y_train)  # 基于训练样本调用 fit()方法进行拟合
```

运行结果如图 12.32 所示。

```
GridSearchCV(cv=KFold(n_splits=10, random_state=1, shuffle=True),
                estimator=MLPRegressor(max_iter=2000, random_state=10,
                                        solver='lbfgs'),
                param_grid={'hidden_layer_sizes': [(1,), (2,), (3,), (4,), (5,),
                                                    (10,), (15,), (20,)]})
```

图 12.32　运行结果

```
model.best_params_                # 输出单隐藏层最优神经元个数
```

运行结果为：{'hidden_layer_sizes': (3,)}，与 “12.3.5 拟合优度随神经元个数变化的可视化展示” 一节中得到的结论一致。

```
model=model.best_estimator_                # 将模型设置为最优模型
model.score(X_test, y_test)                # 计算最优模型的拟合优度
```

运行结果为：0.8433417371780478。

```
plt.rcParams['axes.unicode_minus']=False        # 解决图表中负号不显示的问题
PartialDependenceDisplay.from_estimator(model,X_train_s,['roe','debt'],kind='average')
# 绘制部分依赖图
```

运行结果如图 12.33 所示。

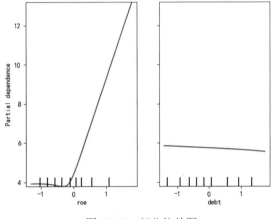

图 12.33　部分依赖图

图 12.33 左侧为特征变量 roe 的部分依赖图，特征变量 roe 对响应变量 RAROC（风险调整后的资本回报率）的影响关系为：当特征变量 roe 较小时，响应变量 RAROC（风险调整后的资本回报率）会随着特征变量 roe 的上升而缓缓下降（图中抛物线左侧，斜率较低），但是当突破某一临界值后，响应变量 RAROC（风险调整后的资本回报率）会随着特征变量 roe 的增加而显著上升（图中抛物线右侧，斜率较高），这意味着当客户突破盈利瓶颈之后，对于银行的价值贡献度将显著提升。

图 12.33 右侧为特征变量 debt 的部分依赖图，相对于特征变量 roe，特征变量 debt 对于响应变量 RAROC（风险调整后的资本回报率）的影响较为平缓，不明显。

```
PartialDependenceDisplay.from_estimator(model,X_train_s,['roe','debt'],kind='individual')
# 绘制个体条件期望图
```

运行结果如图 12.34 所示。

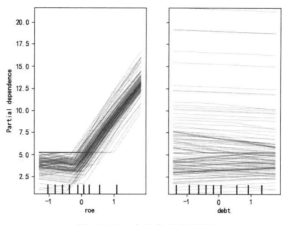

图 12.34　个体条件期望图

从图 12.34 可以发现，个体条件期望图的结论与部分依赖图一致。

```
PartialDependenceDisplay.from_estimator(model,X_train_s,['roe','debt'],kind='both')
# 同时绘制部分依赖图和个体条件期望图
```

运行结果如图 12.35 所示。

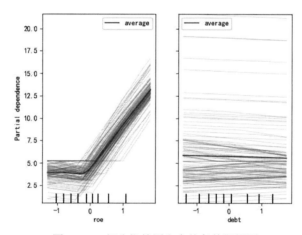

图 12.35　部分依赖图和个体条件期望图

在图 12.35 中，部分依赖图和个体条件期望图绘制在一起，其中虚线 average 即为部分依赖图的变化情况，各条絮状线即为个体条件期望图的变化情况。

12.3.7　双隐藏层的多层感知机算法

在 Spyder 代码编辑区输入以下代码：

```
model=MLPRegressor(solver='lbfgs',hidden_layer_sizes=(5,3),random_state=10,max_iter=3000)
# 使用多层感知机 MLPRegressor 构建模型，solver 权重优化方法为 lbfgs（拟牛顿法优化方法），第 1、2 个隐藏层
中的神经元个数分别设置为 5 和 3，随机数种子设置为 10，模型的最大迭代次数为 3000 次
model.fit(X_train_s,y_train)        # 基于训练样本调用 fit() 方法进行拟合
model.score(X_test_s,y_test)        # 基于测试样本计算模型预测的准确率
```

运行结果为：0.7442215554919748，也就是说基于测试样本计算模型的拟合优度为74.42%。

下面我们探索双隐藏层中的最优神经元个数，输入以下代码，**然后全部选中这些代码并整体运行：**

```
best_score = 0
best_sizes = (1, 1)
for i in range(1, 5):
    for j in range(1, 5):
        model=MLPRegressor(solver='lbfgs',hidden_layer_sizes=(i,j), random_state=10,
max_iter=2000)
        model.fit(X_train_s, y_train)
        score = model.score(X_test_s, y_test)
        if best_score < score:
            best_score = score
            best_sizes = (i, j)
best_score
```

运行结果为：0.8881506528097558，最优模型能够达到的拟合优度为88.81%。

```
best_sizes
```

运行结果为：(4, 4)，最优模型第1、2个隐藏层中的神经元个数分别为4和4。

12.3.8 最优模型拟合效果图形展示

下面，我们以图形的形式将测试样本响应变量原值和预测值进行对比，观察模型拟合效果。输入以下代码，**然后全部选中这些代码并整体运行：**

```
pred = model.predict(X_test_s)          # 对响应变量进行预测
t = np.arange(len(y_test))              # 求得响应变量在测试样本中的个数，以便绘制图形
plt.rcParams['font.sans-serif'] = ['SimHei']        # 解决图表中的中文显示问题
plt.plot(t, y_test, 'r-', linewidth=2, label=u'原值')   # 绘制响应变量原值曲线
plt.plot(t, pred, 'g-', linewidth=2, label=u'预测值')    # 绘制响应变量预测曲线
plt.legend(loc='upper right')           # 将图例放在图的右上方
plt.grid()                              # 图中显示网格线
plt.show()                              # 输出图形
```

运行结果如图12.36所示，可以看到测试样本响应变量原值和预测值拟合较好。

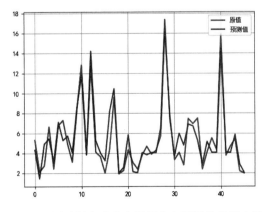

图12.36 测试样本响应变量原值和预测值的拟合情况

12.4   二分类神经网络算法示例

	下载资源：可扫描旁边二维码观看或下载教学视频
	下载资源:\源代码\第 12 章 数据挖掘与建模 5——神经网络.py
	下载资源:\sample\第 12 章\XX 在线旅游服务供应商会员信息数据.csv

本节主要演示二分类神经网络算法的实现。

12.4.1   变量设置及数据处理

首先需要将本书提供的数据文件存放到安装 Python 的默认目录中，并从相应位置进行读取。在 Spyder 代码编辑区输入以下代码：

```
data=pd.read_csv('C:/Users/Administrator/.spyder-py3/XX 在线旅游服务供应商会员信息数据.csv')
# 读取 "XX 在线旅游服务供应商会员信息数据.csv" 文件
```

注意，因用户的具体安装路径不同，设计路径的代码会有差异。成功载入后，"变量浏览器"窗口如图 12.37 所示。

图 12.37   "变量浏览器"窗口

```
X=data.iloc[:,1:]    # 设置特征变量，即 data 数据集中除第 1 列响应变量 grade 之外的全部变量
y=data.iloc[:,0]    # 设置响应变量，即 data 数据集中第 1 列响应变量 grade
X_train,X_test,y_train,y_test=train_test_split(X,y,test_size=0.3,stratify=y,random_state=
10)        # 本代码的含义是将样本全集划分为训练样本和测试样本，测试样本占比为 30%；参数 stratify=y 是指依据标签
y，按原数据 y 中各类比例分配 train 和 test，使得 train 和 test 中各类数据的比例与原数据集一样；random_state=10
的含义是设置随机数种子为 10，以保证随机抽样的结果可重复
    scaler=StandardScaler()                            # 本代码的含义是引入标准化函数，即把变量的原始数据变换成
均值为 0、标准差为 1 的标准化数据
    scaler.fit(X_train)                                # 基于特征变量的训练样本估计标准化函数
    X_train_s=scaler.transform(X_train)                # 将上一步得到的标准化函数应用到训练样本集
    X_test_s=scaler.transform(X_test)                  # 将上一步得到的标准化函数应用到测试样本集
    X_train_s = pd.DataFrame(X_train_s, columns=X_train.columns)        # X_train 标准化为
X_train_s 以后，原有的特征变量名称会消失，该步操作就是把特征变量名称加回来，不然系统会反复进行警告提示
    X_test_s = pd.DataFrame(X_test_s, columns=X_test.columns)        # X_test 标准化为 X_test_s
以后，原有的特征变量名称会消失，该步操作就是把特征变量名称加回来，不然系统会反复进行警告提示
```

成功划分后，"变量浏览器"窗口如图 12.38 所示。

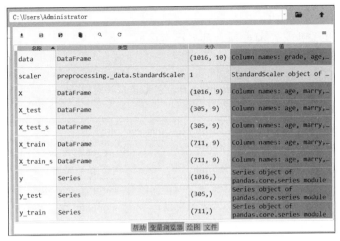

图 12.38 "变量浏览器"窗口

12.4.2 单隐藏层二分类问题神经网络算法

在 Spyder 代码编辑区输入以下代码：

```
model=MLPClassifier(solver='lbfgs',activation='relu',hidden_layer_sizes=(3,),random_state=1
0,max_iter=2000)        # 使用多层感知机 MLPClassifier 构建模型，solver 权重优化方法为 lbfgs（拟牛顿法优化
方法，参数中的 activation 为激活函数选择，本例中设置为'relu'，hidden_layer_sizes=(3,)表示有 1 个隐藏层，且
这个隐藏层中神经元的个数为 3 个；random_state=10 表示设置随机数种子为 10，以确保结果可重复；max_iter=2000 表
示设置模型的最大迭代次数为 2000 次
```

activation 参数的取值及对应公式如表 12.2 所示。

表 12.2 activation 的取值及其对应公式

参数取值	对应公式
'identity'	$f(x) = x$，输出等于输入，相当于没有进行激活
'logistic'	sigmod 函数，详见 12.1.4 节的介绍
'tanh'	双曲正切函数，详见 12.1.4 节的介绍
'relu'	ReLU 函数，详见 12.1.4 节的介绍，这也是默认选项

```
model.fit(X_train_s,y_train)      # 基于训练样本调用 fit() 方法进行拟合
model.score(X_test_s,y_test)      # 基于测试样本计算模型预测的准确率
```

运行结果为：0.8950819672131147，也就是说基于测试样本计算模型的拟合优度为 89.51%，
拟合效果不错。

```
model.n_iter_      # 观察模型的迭代次数
```

运行结果为：219，说明模型迭代 219 次后达到收敛。

下面我们换一种参数，读者也可以自行尝试用多种参数进行计算。代码如下：

```
model=MLPClassifier(solver='sgd',learning_rate_init=0.01,learning_rate='constant',tol=0.0
001,activation='relu',hidden_layer_sizes=(3,),random_state=10,max_iter=2000)      # 其中的参数
learning_rate_init 为学习率初始值；tol 是优化的最小容忍度，设置该容忍度后，如果某次训练没有达到该容忍度，说明
连最小程度的模型改进都没有实现，模型也不再具有优化空间，训练将停止，除非将 learning_rate 设置为'adaptive'；
```

learning_rate 表示学习率, 用于权重更新, 仅在 solver ='sgd'时使用

learning_rate 的相关含义在前面原理部分已有讲解, 此处讲解一下该参数的取值及其对应公式, 如表 12.3 所示。

表 12.3　learning_rate 的取值及其对应公式

参数取值	对应公式
'constant'	默认选项, 学习率保持初始值（learning_rate_init）恒定不变
'invscaling'	使用 power_t 的逆缩放指数在每个时间步 t 逐渐降低学习速率 learning_rate_, effective_learning_rate = learning_rate_init / pow(t, power_t)
'adaptive'	只要训练损失不断减少, 就将学习率保持为 learning_rate_init。但如果连续两次不能降低至少 tol 的训练损耗, 或者如果设置 early_stopping 参数且未能将验证分数增加至少 tol 时, 则将当前学习速率除以 5

```
model.fit(X_train_s,y_train)        # 基于训练样本调用 fit()方法进行拟合
model.score(X_test_s,y_test)        # 基于测试样本计算模型预测的准确率
```

运行结果为: 0.9147540983606557。

12.4.3　双隐藏层二分类问题神经网络算法

在 Spyder 代码编辑区输入以下代码:

```
model=MLPClassifier(solver='lbfgs',activation='relu',hidden_layer_sizes=(3,2),random_stat
e=10,max_iter=2000)                 # 使用多层感知机 MLPClassifier 构建模型, solver 权重优化方法为
lbfgs（拟牛顿法优化方法）, 激活函数设置为 relu, 第 1、2 个隐藏层中的神经元个数分别设置为 3、2, 随机数种子设置为
10, 模型的最大迭代次数为 2000 次
model.fit(X_train_s,y_train)        # 基于训练样本调用 fit()方法进行拟合
model.score(X_test_s,y_test)        # 基于测试样本计算模型预测的准确率
```

运行结果为: 0.921311475409836。

```
model.n_iter_                       # 观察模型的迭代次数
```

运行结果为: 218, 说明模型迭代 218 次后达到收敛。

12.4.4　早停策略减少过拟合问题

早停策略的两个重要参数是 early_stopping 和 validation_fraction。在 Spyder 代码编辑区输入以下代码:

```
model=MLPClassifier(solver='adam',activation='relu',hidden_layer_sizes=(20,20),random_state=1
0,early_stopping=True,validation_fraction=0.25,max_iter=2000)        # 使用多层感知机 MLPClassifier 构建
模型; solver 权重优化方法为 adam; 激活函数设置为 relu; 第 1、2 个隐藏层中的神经元个数分别设置为 20、20; 随机数种子设置
为 10; 通过 early_stopping=True 参数设置早停策略, 如果设置为 true, 将自动留出 10%的训练样本作为验证样本, 并在验证得
分没有改善至少为 tol 时终止训练, 仅在 solver ='sgd'或 adam 时有效; validation_fraction=0.25 表示从原训练样本中随
机选择 25%的样本作为验证样本而不参与模型训练, validation_fraction 用于将训练数据的比例留作早期停止的验证集, 默认值为
0.1, 必须介于 0 和 1 之间, 仅在 early_stopping 为 True 时使用; 模型的最大迭代次数为 2000 次
model.fit(X_train_s,y_train)        # 基于训练样本调用 fit()方法进行拟合
model.score(X_test_s,y_test)        # 基于测试样本计算模型预测的准确率
```

运行结果为：0.8688524590163934。

```
model.n_iter_                    # 观察模型的迭代次数
```

运行结果为：32，说明模型迭代 32 次后达到收敛。

12.4.5　正则化（权重衰减）策略减少过拟合问题

正则化（权重衰减）策略的一个重要参数是 alpha，即 L2 惩罚（正则化项）。在 Spyder 代码编辑区输入以下代码：

```
model=MLPClassifier(solver='adam',activation='relu',hidden_layer_sizes=(20,20),random_sta
te=10,alpha=0.1,max_iter=2000)          # 使用多层感知机 MLPClassifier 构建模型，solver 权重优化方法为
adam，激活函数设置为 relu，第 1、2 个隐藏层中的神经元个数分别设置为 20、20，随机数种子设置为 10，L2 惩罚（正则化
项）设置为 0.1，模型的最大迭代次数为 2000 次
model.fit(X_train_s,y_train)       # 基于训练样本调用 fit() 方法进行拟合
model.score(X_test_s,y_test)       # 基于测试样本计算模型预测的准确率
```

运行结果为：0.9147540983606557。

```
model.n_iter_                    # 观察模型的迭代次数
```

运行结果为：917，说明模型迭代 917 次后达到收敛。

下面我们将 alpha 提升为 1，输入以下代码：

```
model=MLPClassifier(solver='adam',activation='relu',hidden_layer_sizes=(20,20),
random_state=10, alpha=1, max_iter=2000)
model.fit(X_train_s, y_train)
model.score(X_test_s, y_test)
```

运行结果为：0.9278688524590164，较 alpha=0.1 时有所提升。

下面我们将 alpha 减少为 0.01，输入以下代码：

```
model=MLPClassifier(solver='adam',activation='relu',hidden_layer_sizes=(20,20),
random_state=10, alpha=0.001, max_iter=2000)
model.fit(X_train_s, y_train)
model.score(X_test_s, y_test)
```

运行结果为：0.9081967213114754，较 alpha=0.1、alpha=1 时均有所下降。在本例中大的惩罚系数能够获得相对更高一些的预测准确率。

12.4.6　模型性能评价

在 Spyder 代码编辑区输入以下代码：

```
np.set_printoptions(suppress=True)    # 不以科学记数法显示，而是直接显示数字
prob = model.predict_proba(X_test)    # 计算响应变量预测分类概率
prob[:5]                              # 显示前 5 个样本的响应变量预测分类概率
```

运行结果如图 12.39 所示。

```
array([[1.        , 0.        ],
       [1.        , 0.        ],
       [0.9989184 , 0.0010816 ],
       [0.99915628, 0.00084372],
       [0.0000672 , 0.9999328 ]])
```

图 12.39　前 5 个样本的响应变量预测分类概率

第 1~5 个样本的最大分组概率分别是基础会员、基础会员、基础会员、基础会员、优质会员。

```
pred=model.predict(X_test_s)        # 计算响应变量预测分类类型
pred[:5]                             # 显示前 5 个样本的响应变量预测分类类型
```

运行结果为：array([1, 1, 1, 1, 2], dtype=int64)，即分别为基础会员、基础会员、基础会员、基础会员、优质会员。

```
print(confusion_matrix(y_test,pred))        # 输出测试样本的混淆矩阵
```

运行结果如图 12.40 所示。

```
[[181  14]
 [ 14  96]]
```

图 12.40　测试样本的混淆矩阵

针对该结果解释如下：实际为基础会员且预测为基础会员的样本共有 181 个，实际为基础会员但预测为优质会员的样本共有 14 个，实际为优质会员且预测为优质会员的样本共有 96 个，实际为优质会员但预测为基础会员的样本共有 14 个。该结果更直观的表示如表 12.4 所示。

表 12.4　预测分类与实际分类的结果

样　本		预测分类	
		基础会员	优质会员
实际分类	基础会员	181	14
	优质会员	14	96

```
print(classification_report(y_test,pred))        # 输出详细的预测效果指标
```

运行结果如图 12.41 所示。

```
              precision    recall  f1-score   support

           1       0.93      0.93      0.93       195
           2       0.87      0.87      0.87       110

    accuracy                           0.91       305
   macro avg       0.90      0.90      0.90       305
weighted avg       0.91      0.91      0.91       305
```

图 12.41　详细的预测效果指标

说明：

● precision：精度。针对基础会员的分类正确率为 0.93，针对优质会员的分类正确率为 0.87。

● recall：召回率，即查全率。针对基础会员的查全率为 0.93，针对优质会员的查全率为 0.87。

● f1-score：f1 得分。针对基础会员的 f1 得分为 0.93，针对优质会员的 f1 得分为 0.87。

● support：支持样本数，即基础会员支持样本数为 195 个，优质会员支持样本数为 110 个。

- accuracy：正确率，即分类正确样本数/总样本数。模型整体的预测正确率为 0.91。
- macroavg：用每一个类别对应的 precision、recall、f1-score 直接平均。比如针对 recall（召回率），即为（0.93+0.87）/ 2 = 0.90。
- weightedavg：用每一类别支持样本数的权重乘以对应类别指标。比如针对 recall（召回率），即为（0.93×195+0.87×110）/ 305 = 0.91。

```
cohen_kappa_score(y_test,pred)   # 本代码的含义是计算 kappa 得分
```

运行结果为：0.8009324009324009，根据"表 9.2　科恩 kappa 得分与效果对应表"可知，模型的一致性很好。

12.4.7　绘制 ROC 曲线

在 Spyder 代码编辑区输入以下代码，**然后全部选中这些代码并整体运行：**

```
plt.rcParams['font.sans-serif']=['SimHei']          # 解决图表中的中文显示问题
plot_roc_curve(model,X_test_s,y_test)               # 本代码的含义是绘制 ROC 曲线，计算 AUC 值
x=np.linspace(0,1,100)
plt.plot(x,x,'k--',linewidth=1)                     # 本代码的含义是在图中增加 45 度黑色虚线，以便观察 ROC 曲线性能
plt.title('二分类神经网络算法 ROC 曲线'              # 将标题设置为"二分类神经网络算法 ROC 曲线"
```

运行结果如图 12.42 所示。ROC 曲线离纯机遇线越远，表明模型的辨别力越强，从图 12.25 中可以发现本例的预测效果还可以。AUC 值为 0.96，远大于 0.5，说明模型具有一定的预测价值。

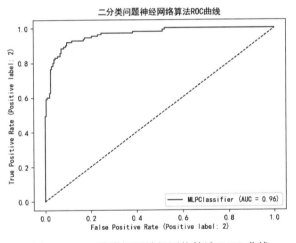

图 12.42　二分类问题神经网络算法 ROC 曲线

12.4.8　运用两个特征变量绘制二分类神经网络算法决策边界图

首先在 Spyder 代码编辑区输入以下代码：

```
X2_test_s = X_test_s.iloc[:, [3,5]]     # 仅选取 income、consume 作为特征变量
model=MLPClassifier(solver='adam',activation='relu',hidden_layer_sizes=(20,20),random_state=10,alpha=0.1,max_iter=2000)
model.fit(X2_test_s,y_test)
```

```
model.score(X2_test_s,y_test)                    # 计算模型预测准确率
```

运行结果为：0.898360655737705。

然后依次输入以下代码，**全部选中这些代码并整体运行**：

```
plot_decision_regions(np.array(X2_test_s), np.array(y_test), model)
plt.xlabel('debtratio')                    # 将 X 轴设置为 debtratio
plt.ylabel('workyears')                    # 将 Y 轴设置为 workyears
plt.title('二分类问题神经网络算法决策边界')     # 将标题设置为 "二分类问题神经网络算法决策边界"
```

运行结果如图 12.43 所示。从图中可以发现，本例中二分类问题神经网络算法决策边界为非线性，可以较好地区分两类样本。决策边界将所有参与分析的样本分为两个类别，右侧为基础会员区域，左上方为优质会员区域，边界较为清晰，分类效果也比较好，体现在各样本的实际类别与决策边界分类区域基本一致。

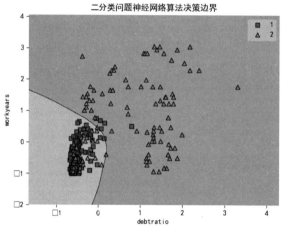

图 12.43　二分类问题神经网络算法决策边界

12.5　习　　题

 下载资源:\sample\第 12 章\数据 15.3.csv、700 个对公授信客户的信息数据.csv

1. 使用"数据 15.3"文件中的数据，以 pe 为响应变量，以 roe、debt、assetturnover、rdgrow、roic、rop、netincomeprofit、quickratio、incomegrow、netprofitgrow、cashflowgrow 为特征变量，使用回归神经网络算法进行拟合，完成以下操作：

（1）变量设置及数据处理。

（2）单隐藏层的多层感知机算法。

（3）神经网络特征变量重要性水平分析。

（4）绘制部分依赖图与个体条件期望图。

（5）拟合优度随神经元个数变化的可视化展示。

（6）通过 K 折交叉验证寻求单隐藏层最优神经元个数。

（7）双隐藏层的多层感知机算法。

（8）最优模型拟合效果图形展示。

2. 使用"700 个对公授信客户的信息数据"文件中的数据，以 V1（征信违约记录）为响应变量，以 V2（资产负债率）、V6（主营业务收入）、V7（利息保障倍数）、V12（银行负债）、V9（其他渠道负债）为特征变量，构建二分类神经网络算法模型，完成以下操作：

（1）变量设置及数据处理。

（2）单隐藏层二分类问题神经网络算法。

（3）双隐藏层二分类问题神经网络算法。

（4）早停策略减少过拟合问题。

（5）正则化（权重衰减）策略减少过拟合问题。

（6）模型性能评价。

（7）绘制 ROC 曲线。

（8）运用两个特征变量绘制二分类神经网络算法决策边界图。

第 13 章

数据挖掘与建模 6——RFM 分析

近年来，我国的电子商务行业实现了快速发展，批发零售行业众多商户的营销模式也实现了由线下营销为主向线上营销为主或线上线下联动营销的转变。淘宝、苏宁易购、京东、拼多多、微信等众多线上平台为商户开展线上营销提供了非常便利的条件，商户开店准入的门槛也相对较低。现在几乎大多数的商户都有自己的网店，可以通过网店开展线上销售。线上销售除了具有节省实体店面费用、扩大销售范围、节约推广费用等种种优势之外，另外一个得天独厚的优势就是在销售的过程中可以非常方便和低成本地积累大量的用户数据，这些用户资料、交易数据其实是非常宝贵的信息，商家可以通过应用恰当的数据分析及建模方法，从积累的海量数据中有效探索出顾客的行为习惯，从而为开展下一阶段的营销或者上线新产品营销提供更多的技术支持，进而可以更具针对性也更节省成本和资源地达成市场目标。RFM 分析是一种很好的分析工具，本章讲解 RFM 分析的基本原理，并结合具体实例讲解该分析方法在 Python 中的实现与应用。

13.1 RFM 分析的基本原理

 下载资源：可扫描旁边二维码观看或下载教学视频

本节主要介绍 RFM 分析的基本原理。

13.1.1 RFM 分析的基本思想

RFM 分析是常用的市场营销分析工具之一，其基本思想是根据客户活跃程度和交易金额贡献进行客户价值细分，基本假定是基于已生成的历史交易数据预测未来，建立在下列前提条件之上：

（1）最近有过交易行为的客户，其再次产生交易行为的概率要高于最近没有交易行为的客户，而且最近一次交易时间距离当前研究时间越近，其产生交易行为的概率就越大。

（2）在研究范围内，客户的交易频率越高，产生交易行为的概率就越高，或者说交易频率高的客户产生交易行为的概率要高于交易频率低的客户。

（3）在研究范围内，客户的交易金额越高，客户的预期价值贡献就越高，或者说交易金额高的客户的预期价值贡献要高于交易金额低的客户。

RFM 分析有 3 个维度，即 R、F、M，分别代表最近一次交易（Recency）、交易频率（Frequency）、交易金额（Monetary），如表 13.1 所示。

表 13.1　RFM 分析的 3 个维度

维　度	含　义	分　析
最近一次交易（Recency）	客户最近一次交易时间到当前时间的间隔	Recency 越大，说明客户越长时间没有发生交易；Recency 越小，说明客户越近发生交易
交易频率（Frequency）	在统计范围内客户的总计交易次数	Frequency 越大，说明客户交易次数越多，交易越为频繁；Frequency 越小，说明客户交易次数越少，交易越不活跃
交易金额（Monetary）	在统计范围内客户的总计交易金额	Monetary 越大，说明客户对于公司的价值贡献越大；Monetary 越小，说明客户对于公司的价值贡献越小

13.1.2　RFM 分类组合与客户类型对应情况

RFM 分析的 3 个维度均有高、低两种分类，所以共有 2×2×2=8 种组合。如果用数值"1"表示取值"高"，数值"2"表示取值"低"，则 8 种组合分别为 222、221、212、211、122、121、112、111，对应的客户类型分别为高价值客户、潜力客户、重要深耕客户、新客户、重要唤回客户、一般客户、重点挽回客户、流失客户。

注意，针对最近一次交易（Recency），所谓的取值"高"，并不是指客户最近一次交易时间到当前时间的间隔长，而恰好相反，是指客户最近一次交易时间到当前时间的间隔短。针对交易频率（Frequency），取值"高"表示在统计范围内客户的总计交易次数多；针对交易金额（Monetary），取值"高"表示在统计范围内客户的总计交易金额多。

RFM 分类组合与客户类型对应情况如表 13.2 所示。

表 13.2　RFM 分类组合与客户类型对应情况

最近一次交易（Recency）	交易频率（Frequency）	交易金额（Monetary）	组合	客户类型
高	高	高	222	高价值客户
高	高	低	221	潜力客户
高	低	高	212	重要深耕客户
高	低	低	211	新客户
低	高	高	122	重要唤回客户
低	高	低	121	一般客户
低	低	高	112	重点挽回客户
低	低	低	111	流失客户

13.1.3　不同类型客户的特点及市场营销策略

1. 高价值客户

高价值客户有 3 个特点：最近一次交易时间到当前时间的间隔短，在统计范围内客户的总计交易次数多，在统计范围内客户的总计交易金额多。针对高价值客户的市场营销策略是高度重视，在充分考虑成本效益原则的前提下，倾斜更多资源，积极提供 VIP 服务、个性化服务，积极探索客户需求实现附加销售等。

2. 潜力客户

潜力客户的 3 个特点是：最近一次交易时间到当前时间的间隔短，在统计范围内客户的总计交易次数多，但在统计范围内客户的总计交易金额少。潜力客户需要积极挖掘，针对潜力客户的市场营销策略是积极营销价值更高的产品，在与客户的交易结束后，鼓励客户对消费体验进行评论，有针对性地满足客户需求，进一步提升客户价值。

3. 重要深耕客户

重要深耕客户的 3 个特点是：最近一次交易时间到当前时间的间隔短，在统计范围内客户的总计交易金额多，但统计范围内客户的总计交易次数少。重要深耕客户需要重点识别，针对重要深耕客户的市场营销策略是积极开展不同品类产品之间的交叉销售，在充分探知客户需求的基础上积极推荐其他产品，适时推出会员忠诚计划，留住客户。

4. 新客户

新客户的 3 个特点是：最近一次交易时间到当前时间的间隔短，但在统计范围内客户的总计交易次数少，在统计范围内客户的总计交易金额也少。新客户容易丢失，有推广价值。针对新客户的市场营销策略是积极组织线上线下的社区活动，适当提供更多的免费试用机会，进一步提升客户对于公司产品或服务的兴趣，提升客户黏性。

5. 重要唤回客户

重要唤回客户的 3 个特点是：在统计范围内客户的合计交易次数多，在统计范围内客户的总计交易金额也多，但最近一次交易时间到当前时间的间隔长。重要唤回客户最近无交易，需要把他们带回来。针对重要唤回客户的市场营销策略是积极提供对客户有用的资源，通过续订或更新产品赢回他们。

6. 一般客户

一般客户的 3 个特点是：在统计范围内客户的总计交易次数多，但在统计范围内客户的总计交易金额小，最近一次交易时间到当前时间的间隔长。针对一般客户的市场营销策略是对客户实行积分制，投入一定的市场营销资源，以产品折扣作为吸引，推荐客户续订热门产品，加强与客户之间的联系与互动。

7. 重点挽回客户

重点挽回客户的 3 个特点是：统计范围内客户的总计交易金额大，但在统计范围内客户的总计交易次数少，最近一次交易时间到当前时间的间隔也长。重点挽回客户已做出最大购买，但很久没有再次回来购买，可能流失，需要挽留。针对重点挽回客户的市场营销策略是由专门的市场专员进行重点联系或拜访，提高留存率。

8. 流失客户

流失客户的 3 个特点是：在统计范围内客户的合计交易金额小，统计范围内客户的合计交易次数少，最近一次交易时间到当前时间的间隔也长。流失客户最后一次购买的时间很长，金额小，订单数少，类似于冬眠客户。针对流失客户的市场营销策略是恢复客户兴趣，否则就需要暂时放弃了。

这 8 类客户的特点及市场营销策略如图 13.1 所示。

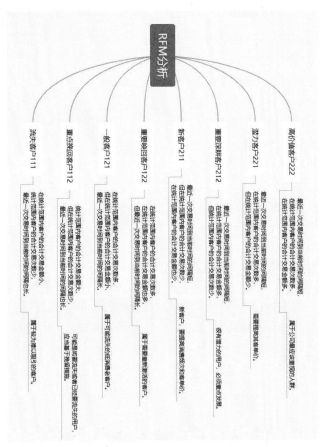

图 13.1　8 类客户的特点及市场营销策略

13.2　数　据　准　备

本节主要是准备数据，以便后面进行 RFM 分析。

13.2.1   案例数据说明

本章使用的数据文件是"某商户的客户信息数据和交易数据"，数据是来自某网商ABCD 商户（虚拟名，如有雷同纯属巧合）的客户信息数据和交易数据，由于客户信息数据涉及客户隐私，交易数据涉及商业机密，因此进行了适当的脱密处理，对于其中的部分数据也进行了必要的调整。

数据文件中包括"会员编号""交易日期""交易金额"3 个变量，部分数据内容如图 13.2 所示。其中会员编号针对每一个会员都是唯一的，是辨认会员身份的唯一标识；交易日期和交易金额是针对每一笔订单而言，指的是该单笔订单发生的交易日期和交易金额。每一名会员可能在多个交易日期内有多笔交易，也可能在同一交易日期内有多笔交易。

针对"某商户的客户信息数据和交易数据"文件中的数据，我们开展 RFM 分析。

会员编号	交易日期	交易金额
17	2/23/2020	393
17	9/28/2017	156
17	8/9/2019	360
17	7/17/2019	414
17	9/22/2018	162
18	1/13/2019	555
18	9/3/2017	78
18	6/7/2019	204
18	2/3/2018	237
19	1/30/2019	312
19	10/17/2018	399
20	10/29/2018	357
20	11/15/2017	663
20	2/5/2019	153
20	12/5/2018	555
20	6/13/2017	390
20	12/1/2017	612
20	2/15/2018	120
21	8/3/2019	444
21	12/5/2018	231
21	12/17/2019	420
22	8/24/2018	372
22	1/15/2019	51

图 13.2   "某商户的客户信息数据和交易数据"
文件中的部分内容

13.2.2   导入分析所需要的模块和函数

在进行分析之前，首先导入分析所需要的模块和函数，读取数据集并进行观察。在 Spyder 代码编辑区输入以下代码（以下代码释义在前面各章均有提及，此处不再注释）：

```
import numpy as np
import pandas as pd
import matplotlib.pyplot as plt
```

13.3   RFM 分析示例

	下载资源：可扫描旁边二维码观看或下载教学视频
	下载资源:\源代码\第 13 章 数据挖掘与建模 6——RFM 分析.py
	下载资源:\sample\第 13 章\某商户的客户信息数据和交易数据.csv

本节主要演示 RFM 分析的实现。

13.3.1   数据读取及观察

首先需要将本书提供的数据文件存放到安装 Python 的默认目录中，并从相应位置进行读取，

在 Spyder 代码编辑区输入以下代码并运行:

```
data=pd.read_csv('C:/Users/Administrator/.spyder-py3/某商户的客户信息数据和交易数据.csv')
# 读取"某商户的客户信息数据和交易数据.csv"数据文件
```

注意,因用户的具体安装路径不同,设计路径的代码会有差异,用户可以在"文件"窗口查看路径及文件对应的情况,如图 13.3 所示。

图 13.3 "文件"窗口

成功载入后,"变量浏览器"窗口如图 13.4 所示。

图 13.4 "变量浏览器"窗口

双击"data",即可查看数据集内数据的详细情况,原始数据情况如图 13.5 所示。

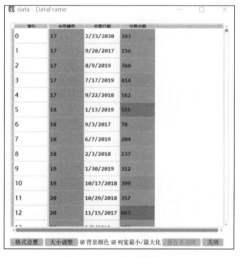

图 13.5 原始数据情况

```
data.info()    # 观察数据信息
```

运行结果如图 13.6 所示。

```
<class 'pandas.core.frame.DataFrame'>
RangeIndex: 4838 entries, 0 to 4837
Data columns (total 3 columns):
 #   Column   Non-Null Count  Dtype
---  ------   --------------  -----
 0   会员编号    4838 non-null   int64
 1   交易日期    4838 non-null   object
 2   交易金额    4838 non-null   int64
dtypes: int64(2), object(1)
memory usage: 113.5+ KB
```

图 13.6　数据信息

数据集中共有 4838 个样本（4838 entries, 0 to 4837）、3 个变量（total 3 columns）。3 个变量分别是会员编号、交易日期、交易金额，均包含 4838 个非缺失值，其中会员编号、交易金额的数据类型为整数型（int64），交易日期的数据类型为日期型（object）。数据文件中共有 1 个日期型（object）变量、2 个整型（int64）变量，数据占用的内存为 113.5+KB。

```
len(data.columns)    # 列出数据集中变量的数量
```

运行结果为：3。

```
data.columns    # 列出数据集中的变量
```

运行结果为：Index(['会员编号', '交易日期', '交易金额'], dtype='object')，与前面的结果一致。

```
data.shape    # 列出数据集的形状
```

运行结果为：(4838, 3)，也就是 4838 行 3 列，数据集中共有 4838 个样本，3 个变量。

```
data.dtypes    # 观察数据集中各个变量的数据类型
```

运行结果如图 13.7 所示，与前面的结果一致。

```
会员编号      int64
交易日期     object
交易金额      int64
dtype: object
```

图 13.7　数据集中各个变量的数据类型

```
data.isnull().values.any()    # 检查数据集是否有缺失值
```

运行结果为：False，没有缺失值。

```
data.isnull().sum()    # 逐个变量检查数据集是否有缺失值
```

运行结果图 13.8 所示，没有缺失值。

```
会员编号      0
交易日期      0
交易金额      0
dtype: int64
```

图 13.8　逐个变量检查数据集是否有缺失值

13.3.2　计算 R、F、M 分值

首先我们计算每一笔交易距离计算当天的天数，运行代码如下：

```
data['交易日期'] = pd.to_datetime(data.交易日期,format='%m/%d/%Y')   # 将数据集中的"交易日期"一
列处理为日期数据类型
```

可以发现对数据集中的"交易日期"一列进行处理后，"交易日期"列的数据发生了变化，如图 13.9 所示。

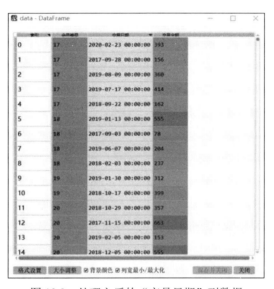

图 13.9　处理之后的"交易日期"列数据

```
data['Days'] = pd.to_datetime('5-11-2020')- data['交易日期']   # 假设 2020 年 5 月 11 日是计算当天，
求交易日期至计算当天的距离天数
```

计算得到的"Days"列数据如图 13.10 所示。

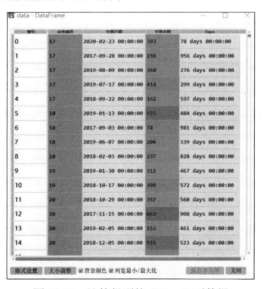

图 13.10　计算得到的"Days"列数据

```
data['Days'] = data['Days'].dt.days   # 从距离时间中获取天数，对"Days"列数据进一步处理
```

运行结果如图 13.11 所示。

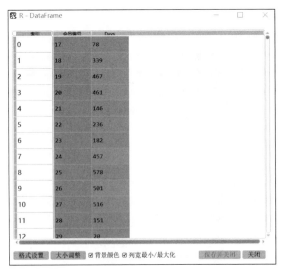

图 13.11　对"Days"列数据进一步处理后的数据

```
R = data.groupby(by=['会员编号'],as_index=False)['Days'].agg('min')       # 生成 R 数据框文件，依
```
据 data 数据集文件中的会员编号分组求 Days 的最小值，并且按会员编号进行升序排列，从而可以得出每一位会员距离当前研
究时间点的最近一次交易（Recency）时间间隔

运行结果如图 13.12 所示。

图 13.12　生成的 R 数据框文件

```
F = data.groupby(by=['会员编号'],as_index=False)['交易金额'].agg('count')       # 生成 F 数据框文
```
件，依据 data 数据集文件中的会员编号分组求交易金额的发生次数，并且按会员编号进行升序排列

```
F.rename(columns = {'交易金额':'交易次数'},inplace=True)    # 更改单个列名，注意参数 columns 不能少
```

运行结果如图 13.13 所示。

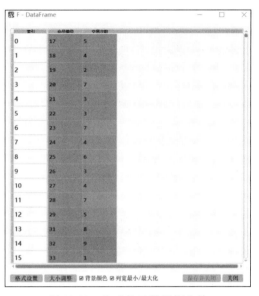

图 13.13　生成的 F 数据框文件

```
M = data.groupby(by=['会员编号'],as_index=False)['交易金额'].agg('sum')   # 生成 M 数据框文件，依
据 data 数据集文件中的会员编号分组求交易金额的发生总额，并且按会员编号进行升序排列
```

运行结果如图 13.14 所示。

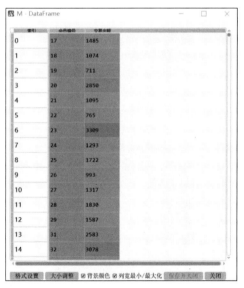

图 13.14　生成的 M 数据框文件

13.3.3　生成 RFM 数据集

在 Spyder 代码编辑区输入以下代码：

```
RFMData = R.merge(F).merge(M)   # 将 R、F、M 三个数据框使用 merge 函数连接起来，形成 RFM 数据集
```

运行结果如图 13.15 所示。

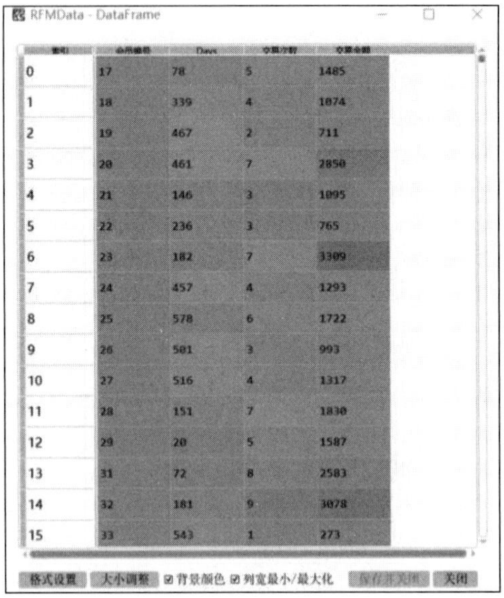

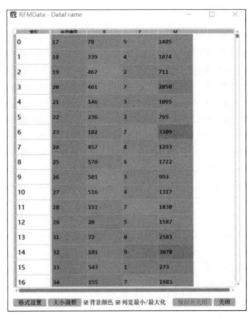

图 13.15   生成的 RFM 数据集

```
RFMData.columns = ['会员编号', 'R', 'F', 'M']   # 修改 RFM 数据集中 4 列的列名为"会员编号""R""F"
```
"M"

运行结果如图 13.16 所示。

图 13.16   生成的 RFM 数据集

下面我们针对 R、F、M 进行赋值，Python 代码如下：

```
RFMData.loc[RFMData['R'] >= RFMData.R.mean(), 'R_S'] = 1   # 判断 R 列是否大于或等于 R 列的平均值，
```

使用 loc 将符合条件 R_S 列的值赋值为 1

```
    RFMData.loc[RFMData['R'] < RFMData.R.mean(), 'R_S'] = 2    # 判断 R 列是否小于 R 列的平均值，使用
loc 将符合条件 R_S 列的值赋值为 2
    RFMData.loc[RFMData['F'] <= RFMData.F.mean(), 'F_S'] = 1   # 判断 F 列是否小于或等于 F 列的平均值，
使用 loc 将符合条件 F_S 列的值赋值为 1
    RFMData.loc[RFMData['F'] > RFMData.F.mean(), 'F_S'] = 2    # 判断 F 列是否大于 F 列的平均值，使用
loc 将符合条件 F_S 列的值赋值为 2
    RFMData.loc[RFMData['M'] <= RFMData.M.mean(), 'M_S'] = 1   # 判断 M 列是否小于或等于 M 列的平均值，
使用 loc 将符合条件 M_S 列的值赋值为 1
    RFMData.loc[RFMData['M'] > RFMData.M.mean(), 'M_S'] = 2    # 判断 M 列是否大于 M 列的平均值，使用
loc 将符合条件 M_S 列的值赋值为 2
```

注　意

在对 R、F、M 进行赋值时，对 R 进行赋值的方向和对 F、M 进行赋值的方向是相反的。将 R、F、M 按 1、2 赋值后，我们倾向的是数值越大越好，即 2 好于 1。因为 R、F、M 分别代表最近一次交易（Recency）、交易频率（Frequency）、交易金额（Monetary），最近一次交易（Recency）的取值越小、交易频率（Frequency）越大、交易金额（Monetary）越大意味着客户产生交易的概率越大，所以当 R 列取值小于 R 列的平均值时取值为 2，而 F 列、M 列则都是取值大于平均值时才取值为 2。

R、F、M 赋值完成后的 RFM 数据集如图 13.17 所示，可以发现数据文件中多了"R_S""F_S""M_S"3 列。

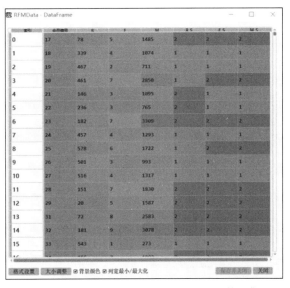

图 13.17　R、F、M 赋值完成的 RFM 数据集

下面我们针对 R、F、M 赋值情况进行综合，Python 代码如下：

```
RFMData['RFM'] = 100*RFMData.R_S+10*RFMData.F_S+1*RFMData.M_S   # 计算 RFM 综合分值
```

针对 R、F、M 赋值情况进行综合后的 RFM 数据集如图 13.18 所示，可以发现数据文件中多了"RFM"一列。

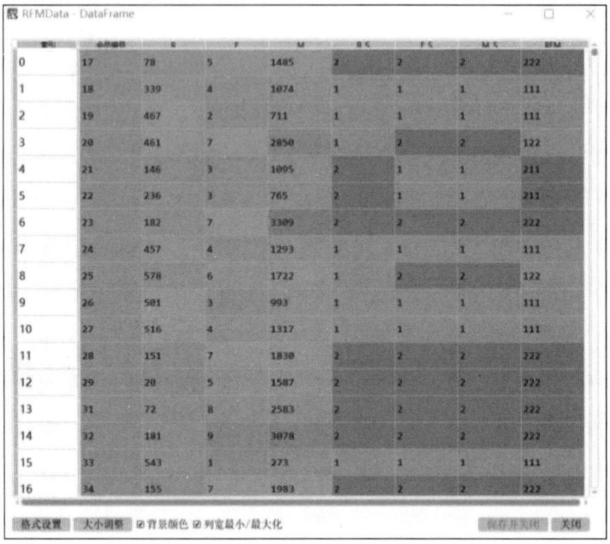

图 13.18   针对 R、F、M 赋值情况进行综合后的 RFM 数据集

下面我们定义 RFM 综合分值与客户类型的对应关系数据集，Python 代码如下：

```
CustomerType=pd.DataFrame(
    data={'RFM': [111,112,121,122,211,212,221,222],
         'Type': ['流失客户','重点挽回客户','一般客户','重要唤回客户','新客户','重要深耕客户','潜力客
户','高价值客户']
         }
    )
```

运行结果如图 13.19 所示。

图 13.19   RFM 综合分值与客户类型的对应关系数据集

```
RFMData = RFMData.merge(CustomerType)    # 将 RFMData 与 RFM 综合分值客户类型的对应关系数据集合并为一
个数据框
```

运行结果如图 13.20 所示。可以发现在合并后的 **RFMData** 数据框中，多了"Type"一列。

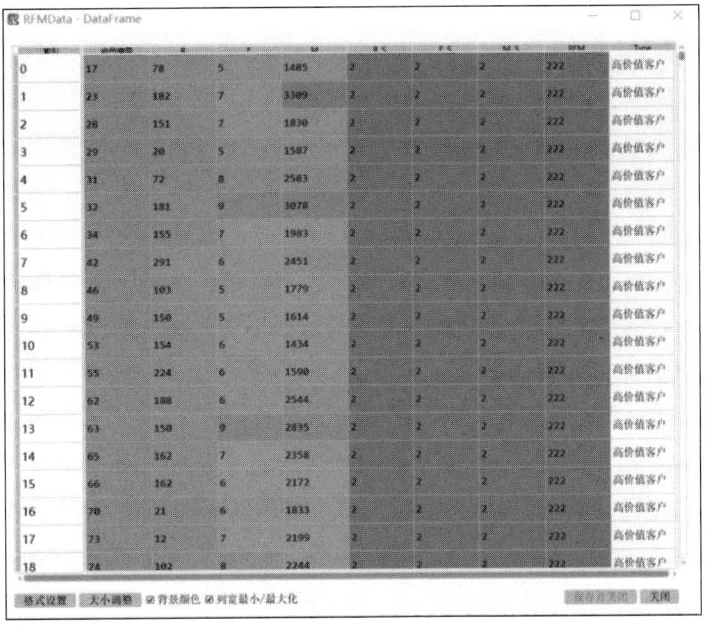

RFMData - DataFrame

				M				RFM	Type
0	17	78	5	1485	2	2	2	222	高价值客户
1	23	182	7	3309	2	2	2	222	高价值客户
2	28	151	7	1830	2	2	2	222	高价值客户
3	29	20	5	1587	2	2	2	222	高价值客户
4	31	72	8	2583	2	2	2	222	高价值客户
5	32	181	9	3078	2	2	2	222	高价值客户
6	34	155	7	1983	2	2	2	222	高价值客户
7	42	291	6	2451	2	2	2	222	高价值客户
8	46	103	5	1779	2	2	2	222	高价值客户
9	49	150	5	1614	2	2	2	222	高价值客户
10	53	154	6	1434	2	2	2	222	高价值客户
11	55	224	6	1590	2	2	2	222	高价值客户
12	62	188	6	2544	2	2	2	222	高价值客户
13	63	150	9	2835	2	2	2	222	高价值客户
14	65	162	7	2358	2	2	2	222	高价值客户
15	66	162	6	2172	2	2	2	222	高价值客户
16	70	21	6	1833	2	2	2	222	高价值客户
17	73	12	7	2199	2	2	2	222	高价值客户
18	74	102	8	2244	2	2	2	222	高价值客户

格式设置 大小调整 背景颜色 列宽最小/最大化 关闭

图 13.20 合并后的 RFMData 数据框

13.3.4 不同类别客户数量分析

我们在 Spyder 代码编辑区输入以下代码：

```
RFMData.groupby(by=['RFM','Type'])['会员编号'].agg('count')  # 按 RFM、Type 进行分组统计客户数
```

运行结果如图 13.21 所示。

```
RFM    Type
111.0  流失客户        239
112.0  重点挽回客户      23
121.0  一般客户         39
122.0  重要唤回客户     115
211.0  新客户        176
212.0  重要深耕客户      27
221.0  潜力客户         90
222.0  高价值客户       285
Name: 会员编号, dtype: int64
```

图 13.21 按 RFM、Type 分组统计客户数

在所有参与分析的样本示例中，共有高价值客户 285 名，潜力客户 90 名，重要深耕客户 27 名，新客户 176 名，重要唤回客户 115 名，一般客户 39 名，重点挽回客户 23 名，流失客户 239 名。

```
RFMData1=RFMData.groupby("Type").agg({"Type":"count"})  # 生成数据框 RFMData1，依据 RFMData 数据集文件中的 Type 分组求 Type 的发生次数，从而得出每种客户的数量
```

运行结果如图 13.22 所示。

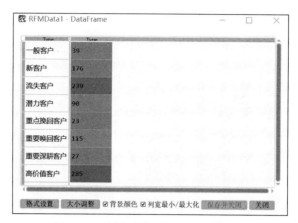

图 13.22　新生成的 RFMData1 数据框

从图 13.22 中可以看到，生成的 RFMData1 数据框中，索引列和变量列都是"Type"，因此我们有必要修改变量列名，在 Spyder 代码编辑区输入以下代码：

```
RFMData1.rename(columns = {'Type':'客户数量'},inplace=True)    # 更改单个列名，注意参数 columns
不能少
```

运行结果如图 13.23 所示。

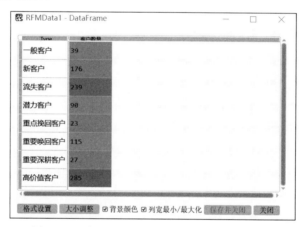

图 13.23　变量列重命名后的 RFMData1 数据框

下面我们考察不同类型客户的占比情况，在 Spyder 代码编辑区输入以下代码：

```
RFMData1["不同客户的占比"] = RFMData1["客户数量"].apply(lambda x:x/np.sum(RFMData1["客户数量
"]))           # 计算不同类型客户的占比
```

运行结果如图 13.24 所示。

下面我们针对"不同客户的占比"列进行排序，在 Spyder 代码编辑区输入以下代码：

```
RFMData1 = RFMData1.sort_values(by="客户数量",ascending=True)
```

运行结果如图 13.25 所示。

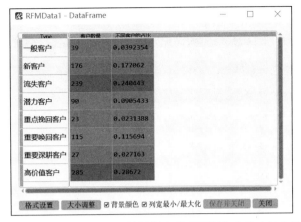

图 13.24　在 RFMData1 数据框生成"不同客户的占比"列

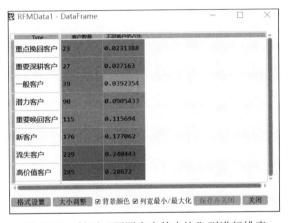

图 13.25　针对"不同客户的占比"列进行排序

下面我们针对分组统计各类客户数量情况进行可视化展示，在 Spyder 代码编辑区输入以下代码，**再全部选中这些代码并整体运行**：

```python
plt.rcParams['font.sans-serif'] = ['SimHei']  # 解决图表中的中文显示问题
plt.figure(figsize=(6,4),dpi=100)
x = RFMData1.index
y =RFMData1["客户数量"]
plt.barh(x,height=0.5,width=y,align="center")
plt.title("不同类型客户的人数对比")
for x,y in enumerate(y):
    plt.text(y+450,x,y,ha="center",va="center",fontsize=14)
plt.xticks(np.arange(0,300,20))
plt.tight_layout()
plt.savefig("不同类型客户的人数对比",dpi=300)
```

运行结果如图 13.26 所示。

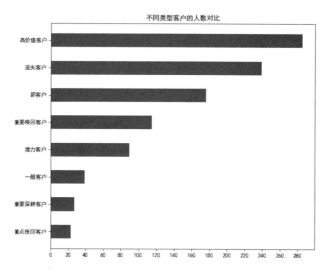

图 13.26　不同类型客户的人数对比

下面我们针对分组统计各类客户占比情况进行可视化展示，在 Spyder 代码编辑区输入以下代码，**再全部选中这些代码并整体运行：**

```
plt.rcParams['font.sans-serif'] = ['SimHei']              # 解决图表中的中文显示问题
plt.title("不同类型客户的人数占比")
labels=RFMData1.index
  plt.pie(x = RFMData1['不同客户的占比'],labels=labels,autopct="%0.2f%%")  # 绘制饼图，增加百分比
数据标签，显示饼块占比百分比，并且百分比有两位小数，即 XX.XX%
plt.show()                                                # 展示图形
```

运行结果如图 13.27 所示。

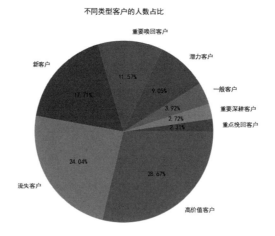

图 13.27　不同类型客户的人数占比

13.3.5　不同类别客户消费金额分析

我们在 Spyder 代码编辑区输入以下代码：

```
RFMData2=RFMData.groupby("Type").agg({"M":"sum"})    # 生成数据框 RFMData2，依据 RFMData 数据集文
件中的 Type 分组求 M 的发生总额，从而得出每种客户的总消费金额
```

运行结果如图 13.28 所示。

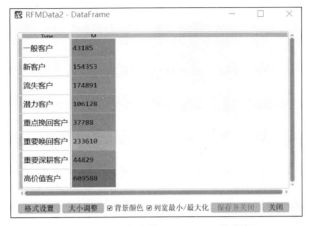

图 13.28　新生成的 RFMData2 数据框

下面我们考察不同类型客户的消费金额占比情况，在 Spyder 代码编辑区输入以下代码：

```
RFMData2["不同客户的占比"] = RFMData2["M"].apply(lambda x:x/np.sum(RFMData["M"]))    # 计算不同
类型客户的占比
```

运行结果如图 13.29 所示。

图 13.29　在 RFMData2 数据框生成"不同客户的占比"列

下面我们针对"不同客户的占比"列进行排序，在 Spyder 代码编辑区输入以下代码：

```
RFMData1 = RFMData1.sort_values(by="客户数量",ascending=True)
```

运行结果如图 13.30 所示。

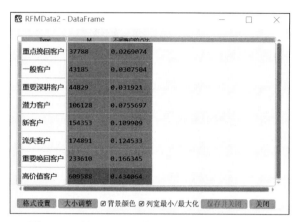

图 13.30　针对"不同客户的占比"列进行排序

下面我们针对分组统计各类客户消费金额情况进行可视化展示，在 Spyder 代码编辑区输入以下代码，**再全部选中这些代码并整体运行**：

```python
plt.figure(figsize=(6,4),dpi=100)
x = RFMData2.index
y = RFMData2["M"]
plt.barh(x,height=0.5,width=y,align="center")
plt.title("不同类型客户累计消费金额")
for x,y in enumerate(y):
    plt.text(y+45000,x,y,ha="center",va="center",fontsize=14)
plt.xticks(np.arange(0,700001,100000))
plt.tight_layout()
plt.savefig("不同类型客户累计消费金额",dpi=300)
```

运行结果如图 13.31 所示。

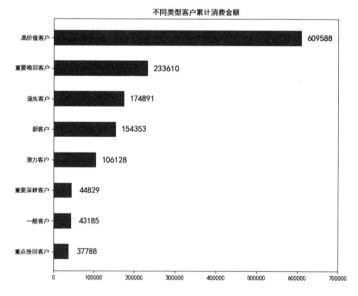

图 13.31　不同类型客户的累计消费金额

下面我们针对分组统计各类客户消费金额占比情况进行可视化展示，在 Spyder 代码编辑区输入以下代码，**再全部选中这些代码并整体运行：**

```
plt.rcParams['font.sans-serif'] = ['SimHei']          # 解决图表中的中文显示问题
plt.title("不同类型客户的累计消费金额占比")
labels=RFMData1.index
plt.pie(x = RFMData1['不同客户的占比'],labels=labels,autopct="%0.2f%%")  # 绘制饼图，增加百分比
数据标签，显示饼块占比百分比，并且百分比有两位小数，即 XX.XX%
plt.show()                                            # 展示图形
```

运行结果如图 13.32 所示。

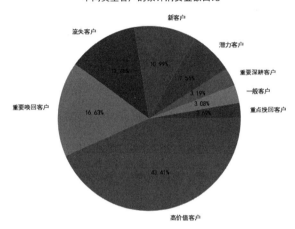

图 13.32　不同类型客户的累计消费金额占比

13.4　习　　题

 下载资源:\sample\第 13 章\EFGH 商户的客户信息数据和交易数据.csv

　　使用的案例数据是"EFGH 商户的客户信息数据和交易数据"文件，数据是来自某网商 EFGH 商户（虚拟名，如有雷同纯属巧合）的客户信息数据和交易数据，由于客户信息数据涉及客户隐私，交易数据涉及商业机密，因此进行了适当的脱密处理，对于其中的部分数据也进行了必要的调整。

　　数据文件中包括"会员编号""交易日期""交易金额"3 个变量，部分数据内容如图 13.33 所示。其中会员编号针对每一个会员都是唯一的，是辨认会员身份的唯一标识；交易日期和交易金额针对的是每一笔订单，指的是该单笔订单发生的交易日期和交易金额。每一名会员可能在多个交易日期内有多笔交易，也可能在同一交易日期内有多笔交易。

会员编号	交易日期	交易金额
17	2/23/2020	393
17	9/28/2017	156
17	8/9/2019	360
17	7/17/2019	414
17	9/22/2018	162
18	1/13/2019	555
18	9/3/2017	78
18	6/7/2019	204
18	2/3/2018	237
19	1/30/2019	312
19	10/17/2018	399
20	10/29/2018	357
20	11/15/2017	663
20	2/5/2019	153
20	12/5/2018	555
20	6/13/2017	390
20	12/1/2017	612
20	2/15/2018	120
21	8/3/2019	444
21	12/5/2018	231
21	12/17/2019	420
22	8/24/2018	372
22	1/15/2019	51

图 13.33　"EFGH 商户的客户信息数据和交易数据"文件中的部分内容

针对"某商户的客户信息数据和交易数据"文件中的数据，我们开展 RFM 分析。

（1）数据读取及观察。

（2）计算 R、F、M 分值。

（3）生成 RFM 数据集。

（4）不同类别客户数量分析。

（5）不同类别客户消费金额分析。